王欢 / 编著

从新手到高手

CorelDRAW 2017从新手到高手

清华大学出版社

北京

内 容 简 介

本书共11章，从CorelDRAW 2017的基本操作开始讲起，首先介绍软件的安装和基本操作方法，然后讲解软件的功能，包括文件的基本操作、基本绘图工具的使用、对象的管理、对象的编辑、填充与轮廓线、特殊效果的编辑、文本的编辑和表格设置，以及图像效果和位图操作等高级功能。

本书通过大量具有可操作性的实例，全面而深入地阐述了CorelDRAW 2017的矢量绘图、文本编排、Logo设计、字体设计及工业设计等方面的操作技术要领。在介绍过程中穿插了技巧与提示、答疑解惑等，能帮助读者更好地理解知识点，达到灵活运用、举一反三的目的。

本书适合CorelDRAW的初学者，同时对具有一定CorelDRAW使用经验的读者也有很好的参考价值，还可作为学校、培训机构的教学用书以及各类读者自学CorelDRAW的参考用书。

图书在版编目（CIP）数据

CorelDRAW 2017从新手到高手/王欢编著. — 北京:清华大学出版社，2019

（从新手到高手）

ISBN 978-7-302-51721-4

Ⅰ. ①C… Ⅱ. ①王… Ⅲ. ①图形软件 Ⅳ. ①TP391.412

中国版本图书馆CIP数据核字(2018)第267475号

责任编辑：陈绿春
封面设计：潘国文
责任校对：胡伟民
责任印制：丛怀宇

出版发行：清华大学出版社

网址：http://www.tup.com.cn， http://www.wqbook.com
地址：北京清华大学学研大厦A座 **邮编：**100084
社总机：010-62770175 **邮购：**010-62786544
投稿与读者服务：010-62776969, c-service@tup.tsinghua.edu.cn
质量反馈：010-62772015, zhiliang@tup.tsinghua.edu.cn
课件下载：http://www.tup.com.cn,010-62795954

印 装 者：三河市龙大印装有限公司
经　　销：全国新华书店
开　　本：188mm×260mm **印　　张：**22 **字　　数：**715千字
版　　次：2019年7月第1版 **印　　次：**2019年7月第1次印刷
定　　价：99.00元

产品编号：073503-01

前言 FOREWORD

CorelDRAW 是 Corel 公司推出的著名矢量绘图软件，该软件具有强大的设计功能，在矢量绘图、文本编排、Logo 设计、字体设计以及工业设计等工作中能帮助用户制作出高品质的图像，这也使其在平面设计、商业插画、VI 设计和工业设计等领域中占据着非常重要的地位。

本书编写目的

鉴于 CorelDRAW 强大的功能，我们力求编写一本为零基础用户提供参考的图书。本书以 CorelDRAW 的工具和命令为脉络，以操作实战为阶梯，循序渐进地讲解使用 CorelDRAW 进行平面设计的基本操作和技巧。

本书内容安排

本书主要介绍 CorelDRAW 的功能命令，从简单的界面调整到实际操作，再到图形的绘制、文本编辑、表格设置等，内容覆盖极为全面。

为了让读者更好地学习本书的知识，在编写时特别对本书采取了疏导分流的措施，将本书的内容划分为 11 章，具体编排如下表所示。

章 序	各 章 内 容 安 排
第 1 章	主要讲解 CorelDRAW 的基础知识，包括软件的应用领域、安装与卸载、工作界面以及图像基础操作等
第 2 章	主要讲解文件的基本操作方法，包括文件的打开、新建、保存、导入、撤销与重做、页面操作以及视图显示控制等内容
第 3 章	主要讲解基本绘图工具的使用方法，包括直线的绘制、曲线的绘制、几何图形的绘制以及形状编辑工具、裁切工具、度量工具、连接工具等的使用
第 4 章	主要讲解对象的编辑方法，包括对象的选择、剪切、复制、粘贴、清除、变换及造形等内容
第 5 章	主要讲解对象的管理方法，包括对象的对齐、分布、群组、合并、拆分、锁定与解除锁定、图层控制对象等内容
第 6 章	主要讲解填充与轮廓线的编辑方法，包括渐变填充、滴管工具填充、智能填充工具、交互式填充工具等多种填充工具的使用及轮廓线的编辑等内容
第 7 章	主要讲解特殊效果的编辑方法，包括交互式调和效果、轮廓图效果、变形效果、阴影效果、封套效果、立体效果、透明效果的创建及编辑等内容
第 8 章	主要讲解文本的编辑方法，包括文本的创建、导入、编辑文本属性、设置段落文本格式、转换文本、查找和替换文本等内容
第 9 章	主要讲解表格的创建方法，包括如何创建表格、文本表格互转、表格设置及表格操作等内容
第 10 章	主要讲解位图的编辑处理方法，包括位图与矢量图的转换、位图的编辑、颜色的调整、变换颜色和色调、三维效果及各种三维效果的使用方法等内容
第 11 章	通过 10 个案例，全面而深入地阐述了 CorelDRAW 文字设计、Logo 设计、装帧设计、广告设计、包装设计、产品设计等方面的技术要领，达到灵活应用、举一反三的目的

本书写作特色

为了让读者更好地学习与翻阅，本书在具体的写法上也暗藏玄机，具体总结如下：

■ 软件与行业相结合，大小知识点一网打尽

为了达到让读者轻松自学、深入了解软件功能的目的，本书特意安排了“技巧与提示”“答疑解惑”“技术专题”等板块，简单介绍如下。

- “技巧与提示”：针对软件的使用技巧和实例操作中的难点进行重点提示。

- “答疑解惑”：针对初学者容易疑惑的各种问题进行解答。
- “技术专题”：包含大量的技术性知识点详解，帮助读者深入掌握软件的各项技术。

■ 难易安排有节奏，轻松学习乐无忧

本书针对每个重点知识都安排了一个案例，每个案例都是一个小问题或介绍一个小技巧，案例典型、任务明确，能帮助读者在最短的时间内掌握操作技巧，并应用到实践工作中解决问题，从而产生成就感。

■ 全方位上机实训，全面提升绘图技能

读书破万卷，下笔才能出神入化。学习 CorelDRAW 也是一样，只有多加练习方能真正掌握它的绘图技法。本书内容均通过层层筛选，既可作为命令介绍的补充，也符合各行各业实际工作的需求。

本书的配套资源

本书的相关素材请扫描封底的二维码进行下载。本书的视频教学文件请扫描章首页的二维码进行下载。

本书的相关素材还可以通过下面的地址或者扫描右侧二维码进行下载。

链接：https://pan.baidu.com/s/1UljF7gAiE4JCnctfDPLUtw

提取码：jrd6

本书的视频教学还可以通过下面的地址或者扫描右侧二维码进行下载。

链接：https://pan.baidu.com/s/1RZS3JVTzVpQXK0uzNn1-ZQ

提取码：5583

如果在相关素材下载过程中碰到问题，请联系陈老师，联系邮箱：chenlch@tup.tsinghua.edu.cn。

本书技术支持

本书由西安工程大学服装与艺术设计学院王欢编著。由于编者水平有限，书中疏漏与不妥之处在所难免。在感谢您选择本书的同时，也希望您能够把对本书的意见和建议告诉我们。

联系信箱：lushanbook@qq.com

读者 QQ 群：327209040

作者

2019 年 3 月

目录 CONTENTS

第 1 章　CorelDRAW 2017 基础

第 2 章　文件的基本操作

Good
Morning!

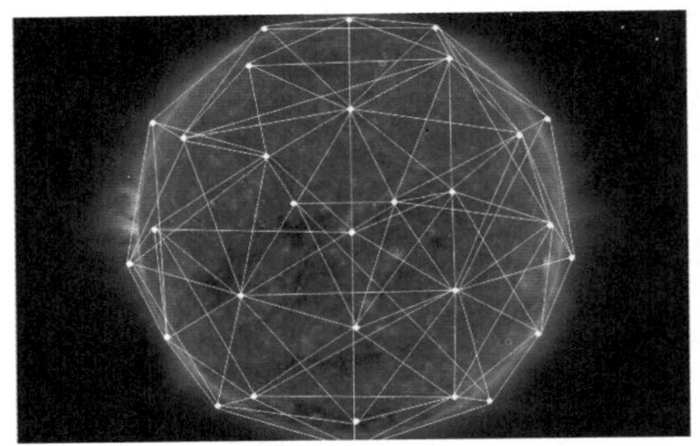

第 3 章 基本绘图工具

第 4 章 对象的编辑

第 5 章 对象的管理

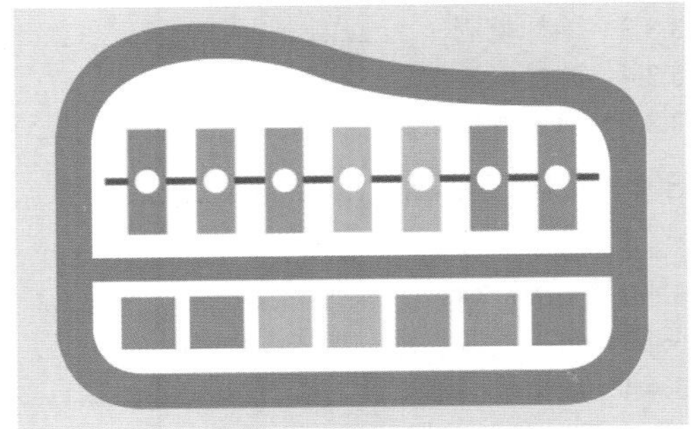

FLAT PHOTOGRAPHY

school

RESTAURANT

CaRNival

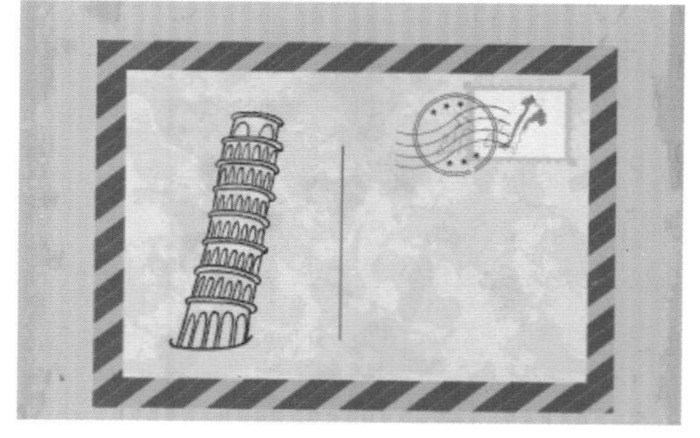

Menu
Restaurant Name

12
11
1
10
2
9
3

第 11 章 综合案例

LOUNGE PARTY

Brands
Sandwich
Cookies
Rich and Tasty

1.1 初识 CorelDRAW 2017

1989 年 CorelDRAW 横空出世，它引入了全彩矢量插图和版面设计功能，在计算机图形领域掀起了一场风暴般的技术革新。两年后，Corel 公司又推出了首款一体化图形套件（第 3 版），将矢量插图、版面设计、照片编辑等众多功能融入一个软件包，整个行业顿时风声再起。

时隔 25 年，CorelDRAW 2017 又出现在了大众的视野，继续提供独一无二的创新图形解决方案。CorelDRAW 的每次更新都是一个超越自我的挑战，都带给我们变化和惊喜。

1.1.1　CorelDRAW 2017 简介

CorelDRAW 2017 是加拿大 Corel 公司出品的矢量图形制作软件，该软件给设计师提供了矢量动画、页面设计、网站制作、位图编辑和网页动画等众多功能。

该软件是一套屡获殊荣的图形和图像编辑软件，其中包含两个绘图应用程序：一个用于矢量图及页面设计，一个用于图像编辑。这套绘图组合带给用户强大的交互式体验，使用户可以创作出多种富有动感的特殊效果及点阵图像即时效果。通过 CorelDRAW 2017 的全方位设计及网页功能，可以融入用户现有的设计方案中，灵活性十足。

CorelDRAW 2017软件套装更为专业设计师及绘图爱好者提供简报、彩页、手册、产品包装、标识、网页等专业功能，其提供的智慧型绘图工具及新的动态向导，可以充分降低用户的操控难度，允许用户更加容易、精确地定义物体的尺寸和位置，减少操作步骤，节省制作时间。

1.1.2　CorelDRAW 的应用领域

CorelDRAW 是集平面设计和计算机绘画功能于一身的专业设计软件，被广泛应用于平面设计、企业形象设计、产品包装及造型设计、网页设计、商业插画、印刷制版等诸多领域，本节将详细介绍 CorelDRAW 的应用领域。

在平面设计中的应用

平面广告设计是当前设计界最普遍的设计项目，许多软件的开发都是为平面广告设计服务的。CorelDRAW 作为一款常用的图形软件，其快捷的交互绘图工具和强大的图文处理能力，在平面广告设计中发挥着巨大的作用，是平面广告设计过程中不可缺少的绘图软件，如图 1-1 和图 1-2 所示。

CorelDRAW 2017 基础

CorelDRAW 2017 是一款非常专业的矢量绘图软件，也是一款通用且强大的图形设计软件。它在矢量绘图过程中具有很强的灵活性，不仅可以绘制和编辑图形与文本，还能利用位图处理功能制作出丰富的图像效果。

本章教学视频二维码

图 1-1

图 1-2

在企业形象设计中的应用

在 VI（Visual Identity）企业视觉识别系统设计中应用 CorelDRAW 绘图软件，要比应用其他软件方便、快捷得多，尤其是在标志与模板的制作中，应用 CorelDRAW 绘图软件是很好的选择。使用 CorelDRAW 软件创作出的 VI 设计新颖、简单、美观，形式活泼，能更好地体现企业形象，如图 1-3 所示。

在产品包装设计中的应用

包装设计中经常需要绘制一些平面图、三视图和最终效果图。在这些制作中，当然也少不了 CorelDRAW 绘图软件的帮助。利用 CorelDRAW 软件进行包装设计，对产品的宣传和销售都有很大的帮助。制作精美的包装可以使产品从众多商品中脱颖而出，如图 1-4 所示。

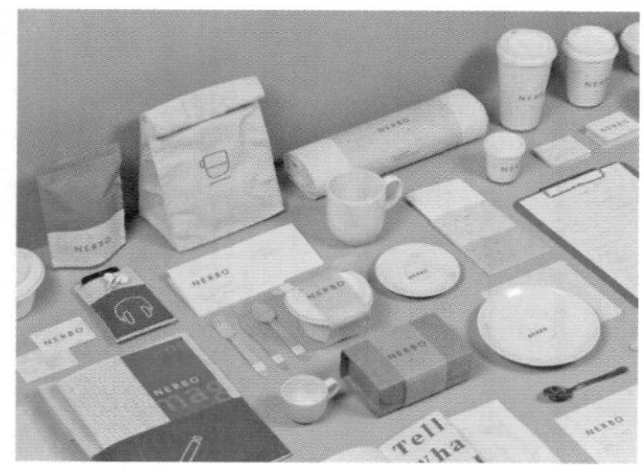

图 1-3

图 1-4

在网页设计中的应用

随着互联网的迅猛发展，网页设计在网站建设中处于首要方位。好的网页设计能够吸引更多的人阅览网站，从而增加网站流量。CorelDRAW 全方位的设计及页面功能，能够使网站页面更加靓丽、耀眼，如图 1-5 所示。

图 1-5

在商业插画设计中的应用

使用 CorelDRAW 绘图软件进行插画设计，可以得到更丰富的效果，因为 CorelDRAW 作为一款流行的绘图软件，可以配合 Flash 等矢量动画软件，进行网页动画设计以及漫画创作和插画设计，如图 1-6 所示。

图 1-6

在排版设计中的应用

排版设计在 CorelDRAW 绘图软件中最多的应用就是文字和图案的排版，排版编辑最重要的是可观性，CorelDRAW 对文字的支持可以达一万字以上，并且可以无限缩放文字，所以广告公司大多使用 CorelDRAW 进行最后的版式设计和文字处理，如图 1-7 所示。

图 1-7

在字体设计中的应用

在广告设计中，许多地方都会用到字体设计，应用 CorelDRAW 软件中强大的曲线图形处理功能制作字体，可以创作出一些特别的效果，使广告页面具有更强的视觉冲击力，如图 1-8 所示。

图 1-8

1.2　CorelDRAW 2017 的安装与卸载

想要学习和使用 CorelDRAW 2017，首先要学习如何正确安装该软件。CorelDRAW 2017 的安装与卸载的方法很简单，与其他设计类软件大致相同。

1.2.1　实战：CorelDRAW 2017 的安装

在正式讲解 CorelDRAW 2017 的强大功能之前，首先需要做的就是安装 CorelDRAW 2017。下面对 CorelDRAW 2017 的安装方法进行详细讲解。

01 找到 Setup 安装应用程序文件，如图 1-9 所示，双击图标运行文件。弹出初始化安装程序界面，并等待程序初始化，如图 1-10 所示。

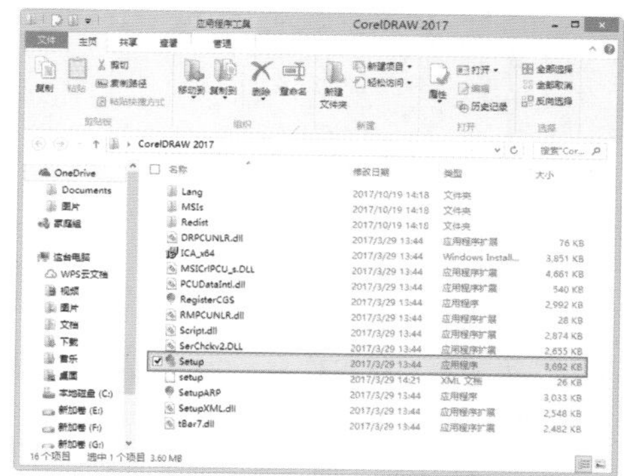

图 1-9

图 1-10

02 等待初始化完毕后，进入 CorelDRAW 2017 安装向导，弹出软件许可协议对话框，勾选“我同意最终用户许可协议和服务条款”复选框，单击“接受”按钮，如图 1-11 所示。在下一个界面中填写“全名”和“序列号”，并单击“下一步”按钮，如图 1-12 所示。

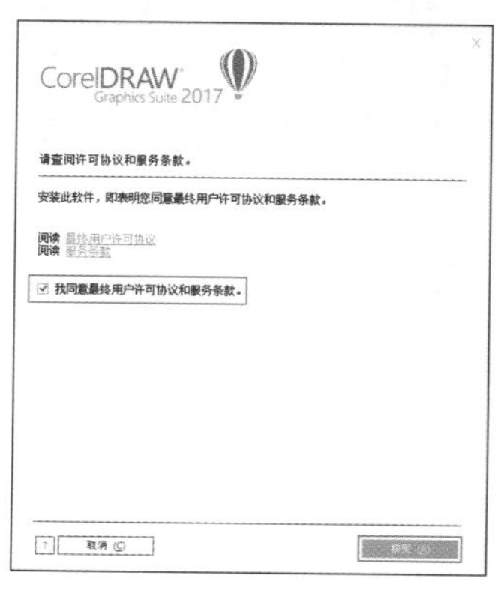

图 1-11

图 1-12

03 进入安装界面后，可以选择“典型安装”或“自定义安装”方式，这里选择的是“典型安装”，即默认安装设置，如图 1-13 所示。选择好安装方式后，出现“正在安装，请稍候”画面，如图 1-14 所示。

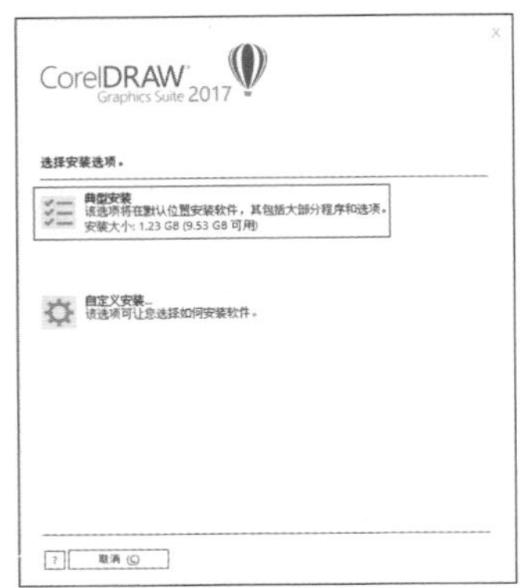

图 1-13

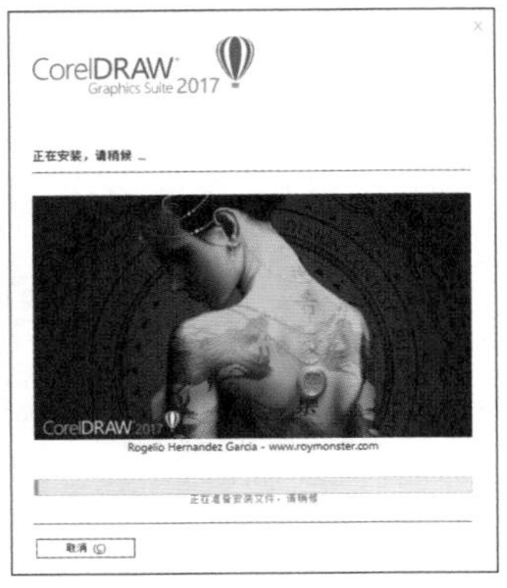

图 1-14

04 安装完成后，显示登录账户界面，如果已有账户，则勾选“我已有一个账户”复选框，并填写账户的“电子邮件”和“密码”，单击“确定”按钮，如图 1-15 所示。单击“完成”按钮，即可退出安装界面完成安装，如图 1-16 所示。

图 1-15

图 1-16

技巧与提示：

如果默认安装的磁盘空间不足，则需要选择“自定义安装”方式，并且所选择的磁盘必须要留出足够的空间，否则安装将会自动终止。

答疑解惑：如果在桌面上没有找到 CorelDRAW 2017 的快捷方式图标该怎么办？

在安装完成后，一般都会在桌面生成一个 CorelDRAW 2017 的快捷方式图标，如图 1-17 所示，双击该图标即可运行软件。如果在桌面上没有找到该图标，可以在安装目录中找到 CorelDRAW 的应用程序，右击在弹出的快捷菜单中执行“发送到”→“桌面快捷方式”命令，如图 1-18 所示，即可在桌面创建快捷方式的图标。

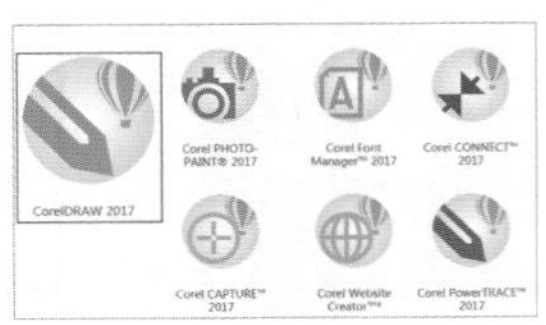

图 1-17

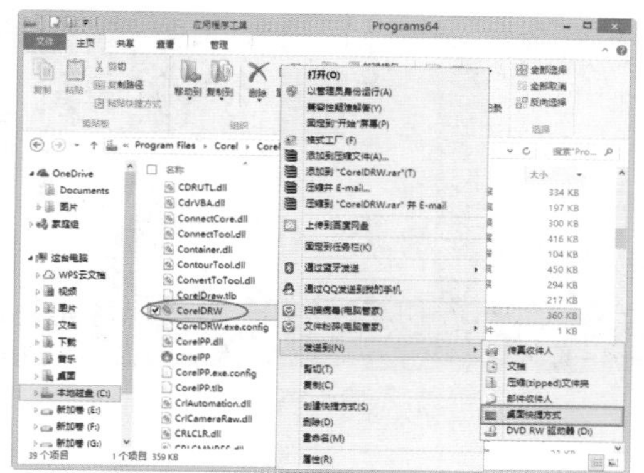

图 1-18

1.2.2　实战：CorelDRAW 2017 的卸载

对于 CorelDRAW 2017 的卸载方法，可以采用常规卸载，也可以使用专业卸载软件进行卸载，这里介绍一下常规的卸载方法。

01 打开“控制面板”对话框，单击“卸载程序”文字，如图 1-19 所示。弹出“程序和功能”对话框，选择 CorelDRAW Graphics Suite 2017（64-bit），再单击“卸载 / 更改”文字，如图 1-20 所示。

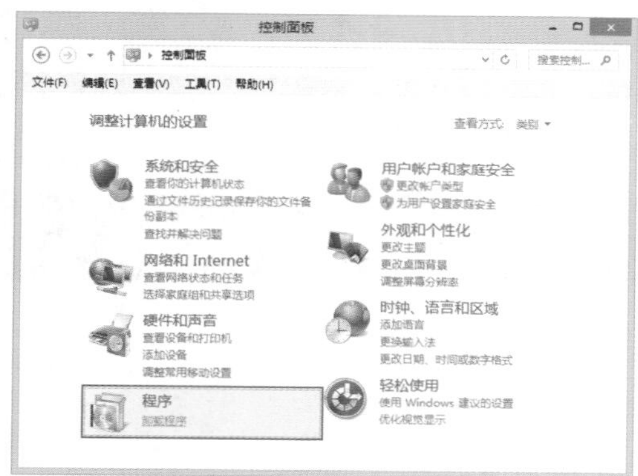

图 1-19

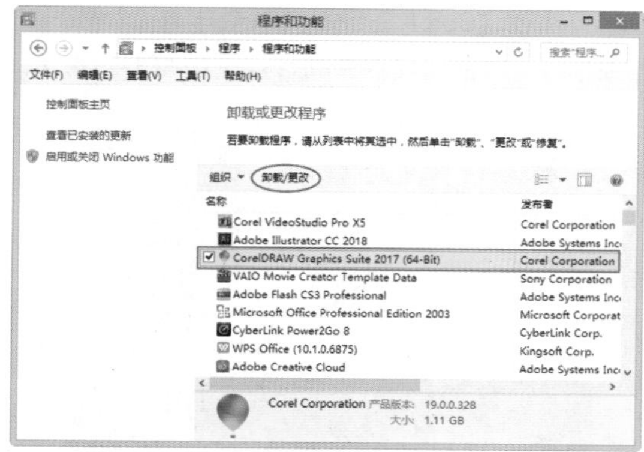

图 1-20

02 弹出界面，等待程序初始化，如图 1-21 所示。选择“删除”选项，再单击“删除”按钮，如图 1-22 所示。

图 1-21

图 1-22

03 转到卸载界面，开始卸载 CorelDRAW 2017 并显示卸载进度，如图 1-23 所示。卸载完成后，单击“完成”按钮，即可退出卸载界面完成卸载，如图 1-24 所示。

图 1-23

图 1-24

> **技巧与提示：**
>
> 与软件套装一起安装的其他应用程序和组件必须单独卸载，如 Corel Graphics - Windows Shell Extension 或 Microsoft Visual Studio Tools for Applications（VSTA）。

1.3 CorelDRAW 2017 的新增功能

CorelDRAW 2017 是 2017 年 4 月 12 日发布的 CorelDRAW 版本，无论是新用户还是经验丰富的设计员，都能很方便地使用 CorelDRAW 2017，制作更多有创意的作品，打造专属风格。较之前的版本，CorelDRAW 2017 能更好地创作矢量插图和页面布局，它拥有多功能绘图和描摹工具，能进行专业的照片编辑和网站设计工作。本节主要介绍 CorelDRAW 2017 的新增功能。

查看导览

“查看导览”作为 CorelDRAW2017 的新增功能之一，能帮助用户快速开始并充分利用软件的功能和工具。通过启动导览，用户可以了解软件的基本使用方法，还能启用符合用户工作流程及需求的工作区，来帮助用户提高工作效率，并全方位地享受高质量的内容和产品学习资源带来的益处。

利用一系列交互式启动导览，可以更快、更高效地开展工作。无论你是 CorelDRAW 图形软件的新用户，还是使用其他图形软件的用户，都可借助启动导览快速上手，并且充分利用 CorelDRAW 2017 提供的功能和工具，如图 1-25 所示。

图 1-25

支持 UltraHD 4K 显示器

更新的界面以及对 4K 显示器的支持，不仅可以轻松查看 CorelDRAW 2017 和 Corel PHOTO-PAINT，甚至在 UltraHD（超高清）等大多数高清显示器上也能轻松查看。此外，还可以编辑原生分辨率的照片，并且查看图像中的细节。通过增加可处理的像素，可以并排打开多个窗口，以提高工作效率，如图 1-26 所示。

图 1-26

对 Windows 10 的支持

凭借对最高品质用户体验的不懈追求，CorelDRAW 2017 与 Windows 10 完全兼容，而且已获得其相关认证。Corel 提供用户在全球最流行的操作系统上工作时所需的可靠性和高性能，如图 1-27 所示。

图 1-27

改进的“提示”泊坞窗

“提示”泊坞窗是包含宝贵学习资源的中心，旨在减少新用户的学习时间。它可以动态显示有关当前选择工具的相关信息，并且提供指向相关信息的链接。CorelDRAW 2017 中的“提示”泊坞窗已改进，现在可以快速访问其他资源，例如视频提示、更长的视频以及书面教程，不必进行搜索即可更详细地了解某个工具或功能，如图 1-28 所示。

图 1-28

高级多显示器支持

为了帮助图形专家最大限度地利用设计空间，CorelDRAW 2017 和 Corel PHOTO-PAINT 已经过优化，在 DPI 不同的多个显示器以及所有受支持操作系统上都可正常工作。这可确保 UI 元素正确缩放，并且清晰地显示在任何分辨率的屏幕上。例如，可以将文档拖至应用程序窗口之外，并将其放置在第二个屏幕中，使一个显示器专门用于绘图，将另一个显示器用于放置频繁使用的泊坞窗和工具栏，如图 1-29 所示。

图 1-29

在更新的欢迎屏幕中了解产品和账户

欢迎屏幕中全新的“产品详细信息”页面是了解软件最新信息和用户账户的一站式信息来源。该屏幕提供有关产品订阅、账户状态、产品更新以及新升级计划的重要信息，如图 1-30 所示。

图 1-30

访问电子书

《CorelDRAW 用户指南》和《Corel PHOTO-PAINT 用户指南》以电子书形式提供。电子书已发布成 EPUB 和 MOBI 文件格式，可将有关产品功能的最全面信息放入电子书阅读器中。遵循电子书中的《用户指南》，读者无须在系统中的程序窗口之间切换，可以随时进行学习，并且确保在无法访问互联网的情况下访问软件的帮助文件，如图 1-31 所示。

图 1-31

LiveSketch 工具

LiveSketch 工具非常适合强力启动项目，与触笔搭配使用或者在启用触摸的设备上使用时效果非常好。它可以将绘制草图的速度与笔触调整控制的灵活性结合起来，通过手绘向量曲线捕捉自己的设计理念，如图 1-32 所示。

图 1-32

触笔倾斜、方位和旋转

充分发挥实时触笔的创新潜能。在 CorelDRAW 2017 中，艺术笔工具的表达模式和橡皮擦工具均提供压力、倾斜和方位的支持，可以通过改变笔尖的大小、角度和平滑度生成有表现力的笔触，如图 1-33 所示。

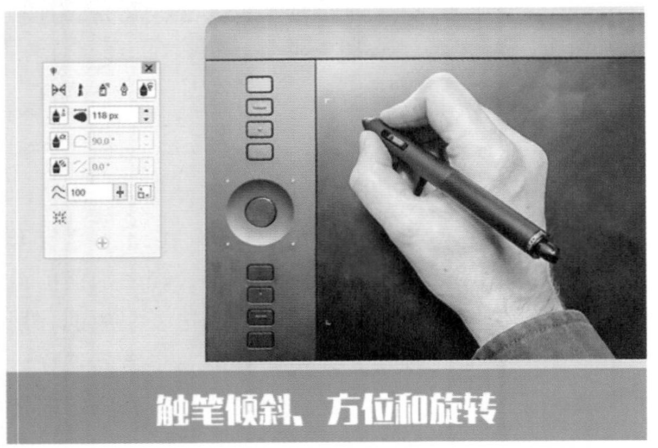

图 1-33

支持实时触笔（RTS）

可以使用与 RTS 兼容的手写板或设备来随时捕捉灵感。对 Windows Real-Time Stylus 的支持，提供了快速的压力灵敏度和倾斜度，以在 CorelDRAW 2017 和 Corel PHOTO-PAINT 中控制笔刷笔触。此外，无须安装触笔驱动程序，就可以立即开始工作，如图 1-34 所示。

图 1-34

触摸型 UI

CorelDRAW 2017 支持 Windows 平板电脑模式，该模式支持在移动设备中绘制草图，并通过触摸屏幕或使用触控笔快速调整。此外，通过仅显示最常使用的工具和命令，全新的触摸工作区可简化 UI，以最大限度地增加绘图面积。

Microsoft Surface Dial 支持

CorelDRAW 2017 在 Windows 10 上提供原生 Microsoft Surface Dial 支持。使用套装中的 CorelDRAW 和 Corel PHOTO-PAINT 应用程序，可以体验到独特的技术创作和交互操作，如图 1-35 所示。

图 1-35

增强的向量预览、节点和手柄

经过增强的预览、节点和手柄，在设计中不会消失在背景颜色中，这有助于更加高效地编辑对象和效果。

突出的交互式滑块

借助更为突出的滑块，能够帮助用户轻松使用对象填充、透明度、调和、延伸、阴影和轮廓图。

隐藏和显示对象

CorelDRAW 2017 可以隐藏对象和对象群组，以便显示项目中需要查看的部分，如图 1-36 所示。在处理复杂图形时，在绘图中隐藏特定元素可以大幅节省时间，它可确保不会意外选择和编辑你并不打算处理的对象，并且可以更轻松地尝试各种设计。

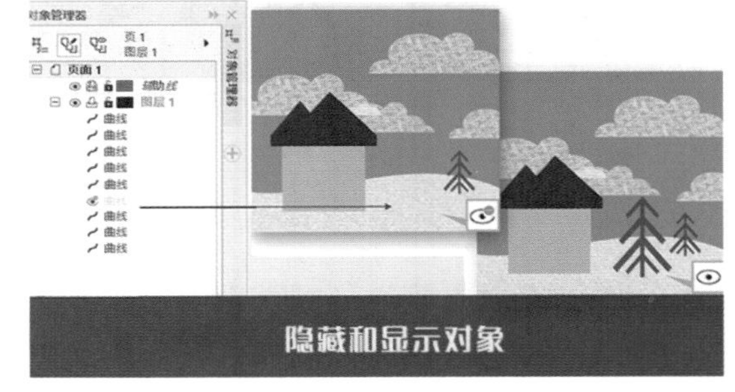

图 1-36

增强的刻刀工具

通过增强的“刻刀”工具，可以沿直线、手绘线或贝塞尔线拆分矢量对象、文本和位图。还可以在拆分对象之间创建间隙，或使它们重叠。也可以选择是将轮廓转换为可处理的曲线对象，还是将它们保留为轮廓。如果不确定，CorelDRAW 2017 通过自动选择可以最好地保留轮廓外观的选项，从而消除任何不确定性，如图 1-37 所示。

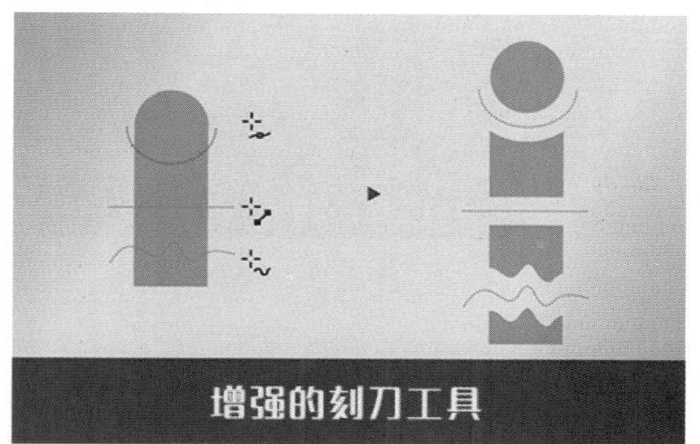

图 1-37

字体列表框

在 CorelDRAW 2017 和 Corel PHOTO-PAINT 中可以更轻松地查找项目的合适字体。使用新的字体列表框，可以快速查看、筛选和查找所需的特定字体。还可以根据粗细、宽度、支持的脚本等条件来为字体排序。字体搜索功能也得到了增强，可以直接使用关键字来查找字体，如图 1-38 所示。

图 1-38

选择相邻节点

CorelDRAW 2017 提供增强的节点选择功能，简化了对复杂形状的处理过程，可以在按住 Shift 键的同时使用形状工具，来选择曲线上的相邻节点，还可以更改选择节点的方向，如图 1-39 所示。

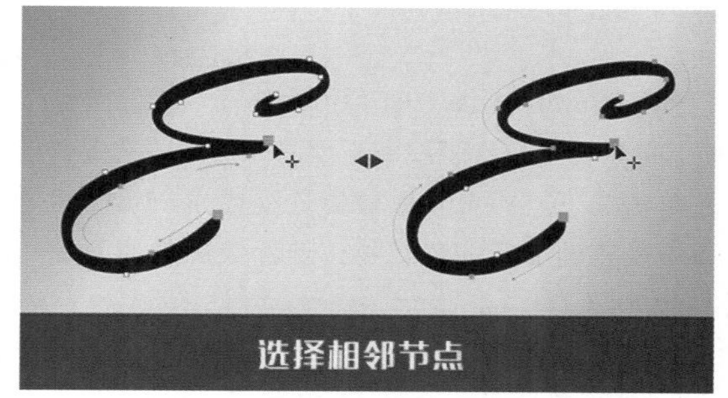

图 1-39

复制曲线段

CorelDRAW 2017 中另一个新的增强功能是复制或剪切曲线段的特定部分，然后将其粘贴为对象，以便通过相似的轮廓图轻松创建相邻的形状，如图 1-40 所示。

图 1-40

使用羽化的阴影功能

阴影是在设计中增强元素表现力的好方式。在 CorelDRAW 2017 中，可以通过属性栏中的“羽化方向”按钮瞬间创建更加真实的阴影，且具有天然的羽化边缘，如图 1-41 所示。

图 1-41

更正透视变形

使用 CorelDRAW 2017 中增强的“矫正图像”对话框，可以更正包含直线和平面的照片中的透视变形。只需单击几下，即可轻松修复透视错误，或以某个角度而不是正面显示的建筑物、地标或对象的照片，如图 1-42 所示。

图 1-42

字体管理器

通过提供可控制版式工作流的工具，Corel 字体管理器可以轻松处理、组织并了解字型和字体集合，并且提供工具来控制版式工作流程的每个方面，能够轻松处理、组织和浏览字样和字体集合。无论是要为项目查找和安装字体，组织字体以便于访问，还是管理不需要的字体，Corel Font Manager 都提供所需的工具。还可以浏览和搜索在线及本地字体、预览字形集、创建字体集合等，如图 1-43 所示。

图 1-43

导入旧版工作区

CorelDRAW 2017 可以重新使用在 X6、X7、X8 版本中创建的 CorelDRAW 和 Corel PHOTO-PAINT 工作区，可以比以往更高效地选择要导入或导出的工作元素。

自定义节点形状

CorelDRAW 2017 通过为每个节点类型分配独特形状来简化曲线造型和对象，以便识别光滑、尖端和对称的节点，还可以选择适合的工作流的节点形状、大小和颜色，如图 1-44 所示。

图 1-44

自定义预览颜色和曲线编辑

为节点、手柄和预览选择能够从底层颜色中凸显出来的自定义颜色，有助于更加高效地编辑对象。

可完全自定义的 UI

CorelDRAW 2017 提供比以往更多的 UI 自定义选项，通过更新和完善可自定义的界面，可以使设计空间适应自己的需求。全新设计的图标可放大 250%，并且可以通过选择主题来变亮或变暗应用程序的背景。

自定义桌面颜色

CorelDRAW 2017 提供灵活的桌面颜色方案选项，可以在 CorelDRAW 2017 中更改绘图页面周围区域的颜色，或在 Corel PHOTO-PAINT 中更改图像以设置每个项目的最佳环境，降低总体工作区的对比度，或者提高设计元素的清晰度，以适应文档的需要，如图 1-45 所示。

图 1-45

自定义窗口边框的颜色

可以在 CorelDRAW 2017 和 Corel PHOTO-PAINT 中自定义窗口边框的颜色，以满足个人的喜好。如果同时使用两个应用程序，则可以为每个应用程序设置不同的边框颜色，以便在切换程序时快速识别它们，如图 1-46 所示。

图 1-46

开发者社区网站

通过全新的开发者社区网站，可以创建自己的自动化工具。网站提供各种有用的资源（包括深入的编程文章和代码样本），帮助用户通过宏自动执行任务，以及创建自定义功能。如果有问题，可以求助于社区论坛、知识库或 FAQ，如图 1-47 所示。

图 1-47

专为 Windows 10 和最新版本的硬件优化

通过完全支持 Microsoft Windows 10，获取您需要的功能和稳定性，了解创新功能如何增强您的图形设计软件体验，并畅享对 Window 8.1 和 7 的现有支持。扩展设计程序的兼容性选项，支持最新的文件格式，包括 AI、PSD、PDF、JPG、PNG、SVG、DWG、DXF、EPS、TIFF、DOCX、PPT 等。

准备标题供打印

CorelDRAW 2017 通过“边框和扣眼”对话框加快制作的工作流程，从而简化准备标题设计以供打印的过程。它通过直观的控件来精确创建作业的完美边框，无论是延展或镜像文档边缘还是设置颜色。该功能还可简化添加扣眼的过程，“扣眼”是穿过较薄材料插入孔中的圆环或边条，用于插入绳子和正确悬挂标题。“边框和扣眼”对话框可以灵活地通过整个活动页面或所选对象创建标题，如图 1-48 所示。

图 1-48

1.4　在 CorelDRAW 2017 中获得帮助

CorelDRAW 2017 中内置了很多教学内容，可以帮助用户快速学习和掌握 CorelDRAW 2017 的使用方法，创作出个性化的作品。帮助途径主要有帮助主题、CorelTUTOR、提示、专家见解和技术支持。

1.4.1　帮助主题

CorelDRAW 2017 的“帮助主题”是一个以网页形式提供的互助式教育平台，可以为用户提供全面的 CorelDRAW 2017 操作基础知识。在菜单栏执行“帮助”→“产品帮助”命令，如图 1-49 所示，即可在默认浏览器中打开 CorelDRAW 2017 的帮助主题，并查看自己需要的内容，如图 1-50 所示。

图 1-49

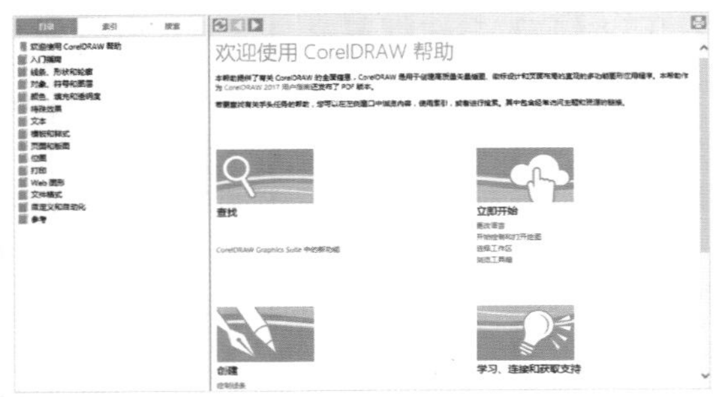

图 1-50

1.4.2 Corel TUTOR

CorelDRAW 2017 提供了视频教程，在菜单栏执行“帮助”→“视频教程”命令，如图 1-51 所示，打开“Corel 视频教程”对话框，选择要观看的视频教程即可，如图 1-52 所示。

图 1-51

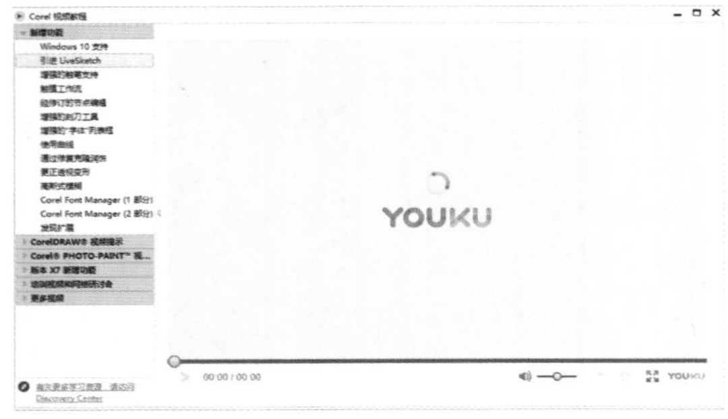

图 1-52

1.4.3 提示

“提示”泊坞窗中包含了程序内部工具箱中所有工具的相关使用信息和视频，在工具箱中选择任意一个工具，“提示”泊坞窗将显示该工具的所有提示。单击提示中的视频，用户可通过窗口内提供的视频学习使用工具的方法，如图 1-53 所示。CorelDRAW 2017 在默认状态下，“提示”泊坞窗处于开启状态。关闭提示后，可在菜单栏执行“帮助”→“提示”命令，重新打开“提示”泊坞窗，如图 1-54 所示。

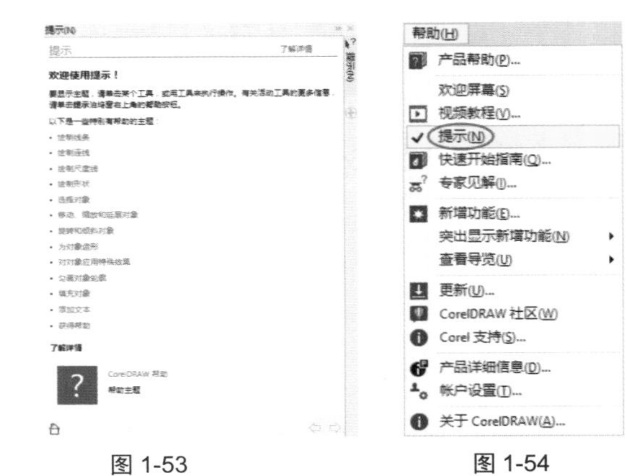

图 1-53　　图 1-54

1.4.4 专家见解

无论是经验丰富的图形专家，还是刚崭露头角的设计师，可能都希望学习新的技巧。CorelDRAW 2017 不断扩大的动态学习资料库，包括视频教程、网络研讨会和专家见解。在菜单栏执行“帮助”→“专家见解”命令，如图 1-55 所示，即可打开学习界面，并进行学习，如图 1-56 所示。

图 1-55

图 1-56

1.4.5　技术支持

在菜单栏执行“帮助”→“Corel 支持”命令，如图 1-57 所示。CorelDRAW 2017 将立即在默认浏览器中打开产品帮助。再在其左侧的目录中展开“入门指南”→“Corel 账户和服务”→“Corel 支持服务”，单击右侧的链接，即可获取该产品的功能、规格、价格、上市情况、服务与技术支持等方面的信息，如图 1-58 所示。

图 1-57

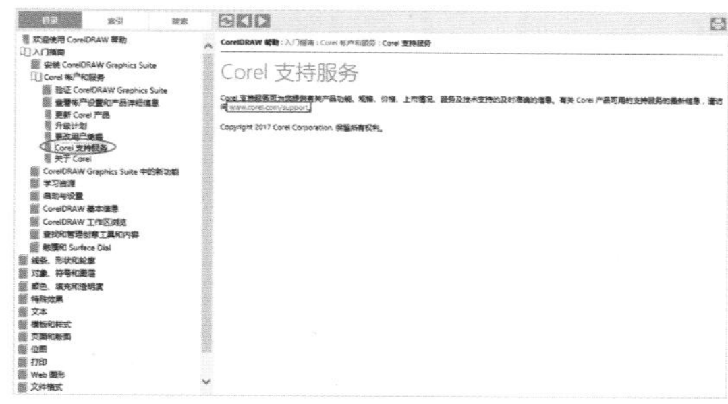

图 1-58

1.5　熟悉 CorelDRAW 2017 的工作界面

CorelDRAW 2017 软件的工作界面包括标题栏、菜单栏、常用工具栏、属性栏、工具箱、工作区、泊坞窗、调色板和状态栏等。打开 CorelDRAW 2017 软件之后，新建一个空白文档，即可进入 CorelDRAW 2017 工作界面，如图 1-59 所示。

1.5.1　标题栏

标题栏位于 CorelDRAW 2017 软件窗口的顶端，显示软件图标、名称（CorelDRAW 2017）以及打开文档的名称。标题栏也包含最大化、最小化、还原和关闭按钮。

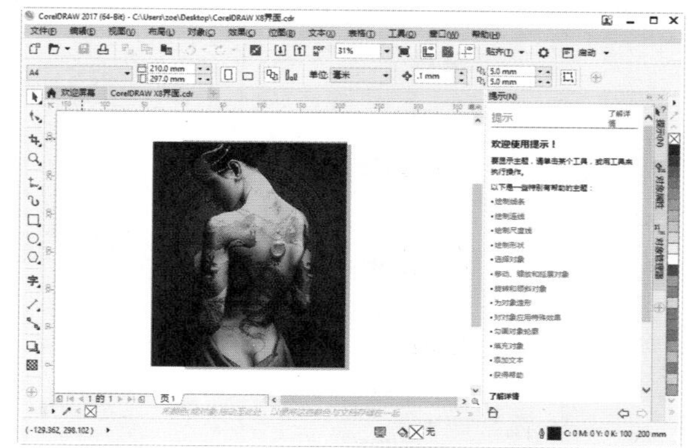

图 1-59

1.5.2　菜单栏

菜单栏位于标题栏的下方，由文件、编辑、视图、布局、对象等 12 个菜单组成，用于控制并管理整个界面的状态和图像的具体处理。在菜单栏单击任意菜单，均会弹出菜单，从中选择任意命令，即可执行相关操作。菜单中有的命令后面带有 ▸ 图标，将光标移至该图标上，可弹出子菜单。

✦ 文件：由一些最基本的操作命令组合而成，用于管理与文件相关的基本设置、文件信息的后期处理等，如图 1-60 所示。

图 1-60

技巧与提示：

如果想要保存透明背景图片，需要用到“导出”命令，在菜单栏执行“文件”→“导出”命令，在“导出”对话框中的文件类型中选择 PNG（或者 PSD、TIFF）的透明格式。

✦ 编辑：此菜单中的命令主要用于控制图像部分的属性和进行基本编辑，如图 1-61 所示。

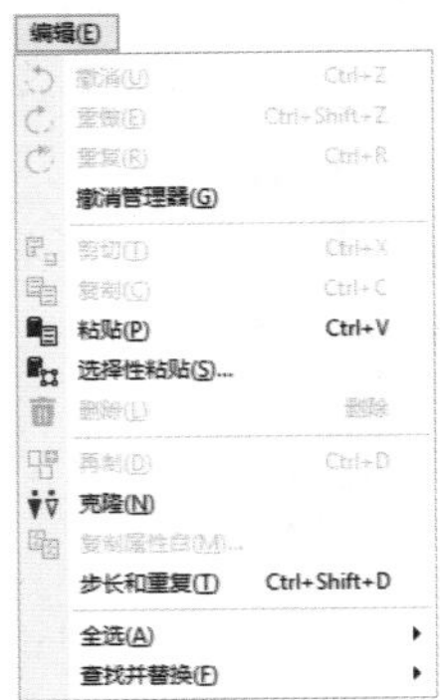

图 1-61

✦ 视图：用于控制工作界面中版面的显示方式，方便用户根据自己的工作习惯进行操作，如图 1-62 所示。

✦ 布局：用于管理文件的页面，如组织打印多页文档、设置页面格式等，如图 1-63 所示。

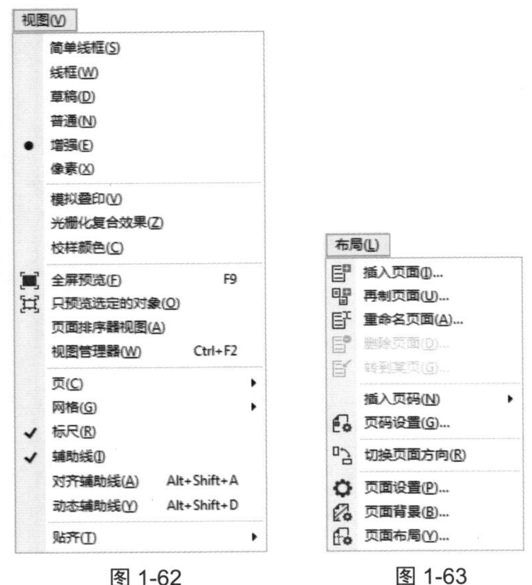

图 1-62　　图 1-63

✦ 对象：该菜单命令用于编辑对象，可以排列对象的顺序、对对象进行变换和造型等操作，如图 1-64 所示。

技巧与提示：

"变换"和"造型"命令是绘图过程中常用的功能，除了可以在"对象"菜单中选择外，还可以从执行"窗口"→"泊坞窗"命令中调用。

✦ 效果：用于为对象添加特殊的效果，将矢量绘图丰富的功能完善。利用这些特殊的功能，可以针对矢量对象进行调节和预设，如图 1-65 所示。

图 1-64

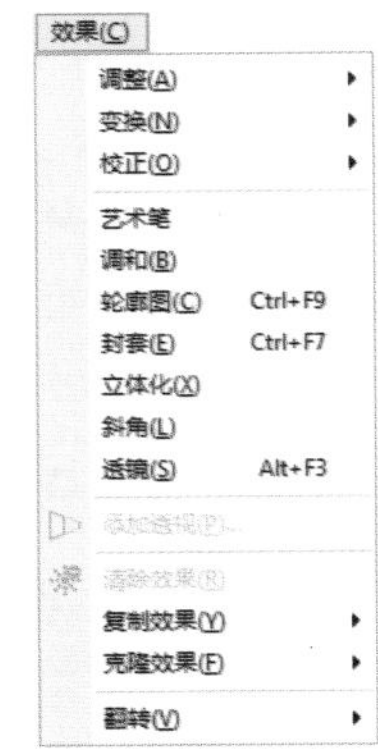

图 1-65

✦ 位图：用于对位图图像进行编辑。将矢量图转换为位图后，可应用该菜单中大部分的命令，如图 1-66 所示。

✦ 文本：用于排版、编辑文本，允许用户对文本同时进行复杂的文字处理和特殊艺术效果的转换，并可结合图形对象制作形态特殊的文本效果，如图 1-67 所示。

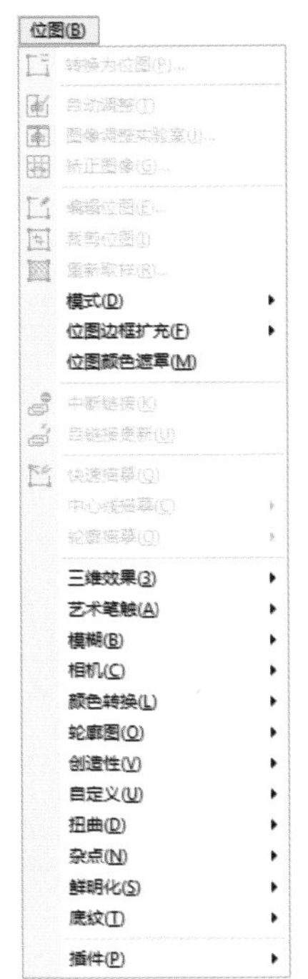

图 1-66

图 1-67

✦ 表格：用于绘制并编辑表格，同时也可以完成表格和文字之间的相互转换，如图 1-68 所示。

✦ 工具：用于简化实际操作而设置的一些命令，如设置软件基本功能和管理对象的颜色和图层等，如图 1-69 所示。

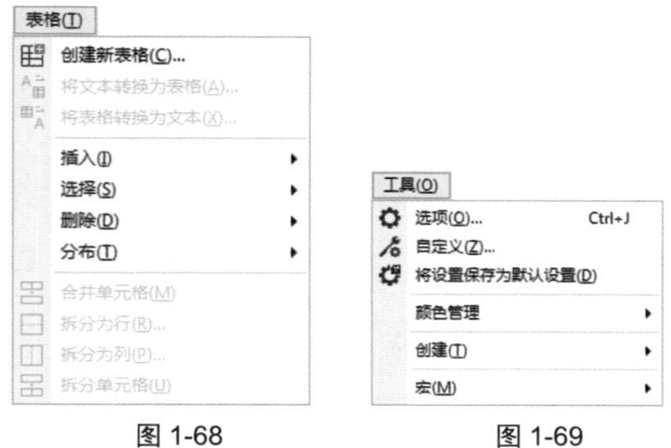

图 1-68　　图 1-69

✦ 窗口：用于管理工作界面的显示内容，如图 1-70 所示。

✦ 帮助：针对用户的疑问集合了一些答疑解惑的功能，用户从中可以了解 CorelDRAW 2017 的相关信息，如图 1-71 所示。

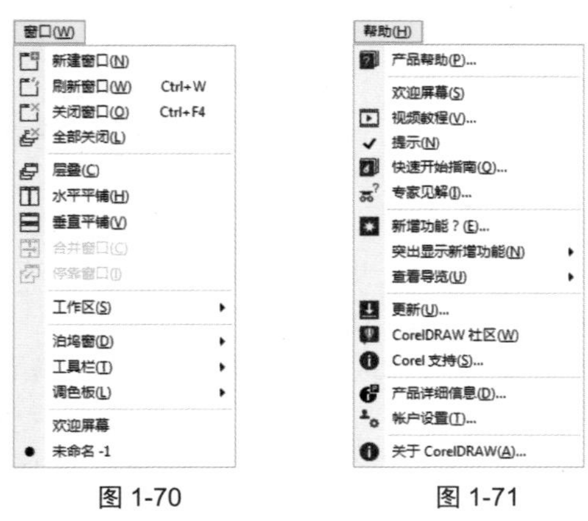

图 1-70　　图 1-71

答疑解惑：如果将菜单栏关闭了，该怎么重新显示呢？

关掉菜单栏后无法调出“窗口”菜单重新显示菜单栏，这时可以在标题栏下方任意工具栏上右击，在弹出的快捷菜单中打开关闭的菜单栏，如图 1-72 所示。

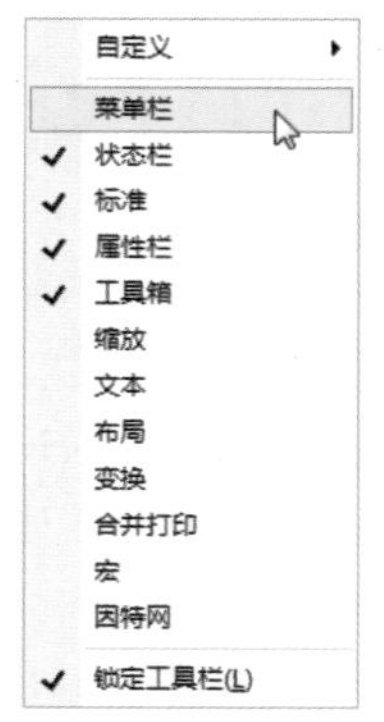

图 1-72

如果将所有的标题栏都关闭了，就无法通过快捷菜单重新显示菜单栏。此时可以按快捷键 Ctrl+J 打开“选项”对话框，在左侧的选项中单击“工作区”选项，然后在右侧勾选“受到 X6 启发”复选框，然后单击“确定”按钮，即可关闭对话框并恢复默认工作区，如图 1-73 所示。

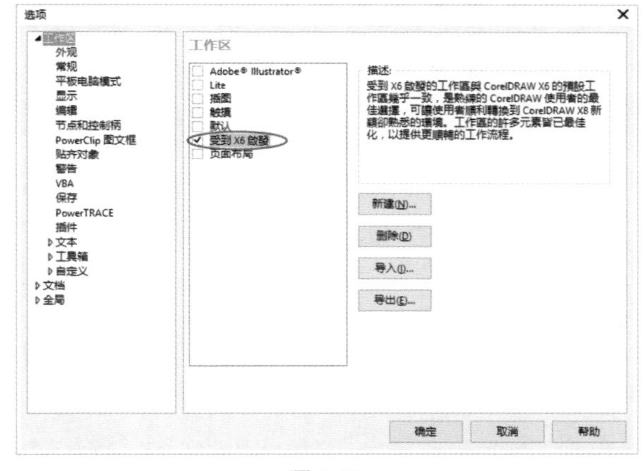

图 1-73

1.5.3　标准工具栏

标准工具栏位于菜单栏的下方，集合了一些常用的命令按钮，操作方便、快捷，可节省从菜单中选择命令的时间，如图 1-74 所示。CorelDRAW 2017 的标准工具栏包含：新建、打开、保存、打印、剪切、复制、粘贴、撤销、重做、搜索内容、导入、导出、发布 PDF、缩放比例、全屏预览、显示标尺、显示网格、显示辅助线、贴齐、选项，以及应用程序启动器等。

图 1-74

标准工具栏中各个按钮的功能如下。

✦ 新建按钮：新建一个空白文档。

✦ 打开按钮：打开现有文档。

✦ 保存按钮：保存当前文档。

✦ 打印按钮：打印当前文档。

✦ 剪切按钮：将一个或多个对象移至剪切板。

✦ 复制按钮：将一个或多个对象的副本复制到剪切板。

✦ 粘贴按钮：将剪切板内容放入文档中。

✦ 撤销按钮：取消前一个操作。

✦ 重做按钮：重新执行上一个撤销的操作。

✦ 搜索内容按钮：使用 Corel Connect 泊坞窗搜索剪切画、照片和字体。

✦ 导入按钮：将文件导入当前文档。

✦ 导出按钮：将文档副本另存为其他格式文件。

✦ 发布为 PDF 按钮：将文档导出为 PDF 格式文件。

✦ 缩放比例按钮 35%：调整文档缩放比例。

✦ 全屏预览按钮：显示文档的全屏预览。

✦ 显示标尺按钮：显示或隐藏标尺。

✦ 显示网格按钮：显示或隐藏文档网格。

✦ 显示辅助线按钮：显示或隐藏辅助线。

✦ 贴齐按钮 贴齐(T)：选择绘图页面中对象的对齐方式。

✦ 选项按钮：设置绘图窗口首选项。

✦ 应用程序启动器按钮 启动：启动 Corel 套件中的其他程序。

1.5.4 属性栏

属性栏位于标准工具栏的下方，包含与活动工具或对象相关的命令。如图 1-75 所示为默认情况下的页面属性设置，如图 1-76 所示为矩形属性设置。

图 1-75

图 1-76

1.5.5 工具箱

位于 CorelDRAW 2017 界面的左侧，包含可用于绘制时创建和修改对象的工具，其中部分工具默认可见，其他工具需要单击右下角黑色的小三角标记，展开工具栏查看并使用，如图 1-77 所示。

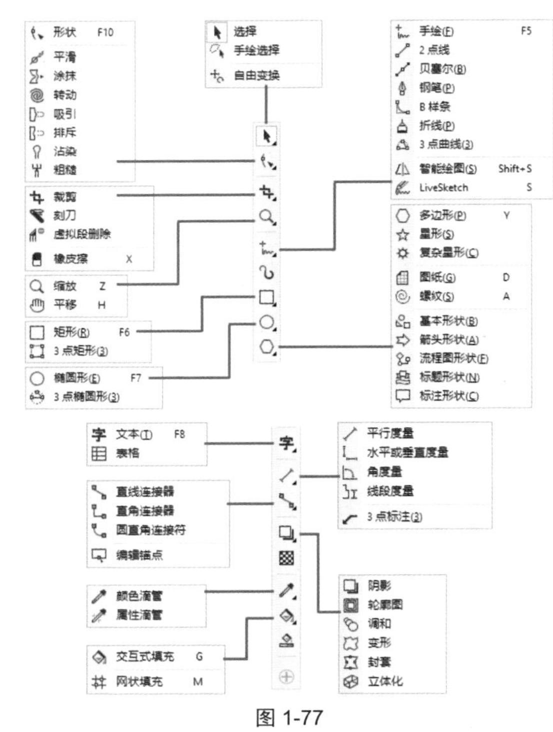

图 1-77

工具箱中的各个工具按钮的功能如下。

✦ 选择工具：选择、移动和变换对象。

✦ 形状工具：通过控制节点，编辑曲线对象或文本字符。

✦ 裁剪工具：移除选定内容以外的区域。

✦ 缩放工具：更改文档窗口的缩放级别。

✦ 手绘工具：绘制曲线和直线线段。

✦ 艺术笔工具：使用手绘笔触添加艺术笔刷、喷射和书法效果。

✦ 矩形工具：在绘图窗口拖曳工具绘制正方形和矩形。

✦ 椭圆形工具：在绘图窗口拖曳工具绘制圆形和椭圆形。

✦ 多边形工具：在绘图窗口拖曳工具绘制多边形。

✦ 文本工具 字：添加或编辑段落和美术字。

✦ 平行度量工具：绘制倾斜度量线。

✦ 直线连接器工具：绘制一条直线连接两个对象。

✦ 阴影工具：在对象后面或下面应用阴影。

✦ 透明度工具：部分显示对象下层的图像区域。

✦ 颜色滴管工具：对颜色抽样并应用到对象。

✦ 交互式填充工具：在绘图窗口中，向对象动态应用当前填充。

✦ 智能填充工具：在边缘重叠区域创建对象，并将填充应用到那些对象上。

技巧与提示：

除了默认显示的工具外，还可以单击工具箱底部的“快速自定义”按钮⊕，设置需要显示或隐藏的工具。

1.5.6　工作区

CorelDRAW 2017 的工作区可以通过执行“窗口”→“工作区”子菜单中的命令进行更改，其中包括 Lite、受到 X6 启发、默认、触摸以及专长，如图 1-78 所示，可以根据需要更改工作区。

图 1-78

✦ Lite 工作区：是入门级用户的理想选择。此工作区具有特别设计的简洁外观，鼓励新用户在友好的环境中进行探索，如图 1-79 所示。

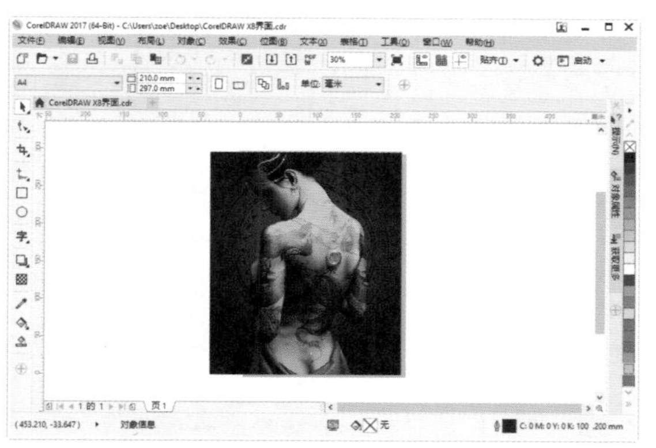
图 1-79

✦ 受到 CorelDRAW X6 启发的工作区：与 CorelDRAW X6 的预设工作区几乎一致，是熟练的 CorelDRAW 使用者的最佳选择，可以让使用者顺利转换到 CorelDRAW 2017 新颖却熟悉的环境。工作区的许多元素都已经最佳化，以提供更加顺畅的工作流程，如图 1-80 所示。

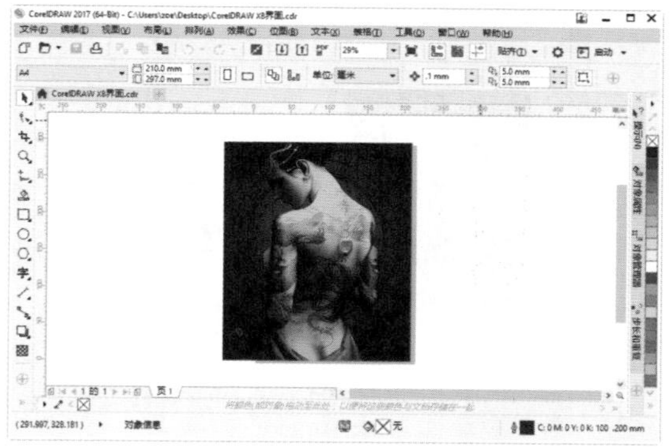
图 1-80

✦ 默认工作区：CorelDRAW 2017 的默认工作区已重新设计，提供更加直观的工具和控件放置方式。对于使用过其他矢量图形软件以及熟悉 CorelDRAW 的用户来说，此工作区是最佳选择，如图 1-81 所示。

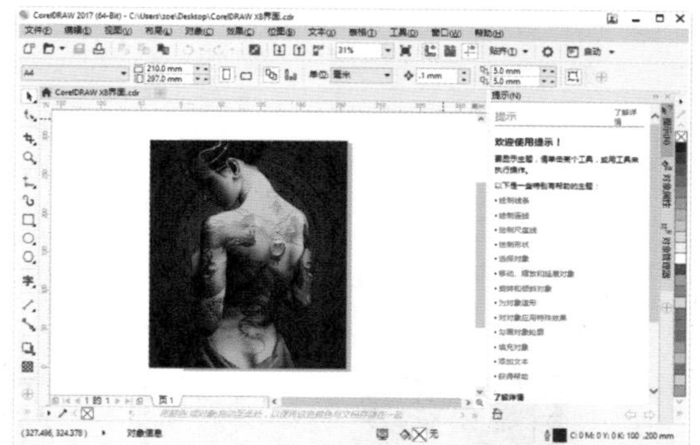
图 1-81

✦ 触摸工作区：针对启用触摸的设备优化后，该工作区成为现场工作和绘制草图工作的理想之选。通过使用触摸、表盘或触笔完成任务，而无须使用鼠标或键盘，如图 1-82 所示。

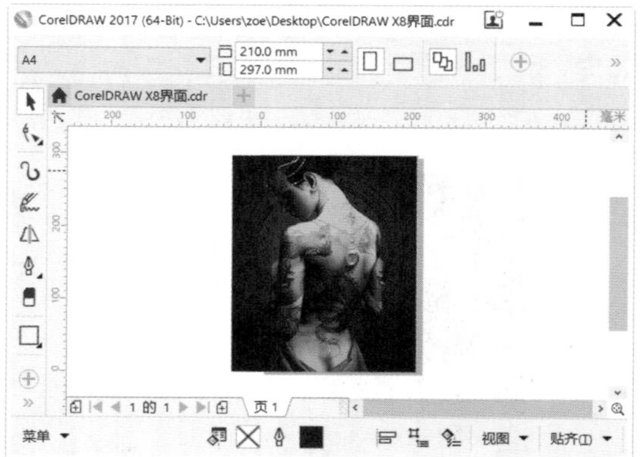

图 1-82

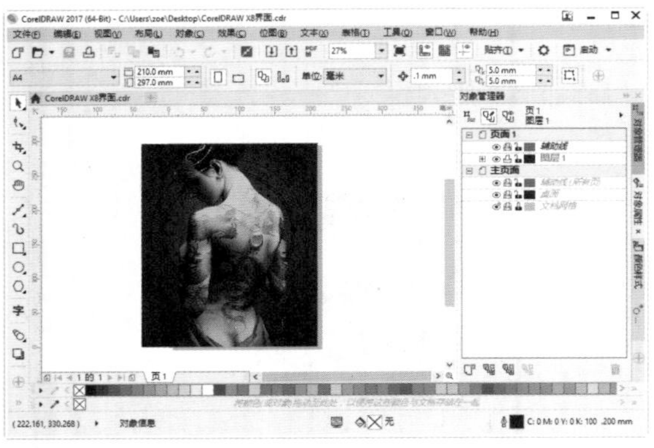

图 1-83

✦ 专长工作区：其中包括插图、页面布局和 Adobe Illustrator。“插图”工作区适用于寻求直观、高效的工作流以创建封面设计、杂志广告、故事版和其他类型插图的用户，如图 1-83 所示。“页面布局”工作区适用于专注图形和文本对象布置以创建超凡的商业名片、品牌材料、产品包装或多页文档（如小册子或新闻稿）布局的用户，如图 1-84 所示。Adobe Illustrator 工作区具有 Adobe Illustrator 的外观和质感，能帮助 Illustrator 用户开始使用 CorelDRAW 2017，如图 1-85 所示。

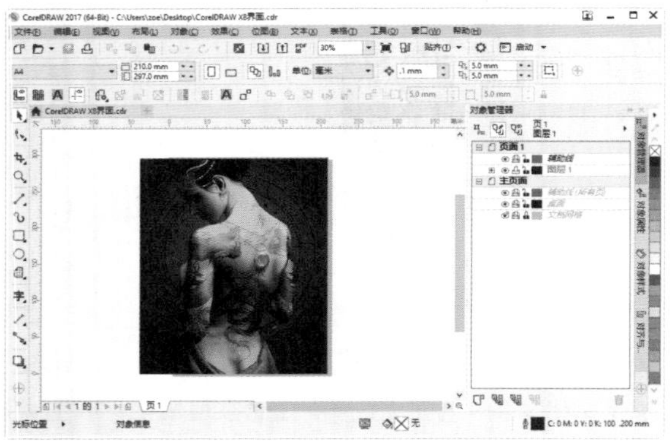

图 1-84

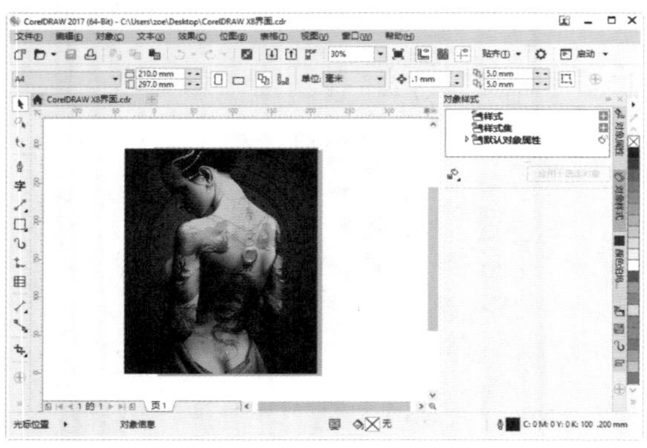

图 1-85

1.5.7 泊坞窗

泊坞窗位于 CorelDRAW 2017 界面的右侧，包含与特定工具或任务相关的可用命令和设置的窗口。执行“窗口”→“泊坞窗”子菜单中的命令，即可添加相应的泊坞窗，如图 1-86 所示。

1.5.8 调色板

调色板位于 CorelDRAW 2017 界面的最右侧，放置包含色样的泊坞栏，方便快速填充颜色，默认的色彩模式为 CMYK 模式。在色样上单击可以为对象填充颜色，右击可以填充轮廓线颜色。执行“窗口”→“调色板”子菜单中的命令，即可进行调色板颜色的重置和调色板的载入，如图 1-87 所示。

图 1-86

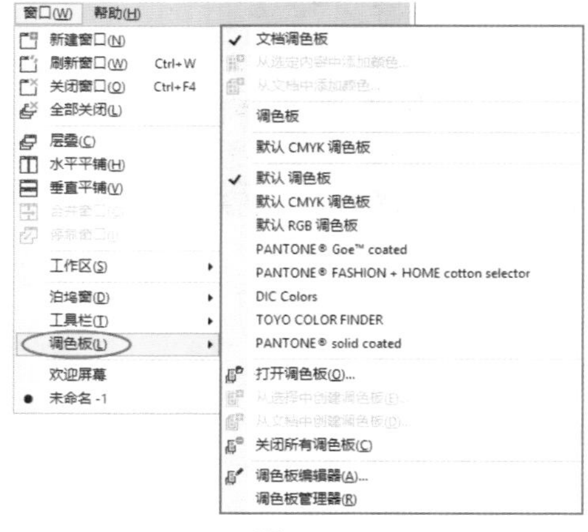

图 1-87

1.5.9　状态栏

位于 CorelDRAW 2017 界面的最下方，包含有关对象属性的信息——类型、大小、颜色、填充和分辨率，状态栏还会显示鼠标的当前位置，如图 1-59 所示。

1.6　图像基本知识

在 CorelDRAW 2017 中，可以进行编辑的图像包含矢量图和位图两种。本节根据矢量图、位图、分辨率以及图像的颜色模式来介绍有关图像的基本知识。

1.6.1　认识矢量图与位图

矢量图

矢量又称为“向量”，矢量图像中的图像元素（点和线段）称为对象，每个对象都是一个单独的个体，它具有大小、方向、轮廓、颜色和屏幕位置等属性。简单地说，矢量图像软件就是用数学的方法来绘制矩形等基本形状，适用于图形设计、文字设计和一些标志设计、版式设计等，如图 1-88 和图 1-89 所示。

图 1-88

图 1-89

矢量图与分辨率无关，因此在进行移动或修改时不会丢失细节或影响其清晰度。当调整矢量图形的大小、将矢量图形打印到任何尺寸的介质上、在 PDF 文件中保存矢量图形或将矢量图形导入基于矢量的图形应用程序中时，矢量图形都将保持清晰的边缘。打开一个矢量图形文件，如图 1-90 所示，将其放大到 100%，图像上不会出现锯齿，如图 1-91 所示。继续放大，同样也不会出现锯齿，如图 1-92 所示。

图 1-90

图 1-91

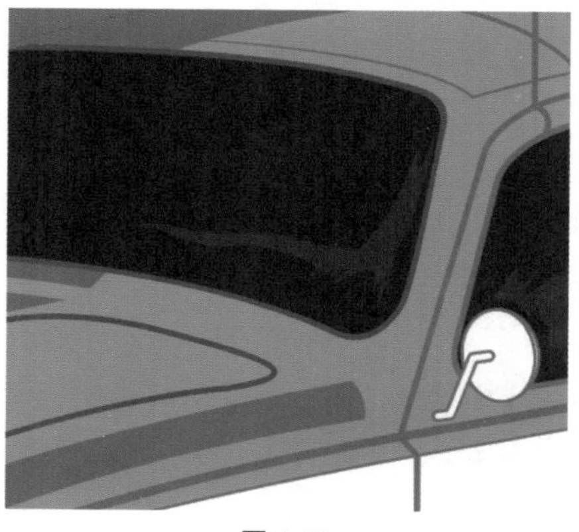

图 1-92

位图

位图又称为点阵图像、像素图或栅格图像，是由称作像素（图片元素）的点组成，这些点可以进行不同的排列和染色，以构成图样。当放大位图时，可以看见构成整个图像的无数方块。扩大位图尺寸就是增大单个像素，所以线条和形状显得参差不齐，如图1-93~ 图 1-95 所示。

图 1-93

图 1-94

图 1-95

答疑解惑：矢量图主要应用在哪些领域？

矢量图在设计中应用得比较广泛，例如，在常见的室外大型喷绘中，为了保证放大数倍后的喷绘质量，又要在设备能够承受的尺寸内进行制作，使用矢量软件就比较合适。另一种是网络中比较常见的 Flash 动画，因其独特的视觉效果以及较小的空间占用量而广受欢迎。

1.6.2 什么是分辨率

分辨率用于表示位图图像中的细节精细度，其测量单位是像素 / 英寸（ppi），每英寸的像素越多，分辨率越高。一般来说，图像的分辨率越高，印刷出来的质量就越好。如图 1-96 所示为两幅尺寸相同、内容相同的图像，上图的分辨率为 300ppi，下图的分辨率为 72ppi，可以观察到两者的清晰度有着明显的差异，即上图的清晰度明显高于下图。

图 1-96

1.6.3 图像的颜色模式

图像的颜色模式是将某种颜色表现为数字形式的模型，或者说是一种记录图像颜色的方式。在“位图”→“模式”子菜单中包含 7 种颜色模式。

✦ 黑白：在黑白模式下，使用黑色、白色两种颜色中的一种来表示图像中的像素。将图像转换为黑白模式会使图像减少到两种颜色，从而大幅简化图像中的颜色信息，同时也会减小文件的大小，如图 1-97 所示。

✦ 灰度：灰度模式用单一色调来表现图像。在图像中可以使用不同的灰度级，如图 1-98 所示。在 8 位图像中，最多有 256 级灰度，其每个像素都有一个 0（黑色）~255（白色）之间的亮度值；在 16 位和 32 位图像中，灰度级数比 8 位图像要多得多。

图 1-97

图 1-98

✦ 双色：双色调模式是由 1~4 种自定油墨创建的单色调、双色调、三色调和四色调的灰度图像。单色调是用非黑色的单一油墨打印出灰度图像，双色调、三色调和四色调分别是用两种、3 种和 4 种油墨打印出灰度图像，如图 1-99 所示。

✦ 调色板色：调色板色是位图图像的一种编码方法，需要基于 RGB、CMYK 等更基本的颜色编码方法。可以用限制图像中的颜色总数来实现有损压缩，如图 1-100 所示。如果要将图像转换为调色板色模式，那么该图像必须是 8 位通道的图像、灰度图像或 RGB 颜色模式的图像。

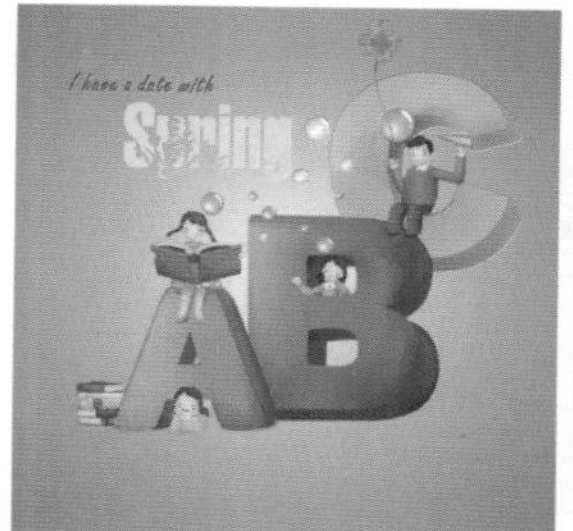

图 1-99

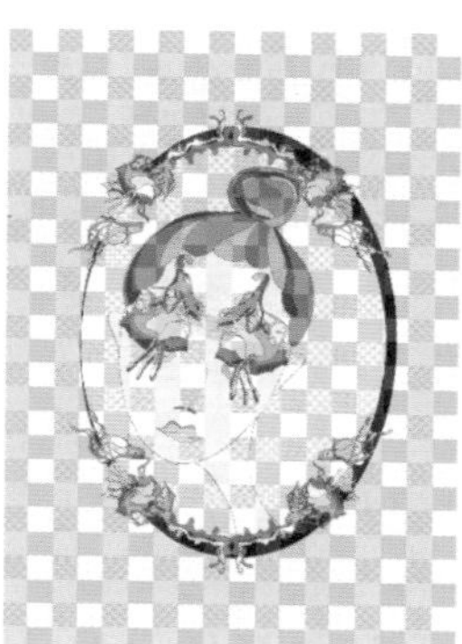

图 1-100

✦ RGB 颜色：RGB 颜色模式是进行图像处理时最常用的一种模式，该模式只有在发光体上才能显示出来，如显示器、电视等。该模式包含的颜色信息（色域）有 1670 多万种，是一种真彩色的颜色模式。

✦ Lab 颜色：Lab 颜色模式由 L、a、b 这 3 个要素组成。其中，L 相当于亮度；a 表示从红色到绿色的范围；b 表示从黄色到蓝色的范围。在 Lab 颜色模式下，亮度分量（L）取值范围是 0~100；a 分量（绿色 - 红色轴）和 b 分量（蓝色 - 黄色轴）的取值范围是 +127~−128。

✦ CMYK 颜色：CMYK 颜色模式是一种印刷模式。其中 C 代表青色、M 代表洋红色、Y 代表黄色、K 代表黑色。CMYK 颜色模式包含的颜色总数比 RGB 模式少很多，所以在显示器上观察到的图像要比印刷出来的图像亮丽得多。

技巧与提示：

在制作需要印刷的图像时，就要用到 CMYK 颜色模式。将 RGB 图像转换为 CMYK 图像会产生分色。如果原始图像是 RGB 模式的，那么最好先在 RGB 颜色模式下进行编辑，待编辑结束后再转换为 CMYK 颜色模式。

2.1 打开与新建文件

在 CorelDRAW 2017 软件中展开任何一项操作之前，都需要打开已有文件或创建新文件，这也是 CorelDRAW 最基本的操作之一。本节将介绍打开与新建文件的各种方式。

2.1.1 实战：打开文档

如果需要打开保存在磁盘中的文件，在 CorelDRAW 2017 软件中有多种可以打开文件的方式，下面详细讲解打开文件的各类方法。

01 启动 CorelDRAW 2017 之后，屏幕上出现“欢迎屏幕”界面，单击“打开其他”文件，如图 2-1 所示，可打开“打开绘图”对话框，再选择要打开的文件，即可将其打开。

02 在菜单栏中执行“文件”→“打开”命令，或按快捷键 Ctrl+O，打开“打开绘图”对话框，选择要打开的文件，如图 2-2 所示，单击“确定”按钮，即可打开所选文件。

图 2-1

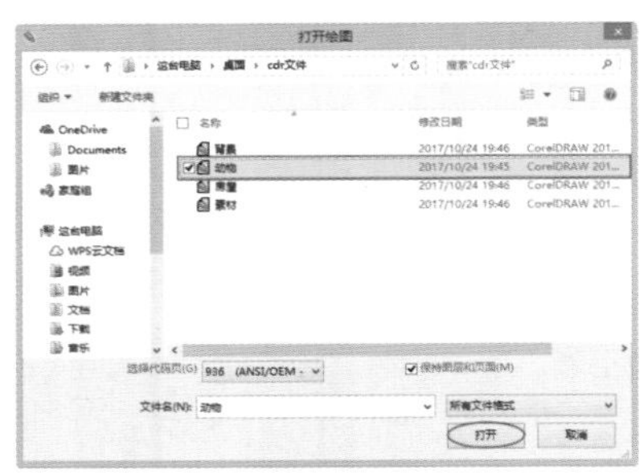

图 2-2

> **技巧与提示：**
>
> 如果需要打开多个文件，可在按住 Shift 键的同时选择多个需要打开的文件，按住 Ctrl 键可选择多个不连续排列的文件，再单击“打开”按钮，即可按选择文件的顺序依次打开文件。

03 直接单击工具栏中的“打开”按钮，如图 2-3 所示，打开“打开绘图”对话框，选择要打开的文件，然后单击“确定”按钮，可将其打开。

图 2-3

04 找到文件所在位置，在 CorelDRAW 2017 软件打开的状态下，双击该文件图标，该文件即可在 CorelDRAW 2017 的绘图区域打开。

05 找到文件所在位置，单击并按住鼠标左键，将其拖至 CorelDRAW 2017 软件界面的标题栏处（位于窗口的顶端，显示该软件当前打开文件的路径和名称），如图 2-4 所示。当鼠标变成箭头底下带个加号形状时，释放鼠标，该文件即可在新的绘图窗口中打开。

第 2 章

文件的基本操作

要进入 CorelDRAW 2017 展开工作就必须先了解 CorelDRAW 文件的基本操作方法。CorelDRAW 的基本操作包括打开文件、新建文件、保存文件、输出文件、关闭文件等。本章将详细介绍 CorelDRAW 2017 软件的文件操作方法。

本章教学视频二维码

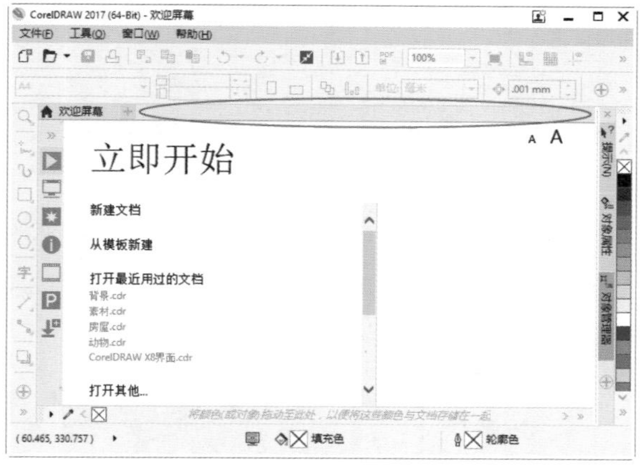

图 2-4

技巧与提示：

该方式需要注意的是，必须将已有文件拖至标题栏才行，如果不是标题栏，则操作无效。

06 找到文件所在位置，右击，在打开的快捷菜单中执行“打开方式”→ CorelDRAW 2017 命令，如图 2-5 所示，即可将该文件打开。

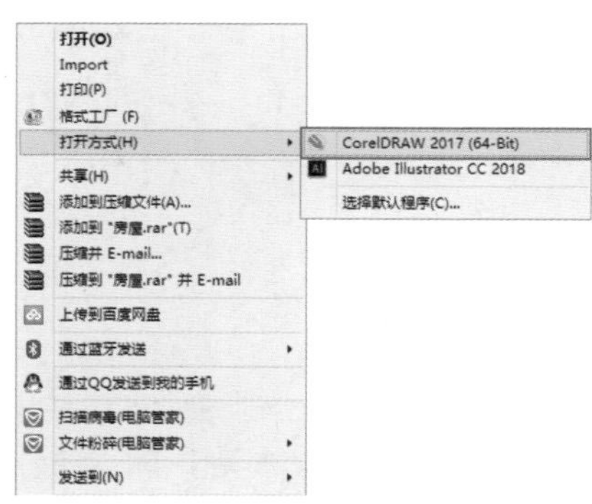

图 2-5

技巧与提示：

cdr 格式为 CorelDRAW 软件的源文件格式。由于 CorelDRAW 是矢量图形绘制软件，所以可以记录文件的属性、位置和分页等。但它在兼容性上比较差，所有 CorelDRAW 应用程序中均能够使用，但其他图像编辑软件打不开此类文件。如果要打开的文件是其他格式的，则会弹出一个错误对话框，如图 2-6 所示。

图 2-6

2.1.2　打开最近用过的文档

如果需要打开最近使用过的文档，可以执行“文件”→“打开最近用过的文件”命令，在弹出的子菜单中选择要打开的文件，如图 2-7 所示，即可将其打开。

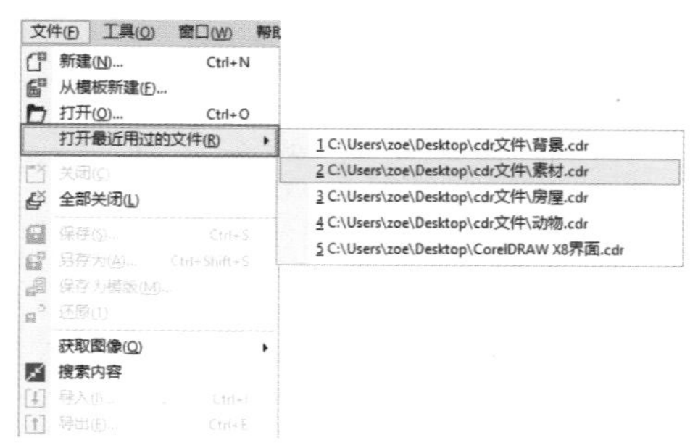

图 2-7

启动 CorelDRAW 2017 之后，屏幕上会出现“欢迎屏幕”界面，“打开最近用过的文档”下方显示最近用过的文档，然后单击要打开的文档，如图 2-8 所示，可打开最近用过的文档。

图 2-8

技巧与提示：

高版本的软件可以打开所有低版本的文件，但是低版本的软件不能打开高版本的文件。

答疑解惑：CorelDRAW 如何在低版本的软件中打开高版本软件创建的文件呢？

在 CorelDRAW 2017 中，低版本的软件不能打开高版本软件所创建的文件，但是可以将高版本的文件转换为低版本的文件。

使用 CorelDRAW 2017 打开该文件后，可以执行“文件”→“另存为”命令，如图 2-9 所示，打开“保存绘图”对话框，在右下角的“版本”下拉列表中选择一个低版本类型（版本 18.0 即 X8 的版本，版本 17.0 即 X7 的版本，以此类推），如图 2-10 所示，然后单击“保存”按钮，保存为低版本文件，即可使用低版本的软件将其打开了。

图 2-9

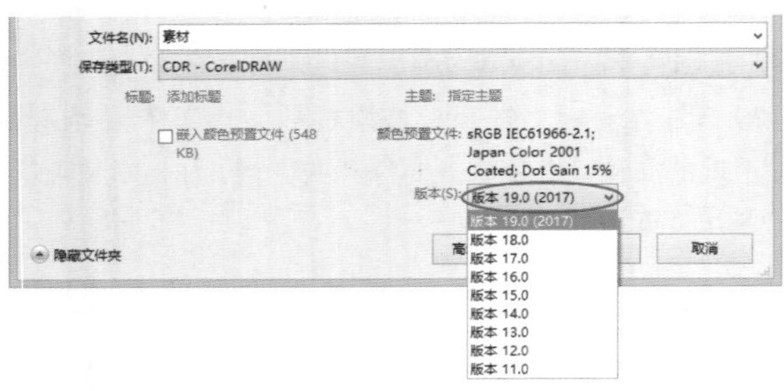

图 2-10

2.1.3 实战：新建文档

新建文档主要有三种方法，下面将详细讲解这 3 种新建文档的操作方法。

01 在“欢迎屏幕”界面中，单击“新建文档”文字，如图 2-11 所示。打开“创建新文档”对话框，再根据自己的需要在对话框中设置属性，单击“确定”按钮，即可新建一个文档。

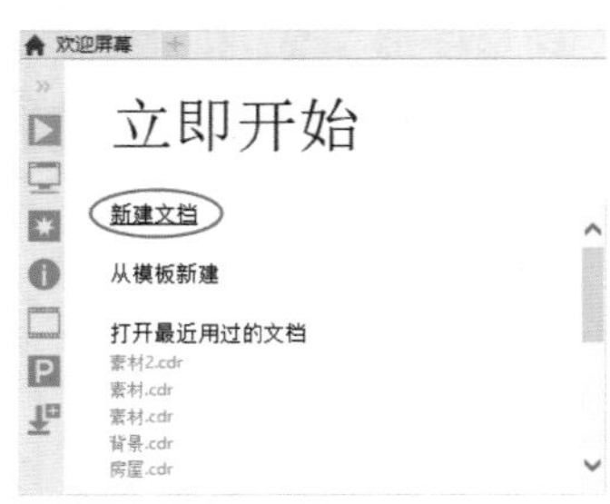

图 2-11

02 如果在启动 CorelDRAW 2017 时跳过了欢迎界面，可以执行“文件”→“新建”命令，或按快捷键 Ctrl+N，打开“创建新文档”对话框，根据自己的需要在对话框中设置属性，如图 2-12 所示，单击“确定”按钮，即可新建一个文档。

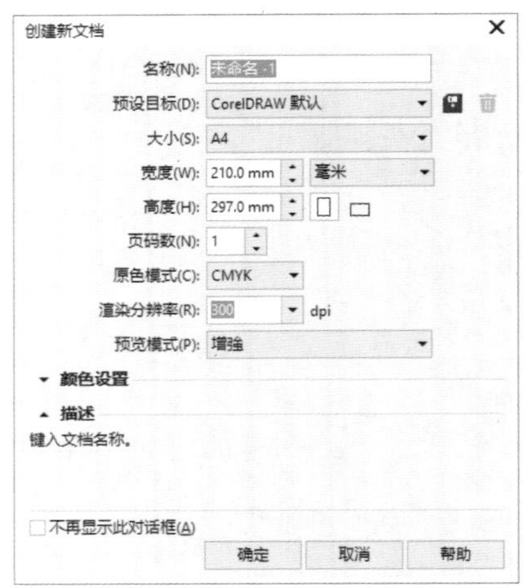

图 2-12

03 单击工具栏中的“新建”按钮，如图 2-13 所示，打开“创建新文档”对话框，再根据自己的需要在对话框中设置属性，单击“确定”按钮，也可新建一个文档。

图 2-13

答疑解惑：如果启动 CorelDRAW 2017 软件时没有出现欢迎屏幕，该如何将其显示出来？

启动 CorelDRAW 2017 软件后，一般都会出现“欢迎屏幕”界面，如图 2-14 所示。如果启动后没有出现该欢迎屏幕，或者将欢迎屏幕关闭了，那么可以采用以下方法将其重新显示出来。

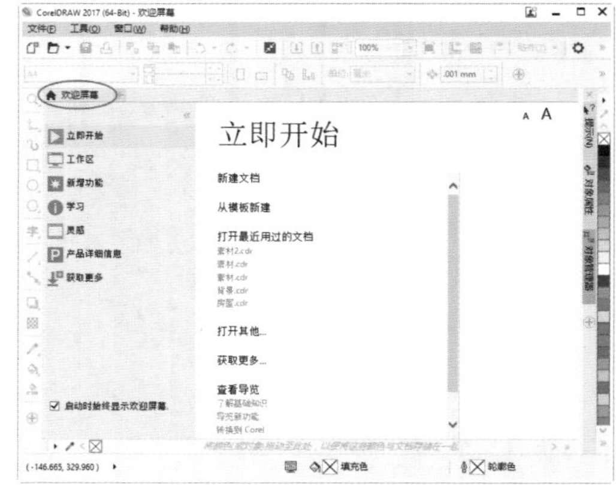

图 2-14

01 执行“工具”→“选项”命令，如图 2-15 所示，或按快捷键 Ctrl+J，打开“选项”对话框。

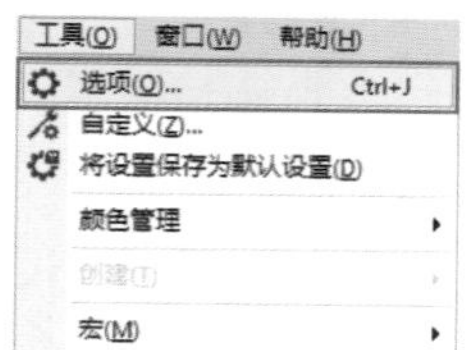

图 2-15

02 在“选项”对话框左侧的选项栏中选择“常规”选项，此时能够看到“选项”对话框右侧界面的“CorelDRAW 2017 启动”选项的设置为“无”，如图 2-16 所示。

图 2-16

03 在“CorelDRAW 2017 启动”下拉列表中选择“欢迎屏幕”选项，如图 2-17 所示，则在下次启动 CorelDRAW 2017 软件时，即可显示欢迎屏幕。

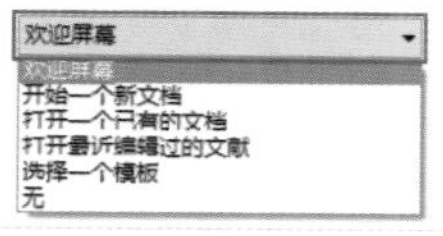

图 2-17

2.1.4　实战：从模板新建文档

CorelDRAW 2017 提供了多种可调用的内置模板，为“新手”在文档的创建过程中提供思路。

01 在欢迎界面中单击“从模板新建”文字，如图 2-18 所示。弹出“从模板新建”对话框，在该对话框中选择一种合适的模板，单击“打开”按钮即可新建指定的文档。

02 也可以执行“文件”→“从模板新建”命令，打开“从模板新建”对话框，在该对话框的左侧选择“全部”选项，即可显示所有的模板文件，如图 2-19 所示，然后选择要打开的模板，单击“打开”按钮，即可从模板中新建一个文档，如图 2-20 所示。

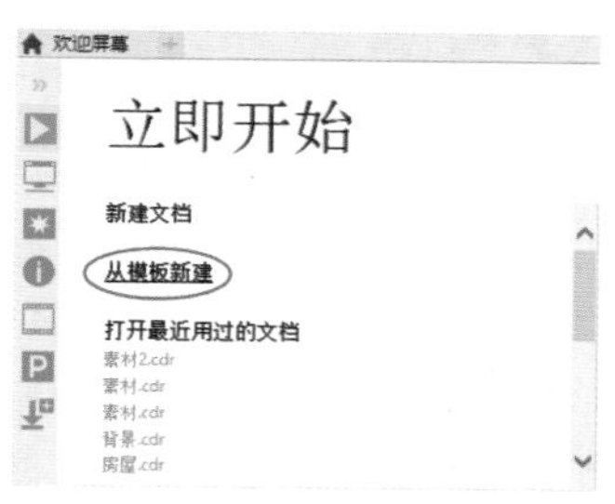

图 2-18

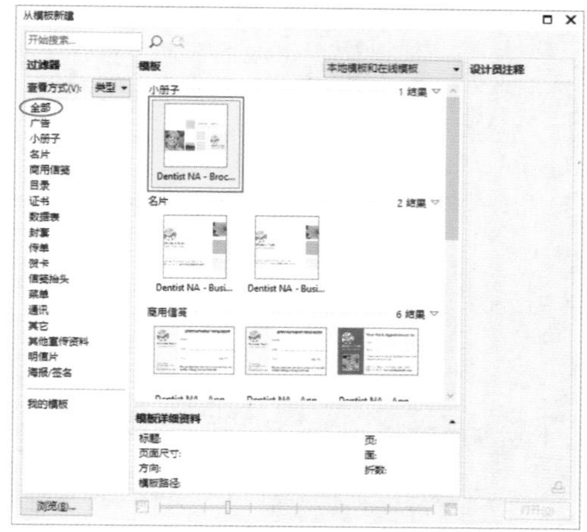

图 2-19

图 2-20

2.2　保存、输出与关闭文件

在 CorelDRAW 2017 软件中以何种方式保存文件，对图形以后的使用至关重要，因此，保存文件是编辑文件的重要环节，本节将详细介绍保存文件的多种方式。

2.2.1 使用保存命令

如果要保存文件，可执行“文件”→“保存”命令，如图2-21所示，或直接单击工具栏中的“保存”按钮，打开“保存绘图”对话框，在该对话框中选择保存文件的路径，并设置文件名称、保存类型以及存放路径等选项，如图2-22所示，单击“保存”按钮，即可完成图形文件的保存。

图 2-21

技巧与提示：

在编辑过程中为了避免断电或者计算机死机等突发状况，造成文件丢失的情况发生，可以随时按快捷键 Ctrl+S 进行快速保存。

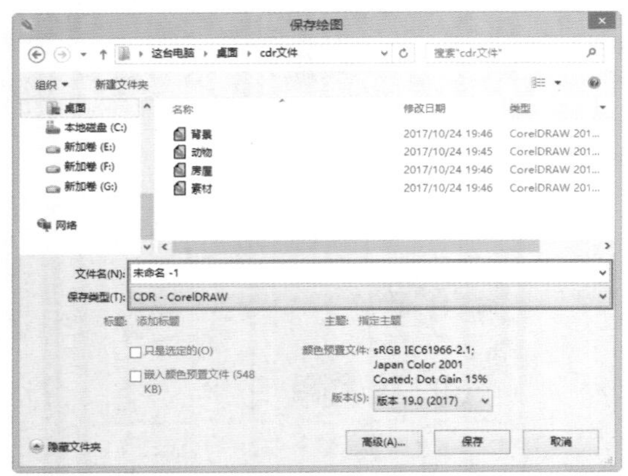

图 2-22

2.2.2 使用“另存为”命令

如果要更改文件的文件名、保存类型或存放路径，可以执行“文件”→“另存为”命令，如图2-23所示，或按快捷键Ctrl+Shift+S打开“保存绘图”对话框，在该对话框中设置需要更改的文件名、保存类型以及存放路径，如图2-24所示，再单击“保存”按钮，即可将文件按照所设置的文件名、保存类型以及存放路径进行保存。

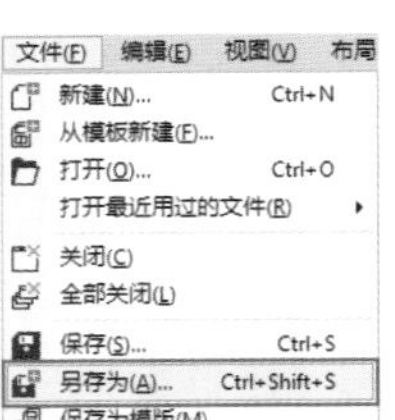

图 2-23

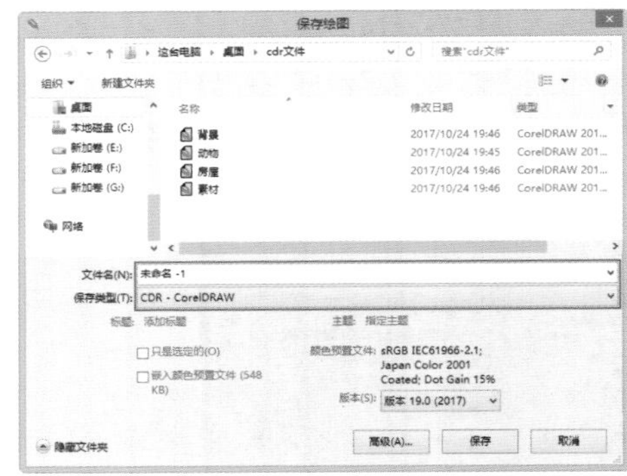

图 2-24

2.2.3 另存为模板

如果要将文件保存为模板，可以执行“文件”→“另存为模板”命令，如图2-25所示，打开“保存绘图”对话框，在该对话框中设置文件名、保存类型以及存放路径，如图2-26所示，然后单击“保存”按钮，即可将文件另存为模板。

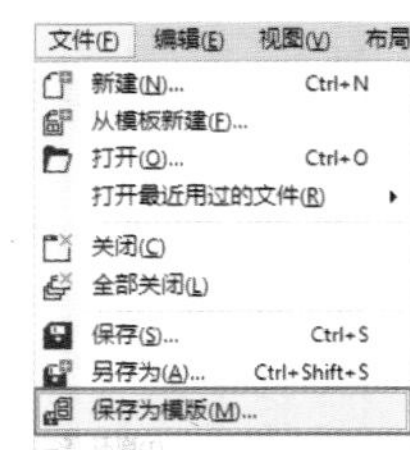

图 2-25

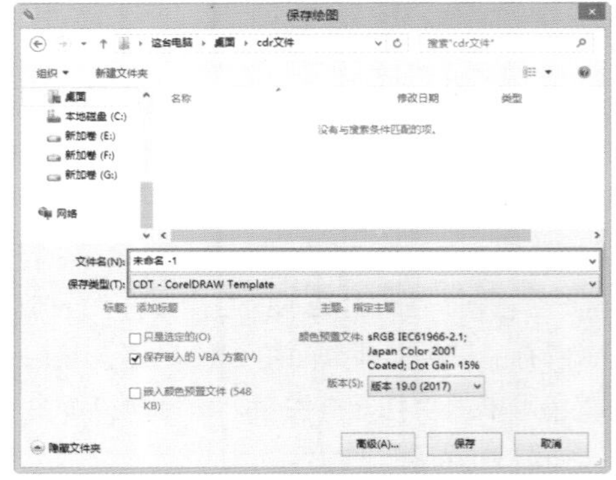

图 2-26

2.2.4　实战：发布为 PDF

在 CorelDRAW 2017 中将文档发布为 PDF 文件，可以保存原始文档的字体和图像和图形及格式。如果在计算机上安装了 Adobe Acrobat、Adobe Reader 或 PDF 兼容的阅读器，就可以在任意平台上查看、共享和打印 PDF 文件，并且 PDF 文件也可以上载到企业内部网或 Web，还可以将个别选定部分或整个文档导入 PDF 文件中。本节将详细介绍在 CorelDRAW 2017 中如何将文档发布为 PDF 文件的方法。

01 执行“文件”→“发布为 PDF”命令，如图 2-27 所示，打开“发布至 PDF”对话框。

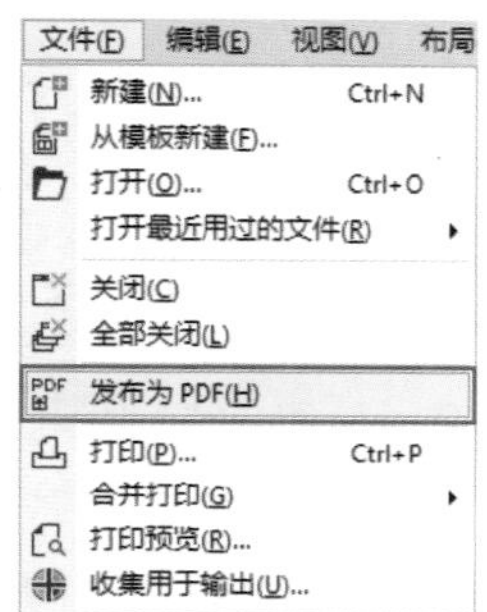

图 2-27

02 在“发布至 PDF”对话框中设置保存路径和文件名，再在“PDF 预设”下拉列表中选择所需的 PDF 预设类型，如图 2-28 所示。

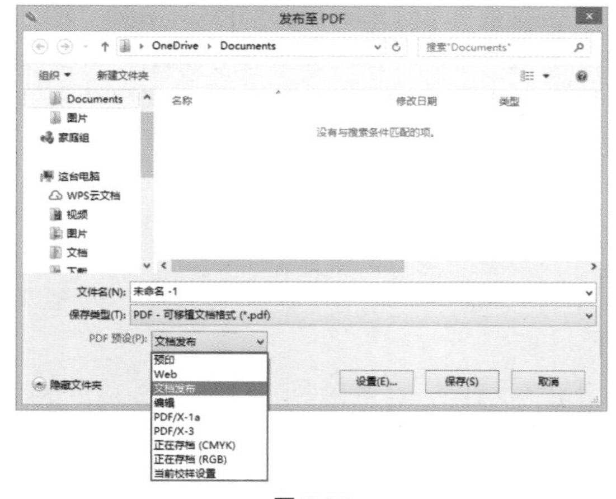

图 2-28

03 可根据需要单击“发布至 PDF”对话框中的“设置”按钮，弹出“PDF 设置”对话框，对常规、颜色、文档、对象等属性进行设置，如图 2-29 所示，然后在“发布至 PDF”对话框中单击“保存”按钮，即可将当前文档保存为 PDF 文件。

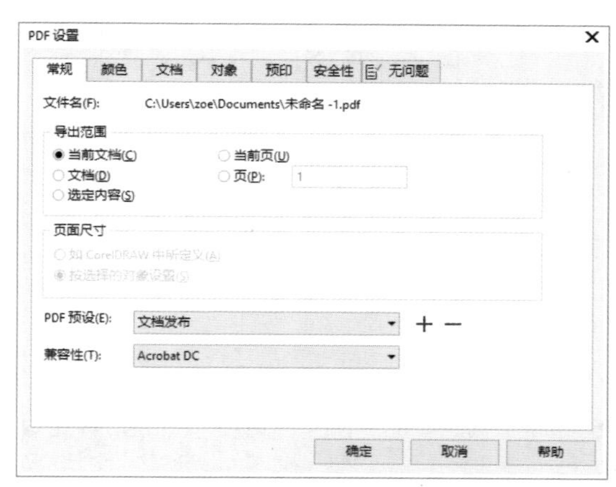

图 2-29

04 还可以通过单击工具栏中的“发布为 PDF”按钮，如图 2-30 所示，打开“PDF 设置”对话框，进行将文档发布为 PDF 文件的操作。

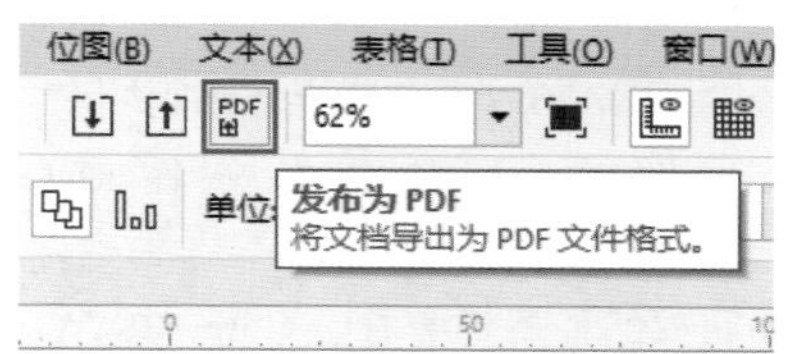

图 2-30

2.2.5　实战：关闭文件

为了避免操作文件占用太多的内存，完成文件的编辑后，可以将当前的文件关闭，这样可以大幅提高计算机的运行速度。关闭文件的几种方法如下。

01 执行“文件”→“关闭”命令，如图 2-31 所示，即可将文件关闭。

图 2-31

02 单击菜单栏右侧的“关闭” ✕ 按钮，如图 2-32 所示，即可快速关闭文件。

03 执行“文件”→“全部关闭”命令，如图 2-33 所示，即可关闭所有打开的文件。

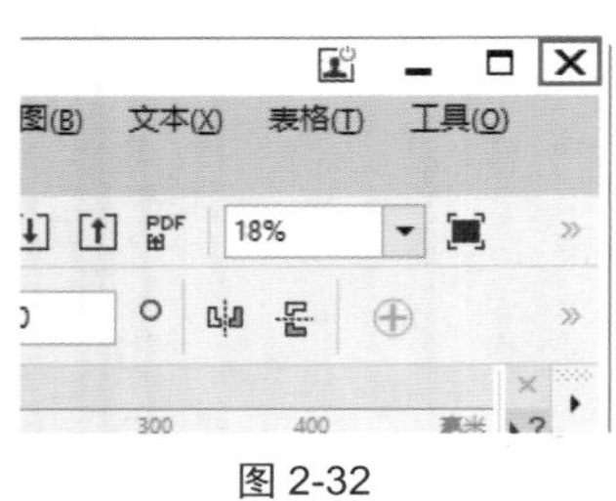

图 2-32

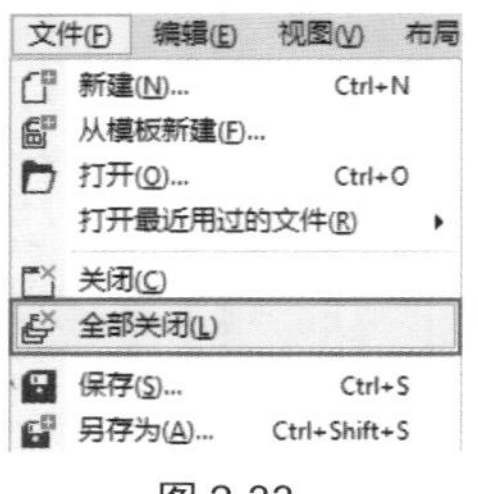

图 2-33

技巧与提示：

除了以上 3 种关闭文件的操作方法，按快捷键 Ctrl+F4 也可关闭文件。

2.2.6 实战：退出软件

退出 CorelDRAW 2017 的方法有很多，下面详解退出软件的操作方法。

01 在 CorelDRAW 2017 中完成操作后，执行“文件”→“退出”命令，如图 2-34 所示，或按快捷键 Alt+F4，即可退出软件。

02 在桌面底部的任务栏中右击 CorelDRAW 窗口按钮，在弹出的快捷菜单中选择“关闭窗口”命令，同样可以退出该软件，如图 2-35 所示。

03 单击工作界面右上角的“关闭窗口”按钮，同样可以退出该软件，如图 2-36 所示。

图 2-34

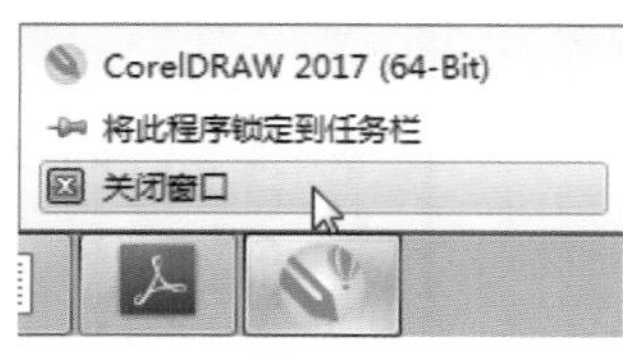

图 2-35

技巧与提示：

在运行 CorelDRAW 2017 时，如果没有对文档进行任何操作，可以直接关闭文档或退出软件，如果对文档进行了编辑，那么在关闭或退出软件时，则会弹出一个提示是否进行保存的对话框，如图 2-37 所示。单击“是”按钮，或者按 Enter 键，即可保存文档后自动关闭文件或退出软件；单击“否”按钮，则不对文档进行保存并直接关闭文件或退出软件；单击“取消”按钮，则不进行关闭文档或退出软件的操作。

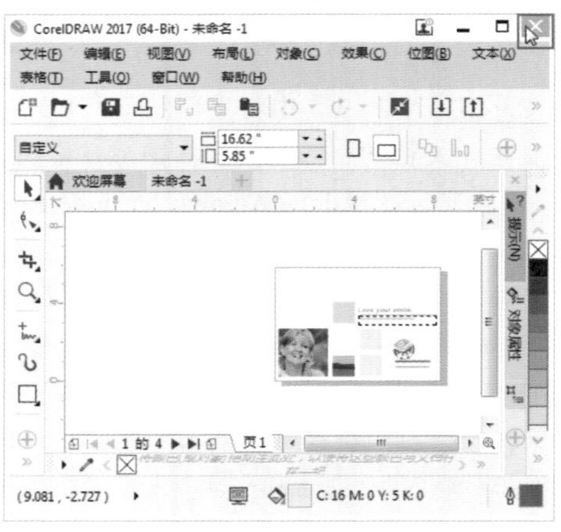

图 2-36

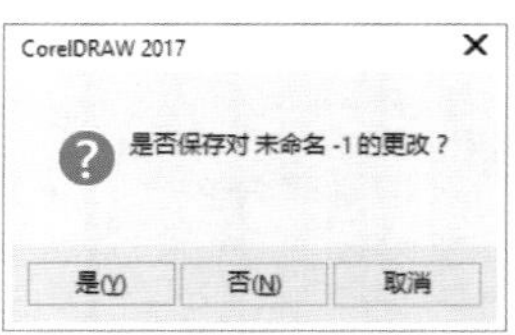

图 2-37

2.3 导入与导出文件

在使用 CorelDRAW 2017 软件进行绘图工作时，有时需要许多图像素材，CorelDRAW 2017 不仅可以打开 CorelDRAW 专用格式（即 CDR 格式）的文件，还可以将其他格式的文件（例如 JPEG、BMP、TIFF、GIF 等格式的图片）导入文档中进行编辑，并且编辑完成的文件可以导出为不同的格式，以方便在其他软件中使用或继续编辑。

2.3.1 实战：导入文件

在 CorelDRAW 2017 中，导入文件的具体方法如下。

01 执行“文件”→“导入”命令，如图 2-38 所示，或按快捷键 Ctrl+I 打开“导入”对话框。

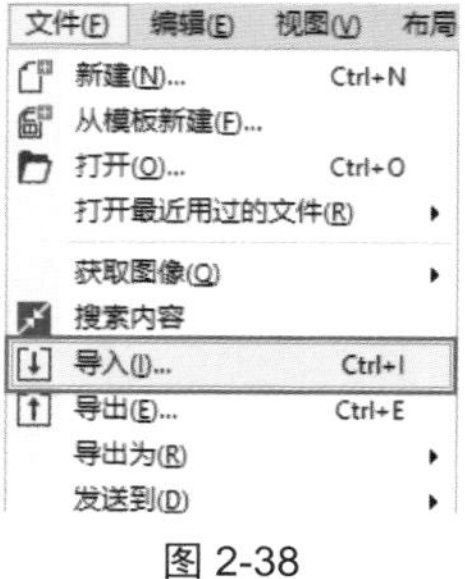

图 2-38

02 在"导入"对话框中打开"素材\第 2 章\2.3\2.3.1 实战：导入文件"文件夹，选择需要导入的文件，单击"导入"按钮，如图 2-39 所示。

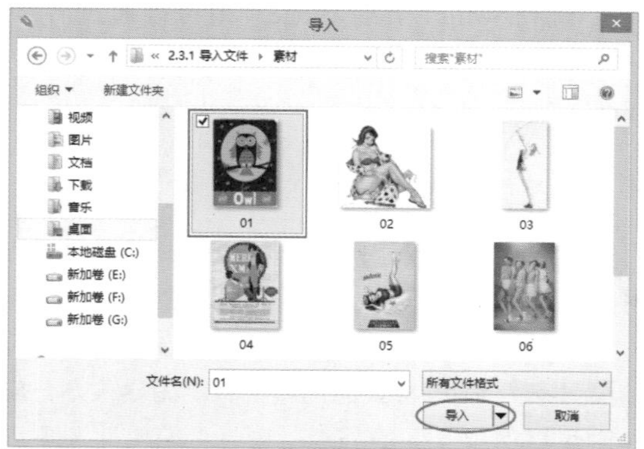

图 2-39

03 此时光标显示为直角形状，如图 2-40 所示，在文档中单击并拖出一个红色的虚线框，释放鼠标，即可导入所选图像，如图 2-41 所示。

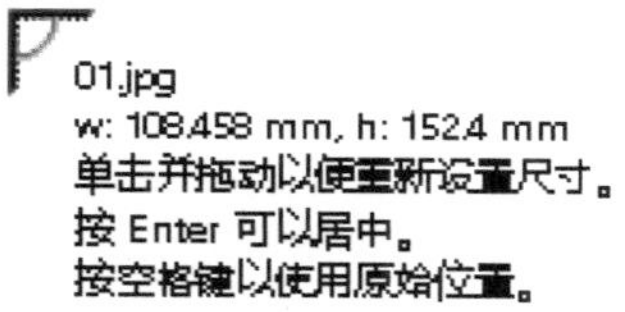

01.jpg
w: 108.458 mm, h: 152.4 mm
单击并拖动以便重新设置尺寸。
按 Enter 可以居中。
按空格键以使用原始位置。

图 2-40

图 2-41

04 还可以通过单击工具栏中的"导入"按钮，打开"导入"对话框，并进行导入文件的操作。

05 在工作区内右击，在弹出的快捷菜单中选择"导入"命令，同样可以导入所需图像。

技巧与提示：

导入文件时，可以采用拖曳的方法设置图片导入的尺寸，或者通过单击将图片按原始大小导入单击的位置，然后再拖曳控制点改变图片的大小。还可以按 Enter 键使图片居中，或者按空格键使用原始位置。

答疑解惑：在 CorelDRAW 2017 中能够导入的文件格式有哪些？

CorelDRAW 作为世界一流的平面矢量绘图软件，被专业设计人员广泛使用，作为强大的图形设计工具，其对超过 100 种常用文件格式进行支持，并且其工作方式是平面设计领域最为先进的。

在菜单栏中执行"文件"→"导入"命令，打开"导入"对话框，在"所有文件格式"下拉列表中拖曳右侧的滑块，即可看到所有能够导入的文件格式，如图 2-42 所示。

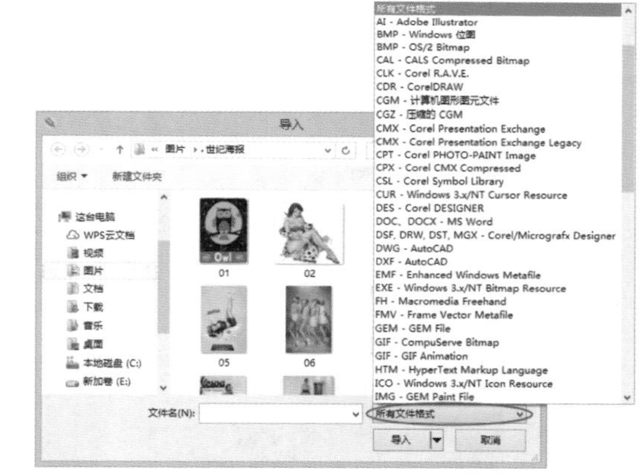

图 2-42

2.3.2　导出文件

"导出"命令主要用于文件在不同软件之间的交互编辑，以及在不同平台下使用（如实时预览、打印等）。执行"文件"→"导出"命令或按快捷键 Ctrl+E，打开"导出"对话框，在该对话框中选择"保存类型"的格式，并设置保存路径和文件名，如图 2-43 所示。然后单击"导出"按钮，即可将文件导出为相应的格式。

技巧与提示：

单击标准工具栏中的"导出"按钮，也可以快速导出文件。

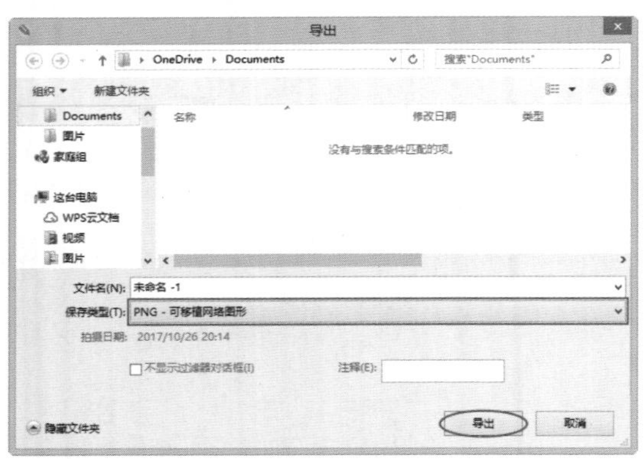

图 2-43

2.3.3 导出到 Office

CorelDRAW 与 Office 应用程序（如 Microsoft Word 和 Word Perfect Office）高度兼容，在 CorelDRAW 2017 中，可以将文件导出到 Office 系列软件中使用。执行“文件”→“导出为”→Office 命令，如图 2-44 所示，在弹出的“导出到 Office”对话框进行相应的设置，如图 2-45 所示，单击“确定”按钮可根据用途将文件导出为相应的图像。

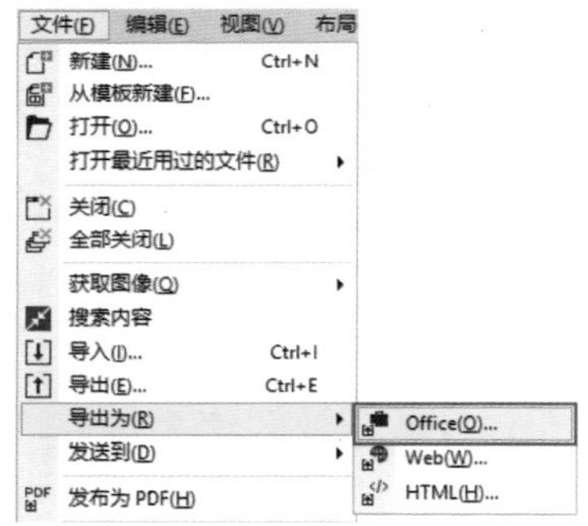

图 2-44

图 2-45

✦ 在“导出到”下拉列表中选择 Microsoft Office 选项，可以进行相应的设置，以满足 Microsoft Office 应用程序的不同输出需求。

✦ 选择 Word Perfect Office，则可以通过将 Corel Word Perfect Office 图像转换为 Word Perfect 图形文件（WPG）来进行优化。

技术拓展：Microsoft Office 类型设置详解

在“导出到”下拉列表中选择 Microsoft Office 选项时，在“图形最佳适合”下拉列表中提供了“兼容性”和“编辑”两个选项。选择“兼容性”选项可以将绘图另存为 PNG 格式的位图，将绘图导入办公应用程序时可以保留绘图的外观；选择“编辑”选项可以在 Extended Metafile Format（EMF）中保存绘图，在矢量绘图中将保留大多数可编辑元素。

在“优化”下拉列表中包含 3 个选项，选择“演示文稿”选项可以优化输出文件，如幻灯片或在线文档（96dpi）；选择“桌面打印”选项可以保持良好的图像打印质量（150dpi）；选择“商业印刷”选项可以优化文件以适用高质量打印（300dpi）。

2.4 撤销与重做

使用 CorelDRAW 2017 软件进行创作，当出现错误操作时，可以通过撤销功能从最近的操作开始，撤销在绘图中执行的操作。如果不喜欢撤销某一操作后的结果，还可以通过重做功能重做该操作，还原为上次保存的绘图版本，还可以让用户移除一个或多个操作。

2.4.1 实战：撤销操作

在 CorelDRAW 2017 软件中有多种可以撤销操作的方式，撤销的操作方法如下。

01 启动 CorelDRAW 2017 软件，打开“素材\第 2 章\2.4\2.4.1 实战：撤销操作 .cdr”文件，如图 2-46 所示。执行“效果”→“调整”→“颜色平衡”命令，或按快捷键 Ctrl+Shift+B 打开“颜色平衡”对话框，调整颜色参数，如图 2-47 所示。单击“确定”按钮，此时的图像效果如图 2-48 所示。

02 执行“编辑”→“撤销颜色平衡”命令，如图 2-49 所示，或按快捷键 Ctrl+Z 撤销最近的一次操作，将其还原到上一步操作的状态。或者单击标准工具栏上的“撤销”按钮，也可快速撤销，也可以单击“撤销”按钮右侧的倒三角按钮，在弹出的选项面板中选择需要撤销到的步骤，如图 2-50 所示。

图 2-46

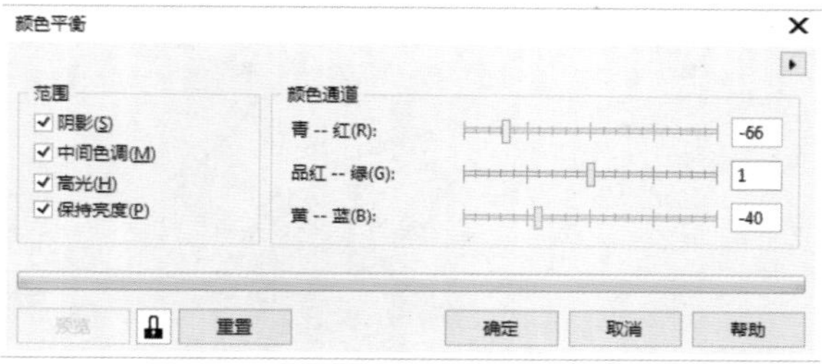

图 2-47

图 2-48

图 2-49

图 2-50

答疑解惑：在 CorelDRAW 2017 中，撤销操作最多可以进行多少步？

在 CorelDRAW 2017 软件中，可以自定义撤销或重做操作的次数，设置方法如下。

01 执行“工具”→“选项”命令，如图 2-51 所示，或按快捷键 Ctrl+J 打开“选项”对话框。

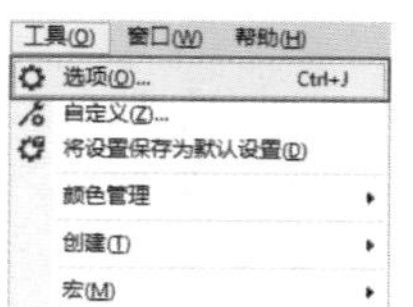

图 2-51

02 在“选项”对话框的左侧选项栏中选择“工作区”→“常规”选项，在右侧的“撤销级别”区域的“普通”和“位图效果”文本框中输入想要设置的撤销步数，最大撤销数值为 99，999，最小撤销步数为 1，如图 2-52 所示。

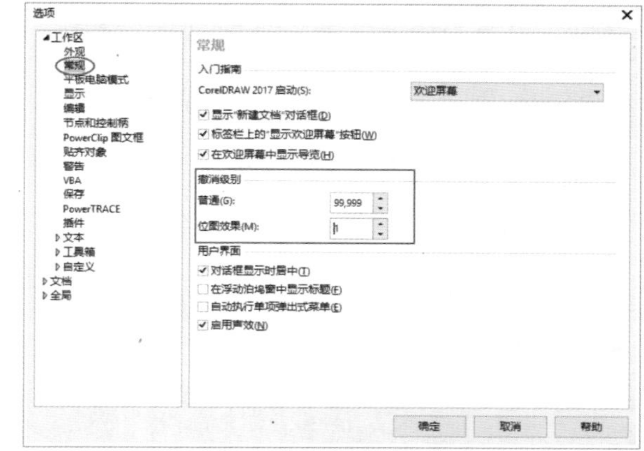

图 2-52

✦ 普通：指在针对矢量对象使用“撤销”命令时可以操作的次数。

✦ 位图效果：指在使用位图效果时可以撤销的次数。

03 设置完成后，单击“确定”按钮，即可完成撤销操作的次数设置。

技巧与提示：

指定的撤销值仅受计算机内存资源的限制。指定的值越大，所需的内存资源越多。

2.4.2　重做

重做可以将撤销的步骤恢复。继续使用上一节的案例，按快捷键 Ctrl+Z 恢复到素材的原始状态，如图

2-53 所示。执行“编辑”→“重做颜色平衡”命令或按快捷键 Ctrl+Shift+Z，可以将撤销的步骤恢复，如图 2-54 所示。单击“重做”按钮右侧的倒三角按钮，在弹出的选项面板中可以选择重做的步骤，如图 2-55 所示。

图 2-53

图 2-54　　图 2-55

> **技巧与提示：**
>
> 撤销和重做的一系列操作还可在菜单栏执行“编辑”→“撤销管理器”命令，打开“撤销管理器”泊坞窗，即可显示撤销和重做的历史记录，如图 2-56 所示。单击要撤销的所有操作之前的操作，或单击要重做的上一个操作，即可执行撤销或重做的操作。

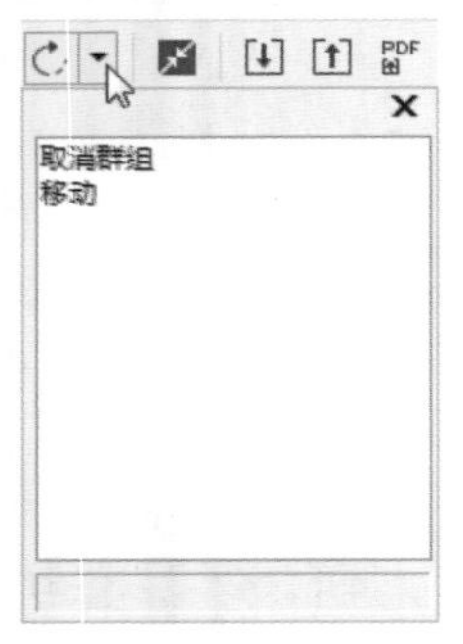

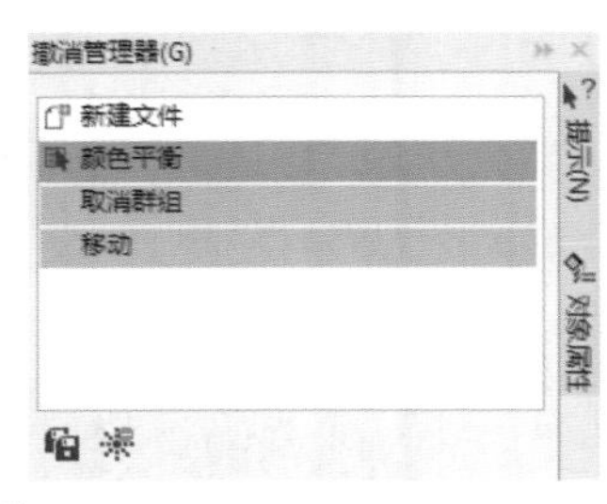

图 2-56

2.4.3 重复

通过使用“重复”命令，可以再次对所选对象进行上一步的操作。例如上一步的操作为“移动”，则可以在菜单栏中执行“编辑”→“重复移动”命令，可使所选对象再次以上一步的移动路线进行移动操作，如图 2-57 所示。

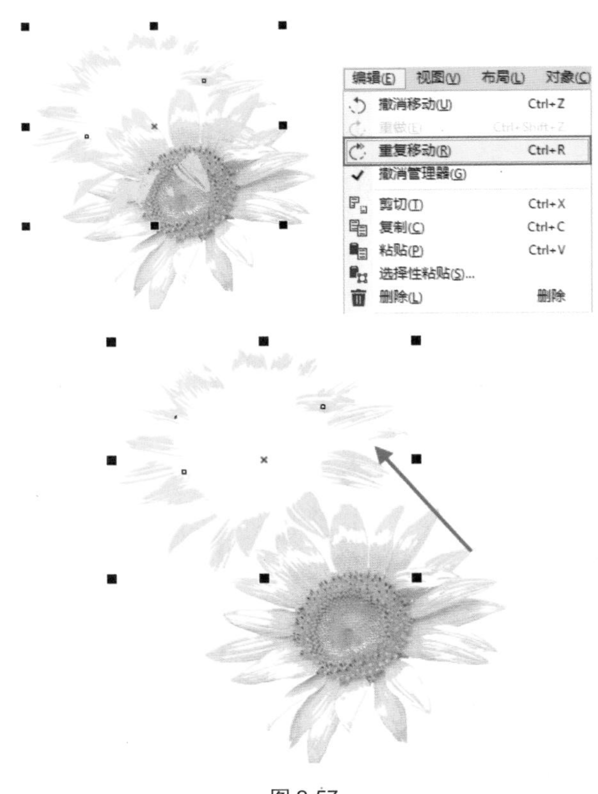

图 2-57

> **技巧与提示：**
>
> “重复”命令不仅只针对“移动”操作，还可以重复进行某些已应用于对象的操作（如延展、填充和旋转等），以产生更加强烈的视觉效果。

2.5 页面操作

在绘图之前，页面的各种操作也是一项重要的工作，在 CorelDRAW 2017 中根据绘图需要可以指定页面大小、方向、版面样式等。本节将详细介绍页面操作的技巧与方式。

2.5.1 在属性栏中快速更改页面

单击工具箱中的“选择工具”按钮，在绘图窗口的空白区域单击，在未选中任何对象的状态下，可以在属性栏中快速更改页面，如图 2-58 所示。

图 2-58

属性栏中更改页面的各选项及按钮的功能如下。

✦ 页面大小：可在下拉列表中选择预设的页面大小。

✦ 页面度量：在宽度和高度文本框中输入数值，指定页面的高度和宽度，自定义页面大小。

✦ “纵向”和“横向”按钮：单击“横向”按钮或“纵向”按钮，即可切换页面方向，如图 2-59 和图 2-60 所示。

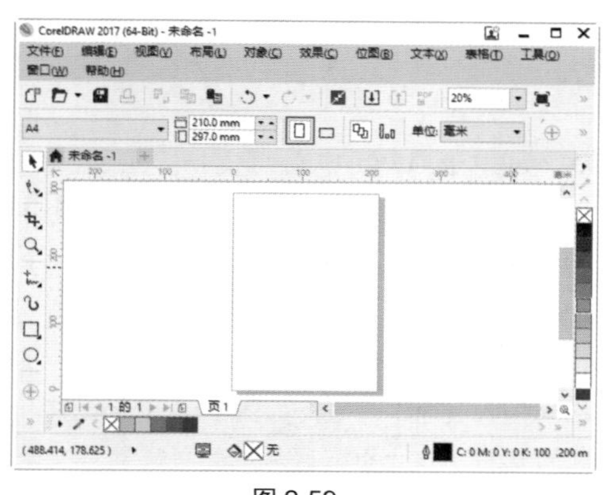

图 2-59

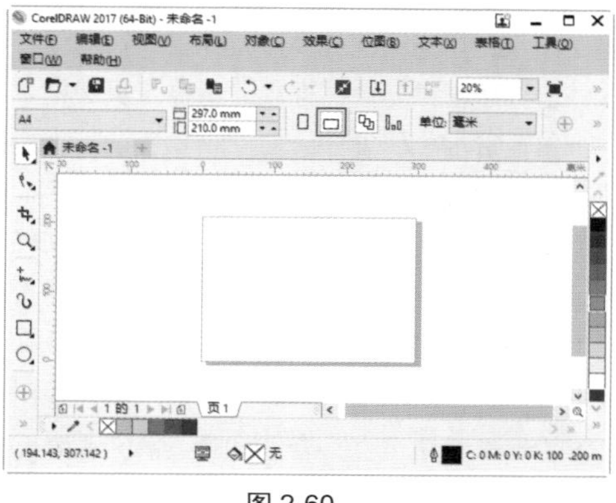

图 2-60

✦ “所有页面”按钮：单击该按钮，即可将页面大小应用到文档中的所有页面。

✦ “当前页”按钮：单击该按钮，即可将页面大小应用到当前页。

✦ 单位：在下拉列表中选择单位类型。

2.5.2　页面设置

执行“布局”→“页面设置”命令，如图 2-61 所示，打开“选项”对话框，即可根据需要设置页面尺寸，如图 2-62 所示。

图 2-61

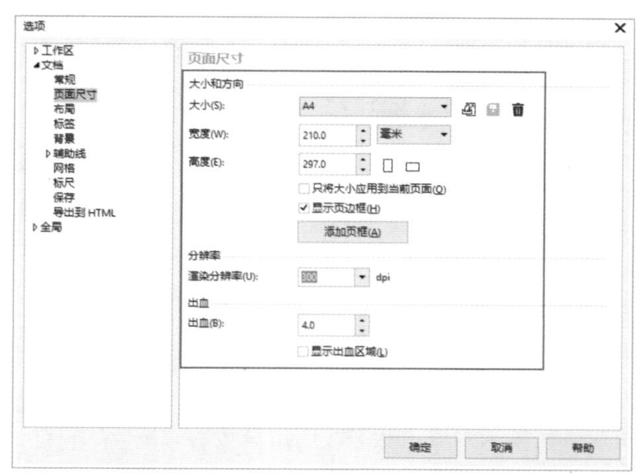

图 2-62

“页面尺寸”中各选项及按钮的功能如下。

✦ 大小：在该下拉列表中可以选择预设的页面大小。

✦ “从打印机获取页面尺寸”按钮：单击该按钮，可以使页面尺寸、方向与打印机设置相匹配。

✦ “保存”按钮：单击该按钮，将自定义页面尺寸保存在预设尺寸中。

✦ “删除”按钮：单击该按钮，删除预设页面尺寸。

✦ 宽度、高度：在相应文本框中输入数值，自定义页面尺寸。

✦ 单位：在下拉列表中选择单位类型。

✦ “横向”和“纵向”按钮：设置页面方向。

✦ 只将大小应用到当前页面：如果打开多个页面，勾选该选项，则当前页面设置将只应用于当前页面。

✦ 显示页边框：勾选该选项，将显示页边框。

✦ “添加页框”添加页框(A)按钮：单击该按钮，将在页面周围添加边框。

✦ 渲染分辨率：在该下拉列表中可以选择文档的分辨率，该选项仅在将测量单位设置为“像素”时才可用。

✦ 出血：勾选“显示出血区域”选项，然后在“出血”文本框中输入数值，即可设置页面四周的出血尺寸。

还可以执行“工具”→“选项”命令或按快捷键Ctrl+J打开“选项”对话框，在左侧选项栏中选择“文档”→“页面尺寸”选项，即可设置页面尺寸，如图2-63所示。

图 2-63

答疑解惑：“出血”是什么意思？

“出血”一词是排版设计中的专业名词，意思是文本的配图在页面显示为溢出状态，超出页边的距离为出血，如图2-64所示。出血区域在打印装帧时可能会被切掉，以确保在装订时应该占满页面的文字或图像不会留白。

图 2-64

2.5.3 实战：插入页面

在CorelDRAW 2017中可支持多页面，如果需要多个页面，可以通过插入页面的功能插入新页面。在CorelDRAW 2017中有多种插入页面的方式，下面详细介绍插入页面的操作方法。

01 执行“文件”→“新建”命令新建页面。执行“布局”→“插入页面”命令，如图2-65所示，打开“插入页面”对话框，在“页”区域的“页码数”文本框中输入要插入的页面数量，并在“地点”后方选择“之前”或“之后”选项，如图2-66所示，单击“确定”按钮，即可插入页面。

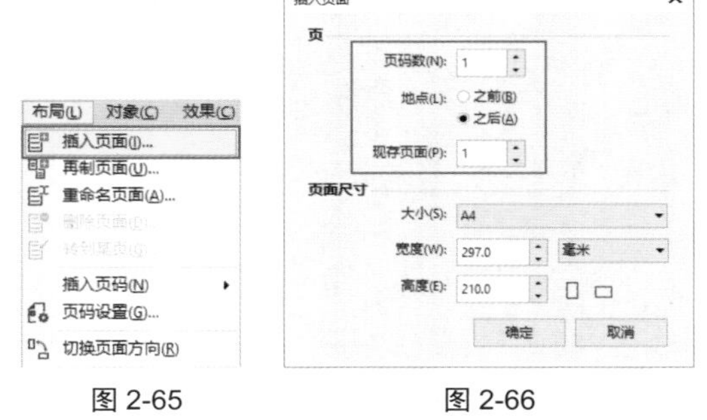

图 2-65　　图 2-66

02 单击页面控制栏中最左侧的“在当前页面中添加新页”按钮，即可在当前页面的前方添加新页面；单击右侧的“在当前页面中添加新页”按钮，则可在当前页面的后方插入新页面，如图2-67所示。

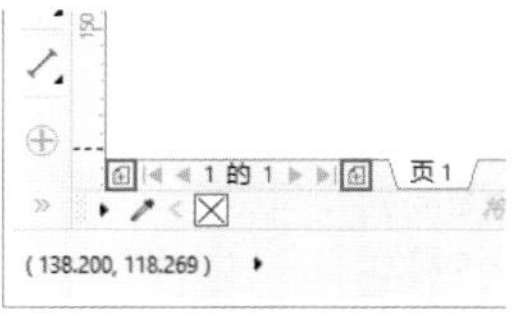

图 2-67

03 选择要插入页的页码标签，右击，在弹出的快捷菜单中选择“在后面插入页面”或“在前面插入页面”命令，如图2-68所示，即可在当前页的后方或前方插入新页面。

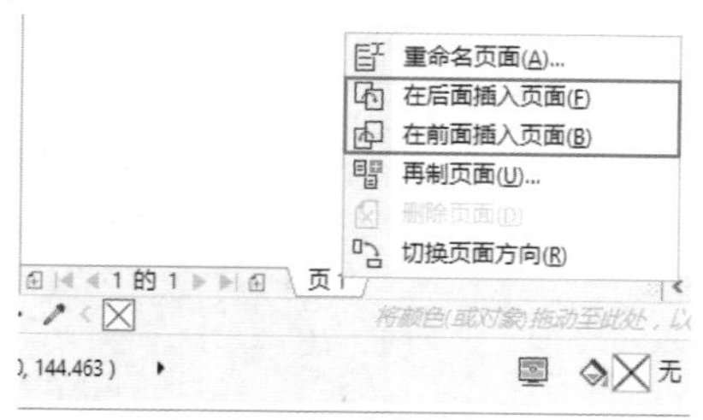

图 2-68

2.5.4　再制页面

CorelDRAW 2017 可以将页面添加到绘图或再制现有的页面。当再制页面时，可以选择仅复制页面的图层结构或复制图层及其包括的所有对象。根据需要选择再制图层结构或再制图层结构及内容。

当一个文件中需要在某一页后面或前面插入页面时，可以在菜单栏中执行“布局”→“再制页面”命令，如图 2-69 所示，打开“再制页面”对话框，可根据需要设置参数，如图 2-70 所示，单击“确定”按钮，即可再制页面。

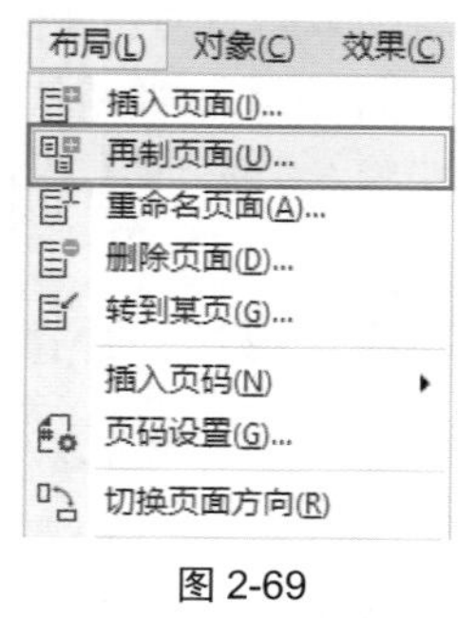

图 2-69

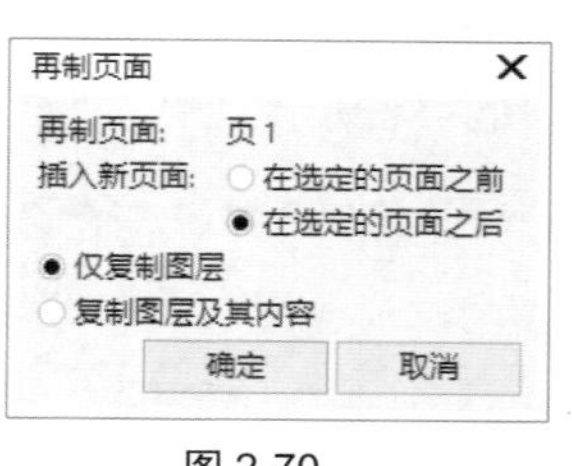

图 2-70

“再制页面”对话框中各选项的功能如下。

✦ 再制页面：设定页面，即为需要再制的页面。

✦ 插入新页面：在“插入新页面”区域中，通过选择“在选定的页面之前”或“在选定的页面之后”单选按钮来决定插入页面的位置（放置在设定页面的前面或后面）。

✦ 仅复制图层：设置再制页面的内容，再制图层结构，而不复制图层的内容。

✦ 复制图层及其内容 ：设置再制页面的内容，再制图层及其内容。

还可以直接在页面控制栏中的页面标签上右击，在打开的快捷菜单中执行“再制页面”命令，打开“再制页面”对话框并设置参数，即可再制页面。

2.5.5　实战：重命名页面

如果当前文件包含多个页面，为了便于管理，可以重命名页面。在 CorelDRAW 2017 中有多种重命名页面的方式，下面通过实例讲解页面重命名的操作方法。

01 选择要更改名称的页面，执行“布局”→“重命名页面”命令，如图 2-71 所示，打开“重命名页面”对话框，在“页名”下方的文本框中输入新的页面名称，如图 2-72 所示，单击“确定”按钮，即可重命名页面。

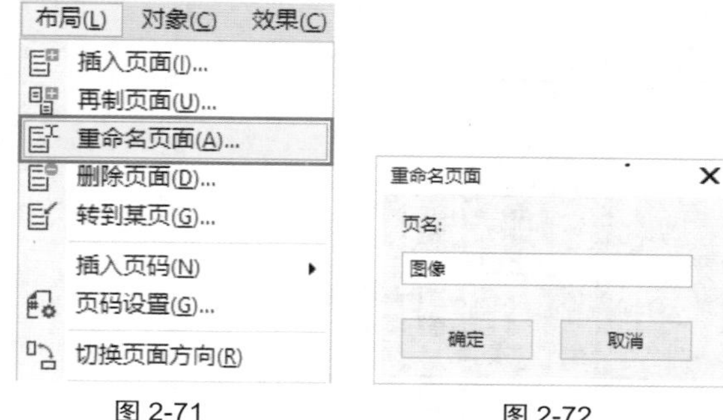

图 2-71　　图 2-72

02 在页面控制栏中选择需要更改名称的页面，右击并在弹出的快捷菜单中选择“重命名页面”命令，如图 2-73 所示，打开“重命名”对话框，在“页名”下方的文本框中输入名称，如图 2-74 所示，然后单击“确定”按钮，即可重命名页面。

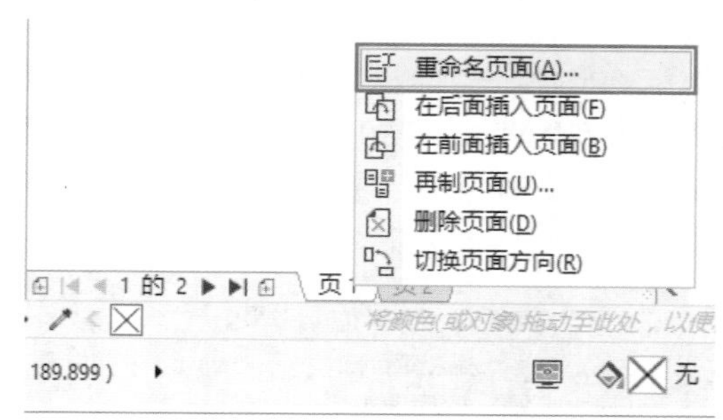

图 2-73

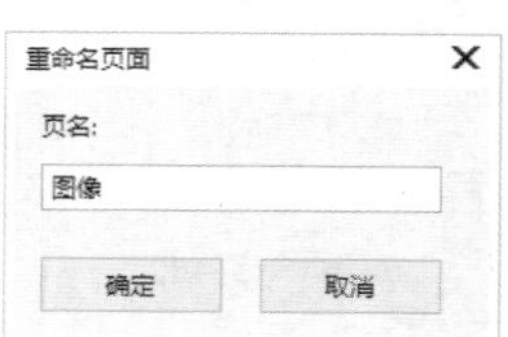

图 2-74

03 执行“对象”→“对象管理器”命令，如图 2-75 所示，打开“对象管理器”泊坞窗，单击需要重命名的页名两次，然后在文本框中输入新的名称，即可重命名页面，如图 2-76 所示。

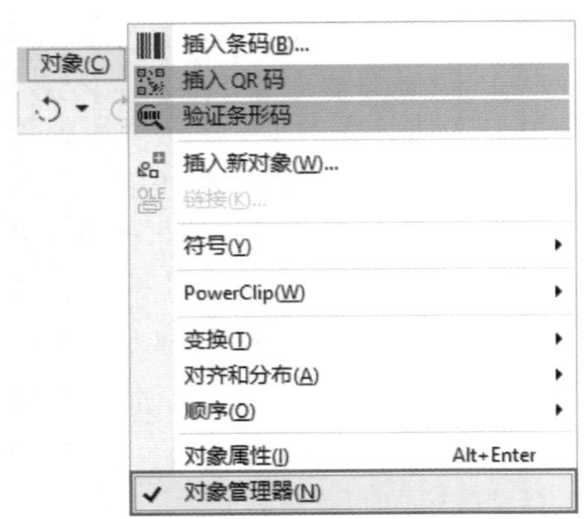

图 2-75

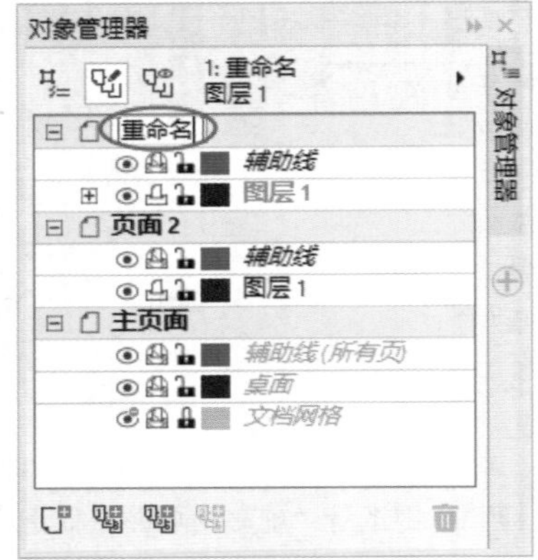

图 2-76

2.5.6 删除页面

执行“布局”→“删除页面”命令，在弹出的对话框中输入“删除页面”的页码，单击“确定”按钮即可删除所选页面，如图 2-77 所示。删除页面的同时，页面上的内容也会同时删除。

图 2-77

如果要删除多个页面，则可以选中“通到页面”复选框，在“删除页面”文本框中输入起始页面的编号，在“通到页面”文本框中输入结束页面编号，单击“确定”按钮，即可删除所设页码之前的页面，如图 2-78 所示。

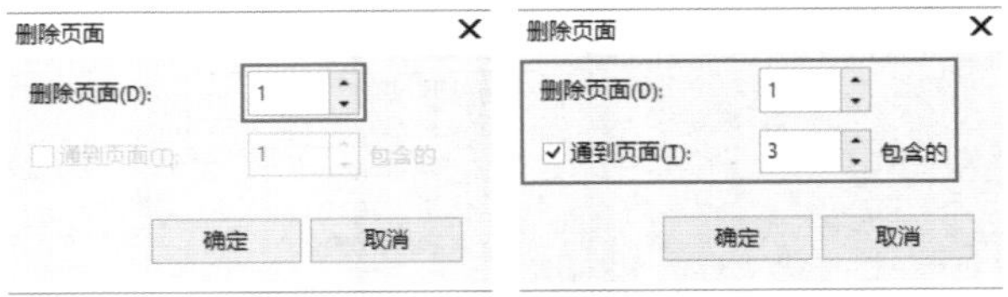

图 2-78

> **技巧与提示：**
>
> 在页面控制栏中需要删除的页面上右击，在弹出的快捷键菜单中选择“删除页面“命令，可快速删除页面。

2.5.7 转到页面

如果需要切换到其他页面进行编辑，可单击页面控制栏上的页面标签进行快速切换，或单击◀和▶按钮进行跳页操作。如果要切换到起始页或结束页，可以单击|◀或▶|按钮。

答疑解惑：编辑的页数太多，切换页面不方便该怎么办？

如果当前文档的页面过多，不好执行页面切换操作，可以在页面控制栏的页数上右击，如图 2-79 所示，然后在弹出的“转到某页”对话框中输入要转到的页码，如图 2-80 所示。

图 2-79

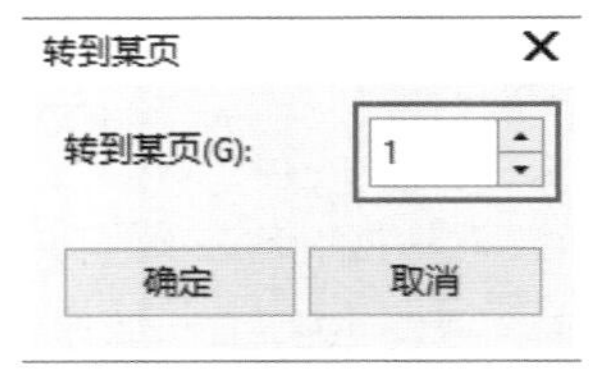

图 2-80

2.5.8 页面背景设置

在 CorelDRAW 2017 中，版面的样式决定文件进行打印的方式，因此，在打印文件之前，就需要对页面背景进行设置。在 CorelDRAW 2017 中可以设置页面背景的颜色和类型。例如，如果要使背景均匀，可以使用纯色；如果需要更复杂的背景或者动态背景，可以使用位图（底纹式设计、照片和剪贴画等都属于位图）。

如果要对页面背景进行设置，可以执行“布

局”→“页面背景”命令，如图 2-81 所示，打开“选项”对话框，在右侧的“背景”界面中即可对背景进行设置，如图 2-82 所示。

图 2-81

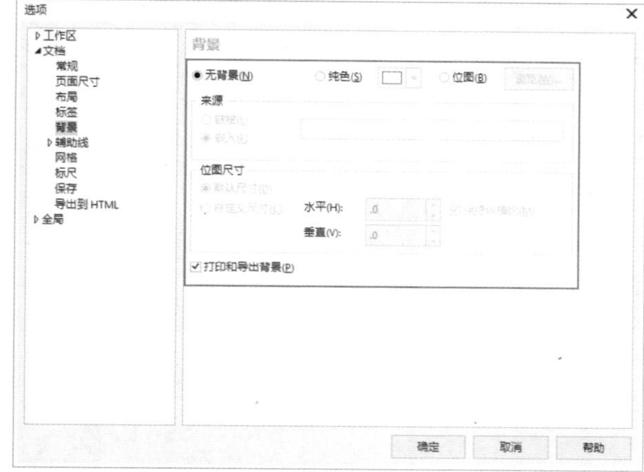

图 2-82

✦ 无背景：选中该单选按钮，则无背景。

✦ 纯色：选中该单选按钮，可在右侧的颜色框中选择颜色作为页面背景，如图 2-83 和图 2-84 所示。

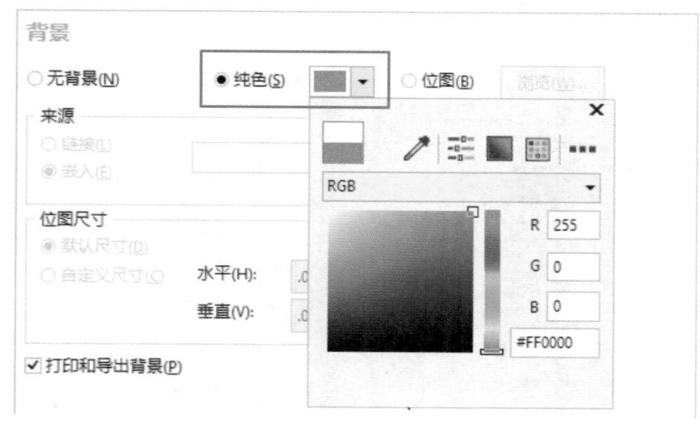

图 2-83

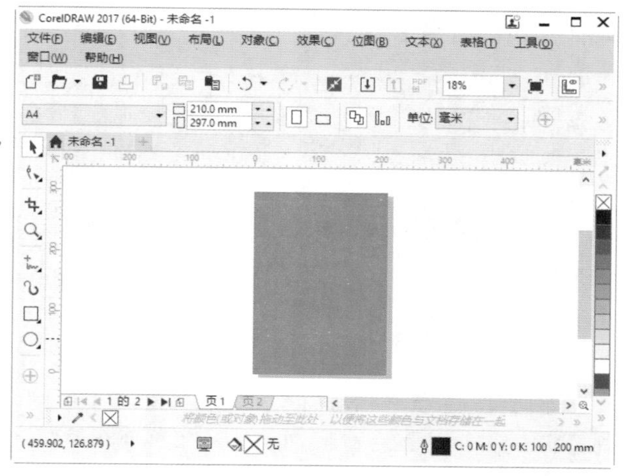

图 2-84

✦ 位图：选中该单选按钮，再单击“浏览”按钮，如图 2-85 所示，在弹出“导入”对话框中选择作为背景的位图，单击“导入”按钮可将选择的位图设置为当前页面的背景，如图 2-86 所示。

图 2-85

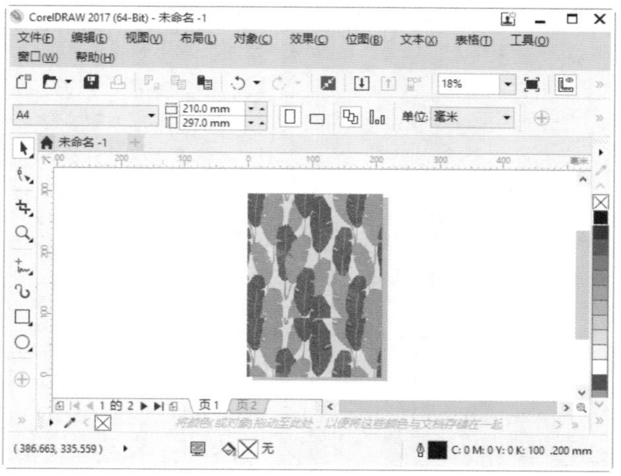

图 2-86

技巧与提示：

选择位图作为背景时，默认情况下位图将以“嵌入”的形式嵌入文件。为了避免出现嵌入的位图过多而使文件过大，也可以选择“链接”方式，这样在以后编辑原图像时，所做的修改会自动反映在绘图中。需要注意的是，如果原位图文件丢失或者位置改变，那么文件中的位图将会出现显示错误的问题。

2.5.9 布局设置

布局设置主要包括对图像文件的页面布局尺寸和开页状态进行设置。执行“布局”→“页面布局”命令打开“选项”对话框，在左侧列表中选择“布局”选项，可在右侧的“布局”界面中选择系统预设布局，如图 2-87 所示。

图 2-87

技巧与提示：

当使用默认版面样式（全页面）时，文档中每页都被认为是单页，而且会在单页中打印。可以选择适用于多页出版物的版面样式，例如小册子和手册等。多页版面样式（活页、屏风卡、帐篷卡、侧折卡、顶折卡和三折小册子）将页面尺寸拆分成两个或多个相等部分，每部分都为单独的页，使用单独部分有其优势，可以在竖直方向编辑每个页面，并在绘图窗口中按序号排序，与打印文档要求的版面无关。准备好打印时，即可自动按打印和装订的要求排列页面。

2.5.10 实战：使用标签样式

在 CorelDRAW 2017 中使用标签样式功能，可以选择来自不同标签制造商超过 800 种预设的标签格式，还可以预览标签的尺寸并查看它们是否是适合打印的页面。

01 执行“布局”→“页面设置”命令，如图 2-88 所示，或执行“工具”→“选项”命令，打开“选项”对话框。

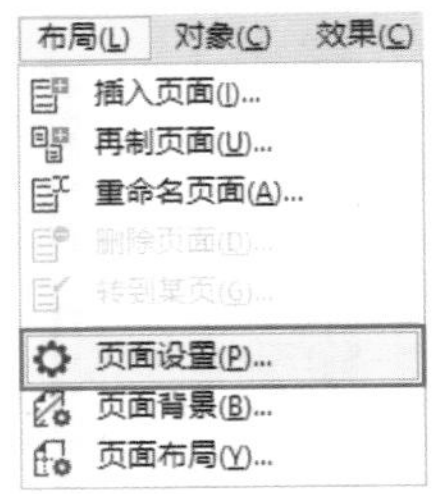

图 2-88

02 在左侧选项栏中选择“文档”→“标签”选项，在右侧显示的“标签”界面中可以预览 800 多种预设标签，并查看它们是否是适合打印的页面，如图 2-89 所示。

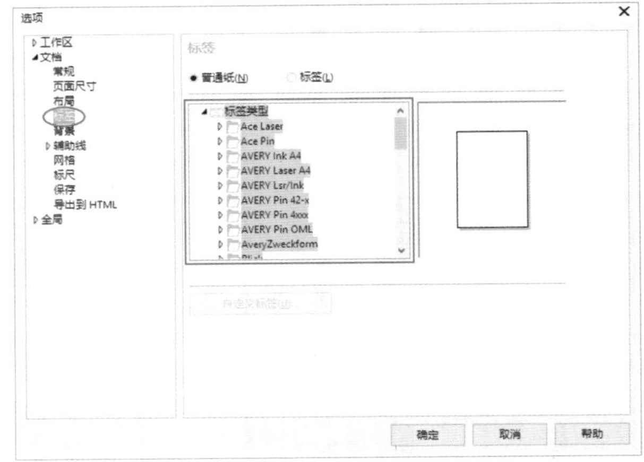

图 2-89

03 选择“标签”单选按钮，在“标签类型”中选择标签形态，右侧的预览窗口中就会显示当前所选标签类型的页面效果，如图 2-90 所示。

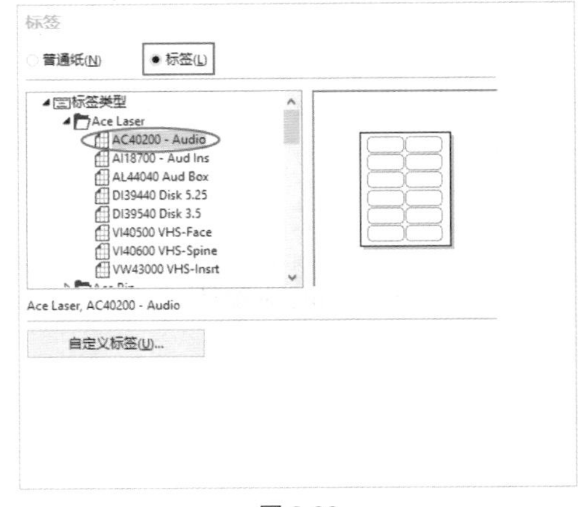

图 2-90

04 如果其中没有需要的标签样式，单击“自定义标签”按钮，如图 2-91 所示，在弹出的“自定义标签”对话框中分别设置标签的“布局”“标签尺寸”“页边距”和“栏间距”等参数，如图 2-92 所示。

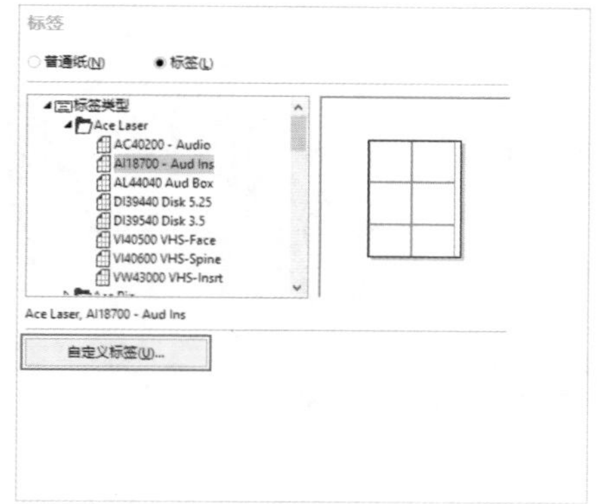

图 2-91

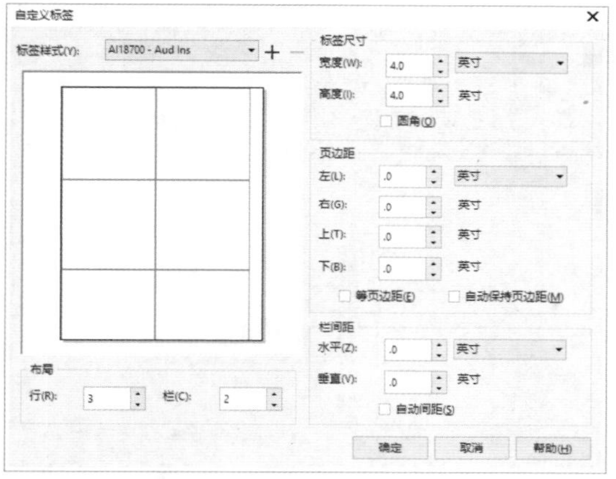

图 2-92

05 单击“自定义标签”中的“添加按钮” ＋，如图 2-93 所示，弹出“保存设置”对话框，在“另存为”文本框中输入新标签样式的名称，可保存自定义标签样式，如图 2-94 所示。

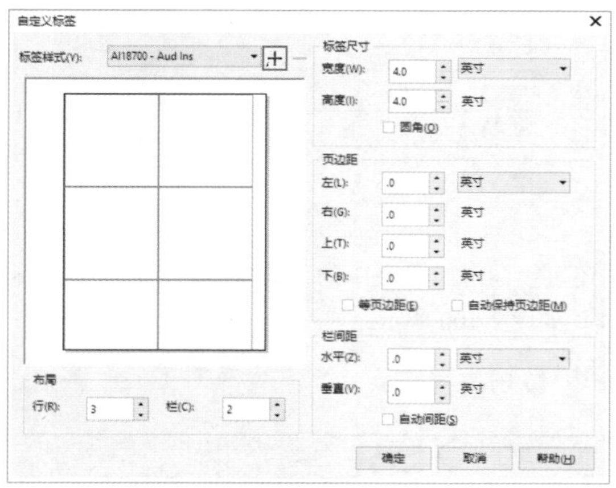

图 2-93

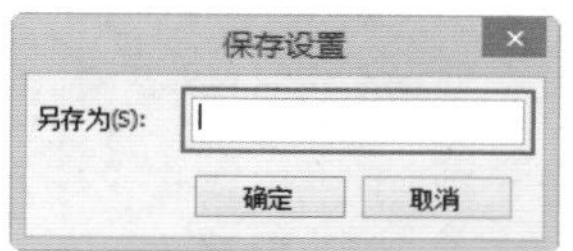

图 2-94

技巧与提示：

如果绘图包含多页，则不能使用标签样式。若要达到最好的效果，在应用标签样式之前，必须先选择纸张大小和方向。

2.6　视图显示控制

CorelDRAW 2017 软件提供了多种预览模式，可根据不同的需求对文档设置不同的显示模式，也可以对视图进行缩放、预览和平移等操作，以便观察画面的细节或全貌。

2.6.1　对象的显示模式

CorelDRAW 中有 6 种显示模式，分别为简单线框、线框、草稿、普通、增强和像素。从中选择任意一种显示模式，图形即会出现相应的变化。执行“布局”→“页面设置”命令，打开“选项”对话框，在左侧列表中选择“常规”选项，在右侧“常规”界面中也可以对“视图模式”进行相应的设置，如图 2-95 所示为 6 种显示模式。

图 2-95

图 2-95（续）

2.6.2 预览模式

CorelDRAW 中提供了 3 种预览模式，即“全屏预览”“只预览选定的对象”和“页面排序器视图”，如图 2-96 所示为 3 种预览模式的命令。

图 2-96

2.6.3 实战：使用缩放工具缩放图形

缩放工具是精确绘图必不可少的工具，用来放大或缩小图形的显示比例，查看图形的细节或整体效果，方便用户对图形的局部浏览和修改。

01 启动 CorelDRAW 2017 软件，打开“素材\第 2 章\2.6\2.6.3 实战：使用缩放工具缩放图形 .cdr”文件，单击工具箱中的“缩放工具”按钮或按 Z 键，当光标变为图标时，单击可逐级放大页面，如图 2-97 所示；右击或是按住 Shift 键待光标变为图标时单击，可缩小页面显示比例，如图 2-98 所示。双击“缩放工具”按钮，即可将页面缩放到合适的比例。

02 滑动鼠标滚轮，向上滚动放大显示比例；向下滚动缩小显示比例。按住鼠标滚轮，即可切换为平移工具，平移视图。

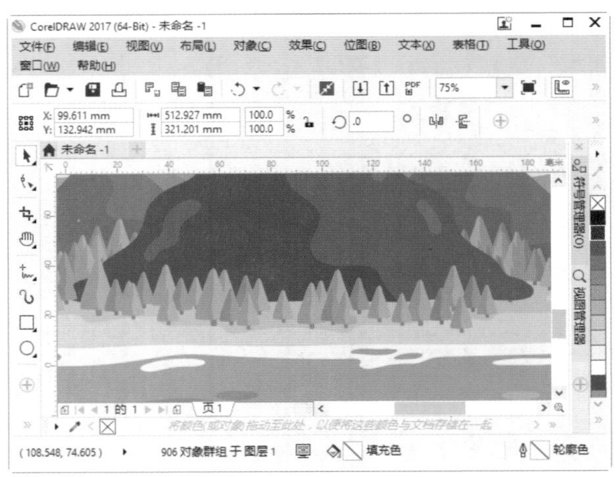

图 2-97

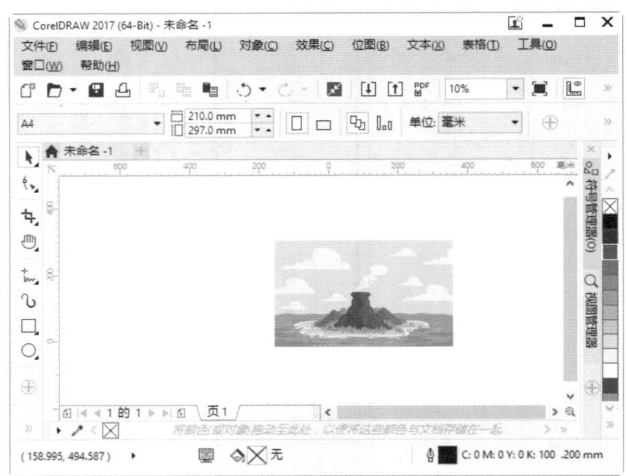

图 2-98

03 单击工具箱中的“缩放工具”按钮，则可以在属性栏上显示缩放工具的相关选项，单击相应按钮可放大或缩小显示比例，如图 2-99 所示。

图 2-99

04 还可以通过工具栏中的“缩放级别”选项进行缩放操作，如图 2-100 所示。

技巧与提示：

按快捷键 Ctrl++，可放大视图，按快捷键 Ctrl+- 或 F3 键，可缩小视图；按快捷键 Shift+F2 缩放选定对象，按 F4 键即可将页面缩放到合适的比例（相当于双击“缩放工具”按钮），按快捷键 Shift+F4 显示页面。

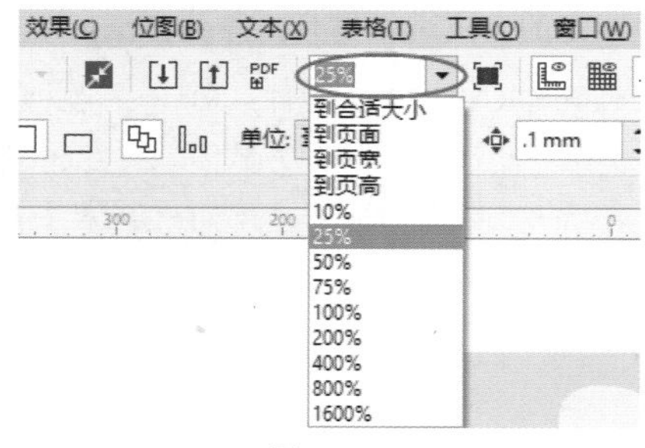

图 2-100

2.6.4　实战：使用平移工具平移图形

使用较高的放大倍数或者处理大型图形时，可能无法同时看到全部图形，通过平移工具可以在绘图窗口内移动页面来查看之前隐藏的区域。

01 启动 CorelDRAW 2017 软件，打开“素材\第 2 章\2.6\2.6.4 实战：使用平移工具平移图形 .cdr”文件。单击工具箱中的“平移工具”按钮，此时光标变为小手图标，在绘图窗口中单击并拖曳鼠标，可以平移视图，显示要查看的区域。

02 单击绘图窗口右下角的“导航器”按钮，按住鼠标左键或者 N 键，在弹出的“导航器”窗口中拖曳十字形指针，绘图区即可显示导航器指针处的图形，如图 2-101 所示。导航器的优点是无须缩小图形即可选择任意需要显示的范围。

图 2-101

03 拖曳绘图窗口右侧及下面的滑块，可以快速上下左右移动图形显示范围，如图 2-102 所示。

04 按住鼠标滚轮并在绘图窗口中拖曳，即可平移视图。

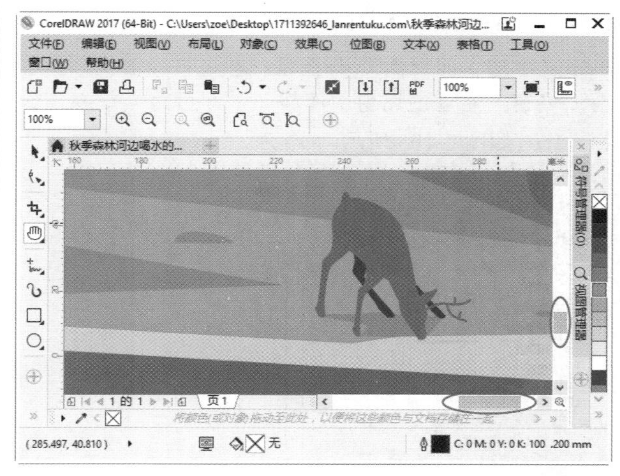

图 2-102

技巧与提示：

在平移的操作中，滚动鼠标的滚轮在默认状态下会放大和缩小的工作界面，此时可以平移和缩放同时操作，不必进行切换。

答疑解惑：在使用滚轮进行缩放和平移操作时，如果滚动的频率不合适该如何更改呢？

可以执行“工具”→“选项”命令，打开“选项”对话框，在左侧选项栏中选择“工作区”→“显示”选项，即可在右侧“显示”界面中设置“渐变步长预览”及“鼠标滚轮的默认操作”属性，如图 2-103 所示，单击“确定”按钮，即可应用更改的设置。

图 2-103

2.6.5　使用“视图管理器”显示对象

执行“视图”→“视图管理器”命令，如图 2-104

所示，或按快捷键 Ctrl+F2 打开“视图管理器”泊坞窗，单击“添加当前视图”按钮，即可将当前视图添加至泊坞窗，通过泊坞窗中的按钮，即可对当前视图进行操作，如图 2-105 所示。

图 2-104　　图 2-105

2.6.6　新建窗口

执行“窗口”→“新建窗口”命令，如图 2-106 所示，CorelDRAW 将自动复制一个相同的文档，并且在对其中一个文档操作时，另外一个文档也会发生相同的变化，如图 2-107 所示。

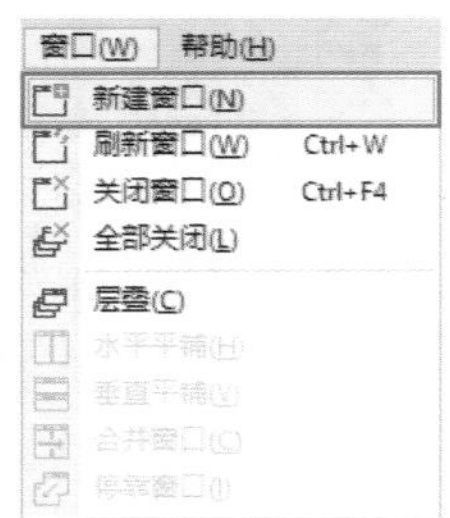

图 2-106

图 2-107

2.6.7　实战：更改文档排列方式

在 CorelDRAW 中同时操作多个文档时，需要将窗口按照一定的方式进行排列，具体方法如下。

01 启动 CorelDRAW 2017 软件，打开“素材\第 2 章\2.6\2.6.7 实战：更改文档排列方式 1、2、3.cdr”文件。执行“窗口”→“层叠”命令，可将所有文档叠加预览，如图 2-108 所示。

图 2-108

02 执行“窗口”→“水平平铺”命令，即可将所有文档按水平方向平铺预览，如图 2-109 所示。

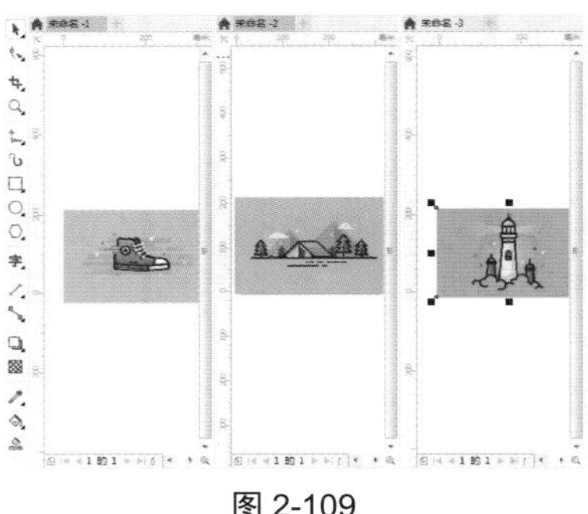

图 2-109

03 执行“窗口”→“垂直平铺”命令，即可将所有文档按垂直方向平铺预览，如图 2-110 所示。

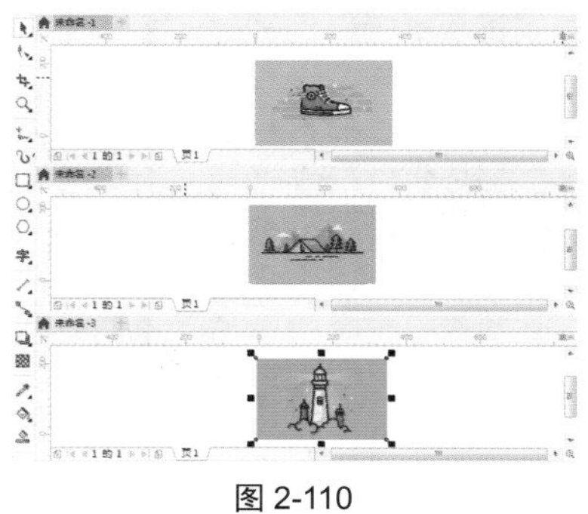

图 2-110

2.6.8　工作区显示设置

在 CorelDRAW 2017 中，如果要对工作区的显示方式进行设置，可以在菜单栏中执行“工具”→“选项”命令，如图 2-111 所示，打开“选项”对话框，在左侧选项栏中选择“工作区”→“显示”选项，再在右侧的“显示”界面中进行工作区显示方式的设置，如图 2-111 所示。

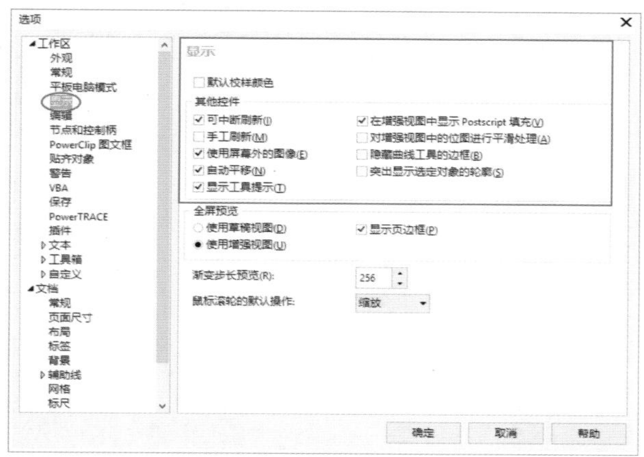

图 2-111

2.6.9　工作区设置

工作区的外观包括用户界面项目的大小、颜色主题的选择，以及更改窗口边框和桌面的颜色。如果要对工作区进行设置，可以执行“工具”→“选项”命令，如图 2-112 所示，打开“选项”对话框，在左侧选项栏中选择“工作区”选项，即可对工作区进行设置，如图 2-113 所示。

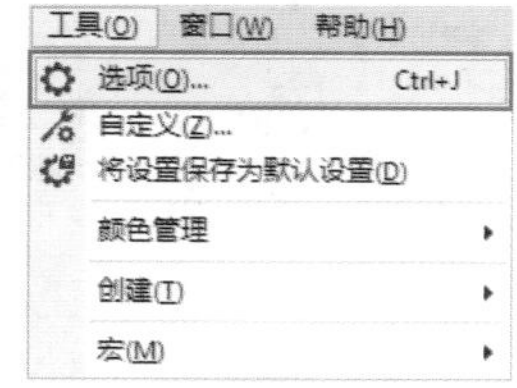

图 2-112

图 2-113

2.6.10　实战：导入原有工作区（新增功能）

在 CorelDRAW 2017 中可以导入在其他计算机上创建的自定义工作区，也可以导入在该应用程序的其他版本（可追溯到 CorelDRAW X6 版本）上创建的工作区。导入工作区时，还可以选择要导入的工作区元素，具体操作方法如下。

01 执行“窗口”→“工作区”→“导入”命令，如图 2-114 所示。打开“打开”对话框，选择要导入的工作区文件，如图 2-115 所示。

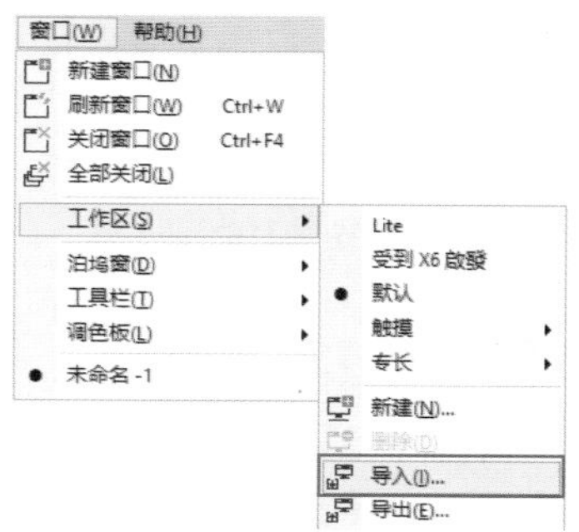

图 2-114

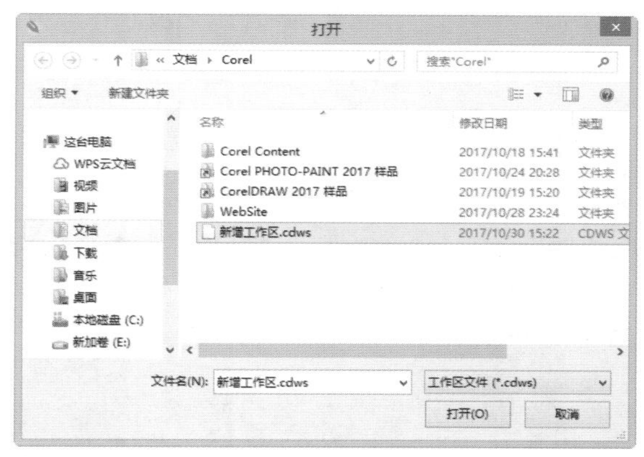

图 2-115

02 单击“打开”按钮，即可打开“导入工作区”对话框，选择要导入的工作区元素。默认情况下，会选定所有的工作区元素，如图 2-116 所示。还可以将选择的工作区元素导入“当前工作区”或“新工作区”，如图 2-117 所示。单击“导入”按钮，即可导入相应的工作区。

✦ 当前工作区：将当前工作区的工作区元素替换为导入的工作区元素。

✦ 新工作区：创建包含导入工作区元素的工作区，还可以在名称框中指定新工作区的名称。从“依据”列表中选择一个工作区，它会以现在的工作区为基础创建新的工作区，导入的工作区元素会和基础工作区合并。在“描述”文本框中可以添加对该工作区的描述。

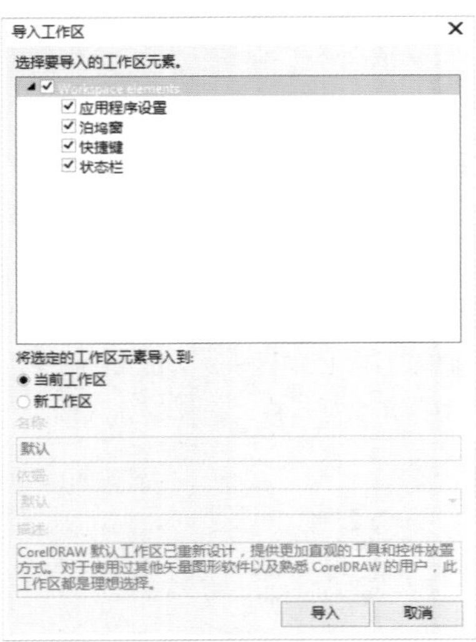

图 2-116

将选定的工作区元素导入到:
当前工作区
新工作区
名称:
依据:
默认
描述:
导入 取消

图 2-117

> **技巧与提示：**
>
> 创建工作区时不可用的所有新功能都会添加到导入的工作区中。新功能的位置可能与其在默认工作区中的位置不同。导入的工作区如果是在 X6 和 X7 版本中创建的，则自定义图标可能缩放有误。

2.7 使用辅助工具

在 CorelDRAW 2017 中的辅助工具包括标尺、网格、辅助线和自动贴齐等，使用辅助工具可以帮助精确绘图，本节将详细介绍辅助工具的使用方法。

2.7.1 标尺

标尺起到辅助精确绘图和缩放对象的作用，默认情况下，原点坐标位于页面的左下角，在标尺交叉处拖曳可以移动原点位置，如图 2-118 所示，要回到默认原点时双击标尺交叉点即可。

标尺有水平和垂直两种，分别用于度量横向和纵向的尺寸。执行“视图”→“标尺”命令，可切换标尺的显示与隐藏状态，如图 2-119 所示。

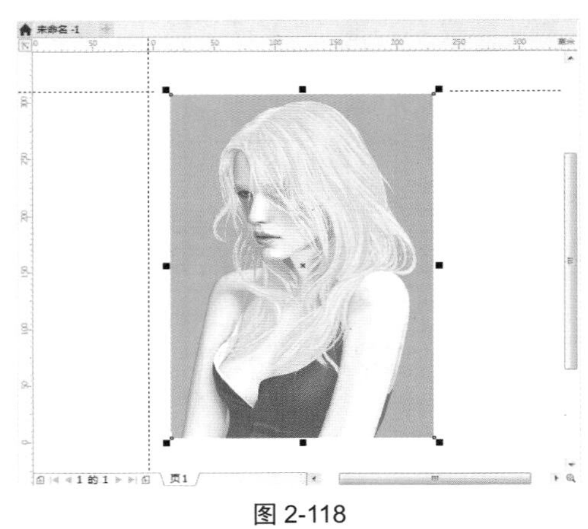

图 2-118

设置标尺

在标尺上右击，在弹出的快捷菜单中选择“标尺设置”选项，如图 2-120 所示，或在标尺上双击，即可打开“选项”对话框，进行标尺设置，如图 2-121 所示。

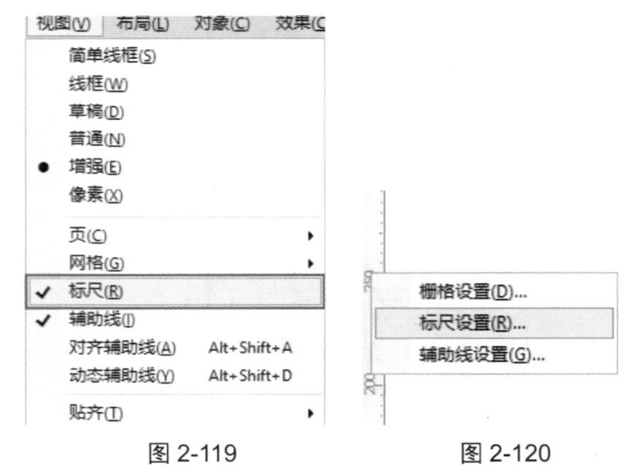

图 2-119　　图 2-120

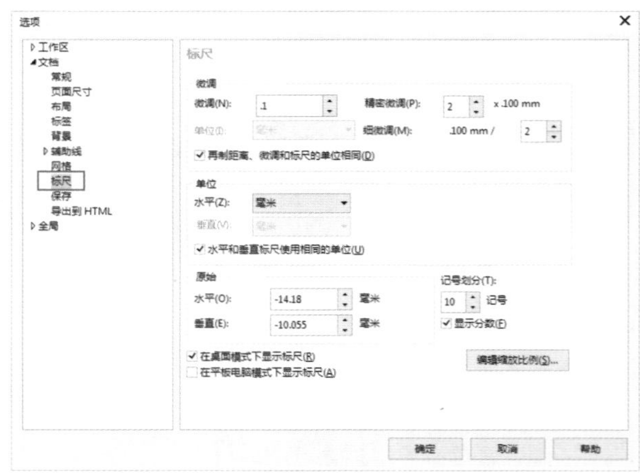

图 2-121

标尺选项介绍如下。

✦ 单位：设置标尺的单位。

✦ 原始：在“原始”区域中的“水平”和“垂直”文本框中输入数值，即可确定原点的位置。

✦ 记号划分：在文本框中输入数值，可以设置标尺的刻度记号，最大范围为 20，最小范围为 2。

✦ “编辑缩放比例”按钮：单击该按钮，即可弹出“绘图比例”对话框，如图 2-122 所示。可以在“典型比例”下拉列表中选择不同的比例。

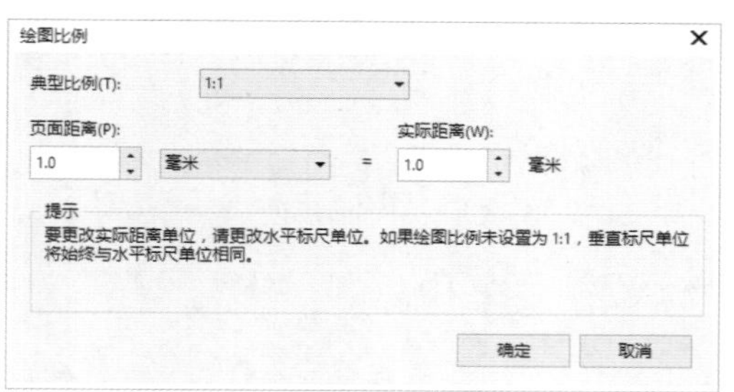

图 2-122

移动标尺

✦ 整体移动标尺：将光标移至标尺交叉的原点上，按住 Shift 键的同时按住鼠标左键拖曳标尺交叉点，即可移动标尺，如图 2-123 所示。

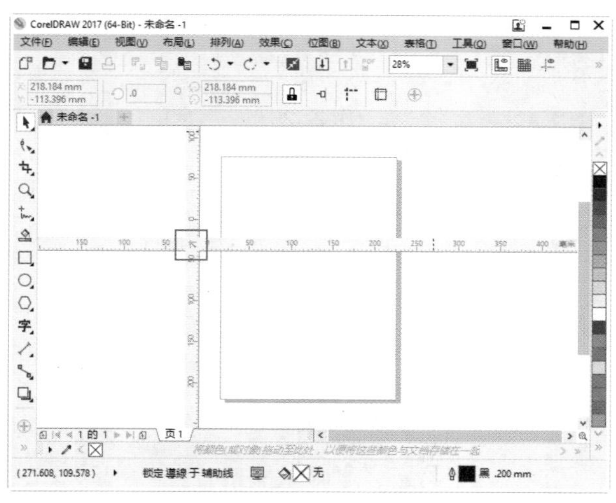

图 2-123

✦ 分别移动水平和垂直标尺：将光标移至水平或垂直标尺上，按住 Shift 键的同时按住鼠标左键拖曳，即可移动标尺位置，如图 2-124 所示。

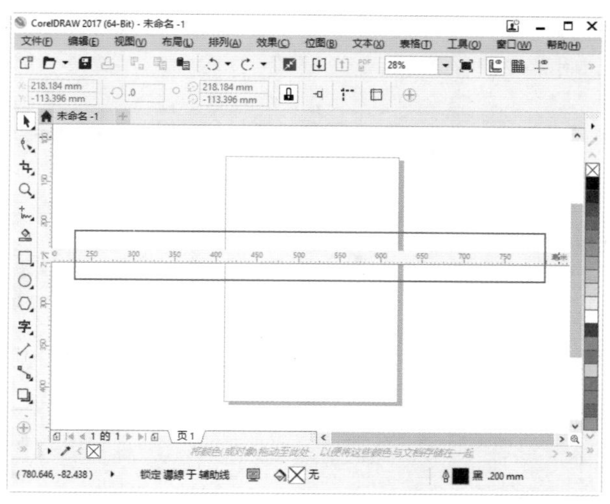

图 2-124

2.7.2 网格

网格可以帮助用户精确地放置对象，并可自行设置网格线和点之间的距离，从而使定位更加精确，但是在输出或印刷时无法显示。执行“视图”→“网格”命令，可将网格分为文档网格和基线网格。

✦ 文档网格：文档网格可以准确对齐和放置对象，它是一组可在绘图窗口显示的交叉线条，如图 2-125 所示。

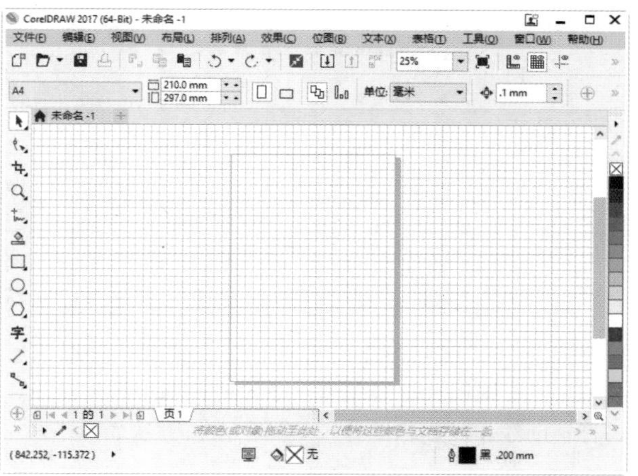

图 2-125

✦ 基线网格：基线网格只有横线，并且只显示在绘图页面，主要用来帮助用户对齐文本，如图 2-126 所示。

为了便于在不同情况下进行观察，可以通过更改网格显示和网格间距来自定义网格外观。执行“工具”→“选项”命令，在弹出的对话框左侧选择“文档”→“网格”选项，可以在右侧的“网格”界面中设置网格的大小、显示方式、颜色、透明度等参数，如图 2-127 所示。

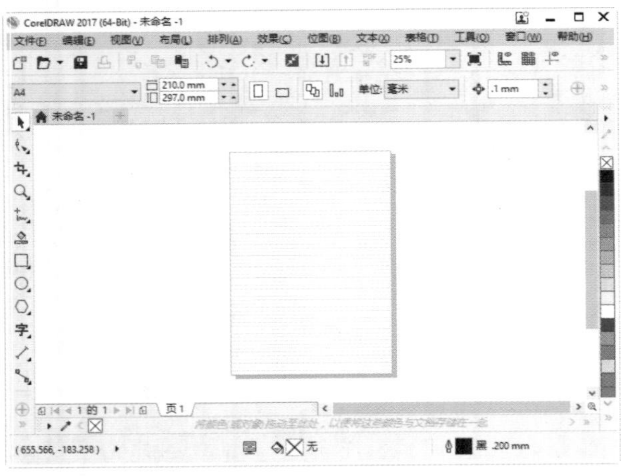

图 2-126

图 2-127

2.7.3 实战：辅助线的使用方法

辅助线是帮助用户进行准确定位的虚线。辅助线可以位于绘图窗口的任意位置，但不会在文件输出时显示，使用鼠标左键拖曳可以添加或移动平行辅助线、垂直辅助线和倾斜辅助线，具体的操作方法如下。

01 启动 CorelDRAW 2017 软件，打开“素材\第 2 章\2.7\2.7.3 实战：辅助线的使用方法 .cdr”文件。将鼠标移至标尺上，单击拖曳出辅助线，如图 2-128 所示。辅助线为蓝色的虚线，当辅助线被选中时，则会变为红色的虚线。

02 将光标放置在创建的辅助线上，当光标变为⟷形状时，拖曳鼠标可移动辅助线，如图 2-129 所示。在辅助线上单击拖曳至适当位置后右击，可复制辅助线，如图 2-130 所示，此时复制的辅助线可打印出来。

图 2-128

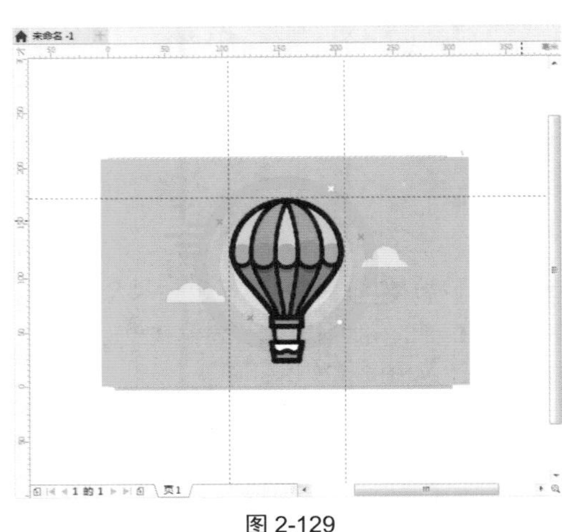

图 2-129

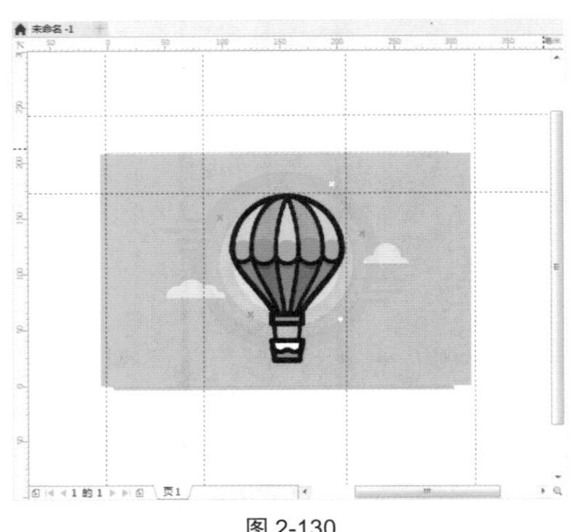

图 2-130

03 选中辅助线，再次单击，此时辅助线出现双向箭头，如图 2-131 所示；将光标放在任意一个双向箭头上，当光标变为↻形状时，拖曳鼠标可旋转辅助线，如图 2-132 所示。

图 2-131

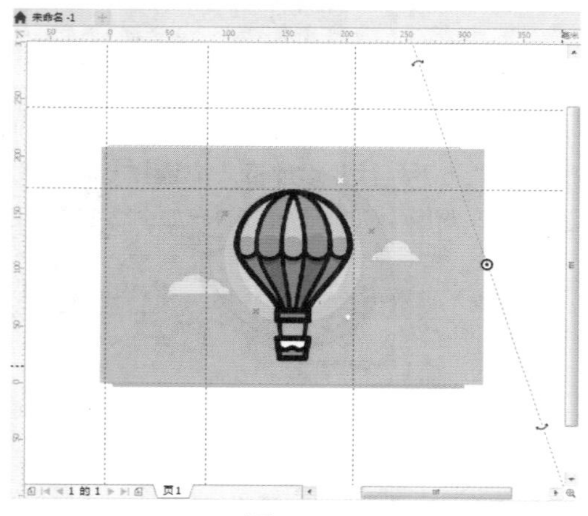

图 2-132

04 执行“工具”→“选项”命令或按快捷键 Ctrl+J，打开“选项”对话框，在左侧列表中选择“文档”→“辅助线”选项，在“辅助线”界面中进行设置，可对辅助线进行添加、移动、平移、清除、倾斜等精确操作，如图 2-133 所示。

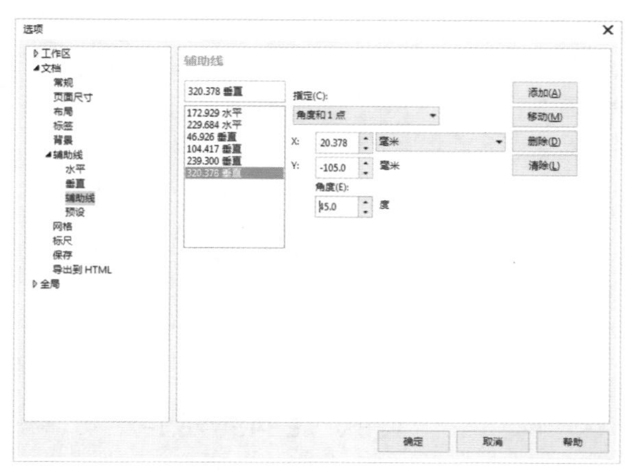

图 2-133

05 选择需要锁定的辅助线，执行“排列”→“锁定对象”命令进行锁定，如图 2-134 所示；执行“排列”→“解锁对象”命令进行解锁。右击，在弹出的快捷菜单中选择“锁定对象”和“解锁对象”命令也可进行相同的操作。

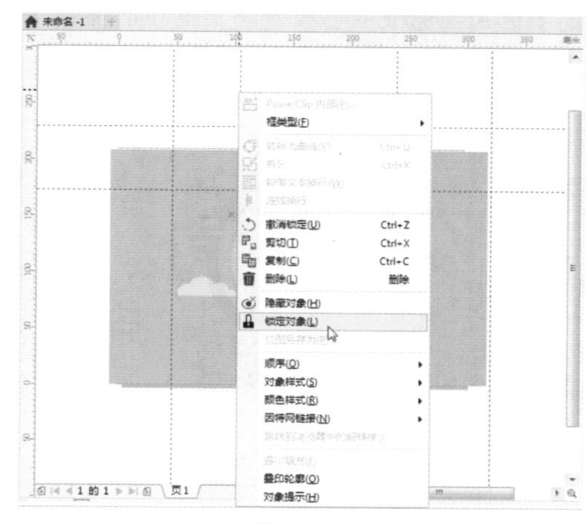

图 2-134

06 选中辅助线再右击，在弹出的快捷菜单中选择“隐藏对象”命令，即可隐藏辅助线，如图 2-135 所示；若需要隐藏所有的辅助线，可执行“视图”→“辅助线”命令。

图 2-135

2.7.4 自动贴齐对象

移动或绘制对象时，使用贴齐功能可以将其与绘图中的另一个对象贴齐，或者将一个对象与目标对象中的多个贴齐点贴齐。当移动光标接近贴齐点时，贴齐点将突出显示，表示该点是要贴齐的目标。在“视图”菜单的底部提供 6 种贴齐功能，即“像素”“文档网格”“基线网格”“辅助线”“对象”和“页面”。从中执行任意命令可切换其启用与关闭状态，如果其前面出现 ✔ 符号，代表该功能被启用。

当图形复杂时容易出现错误捕捉的情况，执行“工具”→“选项”命令，打开“选项”对话框，在左侧选项栏中选择“工作区”→“贴齐对象”选项，再在右侧的“模式”选项中去掉暂时不需要的捕捉点，即可避免错误捕捉情况的出现，如图 2-136 所示。

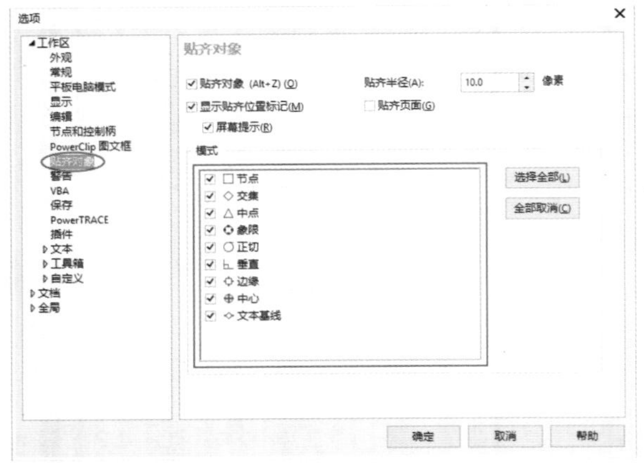

图 2-136

2.8 实战：创建与使用标准条形码

条形码是一件商品的唯一标识，由前缀、制造厂商代码、商品代码和效验码组成。本节以编辑图书条形码为例，介绍如何在 CorelDRAW 2017 中创建与编辑图书条形码。

01 执行“文件”→“新建”命令，在弹出的“创建新文档”对话框中设置“大小”为 A4、“原色模式”为 CMYK、“渲染分辨率”为 300dpi，单击“确定”按钮新建文档，如图 2-137 所示。导入本书的素材文件，适当调整大小及位置，如图 2-138 所示。

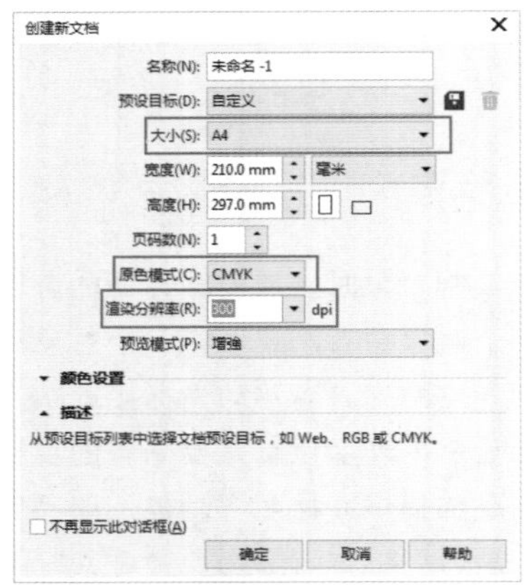

图 2-137

图 2-138

02 执行“对象”→“插入条码”命令，弹出“条码向导”对话框，在“从下列行业标准格式中选择一个”下拉列表中选择图书条形码格式——ISBN，如图 2-139 所示。

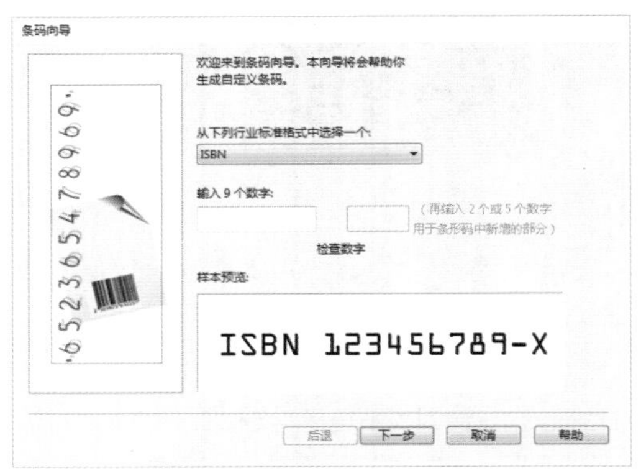

图 2-139

03 在文本框中输入图书书号，如图 2-140 所示。单击“下一步”按钮，单击“高级”按钮，在弹出的“高级选项”中勾选“附加 978（A）”复选框，如图 2-141 所示。

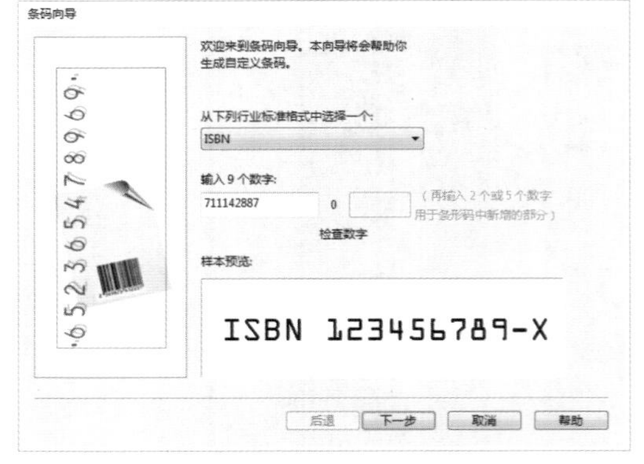

图 2-140

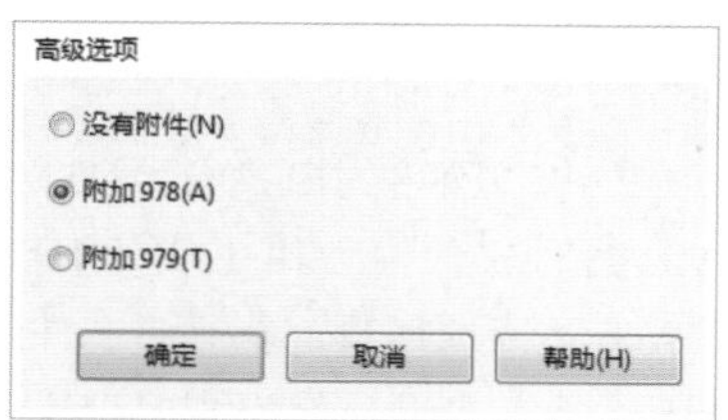

图 2-141

04 单击“确定”按钮，在对话框中设置条形码的大小，如图 2-142 所示。单击“下一步”按钮，在弹出的对话框中勾选“显示静区标记”复选框，如图 2-143 所示。

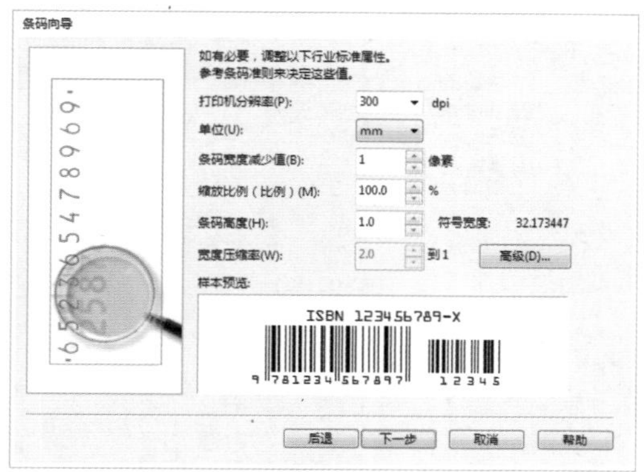

图 2-142

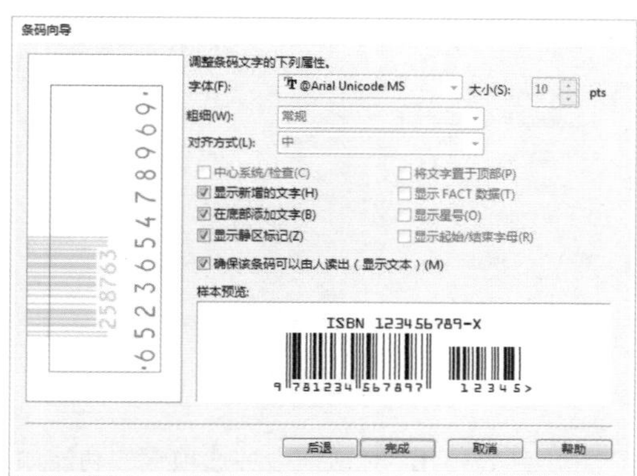

图 2-143

05 单击“完成”按钮，如图 2-144 所示。按快捷键 Ctrl+C 复制创建的条形码，执行“编辑”→“选择性粘贴”命令，在弹出的“选择性粘贴”对话框中选择“图片（图元文件）”选项，如图 2-145 所示，单击“确定”按钮粘贴条形码。

图 2-144

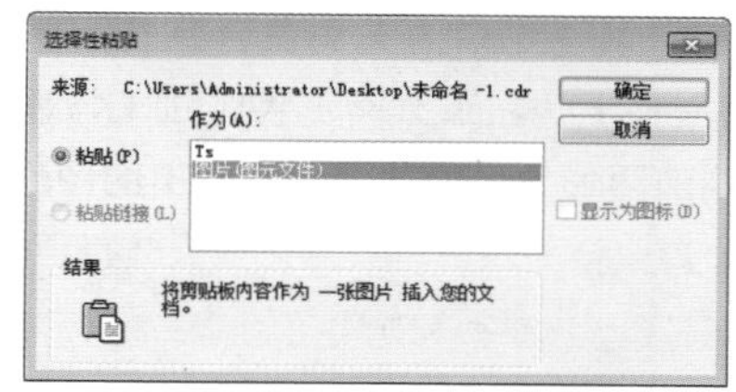

图 2-145

06 单击工具箱中的“选择工具”按钮，选中粘贴后的条形码，右击，在弹出的快捷键菜单中选择“取消组合所有对象”命令，如图 2-146 所示，取消条形码的组合状态。继续使用“选择工具”框选条形码上面的文字，在属性栏上设置文字的样式，如图 2-147 所示。

图 2-146　　图 2-147

07 采用相同的方法，更改条形码下方的文本样式。利用“选择工具”框选所有对象，并将条形码移至素材上，制作图书的条形码，如图 2-148 所示。

图 2-148

2.9　网络发布

使用 CorelDraw 2017 软件制作的作品，经常需要上传互联网，以便更多的人浏览、鉴赏。如果直接将cdr格式的文件上传，那么网页将无法正常显示，所以需要将绘制的图形导出为适合网页使用的图形格式。

2.9.1 导出至网页

完成制作后，可以将当前图像进行优化并导出为与Web兼容的GIF、PNG或JPEG格式文件。执行“文件”→“导出为”→Web命令，在弹出的“导出到网页”窗口中可以直接使用默认设置进行导出，也可以自定义参数以得到特定结果，如图2-149所示。

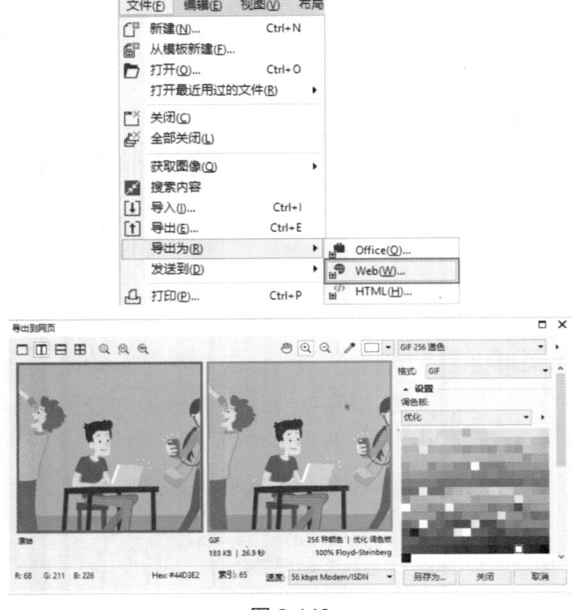

图 2-149

技术拓展：Web兼容文件格式详解

✦ GIF：适用于线条、文本、颜色很少的图像或具有锐利边缘的图像，如扫描的黑白图形或徽标。GIF提供了多种高级设置选项，包括透明背景、隔行图像和动画等，此外，还可以创建图像的自定义调色板。

✦ PNG: 适用于各种类型的图像，包括照片和线条画。与GIF和JPEG格式不同，该格式支持Alpha通道，也就是可以存储带有透明部分的图像。

✦ JPEG: 适用于照片和扫描的图像。该格式会对文件进行压缩以减少其体积，方便图像的传输。这会造成一些图像数据丢失，但是不会影响大多数照片的质量。在保存图像时，可以对图像质量进行设置，质量设置越高，文件体积越大。

2.9.2 导出HTML

将CorelDRAW文件和对象发布为HTML文件后，可以在HTML编写软件中使用生成的HTML代码和图像来创建Web站点或网页。执行“文件”→“导出为”→HTML命令，打开“导出到HTML”对话框，如图2-150和图2-151所示。

图 2-150

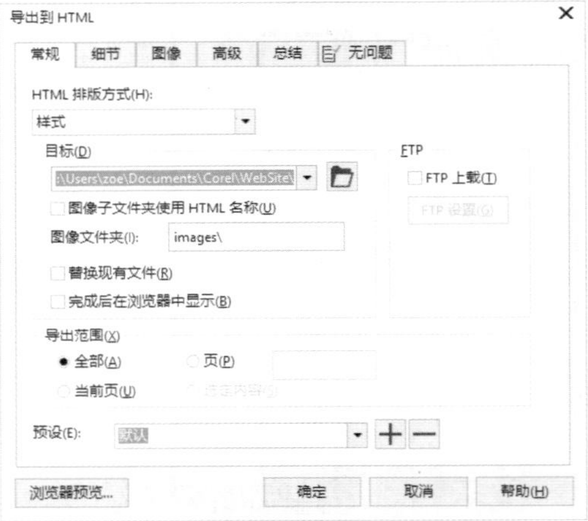

图 2-151

“导出到HTML”对话框中各选项卡的功能如下。

✦ 常规：包含HTML布局、HTML文件和图像的文件夹、FTP站点和导出范围等选项，也可以选择、添加和移除预设。

✦ 细节：包含生成的HTML文件的细节，且允许更改页面名和文件名。

✦ 图像：列出所有当前HTML导出的图像。可将单个对象设置为JPEG、GIF和PNG格式。单击选项可以选择每种图像类型的预设。

✦ 高级：提供生成翻滚的JavaScript，维护外部文件的链接选项。

✦ 总结：根据不同的下载速度显示文件统计信息。

✦ 无问题：显示潜在问题的列表，包括解释、建议和提示。

技巧与提示：

在设置的保存路径中可以找到导出的 HTML 文件，image 文件夹中是导出的网页图片，如图 2-152 所示。双击 HTML 文件，即可打开网页。

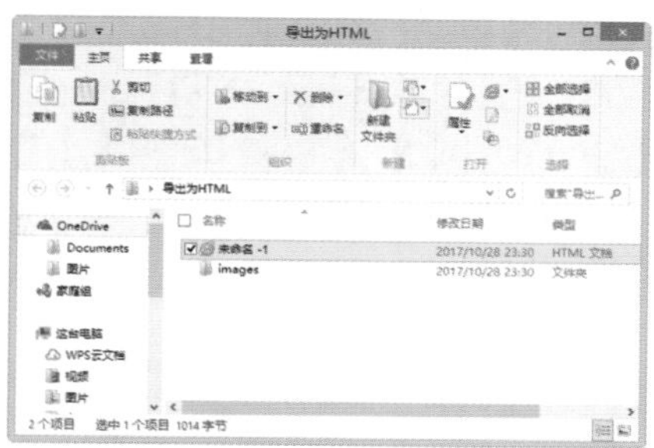

图 2-152

2.10　打印输出

在 CorelDRAW 中将设计好的作品打印或印刷出来后，整个设计制作过程才算完成。本节将介绍关于印前技术、打印设置、打印预览，以及收集用于输出的信息。

2.10.1　印前技术

印刷品的生产，一般要经过原稿的选择或设计、原版制作、印刷、印后加工等工艺过程，所以了解相关的印刷技术知识相对于平面设计师是非常有必要的。人们经常把原稿的设计和图文信息处理、制版统称为印前处理。而把印版上的油墨向承印物上转移的过程称为印刷。印刷后期的工作一般是指印刷品的后加工，包括裁切、覆膜、模切、装订、装裱等，多用于宣传类和包装类印刷品。这样，一件印刷品的完成也就需要经过印前处理、印刷、印后加工等过程。

四色印刷

印刷品中的颜色都是由 C 、M 、Y 、K 这 4 种颜色构成的，成千上万种不同的色彩都是由这几种色彩根据不同的比例叠加、调配成的。通常我们所接触的印刷品，如书籍、杂志、宣传画等都是按照四色叠印而成的。也就是说，在印刷过程中，承印物（纸张）经历了 4 次印刷，分别印刷一次黑色、一次洋红色、一次青色、一次黄色。完成后 4 种颜色叠合在一起，就构成了画面上的各种颜色。

印刷色

印刷色就是由 C（青）、M（洋红）、Y（黄）和 K（黑）4 种颜色以不同的比例组成的颜色。C、M、Y、K 就是通常采用的印刷四原色。C、M、Y 几乎可以合成所有颜色，但其生成的黑色不纯，因此在印刷时需要更纯的黑色 K。在印刷时这 4 种颜色都有自己的色板，其中记录了这种颜色的网点，把 4 种色版合到一起就形成了所定义的原色。事实上，纸张上的 4 种印刷颜色网点并不完全重合，只是距离很近，在人眼中呈现出各种颜色的混合效果，于是产生了各种不同的原色。

分色

印刷所用的电子文件必须是 4 色文件（即 C、M、Y、K ），其他颜色模式的文件不能用于印刷输出，这就需要对图像进行分色。分色是一个印刷专业名词，指的就是将原稿上的各种颜色分解为青、洋红、黄、黑 4 种原色：在计算机印刷设计或平面设计类软件中，分色工作就是将扫描的图像或其他来源图像的色彩模式转换为 CMYK 模式。例如，在 Photoshop 中，只需要把图像色彩模式从 RGB 模式转换为 CMYK 模式即可。

这样该图像的色彩就是由色料（油墨）来表示了，具有 4 个颜色的通道。图像在输出菲林时就会按颜色的通道数据生成网点，并分成青、洋红、黄、黑 4 张分色菲林片。

在图像由 RGB 色彩模式转换为 CMYK 色彩模式时，图像上一些鲜艳的颜色会产生明显的变化，变得较暗。这是因为 RGB 的色域比 CMYK 的色域大，也就是说，有些在 RGB 色彩模式下能够表示的颜色在转换为 CMYK 色彩模式后，就超出了 CMYK 所能表达的颜色范围，因此只能用相近的颜色来替代，从而产生了较为明显的变化。在制作用于印刷的电子文件时，建议最初的文件设置即为 CMYK 模式，避免使用 RGB 颜色模式，以免在分色转换时造成颜色偏差。

专色印刷

专色是指在印刷时，不是通过印刷 C、M、Y、K 四色合成这种颜色，而是专门用一种特定的油墨来印刷该颜色。专色油墨是由印刷厂预先混合好或油墨厂生产的。对于印刷品的每种专色，在印刷时都有专门的一个色板与之相对应。使用专色可使颜色更准确。尽管在计算机上不能准确地表示颜色，但通过标准颜色匹配系统的预印色样（如 Pantone 彩色匹配系统就创建了很详细的色样）卡，便能看到该颜色在纸张上的准确颜色。

套印、压印、叠印、陷印

“套印”是指多色印刷时要求各色板图案印刷时重叠套准。“压印”和“墨印”这两个词是一个意思，即一个色块叠印在另一个色块上。不过，印刷时特别要注意黑色文字在彩色图像上的叠印，不要将黑色文字底下的图案镂空，不然印刷套印不准时黑色文字会露出白边。“陷印”也叫补漏白，又称扩缩，主要是为了弥补因印刷套印不准而造成两个相邻的不同颜色之间的漏白。

拼版与合开

对于那些并不是正规开数的印刷品，如包装盒、小卡片等，为了节约成本，就需要在拼版的时候尽可能把成品放在合适的纸张开度范围内。

纸张的基础知识

✦ 纸张的构成：印刷用纸张由纤维、填料、胶料、色料 4 种主要原料混合制浆、抄造而成。印刷使用的纸张按形式可分为平板纸和卷筒纸两大类，平板纸适用于一般印刷机，卷筒纸一般用于高速轮转印刷机。

✦ 印刷常用纸张：纸张根据用处的不同，可以分为工业用纸、包装用纸、生活用纸、文化用纸等几类。在印刷用纸中，根据纸张的性能和特点分为新闻纸、凸版印刷纸、胶版印刷涂料纸、字典纸、地图及海图纸、凹版印刷纸、画报纸、周报纸、白板纸、书面纸等。

✦ 纸张的规格：生成纸张时，其大小一般都要遵循国家制定的相关标准。印刷、书写及绘图类用纸的原纸尺寸如下：

✦ 卷筒纸：按宽度分为 1575mm 、1092mm 、880mm 、787mm 等 4 种。

✦ 平板纸：按照大小分为 6 种，分别是 880mm × 1230mm、850mm ×1168mm、880mm×1092mnl、787mm×1092mm 、787nun×960mm、690mm×960mm。

✦ 纸张的重量、令数换算：纸张的重量可用定量或令重来表示。一般以定量来表示，即日常俗称的“克重”。定量是指纸张单位面积的质量关系，用 g/m² 表示。例如，150g 的纸是指该种纸每平方米的单张重量为 150g 。 重量在 200g/m² 以下（含 200g/m² ）的纸张称为“纸”，超过 200g/m² 重量的纸则称为“纸板”。

技巧与提示：

为了避免打印输出时有可能遇到的一些问题，可以利用 PDF 文件做印前检验。注意不是直接用 CorelDRAW 导出为 PDF 文件。导出文件格式的顺序是这样的：CDR 输出为“封装 EPS”，再由 Acrobat Distiller 将 EPS 生成 PDF 文件。这样产生的 PDF 文件，在某些印刷厂家可以直接印刷，且文件比较小。如果你的文件有错误，在 PDF 文件预览中可以一目了然。

2.10.2 打印设置

要成功地打印作品，需要对打印选项进行设置，以得到更好的打印效果。可以选择按标准模式打印，指定文件中的某种颜色进行分色打印，也可以将文件打印为黑白或单色效果。在 CorelDRAW 2017 中提供了详细的打印选项，通过设置打印选项，能够即时预览打印效果，以提高打印的准确性。

打印设置是指对打印页面的布局和打印机类型等参数进行设置。执行“文件”→“打印”命令，如图 2-153 所示，或按快捷键 Ctrl+P，还可以单击标准工具栏上的“打印”按钮，打开“打印”对话框，如图 2-154 所示，其中包括“常规”“颜色”“复合”“布局”“预印”以及“问题”选项卡，在“常规”选项卡中选择打印机，并设置范围和份数，单击“打印”按钮，即可打印输出文档。

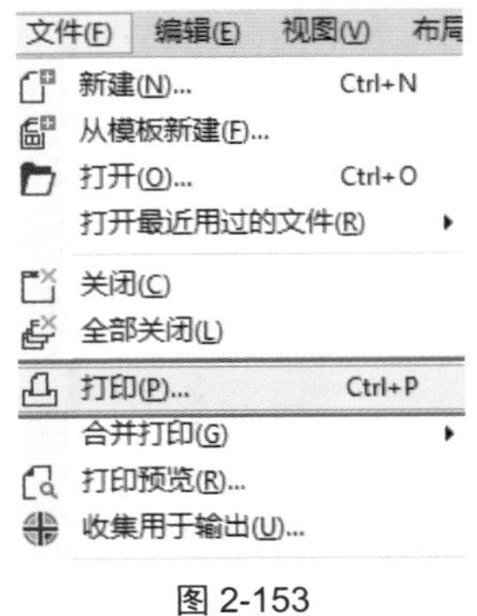

图 2-153

图 2-154

2.10.3　实战：打印预览

在 CorelDRAW 设计的作品中可以预览到文件在输出前的打印状态，显示打印的作品在纸张上的位置和大小。可以缩放一个区域，或者查看打印时单个分色的显示方式。

01 执行“文件”→“打印预览”命令，如图 2-155 所示，打开“打印预印”对话框，如图 2-156 所示。

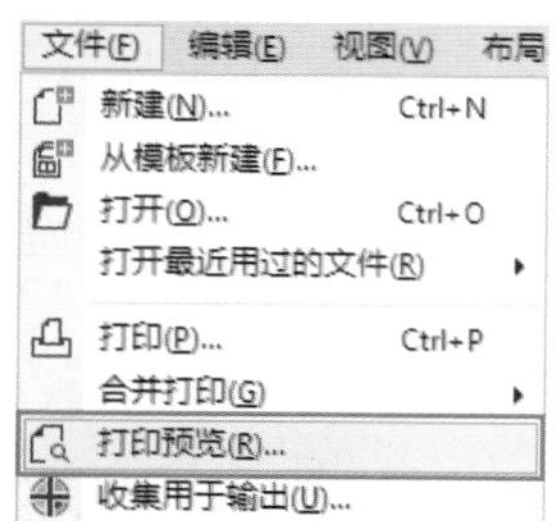

图 2-155

图 2-156

02 单击“挑选”按钮，在预览窗口的对象上单击并拖曳，可移动图形的位置。在图形对象上单击，拖曳对象四周的控制点，可以调整对象在页面上的大小，如图 2-157 所示。

图 2-157

03 单击“页面中的图像位置”按钮，在弹出的下拉列表中可选择打印对象在纸张上的位置，如图 2-158 所示。

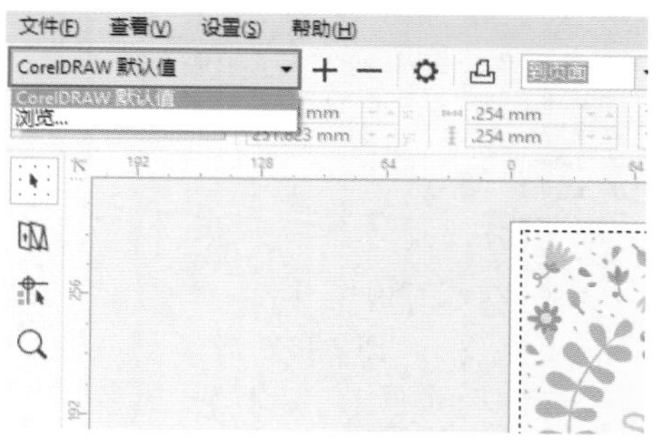

图 2-158

04 单击“缩放”按钮，可以放大或缩小预览页面，还可以在属性栏上从缩放列表中选择缩放比例和显示方式，如图 2-159 所示。

图 2-159

05 在属性栏上单击“启用分色”按钮，通过单击应用程序窗口底部的分色标签（青色、品红、黄色、黑体），可以查看各个分色效果，如图 2-160 所示。

图 2-160

06 在菜单栏执行“查看”→“分色片预览”→“合成”命令，如图2-161所示，可预览合成输出的效果，如图2-162所示。

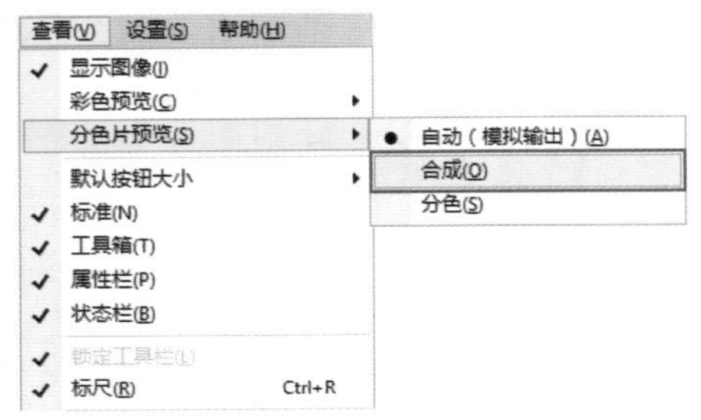

图 2-161

图 2-162

2.10.4　实战：收集用于输出的信息

在使用CorelDRAW 2017进行设计时，经常要链接位图素材或者使用本地的字体文件。如果单独将CDR格式的工程文件转移到其他设备上，打开后可能会出现图像或文字显示不正确的情况。在CorelDRAW 2017中，使用“收集用于输出”功能可以快速将链接的位图素材、字体素材等信息进行提取和整理，具体方法如下。

01 执行“文件”→“收集用于输出”命令，如图2-163所示，打开“收集用于输出”对话框，如图2-164所示。

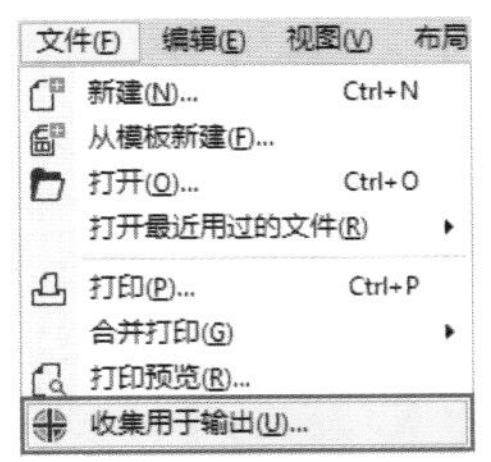

图 2-163

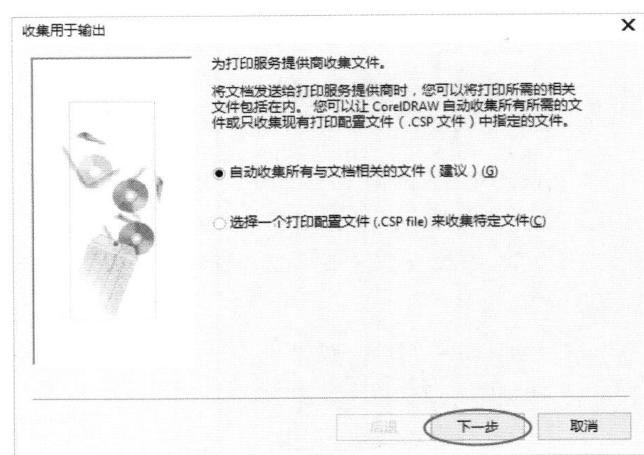

图 2-164

02 单击“下一步”按钮，在选择文档的输出文件格式中勾选“包括PDF”复选框，可以在“PDF预设”下拉列表中选择适合的预设，再勾选“包括CDR”复选框，在“另存为版本”下拉列表中选择工程文件存储的版本，如图2-165所示。单击“下一步”按钮，在弹出的对话框中可以复制所有的文档字体，如图2-166所示。

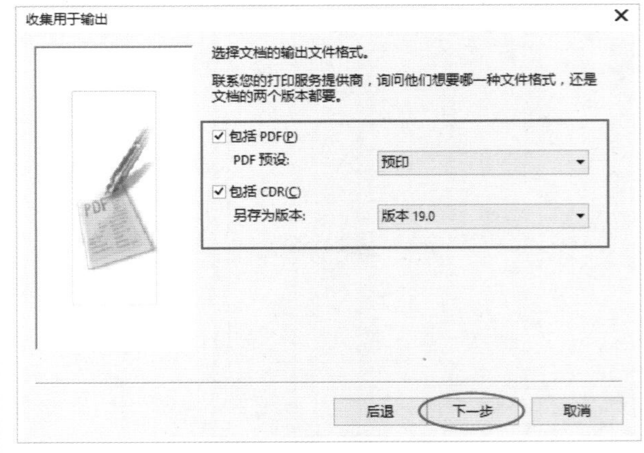

图 2-165

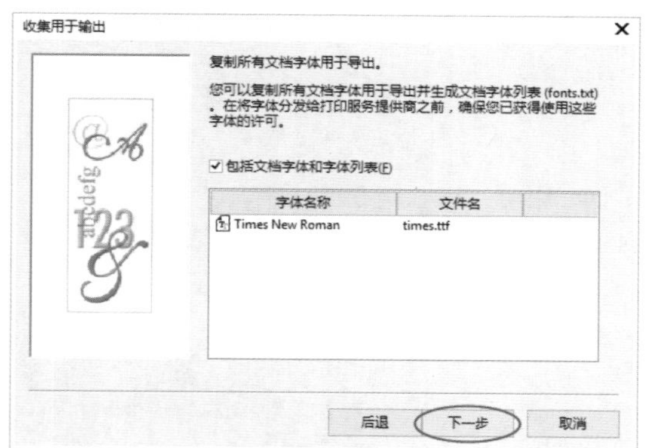

图 2-166

03 单击“下一步”按钮，在弹出的对话框中可以选择是否包括要输出的颜色预置文件，勾选“包含颜色预置文件”复选框，如图 2-167 所示。单击“下一步”按钮，在弹出的对话框中单击“浏览”按钮，可以设置输出文件的存储路径；勾选“放入压缩（zipped ）文件夹中”复选框，则可以以压缩文件的形式进行存储，以便于传输，如图 2-168 所示。

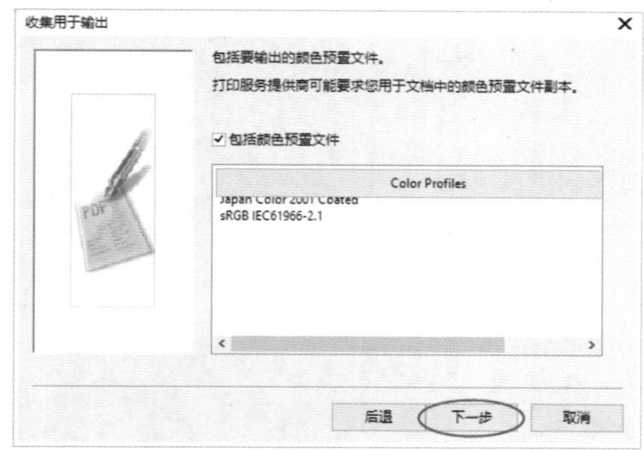

图 2-167

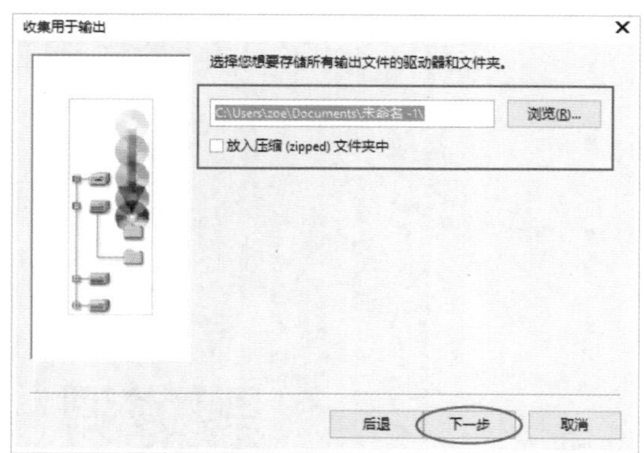

图 2-168

04 设置完成后，单击“下一步”按钮，软件开始收集用于输出的信息，如图 2-169 所示，完成后单击“完成”按钮，收集用于输出的操作完成，如图 2-170 所示。

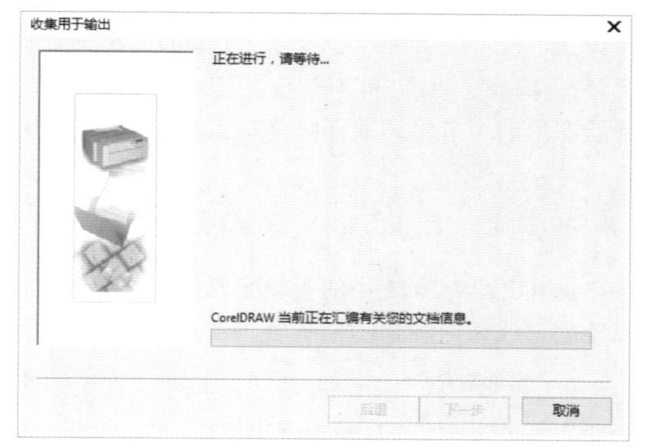

图 2-169

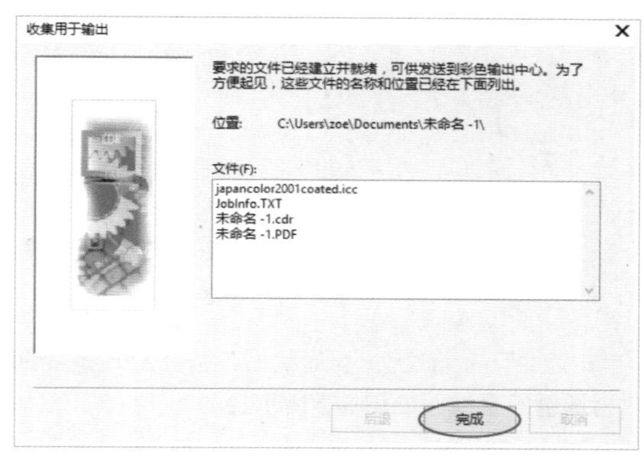

图 2-170

基本绘图工具

CorelDRAW 2017 提供了大量的绘图工具，有绘制不规则对象的直线和曲线类工具，用于创建内置规则几何图形的形状类工具，也有用于更改所绘图形的形状编辑类工具。本章将详细介绍各种绘图工具的使用方法，通过学习可以掌握绘图工具绘制图形的方法和技巧，为进一步的学习打下坚实基础。

本章教学视频二维码

3.1 绘制直线和曲线

CorelDRAW 2017 提供了多种用于绘制直线线段和曲线的工具，包括手绘工具、2 点线工具、贝塞尔工具、艺术笔工具、钢笔工具、折线工具和 3 点线工具，通过这些工具可以创建出不同的形状图形。本节将详细介绍这些工具的使用方法和技巧。

3.1.1 实战：手绘工具绘制云朵

CorelDRAW 2017 中的手绘工具可以像使用铅笔一样自由绘图，可以绘制直线、曲线和闭合图形，以此创建不同的形状图形。

01 单击工具箱中的“手绘工具”按钮，在绘图区域单击确定起点，当光标变为形状时，再次单击确定终点，可以绘制一条直线，如图 3-1 所示。

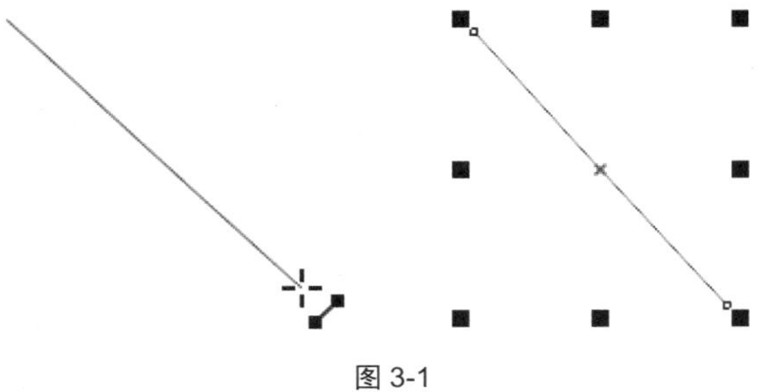
图 3-1

02 单击起点，光标变为形状后，按住 Ctrl 键并拖曳鼠标，可绘制出以 15° 为增量的直线，如图 3-2 所示。

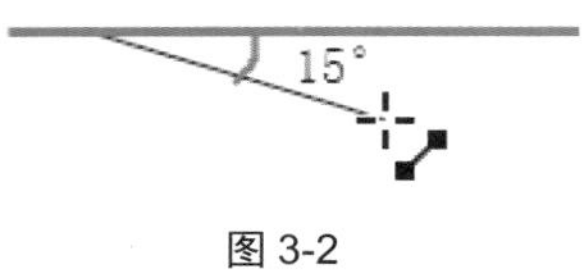

图 3-2

03 单击起点，光标变为形状后，在折点处双击，然后拖曳直线，即可绘制出折线或者多边形，如图 3-3 所示；如果曲线的起点和终点重合，即完成封闭曲线的绘制，如图 3-4 所示。

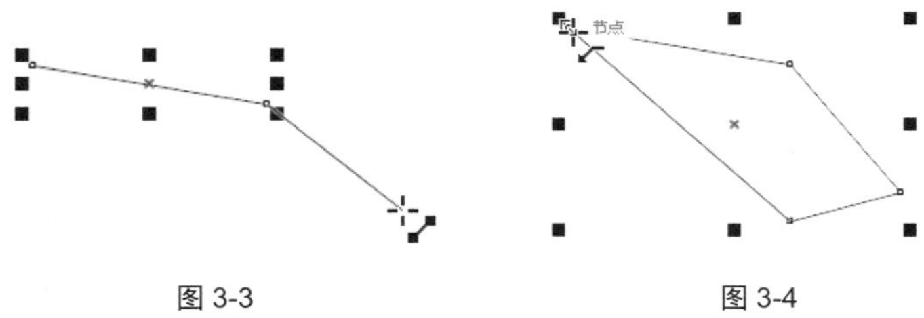

图 3-3　　图 3-4

04 采用同样的方法，使用“手绘工具”拖曳鼠标绘制出云朵形状后，如图 3-5 所示，单击工具箱中的“形状工具”按钮，或按 F10 键选择“形状工具”，单击并拖曳节点调整位置，然后拖曳调整线调整云朵的形状，如图 3-6 所示。

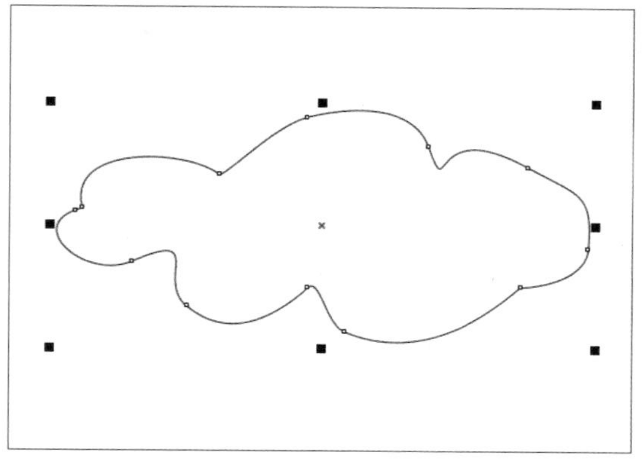
图 3-5

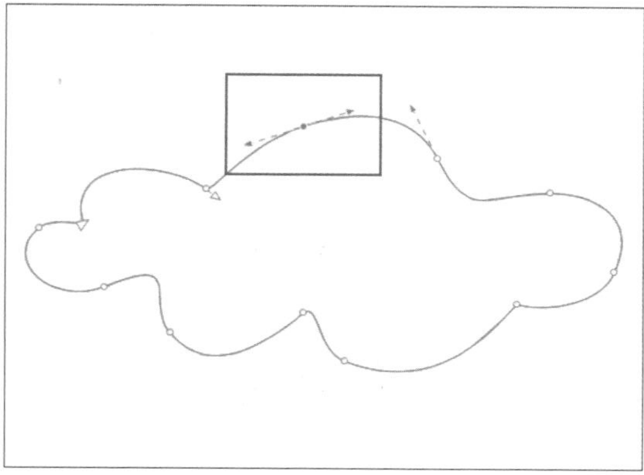
图 3-6

05 在曲线上双击可添加节点，在节点上双击即可删除该节点，如图 3-7 所示。调整完成后，在调色板中单击要填充的颜色块填充颜色，如图 3-8 所示，右击☒按钮，取消轮廓线，如图 3-9 所示。

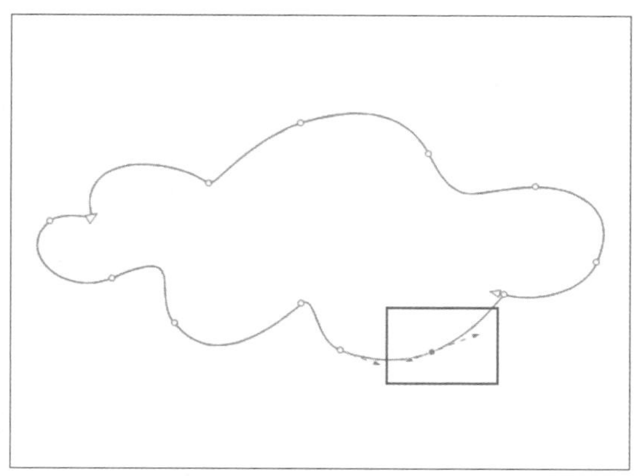
图 3-7

06 导入素材图片，单击工具箱中的“选择工具”按钮，选择对象并调整对象大小，然后移至合适的位置，如图 3-10 所示。再使用相同的方法，继续绘制云朵，并调整大小和位置，如图 3-11 所示。

图 3-8

图 3-9

图 3-10

图 3-11

技巧与提示：

在使用“手绘工具”绘制曲线时，如果绘制出错，可以按住 Shift 键往回拖曳鼠标，则绘制的线条变成红色，保留的线条为蓝色，释放鼠标即可清除红色的线条。

3.1.2 2 点线工具

“2 点线工具”是专门绘制直线的工具，使用该工具还可以直接创建与对象垂直或相切的直线。

绘制直线

单击工具箱中的“2 点线工具”按钮，将光标移至页面内的空白处，然后按住鼠标左键拖曳一段距离，释放鼠标左键可绘制直线，如图 3-12 所示。

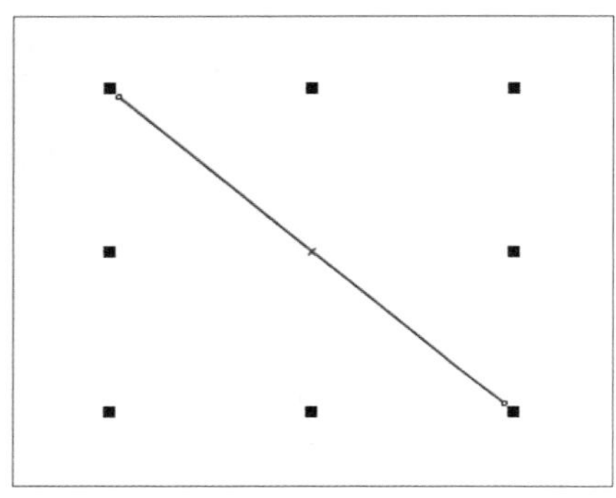

图 3-12

绘制连续线段

“2 点线工具”绘制连续线段的方法与“手绘工具”略有区别，只需要单击直线的一个端点进行拖曳并释放即可创建一个相连的线段，重复几次，即可绘制出折线，如图 3-13 所示。连接到首位节点合并，即可形成面，如图 3-14 所示。

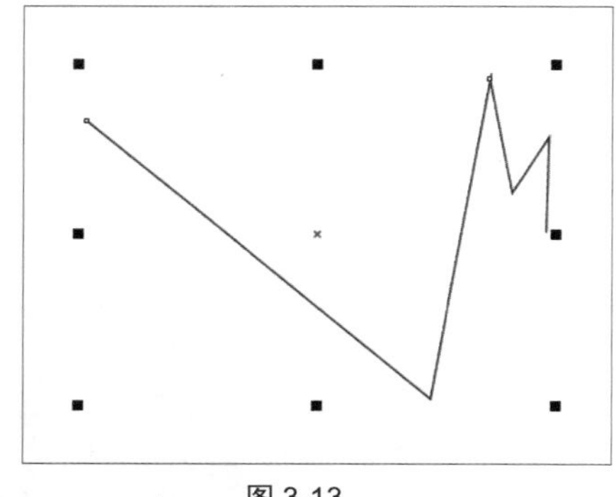

图 3-13

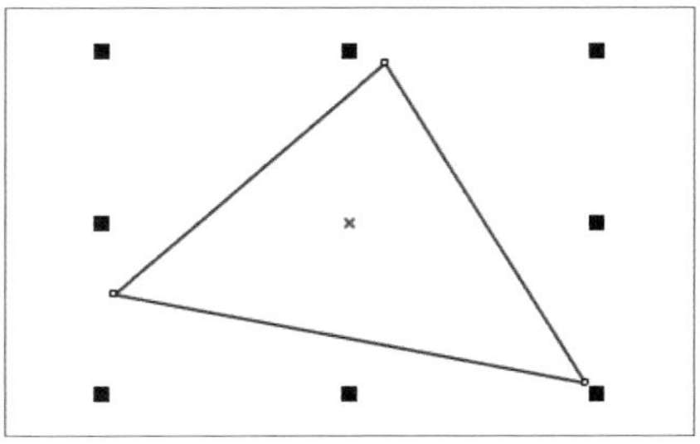

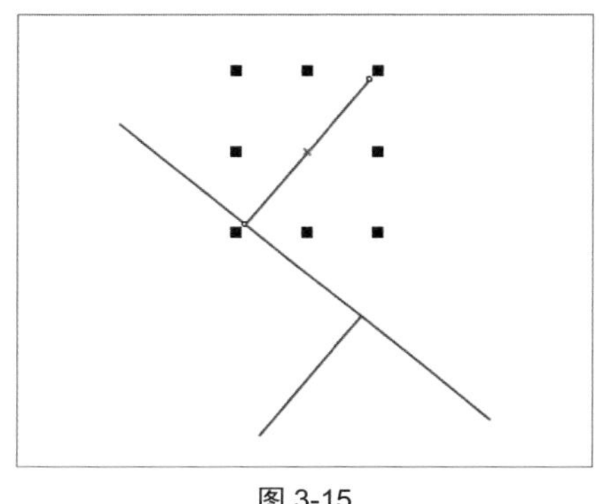

图 3-14

绘制垂直的 2 点线

如果需要绘制一条与现有的线条（或对象）垂直的 2 点线，可以在工具属性栏中单击“垂直 2 点线”按钮，然后在线段（或对象）的边缘单击并向外拖曳鼠标，释放鼠标后，即可看到绘制的线段与现有的线段（或对象）相垂直，如图 3-15 所示。

图 3-15

绘制相切的 2 点线

如果需要绘制一条与现有的对象（或线条）相切的 2 点线，单击工具属性栏中的“相切的 2 点线”按钮，在对象（或线段）的边缘单击并向外拖曳鼠标，释放鼠标后，可看到绘制的线段与现有的对象（或线段）相切，如图 3-16 所示。

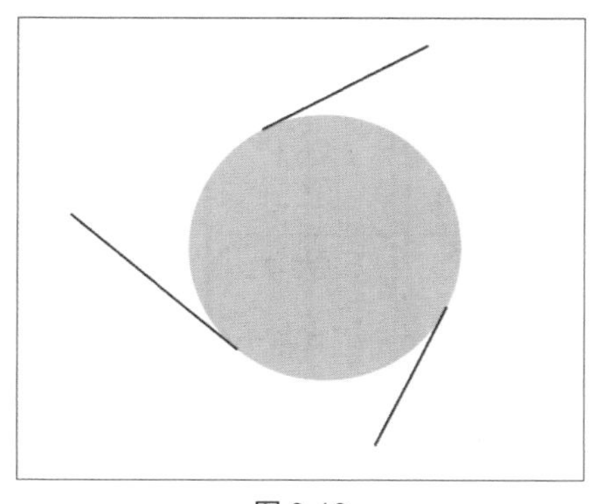

图 3-16

技巧与提示：

在使用“2 点线工具”绘制时，按住 Ctrl 键拖曳，可将线条限制在最接近的角度。按住 Shift 键拖曳，则可将线条限制在原始角度（在现有的线段上绘制第二条线段）。

3.1.3　实战：贝塞尔工具绘制可爱动物便签

贝塞尔工具是所有绘图类软件中最为重要的工具之一，可以创建更为精确的直线和流畅的曲线，也可以通过改变节点和控制其位置来变化曲线的弯度。在绘制完成后，可以通过节点进行曲线和直线的修改。

01 启动 CorelDRAW 2017 软件，打开“素材\第 3 章\3.1\3.1.3 实战：贝塞尔工具绘制可爱动物便签.cdr”文件，如图 3-17 所示。单击工具箱中的“手绘工具”按钮，在弹出的工具列表中选择“贝塞尔”，如图 3-18 所示。

图 3-17

图 3-18

02 在绘图窗口空白处单击一点作为起点，然后将光标移到合适位置，再次单击定位另一点，并按住鼠标左键，将鼠标拖向下一曲线段节点的方向，此时会出现控制线（蓝色虚线箭头），如图 3-19 所示，释放鼠标，再在下一处单击，如图 3-20 所示，继续单击并拖曳控制线绘制曲线，回到起点处闭合曲线，如图 3-21 所示。

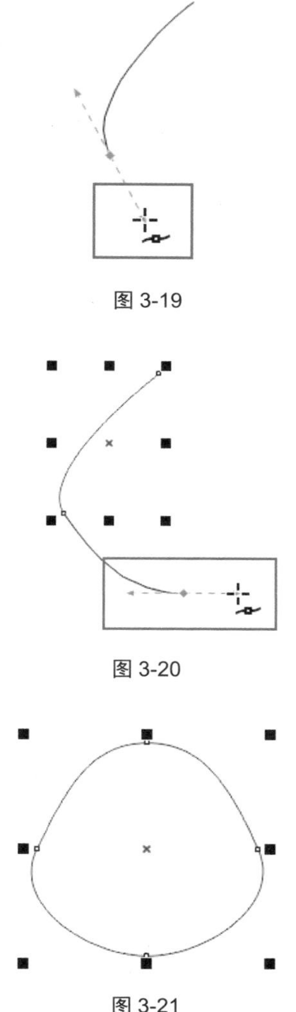

图 3-19

图 3-20

图 3-21

03 单击工具箱中的“交互式填充”按钮，在属性栏中单击“均匀填充”按钮，再在填充色的下拉颜色框中选择颜色，如图 3-22 所示，即可为对象填充颜色。右击调色板中的按钮，取消对象的轮廓线，如图 3-23 所示。

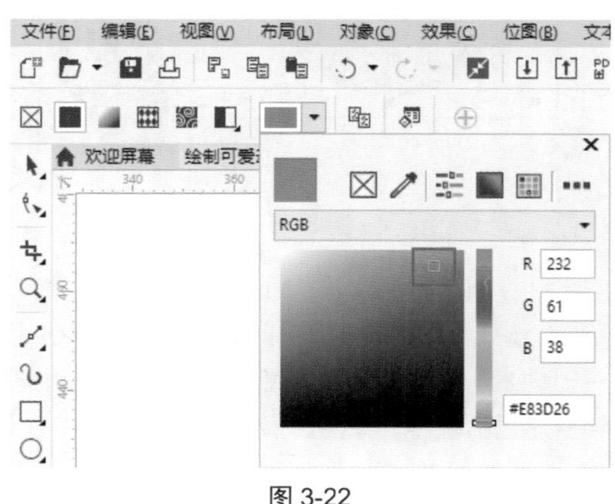

图 3-22

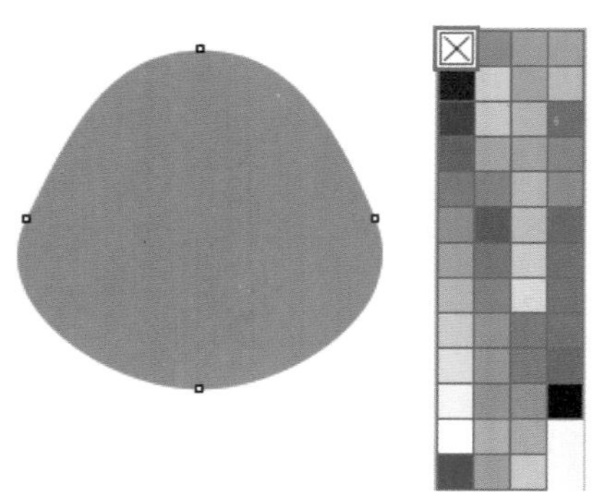

图 3-23

04 采用同样的方法，使用“贝塞尔工具”绘制图形，再填充颜色并去除轮廓线，然后使用“选择工具”选择对象，通过调整控制点调整大小，并移至合适位置，如图 3-24 所示。框选整个头部对象，按快捷键 Ctrl+G 群组对象，方便以后的选择，如图 3-25 所示。

图 3-24

图 3-25

05 将群组对象调整到合适大小并移至合适位置，如图 3-26 所示。选择头部，右击，在打开的快捷菜单中执行“顺序”→“向后一层”命令，调整图层顺序。使用同样的方法调整尾巴的顺序，如图 3-27 所示。

图 3-26

图 3-27

技巧与提示：

如果将封闭的曲线路径对象中的某个节点断开，该对象即被改变为未闭合的对象，将无法填充颜色，并且已填充的颜色也会无法显示。另外，在使用“贝塞尔工具”绘制曲线时，在没释放鼠标的情况下，如果下一节点位置不符合设想，可以按住 Alt 键，移动鼠标到符合设想的位置单击，再进行下一步操作。

答疑解惑：使用“贝塞尔工具”绘制曲线时，如何对已经绘制好的曲线进行更改？

使用“贝塞尔工具”绘制曲线后，当创建的曲线节点定位不准或控制线偏移时，可以用“形状工具”对绘制的曲线进行调整。单击工具箱中的“形状工具”按钮，或按 F10 键选择“形状工具”，单击并拖曳节点即可调整节点的位置，如图 3-28 所示。

选择曲线线段的节点后，会出现蓝色虚线箭头的方向线，拖曳方向线即可调整曲线，如图 3-29 所示。在没有节点的线段上单击并拖曳鼠标，即可对曲线进行调整（还可以在路径上双击添加节点），如图 3-30 所示。

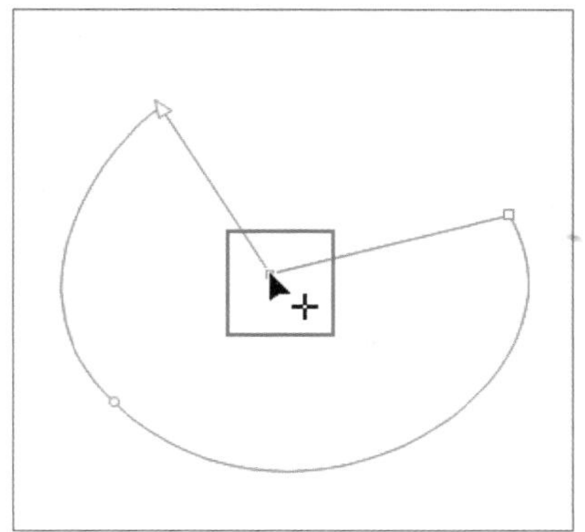

图 3-28

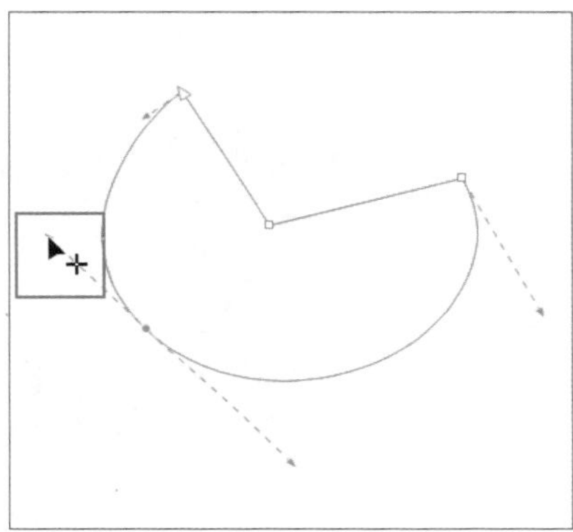

图 3-29

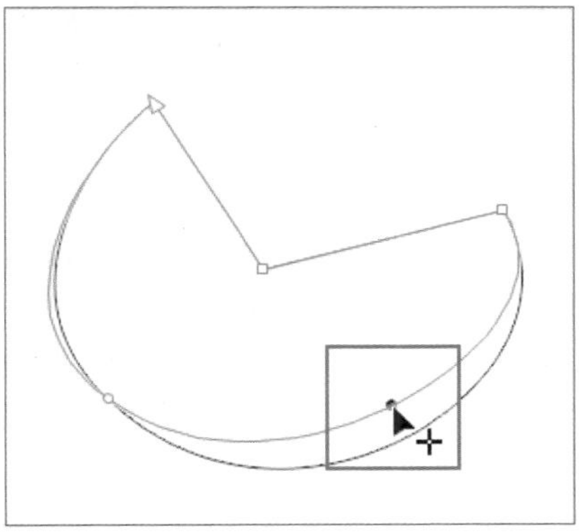

图 3-30

3.1.4　实战：艺术笔工具添加装饰

“艺术笔工具”能使用手绘笔触添加艺术笔刷、喷射和书法效果。“艺术笔工具”在绘制路径时直接以艺术笔触效果填充路径颜色，笔触效果丰富、形式多样，会产生较为独特的艺术效果，是一项比较灵活而且非常实用的绘图功能，具体的操作方法如下。

01 启动 CorelDRAW 2017 软件，打开“素材\第 3 章\3.1\3.1.4 实战：艺术笔工具添加装饰 .cdr”文件，如图 3-31 所示。单击工具箱中的“艺术笔工具”按钮，再在属性栏中单击“喷涂”按钮，设置“类别”为“植物”，在“喷射图样”的下拉列表中选择“树”喷射图样，如图 3-32 所示。

图 3-31

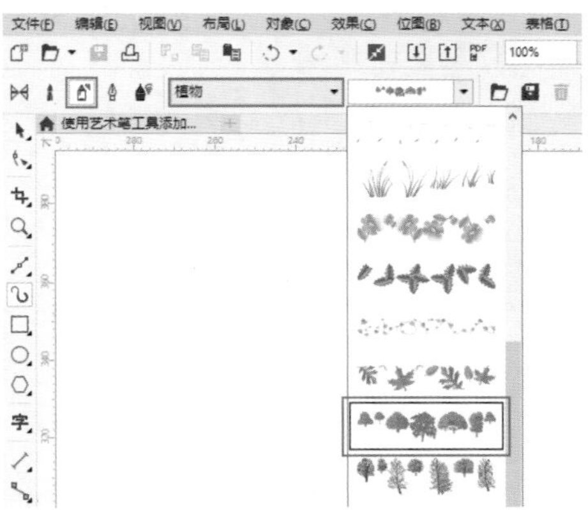

图 3-32

02 在绘图窗口中单击一点作为起点，然后按住鼠标左键，任意拖曳鼠标绘制路径，如图 3-33 所示，在绘制出理想的路径形状后释放鼠标，即可创建艺术笔触效果，如图 3-34 所示。然后在“喷射图样”的下拉列表中选择“蘑菇”喷射图样，如图 3-35 所示。

图 3-33

图 3-34

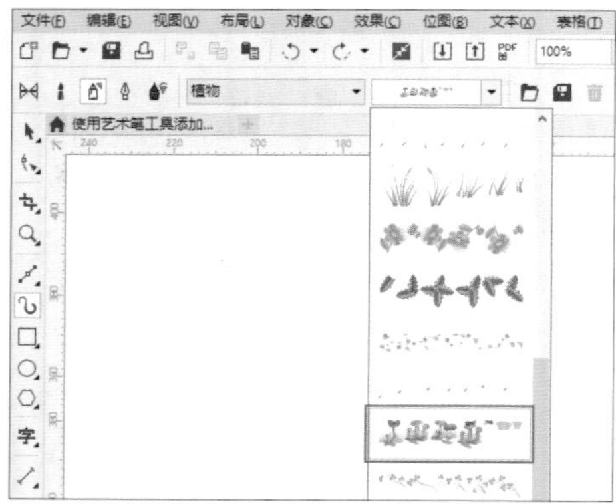

图 3-35

03 采用同样的方法，创建艺术效果，如图 3-36 所示。右击，在弹出的快捷菜单中执行“拆分艺术笔组”命令，如图 3-37 所示，拆分艺术笔效果，如图 3-38 所示。

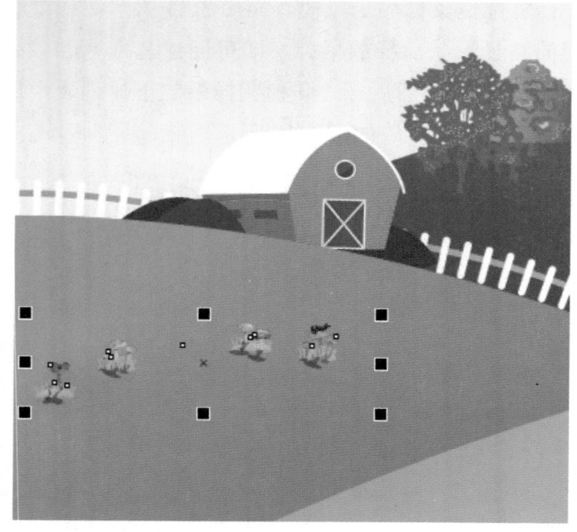

图 3-36

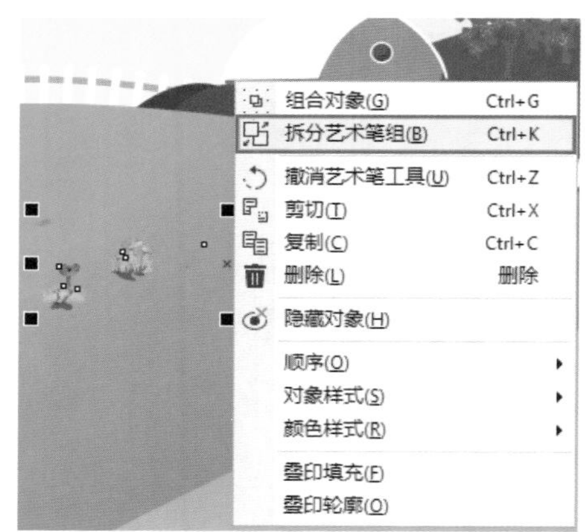

图 3-37

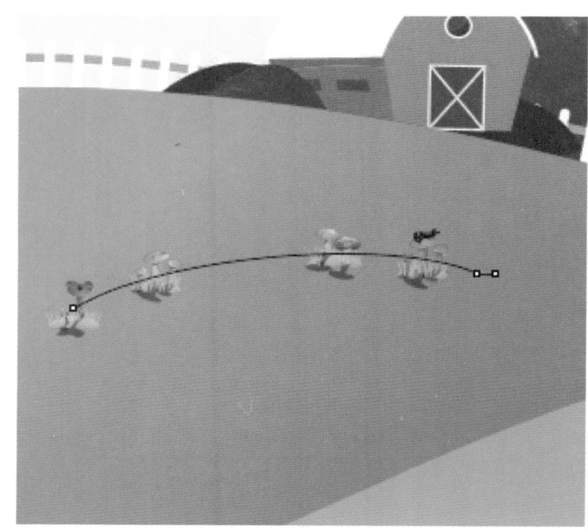

图 3-38

04 选择路径，按 Delete 键可将其删除。在艺术笔效果对象上右击，在弹出的快捷菜单中执行“取消组合对象”命令，如图 3-39 所示，取消群组。单击工具箱中的“选择工具” 按钮对单个对象进行编辑，如图 3-40 所示，采用相同的操作方法继续用“艺术笔工具”进行绘制并编辑，完成插画的制作，如图 3-41 所示。

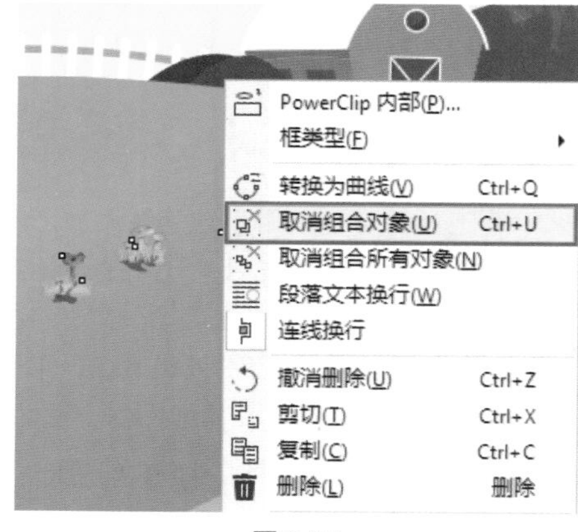

图 3-39

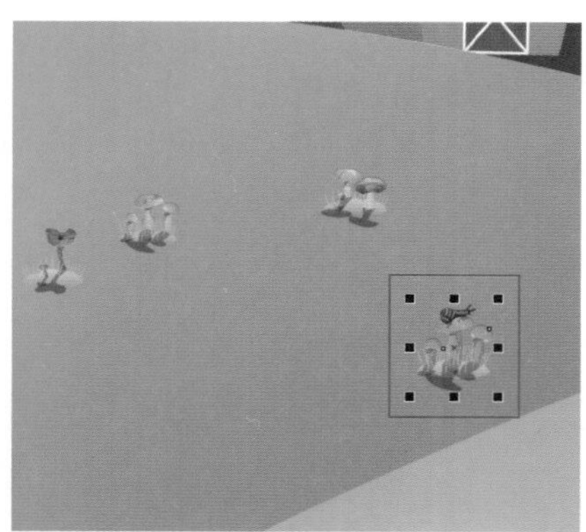

图 3-40

图 3-41

技术专题：创建自定义笔触

在 CorelDRAW 2017 中，可以用一组矢量图或单一的路径对象制作自定义的笔触。

01 绘制或导入需要定义成笔触的对象，如图 3-42 所示。

图 3-42

02 选中该对象，单击工具箱中的“艺术笔工具”按钮，在属性栏上单击“笔刷”按钮，接着单击“保存艺术笔触”按钮，弹出“另存为”对话框，如图 3-43 所示。在“文件名”文本框输入“剪影”，单击“保存”按钮进行保存。

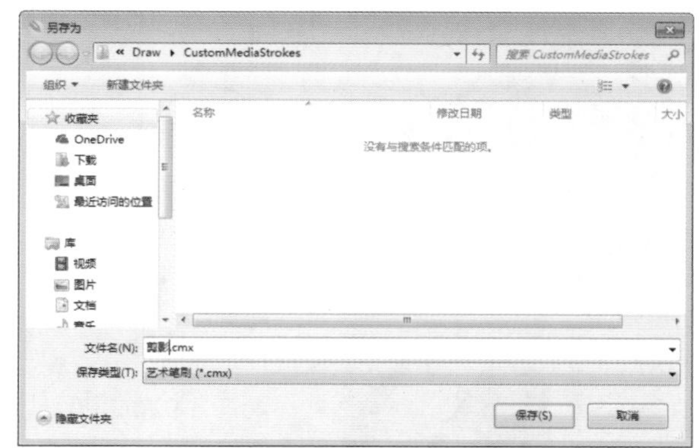

图 3-43

03 在“类别”下拉列表中会出现自定义选项，如图 3-44 所示，定义的笔触会显示在后面的“笔刷笔触”列表中，此时即可用自定义的笔触进行绘画，如图 3-45 所示。

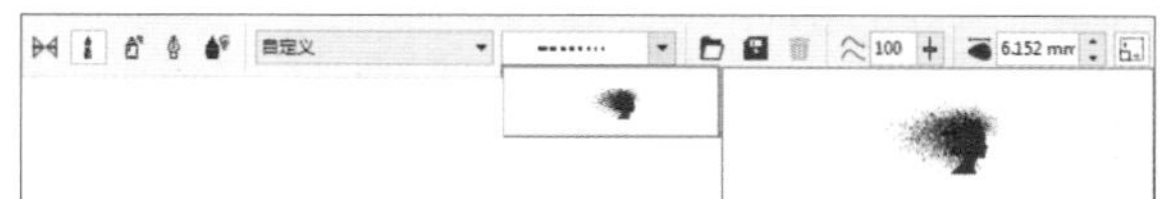

图 3-44

图 3-45

技巧与提示：

“艺术笔工具”的 5 个样式的属性栏后面都有“随对象一起缩放笔触”按钮，若启用该按钮，则在缩放曲线时，曲线粗细比例会和原图相同，若没有启用，则曲线放大会变细，缩小会变粗。

3.1.5　实战：钢笔工具抠图

“钢笔工具”和“贝塞尔工具”相似，也是通过节点的连接绘制直线和曲线，在绘制之后通过“形状工具”进行修饰的，具体的操作方法如下。

01 启动 CorelDRAW 2017 软件，打开“素材 \ 第 3 章 \3.1\3.1.5 实战：钢笔工具抠图 .cdr”文件，如图 3-46 所示。

图 3-46

02 单击工具箱中的“钢笔工具”按钮，将光标移至水果边缘，单击确定起始节点，移动光标到下一位置按着鼠标左键并拖曳“控制线”，如图 3-47 所示。释放鼠标左键并移动光标会有蓝色弧线可供预览，如图 3-48 所示。

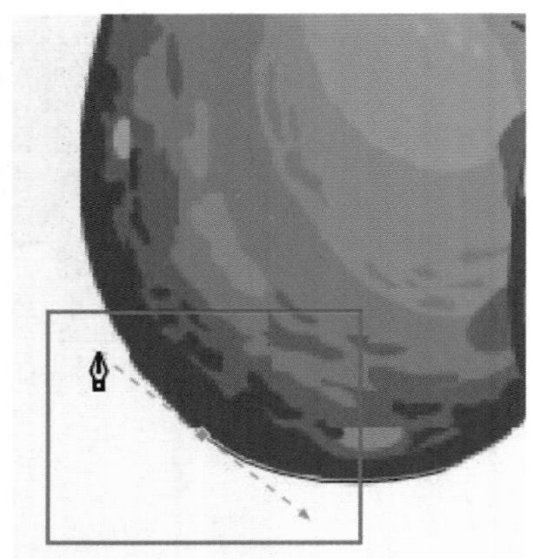

图 3-47

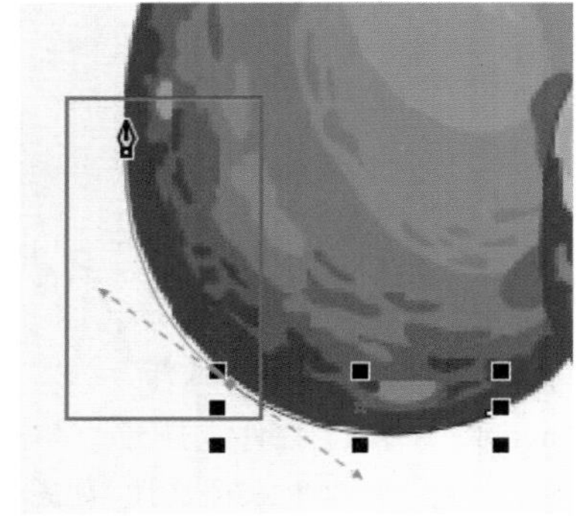

图 3-48

03 单击确定锚点位置，使用同样的操作方法，绘制梨一侧的轮廓，如图 3-49 所示。

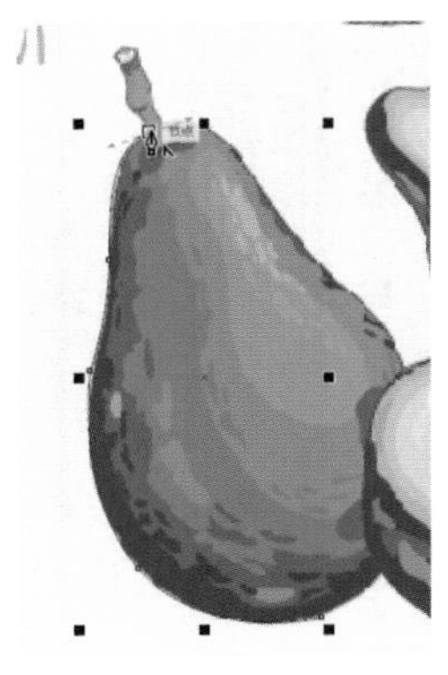

图 3-49

04 按住 Alt 键单击节点，可将平滑点转换为角点，移动光标出现蓝色预览线，如图 3-50 所示，选择下一位置，单击可绘制直线，如图 3-51 所示。

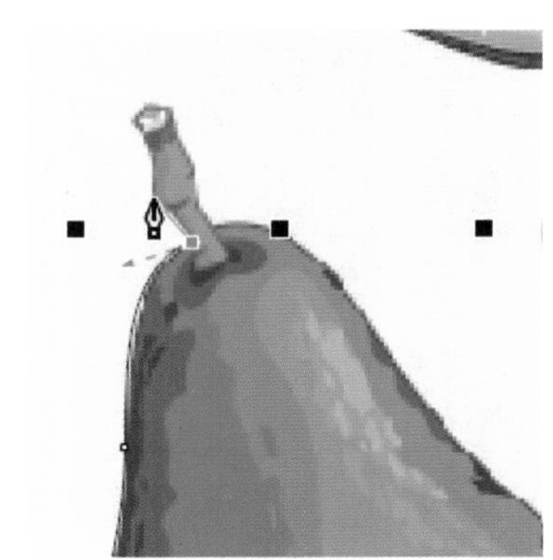

图 3-50

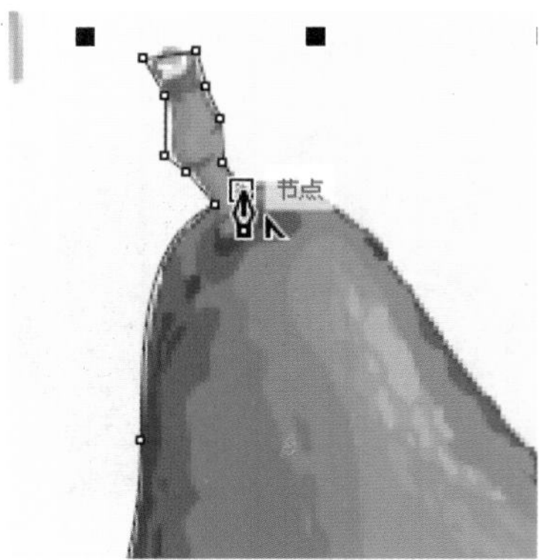

图 3-51

05 使用同样的操作方法，沿着对象的轮廓绘制曲线，并回到起点处闭合曲线，如图 3-52 所示。单击工具箱中的“选择工具”按钮，选择曲线对象，并按住 Shift 键加选位图图像，在属性栏中单击“相交”按钮，如图 3-53

所示。然后使用“选择工具”选择并拖出相交之后所创建的对象，这样图形就被分离出来了，如图 3-54 所示。

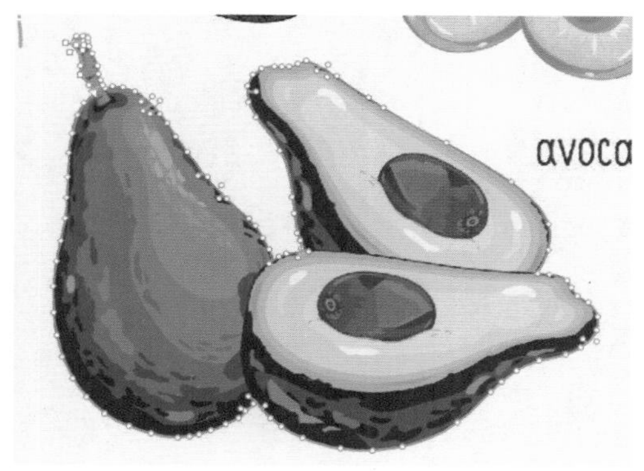

图 3-52

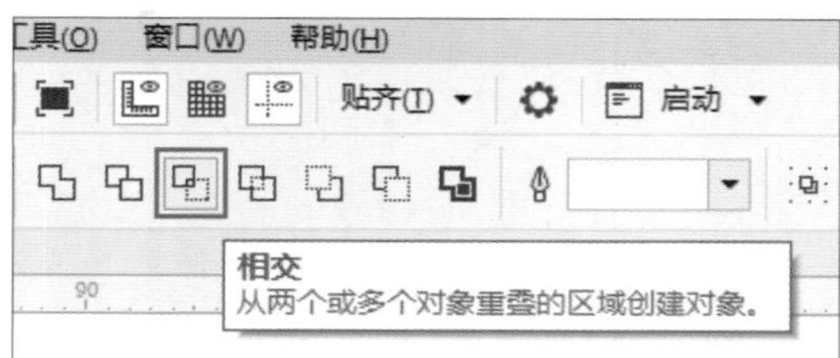

图 3-53

图 3-54

技巧与提示：

在绘制直线时，按住 Shift 键可绘制水平线段、垂直线段或 15° 递进的线段。

技术专题：钢笔工具结束绘图的技巧

在使用钢笔工具绘制时，有多种结束绘图的方法。

✦ 双击终止节点结束绘图。

✦ 按空格键转换到选择工具或单击工具箱中的其他工具，可以结束绘图。

✦ 按住 Ctrl 键单击空白处，可结束画图。

✦ 可以通过闭合曲线来结束画图。如果直接单击属性栏上的“闭合曲线”按钮，如图 3-55 所示，即可闭合曲线，但仍会出现蓝色预览线，此时再在结束点上单击即可；也可以在开始节点处单击来闭合曲线结束绘图。

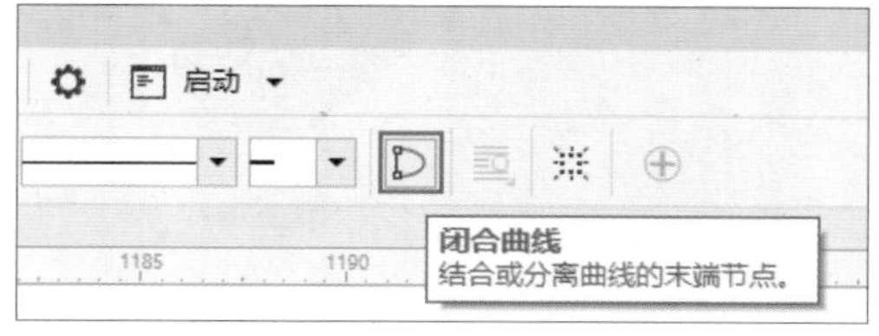

图 3-55

技巧与提示：

在选择钢笔工具的情况下，按住 Ctrl+Alt 键单击对象并拖曳，释放鼠标后，即可复制该对象图形，

答疑解惑：在 CorelDRAW 2017 中未闭合的曲线可以填充颜色吗，该如何操作。

若是闭合的曲线，可以直接单击最右边的调色板选择需要的颜色填充；若曲线不是闭合的，默认状态下填充的颜色不显示。

在菜单栏中执行“工具”→“选项”命令，打开“选项”对话框，在左侧选项栏中选择“文档”→“常规”选项，并在右侧“首选项”区域中勾选“填充开放式曲线”选项，如图 3-56 所示，单击“确定”按钮，即可为未闭合的曲线填充颜色了，如图 3-57 所示。

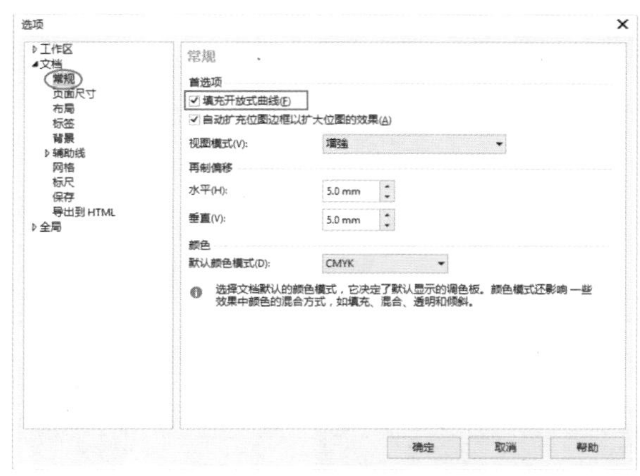

图 3-56

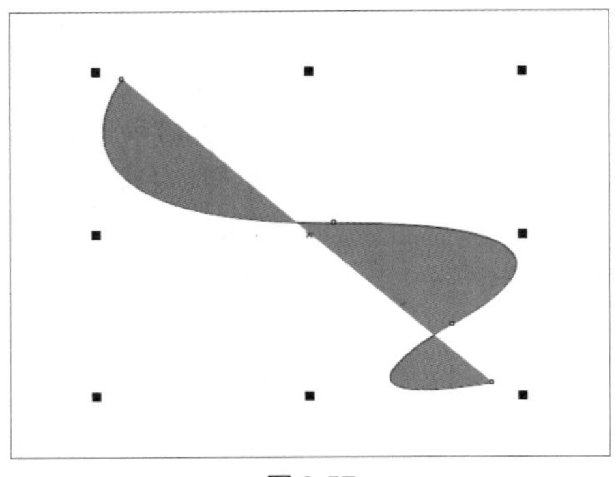

图 3-57

3.1.6 实战：B 样条工具绘制蜘蛛网

CorelDRAW 2017 软件中的“B-Spline 工具”在曲线绘图上有着重要地位，它可以创建平滑的曲线，并比使用手绘路径绘制曲线所用的节点更少，具体的操作方法如下。

01 启动 CorelDRAW 2017 软件，打开“素材\第 3 章\3.1\3.1.6 实战：B 样条工具绘制蜘蛛网 .cdr”文件，如图 3-58 所示。单击工具箱中的“手绘工具”按钮，在打开的工具列表中选择“B 样条工具”按钮，在属性栏中设置“轮廓宽度”参数，如图 3-59 所示。

图 3-58

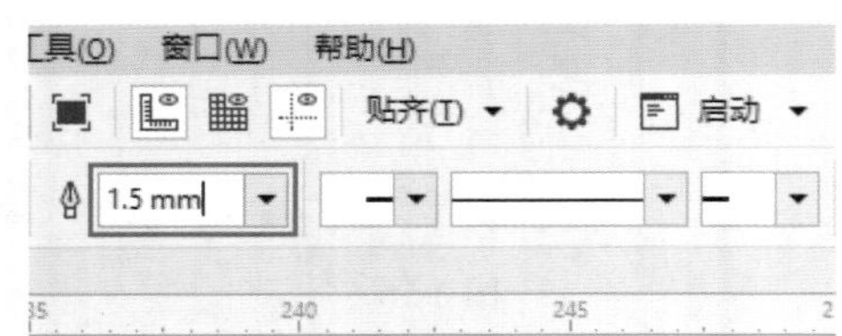

图 3-59

02 单击一点作为起点，拖曳鼠标，绘制一条直线线段，双击结束绘制，如图 3-60 所示。使用同样的方法绘制几条直线线段，如图 3-61 所示。

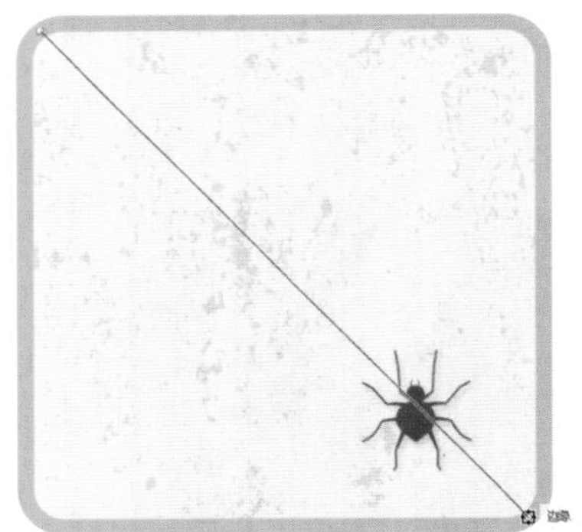

图 3-60

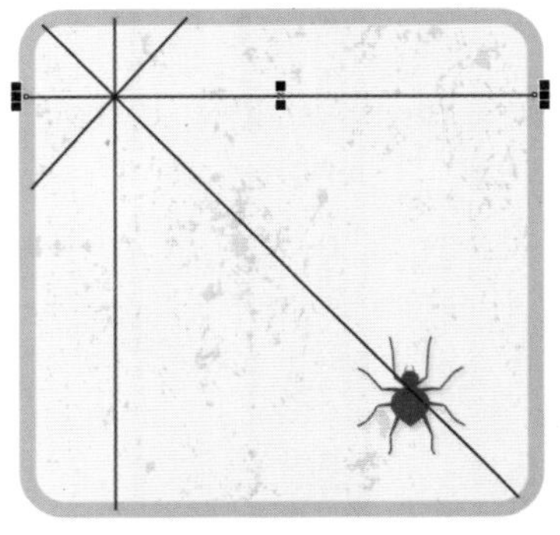

图 3-61

03 将光标移至绘制的直线线段上，单击确定第一个控制点，移动光标可拖曳出一条实线与虚线重合的线段，如图 3-62 所示，单击确定第二个控制点。确定第二个控制点后，在移动光标时就会被分离出来，此时可以看到实线为绘制的曲线，虚线为连接控制点的控制线，如图 3-63 所示。

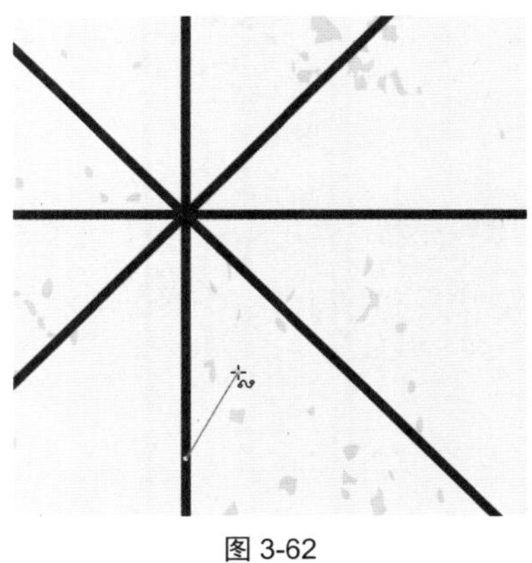

图 3-62

04 双击结束绘制，再使用同样的方法绘制曲线，如图 3-64 所示。

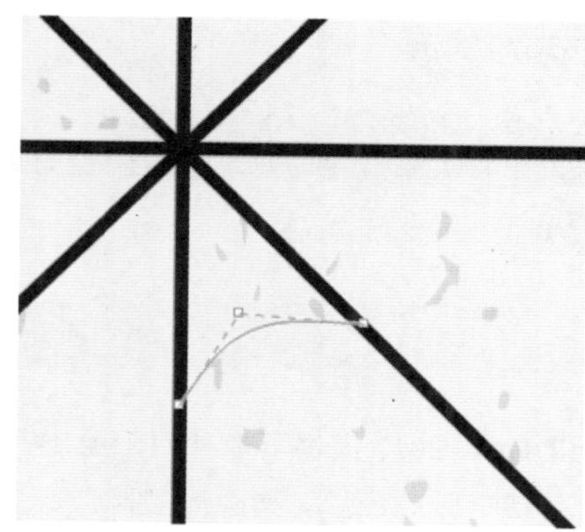

图 3-63

图 3-64

05 单击工具箱中的“选择工具”按钮，选择所有的曲线对象，并按快捷键 Ctrl+G 群组对象，在调色板中右击灰色，将蜘蛛网的颜色更改为灰色，如图 3-65 所示。然后再右击，在打开的快捷菜单中执行两次“顺序”→“向后一层”命令，如图 3-66 所示。最后选中蜘蛛对象，旋转对象并移至合适位置，如图 3-67 所示。

图 3-65

图 3-66

图 3-67

3.1.7　折线工具

“折线工具”可以方便、快捷地创建复杂的几何形和折线。

单击工具箱中的“折线工具”按钮，在空白处单击确定起始节点，移动光标会出现一条线，如图 3-68 所示。接着单击确定第二个节点的位置，继续绘制形成复杂折线，最后双击结束编辑，如图 3-69 所示。

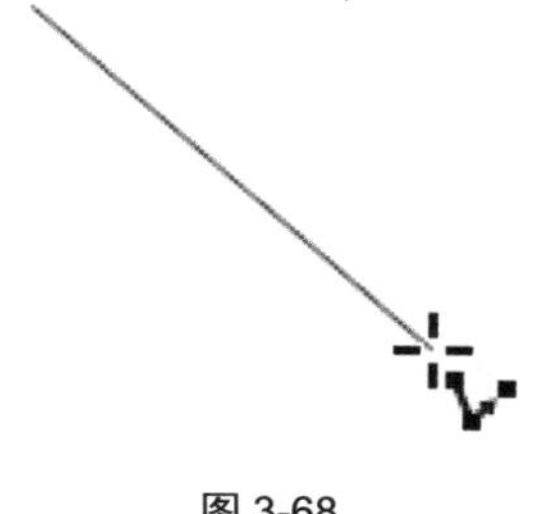

图 3-68

除绘制折线外还可以绘制曲线，单击“折线工具”按钮，在页面空白处单击拖曳进行绘制，释放鼠标后可以自动平滑曲线，如图 3-70 所示，双击结束编辑。

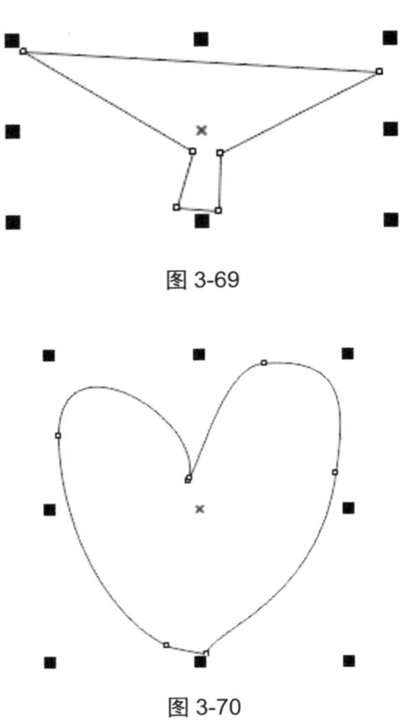

图 3-69

图 3-70

3.1.8 3 点曲线工具

“3 点曲线工具”可以准确地确定曲线的弧度和方向。

单击工具箱中的“3 点曲线工具”按钮，将光标移至页面内单击并拖曳，出现一条直线进行预览，拖曳到合适位置后释放鼠标左键并移动光标调整曲线弧度，如图 3-71 所示，接着单击完成编辑，如图 3-72 所示。

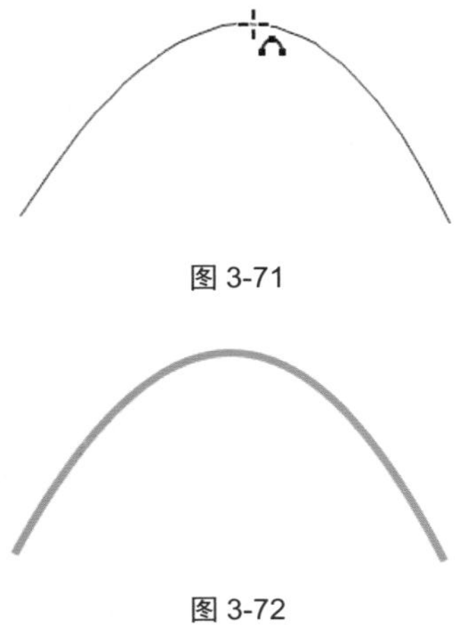

图 3-71

图 3-72

> **技巧与提示：**
>
> 使用“3 点曲线工具”绘制曲线时，创建起始点后按住 Shift 键拖曳鼠标，可以以 5° 角为倍数调整两点之间的角度。

3.2 绘制几何图形

CorelDRAW 2017 提供了多种用于绘制几何图形的工具，包括矩形工具、椭圆形工具、多边形工具、星形工具和复杂星形工具等。通过这些工具，可以轻松地绘制各种常见的几何图形，大幅节省了创作时间。本节将详细介绍这些工具的使用方法。

3.2.1 实战：矩形工具绘制图标

“矩形工具”和“3 点矩形工具”都能绘制矩形，但是“矩形工具”绘制的矩形与视平线平行，而“3 点矩形工具”绘制的则是任意角度的矩形，在实际工作中可按需求选择合适的绘制工具。

01 启动 CorelDRAW 2017 软件，打开“素材\第 3 章\3.2\3.2.1 实战：矩形工具绘制图标 .cdr”文件，如图 3-73 所示。

图 3-73

02 单击工具箱中的“矩形工具”按钮，或按 F6 键选择“矩形工具”，按住 Ctrl 键的同时向右下角单击并拖曳，创建一个正方形，如图 3-74 所示。

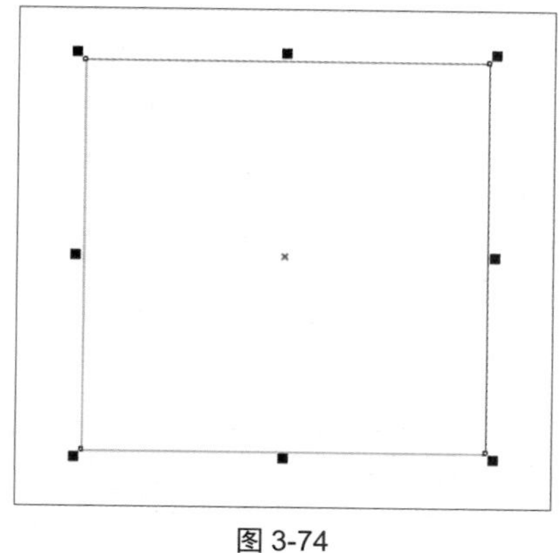

图 3-74

03 在属性栏中单击“扇形角”按钮，设置半径值，可将角变为扇形相切的角，形成曲线角，如图 3-75 所示；单击“倒菱角”按钮，可将角变为直菱角，如图 3-76 所示；单击“圆角”按钮，设置半径值，可将正方形设置为圆角，如图 3-77 所示。

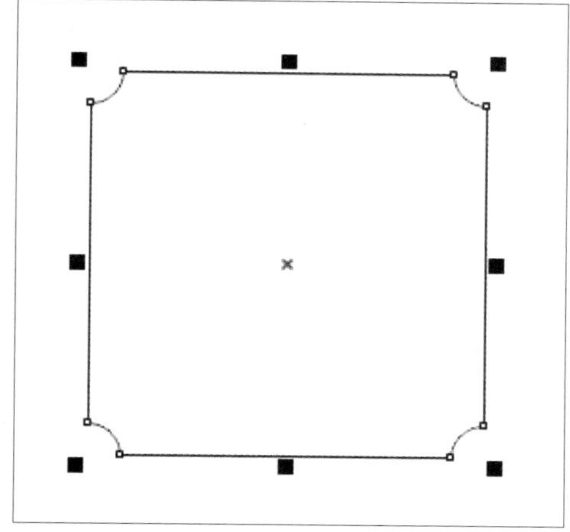

图 3-75

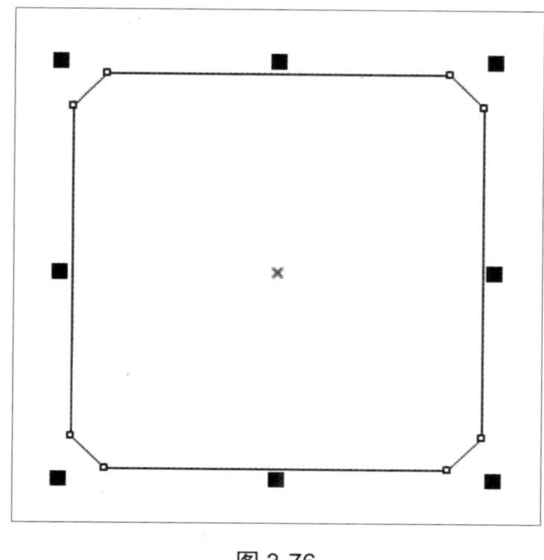

图 3-76

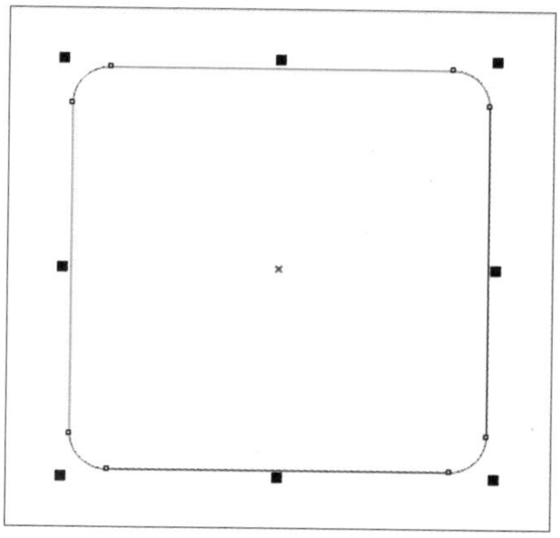

图 3-77

04 单击“相对的角缩放”按钮，激活该按钮。单击工具箱中的“形状工具”按钮，将光标放在矩形的锚点上，当光标变为形状时，拖曳锚点可对“圆角半径”进行调整，如图 3-78 所示。

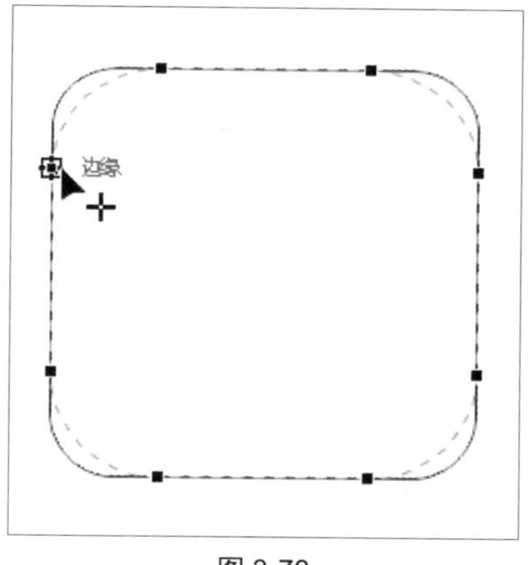

图 3-78

05 单击工具箱中“交互式填充”按钮，在属性栏中单击“渐变填充”按钮，接着单击“编辑填充”按钮，打开“编辑填充”对话框，设置渐变颜色和旋转角度，如图 3-79 所示。单击“确定”按钮，即可为对象填充渐变色，如图 3-80 所示。

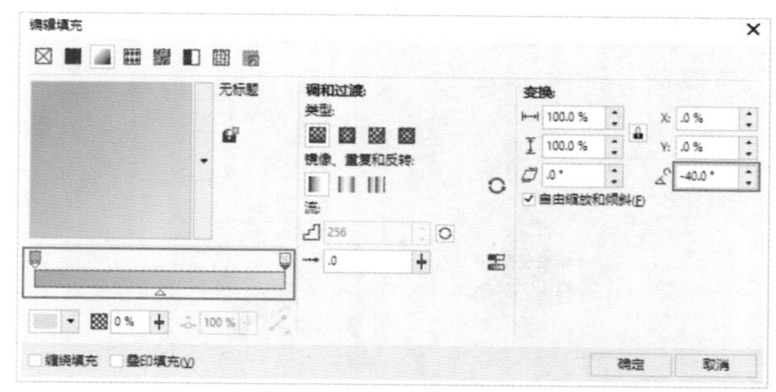

图 3-79

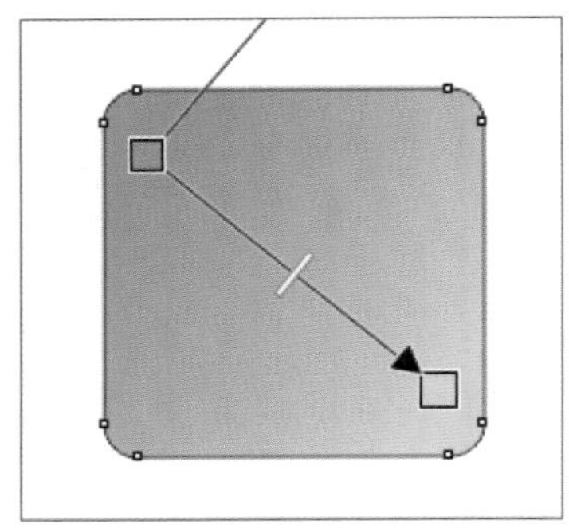

图 3-80

06 取消该对象的轮廓线，再按快捷键 Ctrl+C 复制对象，然后按快捷键 Ctrl+V 粘贴对象，并按住 Shift 键等比例缩小复制的对象。单击工具箱中"交互式填充"按钮，拖曳对象上的滑块，调整旋转角度，如图 3-81 所示。

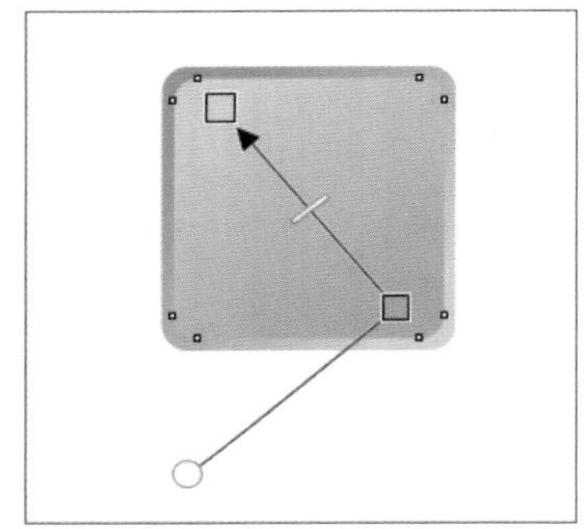

图 3-81

07 单击工具箱中的"选择工具"按钮，选择两个对象，并按快捷键 Ctrl+G 群组对象，然后移至素材上。右击，在打开的快捷菜单中执行"顺序"→"向后一层"命令，移至素材后方，如图 3-82 所示。复制 3 个正方形对象，使用同样的方法调整图层顺序，并调整其大小和位置，完成制作，如图 3-83 所示。

图 3-82

图 3-83

技巧与提示：

按住 Ctrl 键再拖曳鼠标，即可绘制正方形。按住 Ctrl+Shift 键的同时拖曳鼠标可以绘制以中心点为基准的正方形。按住 Shift 键的同时拖曳鼠标，确定一定大小后释放鼠标，则可以绘制出以中心点为基准的矩形。

技术专题：3 点矩形工具绘制技巧

"3 点矩形工具"可以通过确定 3 个点的位置，以指定的高度和宽度绘制矩形。

单击工具箱中的"3 点矩形工具"按钮，在页面处确定第一个点，单击并拖曳，此时会出现一条实线可供预览，如图 3-84 所示，确定位置后释放鼠标左键确定第二个点，接着移动光标进行定位，如图 3-85 所示，单击即可完成定位，如图 3-86 所示，通过 3 个点确定一个矩形。

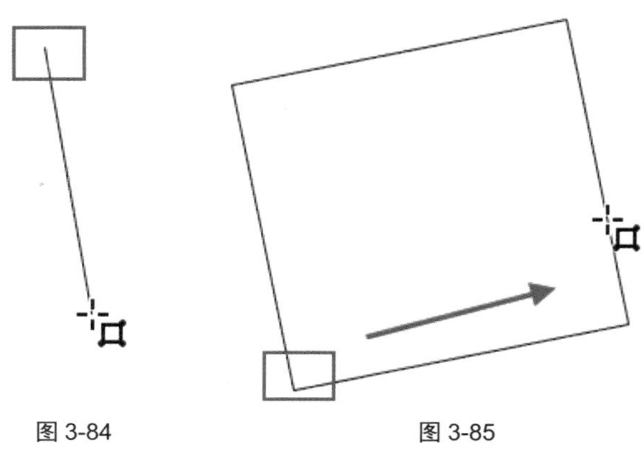

图 3-84　　图 3-85

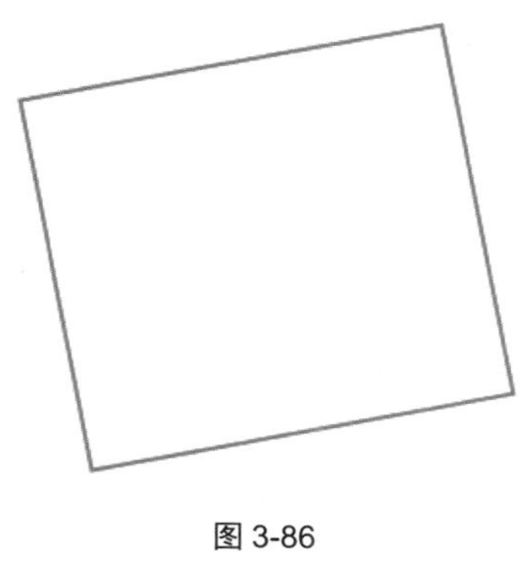

图 3-86

3.2.2　实战：椭圆形工具绘制 CD 图形

CorelDRAW 2017 提供了两种可以用于绘制圆形的工具，即“椭圆形工具”和“3 点椭圆形工具”。“椭圆形工具”不仅可以绘制圆形，还可以完成饼形和弧形的制作。

01 启动 CorelDRAW 2017 软件，打开“素材\第 3 章\3.2\3.2.2 实战：椭圆工具绘制 CD 图形 .cdr”文件，如图 3-87 所示。单击工具箱中的“椭圆形工具”按钮，或按 F7 键选择“椭圆形工具”，按住 Ctrl 键单击并拖曳鼠标，绘制一个圆形，并填充白色，如图 3-88 所示。

图 3-87

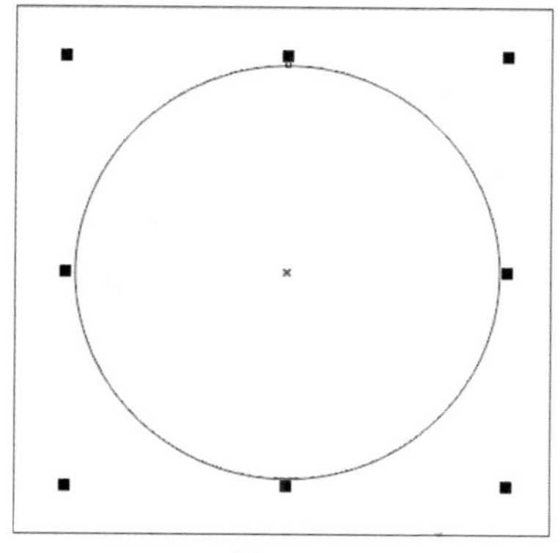

图 3-88

02 单击属性栏中的“饼图”按钮，可以将已有的椭圆变为饼形或者绘制圆饼，如图 3-89 所示；单击“弧”按钮，可以将已有的椭圆或圆饼变为弧，也可以绘制以椭圆为基础的弧线，如图 3-90 所示；单击“更改方向”按钮，所绘制的饼形或弧形则会切换为反方向的图形，如图 3-91 所示。

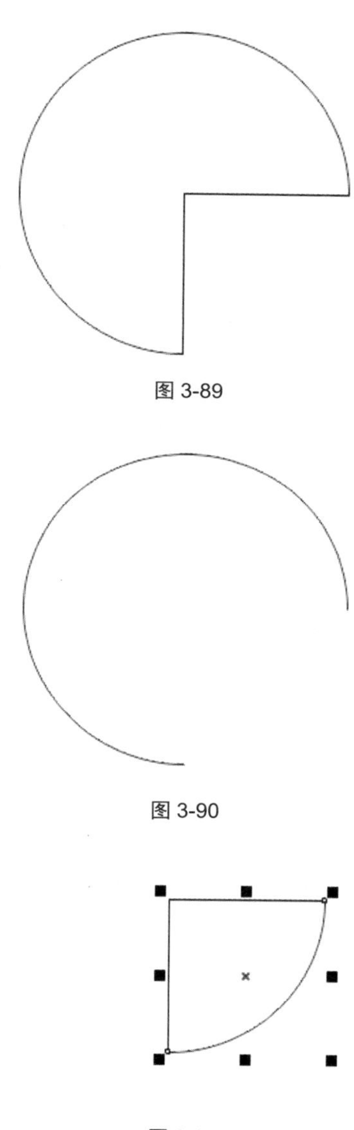

图 3-89

图 3-90

图 3-91

03 单击“椭圆形”按钮，将图形变为椭圆，按快捷键 Ctrl+C 复制一个对象，再按快捷键 Ctrl+V 粘贴对象，然后按住 Shift 键拖曳控制点，等比例缩小复制的对象，如图 3-92 所示。使用同样的方法，再复制 4 个圆形，并调整大小，如图 3-93 所示。框选所有的圆形对象，在调色板中右击“60% 黑”色块，更改轮廓线颜色，如图 3-94 所示。

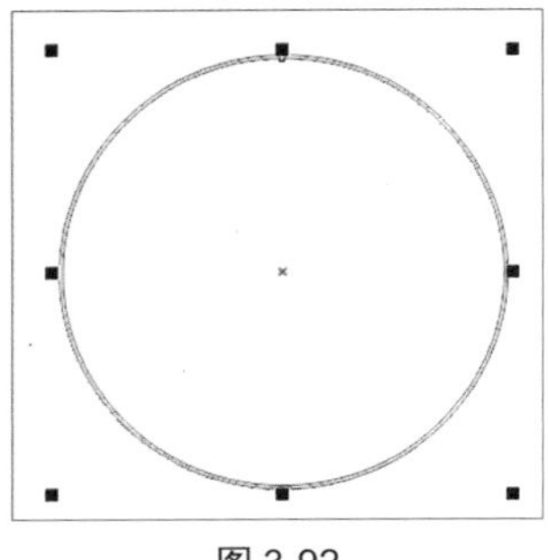

图 3-92

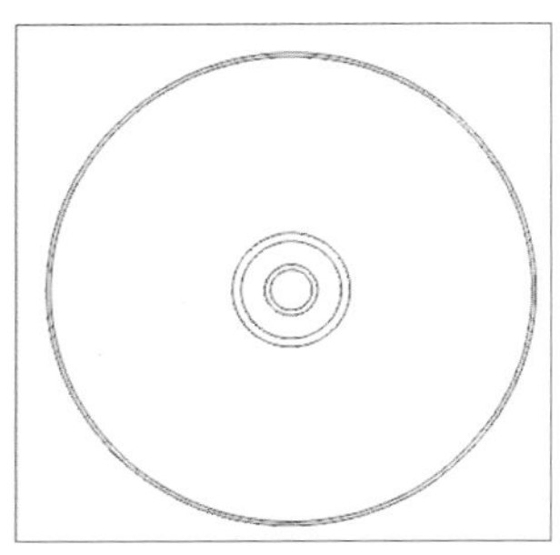

图 3-93

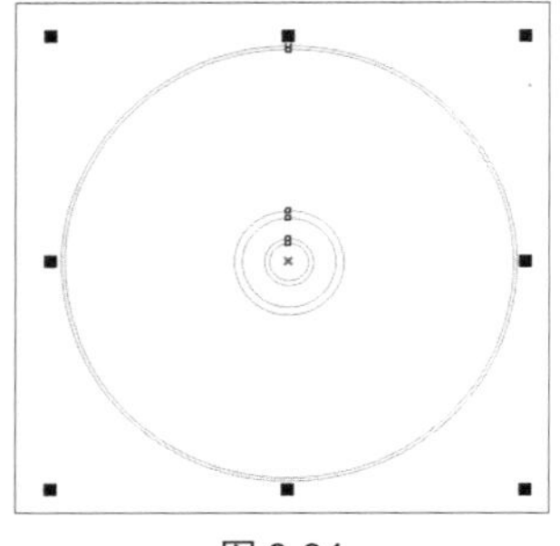

图 3-94

04 选择素材图像，再右击，在打开的快捷菜单中执行“PowerClip 内部”命令，如图 3-95 所示。当鼠标变为黑色箭头时，在第二大的圆形对象的轮廓线上单击，即可将图像放置在圆形内，如图 3-96 所示。再右击，在打开的快捷菜单中执行“编辑 PowerClip”命令，调整图像大小，再单击下方的“停止编辑内容”按钮，完成编辑，如图 3-97 所示。

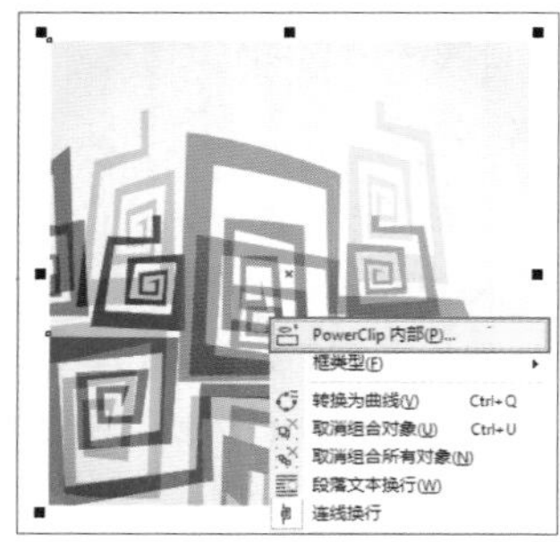

图 3-95

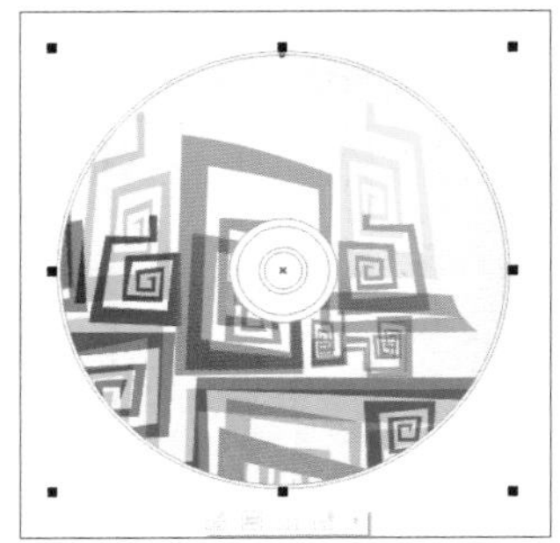

图 3-96

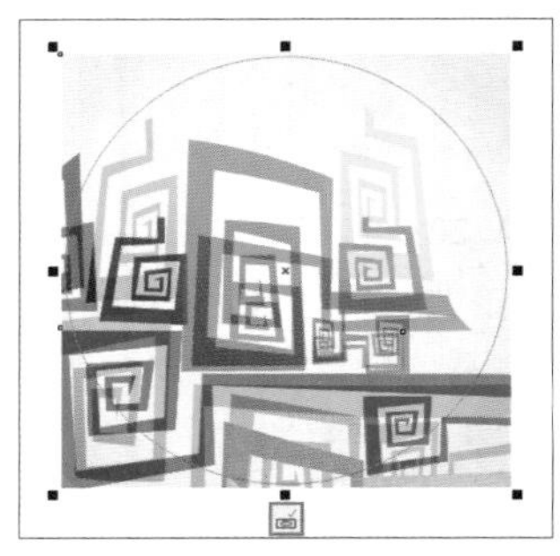

图 3-97

05 通过调色板去除第二大的圆形对象的轮廓线和第三大的圆形对象的填充色，如图 3-98 所示。给第三小的圆形对象填充“50% 黑色”，给第二小的圆形对象填充“10% 黑色”，如图 3-99 所示。选择工具箱中的“透明度工具”按钮，在属性栏中单击“均匀透明度”按钮，为第二小的圆形和第三小的圆形对象设置 50% 的透明度，再使用“文本工具”添加文字，完成制作，如图 3-100 所示。

技巧与提示：

“3 点椭圆工具”与“3 点矩形工具”的操作技巧相同，具体操作方法可参阅“3 点矩形工具”的使用方法。

图 3-98

图 3-99

图 3-100

3.2.3　绘制多边形

多边形泛指所有以直线构成的、边数大于且等于 3 的图形，例如常见的三角形、菱形、星形、五边形和六边形等。在“多边形工具”的属性栏中可以调节“点数或边数”，默认值为 5，最小值为 3，最大值为 500，当“点数或边数”为 3 时为等边三角形；当边数达到一定程度时多边形将变为圆形。

单击工具箱中的“多边形工具”按钮，或按 Y 键选择“多边形工具”，在绘图窗口中单击并拖曳鼠标，即可绘制出默认设置的五边形，如图 3-101 所示。单击工具箱中的“形状工具”按钮，选择线段上的一个节点，按住 Ctrl 键向内拖曳，释放鼠标后可将多边形转换为星形，如图 3-102 所示。

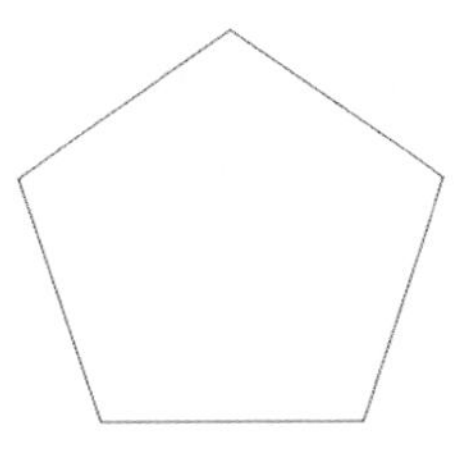

图 3-100

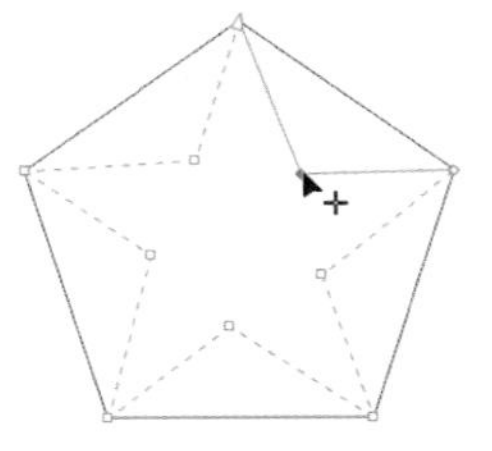

图 3-101

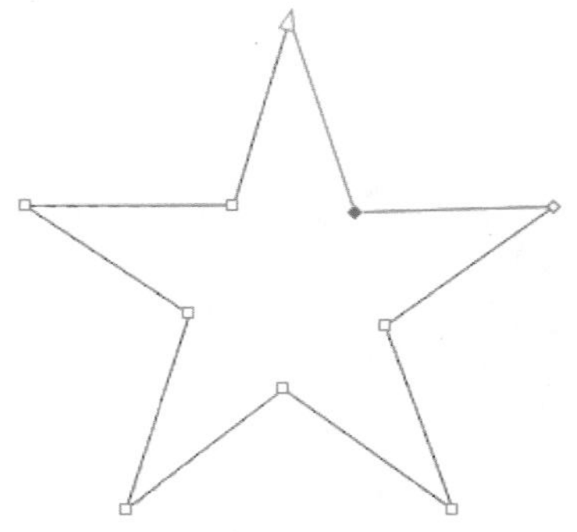

图 3-102

在属性栏中设置“边数”为 9，按住 Ctrl 键绘制多边形，接着单击“形状工具”，选择线段上一个节点拖曳重叠，如图 3-103 所示，释放鼠标左键即可得到一个复杂的重叠星形，如图 3-104 所示。

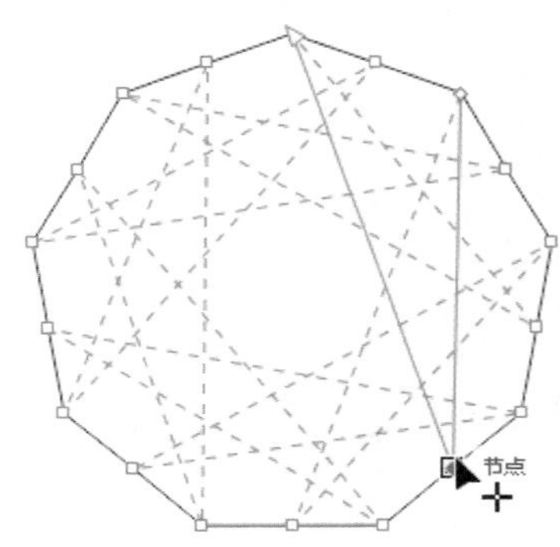

图 3-103

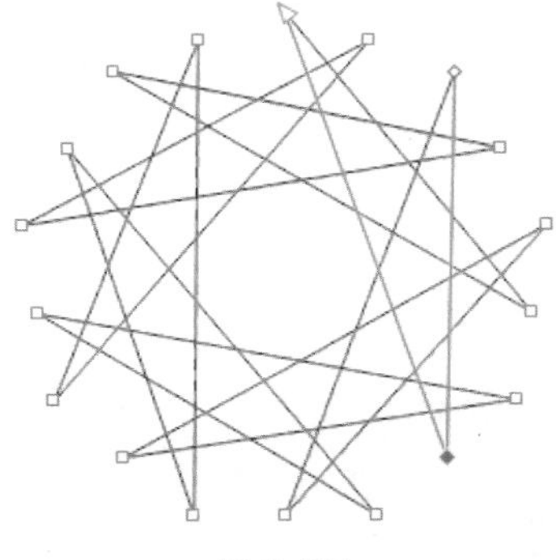

图 3-104

3.2.4　实战：星形工具制作促销海报

“星形工具”用于绘制规则的星形，默认情况下星形的边数为 12。本节详细讲解形状与复杂形状的绘制方法与技巧。

01 启动 CorelDRAW 2017 软件，打开“素材\第 3 章

\3.2\3.2.4 实战：星形工具制作促销海报 .cdr”文件，如图 3-105 所示。单击工具箱中的“星形工具”☆按钮，单击并拖曳绘制一个星形，如图 3-106 所示。

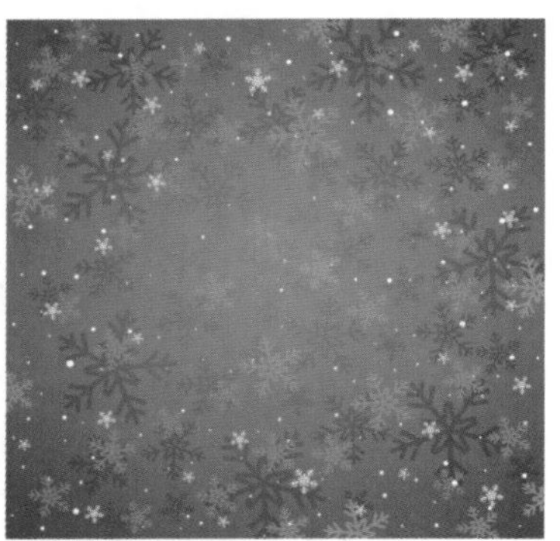
图 3-105

图 3-106

02 在属性栏中设置“点数或边数”和“锐度”的数值，如图 3-107 所示，再为星形填充白色并去除轮廓线，如图 3-108 所示。

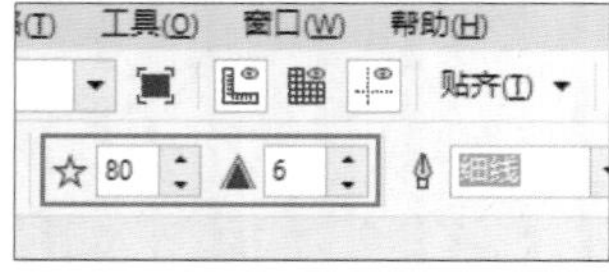

图 3-107

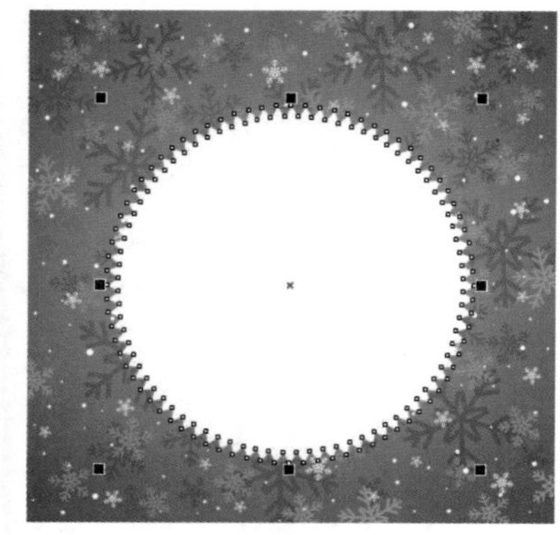
图 3-108

03 单击工具箱中的“椭圆形工具”○按钮，按住 Ctrl 键单击并拖曳鼠标，绘制一个圆形，如图 3-109 所示。为圆形填充绿色，并去除轮廓线，如图 3-110 所示。按快捷键 Ctrl+C 复制圆形，再按快捷键 Ctrl+V 粘贴该圆形，然后按住 Shift 键等比例缩小圆形，并更改填充色为白色，如图 3-111 所示。

图 3-109

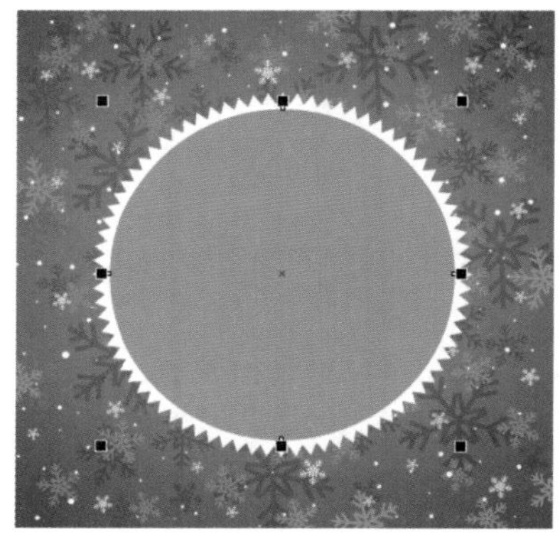
图 3-110

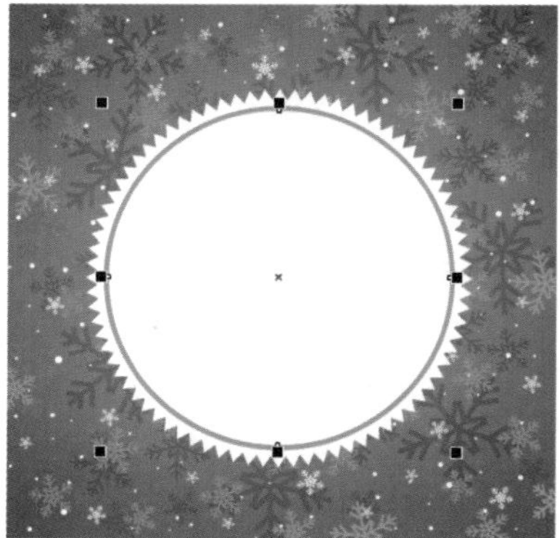
图 3-111

04 使用同样的方法，按快捷键 Ctrl+C 复制一个圆形，再按快捷键 Ctrl+V 粘贴该圆形，然后按住 Shift 键等比例缩小圆形，再单击工具箱中“交互式填充”◇按钮，

05 在属性栏中单击“渐变填充”按钮，再单击“编辑填充”按钮，打开“编辑填充”对话框，设置渐变类型为“椭圆形渐变填充”，并设置渐变颜色，如图 3-112 所示。单击“确定”按钮，即可为圆形填充渐变颜色，如图 3-113 所示。

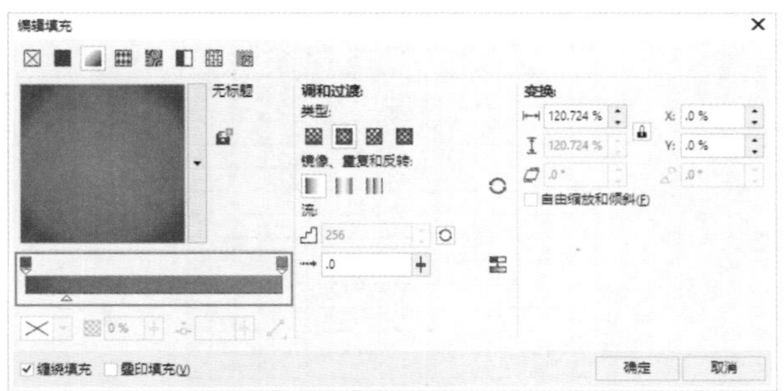

图 3-112

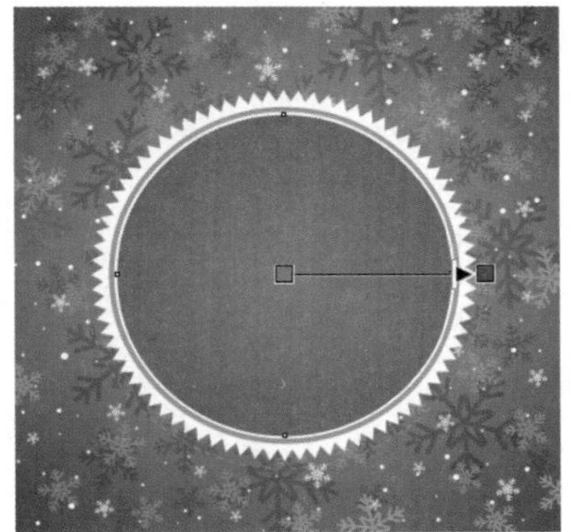
图 3-113

06 单击工具箱中“文本工具”字按钮，在属性栏中设置字体和字号，添加文字，如图 3-114 所示。单击工具箱中“椭圆形工具”按钮，绘制椭圆，填充白色并去除轮廓线，如图 3-115 所示。复制一个椭圆形，并移至合适位置，再添加雪花素材，完成制作，如图 3-116 所示。

图 3-114

图 3-115

图 3-116

技巧与提示：

在属性栏中调整“点数和边数”和“锐度”的数值，会产生更漂亮的复杂星形。当复杂星形工具的“端点”数值低于 7 时，不能设置锐度。

3.2.5 实战：图纸工具绘制彩格爱心

“图纸工具”可以绘制不同行数和列数的网格图形。绘制出的网格由一组矩形或正方形群组而成，可以取消群组，使其成为独立的矩形或正方形。

01 启动 CorelDRAW 2017 软件，打开“素材 \ 第 3 章 \3.2\3.2.5 实战：图纸工具绘制彩格爱心 .cdr”文件，如图 3-117 所示。单击工具箱中的“图纸工具”按钮，在属性栏中设置“列数和行数”参数，如图 3-118 所示。按住 Ctrl 键，单击并拖曳鼠标绘制图纸，如图 3-119 所示。在菜单栏中执行“对象”→“组合”→“取消组合对象”命令，将图纸网格打散为多个独立的正方形，如图 3-120 所示。

图 3-117

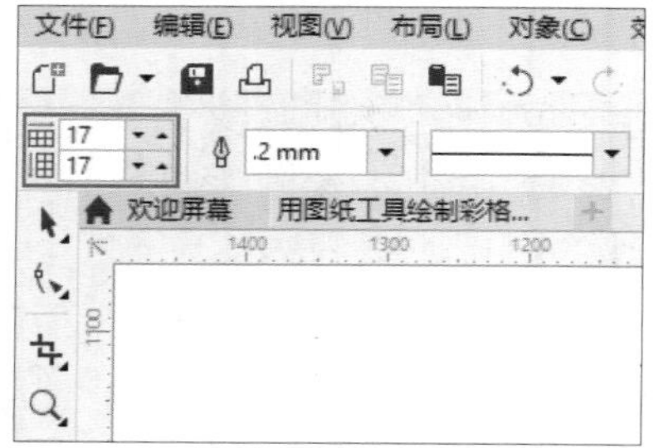

图 3-118

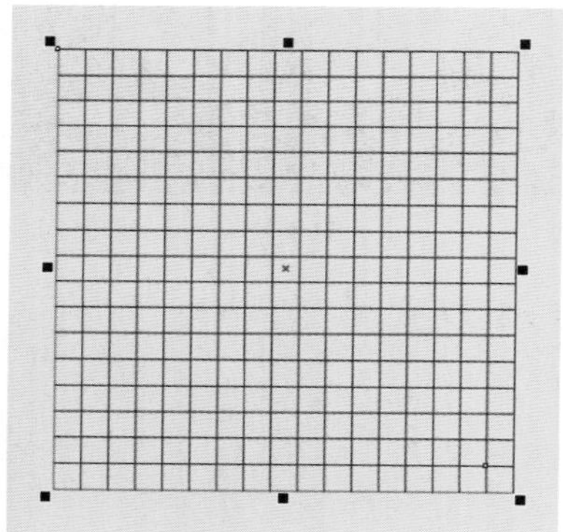

图 3-119

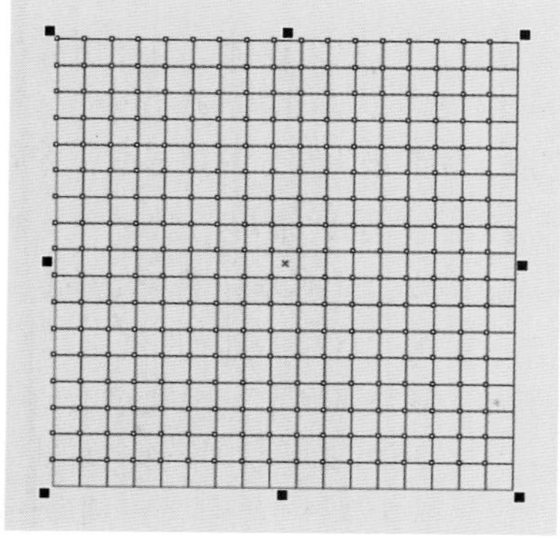

图 3-120

02 单击工具箱中的“选择工具”按钮，选择多余的正方形，按 Delete 键删除，如图 3-121 所示。继续使用“选择工具”选择多余的正方形并将它们删除，只留下组成爱心形状的正方形，如图 3-122 所示。

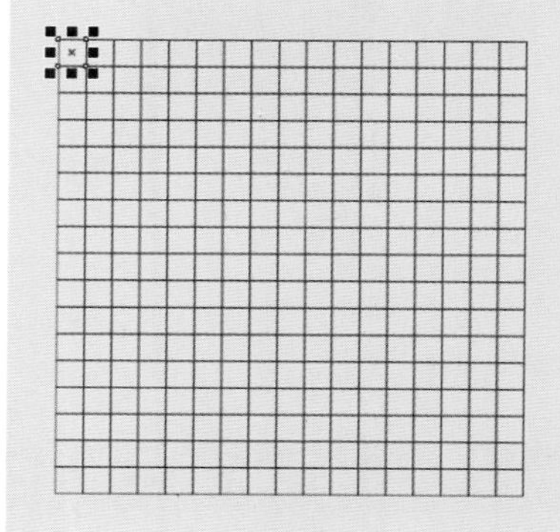

图 3-121

图 3-122

03 使用“选择工具”选择方形，在调色板中单击颜色块填充颜色，如图 3-123 所示。使用同样的方法为各个方格填充颜色，如图 3-124 所示。以框选的方式选择全部的小方格，右击调色板中的“白色”，更改轮廓线的颜色，如图 3-125 所示。

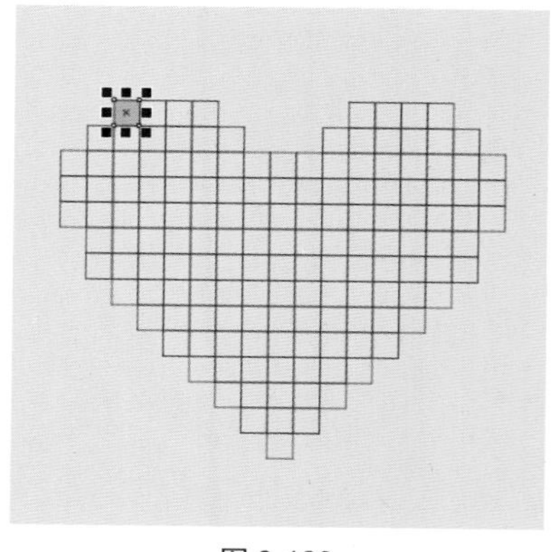

图 3-123

图 3-124

图 3-125

技巧与提示：

默认的“列数和行数”值为 3 行 4 列，由于当图纸绘制完成之后，就无法修改图纸的行数和列数，因此绘制图纸前就要在属性栏中设置“列数和行数”，然后再绘制图纸。

答疑解惑：如何将网格打散为独立的矩形？

执行“对象”→“组合”→“取消组合对象”命令，可将图纸网格打散为多个独立的矩形，如图 3-126 所示。按空格键切换到“选择工具”，在页面空白处单击，取消对象的全部选择状态，再一次单击独立的矩形并移动位置（如果没有使用“选择工具”在空白处单击，将无法选中独立矩形，仍会选中整幅图纸），如图 3-127 所示。

图 3-126

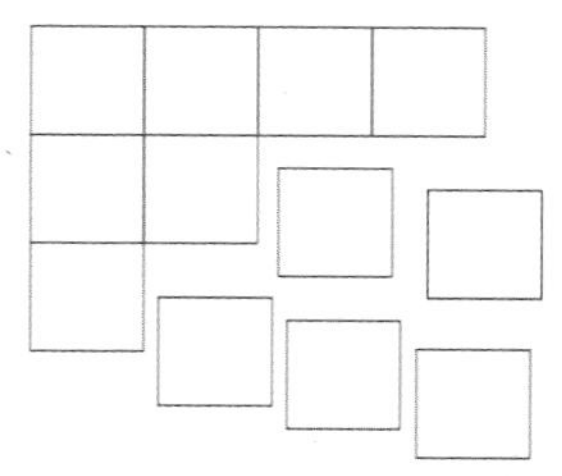

图 3-127

3.2.6　绘制螺纹

利用“螺纹工具”可以绘制螺纹状图形。螺纹图形分为对称式和对数式，通过设置属性栏中的参数，可以改变螺纹形态及圈数。

对称式螺纹

对称式螺纹是由许多间距相同的曲线环绕而成的。单击工具箱中的“螺纹工具”按钮，在属性栏中单击“对称式螺旋”按钮，在工作区中单击并拖曳，即可绘制对称式螺纹状图形，如图 3-128 所示。

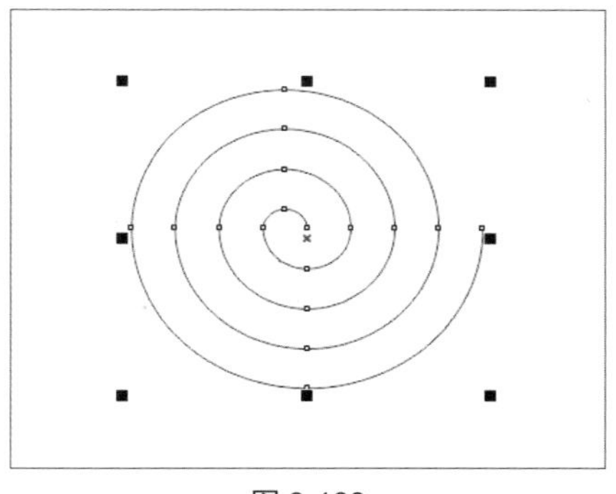

图 3-128

对数螺纹

对数式螺纹与对称式螺纹不同的是，曲线间距可以等量增加。单击工具箱中的“螺纹工具”按钮，在属性栏中单击“对数式螺旋”按钮，在工作区中单击并拖曳鼠标，即可绘制对数式螺纹状图形，如图 3-129 所示。

技巧与提示：

默认设置的“螺纹回圈”为 4。由于螺纹绘制完成之后，无法修改“螺纹回圈”数值和螺纹类型，因此需要先在属性栏中设置螺纹回圈数值和螺纹类型，然后再绘制螺纹。

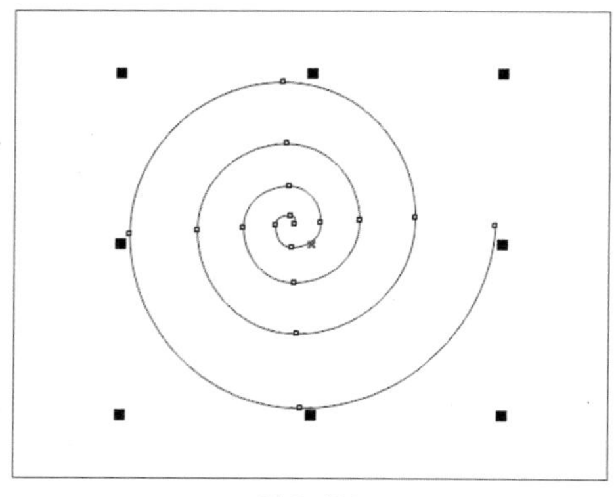

图 3-129

3.2.7 绘制基本形状

基本形状工具组中提供了基本形状、箭头形状、流程图形状、标题形状和标注形状等多种形状预设工具，可以通过它们快速绘制作品中的对象，也可以以绘制的形状作为基础进行进一步的编辑。

在绘图窗口中单击并拖曳，得到满意效果后释放鼠标，即可绘制所选的基本形状，如图 3-130 所示。单击工具箱中的“形状工具”按钮，拖曳红色控制点，即可调整图形样式，如图 3-131 所示。

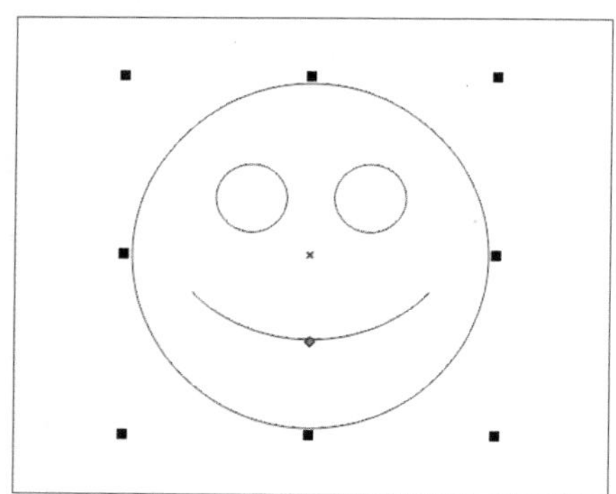

图 3-130

图 3-131

3.2.8 智能绘制工具

CorelDRAW 2017 中的“智能绘图工具”能将手绘笔触转换为基本形状或平滑的曲线。它能自动识别多种形状，如椭圆、矩形、菱形、箭头、梯形等，并能对随意绘制的曲线进行处置和优化。

单击工具箱中的“智能绘制工具”按钮，在工具属性栏中设置图形的“形状识别等级”和“智能平滑等级”等参数，如图 3-132 所示，在绘图窗口中单击并拖曳，像用铅笔一样自由绘制，如图 3-133 所示，绘制出满意的效果后释放鼠标，即可自动生成基本形状，如图 3-134 所示。

图 3-132

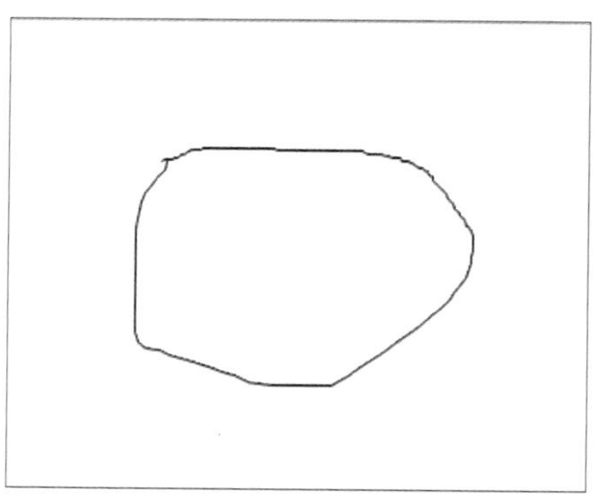

图 3-133

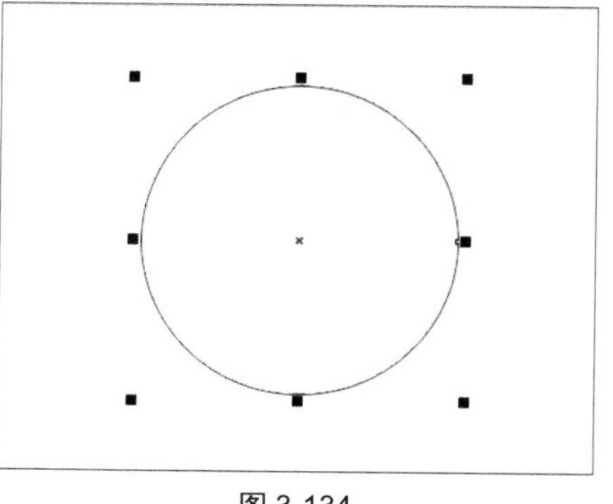

图 3-134

✦ 形状识别等级：设置检测形状并将其转化为对象的等级。

✦ 智能平滑等级：设置使用智能绘图工具创建形状的轮廓平滑等级。

3.3　形状编辑工具

形状编辑工具是矢量绘图、位图编辑中必不可少的工具，它可以通过节点编辑曲线对象和文本字符，包括形状工具、涂抹工具、粗糙工具和自由变换工具，本节将详解介绍 CorelDRAW 2017 中形状编辑工具的使用方法。

3.3.1　将图形转换为曲线

CorelDRAW 2017 中虽然提供了大量的内置图形，但是在实际的设计工作中并不总用这些基本图形，而是经常会将这些基本图形进行一定的编辑以达到改变或重组成所需图形的目的。

在 CorelDRAW 中对于普通的曲线可以直接编辑其节点，但是矩形、圆形及文字等图形需要经过转换为曲线操作后才能进行编辑。选择需要转换的图形对象，执行“对象”→“转换为曲线”命令，或按快捷键 Ctrl+Q 将图形转换为曲线，如图 3-135 所示。再使用“形状工具”单击该对象以显示其节点，如图 3-136 所示，即可通过调整节点改变对象的形状，如图 3-137 所示。

图 3-135

单击工具箱中的“形状工具”按钮，或按 F10 键选择“形状工具”，再对需要修改的图形执行“转换为曲线”的操作，单击该对象以显示其节点。曲线对象具有节点和控制手柄，可以用于更改对象的形状。曲线对象可以为任何形状，包括直线或曲线。节点为沿着对象的轮廓显示的小方形；两个节点之间的线条称为线段，线段可以是曲线或直线；对于连接到节点的每个曲线线段，每个节点都有一个控制手柄，控制手柄有助于调整线段的曲度，如图 3-138 所示。

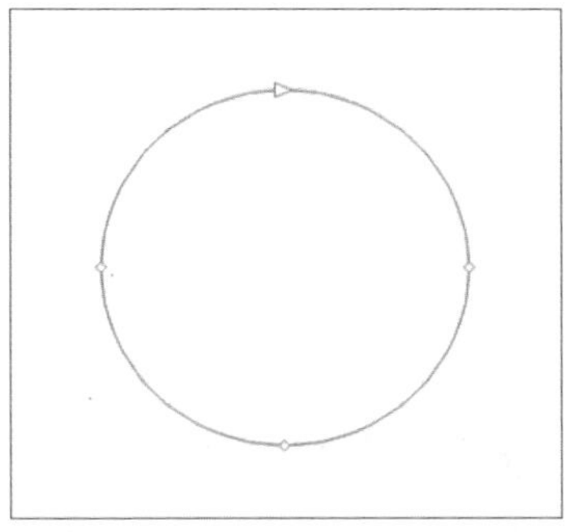

图 3-136

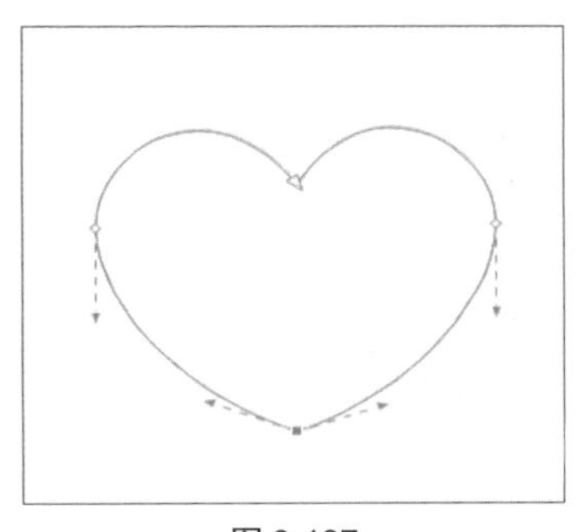

图 3-137

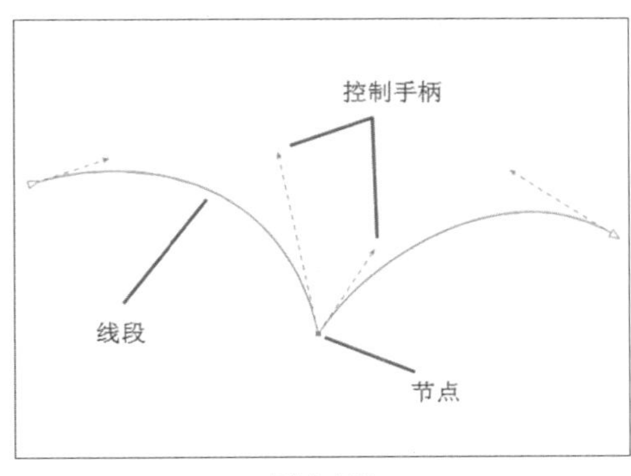

图 3-138

技巧与提示：

使用“手绘工具”“2 点线工具”“贝塞尔工具”等绘图工具绘制的曲线对象都可以直接使用“形状工具”进行编辑，但是使用矩形工具、椭圆形工具等绘制出的形状是不能直接进行编辑的，需要将其转换为曲线后再进行正常的编辑，否则在使用“形状工具”改变其中一个节点时，另外一个节点也会发生相应的变化。

3.3.2 实战：形状工具制作卡通人物

“形状工具”是通过调整节点来编辑曲线对象和文本字符的，在编辑或绘图时基本都会用到“形状工具”。本节通过实例具体讲解“形状工具”的使用方法。

01 启动 CorelDRAW 2017 软件，打开“素材\第 3 章\3.3\3.3.2 实战：形状工具制作卡通人物.cdr”文件，如图 3-139 所示。单击工具箱中的“椭圆形工具”按钮，绘制一个圆形，按快捷键 Ctrl+Q 执行“转换为曲线”命令，如图 3-140 所示。单击工具箱中的“形状工具”按钮，在曲线上双击，添加节点，如图 3-141 所示。

图 3-139

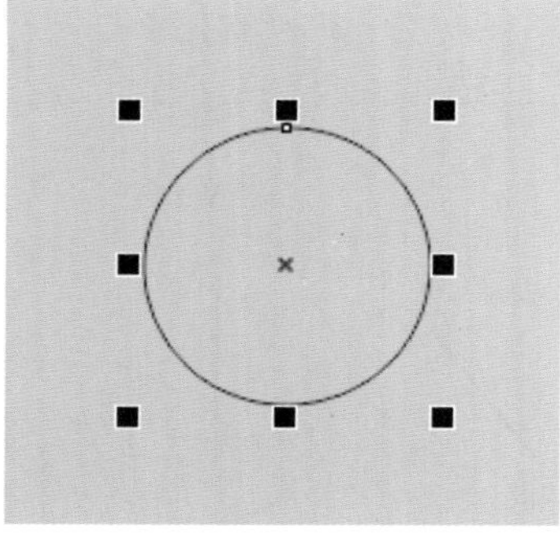

图 3-140

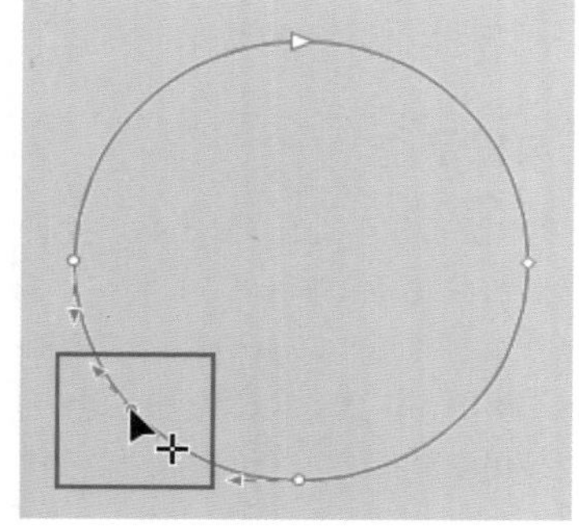

图 3-141

02 单击并拖曳控制节点，即可调整曲线的形状，如图 3-142 所示。采用同样的方法，在需要添加节点的位置添加节点，并调整各节点，如图 3-143 所示。再选择脖子处的节点，并在属性栏中单击“尖凸节点”按钮，将节点转化为尖凸节点，即可创建一个锐角，如图 3-144 所示。

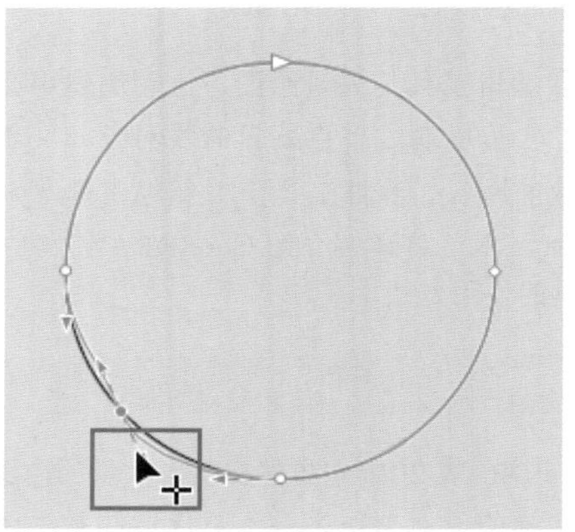

图 3-142

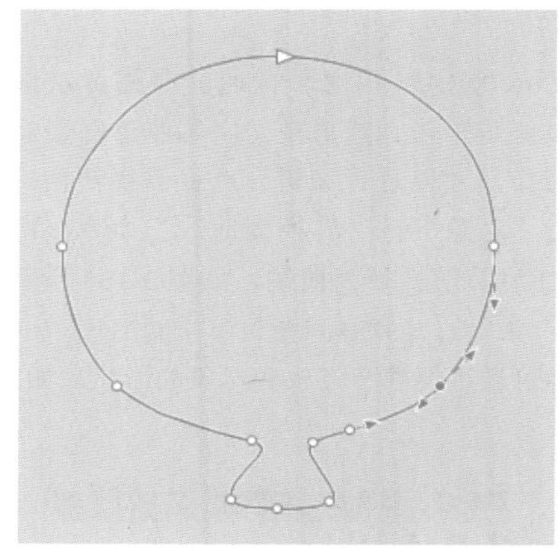

图 3-143

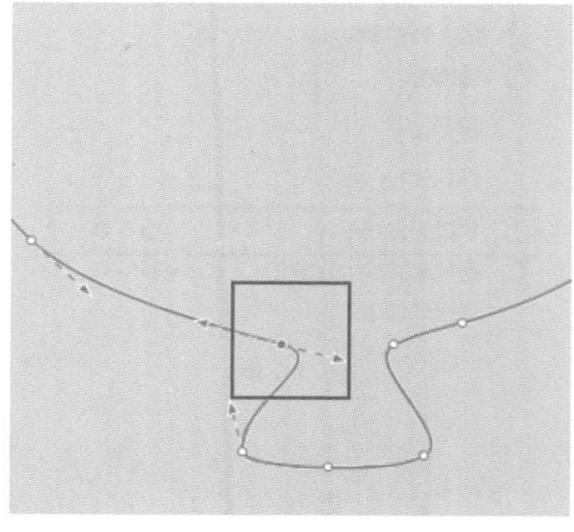

图 3-144

03 继续拖曳控制线调整曲线，如图 3-145 所示。单击工具箱中的“智能填充工具”按钮，在属性栏中单击“均匀填色”按钮，设置填充颜色，如图 3-146 所示。

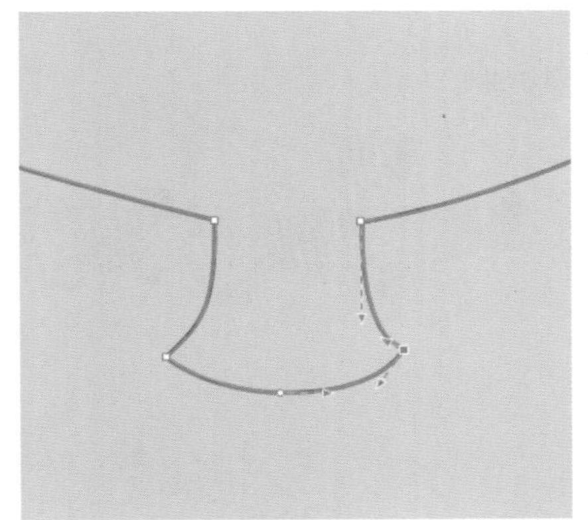

图 3-145

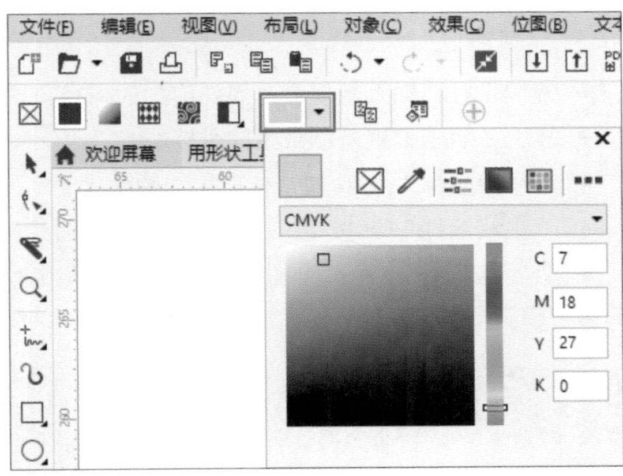

图 3-146

04 当光标变为油漆桶形状时，在对象上单击，为对象填充颜色，如图 3-147 所示。右击调色板中的按钮，去除对象的轮廓线，如图 3-148 所示。采用同样的方法，通过“矩形”“椭圆形”等工具绘制形状并执行“转换为曲线”的操作，然后使用“形状工具”编辑节点调整曲线，绘制卡通人物，如图 3-149 所示。

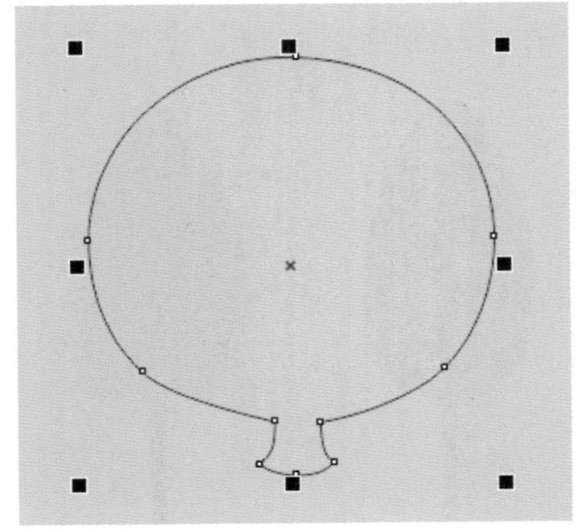

图 3-147

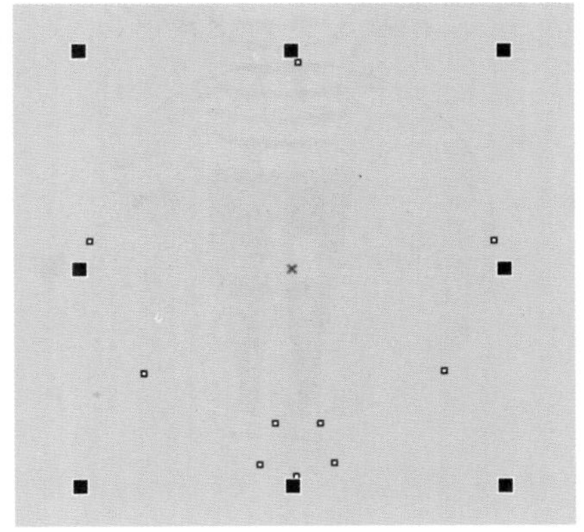

图 3-148

图 3-149

05 单击工具箱中的“椭圆形工具”按钮，绘制一个椭圆形，填充“60% 黑色”并去除轮廓线，如图 3-150 所示。单击工具箱中的“透明度工具”按钮，在属性栏中单击“渐变透明度”按钮，设置 50% 的透明度，如图 3-151 所示。右击，在弹出的快捷菜单中执行“顺序”→“向下一层”命令，将其移至人物后方，并调整到合适的位置，完成制作，如图 3-152 所示。

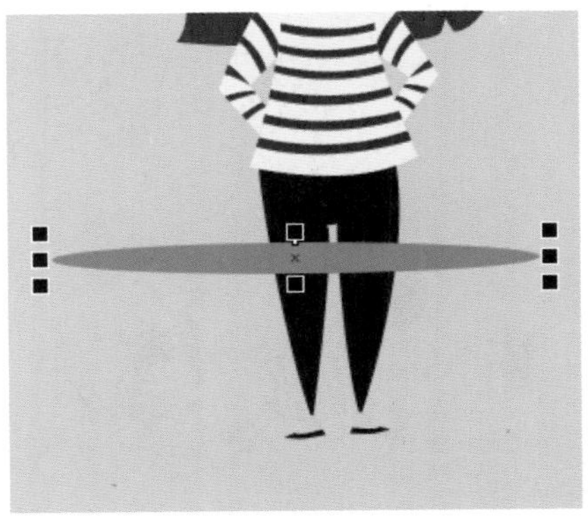

图 3-150

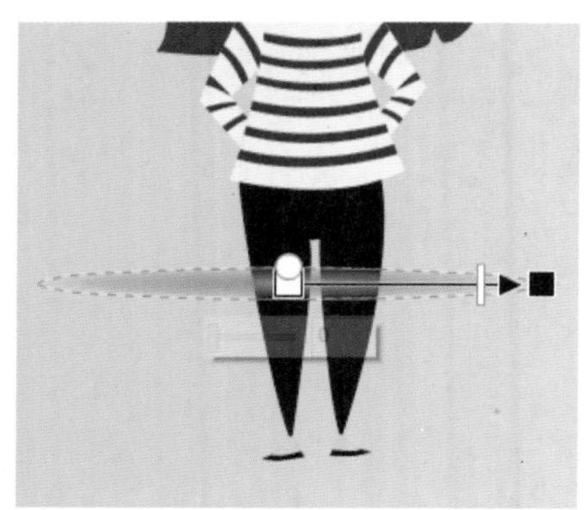

图 3-151

图 3-152

3.3.3 涂抹笔刷

使用“涂抹工具”可以在原图形的基础上添加或删减区域，单击对象内部并向外拖曳，对象边缘向外扩展并增加节点；单击对象外部并向内拖曳，对象边缘向内移动并增加节点，如图 3-153 所示。在其属性栏中可以对涂抹笔刷的笔尖半径、压力、平滑涂抹、尖状涂抹和笔压等参数进行设置，如图 3-154 所示。

图 3-153

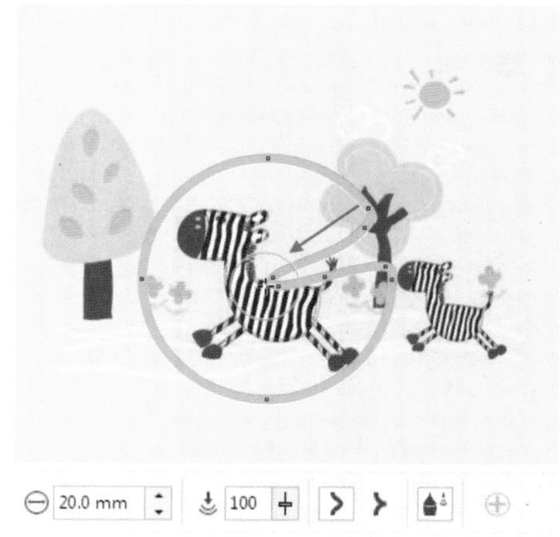

图 3-154

“涂抹工具”属性栏中的各选项及按钮的介绍如下。

- 笔尖半径：输入数值设定涂抹笔尖的半径。
- 压力：用于设置笔刷效果的强度。
- “平滑涂抹”按钮：使用平滑的曲线。
- “尖状涂抹”按钮：使用带有尖角的曲线。
- “笔压”按钮：绘图时，运用数字笔或写字板的压力控制效果。

技巧与提示：

“涂抹工具”不能将涂抹应用于互联网或嵌入对象、链接图像、网格、遮罩或网状填充的对象，或者具有调和效果及轮廓图效果的对象，也不能应用于群组对象，它只能对矢量图形进行调节。

3.3.4 粗糙工具

利用“粗糙工具”可以使平滑的线条变得粗糙。单击工具箱中的“粗糙工具”按钮，在图形上单击并拖曳，即可更改曲线形状，如图 3-155 所示为原图与粗糙工具笔刷涂抹后的矢量图形。

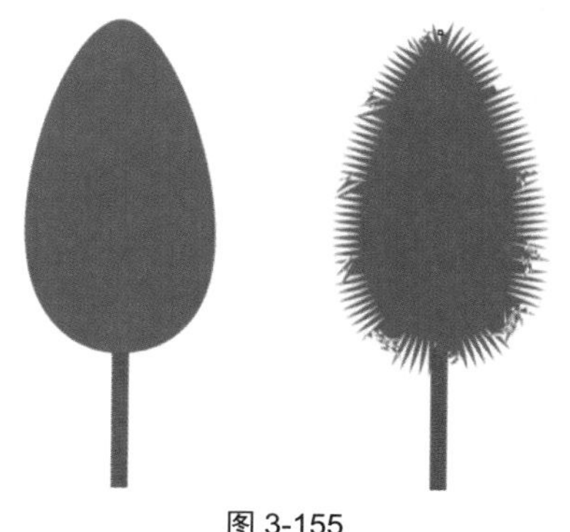

图 3-155

该工具的属性栏如图 3-156 所示。

图 3-156

“粗糙工具”属性栏中各选项或按钮的介绍如下。

✦ 笔尖半径：输入数值来设定笔尖的半径。

✦ “笔压”按钮：通过笔压控制粗糙区域中的尖凸频率。

✦ 尖凸的频率：通过设定固定值，更改粗糙区域中的尖凸频率。频率数值越大，尖角越多越密集，数值范围为 1~10。

✦ 干燥：更改粗糙区域尖凸的数量。

✦ “使用笔倾斜”按钮：通过使用笔的倾斜设定，改变粗糙效果的形状。

✦ 笔倾斜：通过为工具设定固定角度，改变粗糙效果的形状。

✦ 尖凸方向：更改粗化尖凸的方向。

✦ 笔方位：将尖凸方向设为自动后，为方位设定固定值。

3.3.5　自由变换工具

“自由变换工具”用于自由变换对象操作，可以针对群组对象进行操作。选中对象，单击“自由变换工具”按钮，可利用属性栏进行操作，如图 3-157 所示。

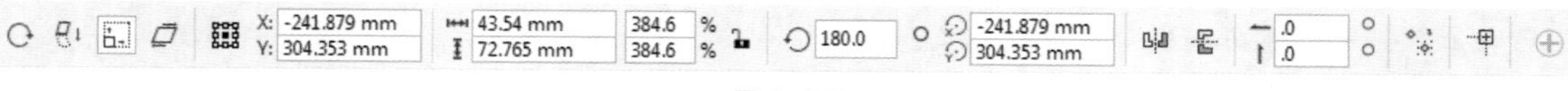

图 3-157

自由变换选项介绍：

✦ 自由旋转：单击该按钮，单击并拖曳旋转对象，如图 3-158 所示。

图 3-158

✦ 自由角度反射：单击该按钮，可以得到与自由旋转功能相同的效果，不同的是，该功能是通过一条反射线对物体进行旋转的，如图 3-159 所示。

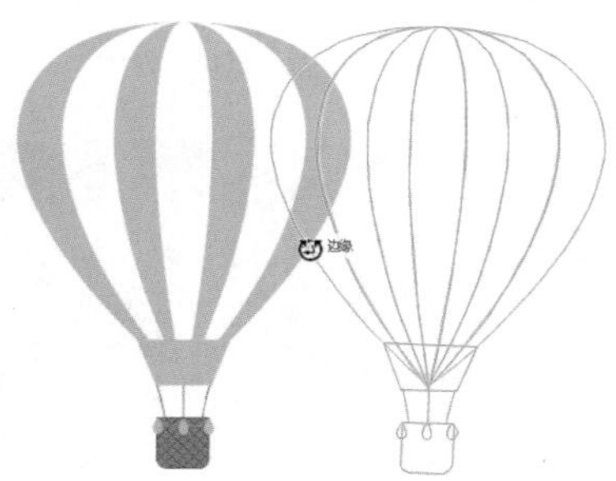

图 3-159

✦ 自由缩放：单击该按钮，在对象上单击并拖曳，可以对图像进行任意的缩放，使其呈现不同的放大或缩小效果，如图 3-160 所示。

图 3-160

✦ 自由倾斜：单击该按钮，在对象上单击并拖曳，可自由倾斜图像，如图 3-161 所示。

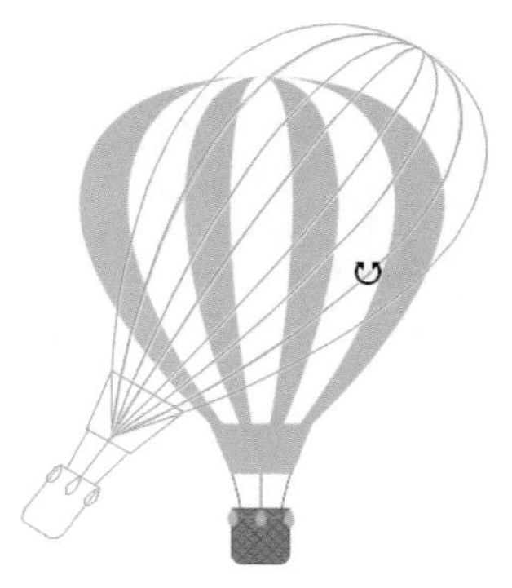

图 3-161

3.4 裁切工具

CorelDRAW 2017中提供了一些用于裁切的工具，包括裁剪工具、刻刀工具、橡皮擦工具和虚拟段删除工具，本节将详解介绍裁切编辑工具的使用方法。

3.4.1 裁剪工具

“裁剪工具”可以裁掉对象或导入图像中不需要的部分，并且可以裁剪群组的对象和未“转曲”的对象。

选中需要修整的图像，单击工具箱中的“裁剪工具”按钮，在图形上拖曳定义绘制范围，如图3-162所示，若裁剪范围不理想可拖曳节点进行修整，调整到理想范围后，按Enter键完成裁剪，如图3-163所示。

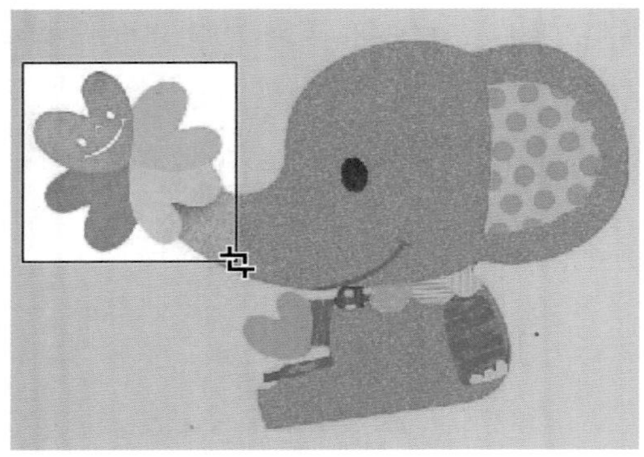

图 3-162

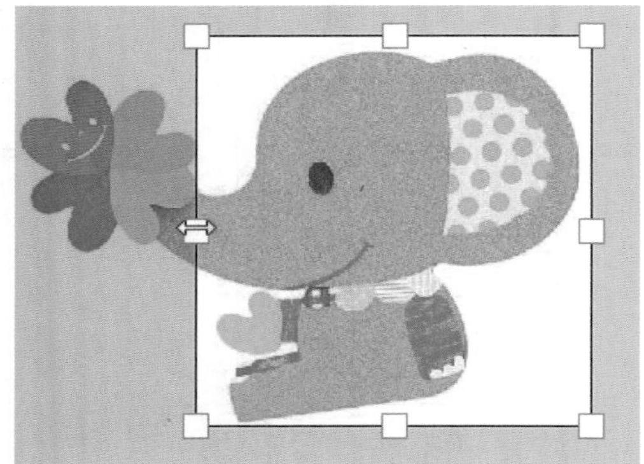

图 3-163

在进行裁剪范围绘制时，单击范围内区域可旋转裁剪范围，使裁剪更灵活，如图3-164所示；若绘制时出现错误，单击属性栏中的“清除裁剪选取框”按钮可以取消定义裁剪的范围，如图3-165所示。方便用户重新进行范围定义。

图 3-164

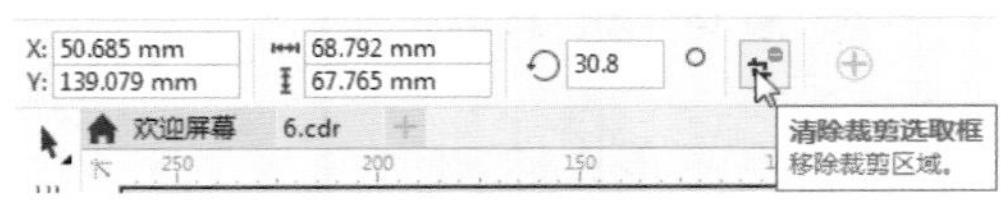

图 3-165

3.4.2 实战：刻刀工具制作名片

使用“刻刀工具”可以将完整的线形或矢量图形分割为多个部分，并且在分割图形时，并不是删除图形的某个部分，而是将其分割。

01 启动CorelDRAW 2017软件，打开“素材\第3章\3.4\3.4.2 实战：刻刀工具制作名片.cdr”文件，如图3-166所示。

图 3-166

02 在背景上右击，在弹出的快捷菜单中选择“锁定对象”命令，锁定背景图像，如图3-167所示。

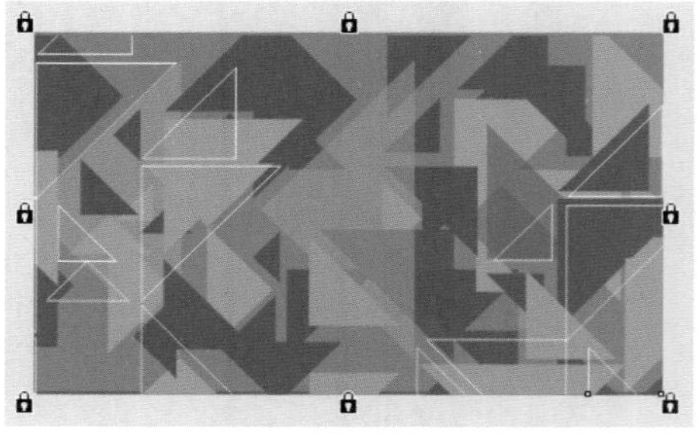

图 3-167

03 单击工具箱中的“矩形工具”□按钮，绘制一个与背景图像等大的矩形，如图 3-168 所示。通过调色板为矩形对象填充白色，并去除轮廓线，如图 3-169 所示。

图 3-168

图 3-169

04 单击工具箱中的“裁剪工具”按钮，在打开的工具列表中选择“刻刀工具”，并在属性栏中单击“2 点线模式”按钮，如图 3-170 所示。在矩形对象上单击并拖曳，绘制一条直线，如图 3-171 所示。

图 3-170

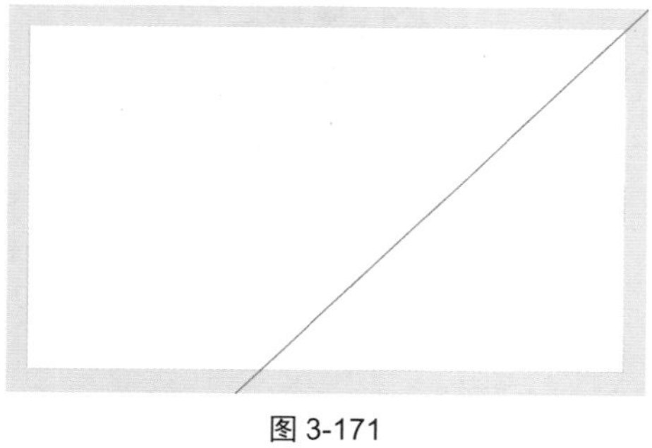

图 3-171

05 沿直线切割对象，单击工具箱中的“选择工具”按钮，选择切割的对象，如图 3-172 所示。按 Delete 键删除对象，如图 3-173 所示。

图 3-172

图 3-173

06 选择工具箱中的“文本工具”字按钮，在属性栏中设置字体和字号，再输入文字，如图 3-174 所示。添加小三角形作为装饰，并通过调色板填充颜色，完成制作，如图 3-175 所示。

图 3-174

图 3-175

“刻刀工具”选项介绍

✦ 2点线模式：单击该按钮，可沿直线切割图像，如图3-176所示。按空格键切换为“选择工具”，选择切割后的对象并可移动，如图3-177所示。

图 3-176

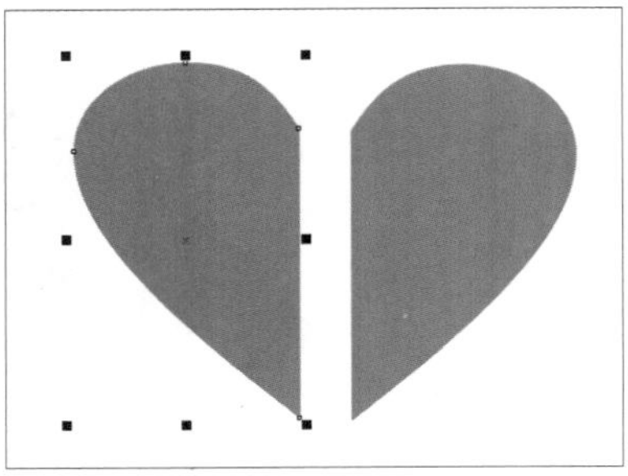

图 3-177

✦ 手绘模式：单击该按钮，在需要切割的对象上随意拖曳，绘制切割路径，释放鼠标后，可沿手绘曲线切割对象，如图3-178所示。按空格键切换为“选择工具”，选择切割后的对象并可移动，如图3-179所示。

图 3-178

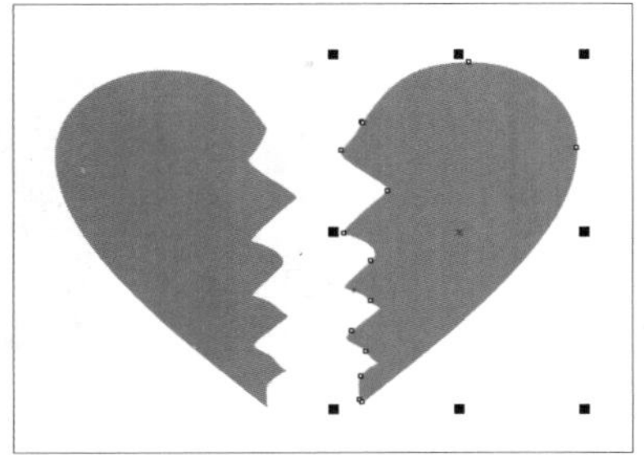

图 3-179

✦ 贝塞尔模式：单击该按钮，在需要切割的对象上绘制贝塞尔曲线，可沿贝塞尔曲线切割对象，如图3-180所示。按空格键切换为“选择工具”，选择切割后的对象并可移动，如图3-181所示。

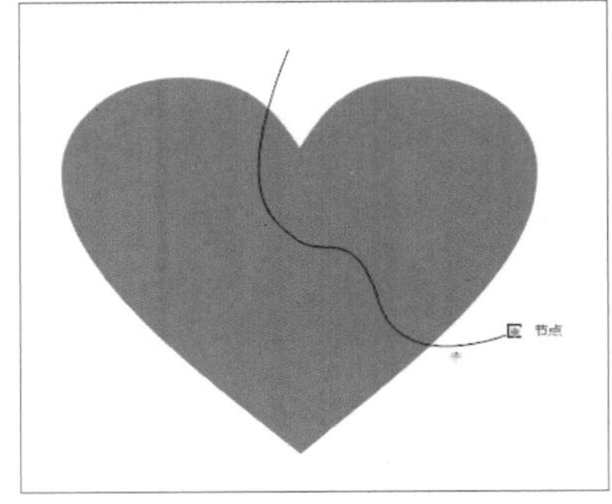

图 3-180

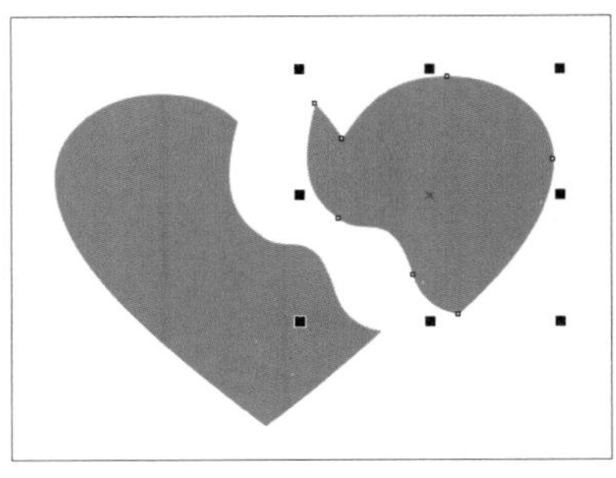

图 3-181

3.4.3 实战：橡皮擦工具制作冰淇淋

“橡皮擦工具”用于擦除位图和矢量图中不需要的部分，文本和有辅助效果的图形都需要转曲后再操作。

01 启动CorelDRAW 2017软件，打开“素材\第3章\3.4\3.4.3 实战：橡皮擦工具制作冰淇淋.cdr”文件，如图3-182所示。

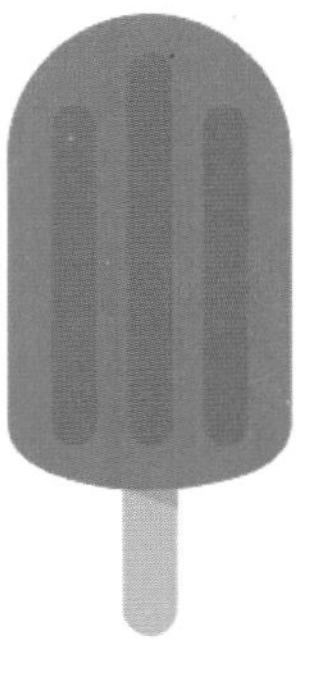

图 3-182

02 单击工具箱中的“橡皮擦工具”按钮，在属性栏中设置橡皮擦的形状与厚度，选择需要擦除的对象，单击擦除，如图 3-183 所示。继续擦除需要去除的部分，如图 3-184 所示。

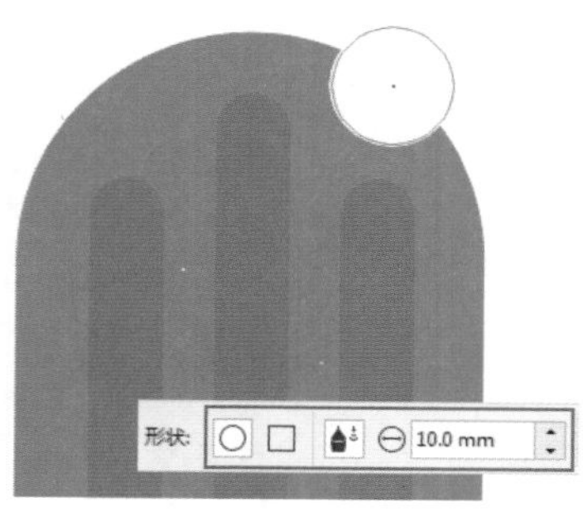

图 3-183

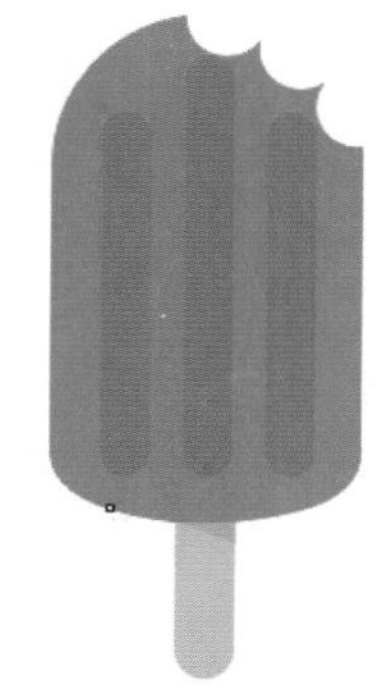

图 3-184

03 单击工具箱中的“选择工具”按钮，选择对象，按快捷键 Ctrl+C 复制对象，按快捷键 Ctrl+V 粘贴该对象，在右侧的调色板上更改为较深的颜色，如图 3-185 所示。

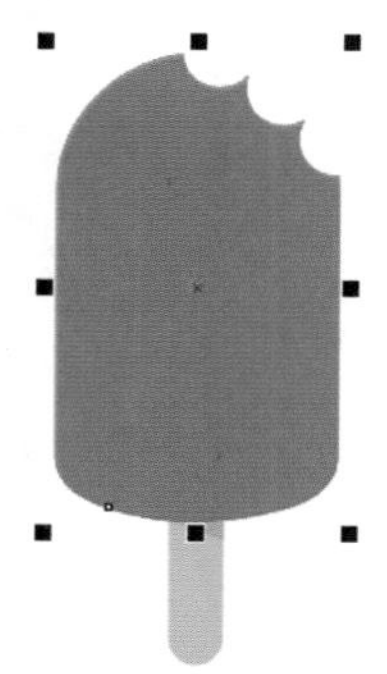

图 3-185

04 右击，在弹出的快捷菜单中选择“顺序”→“到图层后面”命令，如图 3-186 所示，将对象置于底层。单击工具箱中的“橡皮擦工具”按钮，在属性栏中更改橡皮擦的厚度，选择对象，在对象上单击并擦除，制作出冰淇淋的层次感，如图 3-187 所示。

图 3-186

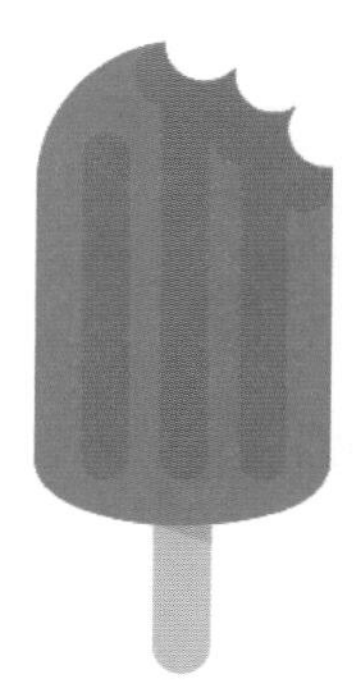

图 3-187

技巧与提示：

“橡皮擦工具”的尖头大小除了可以在属性栏中设置外，还可以按住 Shift 键单击并拖曳，进行大小的调节。

答疑解惑：如何将使用“橡皮擦工具”擦除的对象分离出来？

在使用“橡皮擦工具”擦除对象时，擦除的对象并没有拆分开，如图 3-188 所示，需要进行拆分的操作。执行“对象”→“拆分位图”命令，如图 3-189 所示，即可将原来的对象拆分为两个独立的对象，如图 3-190 所示。

图 3-188

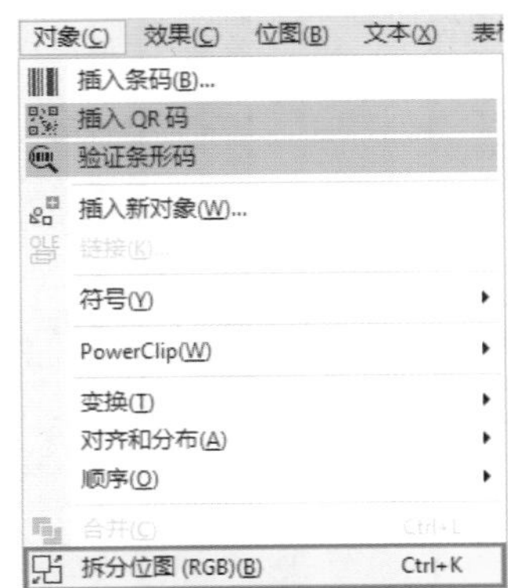

图 3-189

图 3-190

3.4.4 虚拟段删除工具

“虚拟段删除工具”用于移除对象中重叠和不需要的线段。绘制一个图形，选中图形单击“虚拟段删除工具”按钮，在没有目标时光标显示为形状，如图 3-191 所示；将光标移至要删除的线段上，光标变为形状，如图 3-192 所示。单击选中的线段进行删除，如图 3-193 所示。

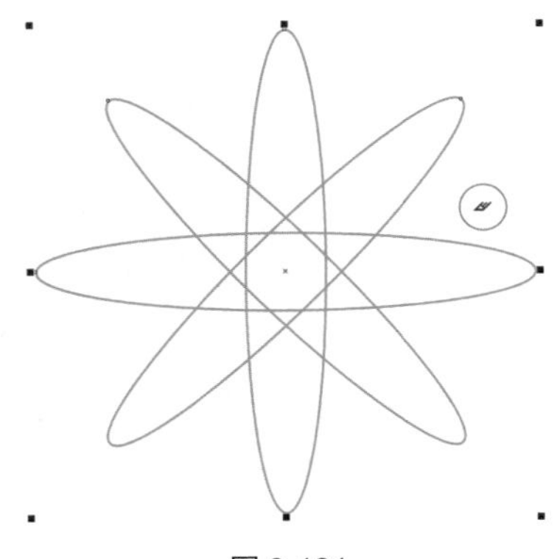

图 3-191

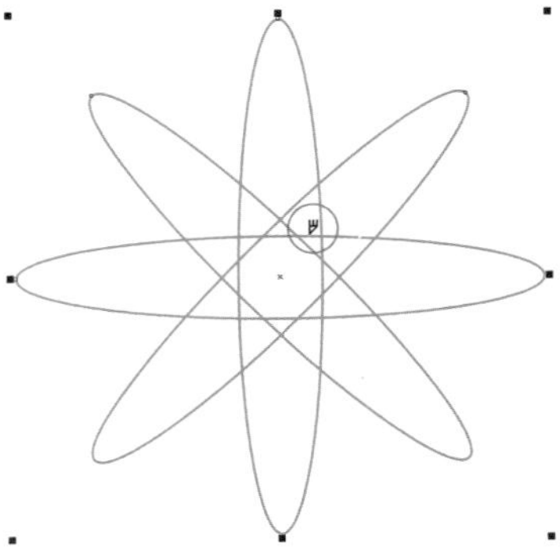

图 3-192

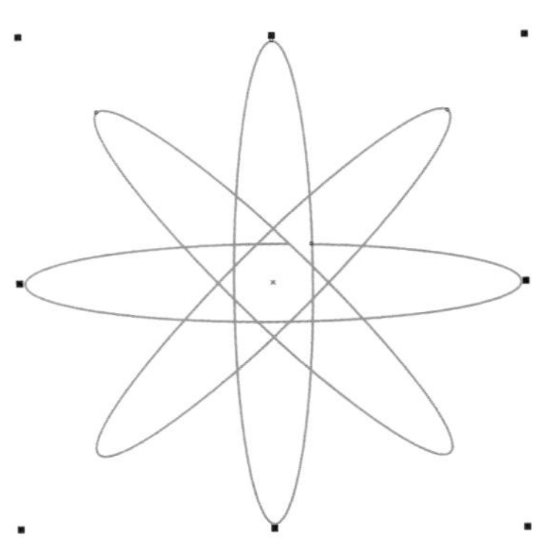

图 3-193

删除多余线段后的节点是断开的，图形无法进行填充，如图 3-194 所示。利用“形状工具”连接节点，闭合路径后才可以进行填充，如图 3-195 所示。

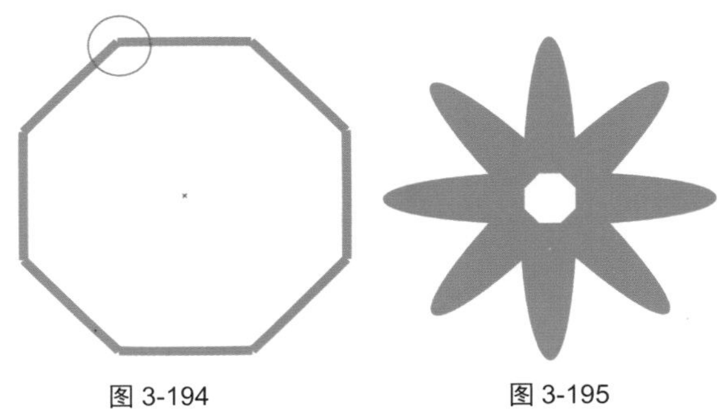

图 3-194　　图 3-195

技巧与提示：

“虚拟段删除工具”和“橡皮擦工具”都不能应用于群组对象，如果对象是群组对象，需要先取消群组后才能使用该工具。

3.5　度量工具

尺寸标注是工程绘图中必不可少的一部分，利用 CorelDRAW 提供的度量工具组可以确定图形的度量线长度，便于图形的制作。它不仅可以显示对象的长度、宽度，还可以显示对象之间的距离。本节将详细介绍这些度量工具的使用方法。

3.5.1　平行度量工具

“平行度量工具”用于为对象测量任意角度上两个节点之间的实际距离，并添加标注。

选择要度量的图像，单击工具箱中的“平行度量工具”按钮，单击选择度量起点并拖至度量的终点，如图 3-196 所示。释放鼠标，向侧面拖曳，再次释放鼠标即可创建平行度量，如图 3-197 所示。

图 3-196

图 3-197

技巧与提示：

在使用“平行度量工具”确定测量距离时，除选择节点间的距离外，还可以选择对象边缘之间的距离。“平行度量工具”可以测量任意角度的节点之间的距离，如图 3-198 所示。

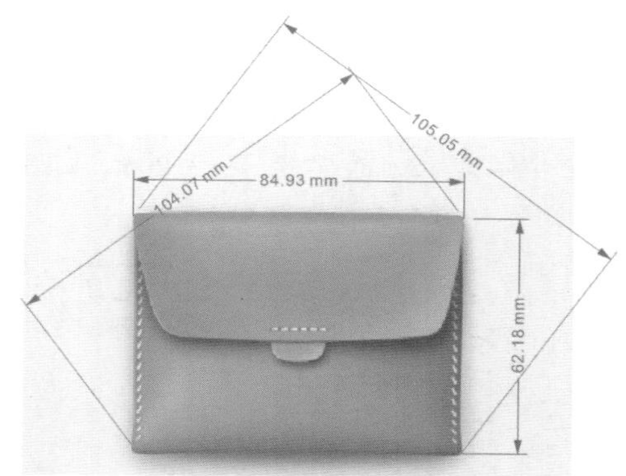

图 3-198

3.5.2　实战：水平或垂直度量工具绘制产品设计图

使用“水平或垂直度量工具”可以绘制水平或垂直方向的尺寸标注。

01 启动 CorelDRAW 2017 软件，打开“素材\第 3 章\3.5\3.5.2 实战：水平或垂直度量工具绘制产品设计图 .cdr”文件，如图 3-199 所示。单击工具箱中的“水平或垂直度量工具”按钮，绘制度量线，在绘制的过程中注意度量线的两个顶端在平板电脑的顶点处，如图 3-200 所示。

图 3-199

图 3-200

02 选中度量线，在属性栏中设置“文本位置”为“尺度线上方的文本”和“将延伸线间的文本居中”，设置“双箭头”为无箭头，如图3-201所示。选中文本，在属性栏中设置“字体”为Arial、“字号”为20pt，如图3-202所示。

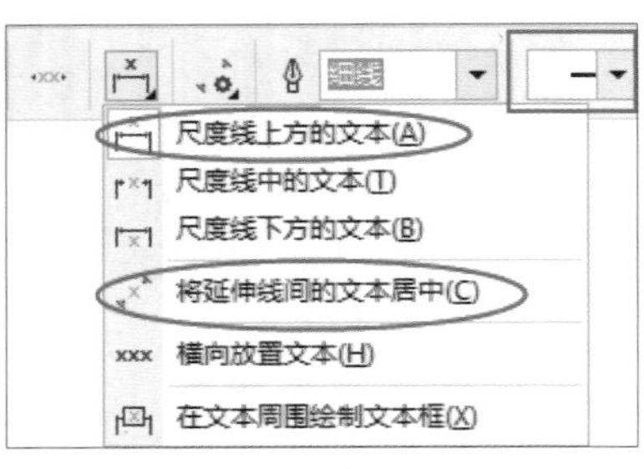

图 3-201

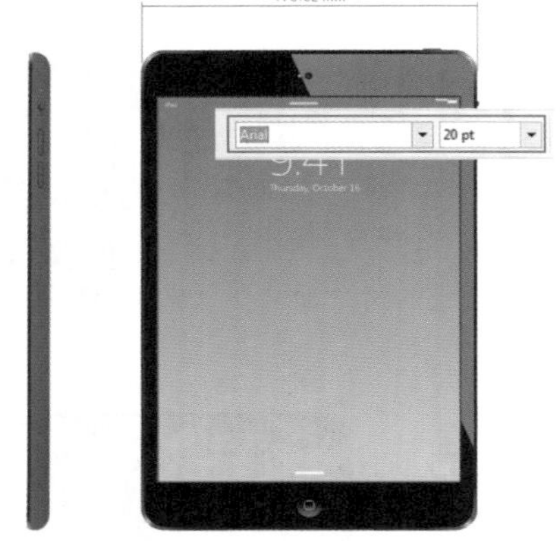

图 3-202

03 继续使用“水平或垂直度量工具”对产品高度进行度量，更改“文本位置”为“尺度线下方的文本”和“将延伸线间的文本居中”，其余参数保持不变，如图3-203所示。

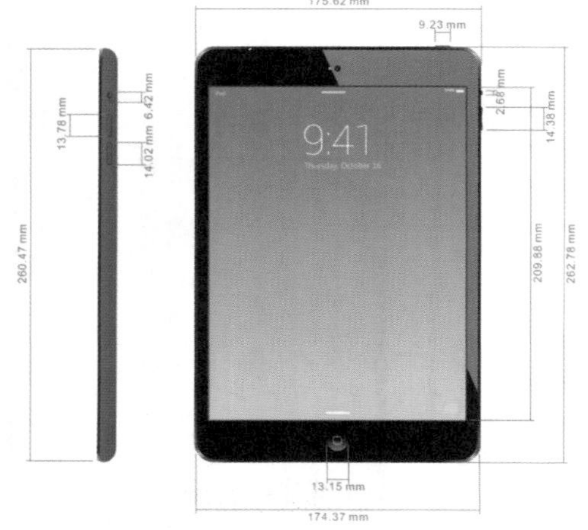

图 3-203

04 采用相同的操作方法，绘制所有度量线，然后调整每个度量线文本的穿插关系，不要将度量线盖在文本上，如图3-204所示。

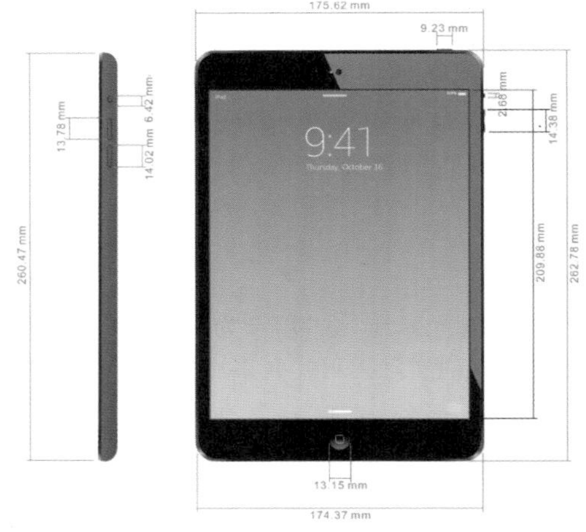

图 3-204

05 使用“选择工具”选择度量线，在调色板中右击“黑”色块，即可将度量线的颜色更改为黑色，如图3-205所示。再选择文字，单击调色板中的“黑色”色块，更改文字颜色，制作平板电脑的度量线，如图3-206所示。

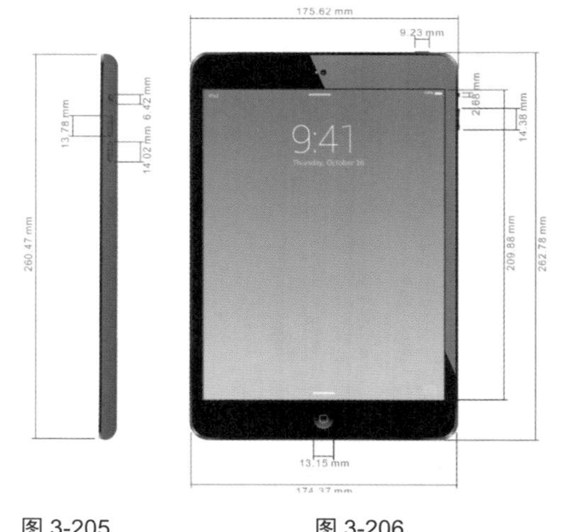

图 3-205　　图 3-206

技巧与提示：

“水平或垂直度量工具”与“平行度量工具”属性栏的设置及操作方式相同。

3.5.3 角度量工具

“角度量工具”可以准确测量出所定位的角度。

单击工具箱中的“角度量工具”按钮，单击选择度量起点并拖曳一定的长度，如图3-207所示，释放鼠标后，选择度量角度的另一侧，单击定位节点，如图 3-208 所示，再次移动光标定位度量角度产生的饼形直径，如图 3-209 所示。

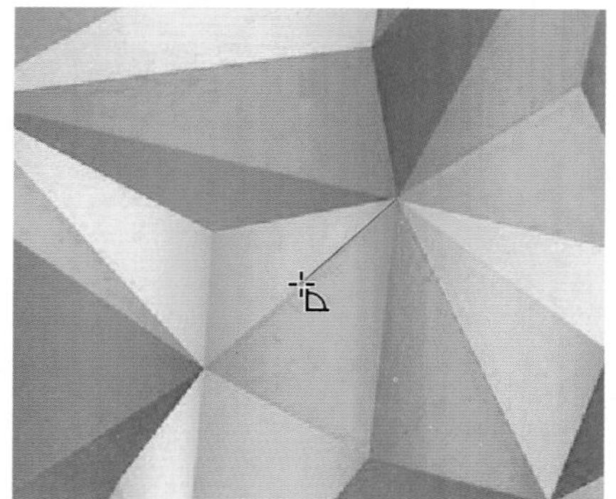

图 3-207

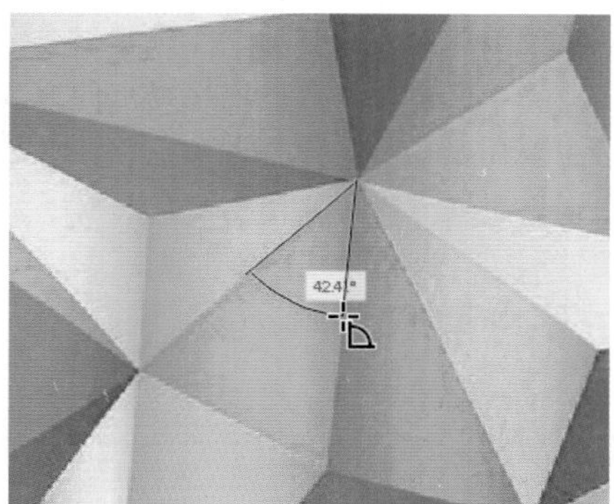

图 3-208

图 3-209

3.5.4　线段度量工具

选择要度量的图形，单击工具箱中的“线段度量工具”按钮，单击选择角度的宽度与长度，释放鼠标后向侧面拖曳，再次释放鼠标，单击得到度量结果，如图 3-210 所示。

图 3-210

答疑解惑：在绘制短距离的度量线时，文本无法放置在延伸线内，该如何操作呢？

在使用度量工具绘制度量线时，如果绘制的对象距离较短，文本无法放置在延伸线内，如图 3-211 所示。此时可以在绘制度量线后，在属性栏中单击“文本位置”按钮，在打开的下拉列表中选择“尺度线上方的文本”，如图 3-212 所示。即可将文本显示在度量线的上方，如图 3-213 所示。

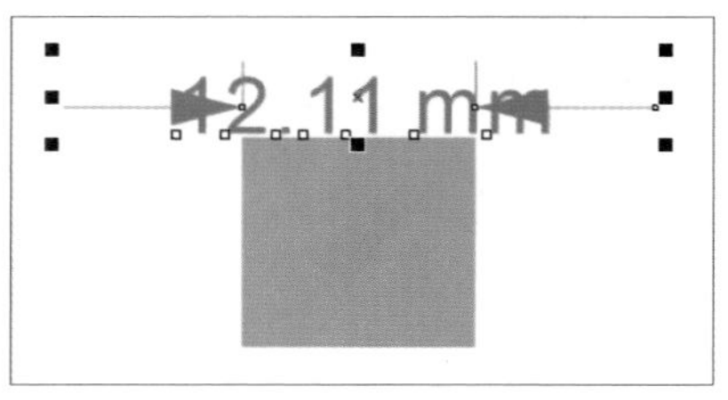

图 3-211

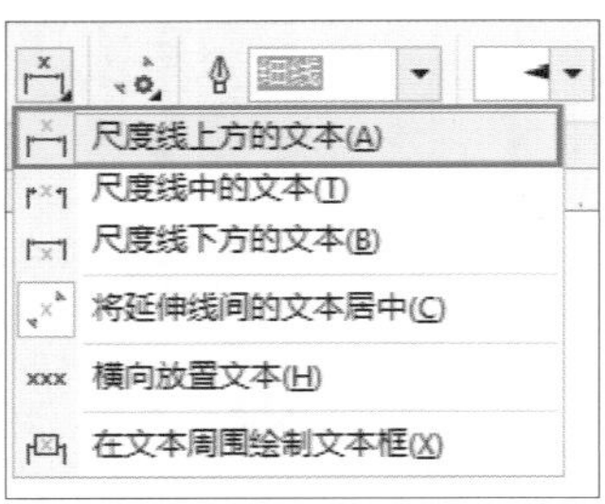

图 3-212

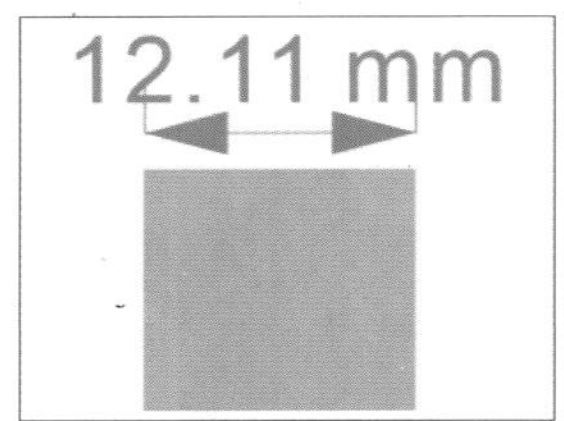

图 3-213

3.5.5 3 点标注工具

"3 点标注工具"可以测量两端导航线并标注。

单击工具箱中的"3 点标注工具"按钮，在工作区内单击确定放置箭头的位置，然后单击并拖至第一条线段的结束位置，如图 3-214 所示。释放鼠标后，再次拖曳，选择第二条线段的结束点，如图 3-215 所示。释放鼠标，在光标处输入标注文字，如图 3-216 所示。

图 3-214

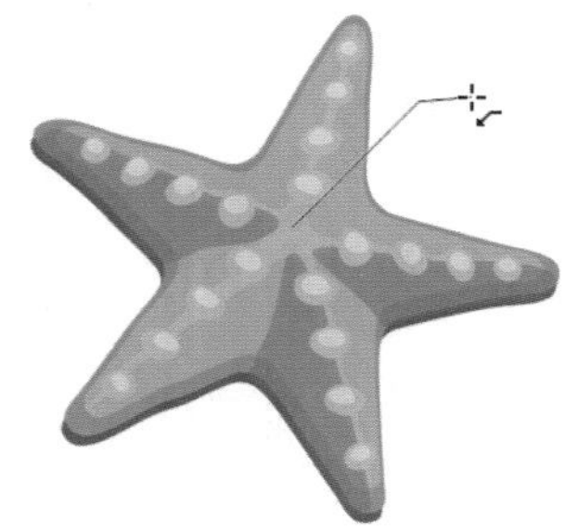

图 3-215

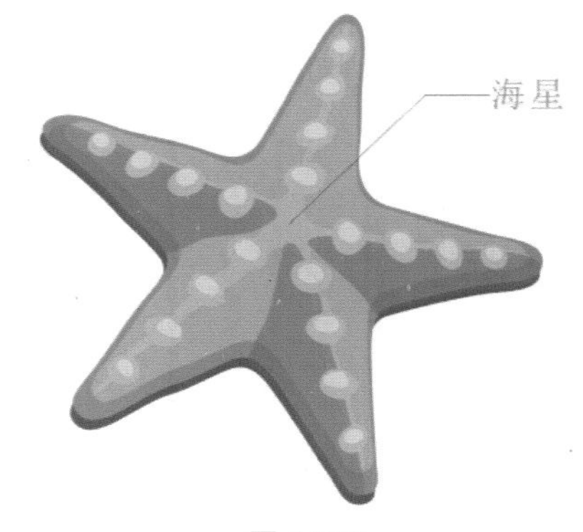

图 3-216

3.6 连接器工具

利用连接器工具组可以将两个图形对象（包括图形、曲线、美术文本等）通过连接锚点的方式用线连接起来，主要用于图标、流程图和电路图的连线。该工具组中主要包括"直线连接器工具"、"直角连接器工具"、"圆直角连接器工具"和"编辑锚点工具"，下面进行详细介绍。

3.6.1 实战：直线连接器工具制作科技星球

"直线连接器工具"可以以任意角度创建直线连线，绘制一条直线以连接两个对象。

01 启动 CorelDRAW 2017 软件，打开"素材 \ 第 3 章 \3.6\3.6.1 实战：直线连接器工具制作科技星球 .cdr"文件，如图 3-217 所示。单击工具箱中的"椭圆形工具"按钮，按住 Ctrl 键绘制一个圆形，如图 3-218 所示。

图 3-217

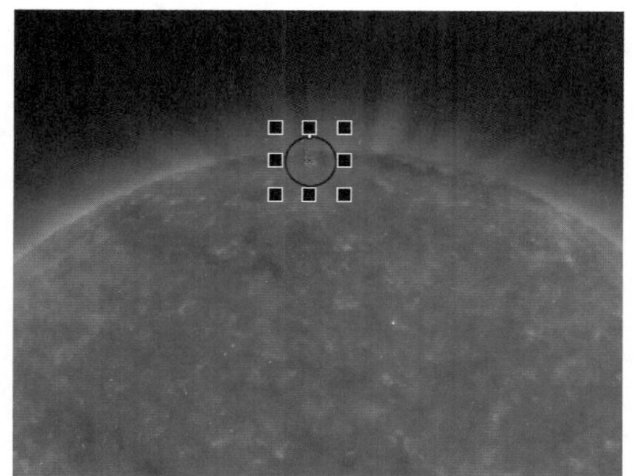

图 3-218

02 在调色板中单击白色，为圆形填充颜色，右击☒，去除轮廓线，然后调整合适的大小和位置，如图 3-219 所示。按快捷键 Ctrl+C 复制圆形，再按快捷键 Ctrl+V 粘贴圆形，并移至合适的位置，继续按快捷键 Ctrl+V 粘贴圆形并移动位置，如图 3-220 所示。

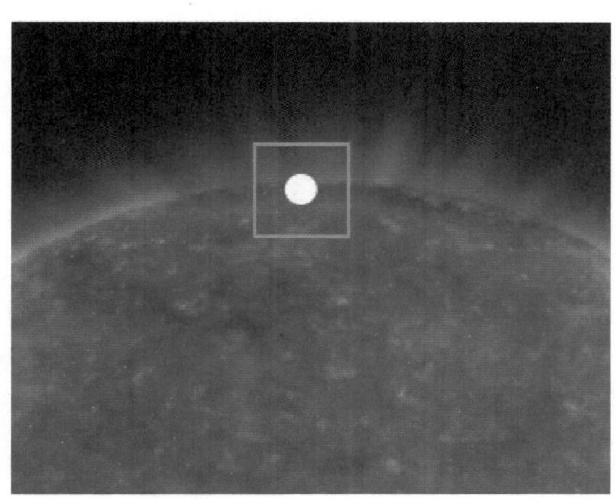

图 3-219

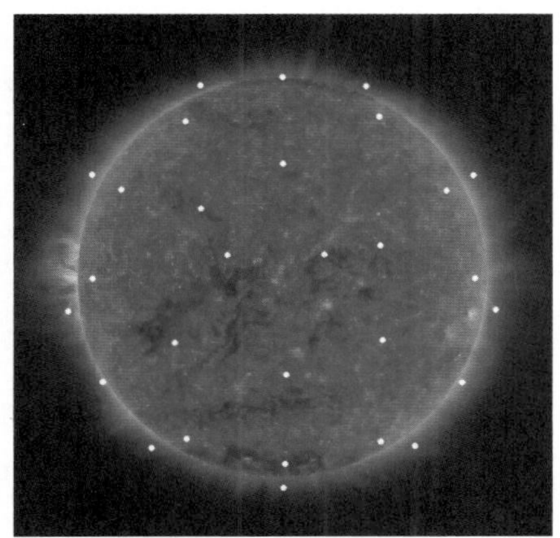

图 3-220

03 单击工具箱中的“直线连接器工具”按钮，将一个圆形对象上的任意一个锚点拖至另一个圆形对象上的任意一个锚点，创建两个圆形之间的连线，如图 3-221 所示。采用同样的方法，使用“直线连接器工具”继续创建圆形之间的连接线，如图 3-222 所示。

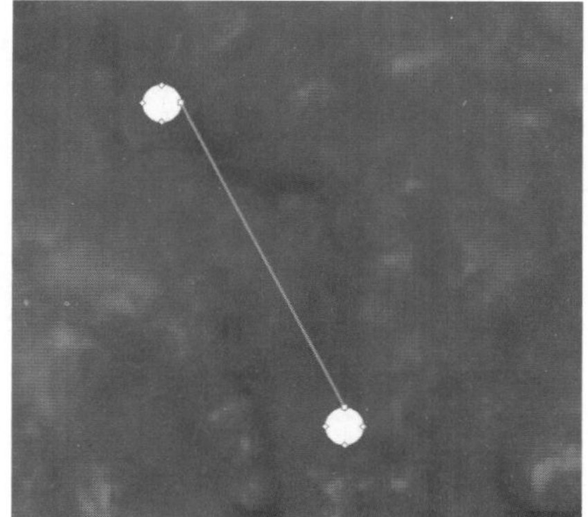

图 3-221

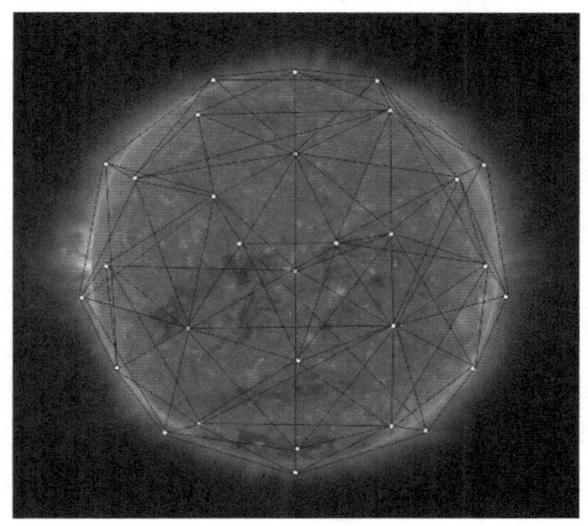

图 3-222

04 使用“选择工具”框选全部连线，再在调色板中右击“白”色块，将轮廓线更改为白色，完成科技星球效果的制作，如图 3-223 所示。

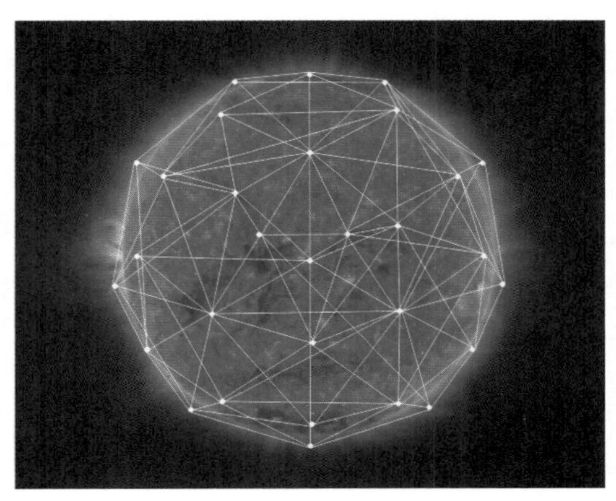

图 3-223

技巧与提示：

在出现多条连接线连接到同一个位置时，起始连接节点需要从没有选中连接线的节点上开始。如果在已经连接的节点上单击拖曳，则会拖曳当前连接线的节点。

3.6.2 直角连接器工具

“直角连接器工具”用于水平和垂直的直角线段连线。

单击工具箱中的“直角连接器工具”按钮，将光标移至需要进行连接的节点上，并移至对应的连接节点上，释放鼠标完成绘制，如图 3-224 所示。

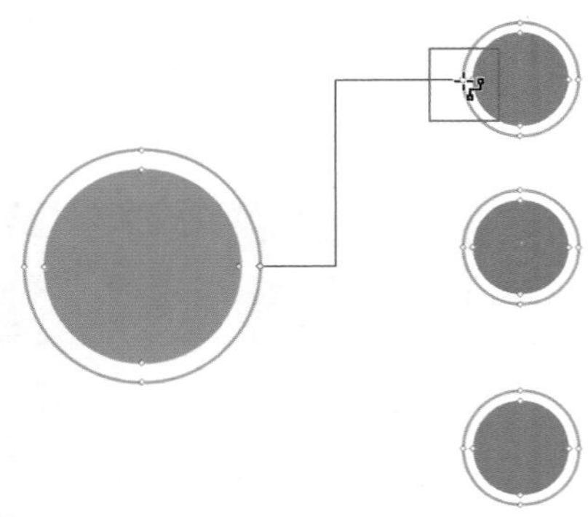

图 3-224

在绘制平行位置的直角连接线时，拖曳的连接线为直线，如图3-225所示，连接后的效果如图3-226所示，连接后的对象在移动时会随着移动而变化，如图 3-227 所示。

技巧与提示：

将光标移至连线上，出现双箭头时，可调整连线距离对象的距离。

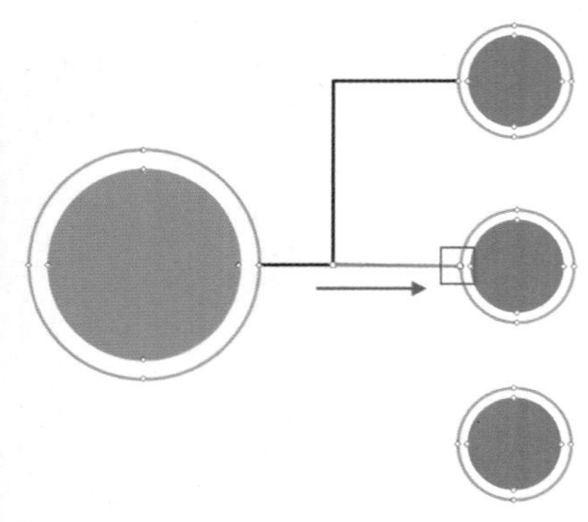

图 3-225

图 3-226

图 3-227

3.6.3 圆直角连接器工具

“圆直角连接器工具”用于创建包含构成圆直角的垂直和水平元素的连线，绘制一个圆角以连接两个对象。

单击工具箱中的“圆直角连接器工具”按钮，将光标移至对象的节点上，并移至对应的连接节点上，释放鼠标左键完成连接，如图 3-228 所示。连接好的对象是以圆角连接线连接的，如图 3-229 所示。

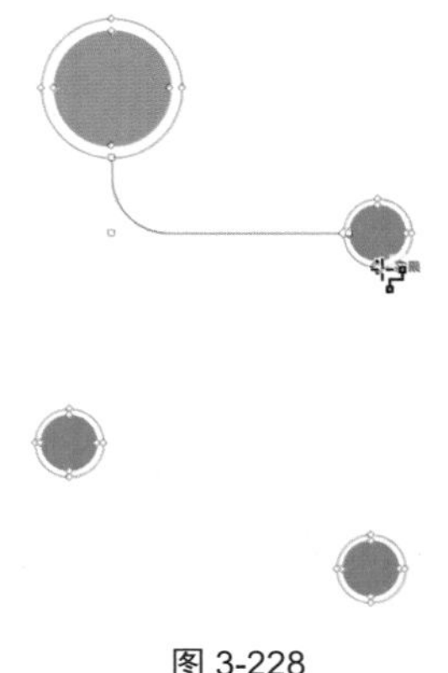

图 3-228

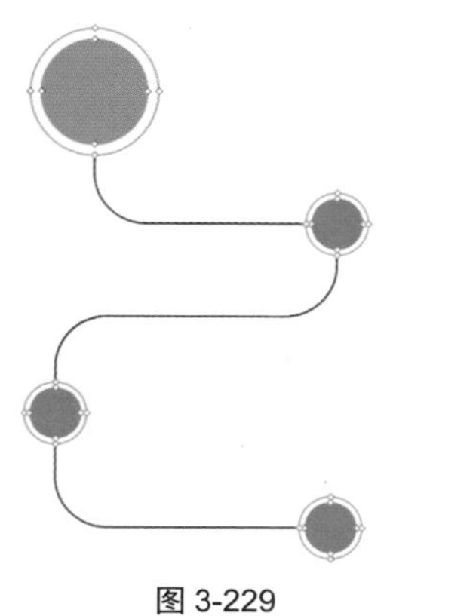

图 3-229

在属性栏的“圆形直角”文本框中输入数值可以设置圆角的弧度，如图 3-230 所示，数值越大弧度越大，数值为 0 时，连接线变为直角。

图 3-230

技术专题：添加连接线文本

使用“圆直角连接器工具”绘制连接线后，将光标移至连接线上，当光标变为双向箭头时双击，可添加文本，如图 3-231 所示。

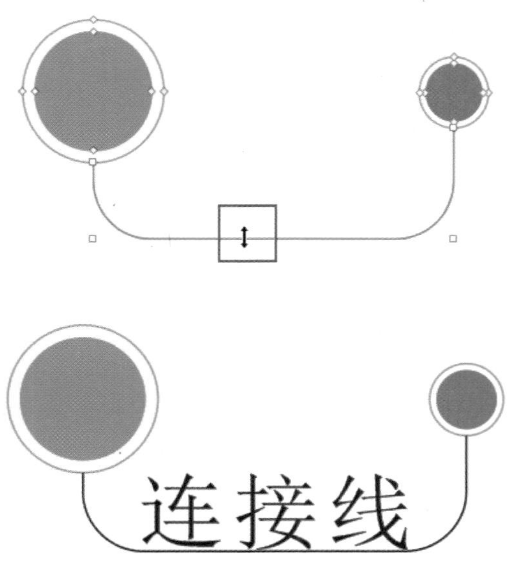

图 3-231

> **技巧与提示：**
>
> “直线连接器工具”“直角连接器工具”和“直角圆形连接符工具”，都可以在其属性栏中设置连接线的样式。

3.6.4　编辑锚点工具

“编辑锚点工具”用于修饰连接线、变更连接线节点等操作。

添加锚点

单击工具箱中的“编辑锚点工具”按钮，在要添加锚点的对象上双击添加锚点，如图 3-232 所示；新增的锚点会以蓝色空心圆表示，如图 3-233 所示。添加连线后，在蓝色圆形上的连接线分别接在独立的锚点上，如图 3-234 所示。

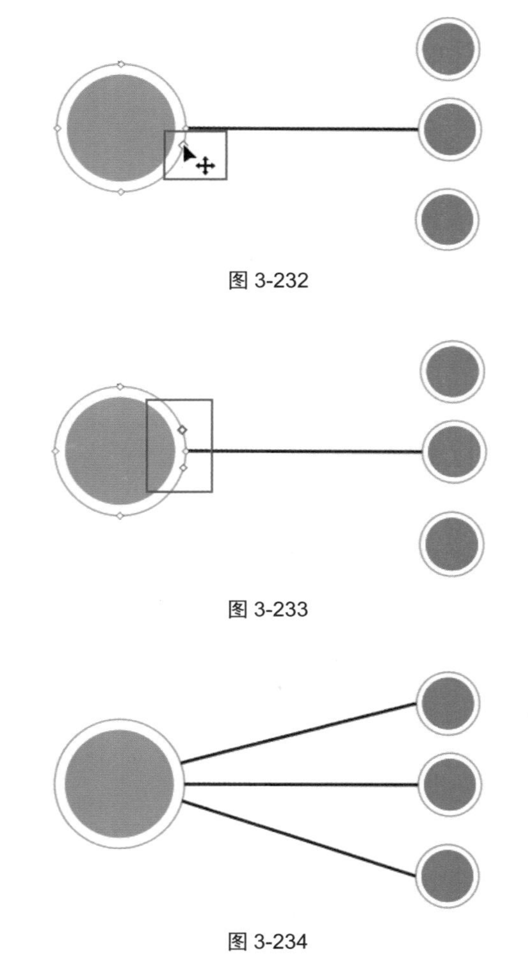

图 3-232

图 3-233

图 3-234

移动锚点

选择对象轮廓上的锚点，并拖至另一个位置，可将锚点沿着对象的轮廓移至任意位置，如图 3-235 和图 3-236 所示。

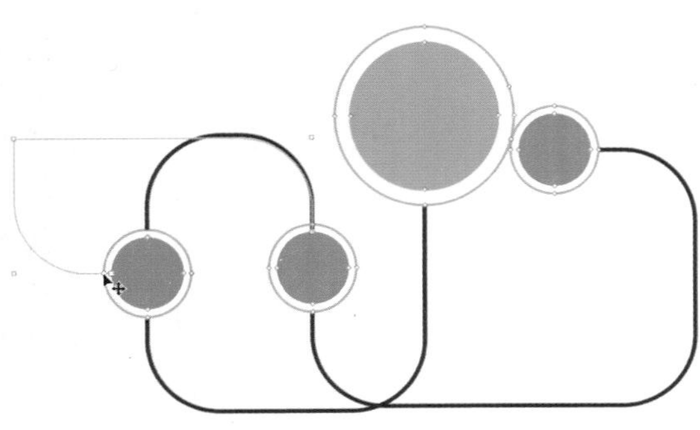

图 3-235

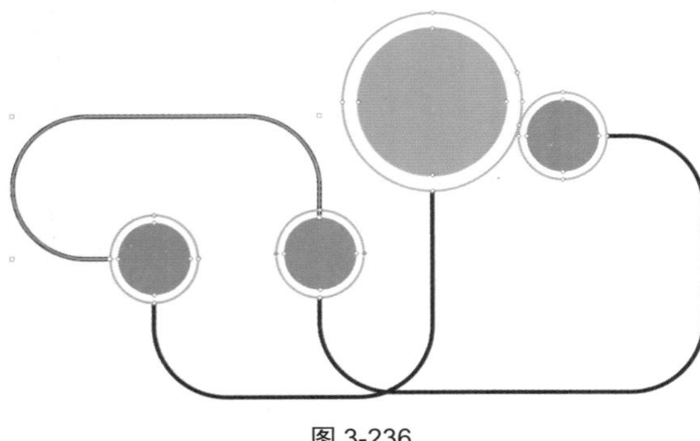

图 3-236

删除锚点

选择需要删除的锚点，单击属性栏中的“删除锚点”按钮，即可删除该锚点，如图 3-237 和图 3-238 所示。

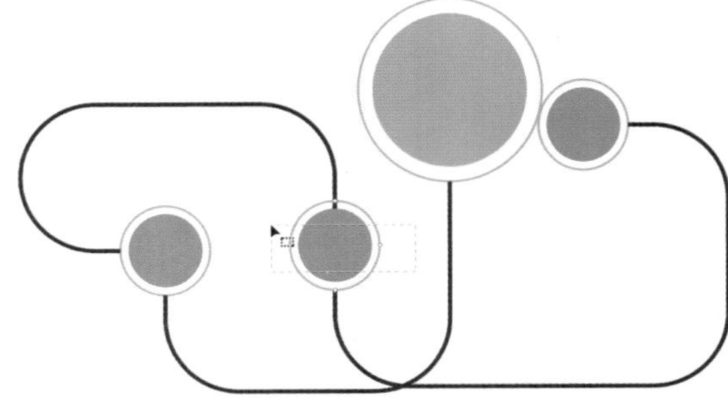

图 3-237

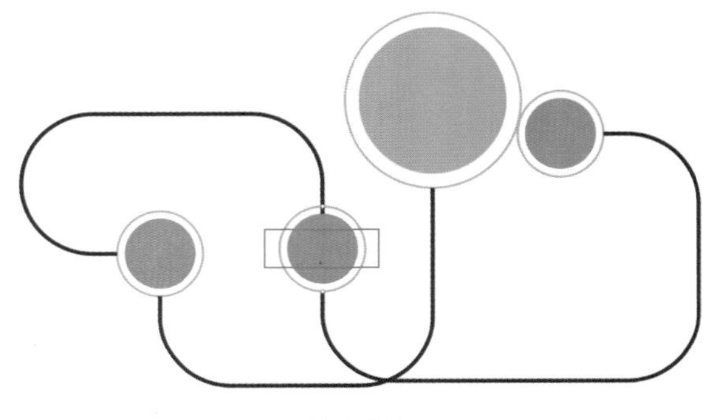

图 3-238

4.1 选择对象

在文档编辑过程中需要选取单个或多个对象进行编辑操作。当对象被选中时，其周围会出现 8 个黑色正方形控制点，并且通过调整控制点可以修改对象的位置、形状及大小。

4.1.1 选择单一对象

单击工具箱中的“选择工具”按钮，单击要选择的对象，即可将其选中，如图 4-1 所示。也可以使用“选择工具”在要选取的对象周围单击，然后单击并拖曳，将框选覆盖区域中的对象全部选中。

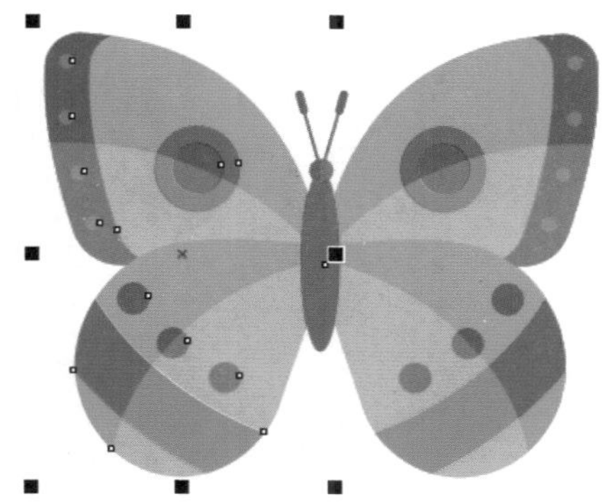

图 4-1

技巧与提示：

在使用其他工具时，通过按空格键，即可快速切换到“选择工具”，并且再次按下空格键，则可切换回之前使用的工具。

4.1.2 实战：选择多个对象

本节主要讲解选择多个对象的操作方法，通过对本节的学习可以快速掌握多种选择对象的技法。

01 启动 CorelDRAW 2017 软件，打开“素材 \ 第 4 章 \4.1\4.1.2 实战：选择多个对象 .cdr”文件，如图 4-2 所示。

图 4-2

第 4 章

对象的编辑

在对对象进行编辑前，首先要选择相应的形状。“选择工具”是最常用的工具之一，可以选择不同的矢量图形，还能对对象进行剪切、变换、群组、造型等操作。本章主要讲解对象的编辑方法，通过对本章的学习可以快速掌握图形的各种编辑技法。

本章教学视频二维码

02 单击工具箱中的“选择工具” 按钮，按住 Shift 键并单击要选择对象，可以选择多个不相连的对象，如图4-3所示。

图 4-3

03 按住鼠标左键在空白处拖曳出虚线矩形范围，如图4-4 所示，释放鼠标后，该范围内的对象被全部选中，如图 4-5 所示。

图 4-4

图 4-5

04 单击工具箱中的“手绘选择工具” 按钮，按住鼠标左键在图形上绘制一个不规则范围，如图 4-6 所示，释放鼠标后，范围内的对象被全部选中，如图 4-7 所示。

图 4-6

图 4-7

4.1.3 按顺序选择对象

选中某一对象后，按 Tab 键会自动选择最近绘制的对象，再次按 Tab 键会继续选择最近绘制的第二个对象。如果按下 Shift 键的同时按 Tab 键进行切换，则可以从第一个绘制的对象起，按照绘制顺序进行选择。

4.1.4 选择重叠对象

单击工具箱中的“选择工具” 按钮或“手绘选择工具” 按钮，按住 Alt 键，单击顶层的对象，然后继续单击一次或多次，直到重叠的对象周围出现选择框，即可选中对象，如图 4-8 所示。

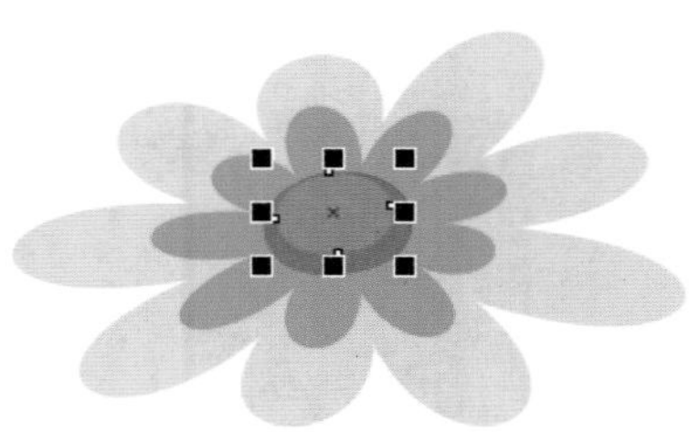

图 4-8

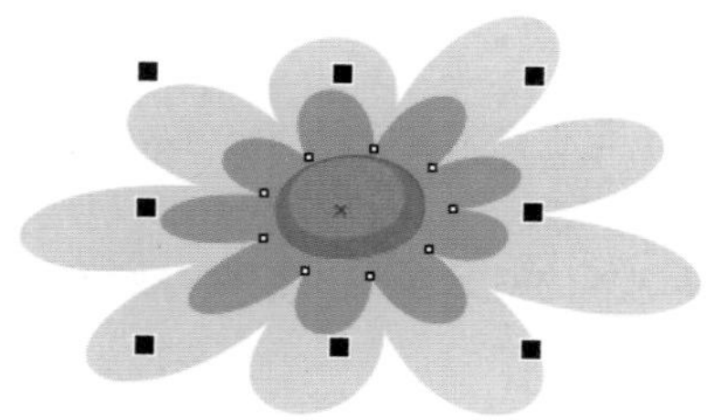

图 4-8（续）

4.1.5　全选对象

单击工具箱中的“选择工具”按钮，按住鼠标左键在所有对象外围拖曳出虚线矩形，如图 4-9 所示，释放鼠标将所有对象选中，如图 4-10 所示。

双击“选择工具”按钮，或者按快捷键 Ctrl+A，可以快速全选编辑的内容。

图 4-9

图 4-10

在“编辑”→“全选”子菜单中选择相应的类型，可以全选该类型的所有对象，如图 4-11 所示。

技巧与提示：

通过执行“全选”命令全选对象时，锁定的对象、文本或辅助线将不会被选中；双击“选择工具”按钮全选对象时，全选的类型不包括辅助线和节点。

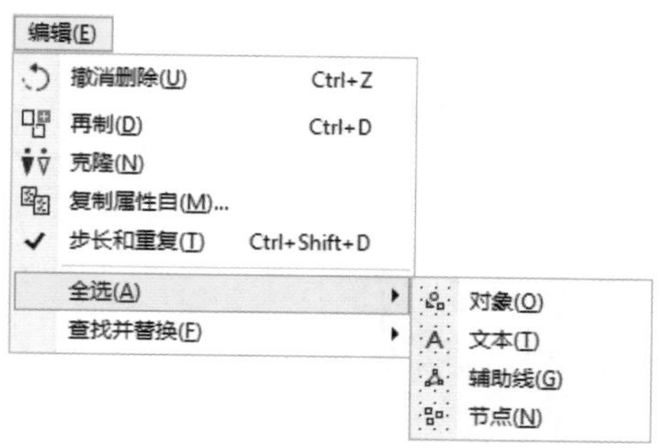

图 4-11

答疑解惑：选择多个对象后，出现的白色小方块是什么？

在 CorelDRAW 2017 中，由于对象之间会出现重叠的情况，因此当选择了多个对象后就会出现许多白色的小方块，这些白色小方块代表选择的对象的位置，一个白色小方块代表一个对象。

4.2　对象的剪切、复制与粘贴

对象的剪切、复制与粘贴是编辑对象时经常用到的基本操作，在 CorelDRAW 中提供了多种复制对象的方式，还提供了再制对象、克隆等操作，能够满足多样的设计需求。

4.2.1　剪切对象

剪切是把当前选中的对象移入剪贴板中，原对象消失，如果要用到该对象时，可通过“粘贴”命令来调用。在 CorelDRAW 中，“剪切”命令经常与“粘贴”命令配合使用，可以在同一文档或不同文档之间进行编辑。

选择要剪切的对象，如图 4-12 所示，执行“编辑”→“剪切”命令或按快捷键 Ctrl+X，可将所选对象剪切到剪切板中，被剪切的对象从画面中消失，如图 4-13 所示。

选择要剪切的对象，右击并在弹出的快捷菜单中选择“剪切”命令，如图 4-14 所示，可剪切所选对象。也可单击标准工具栏中的“剪切”按钮，如图 4-15 所示，快速剪切所选对象。

图 4-12

图 4-13

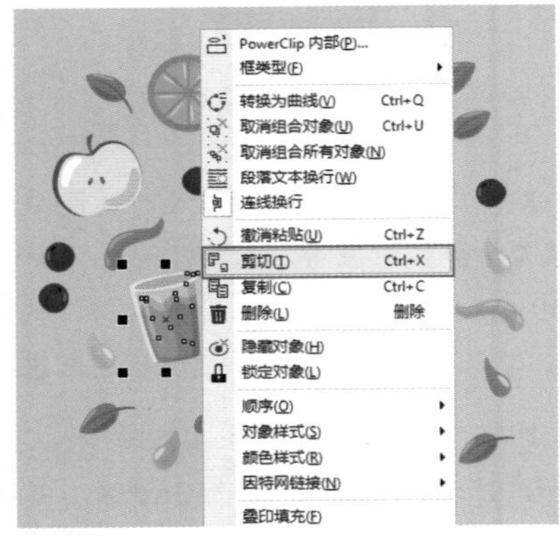

图 4-14

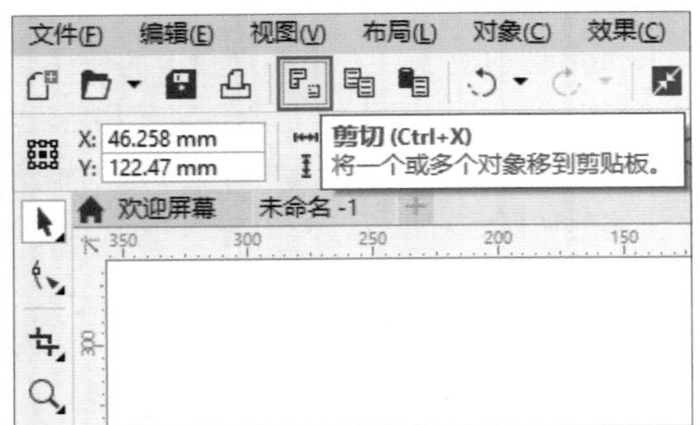

图 4-15

4.2.2 实战：复制和粘贴对象

复制对象可保证对象的大小一致，复制和粘贴对象操作也是所有操作中最基本的操作。与“剪切”命令不同，复制后的对象虽然也被保存到剪贴板中，但原对象不会被删除。

01 启动 CorelDRAW 2017 软件，打开“素材\第 4 章\4.2\4.2.2 实战：复制和粘贴对象 .cdr”文件。单击工具箱中的“选择工具”按钮，选择黄色圆形，如图 4-16 所示。

图 4-16

02 执行“编辑”→“复制”命令或按快捷键 Ctrl+C 复制图形，按快捷键 Ctrl+V 粘贴图形，并更改图形的位置和颜色，如图 4-17 所示。

图 4-17

03 选择要复制的紫色图形，右击并在弹出的快捷菜单中选择“复制”命令，如图 4-18 所示。按快捷键 Ctrl+V 粘贴复制的图形并更改图形的颜色和位置，如图 4-19 所示。

04 选择蓝色图形，单击标准工具栏中的“复制”按钮，复制图形，再单击“粘贴”按钮粘贴复制的图形，并更改颜色和位置，如图 4-20 所示。

05 选择黄色图形，按小键盘中的 + 键可在原位置快速复制出一个新对象，调整图形的位置，如图 4-21 所示。

图 4-18

图 4-19

图 4-20

图 4-21

06 单击工具箱中的“选择工具”按钮，选择紫色图形，将对象拖至适当的位置，释放鼠标左键之前按下鼠标右键，可在当前位置复制一个副本对象，如图 4-22 所示。

图 4-22

07 选择绿色图形，按住鼠标右键将对象拖至适当的位置，释放鼠标后，在弹出的快捷菜单中执行“复制”命令，如图 4-23 所示。

图 4-23

08 单击标准工具栏中的“水平镜像”按钮，翻转复制的图形，如图 4-24 所示。

图 4-24

09 选择要复制的对象，单击并拖曳对象，在不释放鼠标的状态下，按空格键复制对象并水平镜像图形，如图 4-25 所示。每按一次空格键，即可复制一次。

图 4-25

10 采用上述复制对象的操作方法，复制其他的圆形，效果如图 4-26 所示。

图 4-26

4.2.3 选择性粘贴

在实际操作中，经常需要将 Word 文档中的内容粘贴到 CorelDRAW 中，这时就要用到“选择性粘贴”命令。首先在 Word 文档中复制所需图像或文字，回到 CorelDRAW 中，执行“编辑”→“选择性粘贴”命令，在弹出的“选择性粘贴”对话框中设置相应的参数，单击“确定”按钮即可将 Word 文档的内容粘贴到 CorelDRAW 中，如图 4-27 所示。

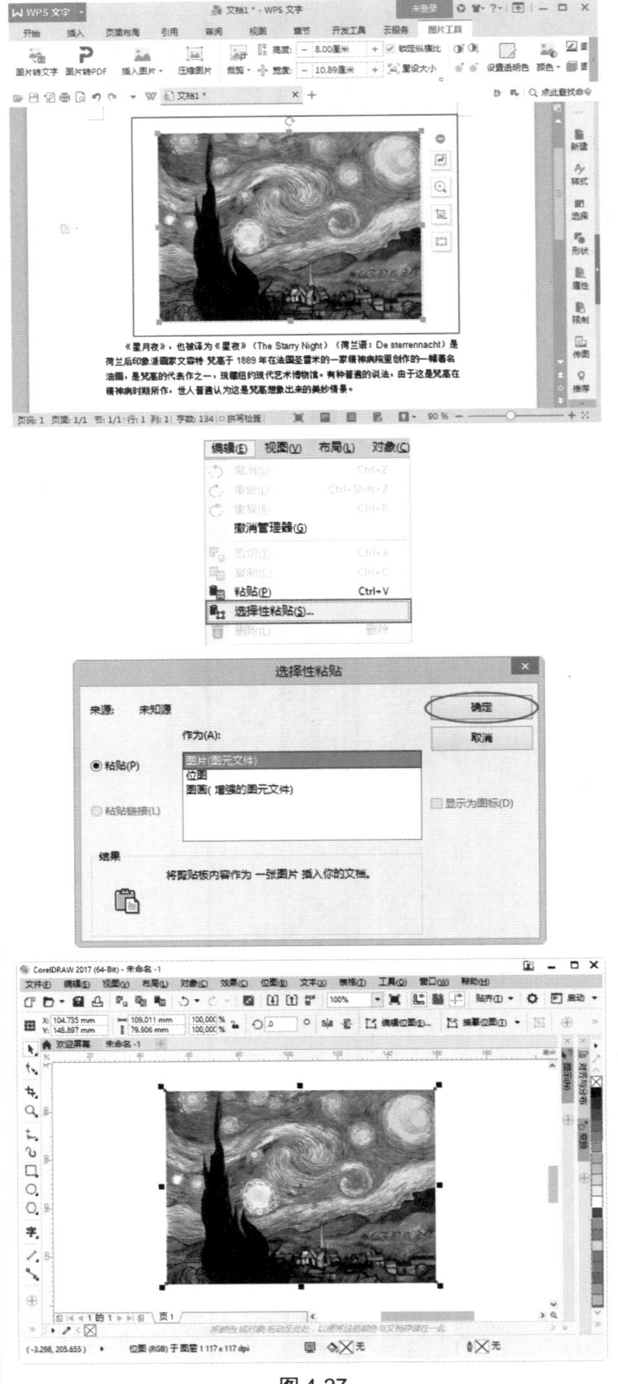

图 4-27

4.2.4 再制对象

再制对象可以在工作区中直接放置一个副本，而不适用剪切板。再制的速度比复制和粘贴快，并且再制对象时，可以沿着 X 和 Y 轴指定副本和原始对象之间的偏移距离。

选择一个对象，执行“编辑”→“再制”命令或按快捷键 Ctrl+D，弹出“再制偏移”对话框，设置“水平偏移”和“垂直偏移”的数值，如图 4-28 所示。单击“确定”按钮可在图形右上方再制出一个图形，如图 4-29 所示。

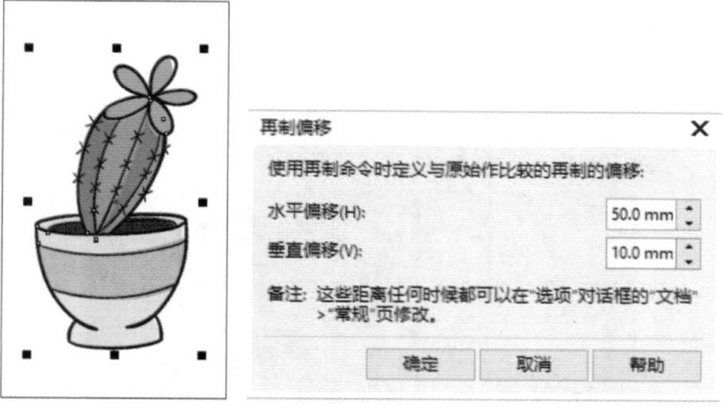

图 4-28

图 4-29

连续执行“再制”命令或连续按快捷键 Ctrl+D 可根据设置好的间距再制图形，如图 4-30 所示。再制对象后，在空白区域单击，取消对象的选中状态，在属性栏上修改“再制距离”X 和 Y 的数值，可修改再制距离，如图 4-31 所示。

图 4-30

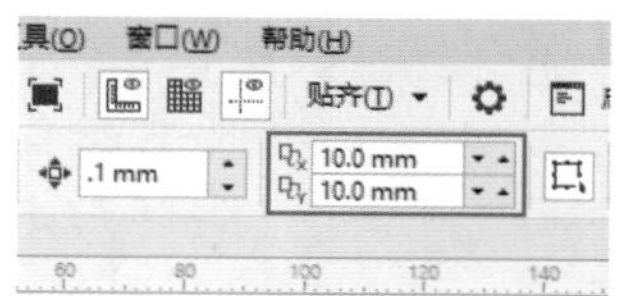

图 4-31

还可以将对象拖至适当的位置，在释放鼠标左键之前按下鼠标右键，如图 4-32 所示，可在当前位置再制对象，继续按快捷键 Ctrl+D，可再制出间距相同的连续对象，如图 4-33 所示。

图 4-32

图 4-33

4.2.5　克隆

克隆是一种特殊的复制手段，在默认情况下，克隆对象将出现在原始对象之上，并略有偏移，并且将延续和继承原对象的一切属性。

选择需要克隆的对象，执行“编辑”→“克隆”命令，可在原图像上方克隆出一个图像，如图 4-34 所示。

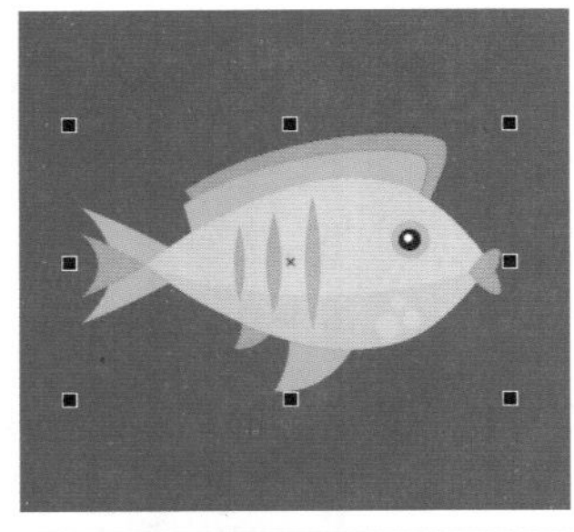

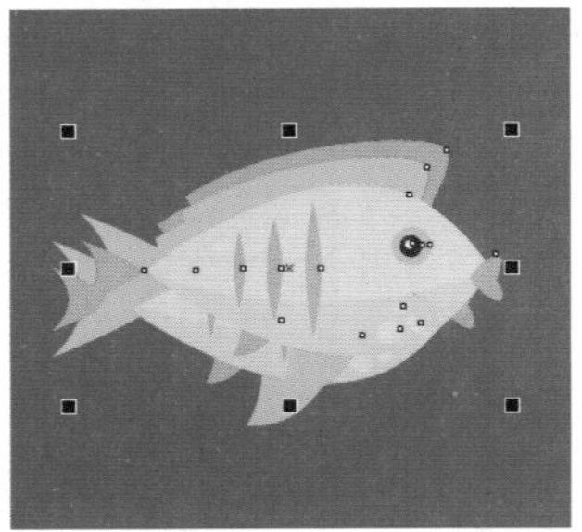

图 4-34

如果要选择克隆对象的主对象，可以右击克隆对象，在弹出的快捷菜单中选择“选择主对象”命令，自动选择主对象，如图 4-35 所示；若要选择主对象的克隆对象，可右击主对象，在弹出的快捷菜单中选择“选择克隆”命令，自动选择克隆对象，如图 4-36 所示。

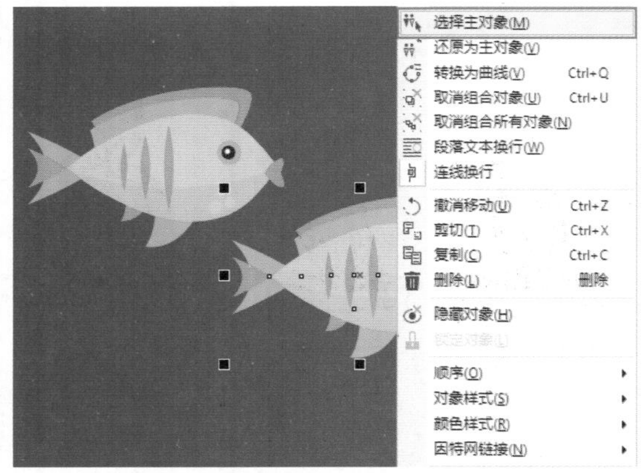

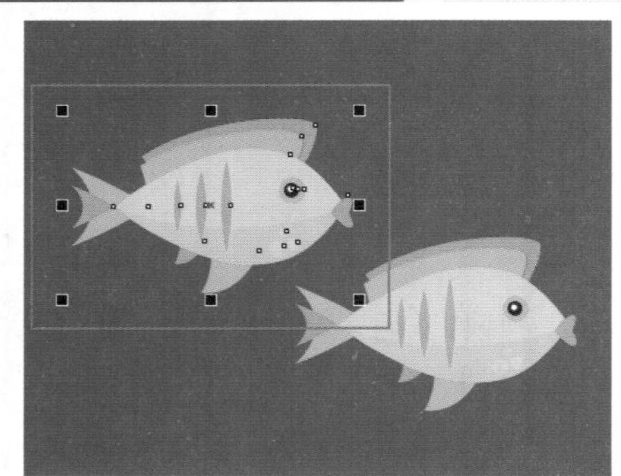

图 4-35

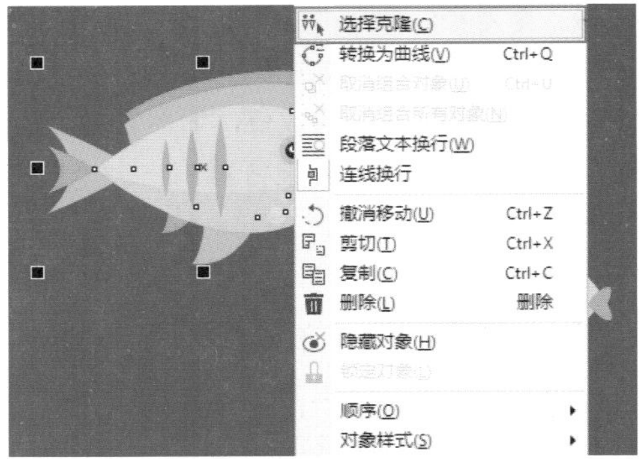

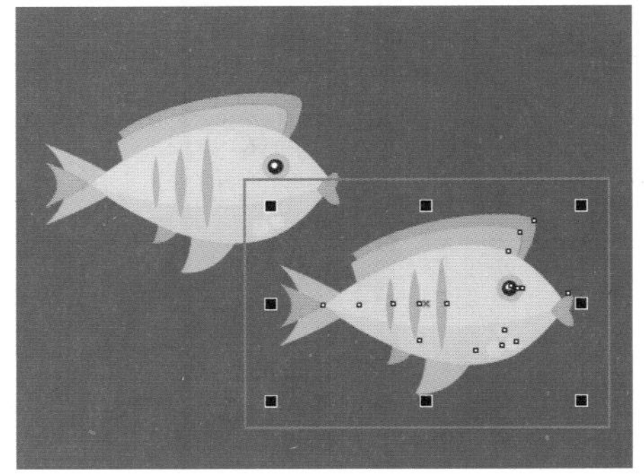

图 4-36

对原始对象所做的任何更改都会自动反映在克隆对象中，例如对原始对象更改颜色，克隆对象会自动更改为相同的颜色，如图 4-37 所示。但是对克隆对象所做的更改不会自动反映到原始对象上，如图 4-38 所示。

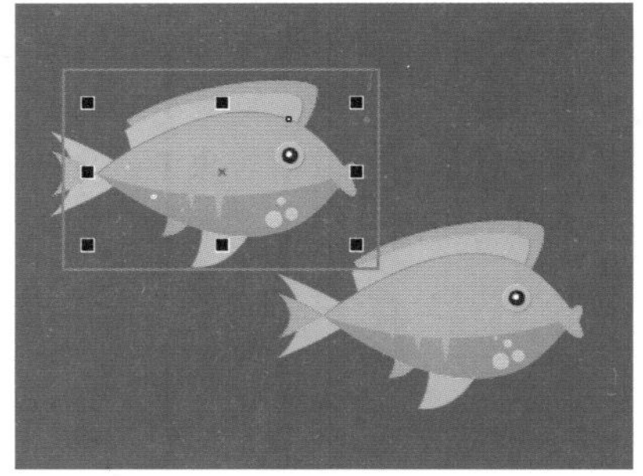

图 4-37

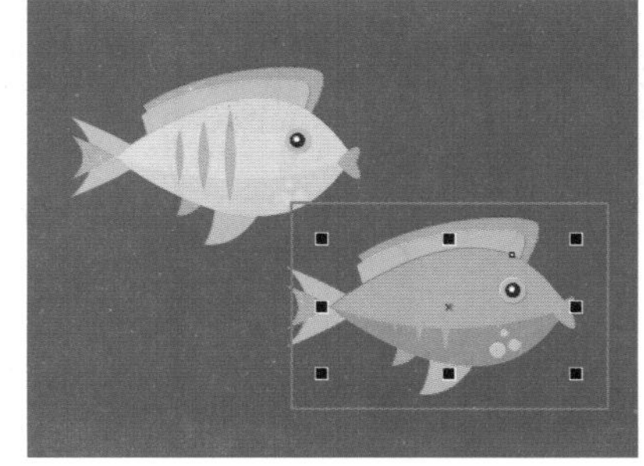

图 4-38

答疑解惑：在 CorelDRAW 2017 中复制、再制和克隆三者之间有何区别？

CorelDRAW 2017 的复制操作与其他软件中的复制一样，就只是单纯地复制一个图形（分为原位置复制和移动复制），对原来图形的修改，不会出现在复制后的图形上，即改变原对象不会改变目标对象。

再制也是复制的一种，再制不是随意的复制，而是按照一定距离进行复制，在选择任何对象的状态下，设置“再制距离”，按快捷键 Ctrl+D 时可以按照设置进行再制，再制其实就是复制加粘贴的组合。

克隆也可以实现复制，只不过它所复制的是图形的所有属性，而不是复制图形形状。例如有两个图形添加了交互式调和效果，如果想让另外两个图形也应用同样的效果，就可以使用克隆功能。克隆出来后的图形，如果改变源对象，目标对象会跟着一起改变。

4.2.6　复制对象属性

复制对象属性可以将属性从一个对象复制到另一个对象上。可以复制的对象属性包括轮廓、填充和文本属性等。此外，还可以对调整大小、角度和定位等对象变换，以及应用于对象的效果等进行复制。

选中要赋予属性的对象，执行“编辑”→“复制属性”命令，打开“复制属性”对话框，勾选要复制的属性类型，如图 4-39 所示，即可复制所选属性。

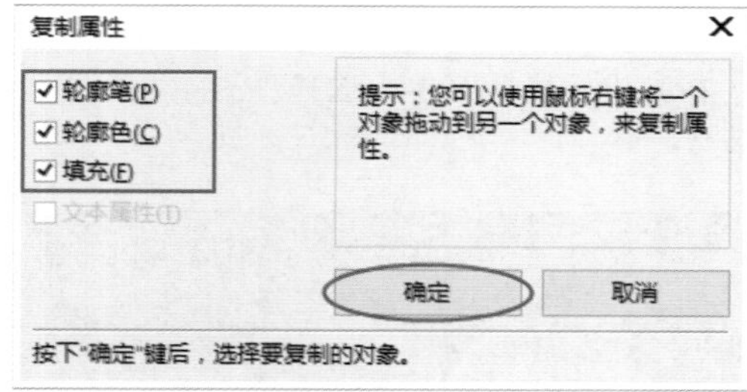

图 4-39

当光标变为➧形状时，移至源文件位置单击完成属性的复制，如图 4-40 所示，复制后的效果如图 4-41 所示。

在填充有颜色属性的对象上按住鼠标右键拖曳到空白对象上释放鼠标，在弹出快捷菜单中选择“复制所有属性”命令进行复制，如图 4-42 所示，复制后的效果如图 4-43 所示。

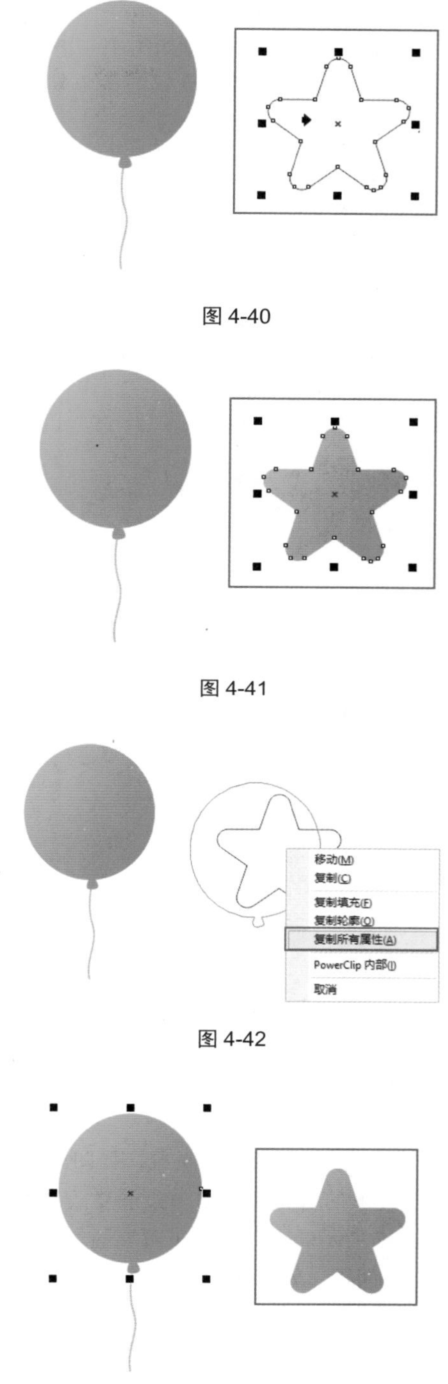

图 4-40

图 4-41

图 4-42

图 4-43

4.2.7　步长和重复

在编辑过程中可以利用“步长和重复”命令进行水平、垂直和角度再制。选择一个对象，执行“编辑”→“步长和重复”命令或按快捷键 Ctrl+Shift+D，在弹出的“步长与重复”泊坞窗中分别对“水平设置”“垂直设置”和“份数”进行设置，如图 4-44 所示，然后单击“应用”按钮，即可按照设置的参数复制出相应数目的对象，如图 4-45 所示。

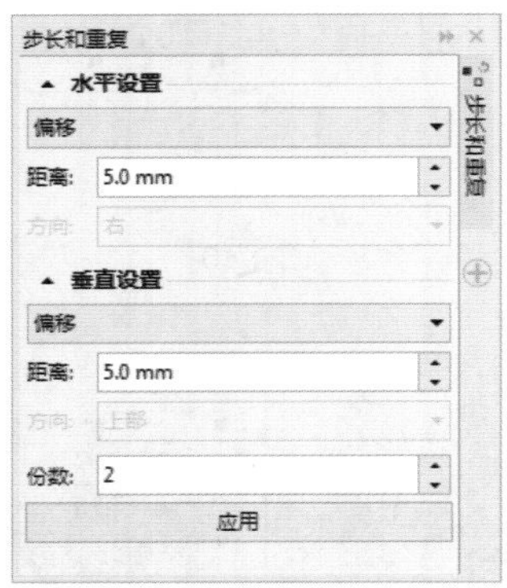

图 4-44

图 4-45

答疑解惑：在 CorelDRAW 2017 中如何控制重复复制对象之间的间距？

在属性栏中可以查看所选对象的宽和高，然后在“步长和重复”泊坞窗中设置参数，当数值小于对象的宽度时，则对象重复效果为重叠，如图 4-46 所示；当数值等于对象的宽度时，则对象重复效果为边缘重合，如图 4-47 所示；当数值大于对象的宽度时，则对象重复之间有间距，如图 4-48 所示。

图 4-46

图 4-47

图 4-48

4.3　清除对象

如果对绘制的对象不满意，或者图像中存在多余部分时，需要及时清除对象。可以单击工具箱中的“选择工具”按钮，选择要清除的对象，如图 4-49 所示，执行“编辑”→“删除”命令或按 Delete 键，即可清除所选对象，如图 4-50 所示。也可选择要清除的对象，右击，在弹出的快捷菜单中选择“清除”命令，清除所选对象。

图 4-49

图 4-50

4.4　变换对象

在 CorelDRAW 2017 中有多种进行变换对象的操作方式，例如“移动”“旋转”“缩放”“镜像”和“倾斜”等，通过这些变换对象的操作，可以制作出丰富多样的形状。

4.4.1　移动对象

选中对象，当光标变为 ✥ 形状时，单击并拖曳可移动对象，如图 4-51 所示。

图 4-51

图 4-51（续）

选中对象，执行“对象”→“变换”→“位置”命令，打开“变换”面板，在 X 和 Y 文本框中输入数值，再设置移动的相对位置，单击“应用”按钮即可移动对象，如图 4-52 所示。也可在属性栏中的 X 和 Y 文本框中输入数值移动对象，如图 4-53 所示。

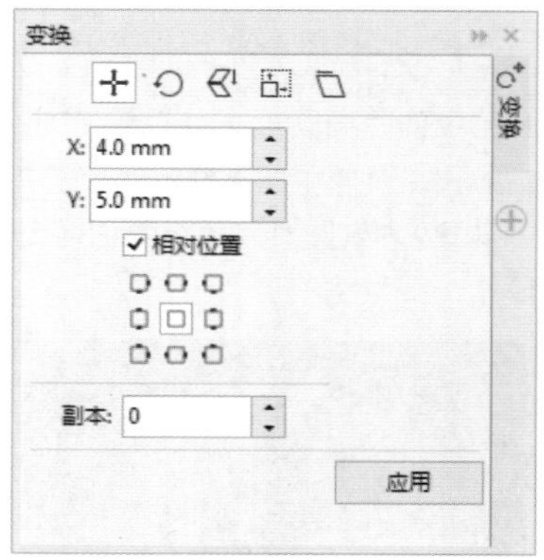

图 4-52

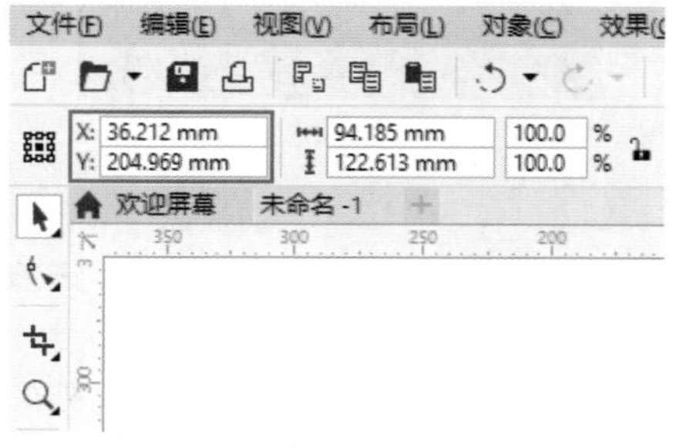

图 4-53

技巧与提示：

选中对象，利用键盘上的方向键也可移动对象。

在“变换”泊坞窗中勾选“相对位置”选项，即可以原始对象相应的锚点作为坐标原点，然后根据设定的方向和距离进行位移。

4.4.2 实战：旋转对象制作图标

旋转对象是比较常用的编辑技法，通过不同的旋转方式可以得到不同的旋转结果，本节具体讲解这些旋转对象的操作方法。

01 启动 CorelDRAW 2017 软件，打开“素材\第 4 章\4.4\4.4.2 实战：旋转对象制作图标.cdr”文件，如图 4-54 所示。

图 4-54

02 单击工具箱中的“椭圆形工具”按钮，绘制一个椭圆形，然后单击工具箱中的“颜色滴管工具”按钮，在背景上拾取颜色，为椭圆对象填充颜色并去除轮廓线，如图 4-55 所示。

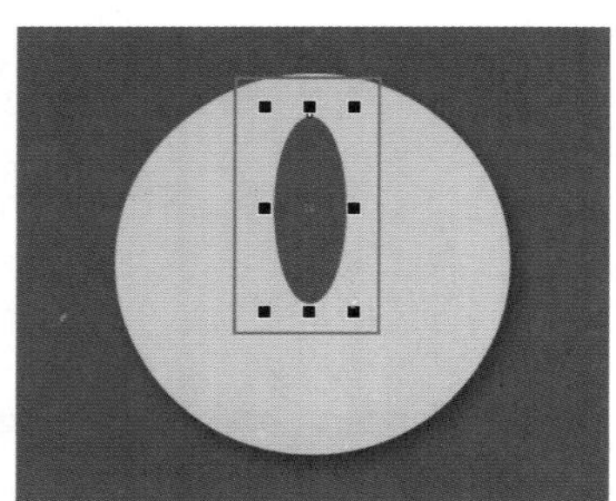

图 4-55

03 按快捷键 Ctrl+C 复制图形，按快捷键 Ctrl+V 粘贴图形。双击对象，当图形上出现旋转箭头时，拖曳中心点至黄色圆形的中心位置，如图 4-56 所示。

04 将光标移至标有曲线箭头的锚点上，当光标变为形状时，拖曳鼠标可以旋转对象，如图 4-57 所示。也可选中对象后，在属性栏中设置“旋转角度”参数，旋转对象，如图 4-58 所示。

05 按快捷键 Ctrl+Z 返回初始状态，选中椭圆图形，执行“对象”→“变换”→“旋转”命令，或按快捷键 Alt+F8 打开“变换”泊坞窗，在泊坞窗中单击“旋转”按钮，设置如图 4-59 所示的参数。单击“应用”按钮，旋转复制椭圆形，如图 4-60 所示。

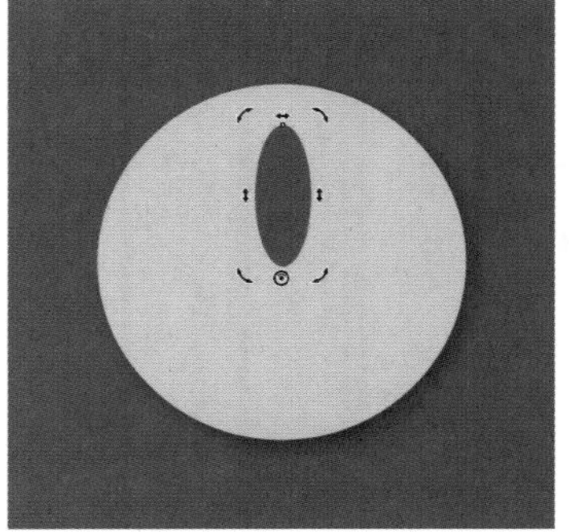

图 4-56

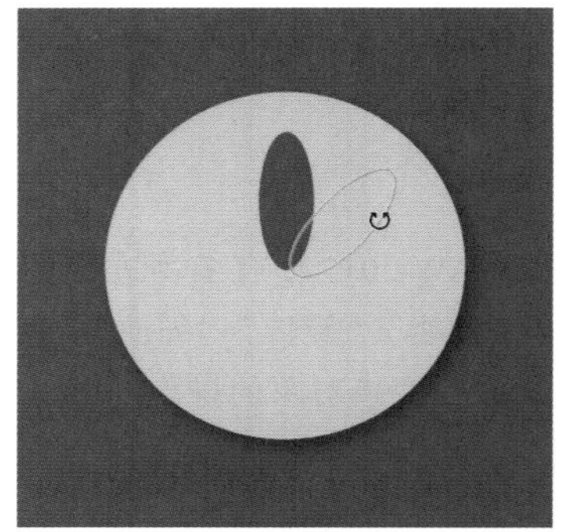

图 4-57

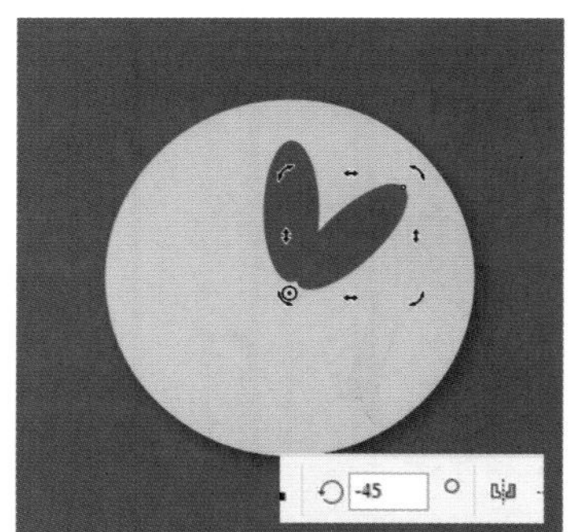

图 4-58

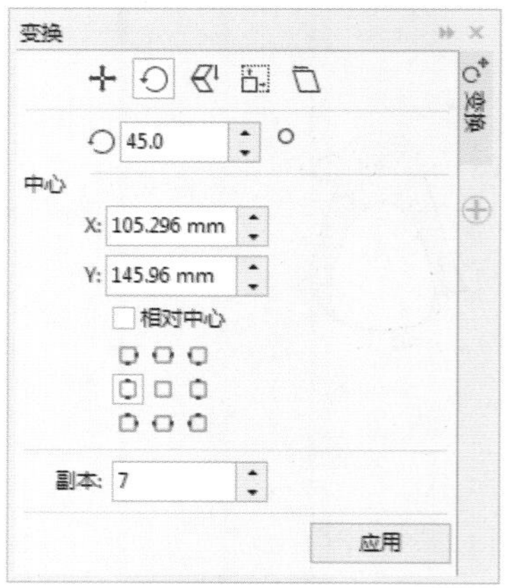

图 4-59

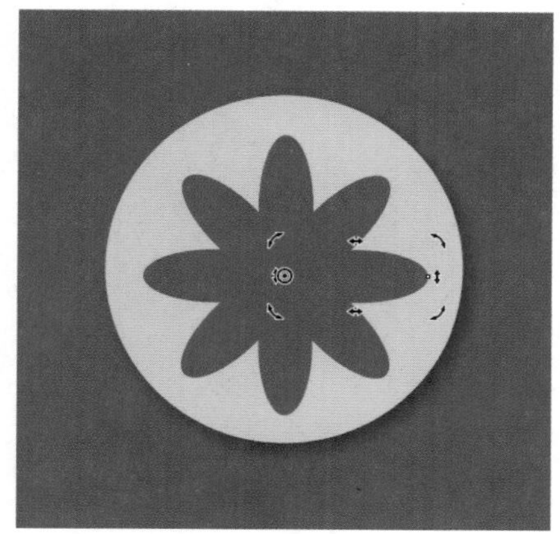

图 4-60

06 使用“选择工具”按钮选择所有的椭圆形，按快捷键 Ctrl+G 进行群组。单击工具箱中的“椭圆工具”按钮，按住 Ctrl 键绘制一个正圆形，如图 4-61 所示。

图 4-61

07 同时选中群组对象和圆形对象，在属性栏中单击“修剪”按钮，修剪对象，如图 4-62 所示。单击工具箱中的“椭圆工具”按钮，绘制一个圆形，填充颜色并去除轮廓线，如图 4-63 所示。

图 4-62

图 4-63

4.4.3 缩放对象

选中对象后，将光标移至锚点上单击并拖曳进行缩放，蓝色线框为缩放的预览效果，如图 4-64 所示。也可在属性栏中的“对象大小”文本框中输入参数，更改对象大小，或者在“缩放因子”文本框中输入缩放比例，缩放对象。

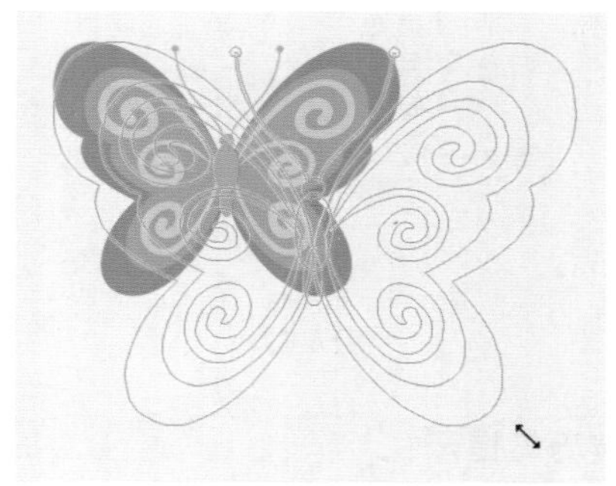

图 4-64

选中要缩放的对象，执行“对象”→“变换”→“缩放和镜像”命令或按快捷键 Alt+F9 打开“变换”泊坞窗，在泊坞窗中单击“缩放和镜像”按钮设置缩放参数，如图 4-65 所示，单击“应用”按钮，即可根据设置的参数缩放对象，如图 4-66 所示。

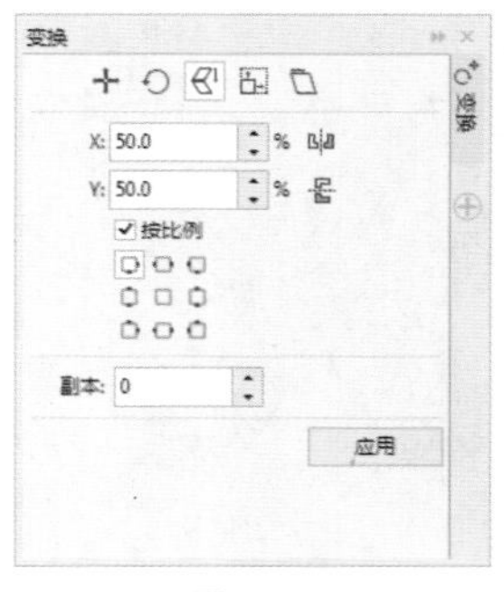

图 4-65

图 4-66

或者在泊坞窗中单击“大小”按钮，设置大小参数，如图 4-67 所示，单击“应用”按钮，也可根据设置的参数更改对象大小。

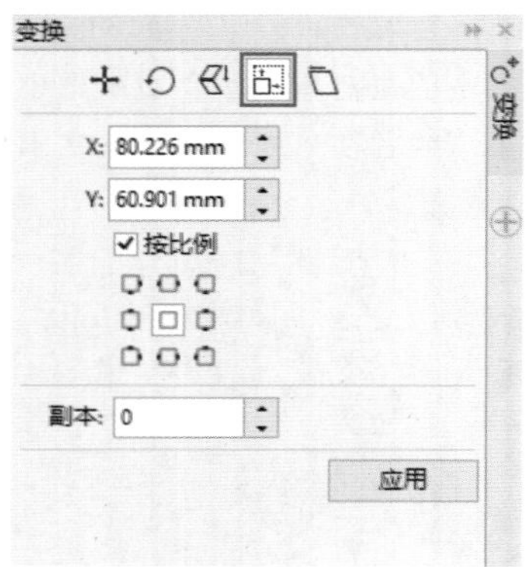

图 4-67

技巧与提示：

拖曳控制框 4 个角上的控制点，为等比例缩放对象，如图 4-68 所示；拖曳其他控制点为缩放对象的宽度或高度，如图 4-69 所示；按住 Shift 键拖曳控制点，为等比例中心缩放对象，如图 4-70 所示。

图 4-68

图 4-69

图 4-70

4.4.4 实战：镜像对象制作花纹边框

镜像是指对对象进行水平或垂直的对称性操作，本节通过实例的方式讲解镜像对象的使用技巧。

01 启动 CorelDRAW 2017 软件，打开“素材 \ 第 4 章 \4.4\4.4.4 实战：镜像对象制作花纹边框 .cdr”文件。单击工具箱中的“选择工具”按钮，选择树叶图形，如图 4-71 所示。

图 4-71

02 复制图形，按住 Ctrl 键的同时单击并拖曳控制点，释放鼠标完成镜像操作，如图 4-72 所示。

图 4-72

03 按快捷键 Ctrl+Z 返回操作，选择要镜像的对象，单击属性栏中的“水平镜像”按钮或“垂直镜像”按钮，镜像对象，如图 4-73 所示。单击工具箱中的“选择工具”按钮，调整镜像图形的位置，如图 4-74 所示。

图 4-73

图 4-74

04 执行“文件”→“打开”命令，打开“边框 .cdr”素材文件，并将素材拖至该文件中，拖曳素材图形的控制点调整大小并移至合适位置，如图 4-75 所示。

图 4-75

05 执行“对象”→“变换”→“缩放和镜像”命令或按快捷键 Alt+F9，打开“变换”泊坞窗，单击“水平镜像”按钮和“垂直镜像”按钮，并设置“副本”为 1，如图 4-76 所示。

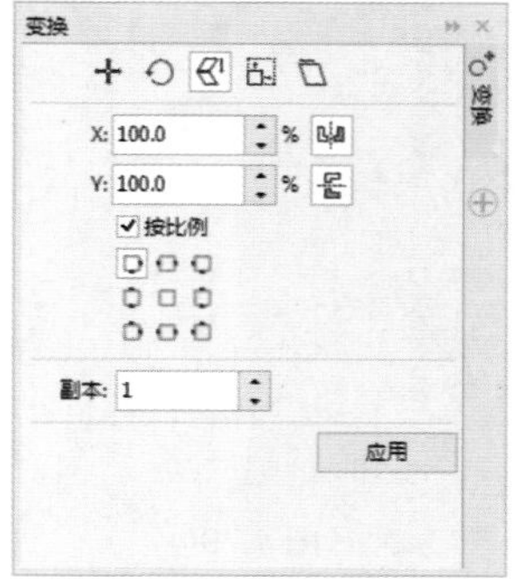

图 4-76

06 单击“应用”按钮镜像对象，如图 4-77 所示。使用“选择工具”调整对象的位置，完成花纹边框的制作，如图 4-78 所示。

图 4-77

图 4-78

4.4.5　实战：倾斜对象制作小鸟翅膀

倾斜是指图形对象生成倾斜面，能够达到透视的效果，呈现立体效果。

01 启动 CorelDRAW 2017 软件，打开“素材\第 4 章\4.4\4.4.5 实战：倾斜对象制作小鸟翅膀 .cdr”文件，如图 4-79 所示。

图 4-79

02 单击工具箱中的“椭圆形工具”按钮，绘制一个椭圆形，如图 4-80 所示。双击需要倾斜的对象，出现旋转箭头时，将光标移至水平或垂直的倾斜锚点上，单击并拖曳倾斜对象，如图 4-81 所示。

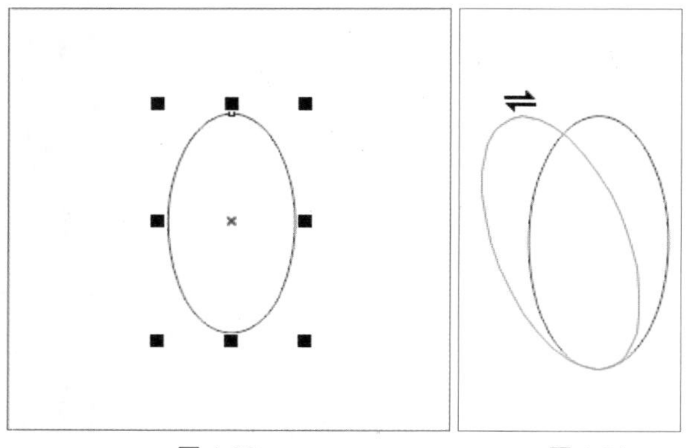

图 4-80　　图 4-81

03 按快捷键 Ctrl+Z 返回最初状态，选择椭圆，执行“对象”→“变换”→“倾斜”命令，打开“变换”泊坞窗，设置倾斜的参数，如图 4-82 所示。单击“应用”按钮，倾斜并复制图形，如图 4-83 所示。

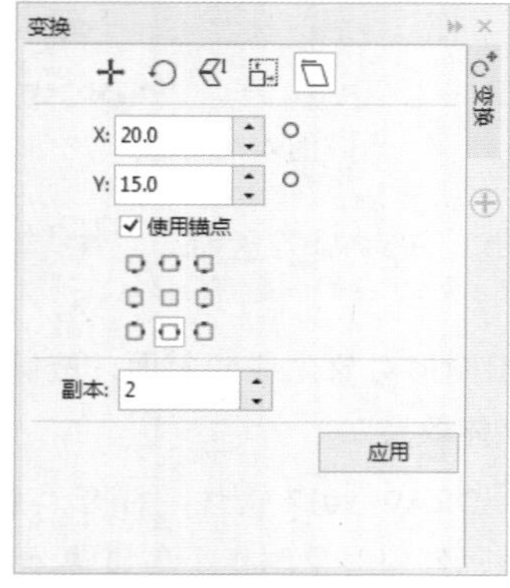

图 4-82

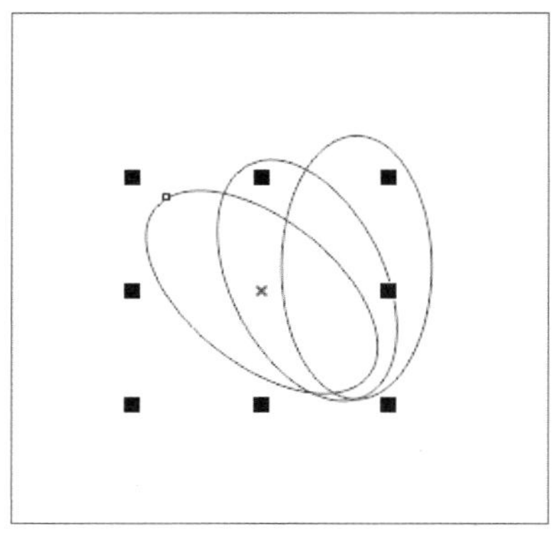

图 4-83

04 单击工具箱中的“选择工具”按钮，选择所有椭圆对象，按快捷键 Ctrl+G 进行群组，然后为对象填充颜色并去除轮廓线，如图 4-84 所示。

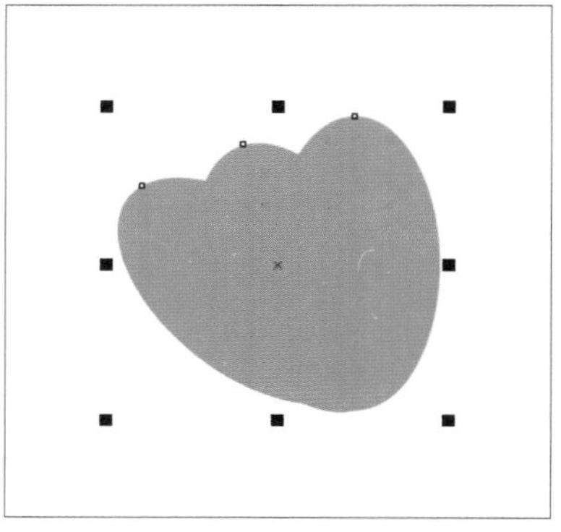

图 4-84

05 将群组对象调整到合适大小并移至合适位置，如图 4-85 所示。按快捷键 Ctrl+C 复制对象，再按快捷键 Ctrl+V 粘贴对象，更改对象颜色并调整到合适位置，如图 4-86 所示。

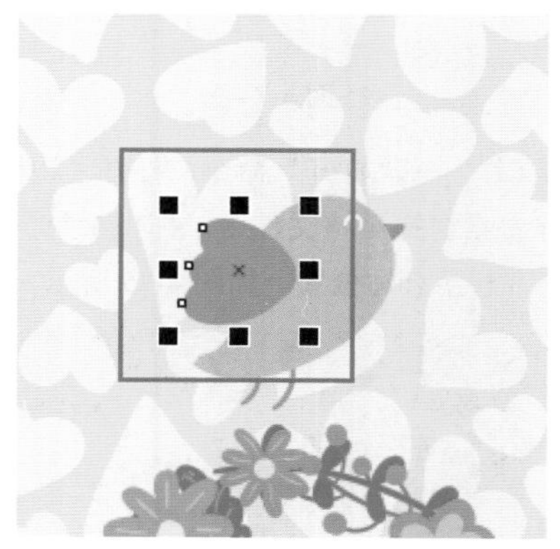

图 4-85

06 单击属性栏中的“水平翻转”按钮，翻转对象，调整大小和位置，如图 4-87 所示。采用同样的方法，继续给其他小鸟添加翅膀，如图 4-88 所示。

图 4-86

图 4-87

图 4-88

4.4.6　清除变换

如果要去除对对象所做的变换操作，可以使用“选择工具”选择要清除变换的对象，然后执行“对象”→“变换”→“清除变换”命令，如图 4-89 所示，即可将对象还原到变换之前的状态。

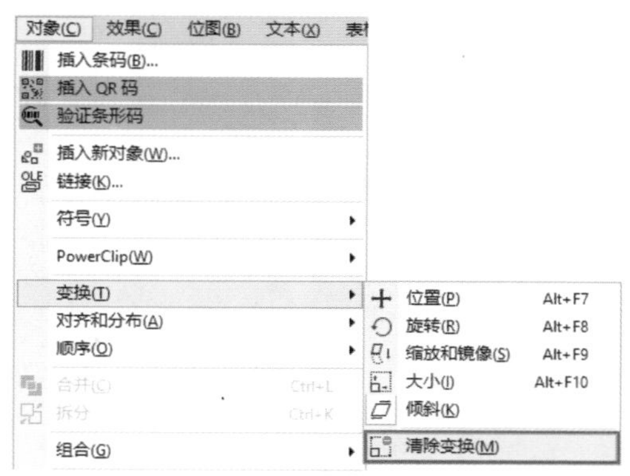

图 4-89

4.5　透视效果

透视效果可以将平面对象通过变形达到立体透视效果，经常应用于产品包装设计、字体设计和一些效果处理，为设计提升视觉感受。

选择要添加透视效果的对象，执行“效果”→“透视效果”命令，在对象上生成透视网格，如图 4-90 所示，拖曳网格上的 4 个锚点，可以调整透视效果，如图 4-91 所示。

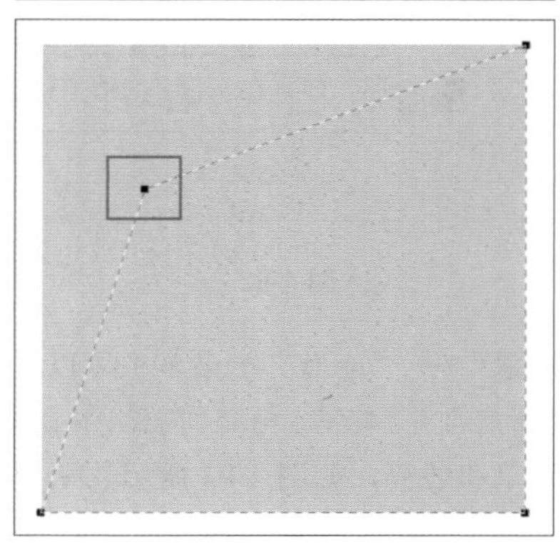

图 4-90

图 4-91

如果要清除对象的透视效果，选择已添加透视效果的对象，执行“效果”→“清除透视点”命令，即可清除该对象的透视效果。

> **技巧与提示：**
>
> 透视效果只可以应用到矢量图形上，位图是无法添加透视效果的。

4.6 调整对象造形

在 CorelDRAW 2017 中，可以通过调整对象造形，例如“焊接”“修剪”“相交”“简化”“移除后面对象”“移除前面对象”和“边界”等操作，快速制作出多种多样的形状。

4.6.1 造形功能

选择两个或两个以上的对象时，在属性栏中出现造型功能按钮，如图 4-92 所示。

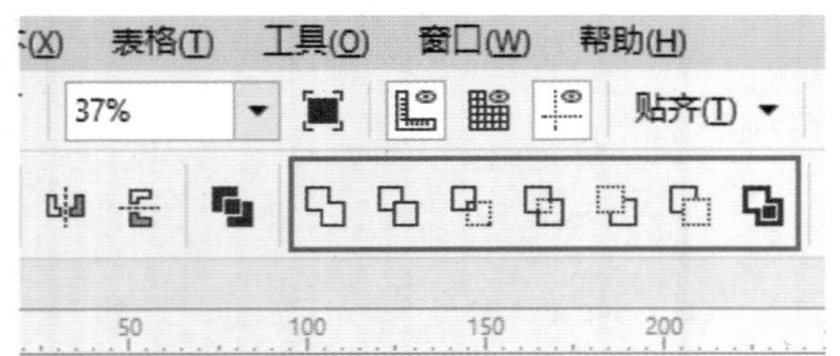

图 4-92

在“对象”→“造形”子菜单中可以看到 7 个造形命令，分别是合并、修剪、相交、简化、移除后面对象、移除前面对象和边界，如图 4-93 所示。从中执行某个命令，即可进行相应操作。

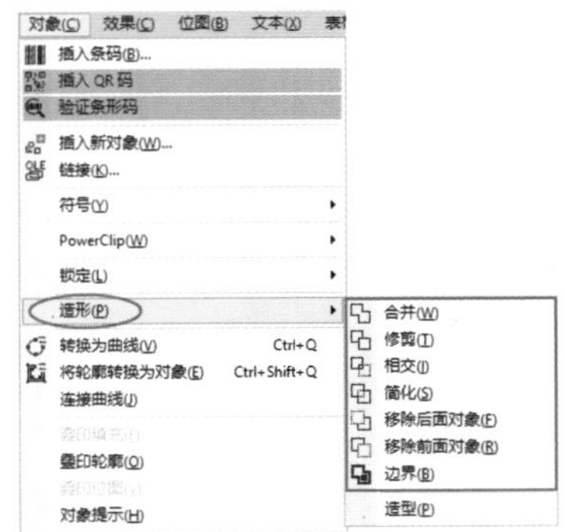

图 4-93

执行“对象”→“造形”→“造型”命令或者执行“窗口”→“泊坞窗”→“造型”命令，皆可打开“造型”泊坞窗，如图 4-94 所示，然后在泊坞窗中打开类型下拉列表，从中选择造形类型，如图 4-95 所示。

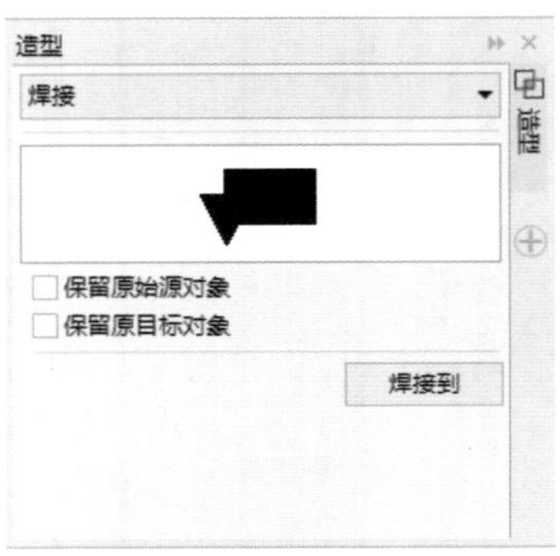

图 4-94

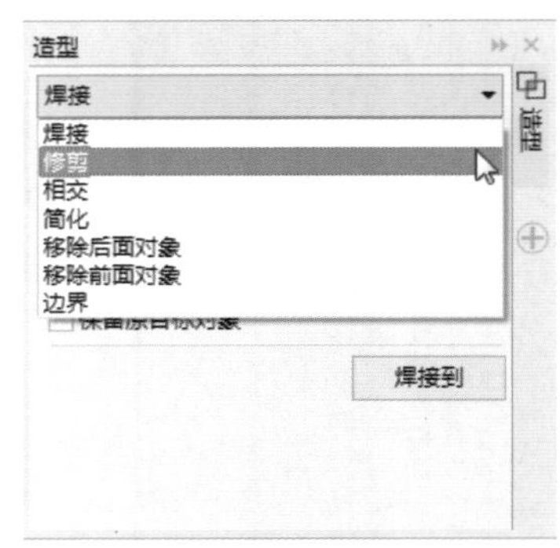

图 4-95

> **技巧与提示：**
>
> 虽然使用属性栏中的造形功能按钮、菜单命令及泊坞窗都可以进行对象的造形，但是需要注意的是，属性栏中的工具按钮和菜单命令虽然操作快捷，但是相对于泊坞窗缺少了可操作的空间，例如无法指定目标对象和源对象、无法保留原始源对象，以及保留原目标对象。

4.6.2　实战：焊接功能制作青蛙闹钟

焊接功能主要用于将两个或两个以上对象结合在一起，成为一个独立的对象。要焊接的对象是目标对象；用来执行焊接的对象是来源对象。

01 启动 CorelDRAW 2017 软件，打开“素材 \ 第 4 章 \4.6\4.6.2 实战：焊接功能制作青蛙闹钟 .cdr”文件。如图 4-96 所示。

图 4-96

02 单击工具箱中的“椭圆形工具”按钮，按住 Ctrl 键绘制两个圆形，如图 4-97 所示。单击工具箱中的“选择工具”按钮，框选两个圆形对象，执行“对象”→“造形”→“合并”命令或单击属性栏中的“合并”按钮，合并图形，如图 4-98 所示。

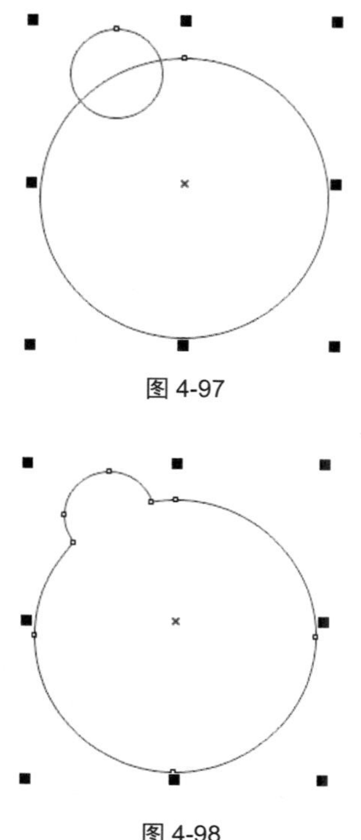

图 4-97

图 4-98

技巧与提示：

如果需要焊接的两个对象的颜色不同，在执行“焊接”命令后，都以底层的对象为主。

03 使用同样的方法，利用“椭圆工具”在合并的图形上绘制圆形，如图 4-99 所示。

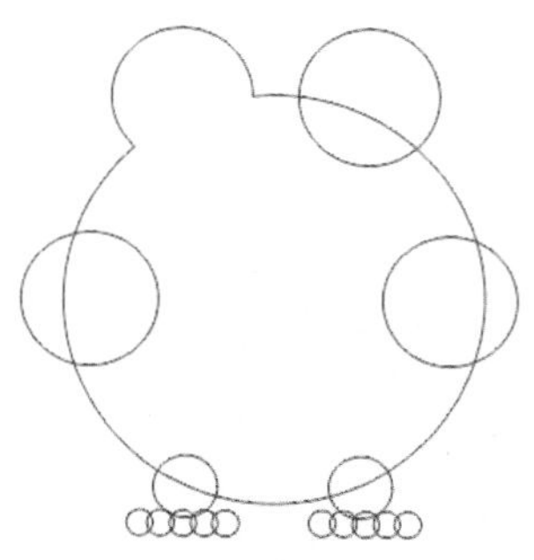

图 4-99

04 单击工具箱中的“选择工具”按钮，框选所有对象。执行“窗口”→“泊坞窗”→“造型”命令，打开“造型”泊坞窗，在“造型”泊坞窗的类型下拉列表中选择“焊接”选项，单击“焊接到”按钮，如图 4-100 所示。

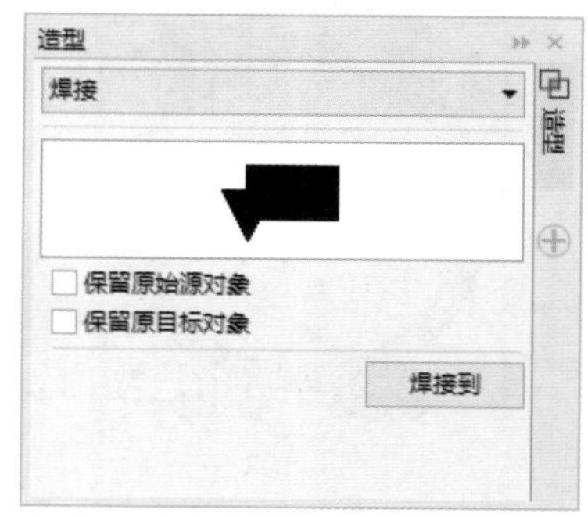

图 4-100

05 在对象上单击拾取目标对象，焊接对象，如图 4-101 所示。

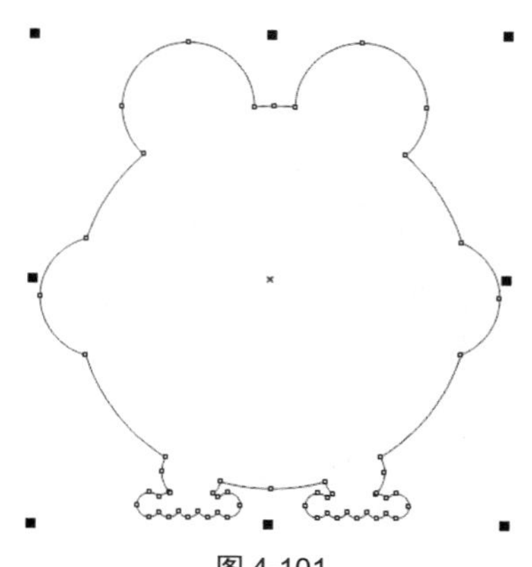

图 4-101

技巧与提示：

在“造型”泊坞窗中勾选“保留原始源对象”和“保留原目标对象”两个选项，可以在“焊接”之后，保留源对象和目标对象，如果没有勾选这两个选项，则在“焊接”后不保留源对象。

06 在右侧调色板中为对象填充绿色，并设置轮廓宽度为 4mm，如图 4-102 所示。单击工具箱中的“椭圆形工具”按钮，按住 Ctrl 键绘制一个圆形，填充白色并设置轮廓宽度为 4mm，如图 4-103 所示。

图 4-102

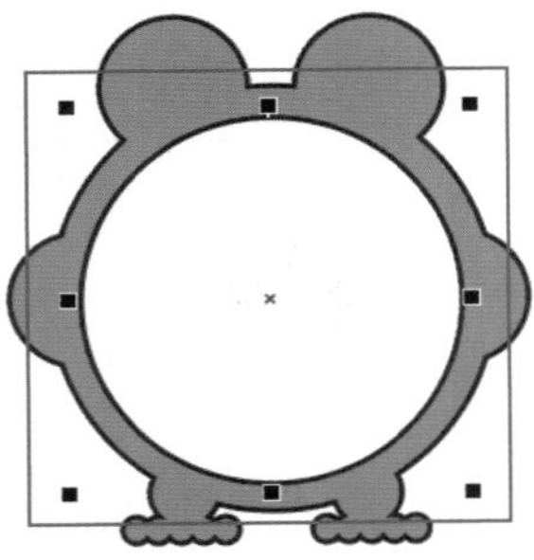

图 4-103

07 复制圆形对象，制作青蛙的眼睛，如图 4-104 所示。使用“选择工具”选择表盘对象，右击，在打开的快捷菜单中执行“顺序”→“到页面前面”命令，然后将表盘对象拖至青蛙对象的上方，并调整大小和位置，完成制作，如图 4-105 所示。

图 4-104

图 4-105

答疑解惑：为什么在菜单和泊坞窗中的焊接功能的名称不同？

菜单命令中的“合并”和“造型”泊坞窗中的“焊接”是同一个焊接功能，只是名称不同。菜单命令在于快捷操作，而泊坞窗中的“焊接”可以设置属性，能够使焊接更加精确。

4.6.3 实战：修剪命令制作邮票

“修剪”命令可以将一个对象用一个或多个对象修剪，去掉多余的部分，在修剪时需要确定源对象和目标对象的前后关系，要修剪的对象是目标对象，用来执行修剪的对象是来源对象。“修剪”命令几乎可以修剪任何对象，包括克隆对象、不同图层上的对象，以及带有交叉线的单个对象，但是不能修剪段落文本、尺度线或克隆的主对象。

01 启动 CorelDRAW 2017 软件，打开“素材\第 4 章\4.6\4.6.3 实战：修剪命令制作邮票.cdr”文件，如图 4-106 所示。单击工具箱中的“椭圆形工具”按钮，按住 Ctrl 键绘制一个圆形并填充黑色，如图 4-107 所示。

图 4-106

图 4-107

02 单击工具箱中的“选择工具” 按钮，选择黑色圆形和白色矩形，执行“对象”→“造形”→“修剪”命令或单击属性栏中的“修剪” 按钮，修剪对象，如图 4-108 所示。使用“选择工具” 移动黑色圆形，即可显示修剪效果，如图 4-109 所示。

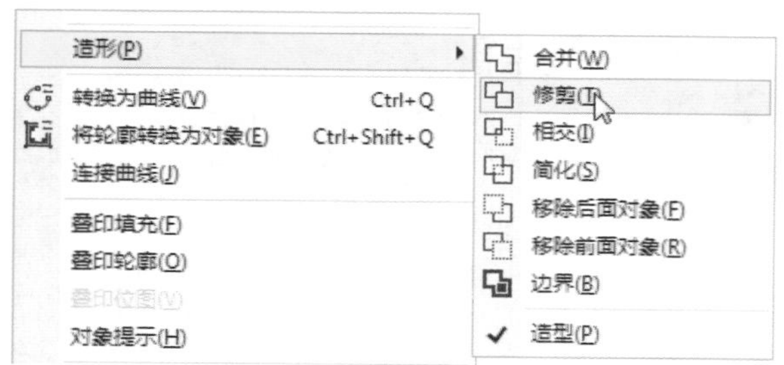

图 4-108

图 4-109

03 将黑色圆形移至白色矩形上，按快捷键 Ctrl+D 再制对象，制作边框周围的圆形，如图 4-110 所示。

04 使用“选择工具”将所有的圆形选中，按快捷键 Ctrl+G 进行群组。将圆形的群组对象和白色的矩形对象同时选中，在“造型”泊坞窗的类型下拉列表中选择“修剪”选项，单击“修剪”按钮，如图 4-111 所示。

图 4-110

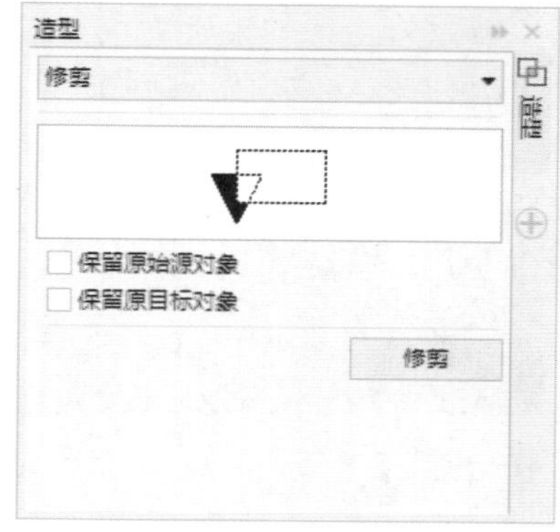

图 4-111

05 将光标移至白色矩形上，当光标变为 形状时，如图 4-112 所示，单击即可修剪对象，如图 4-113 所示。

图 4-112

06 右击，在打开的快捷菜单中执行“顺序”→“向后一层”命令，调整对象顺序，完成邮票的制作，如图 4-114 所示。

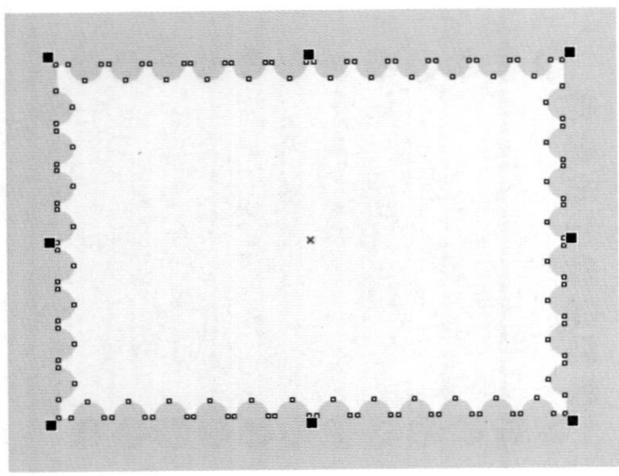

图 4-113

图 4-114

4.6.4 “相交”命令

“相交”命令可以在两个或多个对象上的重叠区域创建新的独立对象。使用“选择工具”选择重叠的两个图形，如图 4-115 所示。执行“对象”→“造型”→“相交”命令，或者在属性栏中单击“相交”按钮，可从两个对象的重叠区域创建一个新对象，并且默认保留源对象和目标对象。移动新建的相交对象，可以看到两个图形相交的部分，如图 4-116 所示。

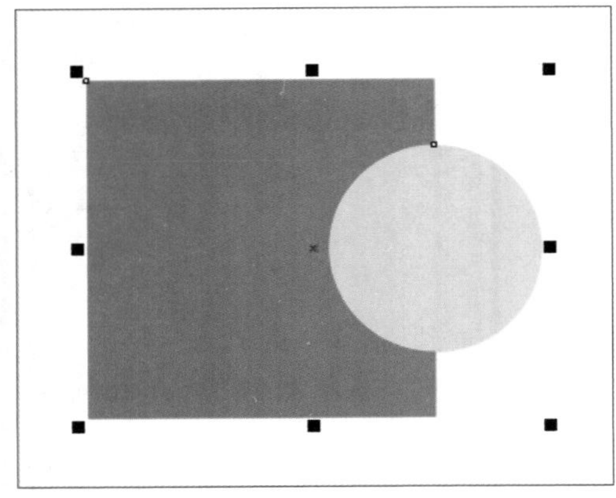

图 4-115

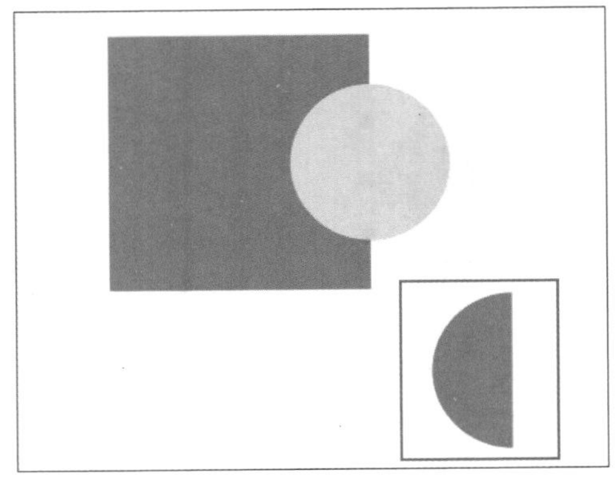

图 4-116

也可以在“造型”泊坞窗的类型下拉列表中选择“相交”选项，单击“相交对象”按钮，如图 4-117 所示。然后在对象上单击拾取目标对象，如图 4-118 所示，即可从两个对象的重叠区域创建一个新对象，并且新对象以目标对象的填充和轮廓属性为准，如图 4-119 所示。

技巧与提示：

相交对象与简化对象操作相似，但效果相反。

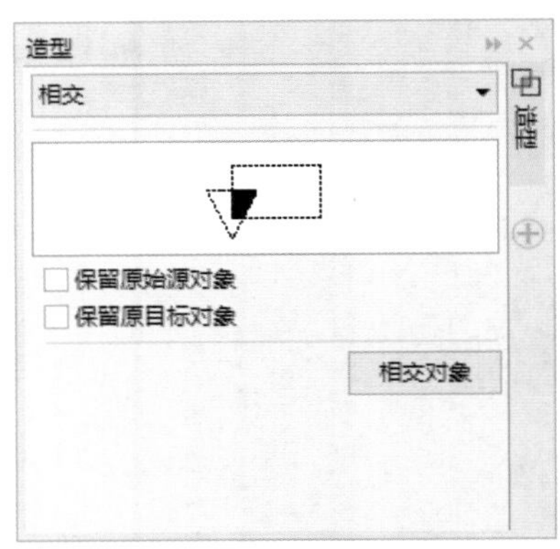

图 4-117

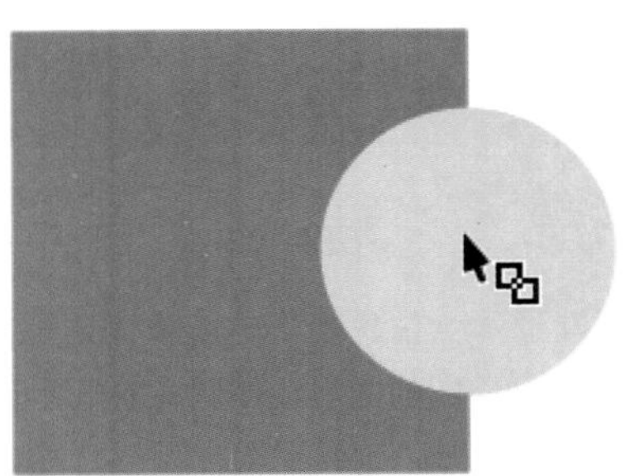

图 4-118

图 4-119

4.6.5　“简化”命令

“简化”命令可以减去两个或多个重叠对象的交集部分，与相交对象操作相似，但效果相反。使用“选择工具”选择重叠的两个图形，如图 4-120 所示。执行“对象”→“造型”→“简化”命令或者单击属性栏中的“简化”按钮，即可修剪两个对象的重叠区域，移动对象可以看到简化的对象，如图 4-121 所示。

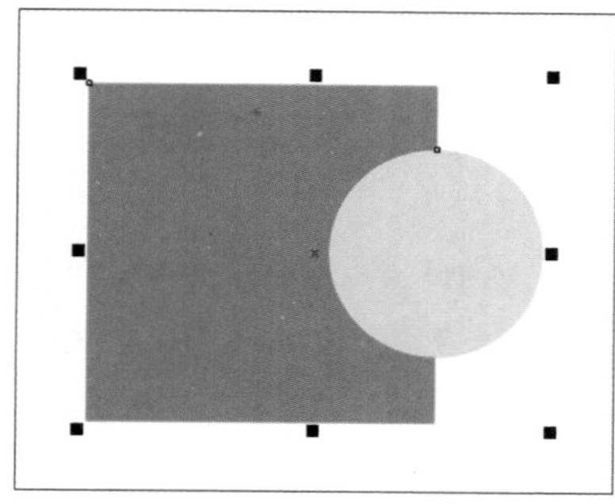

图 4-120

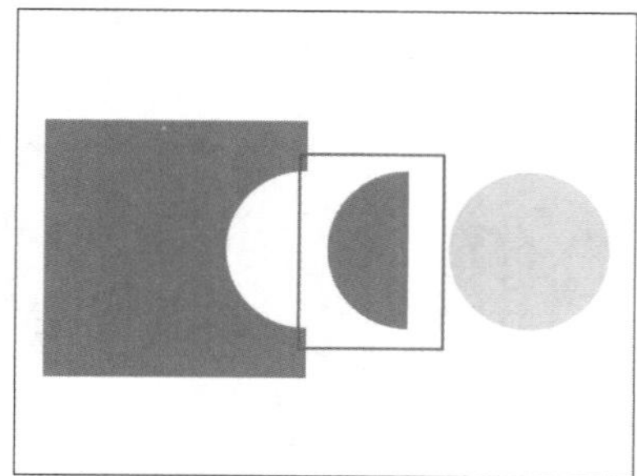

图 4-121

也可以在“造型”泊坞窗的类型下拉列表中选择“简化”选项，单击“应用”按钮，如图 4-122 所示，然后在对象上单击拾取目标对象，即可修剪两个对象的重叠区域，移动对象可以看到简化的对象，如图 4-123 所示。

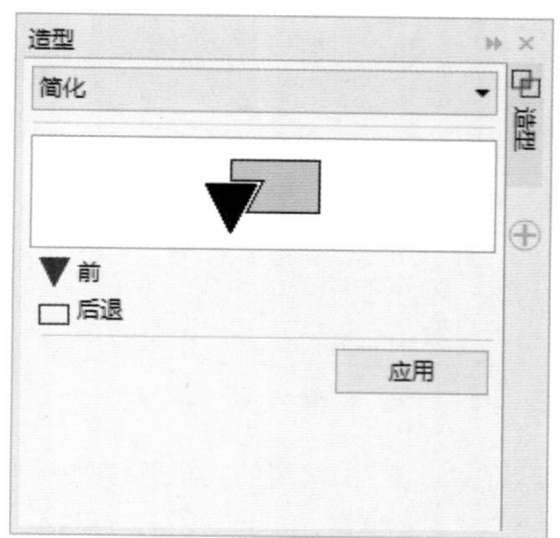

图 4-122

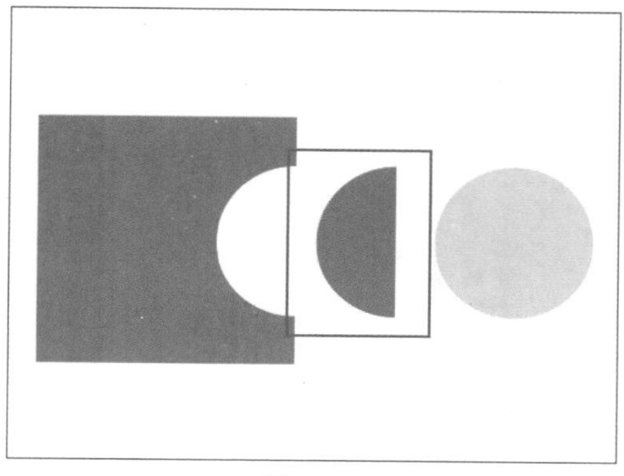

图 4-123

4.6.6　“移除后面 / 前面对象”命令

移除后面 / 前面对象与简化对象功能相似，不同的是，在执行移除后面 / 前面对象操作后，会按一定顺序进行修剪及保留。使用“选择工具”选择重叠的两个图形，如图 4-124 所示，执行“对象”→“造型”→“移除后面对象”命令或单击属性栏中的“移除后面对象”按钮，可减去顶层对象下的所有对象，如图 4-125 所示。

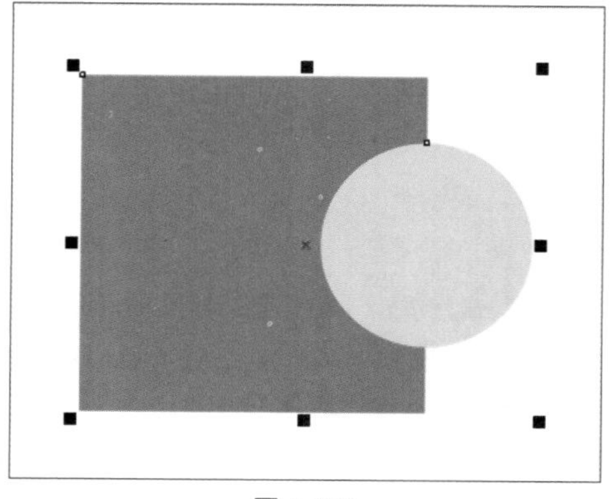

图 4-124

图 4-125

也可以在“造型”泊坞窗的类型下拉列表中选择“移除前面对象”选项，单击“应用”按钮，如图 4-126 所示，即可减去底层对象上的所有对象，以及对象之间的重叠部分，如图 4-127 所示。

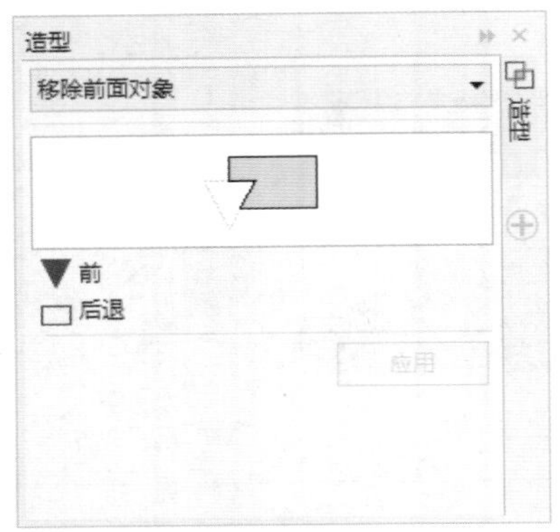

图 4-126

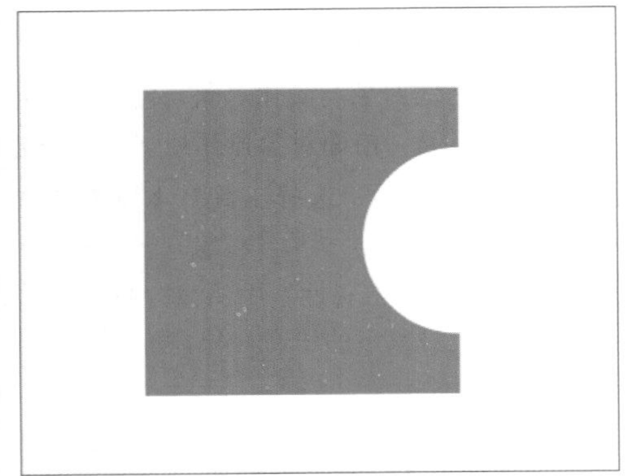

图 4-127

4.6.7 “边界”命令

“边界”命令用于所有选中对象的轮廓以线描的方式显示。使用“选择工具”选择重叠的两个图形，如图 4-128 所示，执行“对象”→“造型”→“边界”命令或单击属性栏中的“边界”按钮，可创建一个线描轮廓的新对象，移开可见，并且默认保留源对象和目标对象，如图 4-129 所示。

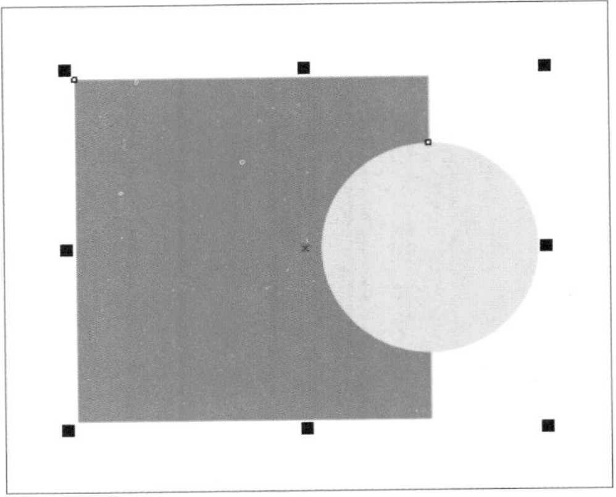

图 4-128

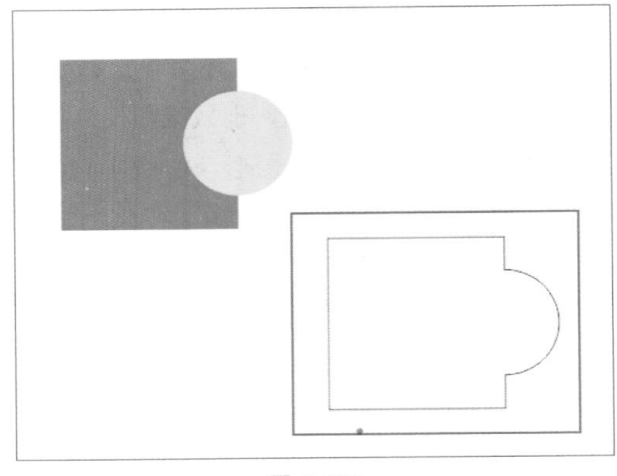

图 4-129

也可以在“造型”泊坞窗的类型下拉列表中选择“边界”选项，单击“应用”按钮，如图 4-130 所示，创建一个线描轮廓的新对象，如图 4-131 所示。

技巧与提示：

在“造型”泊坞窗中勾选“放到选定对象后面”选项时，需要同时勾选“保留原对象”选项，否则不显示原对象就没有效果了。

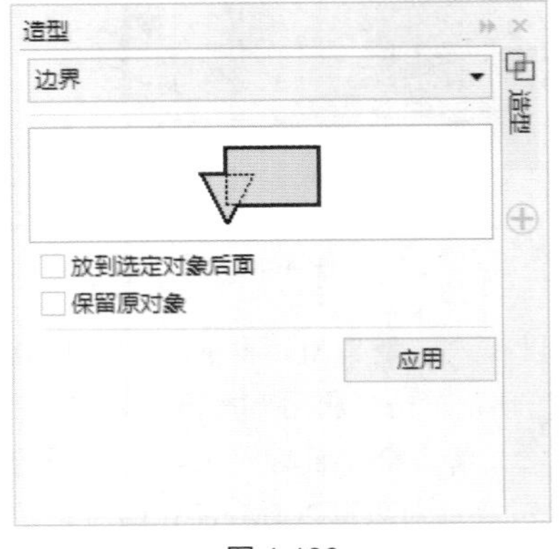

图 4-130

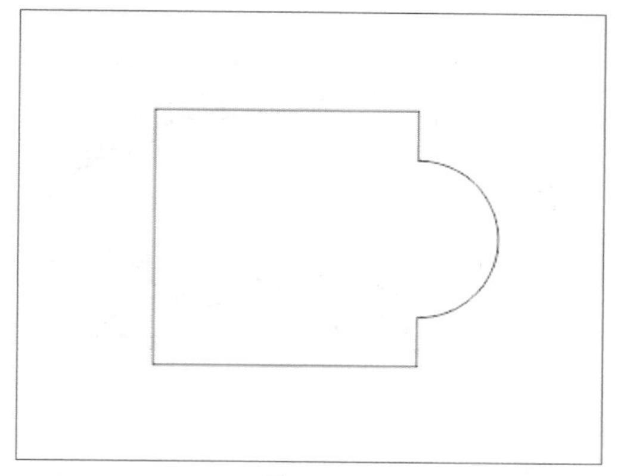

图 4-131

4.7　使用图框精确剪裁

图框精确剪裁（PowerClip）是指将“对象 1”放置到“对象 2”的内部，从而使“对象 1”中超出“对象 2”的部分被隐藏。“对象 1”被称为“内容”，“对象 2”则被称为“容器”。图框精确剪裁（PowerClip）可以将任何对象作为“内容”，而“容器”必须为矢量对象。

4.7.1　实战：用图框精确剪裁制作扇形画

在 CorelDRAW 2017 中，可以将所选对象置入目标容器中，形成纹理或者裁剪图像效果。所选对象可以是矢量对象也可以是位图对象，置入的目标可以是任何对象，如文字或图形等。

01 启动 CorelDRAW 2017 软件，打开“素材\第 4 章\4.7\4.7.1 实战：用图框精确剪裁制作扇形画 .cdr”文件，如图 4-132 所示。执行“文件”→“导入”命令，或按快捷键 Ctrl+I 打开“导入”对话框，导入“水墨画 .jpg”素材文件，如图 4-133 所示。

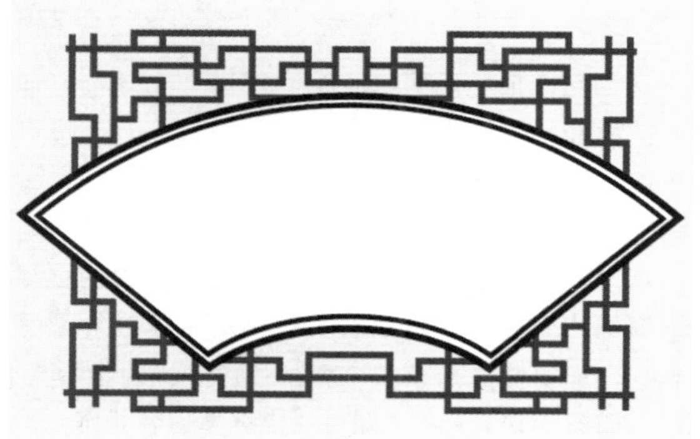

图 4-132

图 4-133

02 单击工具箱中的“选择工具”按钮，选择水墨画，执行“对象”→ PowerClip →“置于图文框内部”命令，将光标放在扇形图形上，光标变成向右加粗的箭头，如图 4-134 所示。

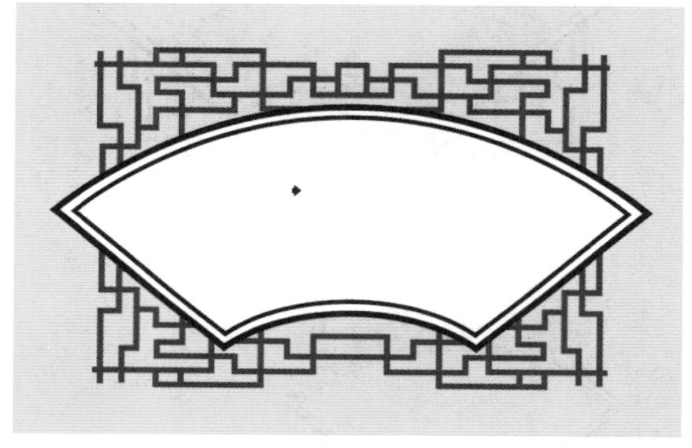

图 4-134

03 在“容器”对象上单击，可将图像放置在扇形对象中，如图 4-135 所示。

图 4-135

技巧与提示：

当内容对象和容器对象有重合区域时，才能显示出效果，如果没有重合区域，则内容对象被完全隐藏。

4.7.2 提取内容

“提取内容”可以将与容器合为一体的内容对象分离。使用“选择工具”选择图框精确剪贴的对象，然后在下方出现的悬浮图标中单击“提取内容”按钮，如图 4-136 所示，可将置入的对象提取出来。当移开内容对象时，容器对象的中间会出现 × 线，如图 4-137 所示，表示该对象为“空 PowerClip 图文框”，此时拖入提取出的对象或其他的内容对象，即可快速置入容器。

图 4-136

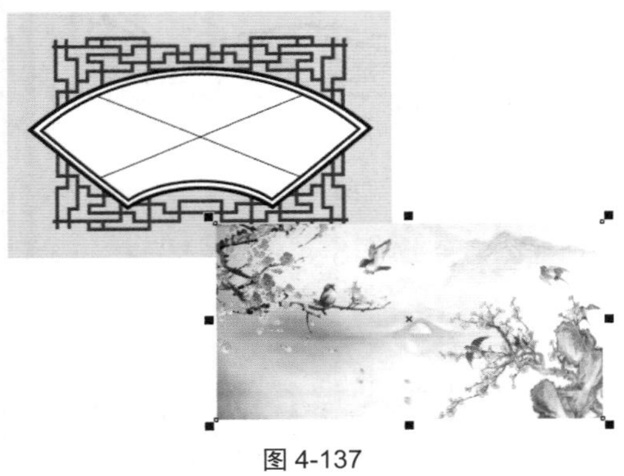
图 4-137

01 使用“选择工具”选择“空 PowerClip 图文框”，右击，在弹出的快捷菜单中选择“框类型”→“无”命令，如图 4-138 所示，可以将“空 PowerClip 图文框”转换为图形对象，如图 4-139 所示。

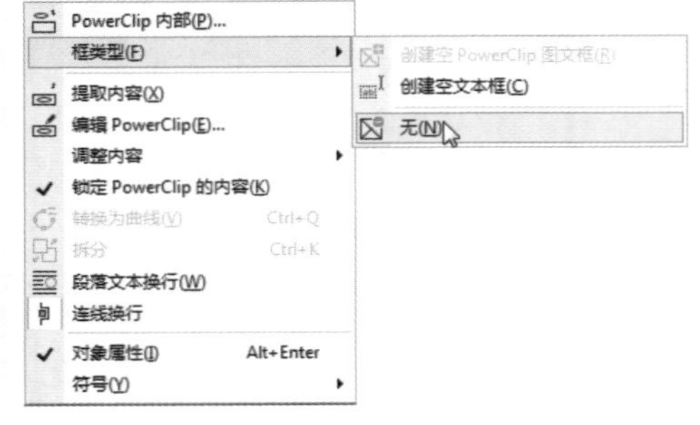

图 4-138

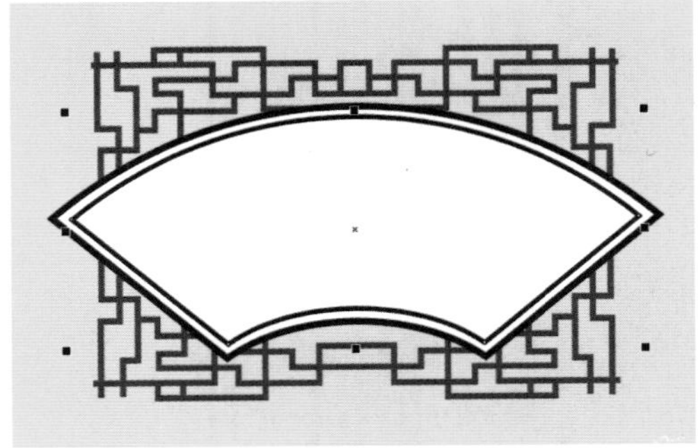
图 4-139

02 还可以执行“对象”→ PowerClip →“提取内容”命令，如图 4-140 所示，或者右击，在打开的快捷菜单中执行“提取内容”命令，如图 4-141 所示，将置入的对象提取出来。

图 4-140

图 4-141

4.7.3 编辑内容

在创建图框精确剪裁（PowerClip）对象后，如果要对放置在“容器”内的内容对象进行编辑，可以使用“选择工具”选择图框精确剪裁对象，在下方出现的悬浮图标中单击“编辑内容”按钮，如图 4-142 所示，此时可以看到容器内的图形变为蓝色的框架，进入编辑内容状态，可以对内容中的对象进行调整或者替换，编辑完成后单击下方的“停止编辑内容”按钮，如图 4-143 所示，即可退出编辑内容状态。

图 4-142

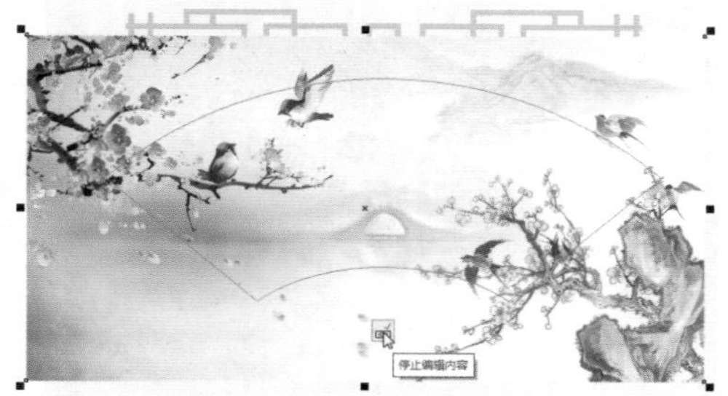

图 4-143

还可以执行“对象”→ PowerClip →“编辑 PowerClip”命令，如图 4-144 所示，或者右击对象，在打开的快捷菜单中执行“编辑 PowerClip”命令，如图 4-145 所示，可进入编辑内容状态进行编辑。

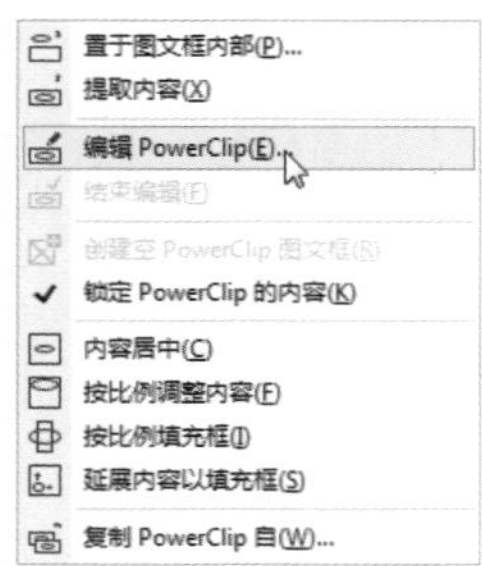

图 4-144

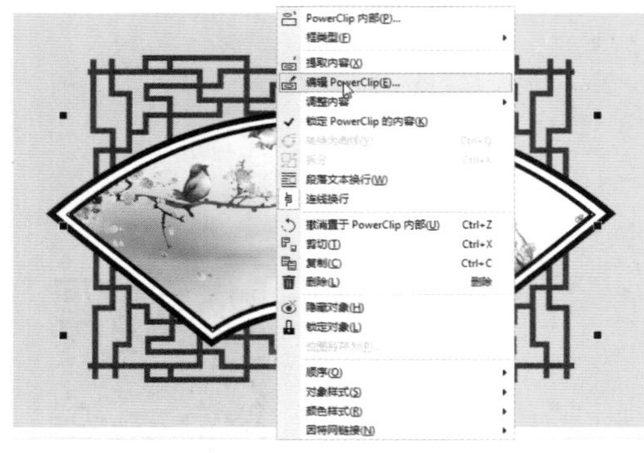

图 4-145

4.7.4　锁定图框精确剪裁的内容

在创建图框精确剪裁（PowerClip）对象后，可以将精确剪裁的内容锁定，锁定对象后，当移动“容器”对象会连带置入的内容对象一起移动，并且只能对作为“容器”的框架进行移动、旋转及拉伸等操作。

使用“选择工具”选择图框精确剪裁对象，在下方出现的悬浮图标中单击“锁定 PowerClip 的内容”按钮，如图 4-146 所示，或者执行“对象”→ PowerClip →“锁定 PowerClip 的内容”命令，如图 4-147 所示，可锁定图框精确裁剪的内容。

图 4-146

图 4-147

右击，在弹出的快捷菜单中选择“锁定 PowerClip 的内容”命令，如图 4-148 所示，也可锁定图框精确剪裁的内容。

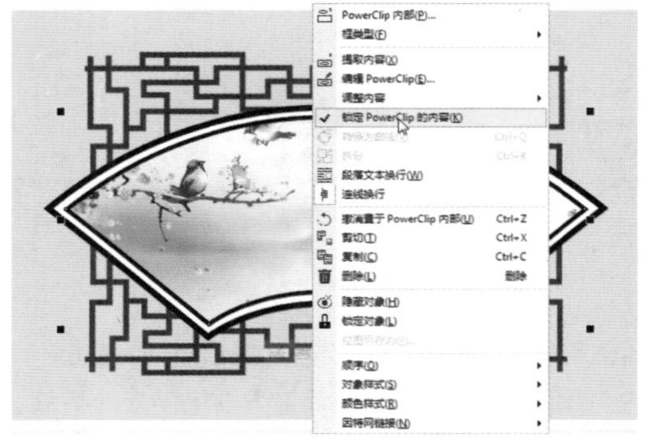

图 4-148

5.1 对象的对齐与分布

在 CorelDRAW 2017 中，通过“对齐与分布”功能，可以准确地排列、对齐对象，以及使各个对象按照一定的方式进行分布。本节将详细介绍对象的对齐与分布的具体操作方法。

5.1.1 实战：对齐对象

“对齐对象”功能是根据参考对象，以一定的方式对齐对象，具体的操作方法如下。

01 启动 CorelDRAW 2017，打开“素材\第 5 章\5.1\5.1.1 对齐对象.cdr”文件。单击工具箱中的“选择工具”按钮，按住 Shift 键选择需要对齐的多个对象，如图 5-1 所示。

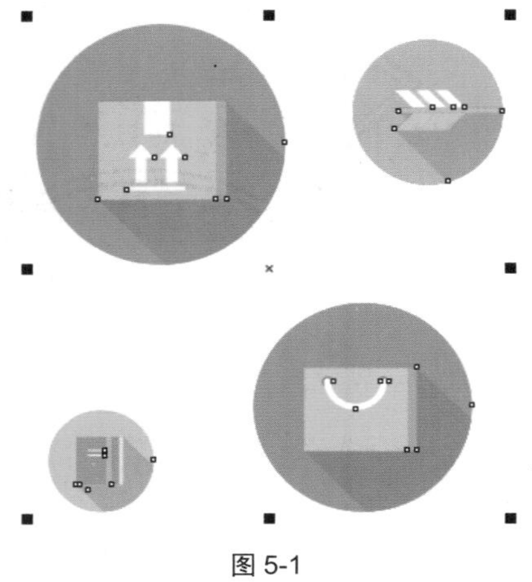

图 5-1

02 在“对象”→“对齐和分布”子菜单中选择需要的对齐命令，执行相应的对齐操作，如图 5-2 所示。或者单击属性栏中“对齐与分布”按钮，打开“对齐与分布”泊坞窗，如图 5-3 所示。

图 5-2

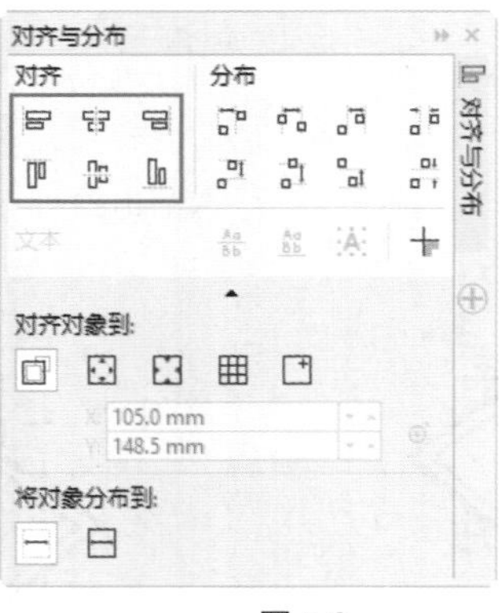

图 5-3

03 该泊坞窗由“对齐”与“分布”选项组成，“左对齐”“水平居中对齐”“右对齐”选项用于设置对象在垂直方向上的对齐方式，如图 5-4 所示。

对象的管理

在进行平面设计时，对象的编辑和管理是一项很重要的工作，例如，对象的对齐与分布、对象顺序的调整、对象的群组和解组、对象的合并和拆分、对象控制等。熟练掌握这些内容，才能更好地使用 CorelDRAW 进行设计，本章将详细介绍这些内容。

本章教学视频二维码

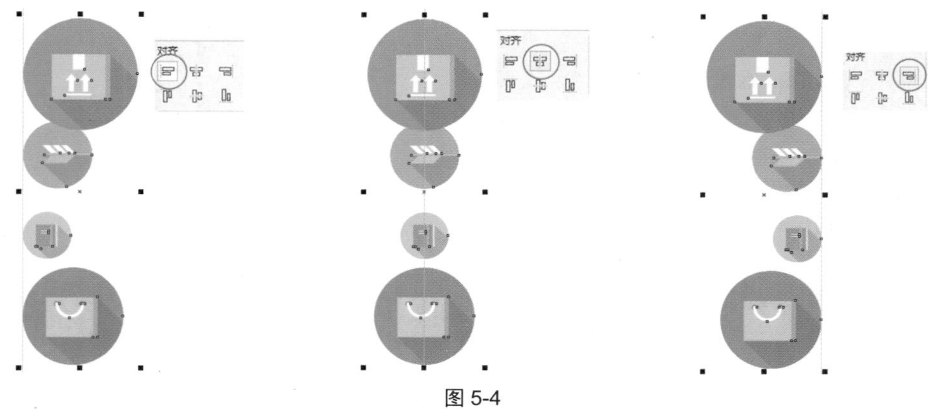

图 5-4

04 “顶端对齐”“垂直居中对齐”“底端对齐”选项用于设置对象在水平方向上的对齐方式，如图 5-5 所示。

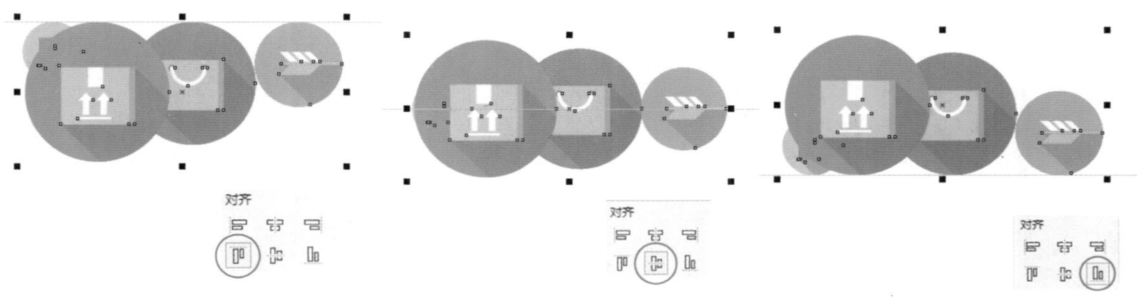

图 5-5

“对齐选项”介绍

- “活动对象”按钮：与上一个选择的对象对齐。
- “页面边缘”按钮：与页面边缘对齐。
- “页面中心”按钮：与页面中心对齐。
- “网格”按钮：与网格对齐。
- “指定点”按钮：在横纵坐标上输入数值，如图 5-6 所示，或者单击“指定点”按钮，在页面单击，如图 5-7 所示，可将对象对齐到设定点上。

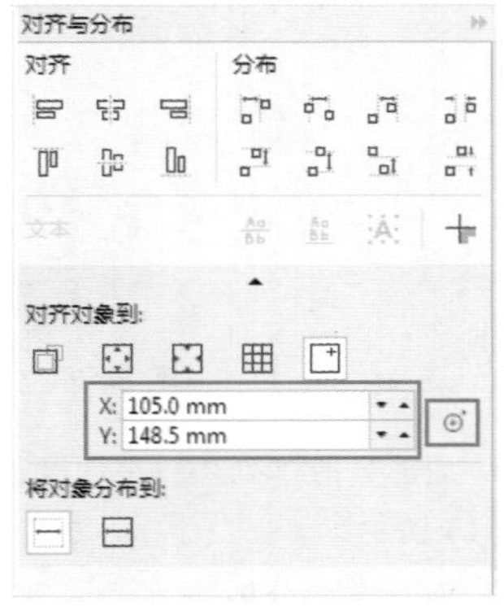

图 5-6

图 5-7

技巧与提示：

用来对齐左、右、顶端、底端边缘的参考对象，是由对象创建的顺序或选择的顺序决定的。如果在进行对齐操作前是以框选的方式选择对象，则最后创建的对象将成为对齐其他对象的参考点；如果每次选择一个对象，则最后选定的对象将成为对齐其他对象的参考点。

5.1.2 分布对象

“分布对象”功能主要用来控制选择对象之间的距离，通常用于选择3个或3个以上的对象，将它们之间的距离平均分布。在“对齐与分布”泊坞窗中可以进行分布的相关操作，如图5-8所示。

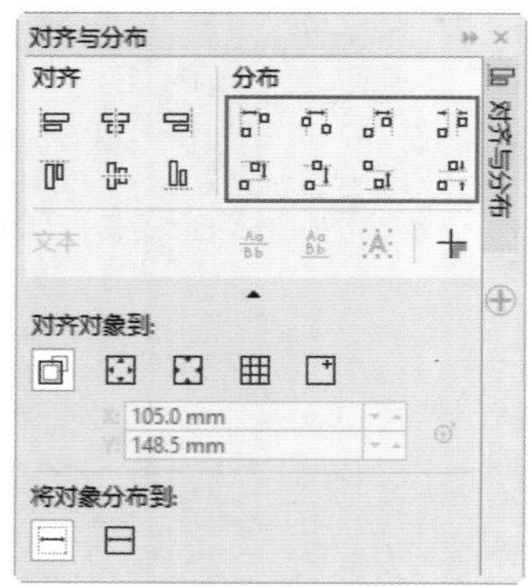

图 5-8

分布按钮介绍

✦ 左分散排列：平均设置对象左边缘的间距，如图5-9所示。

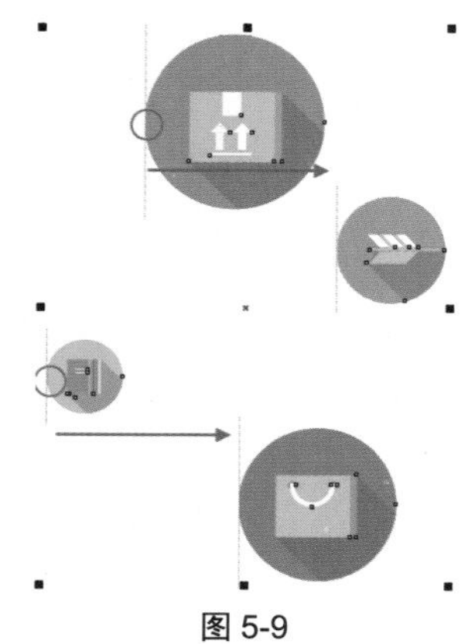

图 5-9

✦ 水平中心分散排列：平均设置对象水平中心的间距，如图5-10所示。

✦ 右分散排列：平均设置对象右边缘的间距，如图5-11所示。

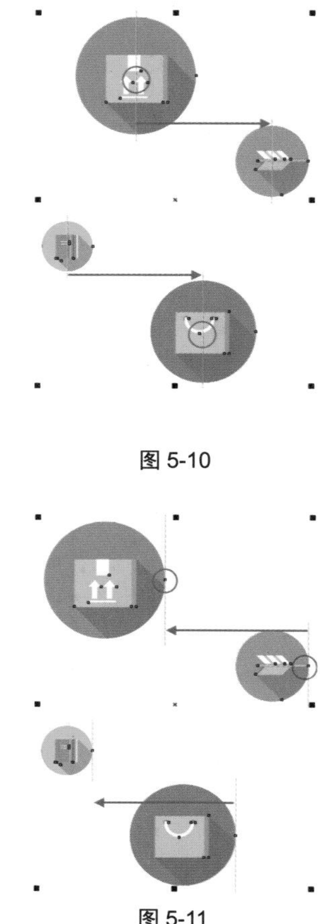

图 5-10

图 5-11

✦ 水平分散排列间距：平均设置对象水平的间距，如图5-12所示。

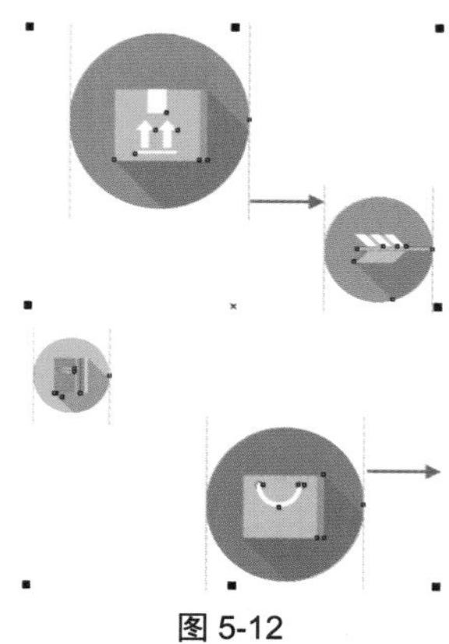

图 5-12

✦ 顶部分散排列：平均设置对象上边缘的间距，如图5-13所示。

✦ 垂直中心分散排列：平均设置对象垂直中心的间距，如图5-14所示。

✦ 底部分散排列：平均设置对象底部边缘的间距，如图5-15所示。

✦ 垂直分散排列间距：平均设置对象垂直的间距，如图 5-16 所示。

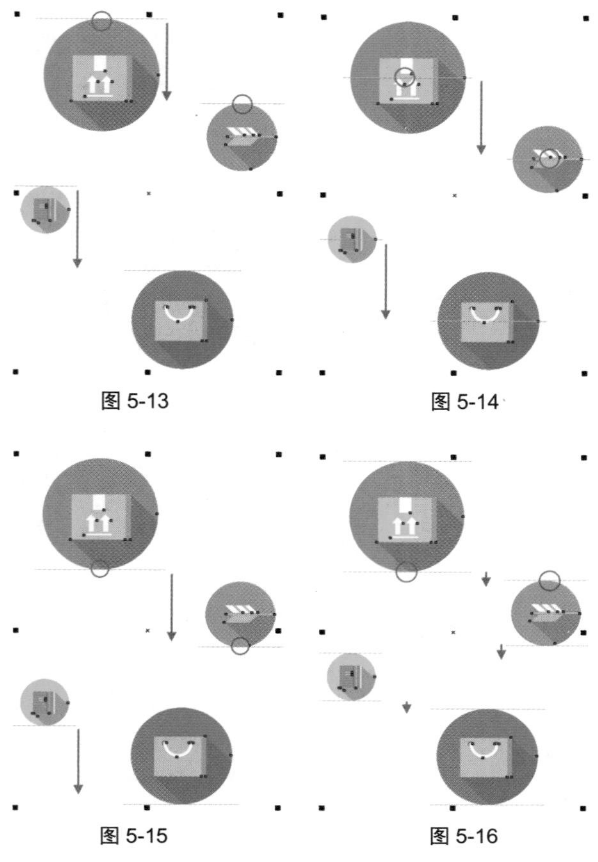

图 5-13　　图 5-14

图 5-15　　图 5-16

对齐选项介绍

✦ “选定的范围”按钮：将对象分布排列在包围这些对象的边框内。

✦ “页面分布”按钮：将对象分布排列在整个页面上。

技巧与提示：

混合使用分布，可以使分布更精确。

5.2　实战：调整对象顺序

在 CorelDRAW 2017 中，经常需要对绘制的图形对象进行顺序的调整，对象排放的顺序不同，其效果也会有所不同。本节将详细介绍调整对象顺序的具体操作方法。

01 启动 CorelDRAW 2017，打开“素材 \ 第 5 章 \5.2 调整对象顺序 .cdr”文件，如图 5-17 所示。单击工具箱中的“选择工具”按钮，选中白色粽子图形，如图 5-18 所示。

图 5-17

图 5-18

02 执行“对象”→“顺序”命令或者在对象上右击，在弹出的快捷菜单中选择“顺序”命令，如图 5-19 所示。

图 5-19

03 在弹出的子菜单中选择“到页面前面”命令或按快捷键 Ctrl+Home，将所选对象调整到所有对象的最前面，如图 5-20 所示；选择“到页面后面”命令或按快捷键 Ctrl+End，将所选对象调整到所有对象的最后面，如图 5-21 所示。

图 5-20 　　图 5-21

04 按快捷键 Ctrl+Z 将图形恢复到原始状态，选择“到图层前面”命令或按快捷键 Shift+PageUp，将所选对象调整到所有对象的最前面，如图 5-22 所示；选择“到图层后面”命令或按快捷键 Shift+Page Down，将所选对象调整到所有对象的最后面，如图 5-23 所示。

图 5-22

图 5-23

05 按快捷键 Ctrl+Z 将图形恢复到原始状态，选择“向前一层”命令或按快捷键 Ctrl+Page Up，可将所选对象调整到当前所在图层的上面（注：为了更加突出效果，这里向前好几层），如图 5-24 所示；选择“向后一层”命令或按快捷键 Ctrl+Page Down，可以将多选对象调整到当前所在图层的下面，如图 5-25 所示。

图 5-24

图 5-25

06 按快捷键 Ctrl+Z 将图形恢复到原始状态，选择“置于此对象前”命令，当光标变为向右加粗箭头时，在目标对象上单击，可将所选对象置于该对象的前面，如图 5-26 所示；选择“置于此对象后”命令，当光标变为向右加粗箭头时，在目标对象上单击可将所选对象置于该对象的后面，如图 5-27 所示。

07 按快捷键 Ctrl+Z 将图形恢复到原始状态，单击工具箱中的“选择工具” 按钮，按住 Shift 键选择需要排序的图形，如图 5-28 所示。选择“逆序”命令，可以将所选对象按照相反的顺序进行排列，如图 5-29 所示。

图 5-26

图 5-27

图 5-28

图 5-29

5.3 群组与取消群组

在编辑复杂图像时，图像由多个独立对象组成，用户可以利用编组对象进行统一操作，也可以解开群组进行单个对象操作。

5.3.1　实战：群组对象

在 CorelDRAW 2017 中，群组对象的方法有很多种，本节具体讲解群组对象的操作方法。

01 启动 CorelDRAW 2017，打开“素材\第 5 章\5.3\5.3.1 群组对象 .cdr”文件，如图 5-30 所示。

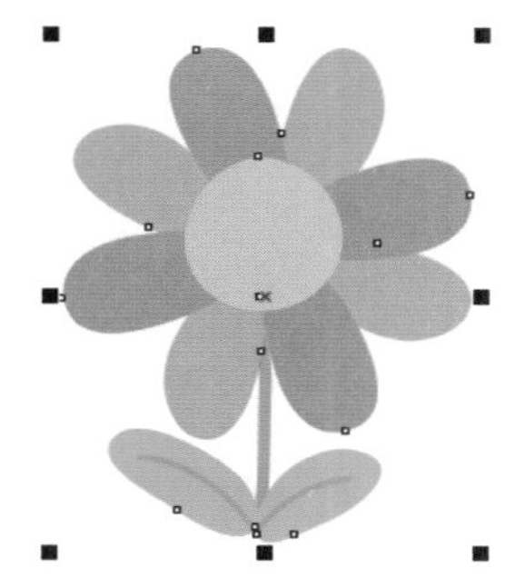

图 5-30

02 单击工具箱中的“选择工具”按钮，选择要进行群组的对象，右击，在弹出的快捷菜单中选择“组合对象”命令，或按快捷键 Ctrl+G 进行快速组合，如图 5-31 所示。

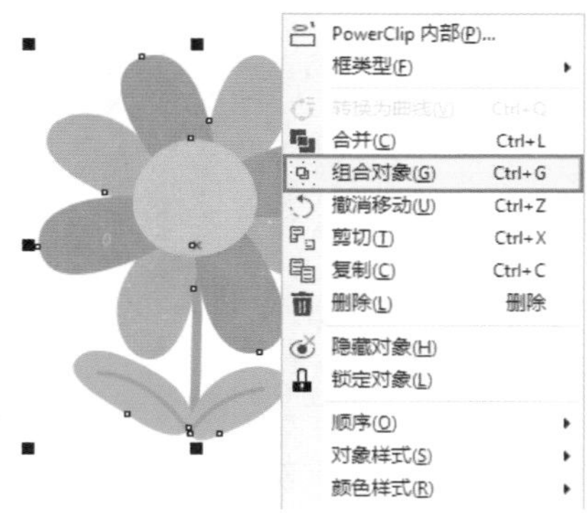

图 5-31

03 按快捷键 Ctrl+Z 返回原始状态，利用“选择工具”选中需要群组的对象，执行“对象”→“组合”→“组合对象”命令进行群组，如图 5-32 所示。

04 按快捷键 Ctrl+Z 返回原始状态，选中需要群组的对象，单击属性栏中“组合对象”按钮，快速群组所选对象。

技巧与提示：

群组不仅可以用于单个对象之间，组与组之间也可以进行群组。选择多个群组对象，执行群组操作后，可以创建嵌套群组。嵌套群组是指将多个群组对象进行再次组合，并且群组后的对象成为整体，显示为一个图层，将不同图层的对象创建为一个群组之后，这些对象会存在于同一个图层中。

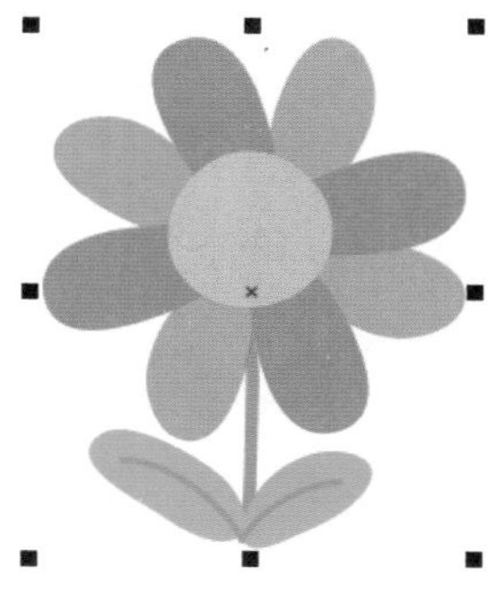

图 5-32

5.3.2　实战：取消群组

在 CorelDRAW 2017 中，取消群组的方法有很多种，本节具体讲解取消群组的操作方法。

01 启动 CorelDRAW 2017，打开“素材\第 5 章\5.3\5.3.2 取消群组 .cdr”文件。单击工具箱中的“选择工具”按钮，选择群组对象，如图 5-33 所示。

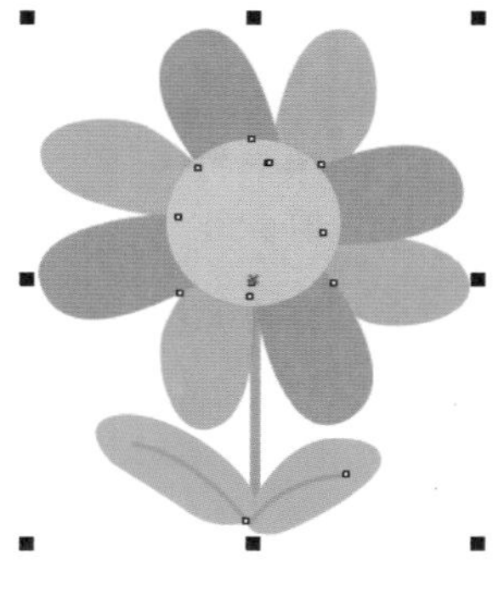

图 5-33

02 执行“对象”→“组合”→“取消组合对象”命令，如图 5-34 所示，可取消所选群组对象，使其成为单独的对象，如图 5-35 所示。

图 5-34

图 5-35

03 按快捷键 Ctrl+Z 返回原始状态，单击工具箱中的“选择工具”按钮，选择群组对象，右击，在弹出的快捷菜单中选择“取消组合对象”命令，如图 5-36 所示，或按快捷键 Ctrl+U 快速取消群组。

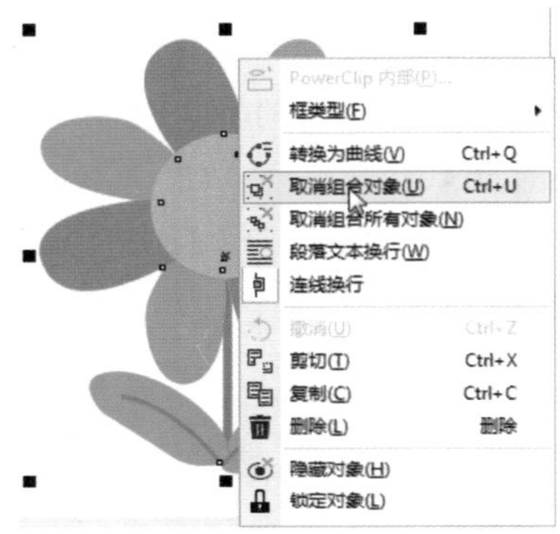

图 5-36

04 按快捷键 Ctrl+Z 返回原始状态，单击工具箱中的“选择工具”按钮，选择群组对象，单击属性栏中的“取消组合对象”按钮，如图 5-37 所示，也可快速取消群组。

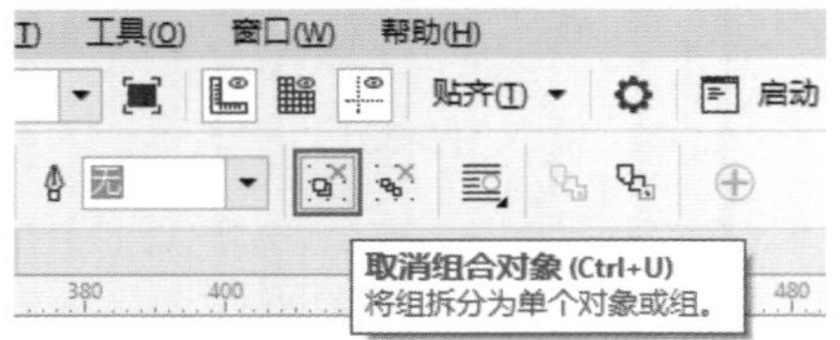

图 5-37

技巧与提示：

执行“取消群组”的操作可以撤销前面进行的群组操作，如果上一步群组操作是组与组之间的，那么执行“取消群组”的操作后就变为独立的群组。

5.3.3 实战：取消全部群组

使用“取消全部群组”命令，可以将群组对象进行彻底解组，变为最基本的独立对象。本节具体讲解取消全部群组的操作方法。

01 启动 CorelDRAW 2017，打开“素材 \ 第 5 章 \5.3\5.3.3 取消全部群组 .cdr”文件。单击工具箱中的“选择工具”按钮，选择群组对象，执行“对象”→“组合”→“取消组合所有对象”命令，如图 5-38 所示，可取消群组的所有对象，使其成为单独的对象，如图 5-39 所示。

图 5-38

图 5-39

02 按快捷键 Ctrl+Z 返回原始状态，单击工具箱中的“选择工具”按钮，选择群组对象，右击，在弹出的快捷菜单中选择“取消组合所有对象”命令，如图 5-40 所示，可取消群组。

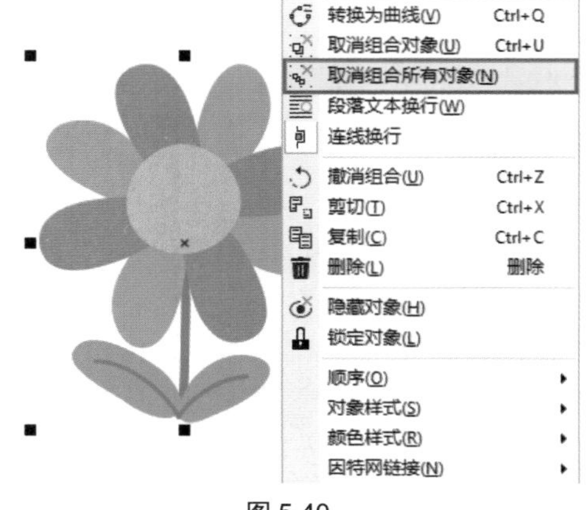

图 5-40

03 按快捷键 Ctrl+Z 返回原始状态，单击工具箱中的“选择工具”按钮，选择群组对象，单击属性栏中的“取消组合所有对象”按钮，如图 5-41 所示，也可快速取消全部群组。

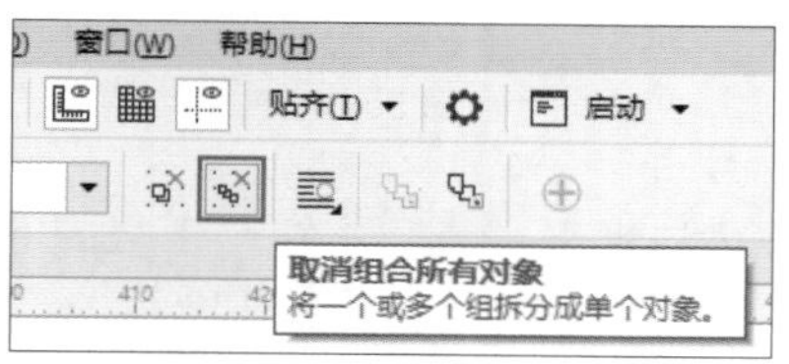

图 5-44

5.4　合并与拆分

合并多个对象可以创建带有共同填充和轮廓属性的单个对象，以便将这些对象转换为单个曲线对象。可以合并的对象包括矩形、椭圆形、多边形、星形、螺纹图形和文本等。本节将详解 CorelDRAW 2017 中合并与拆分对象的具体操作方法。

5.4.1　实战：合并多个对象

通过“合并多个对象”，可以将多个对象合并为具有相同属性的单一对象。

01 启动 CorelDRAW 2017，打开“素材\第 5 章\5.4\5.4.1 合并多个对象.cdr”文件。单击工具箱中的“选择工具”按钮，选择多个对象，如图 5-42 所示。执行“对象”→“合并”命令，或按快捷键 Ctrl+L 可合并多个对象，并且叠加处变为镂空，如图 5-43 所示。

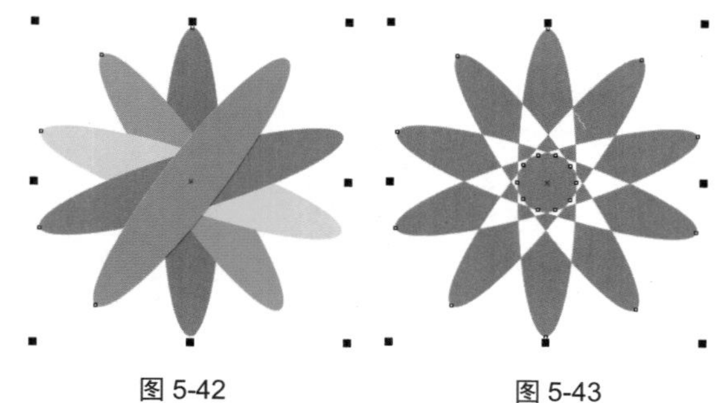

图 5-42　　图 5-43

02 按快捷键 Ctrl+Z 返回原始状态，选择多个对象，右击，在弹出的快捷菜单中选择“合并”命令，如图 5-44 所示，可合并多个对象。

03 按快捷键 Ctrl+Z 返回原始状态，选择多个对象，单击属性栏中的“合并”按钮，如图 5-45 所示，可快速合并多个对象。

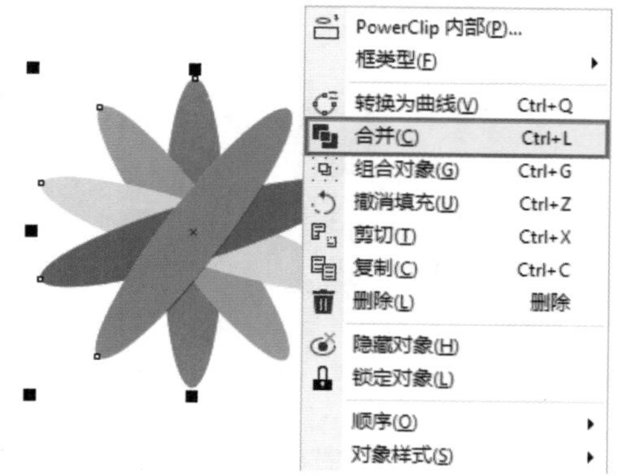

图 5-44

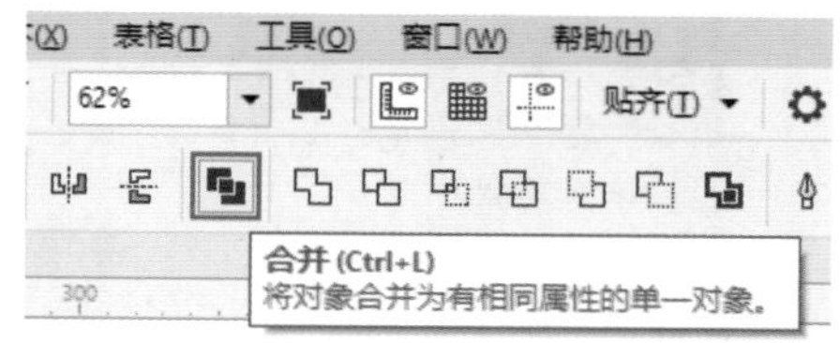

图 5-45

技巧与提示：

合并后的对象属性与选取对象的先后顺序有关。如果采用点选的方式，则合并后的对象属性与最后选择的对象属性保持一致；如果采用框选的方式，则合并后的对象属性与位于底层的对象属性保持一致。合并命令适用于没有重叠的图形，如果有重叠，重叠区域将无法填充颜色。

答疑解惑：在 CorelDRAW 2017 中的合并与群组有什么区别呢？

在 CorelDRAW 2017 中，合并是把多个不同对象合成一个新的对象，其对象属性也随之发生改变；群组只是单纯地将多个不同对象组合一起，各个对象的属性不会发生改变。

5.4.2　拆分对象

拆分对象是将图形对象拆分为具有相同属性的对象，拆分后的图形对象属性不会还原到原始状态。

单击工具箱中的“选择工具”按钮，选择需要拆分的对象，如图 5-46 所示，执行“对象”→“拆分曲线”命令，如图 5-47 所示，即可拆分对象，如图 5-48 所示。或者右击，在弹出的快捷菜单中选择“拆分曲线”命令或按快捷键 Ctrl+K，即可快速拆分对象，如图 5-49 所示；也可单击属性栏中的“拆分”按钮，如图 5-50 所示，同样可以快速拆分对象。

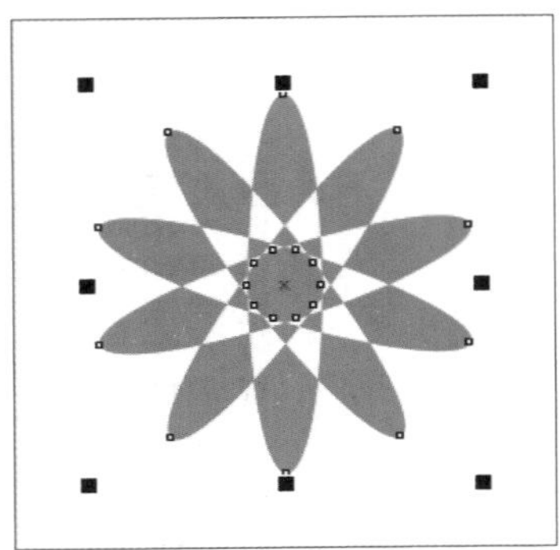

图 5-46

图 5-47

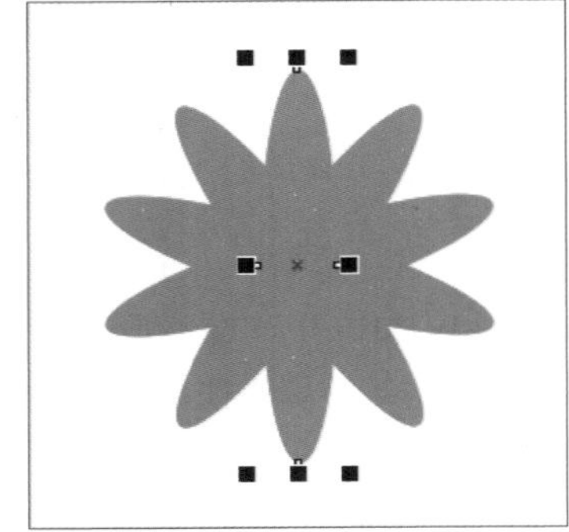

图 5-48

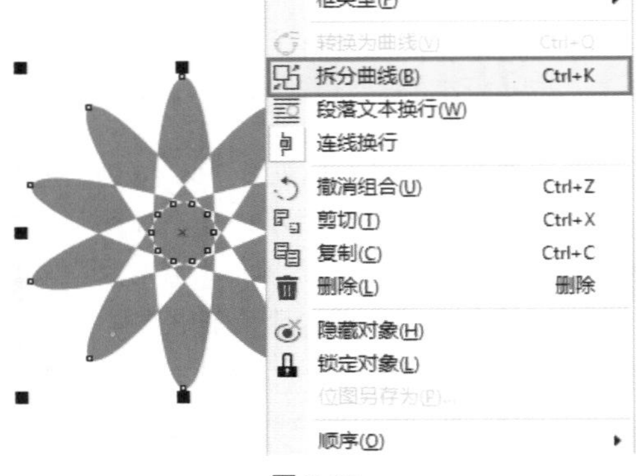

图 5-49

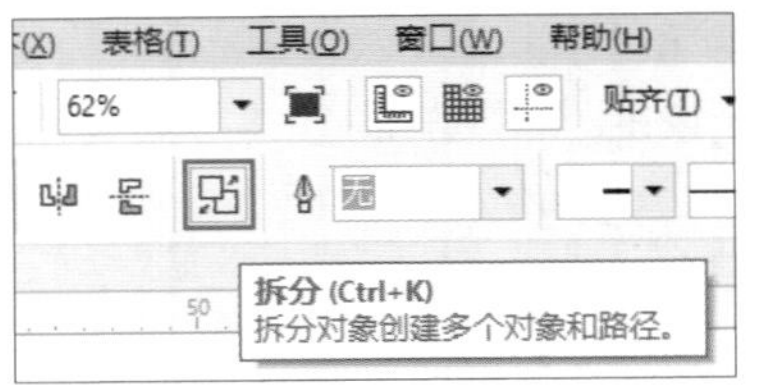

图 5-50

> **技巧与提示：**
>
> 合并后的对象的属性会同合并前底层对象的属性保持一致，进行拆分后，对象的属性无法恢复。

5.5 锁定与解除锁定

在编辑过程中，有时为了避免对象受到操作的影响可以锁定对象，这不但可以避免意外更改，还可以防止对象被误选中。被锁定的对象将不能进行任何编辑操作，要更改锁定的对象，必须先解除锁定。可以一次解除锁定一个对象，或者同时解除对所有锁定对象的锁定。本节将详解介绍锁定与解除锁定对象的具体操作方法。

5.5.1 锁定对象

选择需要锁定的对象，执行“对象”→“锁定”→“锁定对象”命令，或者右击，在弹出的快捷菜单中选择“锁定对象”命令，如图 5-51 所示。此时对象四周出现 8 个锁形图标，表明其已处于锁定的、不可编辑状态，如图 5-52 所示。

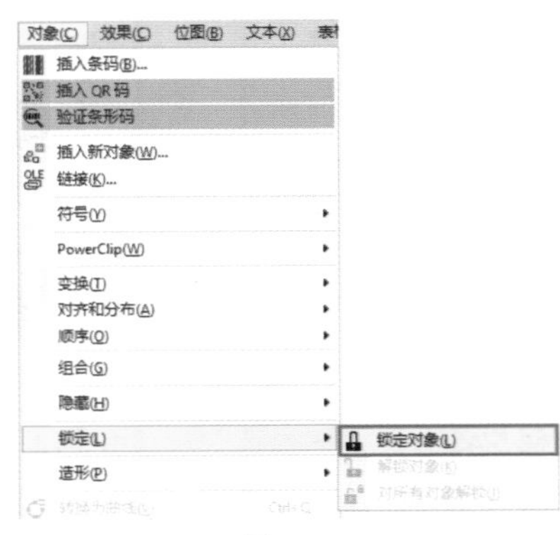

图 5-51

> **技巧与提示：**
>
> “锁定对象”功能不能锁定链接的对象，如调和、轮廓图或对象中的文本，也不能锁定群组中的对象或链接的群组。

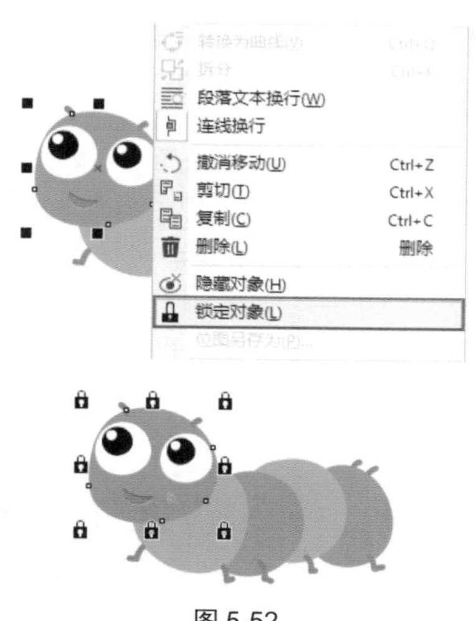

图 5-52

5.5.2　解除锁定对象

想要对锁定的对象进行编辑，就必须先将对象解锁。选中锁定的对象，执行“对象”→“锁定”→“解锁对象”命令，可将其解锁，如图 5-53 所示。或者在选定的对象上右击，在弹出的快捷菜单中选择“解锁对象”命令，也可将其解锁，如图 5-54 所示。

图 5-53

图 5-54

5.5.3　解除锁定全部对象

如果需要解除锁定的全部对象，可以直接在菜单栏中执行“对象”→“锁定”→“对所有对象解锁”命令，如图 5-55 所示，即可解锁全部对象。

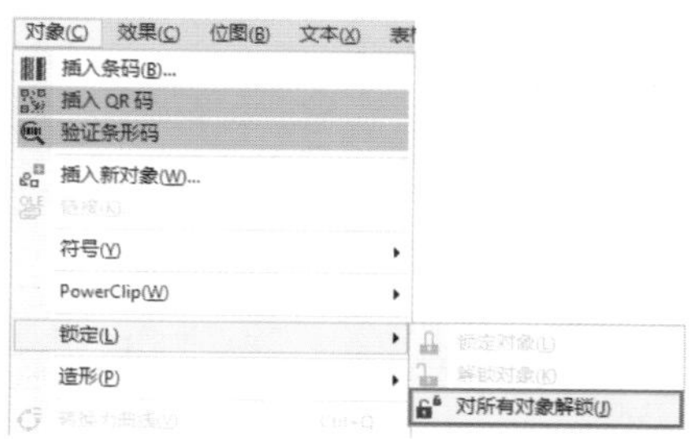

图 5-55

5.6　使用图层控制对象

在 CorelDRAW 2017 中进行较为复杂的设计时，可以使用图层来管理和控制对象。图层的原理其实非常简单，就像分别在多块透明的玻璃上绘画一样，每一个图层中的对象都可以单独进行处理，既可以移动图层，也可以调整图层堆叠的顺序，而不会影响其他图层中的内容。

5.6.1　隐藏和显示图层

图层为组织和编辑复杂绘图中的对象提供了更大的灵活性。例如，通过图层的新建与删除，可以将前景及背景分开进行编辑，还可以显示选定的对象；隐藏某个图层后，可以编辑和辨别其他图层上的对象。

执行“窗口”→“泊坞窗”→“对象管理器”命令，在弹出的“对象管理器”泊坞窗中可以看到文件中包含的图层。每个图层前面都有“显示 / 隐藏”图标，当其显示为时，表示该图层上的对象处于可见状态，如图 5-56 所示；单击该图标后当其显示为时，该图层上的对象处于隐藏状态，如图 5-57 所示。

图 5-56

图 5-57

5.6.2 新建图层

执行“窗口”→“泊坞窗”→“对象管理器”命令，在“对象管理器”泊坞窗中单击右上角的▸按钮，在弹出的快捷菜单中选择“新建图层”命令，可新建图层，如图 5-58 所示。或者单击“对象管理器”底部的“新建图层”按钮也可以新建图层，如图 5-59 所示。

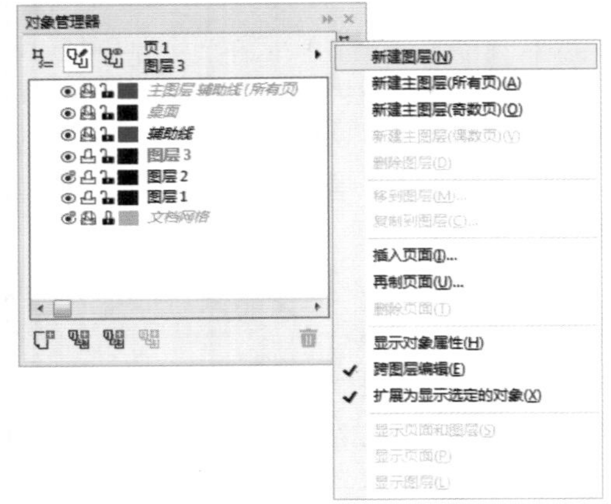

图 5-58

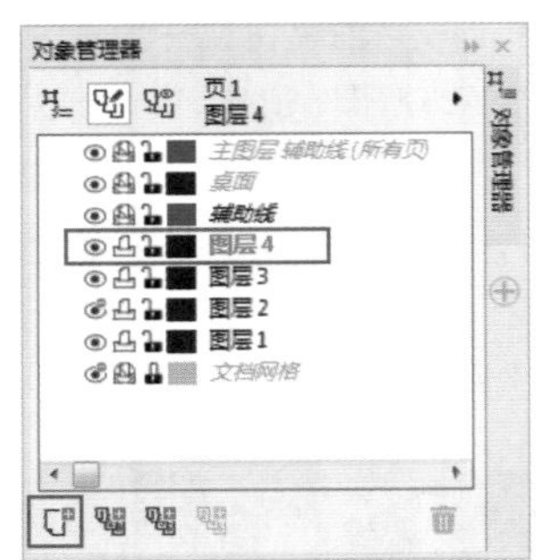

图 5-59

5.6.3 新建主图层

默认情况下，所有内容都放在一个图层上。可以根据情况，把应用于特定页面的内容放在一个局部图层上，而应用于文档中所有页面的内容可以放在称为“主图层”的全局图层上，主图层存储在称为“主页面”的虚拟页面中。

在“对象管理器”泊坞窗中单击右上角的▸按钮，在弹出的快捷菜单中选择新建主图层命令，可新建主图层；或单击“对象管理器”泊坞窗中的“新建主图层”按钮，如图 5-60 所示，也可新建主图层，如图 5-61 所示。

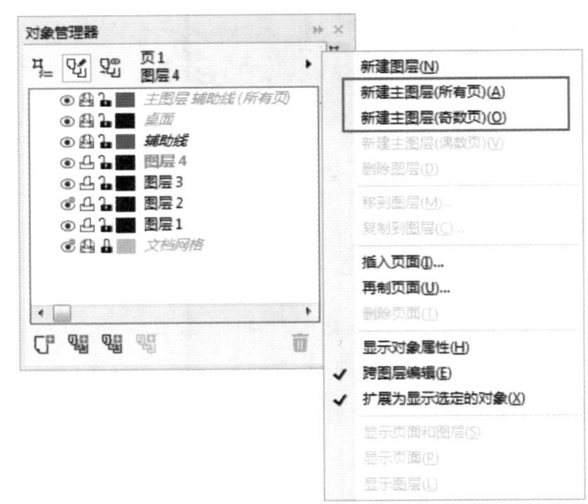

图 5-60

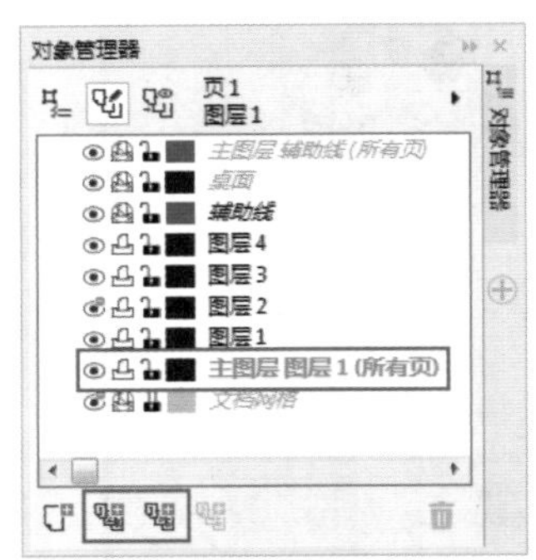

图 5-61

“对象管理器”泊坞窗中默认图层的含义如下。

- “辅助线”图层：包含文档中所有页面的辅助线。
- “桌面”图层：包含在绘图页面边框外的对象。
- “文档网格”图层：包含文档中所有页面的网格，“网格”始终为底部图层。

技巧与提示：

主页面上的默认图层不能删除或复制，除非在“对象管理器”泊坞窗中的图层管理器视图中更改了堆叠顺序，否则添加到主页面上的图层将显示在堆叠顺序的顶部。

5.6.4　删除图层

在“对象管理器”泊坞窗中选择要删除的图层，单击右上角的按钮，在弹出的快捷菜单中选择“删除图层”命令，可删除图层，如图 5-62 所示。或者单击右下角的“删除”按钮，也可将所选图层删除，如图 5-63 所示。

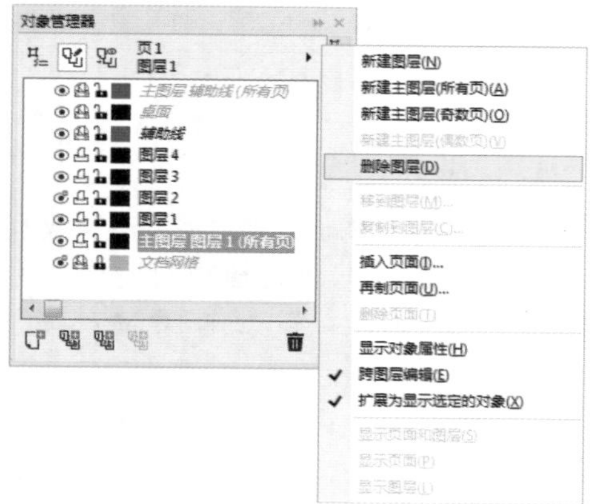

图 5-62

图 5-63

5.6.5　在图层中添加对象

在“对象管理器”泊坞窗中选择要添加对象的图层，使用绘图工具在绘图窗口中绘制理想的图案，即可在所选图层中添加对象。

还可以通过移动图形的方法向某一图层中添加对象。在画面中选择对象，如图 5-64 所示，将其直接拖至“对象管理器”泊坞窗中的某一图层上，即可将所选对象添加到该图层中，如图 5-65 所示。

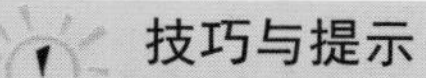

技巧与提示：

虽然对象所处的图层发生了变化，但是画面效果不会发生改变。

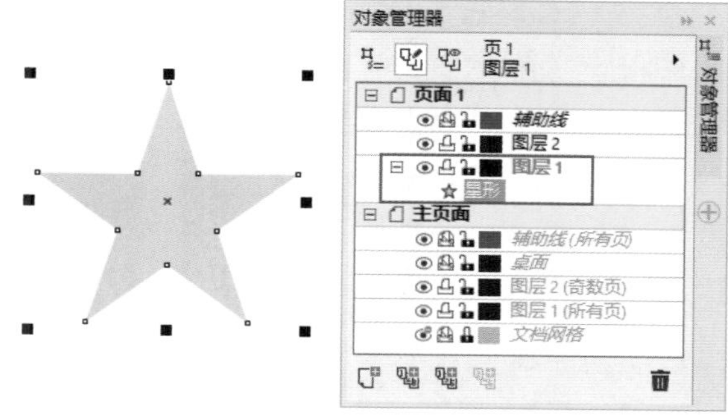

图 5-64

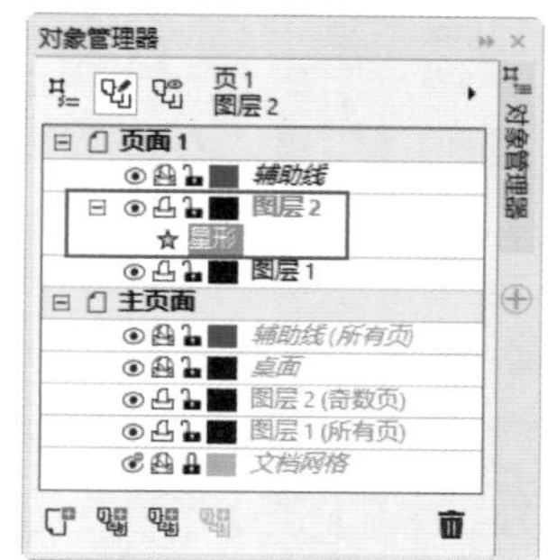

图 5-65

5.6.6　在图层间移动/复制对象

如果要把一个对象移动或复制到其当前所在图层下面的某个图层上，该对象将成为新图层上的顶层对象。

在图层间移动对象

选择要移动的对象，在“对象管理器”泊坞窗中单击右上角的按钮，在弹出的快捷菜单中选择“移到图层”命令，如图 5-66 所示，单击目标图层，即可将该对象移至目标图层，如图 5-67 所示。

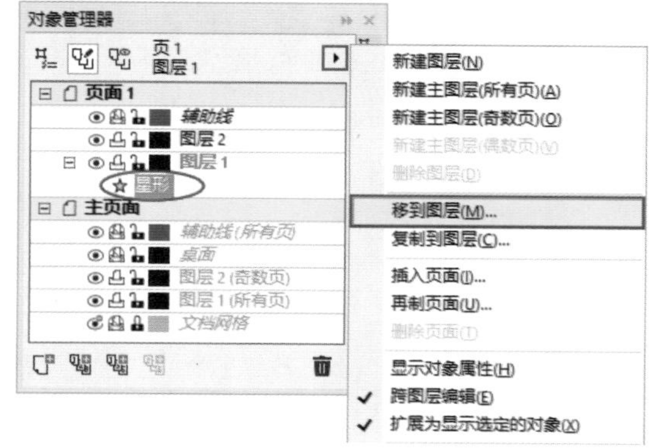

图 5-66

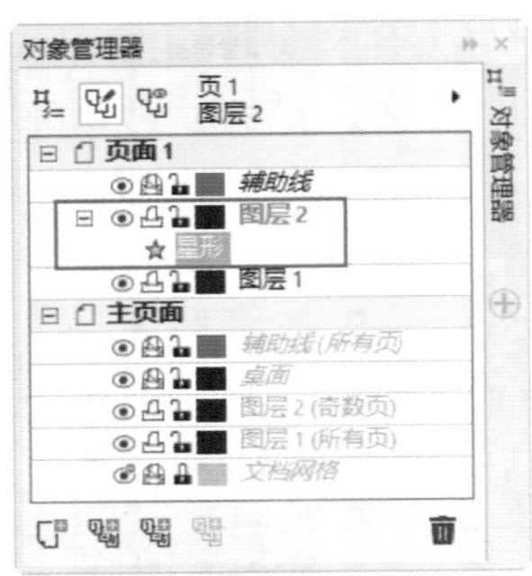

图 5-67

在图层间复制对象

选择要复制的图层，在“对象管理器”泊坞窗中单击右上角的 ▸ 按钮，在弹出的快捷菜单中选择“复制到图层”命令，如图 5-68 所示，单击目标图层，即可复制对象，如图 5-69 所示。

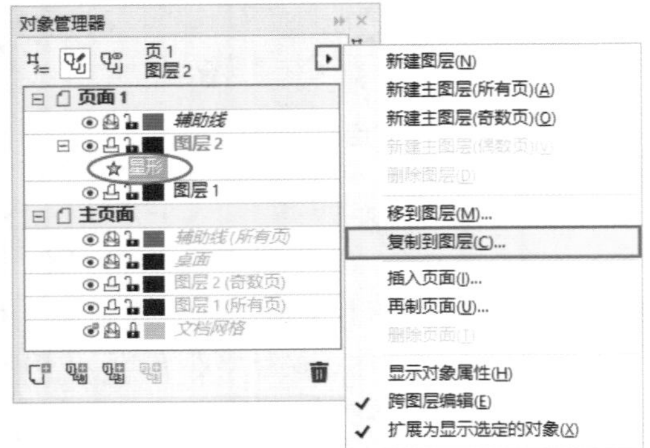

图 5-68

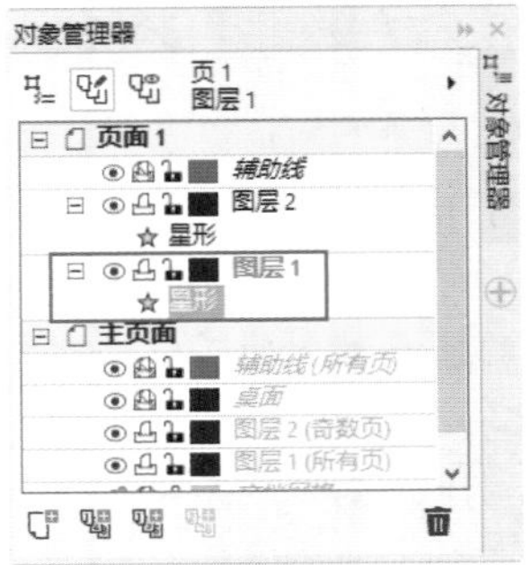

图 5-69

技巧与提示：

如果把一个对象移动或复制到其当前所在图层下面的某个图层上，该对象将成为新图层上的顶层对象。当移动图层中的对象到另一个图层或从一个图层移动对象时，该图层必须处于解锁状态。

第6章

填充与轮廓线

无论使用哪款平面软件，都离不开颜色的使用，CorelDRAW 2017 为用户提供了多种用于填充颜色的工具，可以快捷地为对象填充“纯色”“渐变”“图案”或者实现其他丰富多彩的效果。本章主要讲解这些填充方法的使用技巧，通过对本章的学习不仅可以掌握多种填充颜色的方法，还可以快速将某一对象的颜色信息复制到其他对象上。

本章教学视频二维码

6.1 填充工具

在 CorelDRAW 2017 中，可以根据需要为对象进行不同类型的填充，包括“均匀填充”“渐变填充”“图样填充”“底纹填充”“PostScript 填充”以及“无填充”。

6.1.1 实战：均匀填充为插图填色

均匀填充是为对象填充单一的颜色，是最常用也是最简单的一种填充颜色的方法。本节通过实战来讲解各种均匀填充的技巧。

01 启动 CorelDRAW 2017 软件，打开“素材 \ 第 6 章 \6.1\6.1.1 实战：均匀填充为插画填色 .cdr”文件，如图 6-1 所示。单击调色板底部的“默认：调色板” » 按钮，展开调色板，如图 6-2 所示。

图 6-1

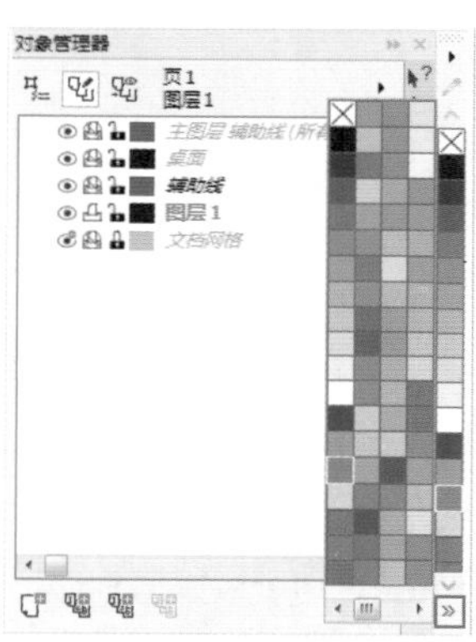

图 6-2

02 单击工具箱中的“选择工具”按钮，选择要填充的对象，单击调色板中的色样，可填充指定的颜色，如图 6-3 所示。右击调色板上的☒按钮，取消轮廓线。

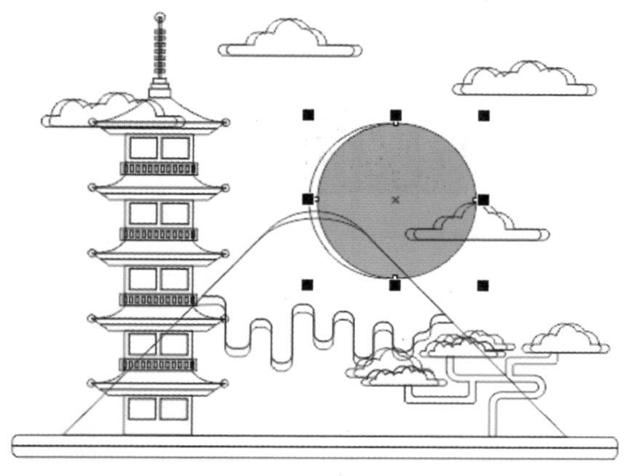

图 6-3

03 选中对象，将调色板中的色样直接拖至对象上，如图 6-4 所示，释放鼠标，即可将该颜色应用到对象上，并取消轮廓线，如图 6-5 所示。

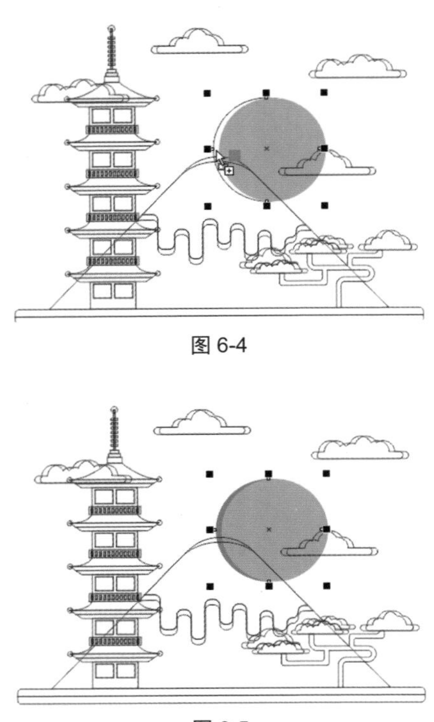

图 6-4

图 6-5

04 单击工具箱中“智能填充工具”按钮，设置属性栏中的“填充选项”为“指定”，“填充色”为C：88、M：53、Y：0、K：0，“轮廓”为无，如图 6-6 所示，然后在需要填色的对象上单击，即可填充颜色，如图 6-7 所示。

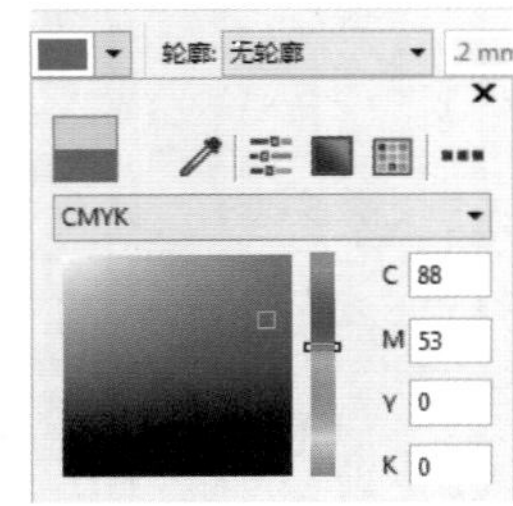

图 6-6

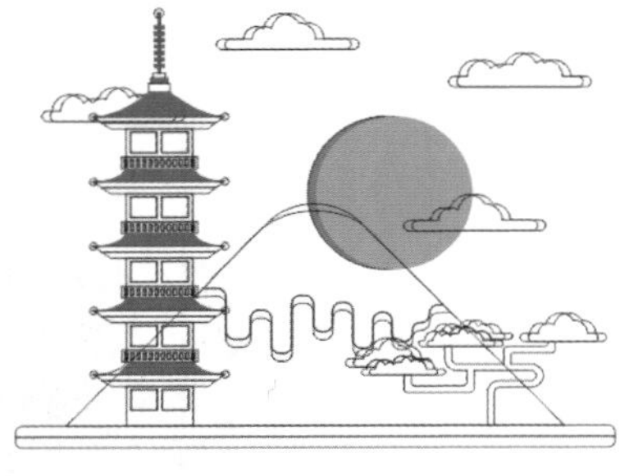

图 6-7

05 选择要填充的对象，单击工具箱中“交互式填充”按钮或按 G 键，单击属性栏中的“均匀填充”按钮，然后单击“填充色”，在打开的颜色框中选择需要的颜色，为了更加精确地设置，可以在右侧的 C、M、Y、K 文本框中分别输入相应的数值来指定颜色，如图 6-8 所示。

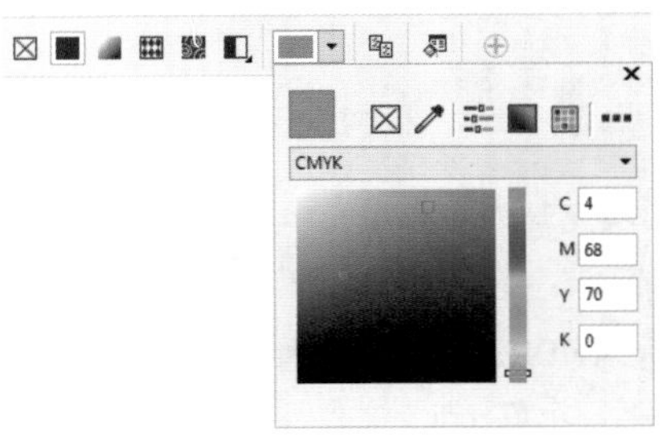

图 6-8

06 单击“编辑填充”按钮，按 F11 键打开“编辑填充”对话框，单击“均匀填充”按钮，拖曳颜色滑块或输入数值，也可填充颜色，如图 6-9 所示。单击“混合器”按钮，切换至“混合器”选项卡，将光标放置在光圈上，旋转移动，可设置颜色，如图 6-10 所示。

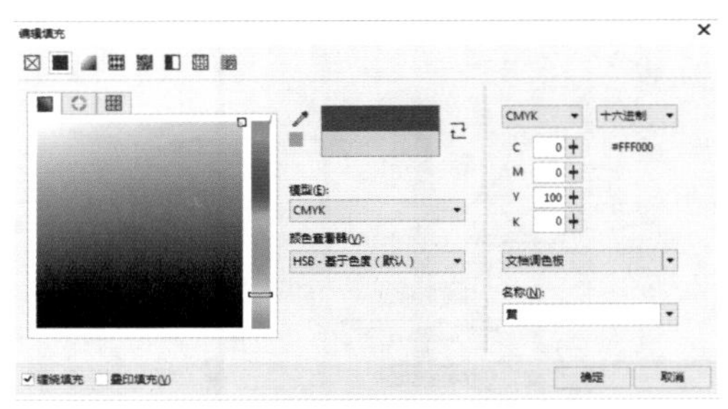

图 6-9

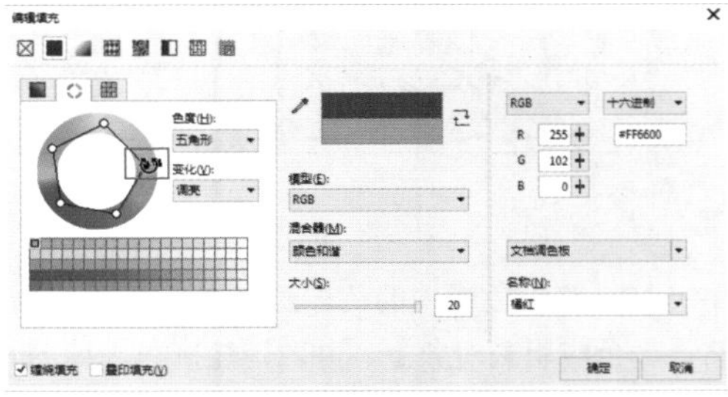

图 6-10

07 在“色度”下拉列表中可以选择色环形状；在“变化”下拉列表中可选择色环色调，如图 6-11 所示。

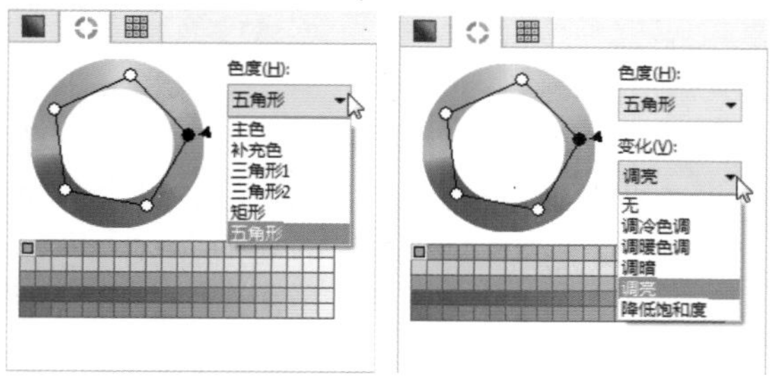

图 6-11

08 拖曳“大小”滑块，可调整色块的数量，也可以在右侧的文本框中输入具体数值，来精确设置颜色，如图 6-12 所示。

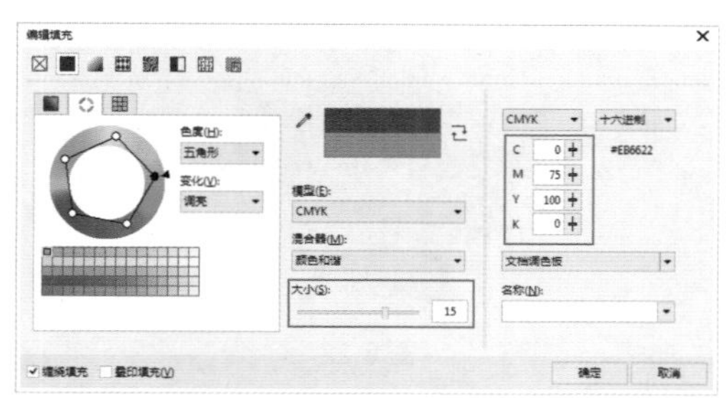

图 6-12

技术专题：设置色环位置

当色环上的颜色滑块位置发生改变时，颜色列表中的渐变色系也会随之改变，如图 6-13 所示，并且当光标移至色环上变为十字形状 ＋ 时，在色环上单击并拖曳，可更改所有颜色滑块的位置，如图 6-14 所示。当移动光标至白色颜色滑块变为抓手形状时，单击并拖曳，可以调整所有白色滑块的位置，如图 6-15 所示。

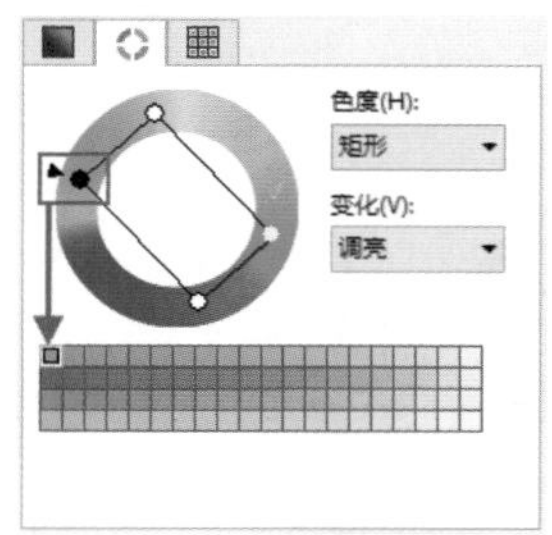

图 6-13

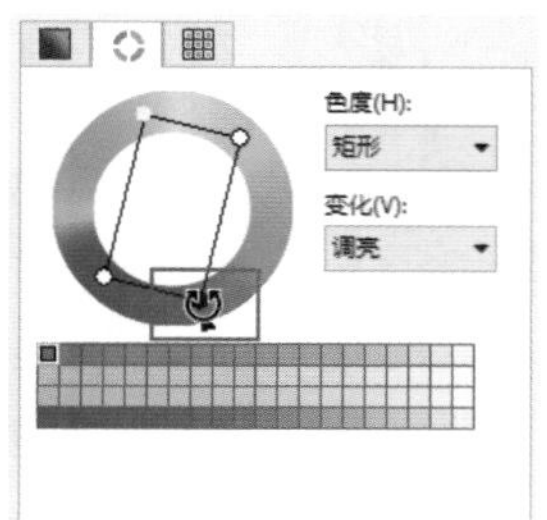

图 6-14

01 单击“调色板”按钮，切换至“调色板”选项卡，拖曳纵向颜色条上的矩形滑块可以对其他区域的颜色进行预览，如图 6-16 所示。单击“调色板”后的图标，在弹出的下拉列表中可以选择调色板的类型，如图 6-17 所示。

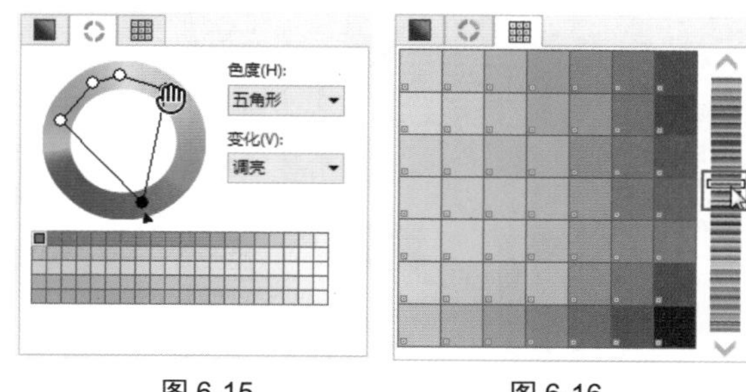

图 6-15　　图 6-16

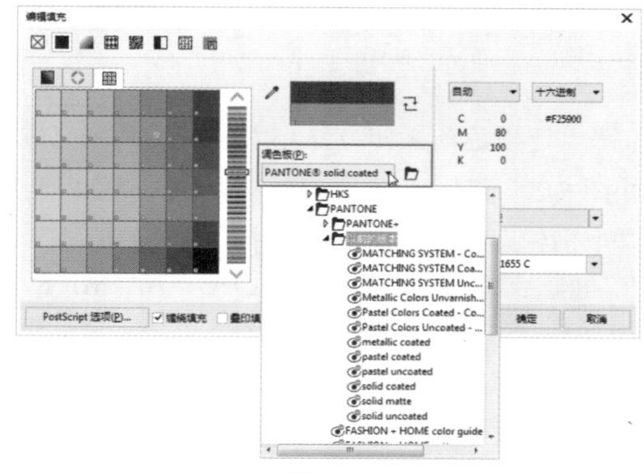

图 6-17

技巧与提示：

在“均匀填充”对话框中选择颜色时，将光标移出该对话框，光标即可变为滴管形状，此时可从绘图窗口进行颜色取样；如果单击对话框中的“滴管”按钮后，再将光标移出对话框，此时不仅可以从文档窗口进行颜色取样，还可以对应用程序外的颜色进行取样。

默认情况下，“淡色”选项处于不可用状态，只有在将“调色板”类型设置为专色调色板类型时，该选项才可用，往左拖曳滑块可以减淡颜色，同时在颜色预览窗口中可查看淡色效果，如图 6-18 所示。

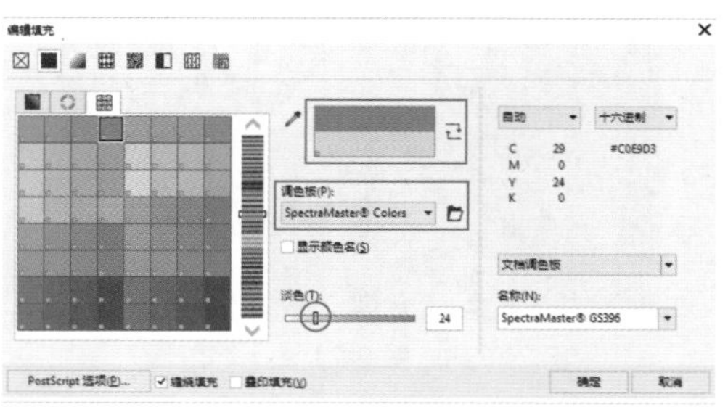

图 6-18

02 在“名称”下拉列表中选择某一颜色名称，左侧的颜色框中即可显示该名称的颜色，如图 6-19 所示，单击“确定”按钮完成颜色的填充。

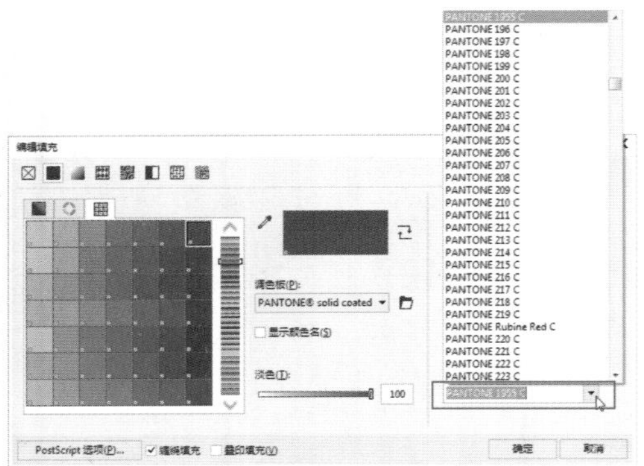

图 6-19

03 参照上述填色的操作方法，为矢量插画填充颜色，效果如图 6-20 所示。框选全部对象，右击调色板上的按钮，取消轮廓线，单击工具箱中的“矩形工具”按钮，在插画上绘制形状，填充颜色（C：76、M：8、Y：27、K：0）并取消轮廓线，按快捷键 Shift+PgDn 将矩形调整至图层后面，为插画添加背景，如图 6-21 所示。

图 6-20

图 6-21

6.1.2 渐变填充

使用“渐变填充”方式可以为对象添加两种或多种颜色的平滑渐进色彩效果。渐变填充主要分为“线性渐变填充”“椭圆形渐变填充”“圆锥形渐变填充”和“矩形渐变填充”4 种类型，应用到设计创作中可表现物体质感，以及在绘图中表现非常丰富的色彩变化。

线性渐变填充

线性渐变填充类型可以用于在两个或多个颜色之间产生直线型的颜色渐变。选中要填充的对象，单击工具箱中“交互式填充”按钮，然后单击属性栏中的“渐变填充”按钮，设置“类型”为“线性渐变填充”，单击第一个节点，设置颜色为橙色，第二个节点颜色为柠檬黄，填充线性渐变，如图 6-22 所示。

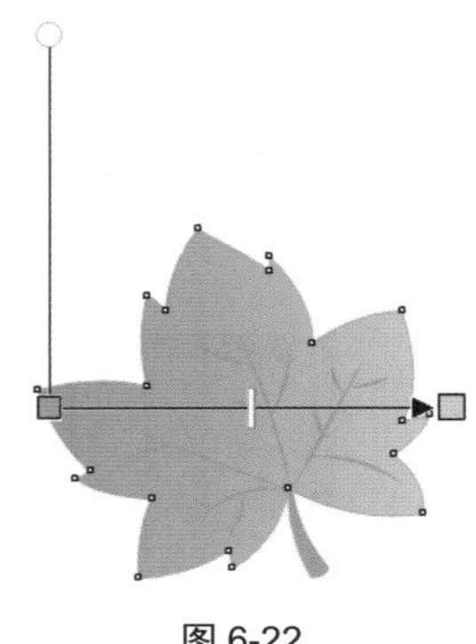

图 6-22

椭圆形渐变填充

椭圆形渐变填充可以用于两个或多个颜色之间，产生以同心圆的形式由对象中心向外辐射的渐变效果，该填充类型可以很好地体现球体的光线变化和光晕效果。选中要填充的对象，单击工具箱中“交互式填充”按钮，然后单击属性栏中的“渐变填充”按钮，设置“类型”为“椭圆形渐变填充”，单击第一个节点，设置颜色为橙色，设置第二个节点颜色为柠檬黄，为对象填充椭圆形渐变，如图 6-23 所示。

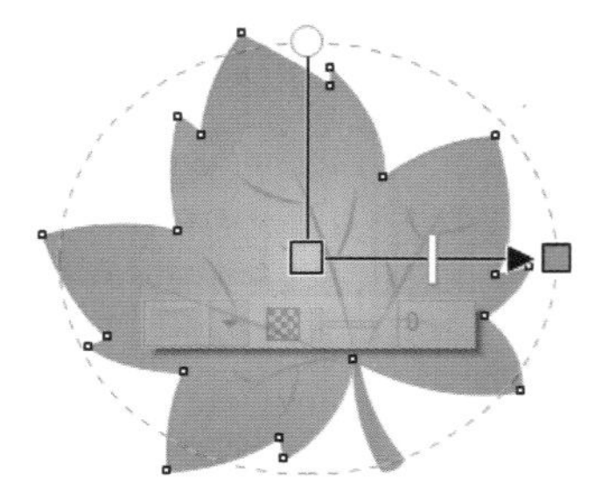

图 6-23

圆锥形渐变填充

圆锥形渐变填充可以在两个或多个颜色之间产生色彩渐变，模拟光线落在圆锥上的视觉效果，使平面图形呈现出立体感。选中要填充的对象，单击工具箱中“交互式填充”按钮，然后单击属性栏中的“渐变填充”按钮，设置“类型”为“圆锥形渐变填充”，单击第一个节点，设置颜色为橙色，设置第二个节点颜色为柠檬黄，为对象填充圆锥形渐变，如图 6-24 所示。

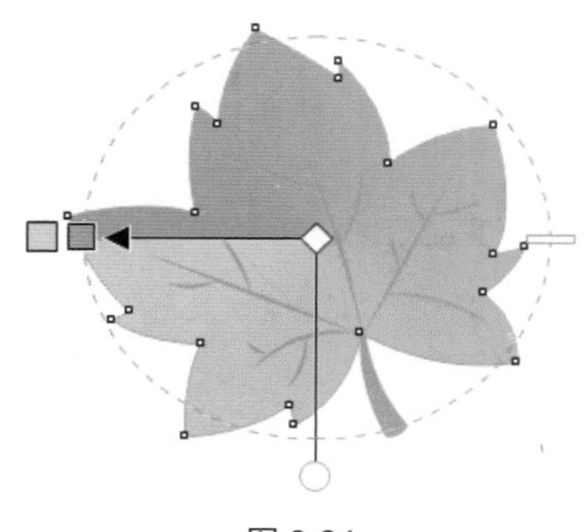

图 6-24

矩形渐变填充

矩形渐变填充用于在两个或多个颜色之间，产生以同心方形的形式从对象中心向外扩散的色彩渐变效果。选中要填充的对象，单击工具箱中“交互式填充”按钮，然后单击属性栏中的“渐变填充”按钮，设置“类型”为“矩形渐变填充”，单击第一个节点，设置颜色为橙色，设置第二个节点颜色为柠檬黄，为对象填充矩形渐变，如图 6-25 所示。

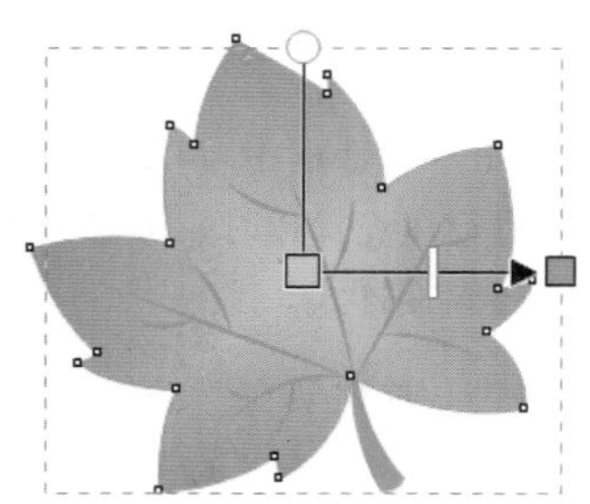

图 6-25

其他选项介绍

✦ 节点颜色：指定节点的颜色，也可以单击渐变填充图形上的节点，再选择“节点颜色”，然后在弹出的对话框中设置所选节点的颜色，如图 6-26 所示。

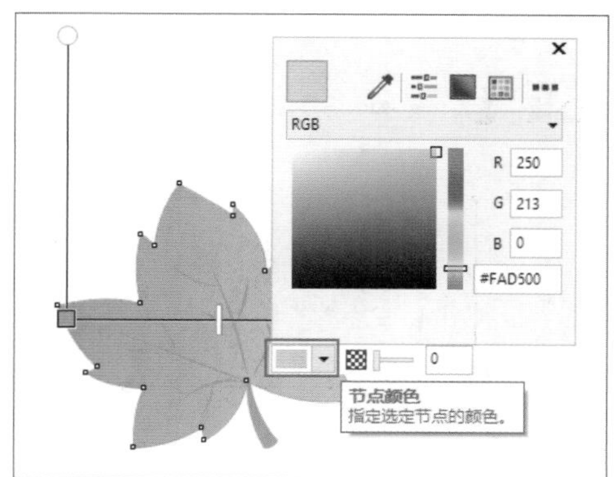

图 6-26

✦ 节点透明度 0 %：指定选定节点的透明度，也可以单击渐变填充图形上的节点，进行透明度的更改，如图 6-27 所示。

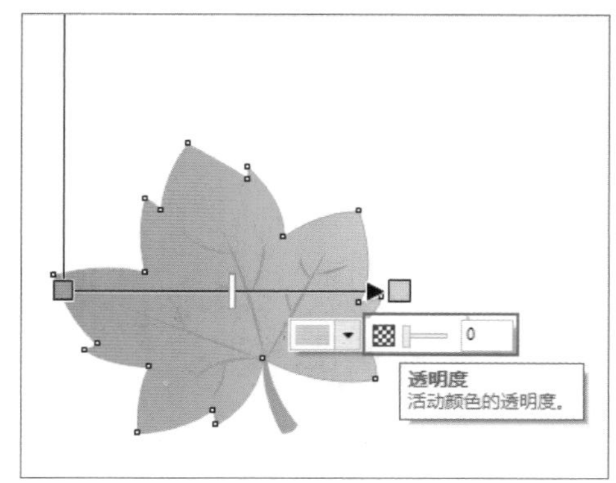

图 6-27

✦ 节点位置：指定中间节点相对于第一个和最后一个节点的位置。

✦ “反转填充”按钮：单击该按钮，可反转渐变填充。

✦ “排列”按钮：单击该按钮，可以在下拉列表中选择镜像或重复渐变填充，如图 6-28 所示。

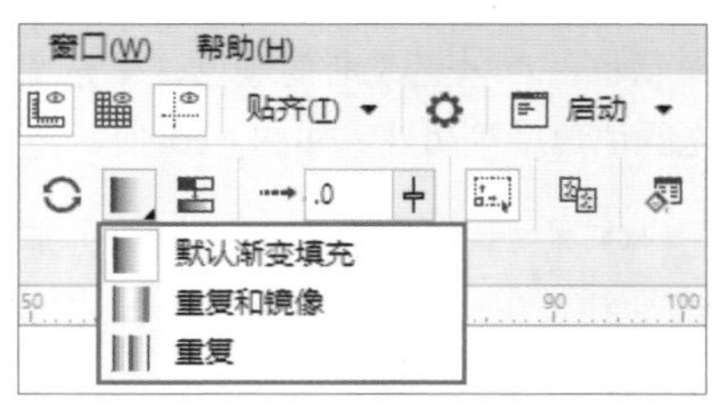

图 6-28

✦ “平滑”按钮：在渐变填充节点间创建更加平滑的颜色过度。

✦ 加速：指定渐变填充从一个颜色过渡到另一个颜色的速度。正值为右侧颜色减少，负值为左侧颜色减少，如图 6-29 所示。

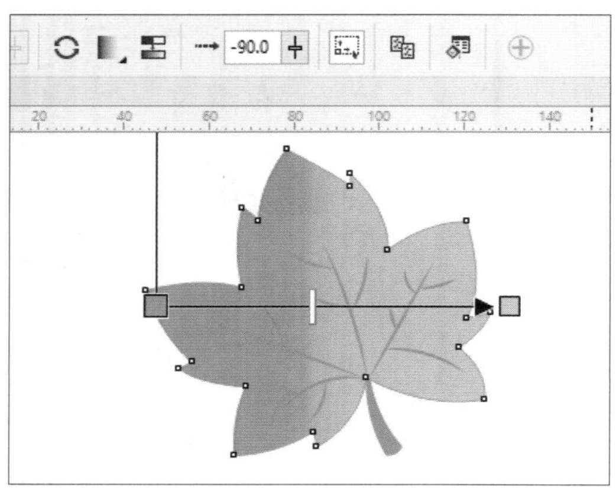

图 6-29

✦ “自由缩放和倾斜”按钮：单击该按钮，允许填充不按比例倾斜或延展显示。在渐变填充图形上单击并拖曳节点，可以调整填充渐变的大小和角度，如图 6-30 所示。

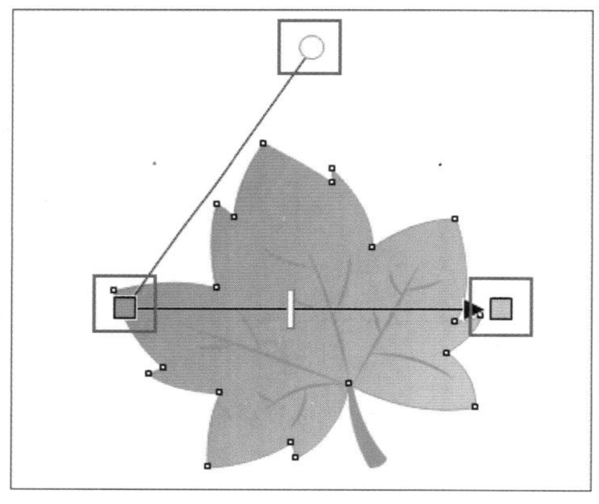

图 6-30

✦ “复制填充”按钮：将文档中其他对象的填充应用到选定对象。

✦ “编辑填充”按钮：单击该按钮，即可打开“编辑填充”对话框，可以更改渐变颜色、填充宽度、高度和旋转填充颜色角度等属性，如图 6-31 所示。

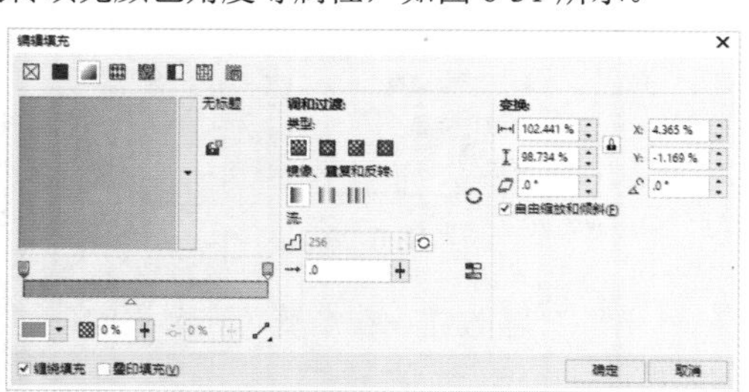

图 6-31

技巧与提示：

在“编辑填充”对话框中的预览色带的起点和终点颜色之间双击，即可添加一个色块，如图 6-32 所示。双击三角色块即可删除颜色色块，如图 6-33 所示。起点和终点的颜色色块不可以删除。

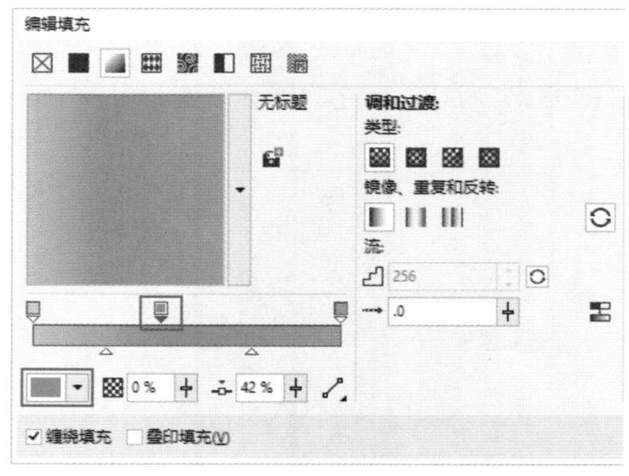

图 6-32

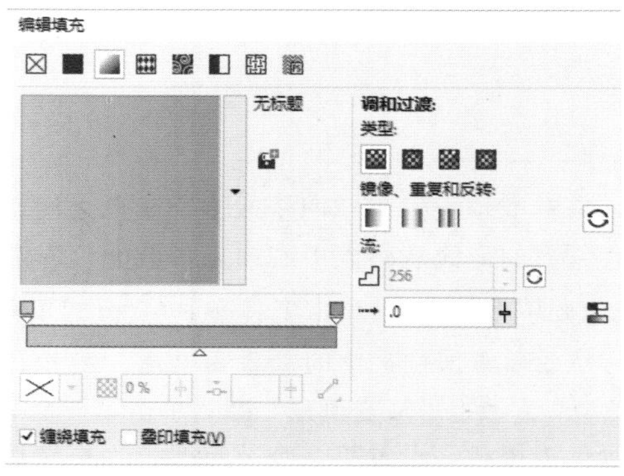

图 6-33

技术专题：自定义渐变样式

在“编辑填充”对话框中可以将自定义的渐变颜色存储，在下次进行填充操作时，可在“填充挑选器”下拉列表中找到该渐变样式。

存储渐变样式，首先要在“编辑填充”对话框中设置好渐变，单击“另存为新”按钮，在弹出的“保存图样”对话框中输入样式名称，选择合适的渐变类别，如图 6-34 所示。单击“填充挑选器”按钮，在弹出的下拉列表中选择“个人”选项，保存的渐变样式将被添加到预设列表中，如图 6-35 所示。

单击保存好的自定义渐变样式，在弹出的面板中单击“更多选项”按钮，接着单击“删除”按钮，如图 6-36 所示，即可删除自定义的渐变样式。

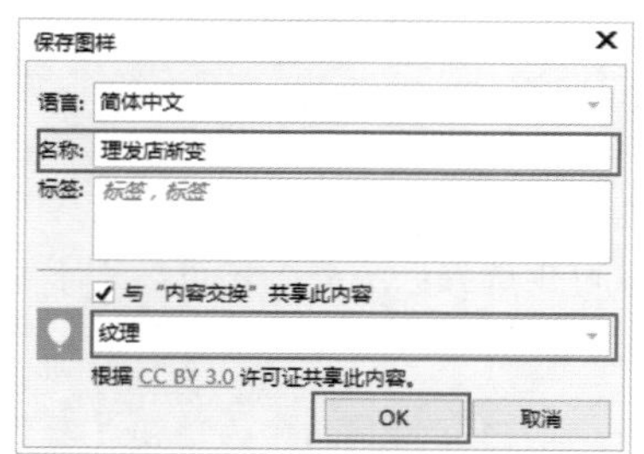

图 6-34

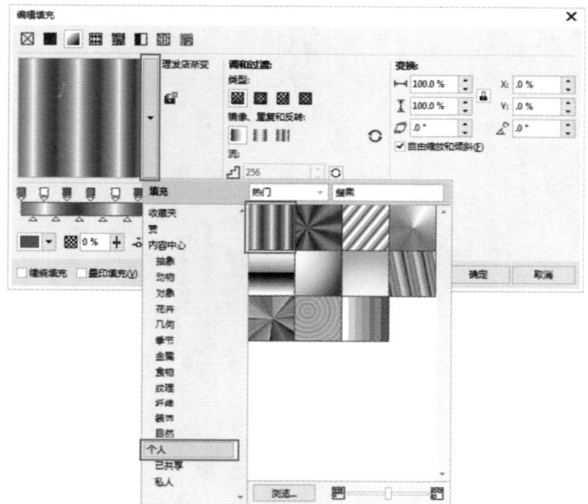

图 6-35

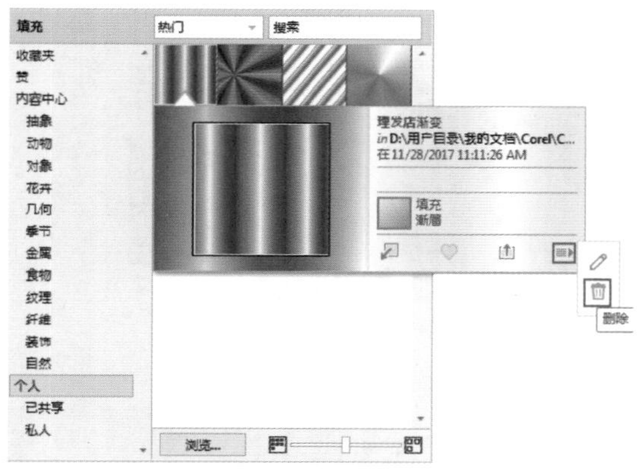

图 6-36

6.1.3　实战：渐变填充制作折扣标签

本节通过实例操作讲解渐变填充的具体用法。

01 启动 CorelDRAW 2017 软件，打开“素材\第 6 章\6.1\6.1.3 实战：渐变填充制作折扣标签.cdr”文件，如图 6-37 所示。单击工具箱中的“选择工具”按钮，选择对象，如图 6-38 所示。

图 6-37

图 6-38

02 单击工具箱中的“交互式填充”按钮，在属性栏中单击“渐变填充”按钮，接着单击“编辑填充”按钮或按 F11 键，打开“编辑填充”对话框，设置填充颜色，如图 6-39 所示。

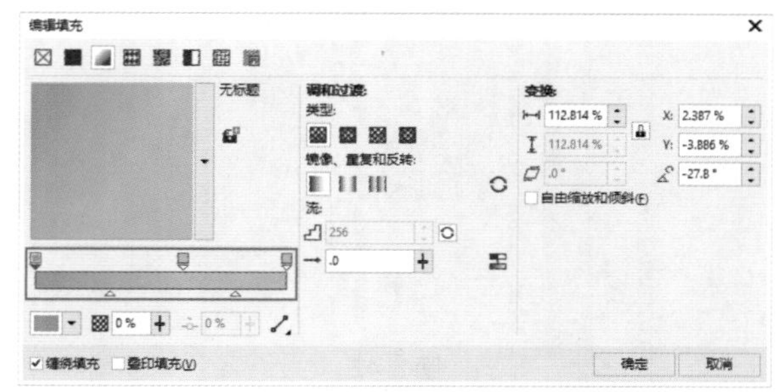

图 6-39

03 单击“确定”按钮应用渐变，如图 6-40 所示。

04 拖曳渐变填充图形上的节点，调整渐变填充，如图 6-41 所示。

05 采用同样的方法继续填充对象，完成制作，如图 6-42 所示。

图 6-40

图 6-41

图 6-42

6.1.4 图样填充

除了均匀填充与渐变填充外，CorelDRAW 中还提供了图样填充，即向量图样填充、位图图样填充、双色图样填充。运用这些填充可以将大量重复的图案以拼贴的方式填入对象中，使其呈现更丰富的视觉效果。

向量图样填充

使用“向量”图样填充，可以把矢量花纹生成为图案样式为对象进行填充，软件中包含多种“向量”填充的图案可供选择；另外，还可以用下载和创建的图案进行填充。

绘制一个心形并将其选中，单击工具箱中的“交互式填充”按钮，接着单击属性栏上的“向量图样填充”按钮，默认的向量图案可应用到对象上，如图 6-43 所示。单击“填充挑选器”按钮，在弹出的图样下拉列表中双击图案，可更改填充的图样，如图 6-44 所示。

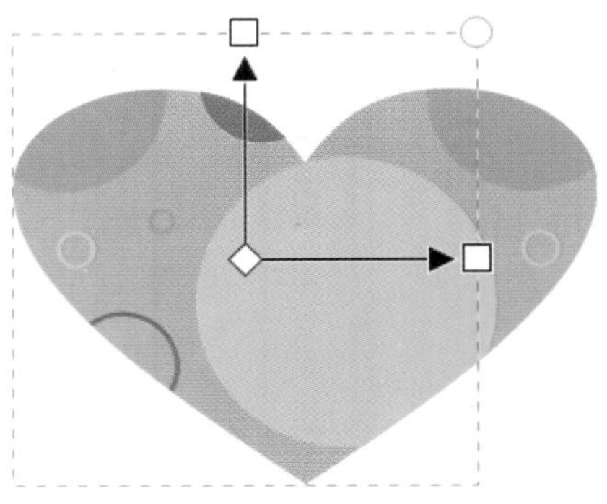

图 6-43

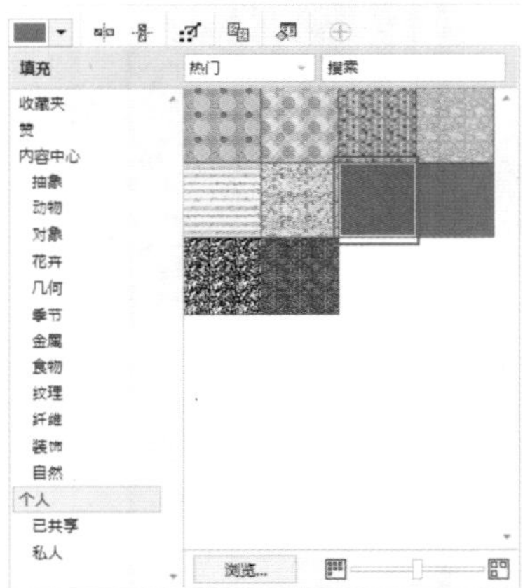

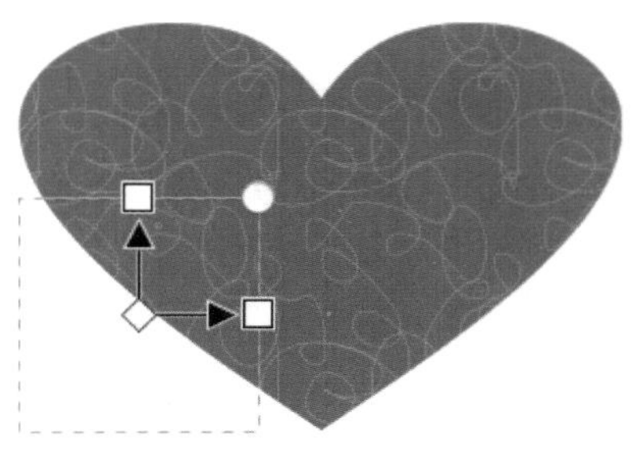

图 6-44

单击“编辑填充”按钮，可打开“编辑填充”对话框，在该对话框中可以选择向量图样的填充图样和变换图样，如图 6-45 所示。

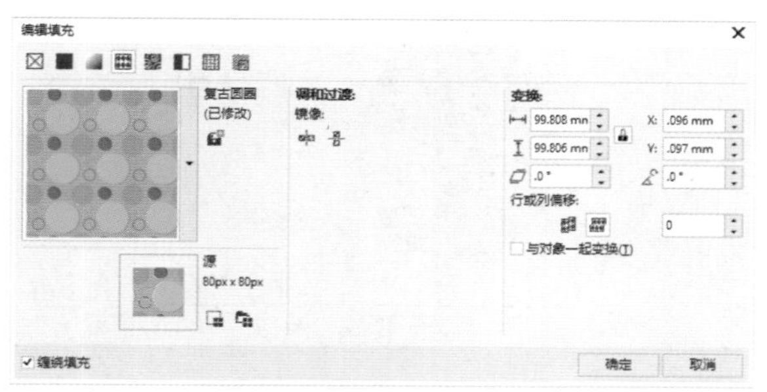

图 6-45

位图图样填充

使用“位图”图样填充，可以选择位图图像为对象进行填充，填充后的图像属性取决于位图的大小、分辨率和深度。

单击工具箱中的“选择工具”按钮，选择要填充的对象，如图 6-46 所示，单击工具箱中的“交互式填充”按钮或按 G 键，然后在属性栏上单击“位图图样填充”按钮，如图 6-47 所示，填充默认的位图图样，如图 6-48 所示。

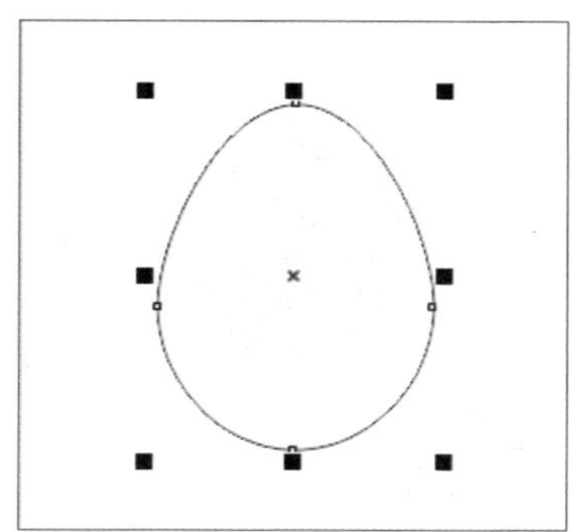

图 6-46

图 6-47

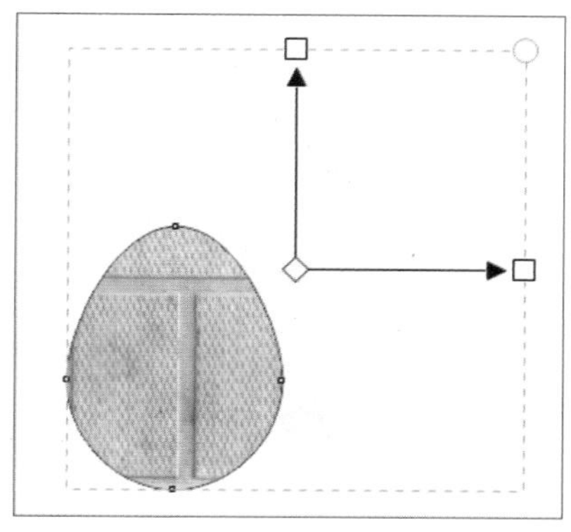

图 6-48

“位图图样填充”属性栏中的各按钮及选项的介绍如下。

✦ 填充挑选器：可以在下拉面板中选择位图图样来填充对象，在选择的位图图样上双击，即可更改填充图案，如图 6-49 和图 6-50 所示。单击“浏览”按钮，可以在本地磁盘中添加位图图样填充，如图 6-51 所示。

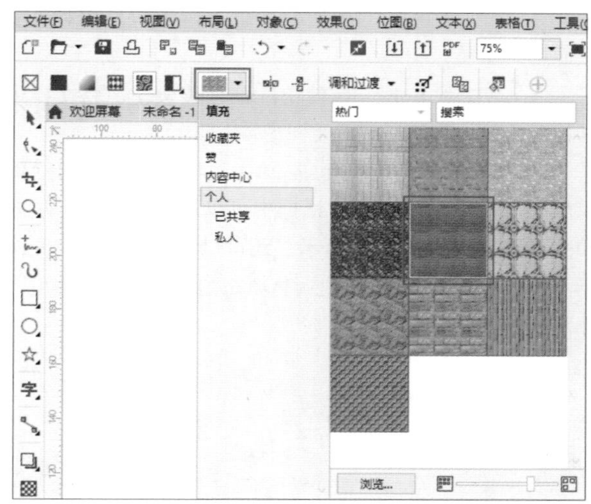

图 6-49

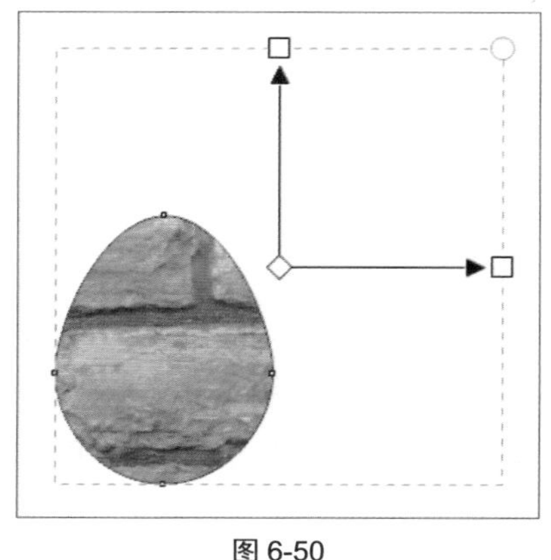

图 6-50

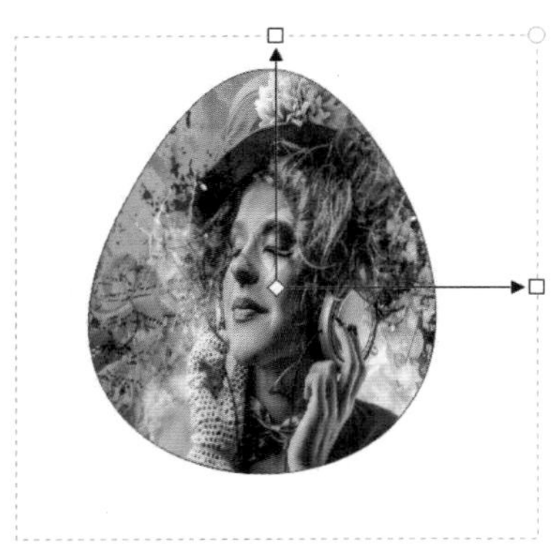

图 6-51

✦ “水平镜像平铺”按钮：排列平铺以使交替平铺可在水平方向相互反射。

✦ “垂直镜像平铺”按钮：排列平铺以使交替平铺可在垂直方向相互反射。

✦ 调和过渡：可以在下拉列表中调整图样平铺的颜色和边缘过渡。

✦ “变换对象”按钮：单击该按钮，将对象变换应用到填充。

✦ “复制填充”按钮：单击该按钮，将文档中其他对象的填充应用到选定对象。

✦ “编辑填充”按钮：单击该按钮，即可打开“编辑填充”对话框，在该对话框中可以选择位图图样填充和变换图样，如图 6-52 所示。还可以在位图图案填充图形上单击并拖曳节点，快速调整填充图样的大小和角度，如图 6-53 所示。

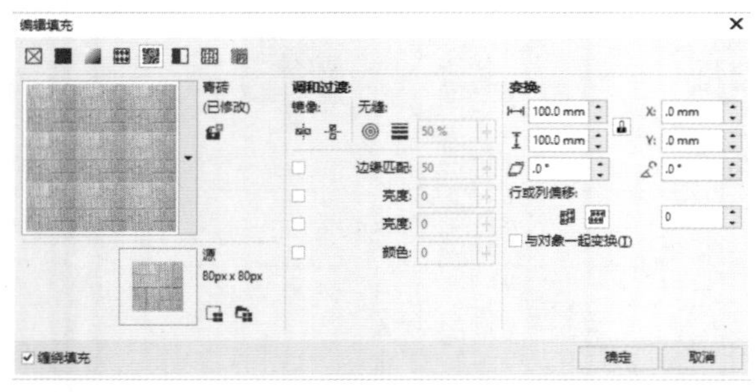

图 6-52

双色图样填充

使用“双色”图样填充，可以为对象填充只有“前部”和“后部”两种颜色的图案样式。绘制一个图案并将其选中，如图 6-54 所示，单击工具箱中的“交互式填充”按钮或按 G 键，然后在属性栏上单击“双色图样填充”按钮，即可填充默认的双色图样，如图 6-55 所示。

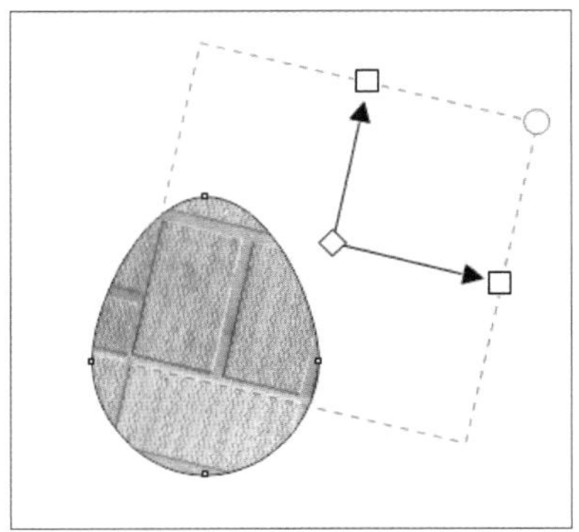

图 6-53

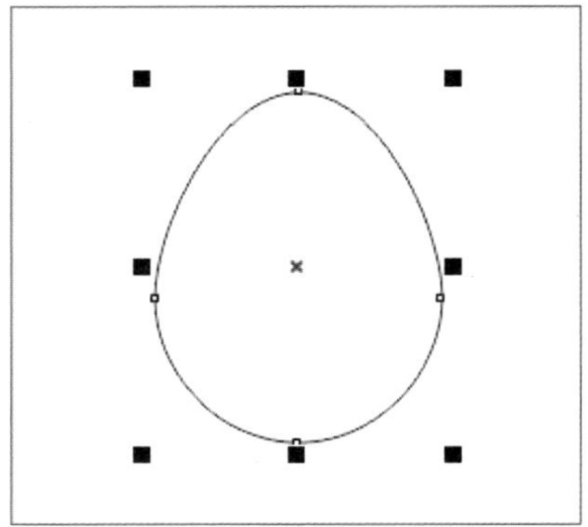

图 6-54

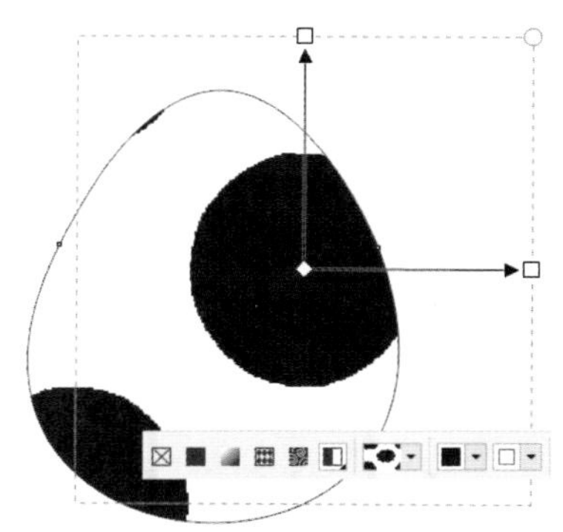

图 6-55

“双色图样填充”属性栏中的各按钮及选项的介绍如下。

✦ 第一种填充色或图样：在下拉列表中选择双色图样来填充对象，在选择的双色图样上单击，即可更改填充图案，如图 6-56 和图 6-57 所示。

✦ 前景颜色和背景颜色：在打开的颜色框中选择需要的前景颜色或背景颜色，即可更改双色图样的颜色，如图 6-58 所示。

✦ “水平镜像平铺”按钮：排列平铺以使交替平铺可在水平方向相互反射。

图 6-56

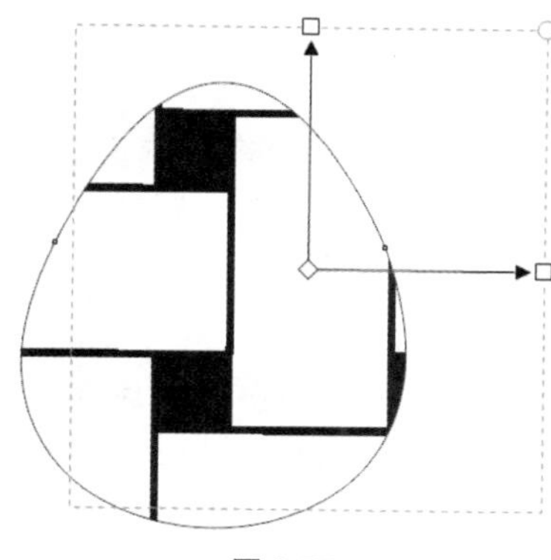
图 6-57

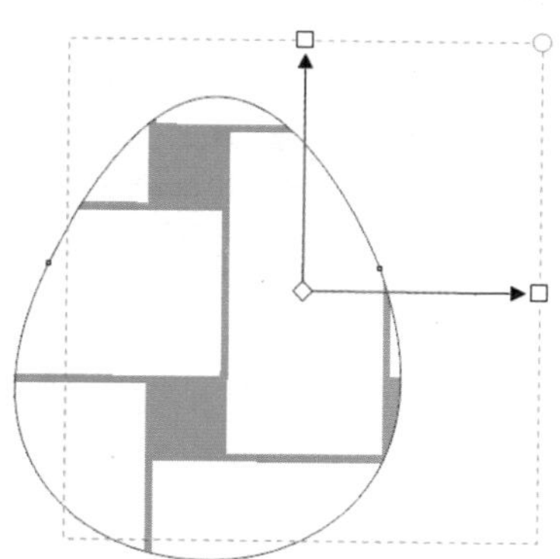
图 6-58

✦ “垂直镜像平铺”按钮：排列平铺以使交替平铺可在垂直方向相互反射。

✦ “变换对象”按钮：将对象变换应用到填充。

✦ “复制填充”按钮：将文档中其他对象的填充应用到选定对象。

✦ “编辑填充”按钮：单击该按钮，即可打开“编辑填充”对话框，可以选择双色图样填充和变换图样，如图 6-59 所示。还可以在双色图样填充图形上单击并拖曳节点，快速缩放填充图样的大小和角度，如图 6-60 所示。

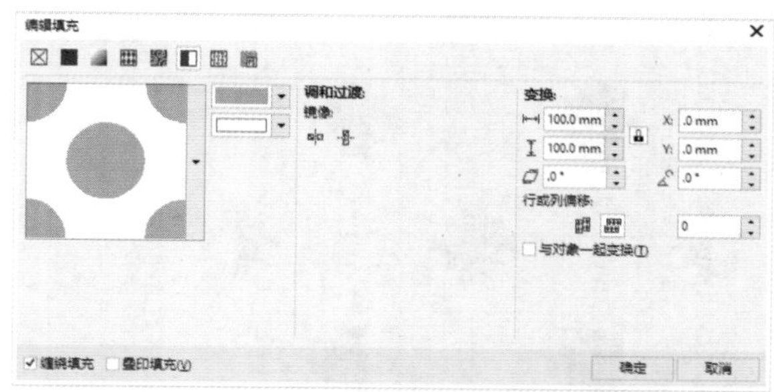

图 6-59

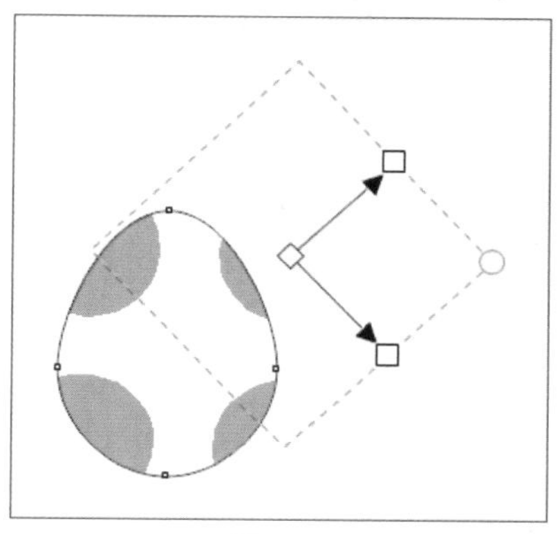
图 6-60

技术专题：自定义双色图样

在属性栏中单击“填充挑选器”按钮，在下拉面板中单击“更多”按钮，如图 6-61 所示，打开“双色图案编辑器”对话框，在该对话框中修改“位图尺寸”和“笔尺寸”选项，单击进行图案的绘制；如果不满意，可以右击删除，如图 6-62 所示。绘制完成后，单击“确定”按钮，即可保存自定义编辑的双色图案，并且可以将其应用到所选的对象上，如图 6-63 所示。

图 6-61

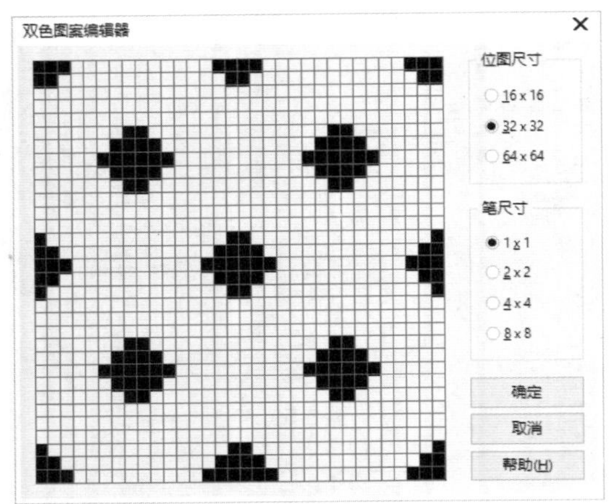

图 6-62

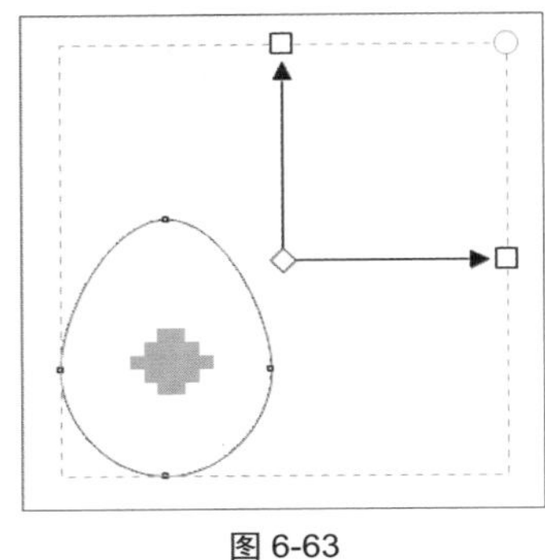

图 6-63

6.1.5 实战：底纹填充制作音乐海报

底纹填充也被称为“纹理填充”，可以随机生成的纹理填充对象，赋予对象自然的外观。CorelDRAW 2017 提供了多种底纹样式以便选择，每种底纹都可通过“底纹填充”对话框进行相应的属性设置。

01 启动 CorelDRAW 2017 软件，打开“素材\第 6 章\6.1\6.1.5 实战：底纹填充制作音乐海报.cdr”文件，如图 6-64 所示。单击工具箱中的“选择工具”按钮，选择要填充的对象，如图 6-65 所示，再单击工具箱中“交互式填充”按钮，或按 G 键，如图 6-66 所示。

图 6-64

图 6-65

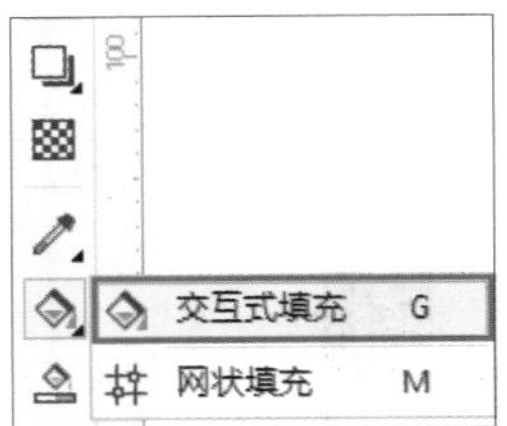

图 6-66

02 在“交互式填充”的属性栏上单击“双色图样填充”按钮，在打开的下拉列表中选择“底纹填充”选项，如图 6-67 所示，再在下拉列表中选择提供的“样品”，并在“底纹库”下拉列表中选择要填充的底纹，如图 6-68 所示。

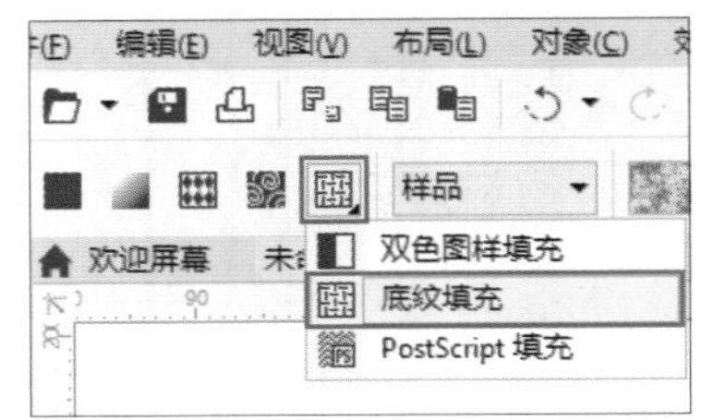

图 6-67

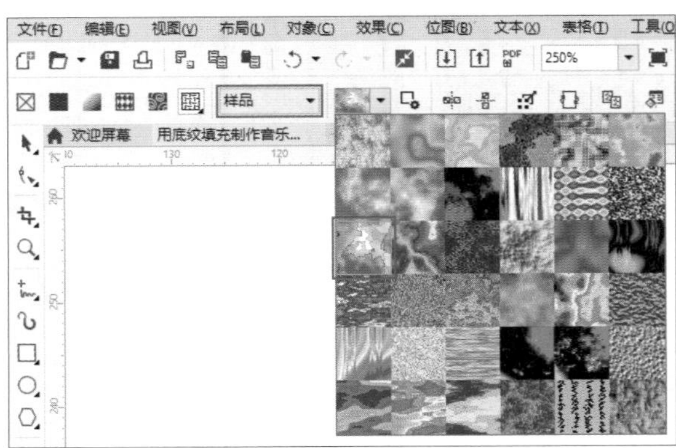

图 6-68

03 可将所选的底纹应用到该对象上，如图 6-69 所示。

拖曳底纹填充图形上的节点，调整底纹的大小和位置，如图 6-70 所示。

图 6-69

图 6-70

04 保持对象的选中状态，单击工具箱中的“透明度工具”按钮，在属性栏中单击“均匀透明度”按钮，设置“透明度”为 20，如图 6-71 所示，调整对象的透明度，完成音乐海报的制作，如图 6-72 所示。

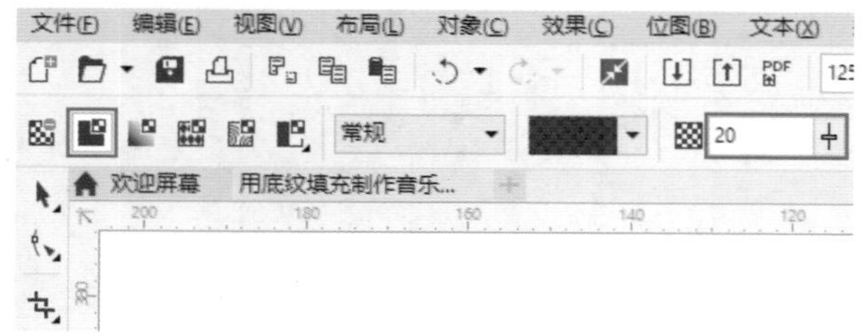

图 6-71

图 6-72

“底纹填充”属性栏中的各按钮及选项的介绍如下。

✦ “底纹选项”按钮：单击该按钮，打开“底纹选项”对话框，在该对话框中可以设置“位图分辨率”和“最大平铺宽度”，如图 6-73 所示。位图分辨率的分辨率越高，其纹理显示越清晰，但文件的尺寸会增大，所占的系统内存会增多。

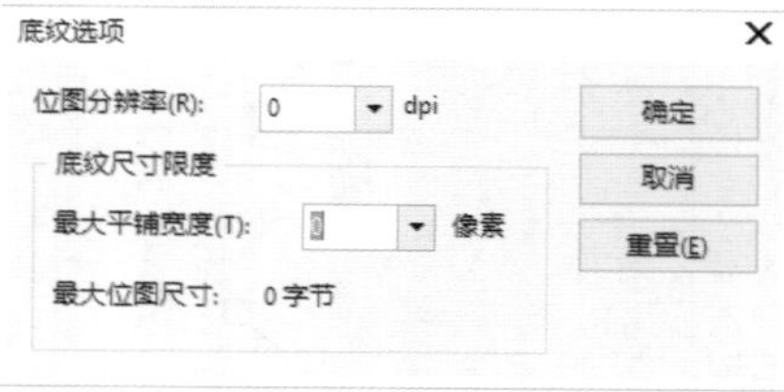

图 6-73

✦ “水平镜像平铺”按钮：排列平铺以使交替平铺可在水平方向相互反射。

✦ “垂直镜像平铺”按钮：排列平铺以使交替平铺可在垂直方向相互反射。

✦ “变换对象”按钮：将变换对象应用到填充。

✦ “重新生成底纹”按钮：可以重新随机应用不同参数的填充，每次单击生成的底纹效果均不同，如图 6-74 所示。

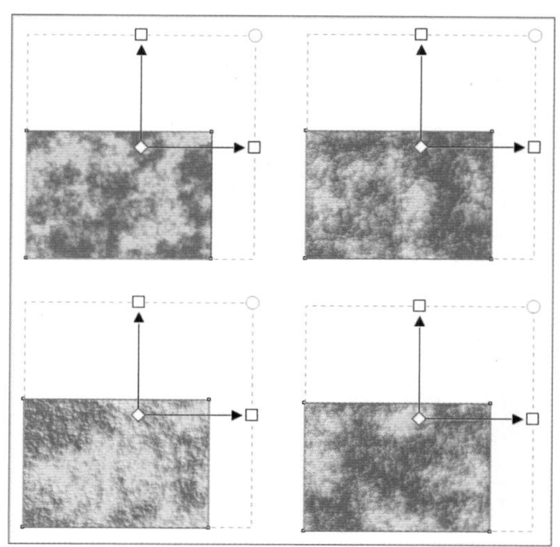

图 6-74

✦ “复制填充”按钮：将文档中其他对象的填充应用到选定对象。

✦ “编辑填充”按钮：单击该按钮，即可打开“编辑填充”对话框，可以选择底纹样式以及设置底纹图像属性，如图 6-75 所示。还可以在底纹填充图形上单击并拖曳节点，快速调整填充底纹的大小和角度，如图 6-76 所示。

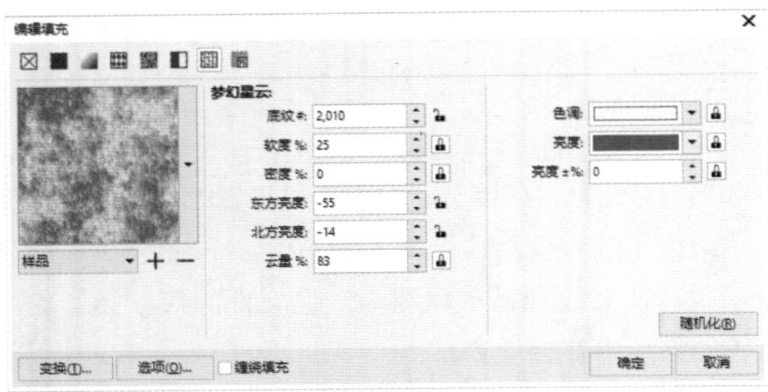

图 6-75

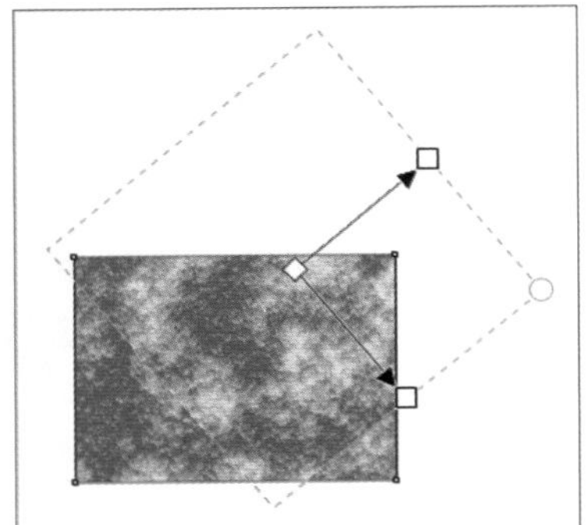
图 6-76

技巧与提示：

在“编辑填充”对话框中可以修改从底纹库中选择的底纹，还可以将修改的底纹保存到另一个底纹库中。单击“底纹库”右侧的“保存底纹”➕按钮，如图 6-77 所示，打开“保存底纹为”对话框，在“底纹名称”文本框中输入底纹名称，并在“库名称”下拉列表中选择保存的位置，如图 6-78 所示，然后单击“确定”按钮，即可保存自定义的底纹填充效果。

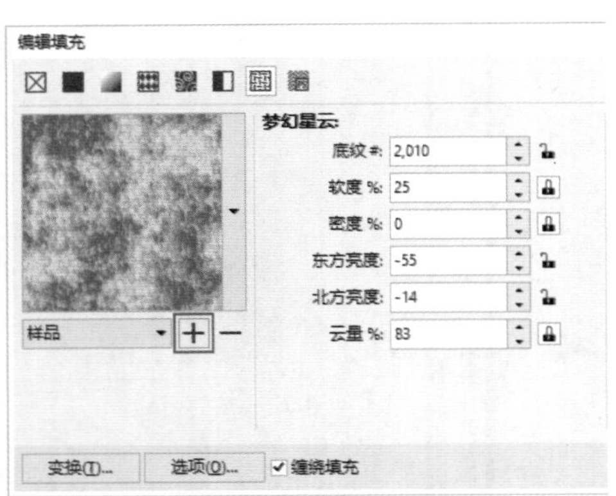

图 6-77

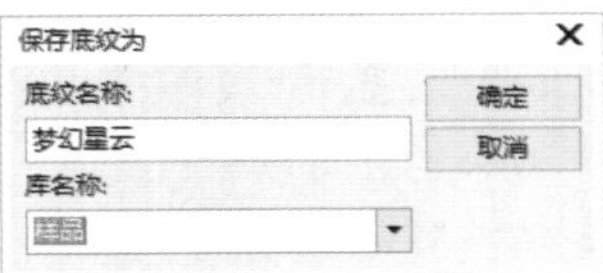

图 6-78

6.1.6 实战：PostScript 填充制作生日卡片

PostScript 填充是一种特殊的花纹填色工具，是使用 PostScript 语言计算出的一种极为复杂的底纹，这种填色不但纹路细腻，而且占用的空间也不大，适用于较大面积的花纹设计。

01 启动 CorelDRAW 2017 软件，打开“素材\第 6 章\6.1\6.1.6 实战：PostScript 填充制作生日卡片 .cdr”文件，如图 6-79 所示。单击工具箱中的“选择工具”按钮，选择背景对象，如图 6-80 所示，按快捷键 Ctrl+C 复制对象，再按快捷键 Ctrl+V 粘贴对象，如图 6-81 所示。

图 6-79

图 6-80

图 6-81

02 单击工具箱中的“交互式填充”按钮或按 G 键，再在属性栏上单击“双色图样填充”按钮，在打开的下拉列表中选择“PostScript 填充”按钮，如图 6-82 所示，单击“编辑填充”按钮，或按 F11 快捷键打开“编辑填充”对话框，在下拉列表中选择预设的填充底纹，如图 6-83 所示。

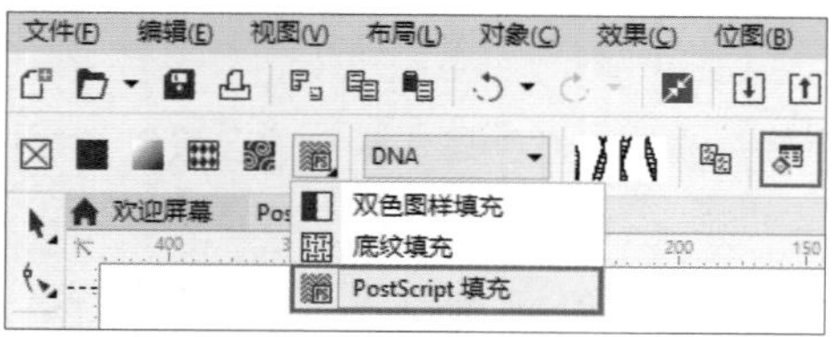

图 6-82

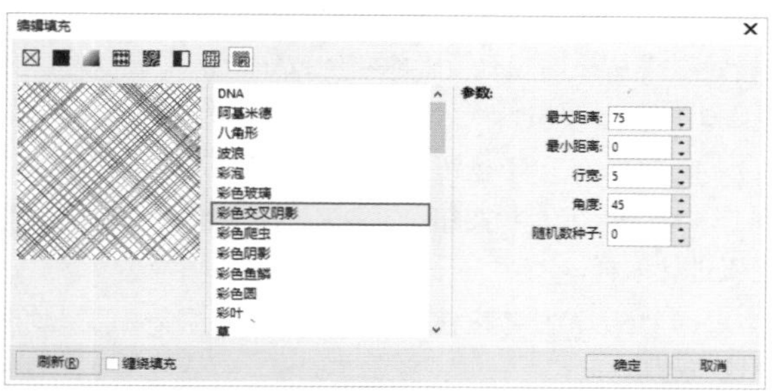

图 6-83

03 在对象上可以预览填充效果，如图 6-84 所示，调整“编辑填充”对话框右侧的参数，如图 6-85 所示。

图 6-84

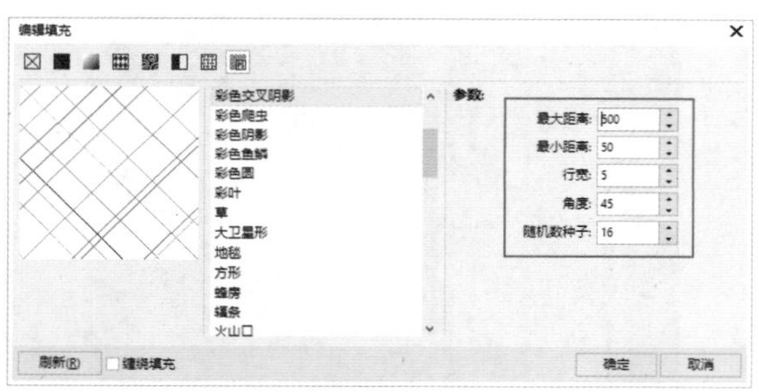

图 6-85

04 单击“确定”按钮，可应用填充，如图 6-86 所示。右击对象，在弹出的快捷菜单中选择“顺序”→“向下一层”命令，调整对象顺序，完成生日卡片底纹的制作，如图 6-87 所示。

图 6-86

图 6-87

答疑解惑：在 CorelDRAW 2017 中如何删除填充呢？

CorelDRAW 2017 中如果需要删除对象的填充颜色和内容，可以在选中对象后，单击调色板中按钮，即可删除填充，如图 6-88 所示。或者在工具箱中单击“交互式填充”按钮或按 G 键，然后在属性栏中单击“无填充”按钮，如图 6-89 所示，也可删除填充。

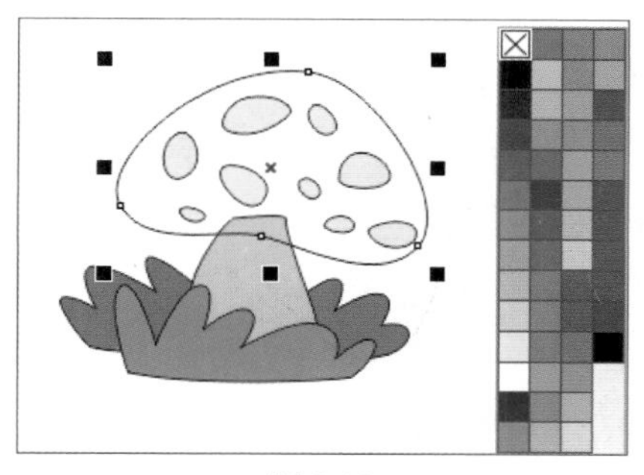

图 6-88

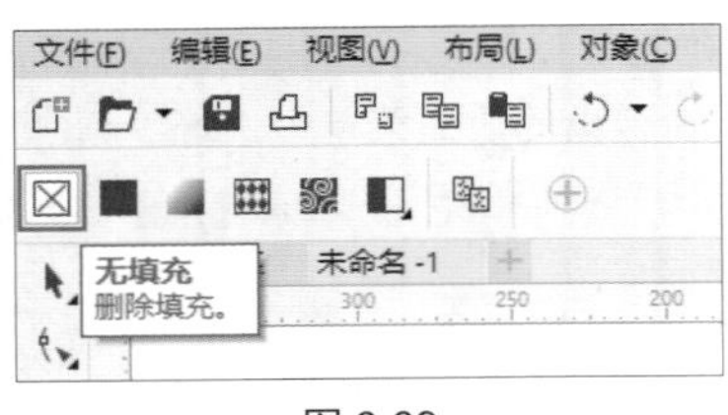

图 6-89

6.2 使用滴管工具填充

滴管工具是用于取色和填充的辅助工具，可从绘图窗口或桌面的对象中选择并复制颜色。使用滴管工具可以快速将指定对象的颜色填充到另一个对象中。滴管工具包括“颜色滴管工具”和“属性滴管工具”，本节将详细介绍使用滴管工具填充的操作方法。

6.2.1 颜色滴管工具

“颜色滴管工具”可以在对象上进行颜色取样，然后将取样的颜色应用到其他对象上。任意绘制一个图形，单击工具箱中的“颜色滴管工具”按钮，如图 6-90 所示，将光标移至要取样的颜色上，当光标变为滴管形状时，单击可取样颜色，如图 6-91 所示，然后将光标移至要填充颜色的对象上，当光标变为颜料桶形状时，单击可将所选颜色应用到对象上，如图 6-92 所示。

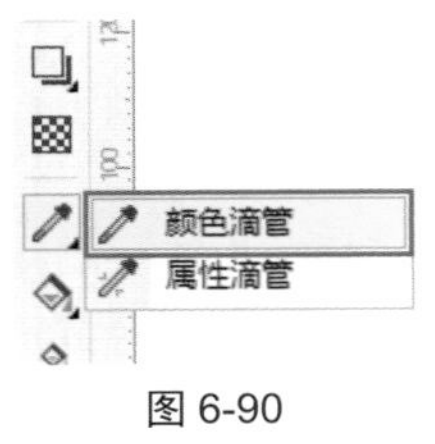

图 6-90

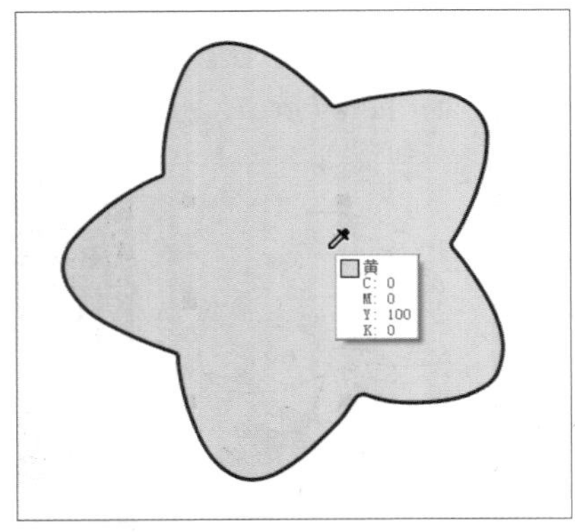

图 6-91

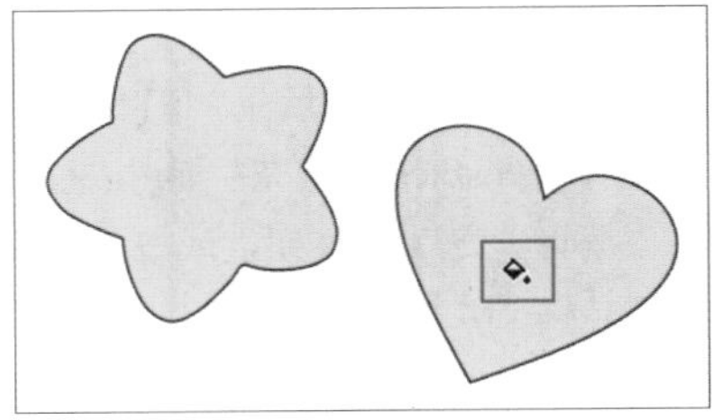

图 6-92

“颜色滴管工具”属性栏中的各按钮及选项的介绍如下。

✦ “选择颜色”按钮：从文档窗口进行颜色取样。

✦ “应用颜色”按钮：将所选颜色应用到对象上。当取样颜色后，该按钮自动切换到启动状态，

✦ “从桌面选择”从桌面选择按钮：从桌面取样颜色滴管工具，对应用程序外的颜色进行取样。

✦ “1×1”按钮：单像素颜色取样。

✦ “2×2”按钮：对 2×2 像素区域中的平均颜色值进行取样。

✦ “5×5”按钮：对 5×5 像素区域中的平均颜色值进行取样。

✦ 所选颜色：当前位置的颜色被选中时，显示取样颜色。

✦ 添加到调色板：将选定颜色添加到指定的调色板中。

6.2.2 实战：属性滴管工具绘制夜晚的星空

使用“属性滴管工具”不仅可以复制对象的填充、轮廓颜色等，还能复制对象的渐变效果等属性，从而大幅提高工作效率。

01 启动 CorelDRAW 2017 软件，打开“素材\第 6 章\6.2\6.2.2 实战：属性滴管工具绘制夜晚的星空.cdr”文件，如图 6-93 所示。单击工具箱中的“选择工具”按钮，选择对象，如图 6-94 所示。

图 6-93

图 6-94

02 单击工具箱中的“交互式填充”按钮，单击属性栏中的“渐变填充”按钮，并选择“椭圆形渐变填充”按钮，设置渐变类型，如图 6-95 所示。然后单击后面的“编辑填充”按钮，或按 F11 键打开“编辑填充”对话框，设置渐变颜色，如图 6-96 所示。

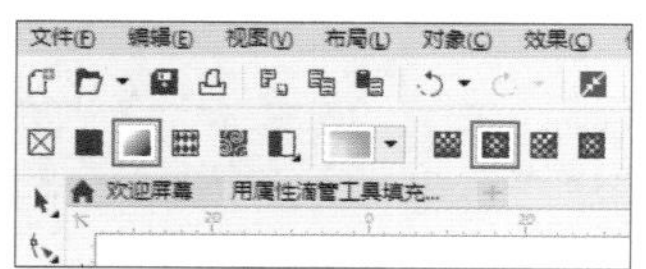

图 6-95

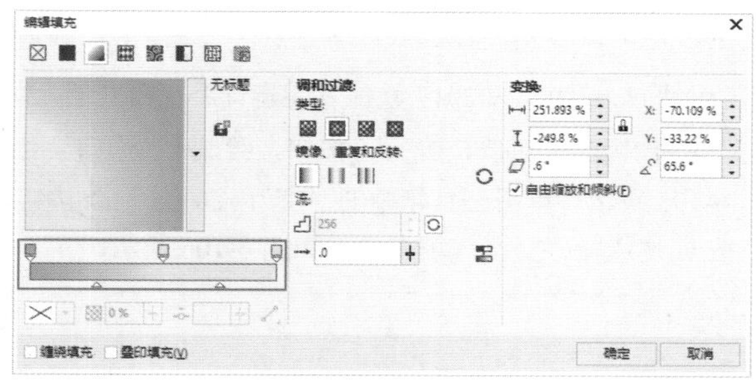

图 6-96

03 单击“确定”按钮，可将设置的渐变颜色应用到所选图形上，拖曳渐变图形上的节点调整渐变，如图 6-97 所示，再右击调色板中的按钮，去除对象的轮廓线，如图 6-98 所示。

图 6-97

图 6-98

04 单击工具箱中“属性滴管工具”按钮，将鼠标移至圆形对象上，当光标变为滴管形状时单击，吸取属性，如图 6-99 所示。

图 6-99

05 将鼠标移至星形对象上，当光标变为颜料桶形状时单击，可吸取填充的颜色属性，如图 6-100 所示，继续在其他星形对象上单击，即可填充相同的属性，完成夜晚星空的绘制，如图 6-101 所示。

图 6-100

图 6-101

技巧与提示：

在“属性滴管工具”的属性栏中单击“属性”“变换”和“效果”按钮，可选择需要复制的属性，在弹出的下拉面板中根据实际需要进行相应的设置，然后单击“确定”按钮，如图 6-102~ 图 6-104 所示。

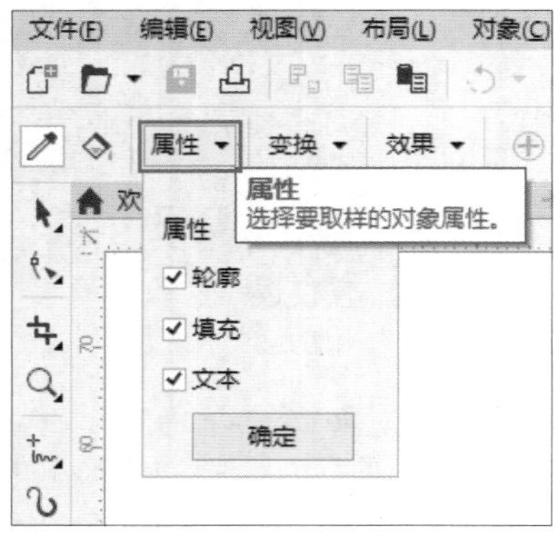

图 6-102

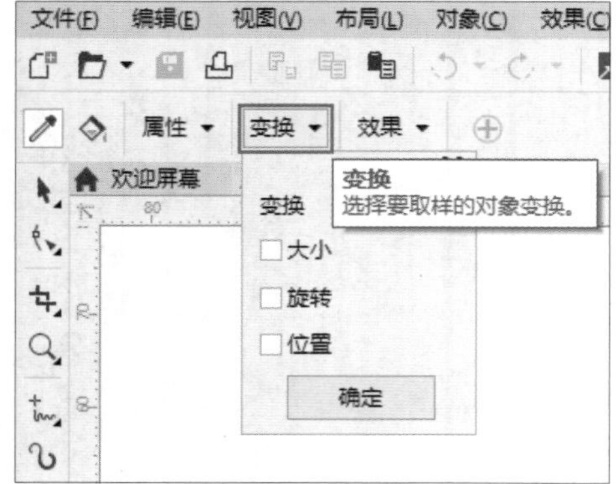

图 6-103

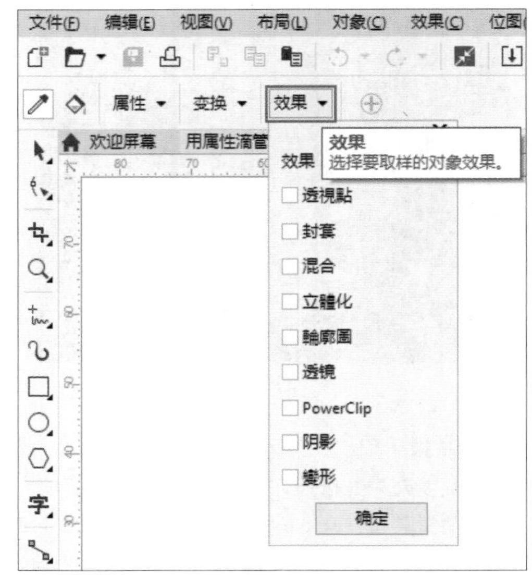

图 6-104

6.3 实战：交互式填充工具绘制卡通画

交互式填充工具可以为对象进行多样填充，使用“交互式填充”工具不仅能为对象填充均匀色、渐变色，还可以填充图样、底纹等。

01 启动 CorelDRAW 2017 软件，新建一个空白文档，单击工具箱中的“矩形工具”按钮，绘制一个矩形，如图 6-105 所示。单击工具箱中的“交互式填充”按钮，或按 G 键选择“交互式填充”，如图 6-106 所示。

图 6-105

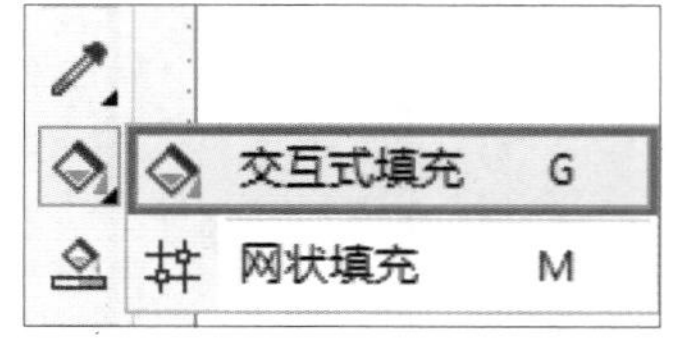

图 6-106

02 在属性栏中单击“渐变填充”按钮，设置渐变类型为“线性渐变填充”，如图 6-107 所示，然后单击后面的“编辑填充”按钮，或按 F11 快捷键打开“编辑填充”对话框，设置渐变颜色，并设置旋转角度为 90°，如图 6-108 所示。

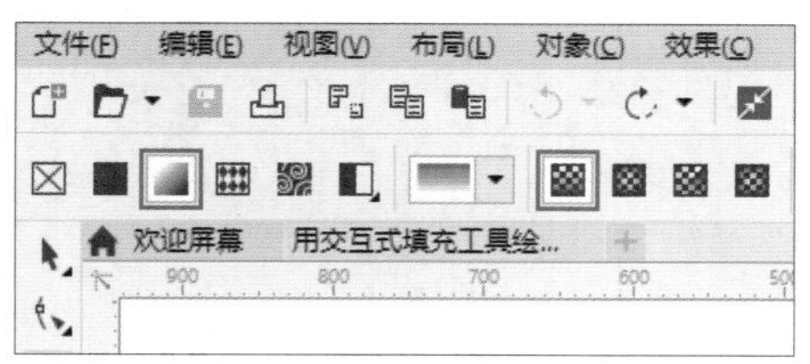

图 6-107

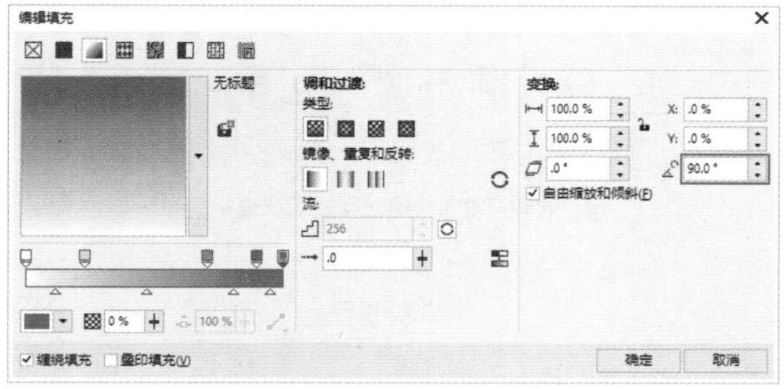

图 6-108

03 单击“确定”按钮，即可应用填充，如图 6-109 所示。单击工具箱中的“钢笔工具”按钮，绘制对象，如图 6-110 所示。

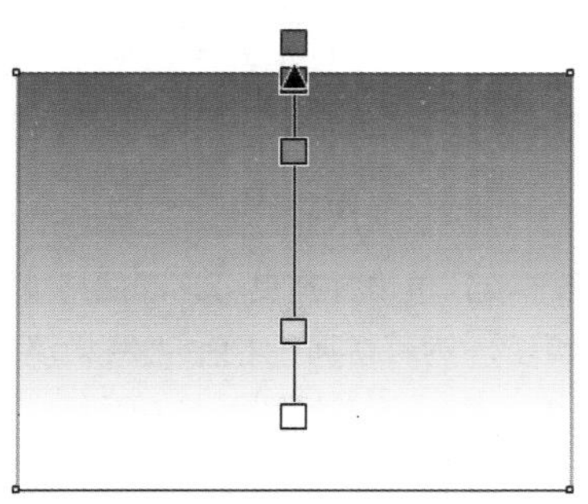

图 6-109

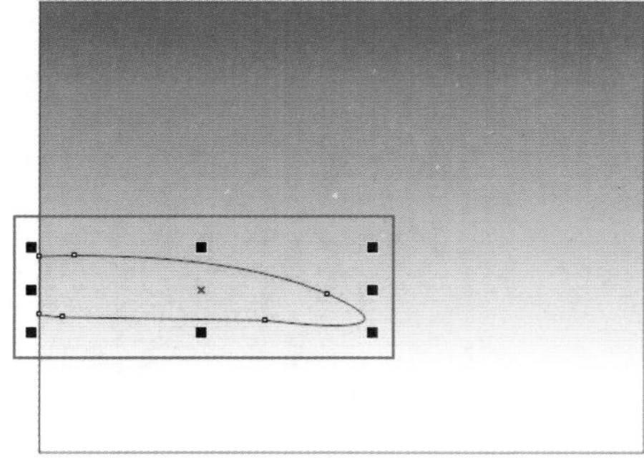

图 6-110

04 单击工具箱中的“交互式填充”按钮，再在属性栏中单击“均匀填充”按钮，设置“填充色”为(#C0CD00)，如图 6-111 所示，为对象填充颜色，如图 6-112 所示。

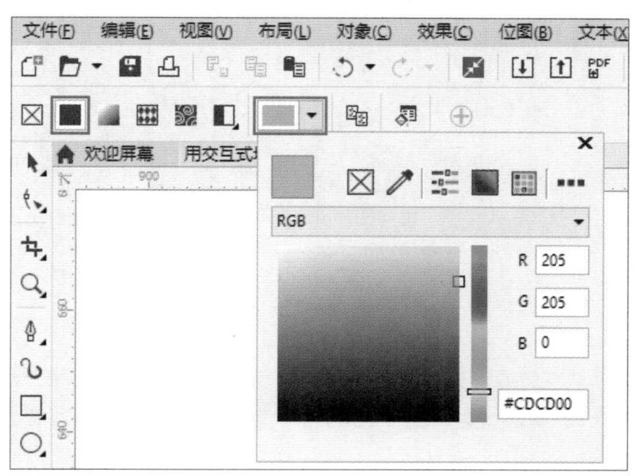

图 6-111

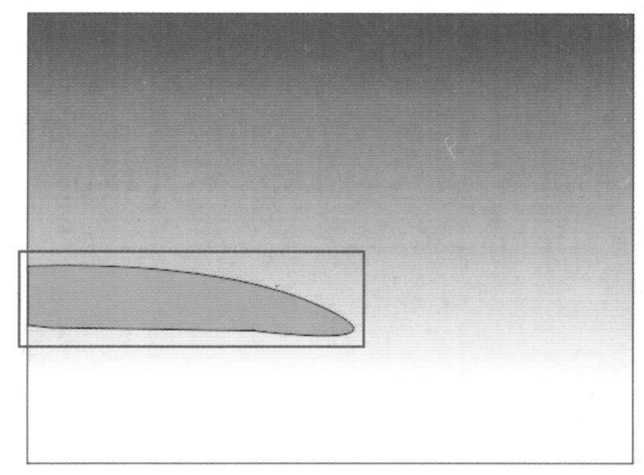

图 6-112

05 采用同样的方法绘制对象并使用“交互式填充”工具填充颜色，如图 6-113 所示。使用“选择工具”全选对象，然后右击调色板中的按钮，去除轮廓线，完成插画的绘制，如图 6-114 所示。

图 6-113

图 6-114

6.4 实战：绘制礼品卡

“交互式网状工具”是一种多点填色工具，可以创造复杂多变的网状填充效果，在使用时，将色彩拖至网状区域即可创造出丰富的艺术效果。

01 启动 CorelDRAW 2017 软件，打开“素材\第 6 章\6.4 实战：绘制礼品卡 .cdr”文件，如图 6-115 所示。单击工具箱中的“选择工具”按钮，选择对象，如图 6-116 所示。

图 6-115

图 6-116

02 单击工具箱中的“网状填充工具”按钮，可在对象上预览带有节点的网状结构，如图 6-117 所示，设置属性栏中“网格大小”的参数，如图 6-118 所示，可添加网格节点，如图 6-119 所示。

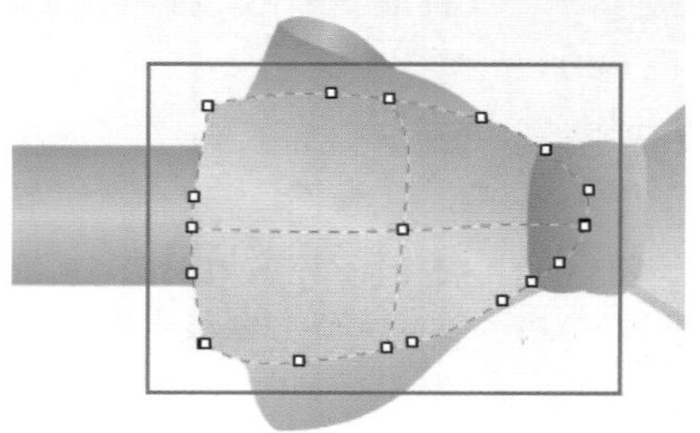

图 6-117

图 6-118

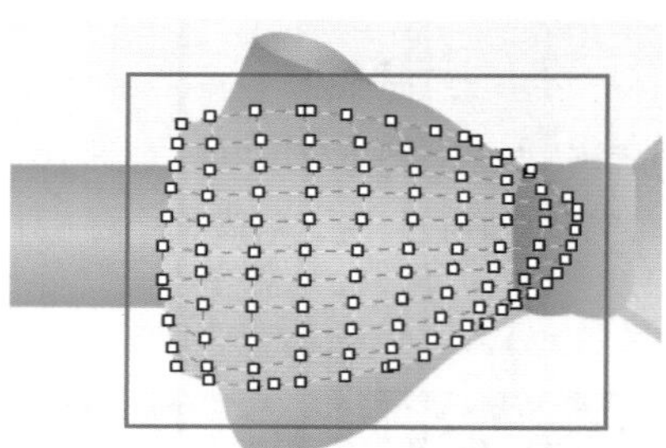

图 6-119

03 选择网格节点，单击并拖曳可移动网格节点的位置，如图 6-120 所示，然后在属性栏中“网状填充颜色”的下拉颜色框中设置颜色，如图 6-121 所示，可更改网格节点的颜色，如图 6-122 所示。

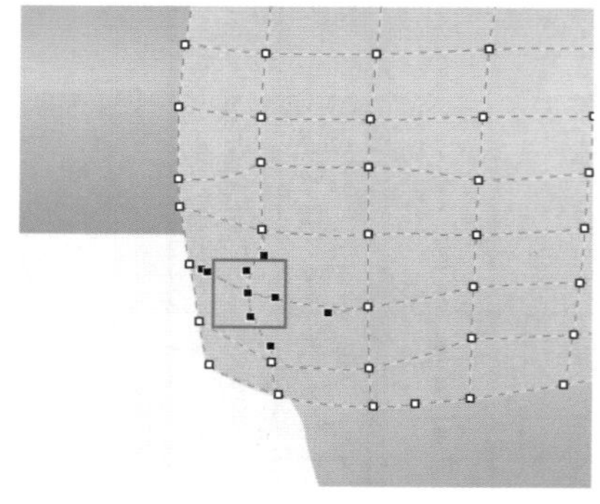

图 6-120

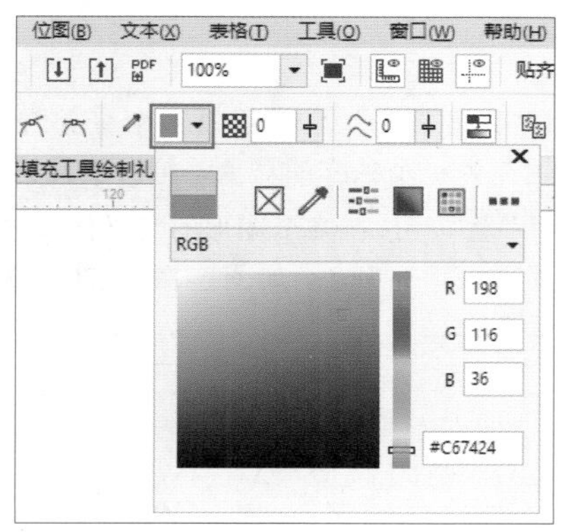

图 6-121

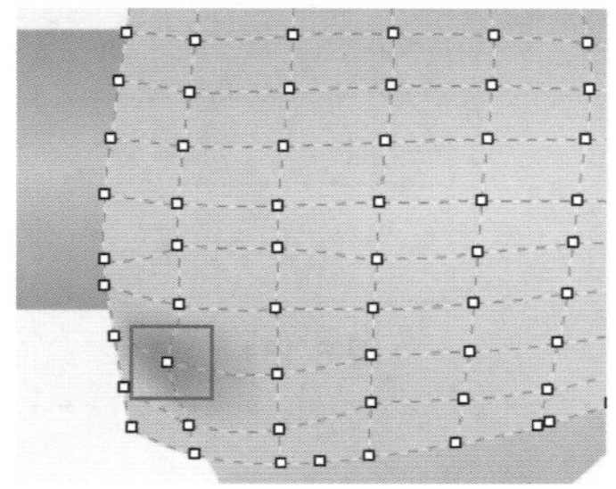
图 6-122

04 继续调整节点位置及更改节点颜色，还可以拖曳调色板上的色块到节点上调整颜色，如图 6-123 所示。采用同样方法制作其他对象，完成礼品卡的绘制，如图6-124所示。

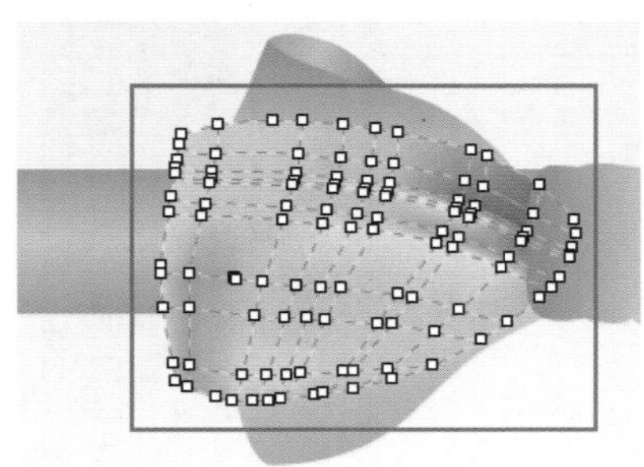
图 6-123

图 6-124

6.5　智能填充工具

“智能填充工具”既可以对单一图形对象进行填充，也可以对多个图形对象进行填充，还可以对交叉区域进行填充。

单一对象填充

选择要填充的对象，如图 6-125 所示，单击工具箱中“智能填充工具”按钮，设置属性栏中的“填充色”为红色，如图 6-126 所示，在对象内单击，即可为对象填充颜色，如图 6-127 所示。

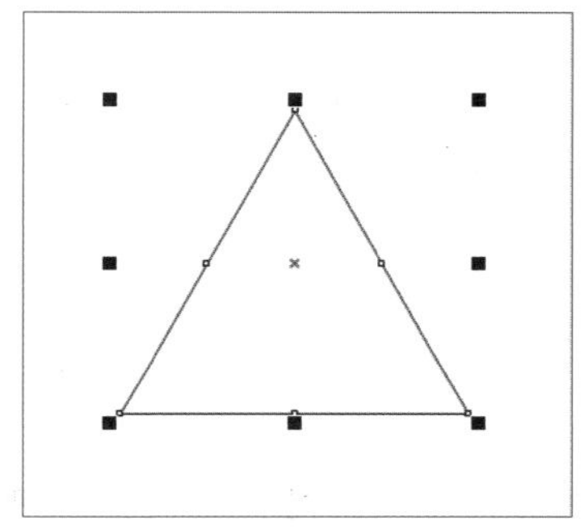
图 6-125

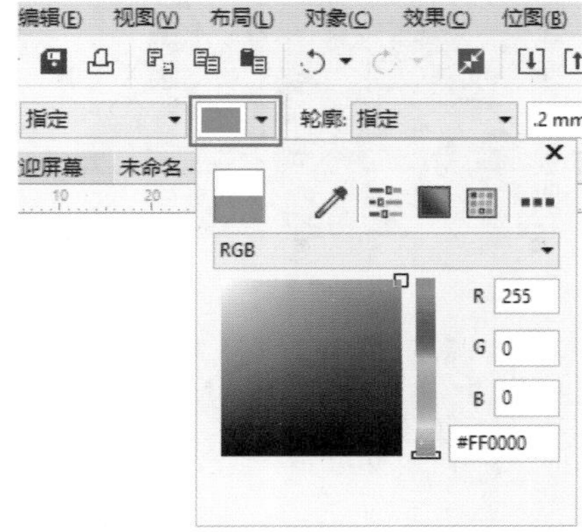

图 6-126

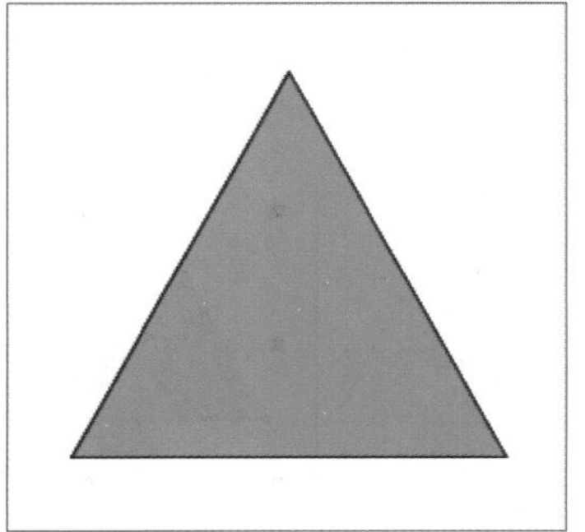
图 6-127

多个对象填充

“智能填充工具”可以将多个重叠对象合并填充为一个路径。使用“多边形工具”在页面上任意绘制多个重叠的三角形，如图 6-128 所示，然后使用“智能填充工具”在页面空白处单击，可以将重叠的三角形填充为一个独立对象，如图 6-129 所示。

图 6-128

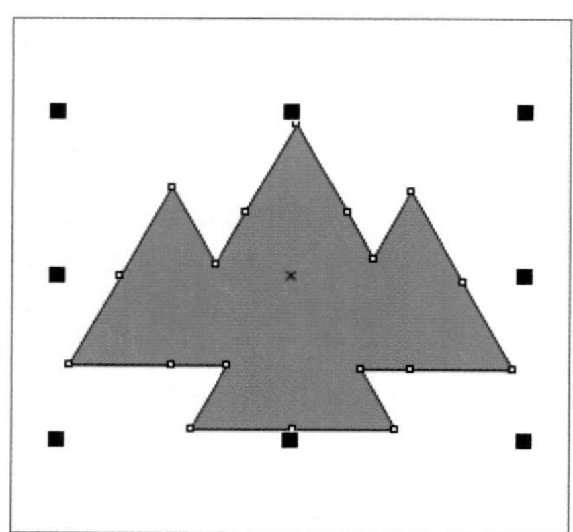

图 6-129

答疑解惑：当多个对象合并填充后，原始对象是否改变了？

当多个对象合并填充后，填充后的对象为一个独立的对象。当使用“选择工具”移动填充创建的图形时，可以看到原始对象没有做任何的改变，如图 6-130 所示。

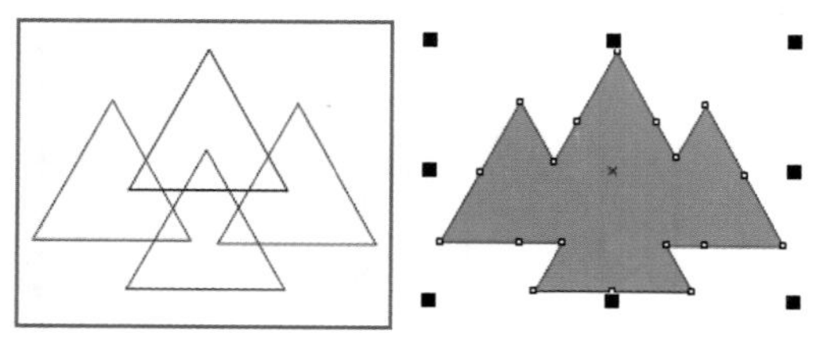

图 6-130

交叉区域填充

“智能填充工具”可以将多个重叠对象形成的交叉区域填充为一个独立的对象，单击工具箱中的“智能填充工具”按钮，在多个图形的交叉区域内部单击，即可为交叉区域填充颜色，如图 6-131~ 图 6-133 所示。

图 6-131

图 6-132

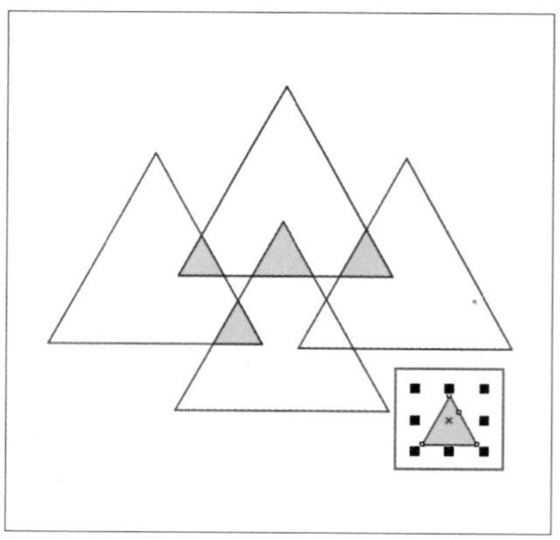

图 6-133

“智能填充工具”属性栏中的各按钮及选项的介绍如下。

✦ 填充选项：在下拉列表中选择将默认或自定义填

充属性应用到新对象。

- ✦ 填充色：用于设置填充的颜色，可以从预设颜色中选择合适的颜色，也可以自定义颜色。
- ✦ 轮廓选项：用于设置轮廓属性。
- ✦ 轮廓线宽度：用于设置轮廓线的宽度。
- ✦ 轮廓色：用于设置轮廓线的颜色。

6.6　编辑对象轮廓线

使用基本绘图工具绘制线条和图形对象后，可对轮廓线的宽度、样式、箭头以及颜色属性进行设置，从而制作出更加丰富的画面效果。

6.6.1　改变轮廓线的颜色

默认情况下，在 CorelDRAW 中绘制的几何图形的轮廓线通常是没有填充的黑色轮廓线，用户可根据实际需要，通过不同的方式改变轮廓线的颜色。

选择要改变轮廓线颜色的对象，如图 6-134 所示，然后右击调色板中的色板，即可改变轮廓线的颜色，如图 6-135 所示。也可将调色板中的色样直接拖至对象轮廓上，如图 6-136 所示，释放鼠标，即可将该颜色应用到对象轮廓上，如图 6-137 所示。

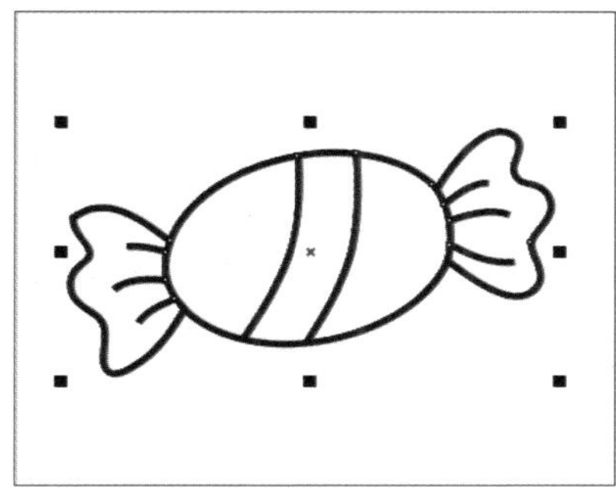

图 6-134

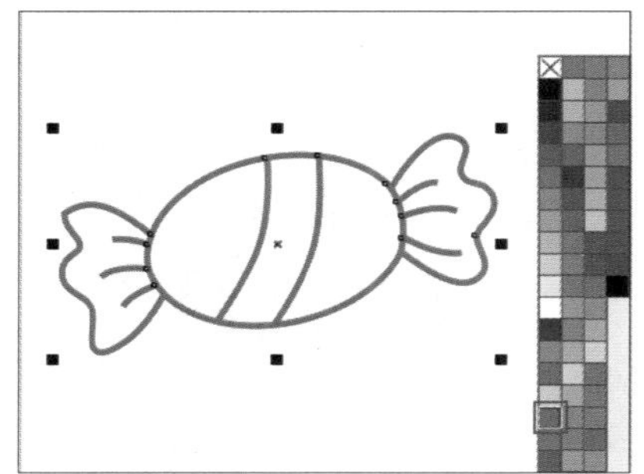

图 6-135

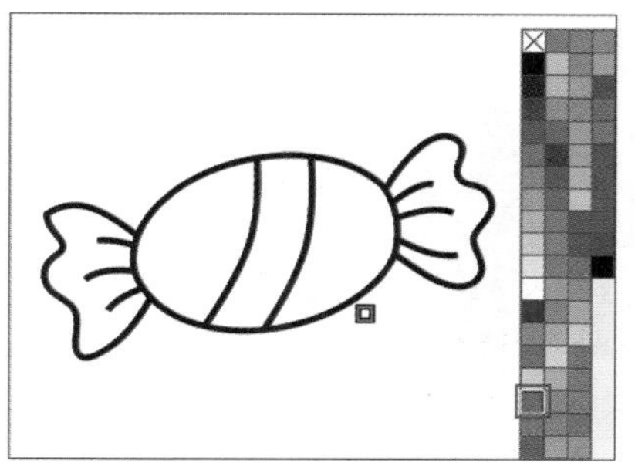

图 6-136

图 6-137

选择要改变轮廓线颜色的对象，单击工具箱中的“轮廓笔工具”按钮，或按 F12 键打开“轮廓笔”对话框，设置对话框中的轮廓颜色，如图 6-138 所示，单击“确定”按钮，即可更改轮廓线的颜色。

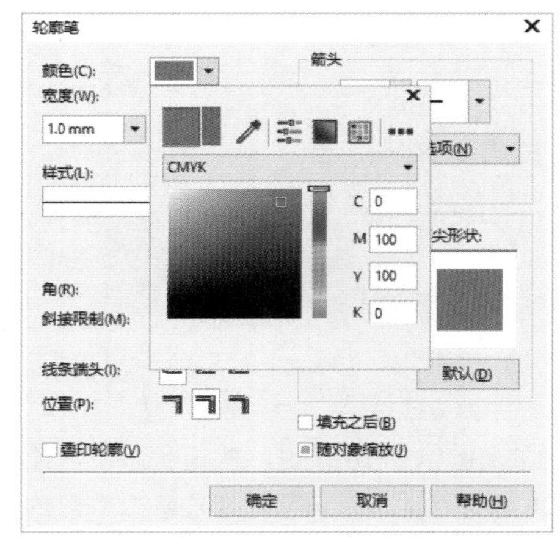

图 6-138

选择要改变轮廓线颜色的对象，单击工具箱中的“轮廓色”按钮，或按快捷键 Shift+F12 打开“选择颜色”对话框，在对话框中选择轮廓颜色，如图 6-139 所示，单击“确定”按钮，即可更改轮廓线的颜色。

技巧与提示：

在“选择颜色”对话框中分别选择“模型”“混合器”和“调色板”选项卡，可以更好地设置所要修改的颜色。

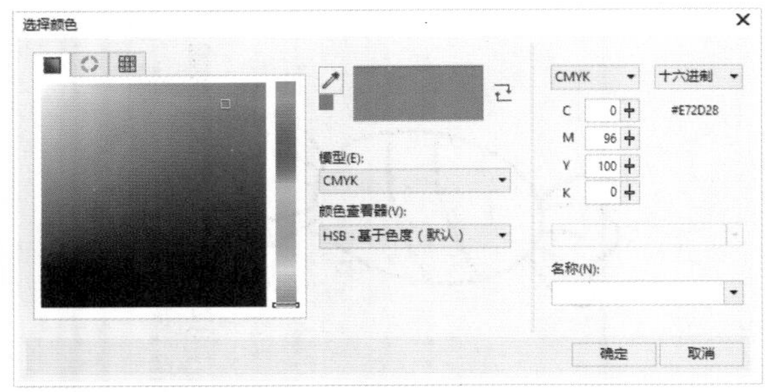

图 6-139

选择要改变轮廓线颜色的对象，单击工具箱中的“颜色工具”按钮，或者执行“窗口”→“泊坞窗”→“彩色”命令，如图 6-140 所示，打开“颜色泊坞窗”，选择颜色后单击“轮廓”按钮，即可更改轮廓线的颜色，如图 6-141 所示。

图 6-140　　图 6-141

技巧与提示：

在“颜色泊坞窗”中分别单击“颜色滴管”“显示颜色滑块”“显示颜色查看器”和“显示调色板”按钮，切换选项卡可以更快捷、系统地设置颜色。

6.6.2 改变轮廓线的宽度

在 CorelDRAW 2017 中，默认状态下，绘制图形的轮廓线宽度为 0.2mm，可以通过修改对象的轮廓属性，达到修饰对象的效果。

选择要改变轮廓线宽度的对象，在属性栏中单击“轮廓宽度”按钮，在弹出的下拉列表中选择预设的轮廓线宽度，或者在文本框中输入数值，即可更改轮廓线的宽度，如图 6-142 所示。也可单击工具箱中的“轮廓笔工具”按钮，在打开的工具列表中选择预设的轮廓宽度，更改轮廓线的宽度，如图 6-143 所示。

选择要改变轮廓线宽度的对象，单击工具箱中的“轮廓笔工具”按钮，或按 F12 键打开“轮廓笔”对话框，在对话框的“宽度”下拉列表中选择预设的轮廓宽度，或者在文本框中输入数值，单击“确定”按钮，即可更改轮廓线的宽度，如图 6-144 所示。

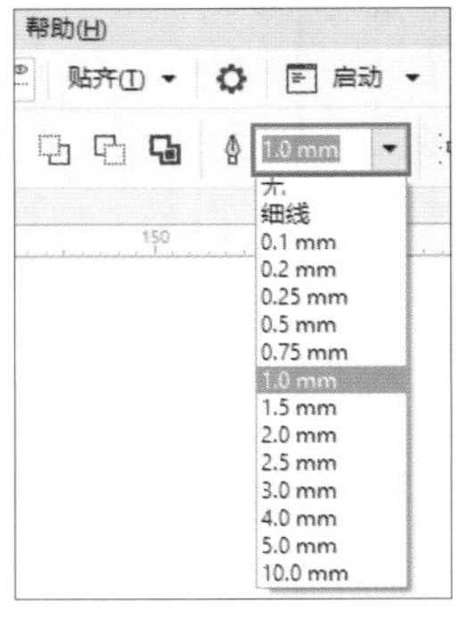

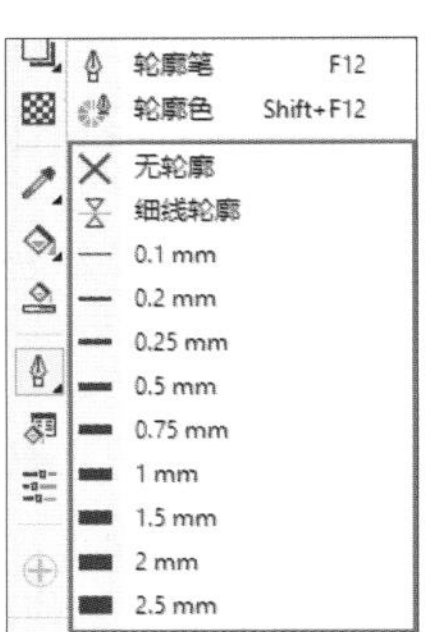

图 6-142　　图 6-143

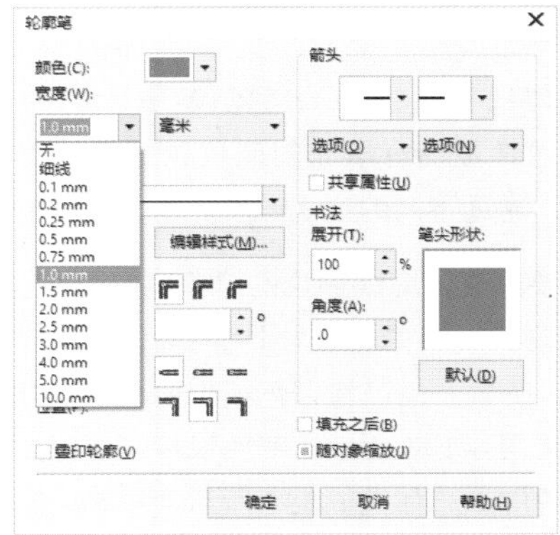

图 6-144

6.6.3 实战：改变轮廓线的样式制作旅游标签

轮廓线不仅可以使用默认的直线，还可以设置为不同样式的虚线，并且还能自定义编辑线条样式。通过修改轮廓线样式可达到美化修饰对象的效果。

01 启动 CorelDRAW 2017 软件，打开“素材\第 6 章\6.6\6.6.3 实战：改变轮廓线的样式制作旅行标签 .cdr”文件，如图 6-145 所示。单击工具箱中的“选择工具”按钮，选择轮廓线对象，如图 6-146 所示。

图 6-145

图 6-146

02 按快捷键 Ctrl+C 复制对象，再按快捷键 Ctrl+V 粘贴对象，如图 6-147 所示。按住 Shift 键等比例缩放对象，然后单击调色板中的任意色块，设置轮廓线颜色，单击调色板中的☒按钮，去除填充颜色，如图 6-148 所示。

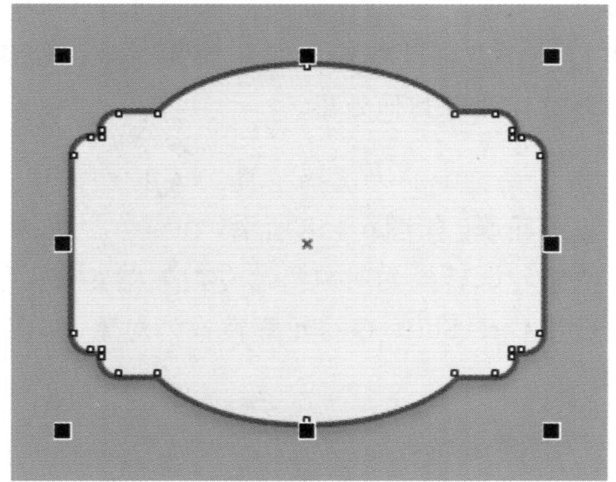

图 6-147

图 6-148

03 单击工具箱中的“轮廓笔”按钮，或按 F12 键打开“轮廓笔”对话框，在对话框中设置“颜色”“宽度”和“样式”等属性，如图 6-149 所示，单击“确定”按钮，修改轮廓线，如图 6-150 所示。

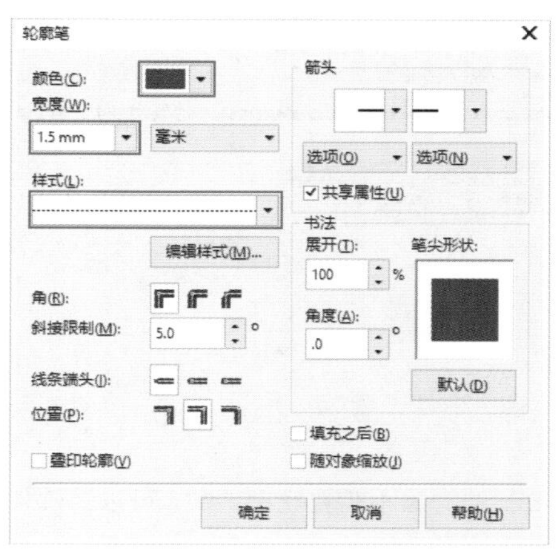

图 6-149

图 6-150

答疑解惑：在 CorelDRAW 2017 中是否可以自定义轮廓线样式？

如果“样式”选项中没有所需的样式，可以单击“编辑样式”按钮，如图 6-151 所示，打开“编辑线条样式”对话框，并进行编辑，如图 6-152 所示。

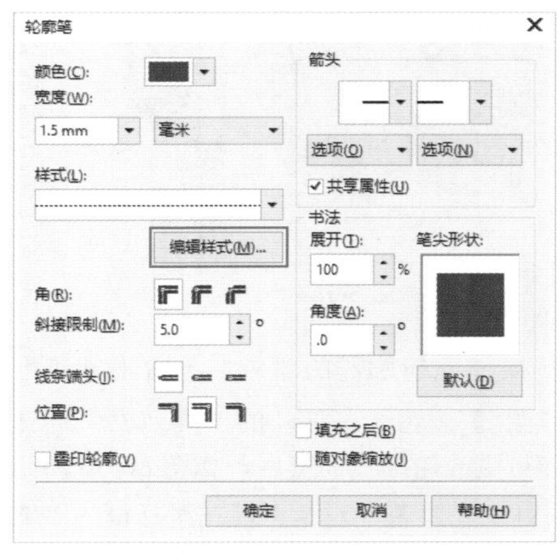

图 6-151

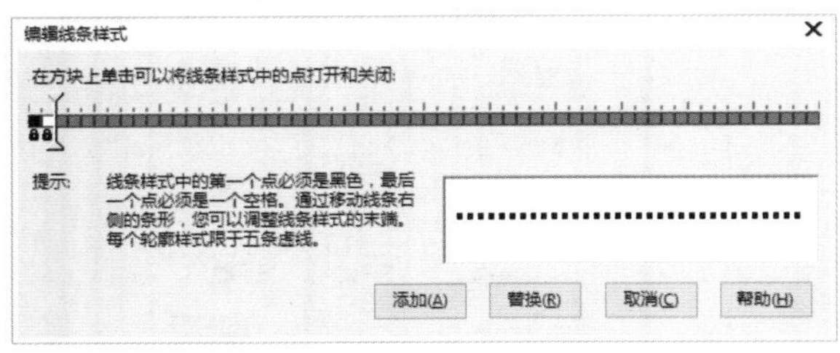

图 6-152

6.6.4 清除轮廓线

当绘制的对象不需要轮廓线时，可以清除轮廓线。选择要清除轮廓线的对象，如图 6-153 所示，在调色板中右击☒按钮，即可清除轮廓线，如图 6-154 所示。或者在属性栏的“轮廓宽度”下拉列表中选择“无”选项；也可以在文本框中输入 0，清除轮廓线，如图 6-155 所示。

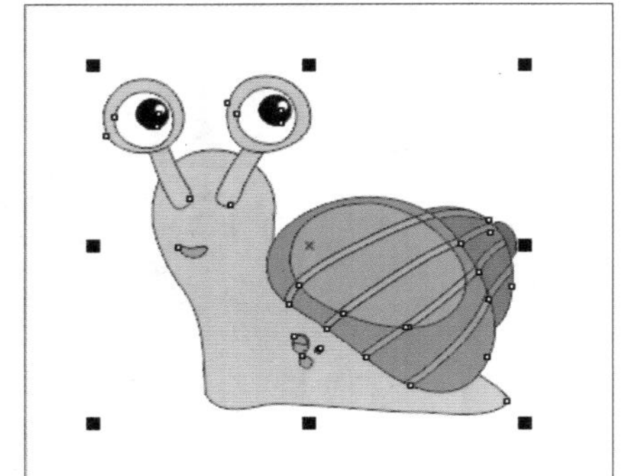

图 6-153

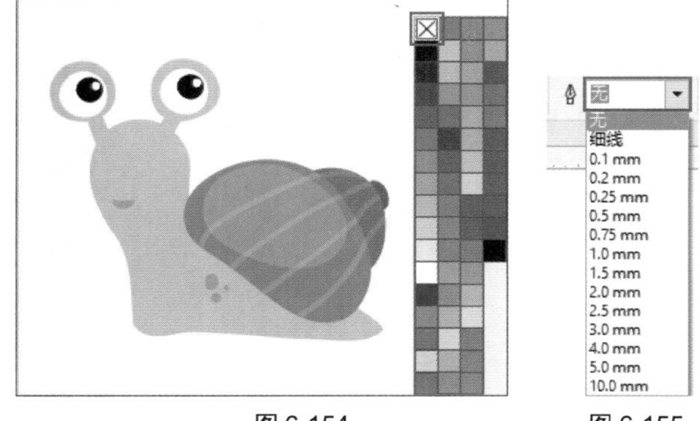

图 6-154　　图 6-155

选择要清除轮廓线的对象，单击工具箱中的“轮廓笔工具”按钮，在打开的工具列表中选择“无轮廓”，即可更改轮廓线的宽度，如图 6-156 所示。或按 F12 键打开“轮廓笔”对话框，在对话框的“宽度”下拉列表中选择“无”；也可以在文本框中 0，单击“确定”按钮，即可更改轮廓线的宽度，如图 6-157 所示。

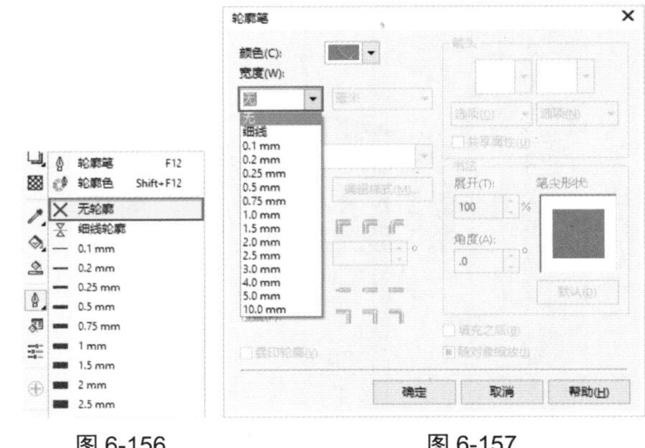

图 6-156　　图 6-157

6.6.5 将轮廓转换为对象

在 CorelDRAW 中，轮廓线只能够进行颜色、宽度和样式的修改，如果在编辑对象的过程中需要对轮廓线进行操作，可以将轮廓线转换为对象，然后添加渐变色、纹样或者其他效果。

单击工具箱中的“选择工具”按钮，选择要转换为对象的轮廓，如图 6-158 所示，在菜单栏中执行“对象”→“将轮廓转换为对象”命令，如图 6-159 所示，或按快捷键 Ctrl+Shift+Q 将轮廓转换为对象，如图 6-160 所示。

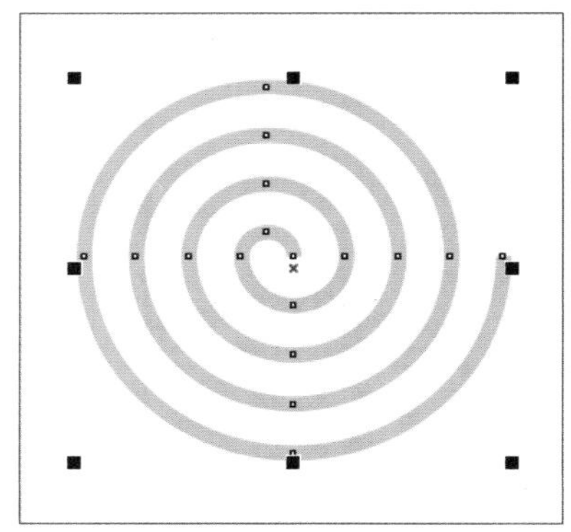

图 6-158

图 6-159

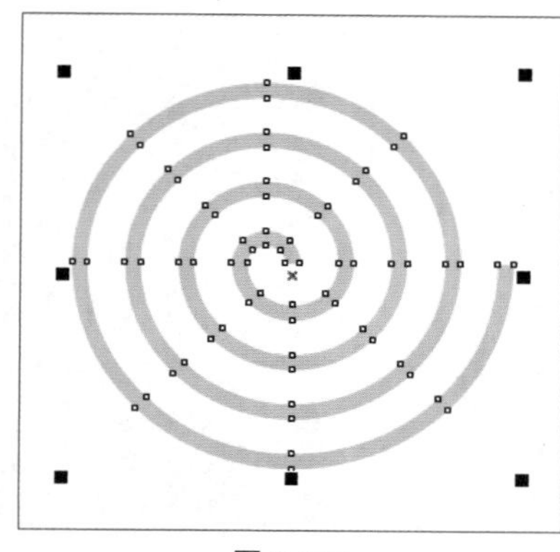

图 6-160

技巧与提示：

将轮廓转换为对象后，对轮廓图进行等比缩放时，其轮廓线宽度会随之变化。

6.7　编辑与应用图形样式

样式是一套格式属性，如果几个对象必须应用同一格式，使用样式可以节省大量时间。将样式应用于对象时，样式的所有属性将一次性全部应用于该对象。图形样式包括轮廓设置和填充设置，可应用于矩形、椭圆形和曲线等图形对象。

6.7.1　创建图形样式

CorelDRAW 具有先进的样式功能，利用对象样式功能，用户能够快速、轻松地用一致的样式设置文档格式。可以创建样式和样式集并将其应用于不同类型的对象，例如，图形对象、美术字和段落文本、标注和度量对象，以及通过艺术笔工具创建的任何对象。

新建样式

使用绘图工具绘制一个图形对象，并设置好填充、轮廓和透明度等属性。右击该对象，在弹出的快捷菜单中根据需要选择“对象样式”→“从以下项新建样式”子菜单中的任意属性，如图 6-161 所示，然后在弹出的“从以下项新建样式”对话框中输入新样式名称，如图 6-162 所示，单击“确定”按钮新建图形样式。

图 6-161

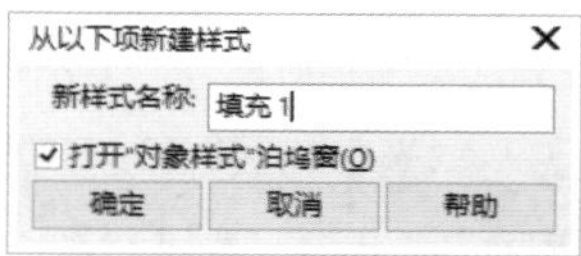

图 6-162

技巧与提示：

在“从以下项新建样式”子菜单中有“轮廓”“填充”和“透明度”3 种属性。如果执行“轮廓”命令，则将对象的轮廓样式保存，而不保存填充和透明度属性，同样，如果选择“填充”，则只保存对象的填充样式。

新建样式集

通过创建图形样式集可以将对象的所有轮廓设置和填充设置等样式保存。右击该对象，在弹出的快捷菜单中执行“对象样式”→“从以下项新建样式集”命令，如图 6-163 所示，在弹出的“从以下项新建样式集”对话框中输入新样式集名称，如图 6-164 所示，然后单击“确定”按钮新建样式集。

图 6-163

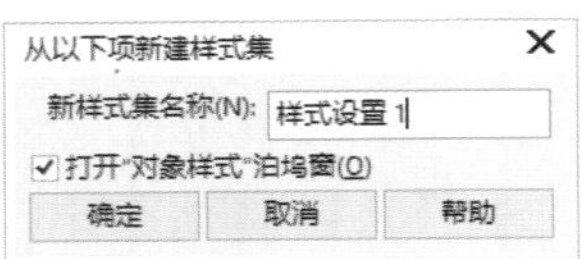

图 6-164

6.7.2 实战：应用图形样式制作新年海报

样式是一套格式属性，如果让几个对象同时应用同一格式，可以节省大量的时间，提高工作效率。应用样式之前除编辑样式外，还需对样式进行存储，以保证其他图形可以应用该图形样式。

01 启动 CorelDRAW 2017 软件，打开“素材\第 6 章\6.7\6.7.2 实战：应用图形样式制作新年海报 .cdr”文件，如图 6-165 所示。单击工具箱中的“选择工具” 按钮，选择 2 对象（此处的文字已转曲），如图 6-166 所示。

图 6-165

图 6-166

02 按 F11 键打开“编辑填充”对话框，设置渐变颜色，如图 6-167 所示，单击“确定”按钮，可为该对象填充渐变颜色，如图 6-168 所示。

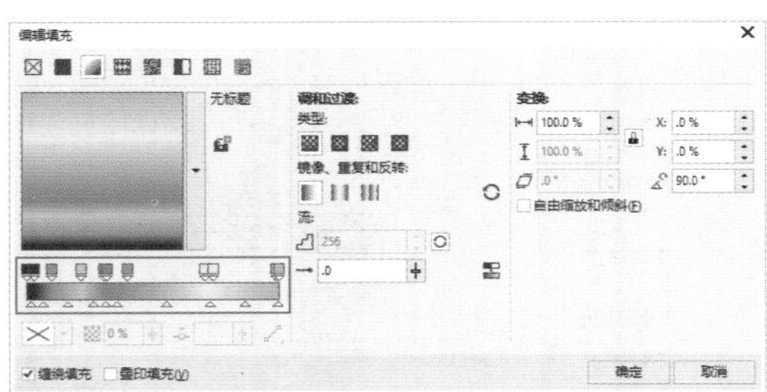

图 6-167

图 6-168

03 在对象上右击，在弹出的快捷菜单中选择“对象样式”→“从以下项新建样式”→“填充”命令，在弹出的“从以下新建样式”对话框中设置样式名称，如图 6-169 所示，单击“确定”按钮，即可将该样式保存在“对象样式”泊坞窗中，如图 6-170 所示。

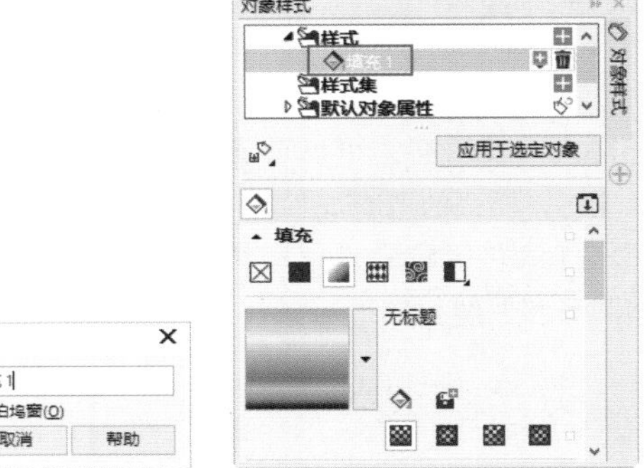

图 6-169　　图 6-170

04 使用“选择工具” 选择 0 对象，再单击“对象样式”泊坞窗中的“应用于选定对象”按钮，即可将“填充 1”样式应用在所选对象上，如图 6-171 所示，继续在另外的文字上应用图形样式，完成新年海报的制作，如图 6-172 所示。

图 6-171

图 6-172

6.7.3　编辑图形样式

如果需要对保存后的图形样式进行编辑，可以执行“窗口”→“泊坞窗”→“对象样式”命令，如图 6-173 所示，或按快捷键 Ctrl+F5 打开“对象样式”泊坞窗，在泊坞窗中选择要编辑的样式，再在下面的选项板中对选择的样式进行相应的调整，如图 6-174 所示。

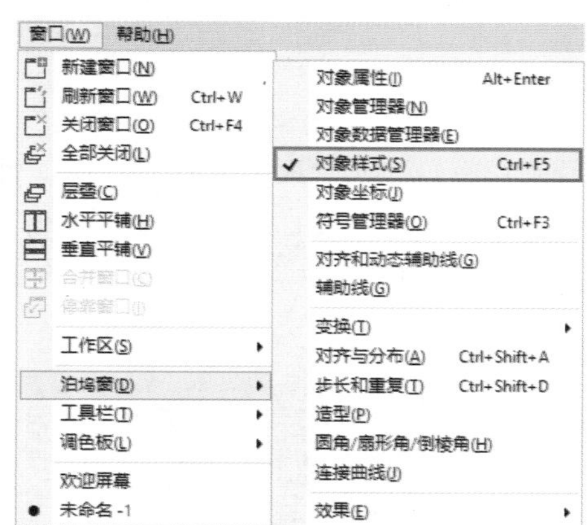

图 6-173

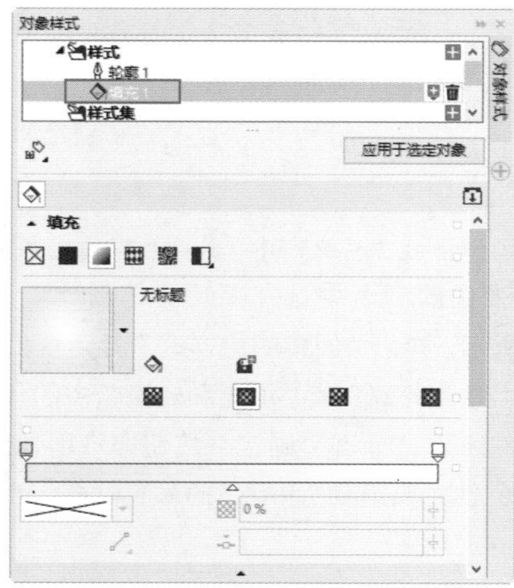

图 6-174

6.7.4　查找图形样式

在“对象样式”泊坞窗中选择要查找的图形样式名称，右击该样式名称，然后在弹出的快捷菜单中选择“使用样式选择对象”命令，如图 6-175 所示，可查找并自动选择应用了该样式的所有图形对象，如图 6-176 所示。

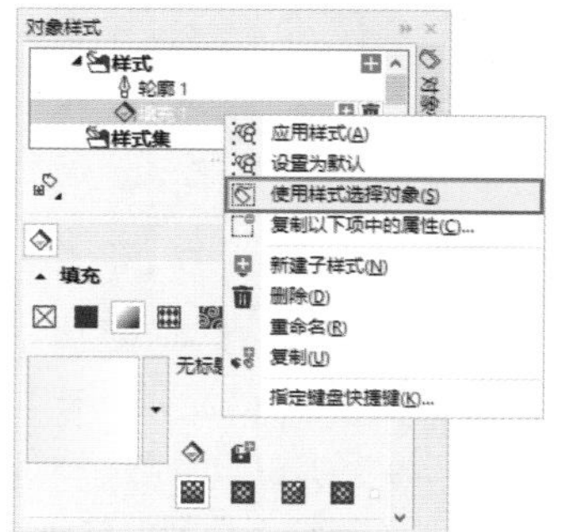

图 6-175

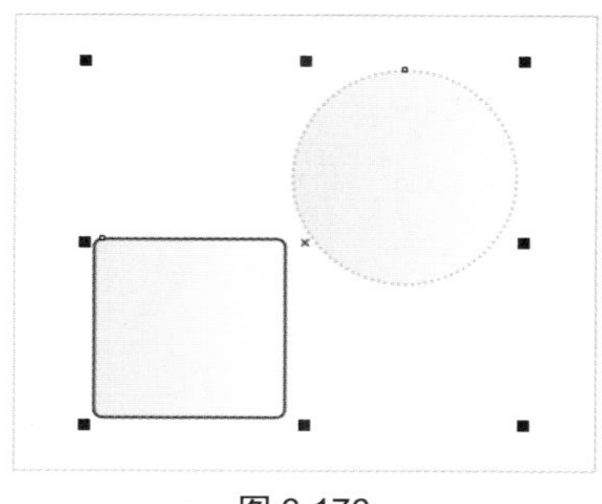

图 6-176

6.7.5　删除图形样式

如果要删除多余的图形样式，可以在“对象样式”泊坞窗中选择要删除的样式，单击样式后面的“删除”按钮，即可将其删除，如图 6-177 所示。或者右击要删除的图形样式，在弹出的快捷菜单中选择“删除”命令，如图 6-178 所示，也可删除该图形样式。

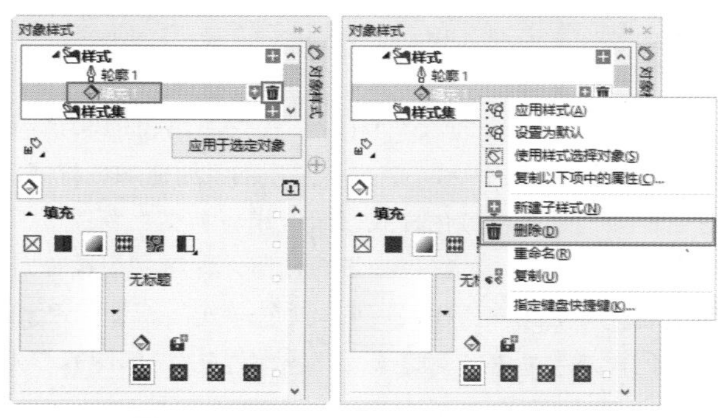

图 6-177　　图 6-178

6.8 颜色样式

颜色样式是图形样式的一种特殊用法，因为它在普通图形样式的基础上增加了一些其他功能，如果要改变图形中已应用了某样式的所有对象的颜色，只要编辑颜色样式即可轻松完成。本节将详细介绍颜色样式的相关操作。

6.8.1 创建颜色样式

从对象创建

选择一个图形，右击该对象，在弹出的快捷菜单中选择“颜色样式”→“从选定项新建”命令，如图6-179所示，在打开的“创建颜色样式”对话框中的“从以下项创建颜色样式”属性下选择要创建的颜色样式，如图6-180所示，单击“确定”按钮，即可将对象上创建的颜色样式保存在“颜色样式”泊坞窗中。

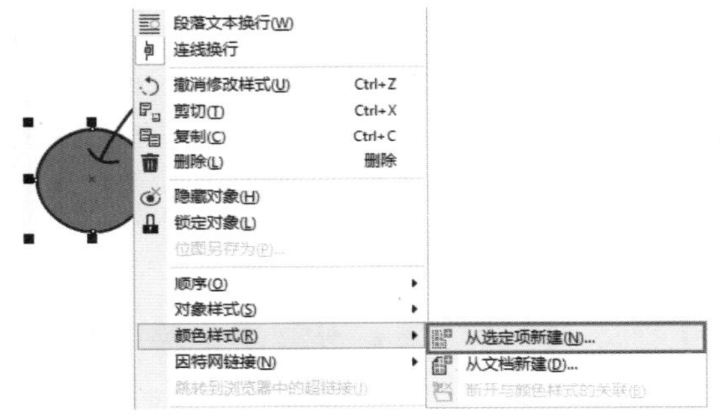

图6-179

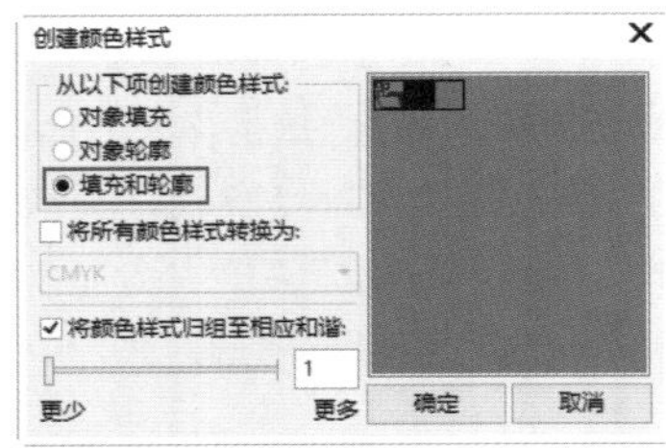

图6-180

将选择的对象拖至“颜色样式”泊坞窗的和谐组框内，如图6-181所示，然后在弹出的“创建颜色样式”对话框中勾选“将颜色样式归组至相应和谐”复选框，如图6-182所示，单击“确定”按钮，即可利用选择对象的填充颜色和轮廓颜色创建颜色样式，新建的和谐组颜色样式显示在“颜色样式”泊坞窗中，如图6-183所示。

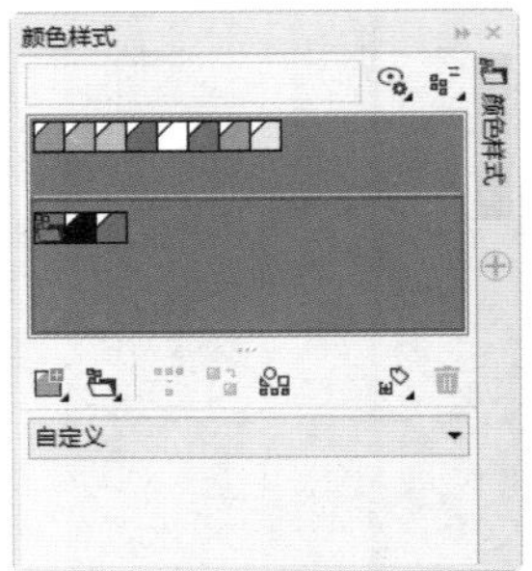

图6-181

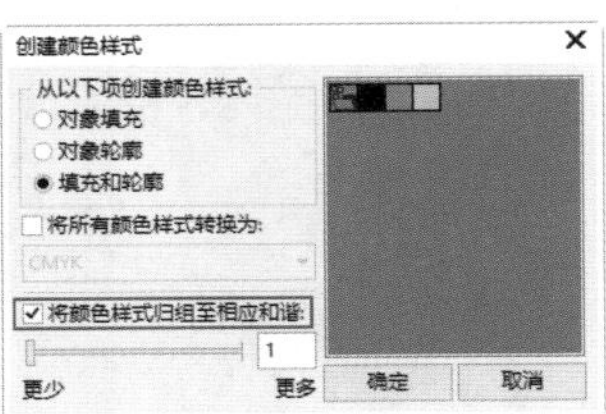

图6-182

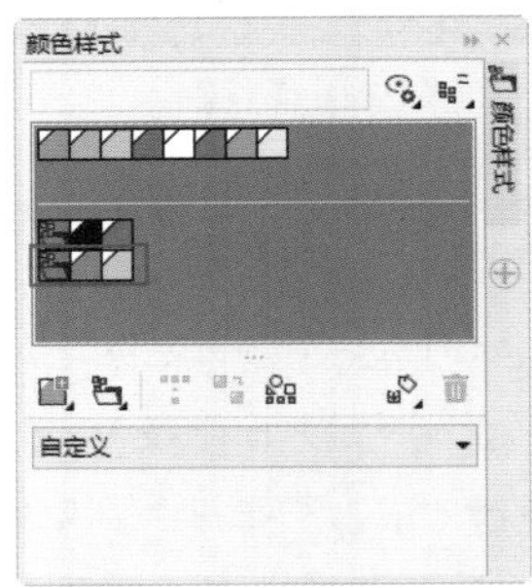

图6-183

从调色板创建

执行“窗口”→“泊坞窗”→“颜色样式”命令，或按快捷键Ctrl+F6打开“颜色样式”泊坞窗，然后使用“选择工具”将对象上的颜色拖至“泊坞窗”的灰色区域顶部，即可创建颜色样式，如图6-184所示。

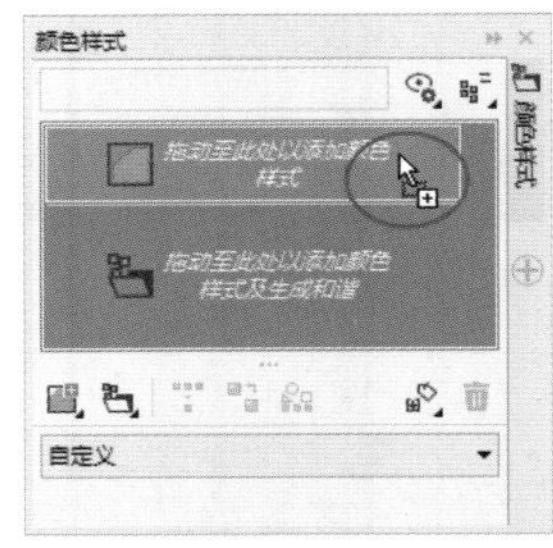

图6-184

从文档新建

在“颜色样式”泊坞窗中，单击“新建颜色样式”按钮，在弹出的列表中选择“从文档新建”选项，如图6-185所示，弹出“创建颜色样式”对话框，勾选“对象填充”“对象轮廓”或“填充和轮廓”中的任意一项，如图6-186所示，单击“确定”按钮即可由勾选的选项对应的颜色创建归组到“和谐”的颜色样式，如图6-187所示。

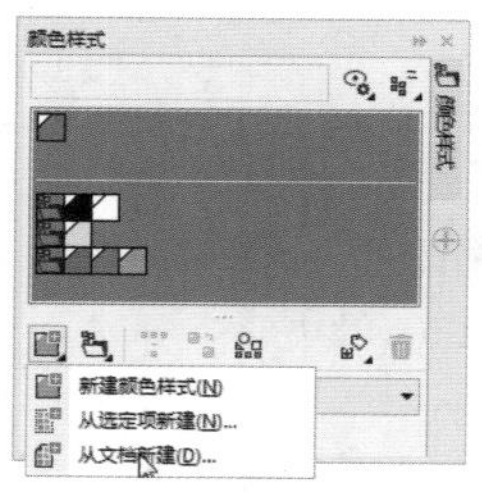

图 6-185

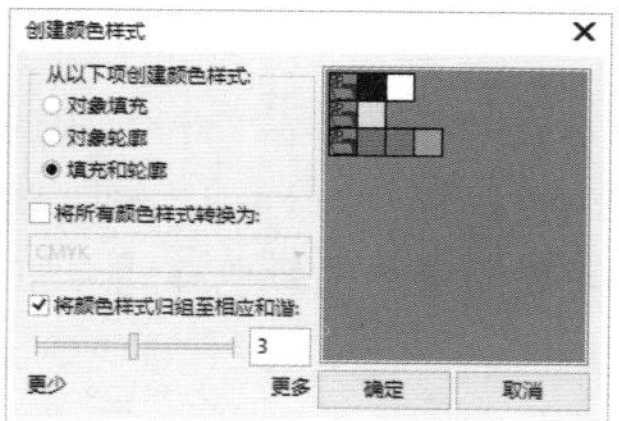

图 6-186

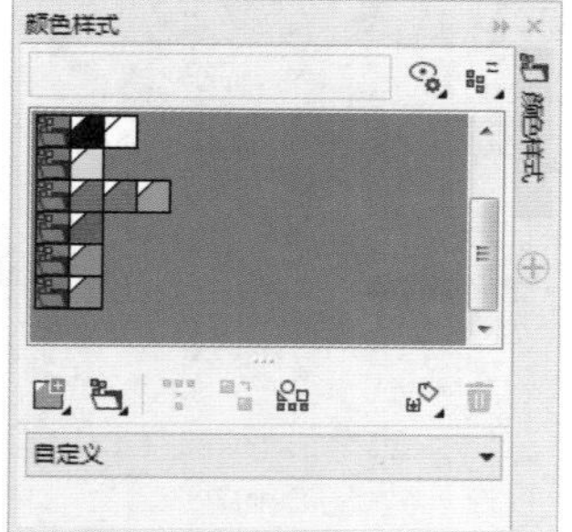

图 6-187

6.8.2　实战：编辑颜色样式修改颜色

在 CorelDRAW 中，编辑已创建的颜色样式后，应用该颜色样式的图形颜色也会随之变化。

01 启动 CorelDRAW 2017 软件，打开“素材\第 6 章\6.8\6.8.2 实战：编辑颜色样式修改颜色 .cdr”文件，如图 6-188 所示。单击工具箱中的“选择工具”按钮，全选对象，如图 6-189 所示。

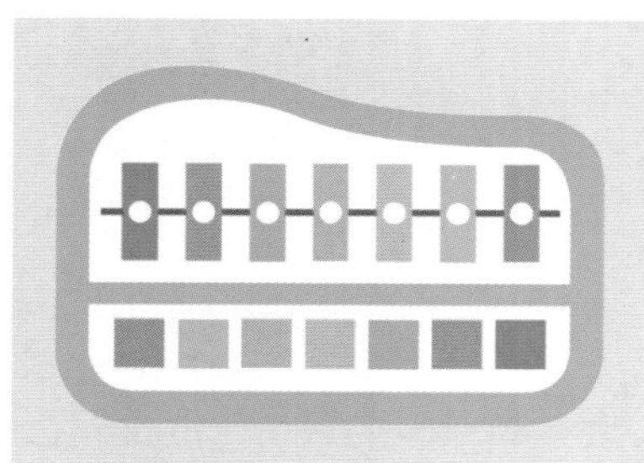

图 6-188

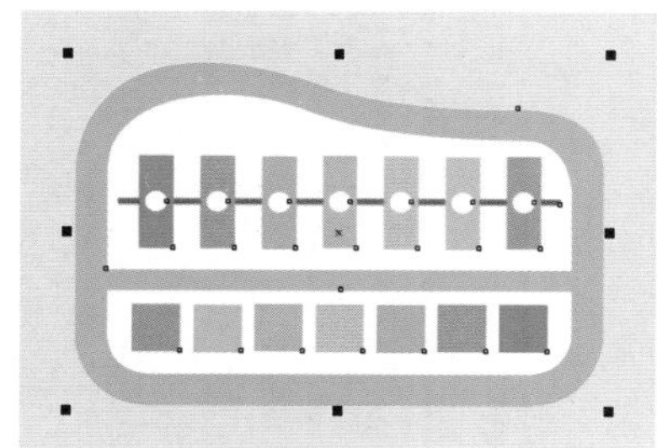

图 6-189

02 右击该对象，在弹出的快捷菜单中选择“颜色样式”→“从选定项新建”命令，在打开的“创建颜色样式”对话框中，选择如图 6-190 所示的复选框，单击“确定”按钮，即可创建颜色样式并保存在“颜色样式”泊坞窗中，如图 6-191 所示。

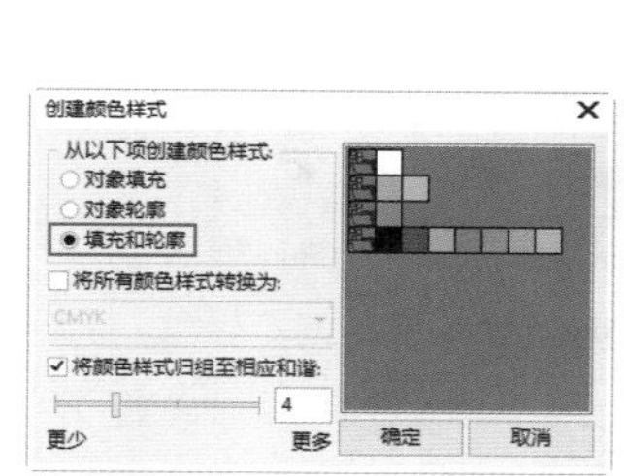

图 6-190

图 6-191

03 在泊坞窗中使用“选择工具”选择一个颜色样式，如图 6-192 所示，然后在颜色编辑器或和谐编辑器中编辑该颜色样式，如图 6-193 和图 6-194 所示。

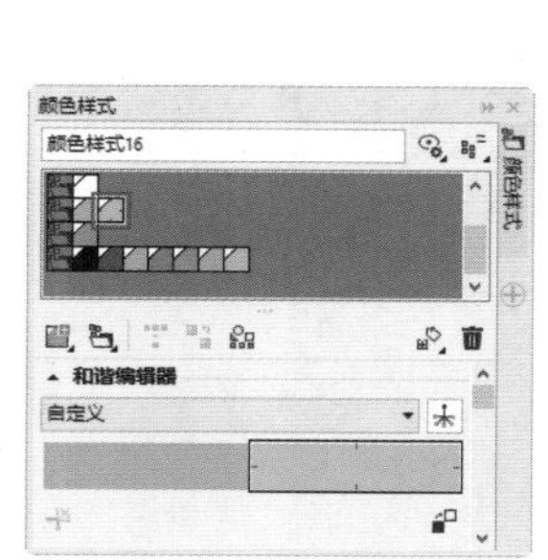

图 6-192

图 6-193

图 6-194

04 所选颜色样式的和谐组中的颜色样式自动更改，如图 6-195 所示，并且原对象的颜色也会随之变化，如图 6-196 所示。

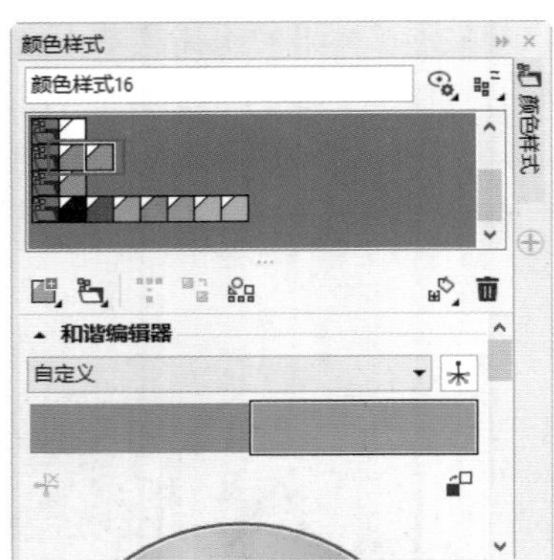

图 6-195

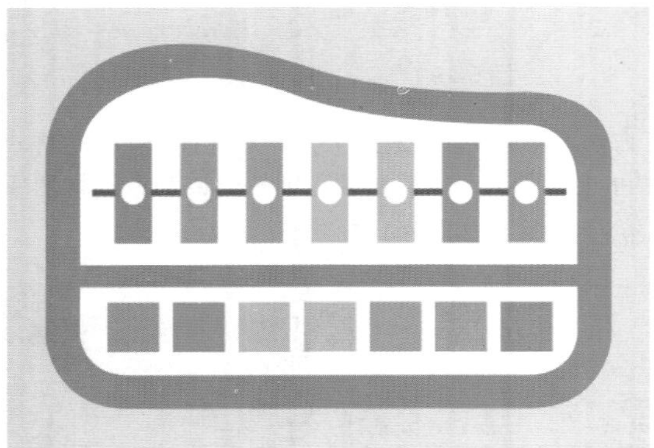

图 6-196

6.8.3　删除颜色样式

在“颜色样式”泊坞窗中使用“选择工具”选择颜色样式，然后单击“删除”按钮，如图 6-197 所示，即可删除选中的颜色样式，如图 6-198 所示。

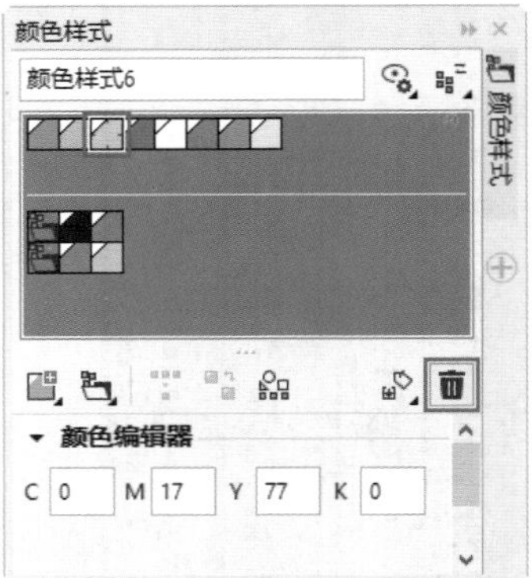

图 6-197

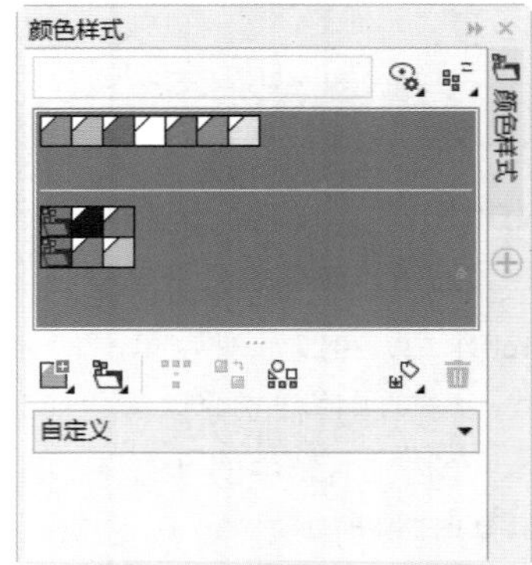

图 6-198

第 7 章

特殊效果的编辑

CorelDRAW 2017 除了可以进行一些基本的编辑操作，还可以进行一些特殊效果的编辑，包括调和效果、轮廓图效果、变形效果、阴影效果、封套效果、立体化效果、透明度效果以及透镜效果。本章将详细介绍 CorelDRAW 2017 软件中这些特殊效果的编辑方法。

本章教学视频二维码

7.1 交互式调和工具

在 CorelDRAW 中，使用“交互式调和工具”可以使两个分离的矢量图形对象之间产生形状、颜色、轮廓及尺寸上的平滑变化，在调和过程中，对象的外形、填充方式、节点位置和步数都会直接影响调和结果。它主要用于广告创意领域，从而实现超级炫酷的立体效果图，达到真实照片的级别。本节将详细介绍交互式调和工具的使用方法。

7.1.1 创建调和效果

使用“调和工具”可以在两个对象之间产生形状与颜色的渐变调和效果，原对象的位置、形状以及颜色会直接影响调和的效果。在 CorelDRAW 2017 中通过“调和工具”可以创建直线调和、曲线调和以及复合调和的效果。

直线调和

单击工具箱中的 “调和工具”，将光标移至红色圆形对象（起始对象）上，如图 7-1 所示，按住鼠标左键向黄色方形对象（终止对象）拖曳，可出现一系列虚线预览， 如图 7-2 所示，释放鼠标后即可创建直线调和，如图 7-3 所示。

在调和时，两个对象的位置和大小会影响中间系列对象的形状变化，两个对象的颜色决定中间系列对象的颜色渐变范围。

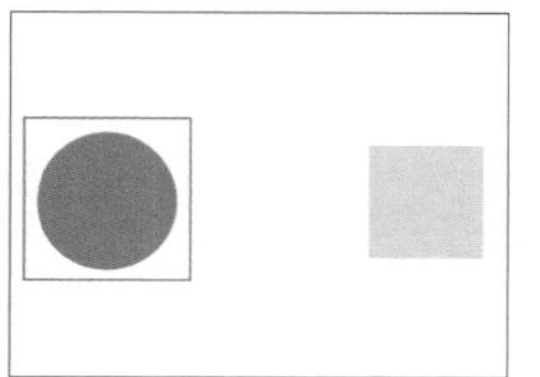

图 7-1

图 7-2

图 7-3

曲线调和

如果要创建曲线调和效果，需要将光标移至红色圆形对象（起始对象）上，然后按住 Alt 键，按住鼠标左键向黄色方形对象（终止对象）拖曳出一条曲线路径，如图 7-4 所示，释放鼠标后，即可创建曲线调和效果，如图 7-5 所示。

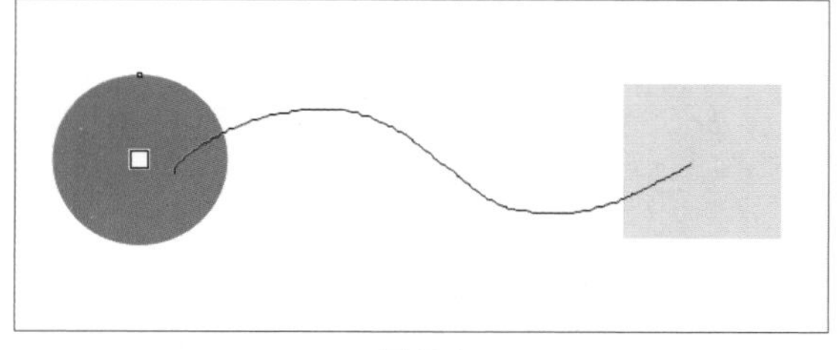

图 7-4

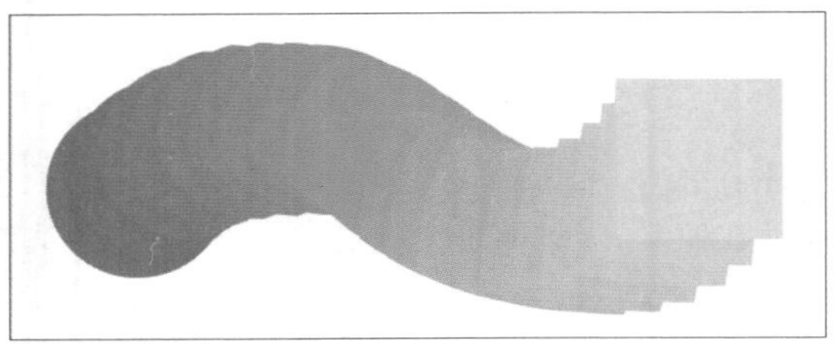

图 7-5

技巧与提示：

在创建曲线调和选取起始对象时，必须先按住 Alt 键再进行选取对象及路径绘制，否则无法创建曲线调和。在曲线调和中，绘制曲线弧度的长短会影响到中间系列对象的形状和颜色的变化。

复合调和

复合调和一般用于 3 个及以上对象，在对象与对象之间既可以创建直线调和，也可以创建曲线调和。

单击工具箱中的“调和工具”按钮，将光标移至红色圆形对象（起始对象）上，如图 7-6 所示，按住鼠标左键向黄色方形对象（第二个对象）拖曳，释放鼠标后即可创建直线调和，如图 7-7 所示。

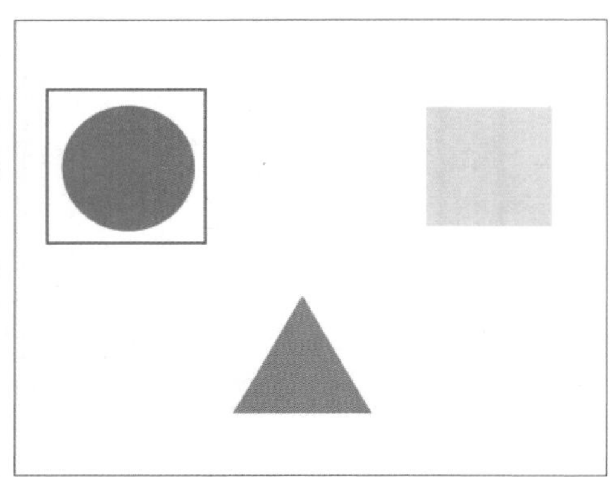

图 7-6

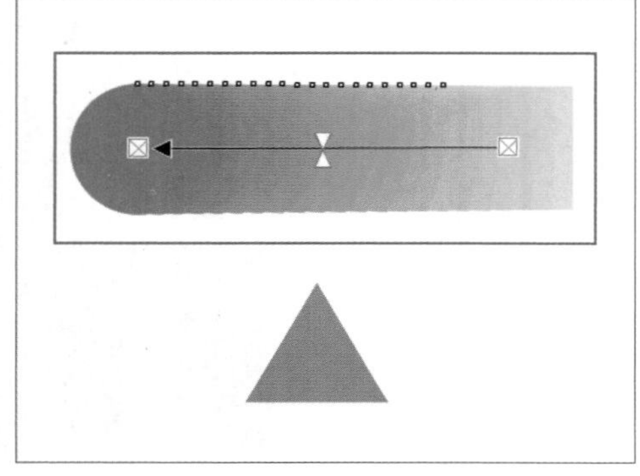

图 7-7

在空白处单击，取消路径的选择，再将光标移至黄色方形对象（第二个对象）上，按住鼠标左键向蓝色三角形对象（终止对象）拖曳，如图 7-8 所示，释放鼠标后即可创建复合调和效果，如图 7-9 所示。

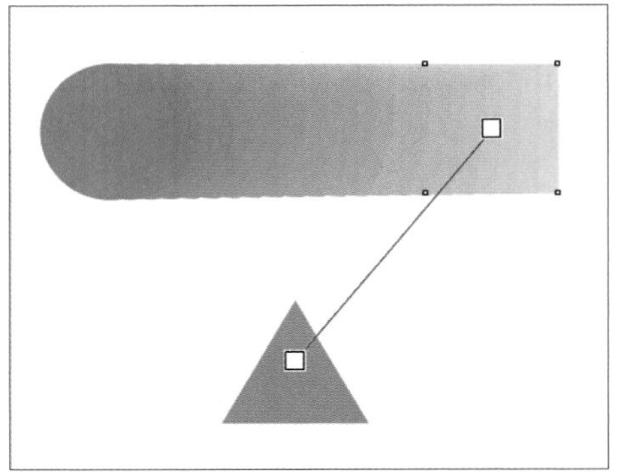

图 7-8

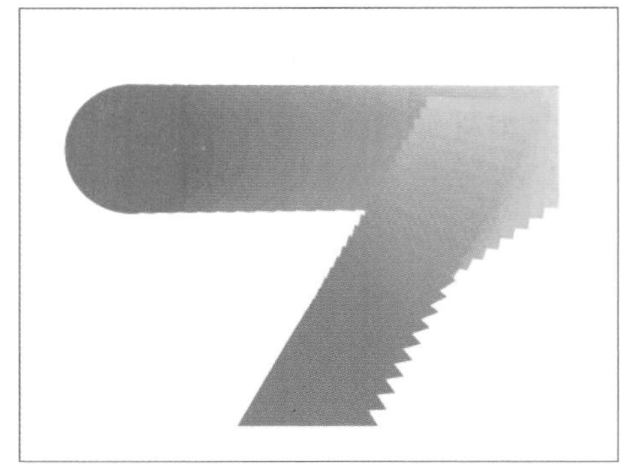

图 7-9

答疑解惑：如果想要同时创建两个对象的调和效果，该如何操作呢？

可以使用“选择工具”选择两个起始对象，如图 7-10 所示，按快捷键 Ctrl+G 群组对象，然后使用“调和工具”拖曳对象，即可创建调和效果，此时调和的起始节点在两个起始对象的中间，如图 7-11 所示。

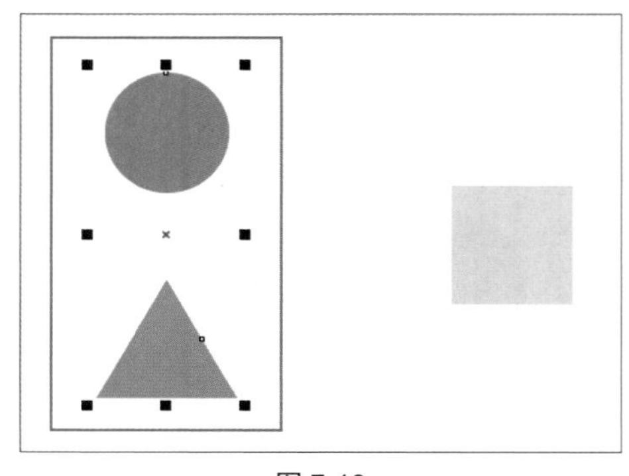

图 7-10

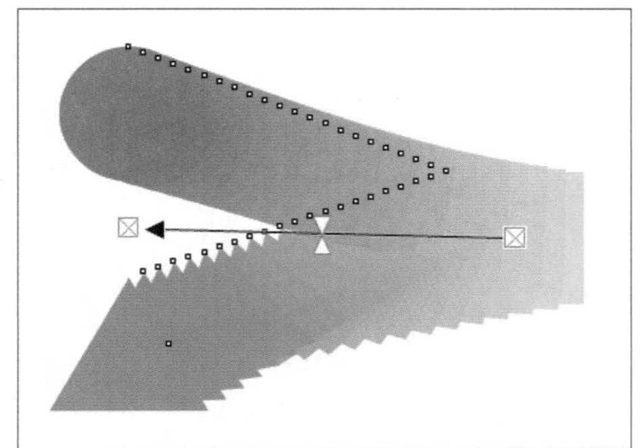
图 7-11

7.1.2　实战：编辑调和对象制作缤纷蝴蝶效果

在创建调和效果后，通过调整调和对象属性，可以更改调和效果的外观。包括调和对象之间的数量和间距、调和对象颜色渐变、调和映射到的节点、调和的路径，以及起始对象和结束对象。

01 启动 CorelDRAW 2017 软件，打开“素材\第 7 章\7.1\7.1.2 实战：编辑调和对象制作缤纷蝴蝶效果 .cdr”文件，如图 7-12 所示。单击工具箱中的“选择工具”按钮，选择“蝴蝶”对象，如图 7-13 所示，按快捷键 Ctrl+C 复制对象，再按两次快捷键 Ctrl+V 粘贴对象，然后移至空白位置并更改填充颜色，如图 7-14 所示。

图 7-12

图 7-13

图 7-14

02 单击工具箱中的“调和工具”按钮，将光标移至“黄色蝴蝶”对象上，并拖至“绿色蝴蝶”对象上，创建调和效果，如图 7-15 所示，在属性栏中设置“调和步长”数值为 50，更改调和对象的数目，如图 7-16 所示。

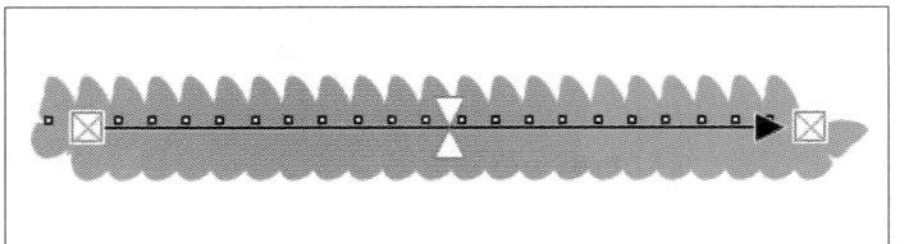
图 7-15

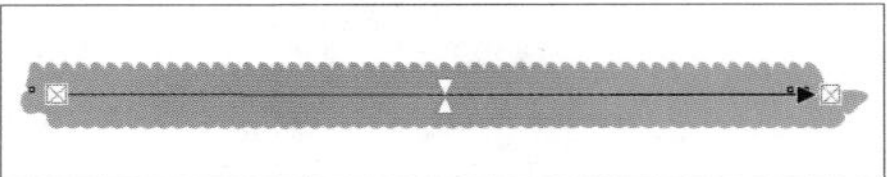
图 7-16

03 在属性栏中单击“顺时针调和”按钮，使对象上的填充颜色按色谱的顺时针方向进行颜色过渡，如图 7-17 所示。执行“效果”→“拆分调和群组”命令，或按快捷键 Ctrl+K 拆分调和对象，使用“选择工具”移动拆分的对象，如图 7-18 所示。

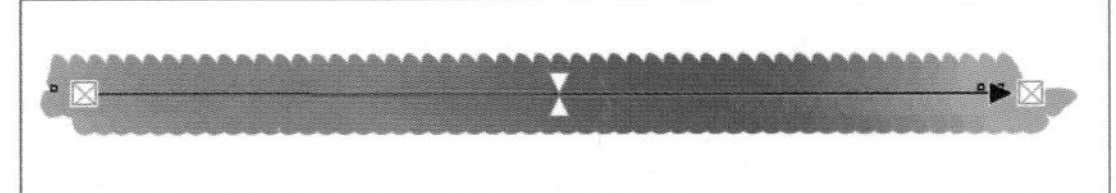
图 7-17

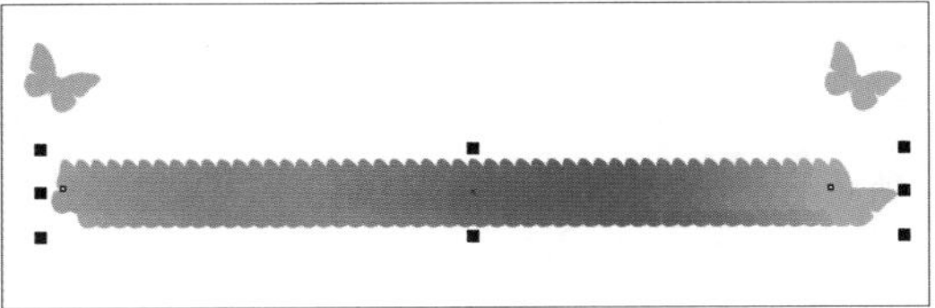
图 7-18

04 右击对象，在弹出的快捷菜单中选择“取消组合对象”命令，或按快捷键 Ctrl+U 取消群组，将调和对象拆分为单独的对象，如图 7-19 所示。移动对象到合适的位置并调整大小，如图 7-20 所示，继续调整每个“蝴蝶”对象的位置和大小，如图 7-21 所示。

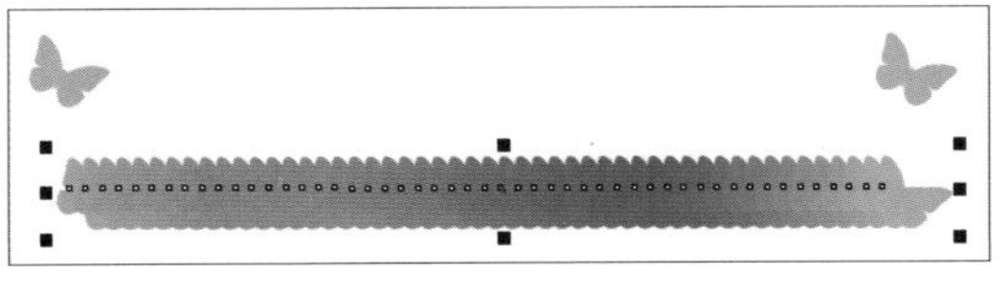
图 7-19

图 7-20

图 7-21

05 使用“选择工具”选择已添加的蝴蝶对象，如图 7-22 所示。单击工具箱中的“透明度工具”按钮，再在属性栏中单击“均匀透明度”按钮，设置“透明度”为 50，添加透明度效果，如图 7-23 所示。采用同样的方法，继续添加蝴蝶装饰，完成缤纷蝴蝶的制作，如图 7-24 所示。

图 7-22

图 7-23

图 7-24

技术专题：属性栏中编辑调和对象的选项详解

✦ 调和步长：用于设置调和效果中的调和步数，文本框中的数值即为调和中间渐变对象的数目。数值越大则调和效果越自然，如图 7-25 和图 7-26 所示。

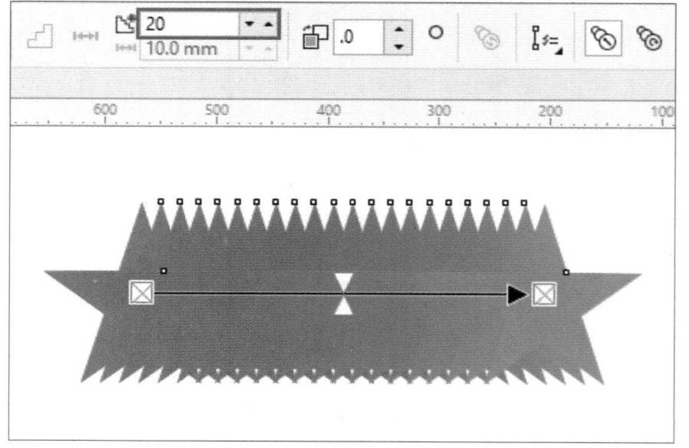

图 7-25

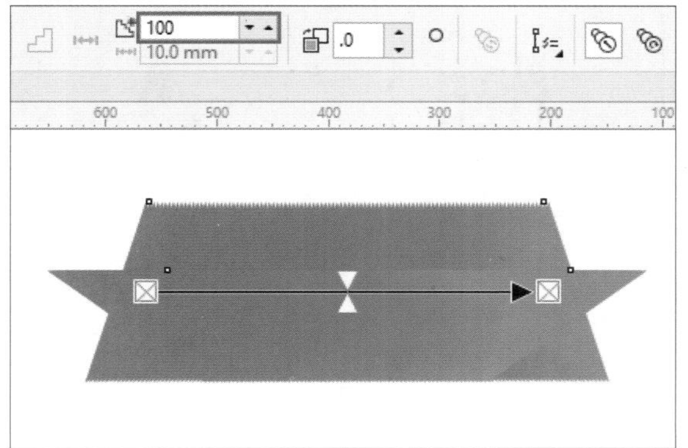

图 7-26

✦ 调和间距：更改调和中的步长间距，如图 7-27 和图 7-28 所示。

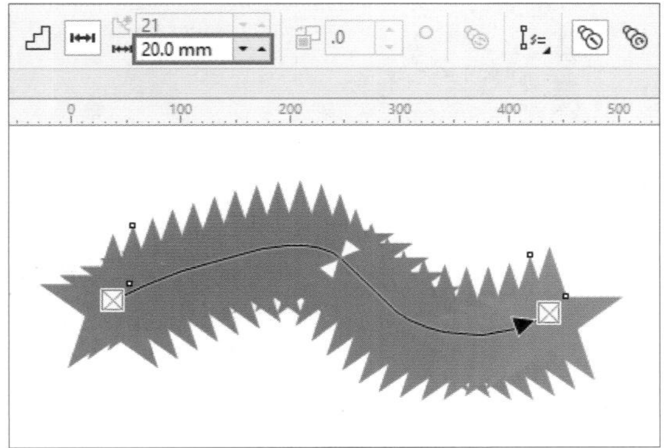

图 7-27

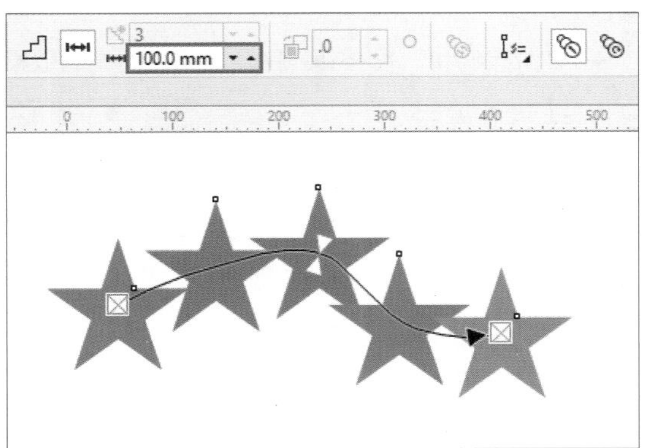

图 7-28

技巧与提示：

只有在曲线调和的状态下，才可进行“调和步长”按钮和“调和间距”按钮之间的切换。在直线调和状态下，“调和步长”可以直接设置，而“调和间距”只能用于曲线调和路径。

✦ 调和方向：设置已调和对象的旋转角度，如图 7-29 所示。

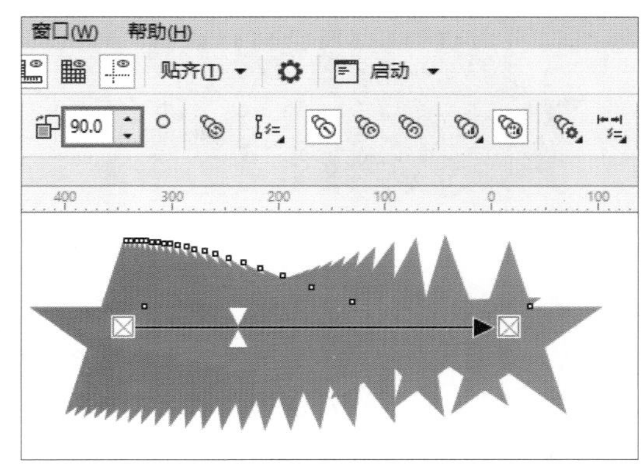

图 7-29

✦ “环绕调和”按钮：按照调和方向在对象之间产生环绕式的调和效果。该按钮只有在设置了调和方向之后才可用。

✦ “路径属性”按钮：将调和效果移至新路径、显示路径或将调和效果从路径中分离出来，如图 7-30 所示。

图 7-30

✦ “直接调和”按钮：直接在所选对象的填充颜色之间进行颜色过渡，如图 7-31 所示。

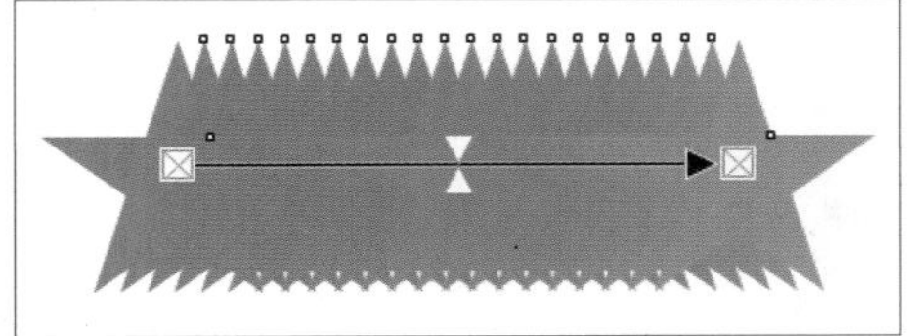

图 7-31

✦ “顺时针调和”按钮：使对象上的填充颜色按色谱的顺时针方向进行颜色过渡，如图 7-32 所示。

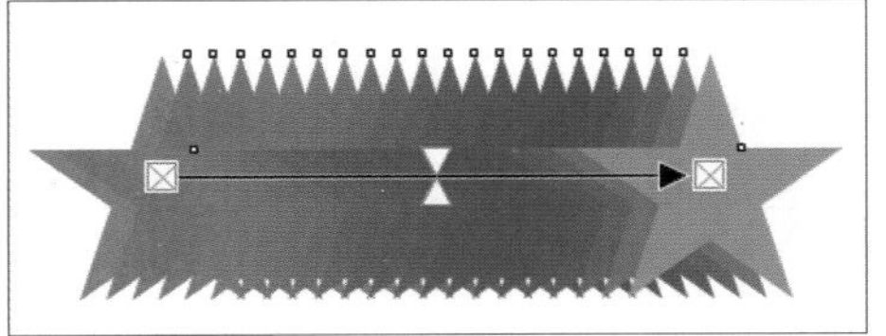

图 7-32

✦ “逆时针调和”按钮：使对象上的填充颜色按色谱的逆时针方向进行颜色过渡，如图 7-33 所示。

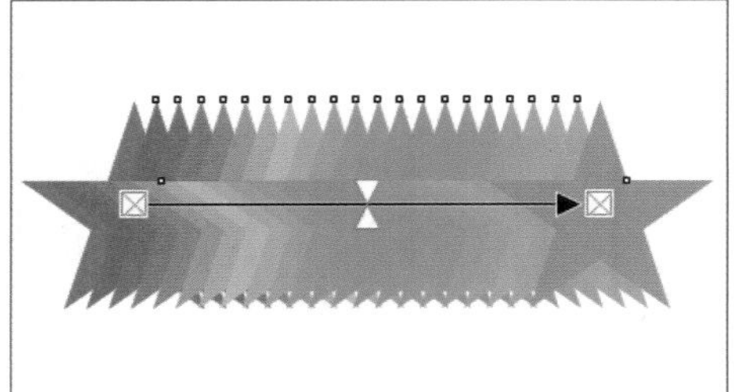

图 7-33

✦ “对象和颜色加速”按钮：调整调和对象显示和颜色更改的速率。单击该按钮，在弹出的下拉框中拖曳“对象”或“颜色”的滑块，即可更改速率，如图 7-34 和图 7-35 所示。向左拖曳滑块为减速，向右拖曳滑块为加速。

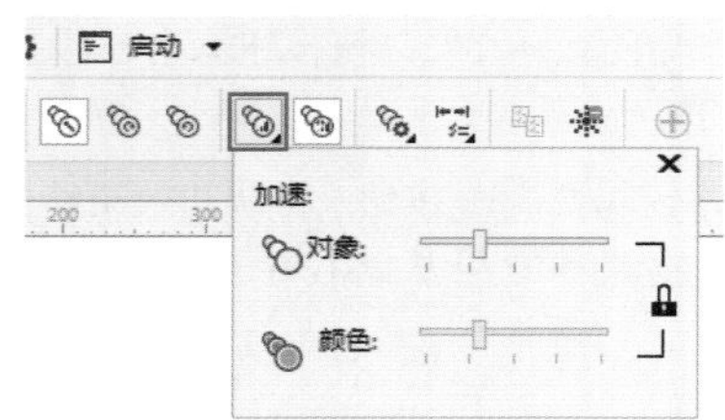

图 7-34

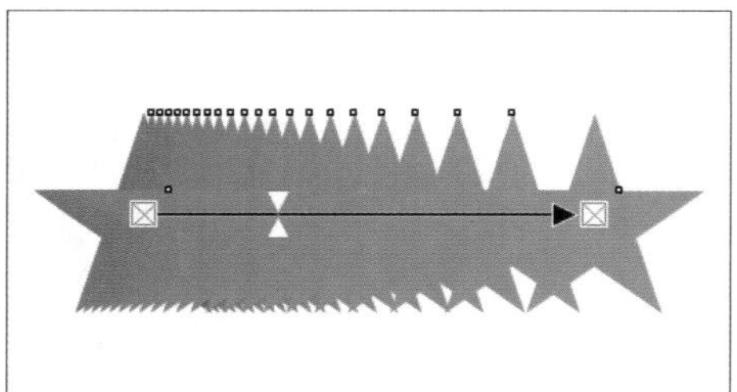

图 7-35

技巧与提示：

在“对象和颜色加速”的下拉框中激活锁图标后，可以同时调整“对象”和“颜色”的滑块，解锁后，可以分别调整“对象”和“颜色”后面的滑块。

✦ “更多调和选项”按钮：单击该按钮，可以在下拉列表中选择“映射节点”“拆分”“熔合始端”“熔合末端”“沿路径调和”和“旋转全部对象”选项。

✦ “起始和结束属性”按钮：选择调和开始和结束对象。单击该按钮，在弹出的下拉列表中选择“新终点”选项，在新对象上单击，可重新设置调和的结束对象，如图 7-36 所示。在弹出的下拉列表中选择“显示终点”选项，此时调和对象中的结束对象被选中，可以单独对结束对象进行变形，如图 7-37 所示。

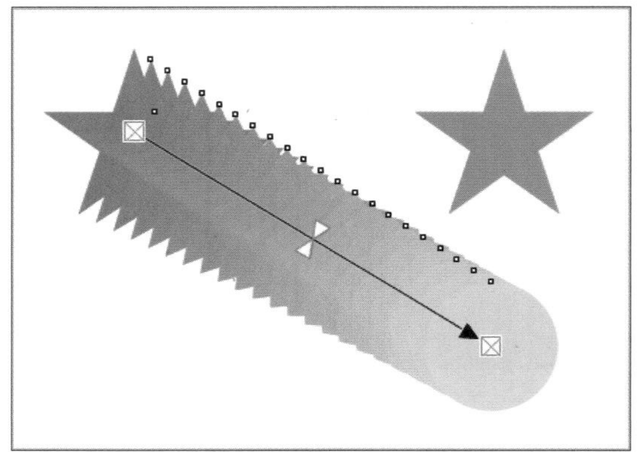

图 7-36

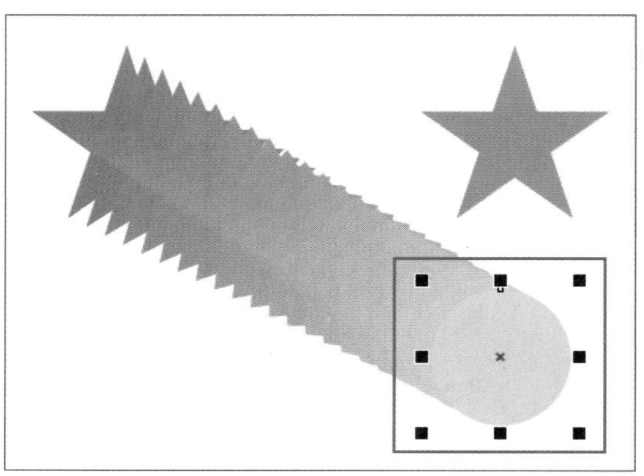

图 7-37

✦ “复制调和属性”按钮：将另一个对象的调和属性应用到所选对象上。

✦ “清除调和”按钮：移除对象中的调和效果。

技巧与提示：

还可以执行“窗口”→“泊坞窗”→“效果”→“调和”命令，如图 7-38 所示，打开“调和”泊坞窗，通过泊坞窗编辑调和对象，如图 7-39 所示。

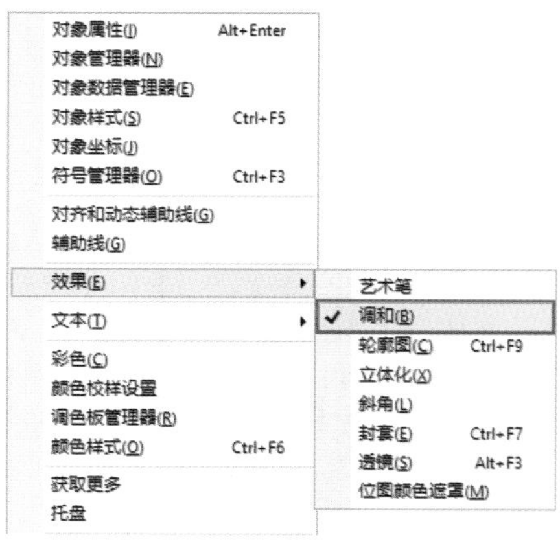

图 7-38

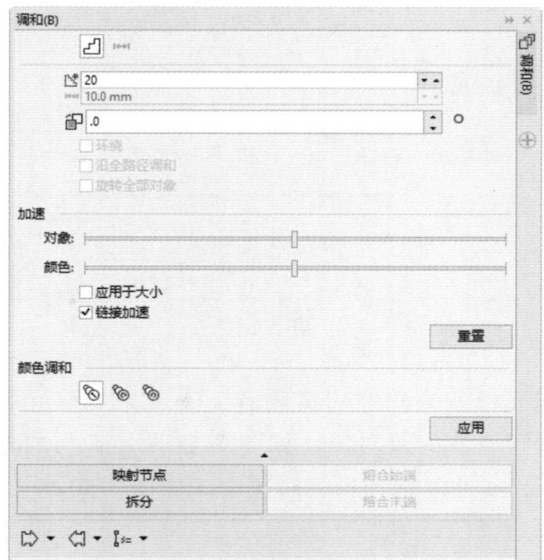

图 7-39

7.1.3　沿路径调和

CorelDRAW 调和对象可以自行设定路径，在对象之间创建调和效果后，可以通过应用“路径属性”功能，使调和对象按照指定的路径进行调和。

单击工具箱中“调和工具”按钮，在两个对象上创建调和效果，如图 7-40 所示。再单击工具箱中的“贝塞尔工具”按钮，绘制一条曲线路径，如图 7-41 所示。

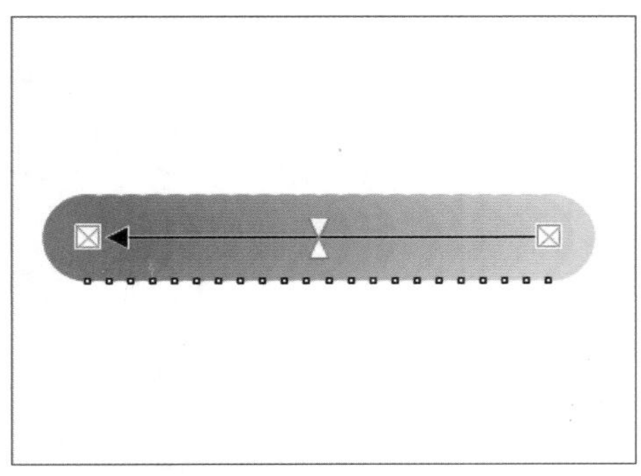

图 7-40

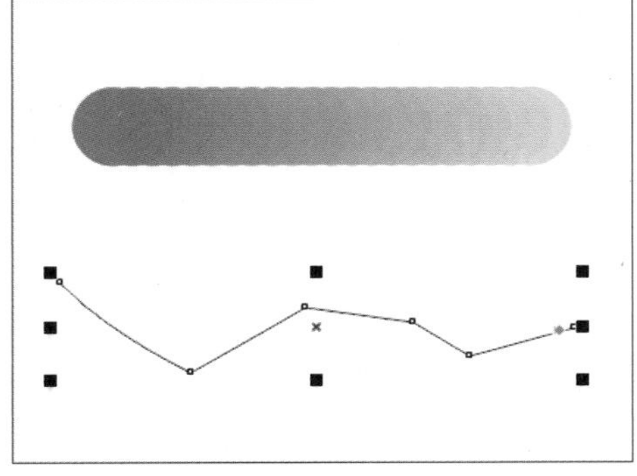

图 7-41

使用“调和工具”选择调和对象，单击属性栏中的“路径属性”按钮，在弹出的下拉列表中选择“新路径”，此时光标将变为弯曲的向下箭头，在路径（目标路径）上单击，如图 7-42 所示，即可使调和对象沿该路径进行调和，如图 7-43 所示。使用“形状”工具选中路径并调整路径，可以修改调和路径，如图 7-44 所示。

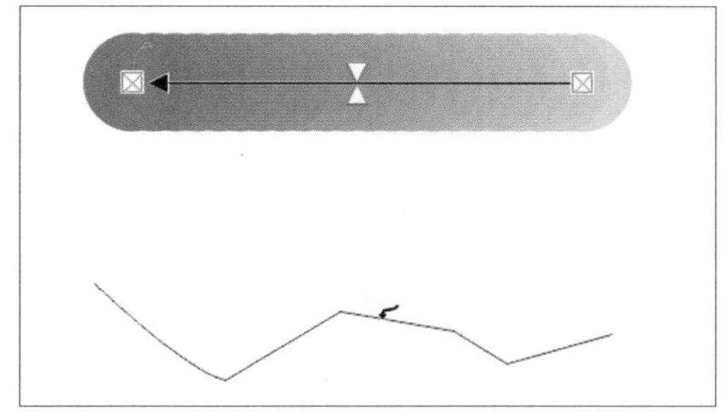

图 7-42

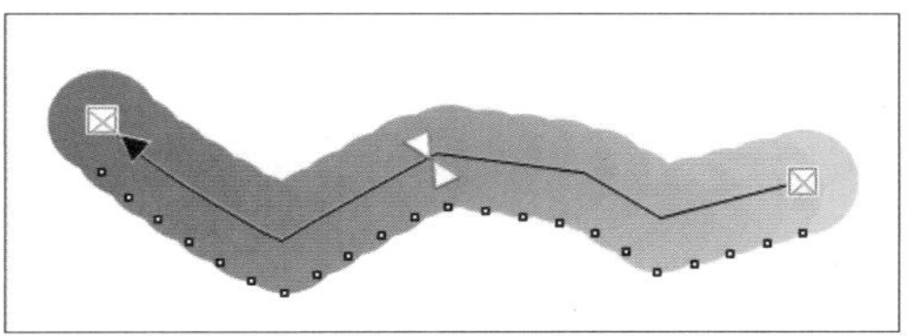

图 7-43

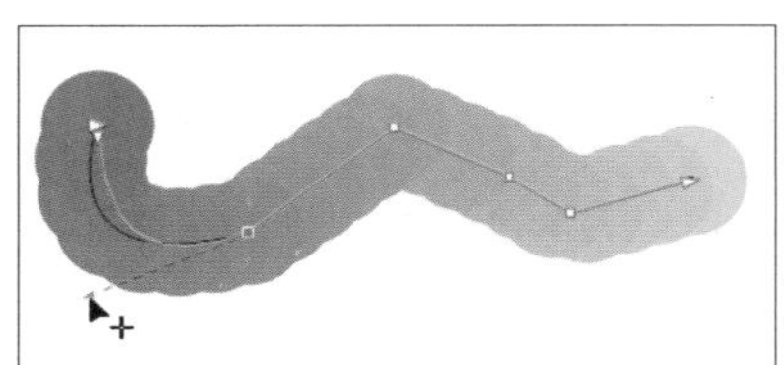

图 7-44

技巧与提示：

在“路径属性”下拉列表中的“显示路径”和“从路径中分离”选项，只有在曲线路径状态下才可使用，在直线调和的状态下无法使用。

答疑解惑：在沿路径创建调和效果后，路径是否可以删除？

在 CorelDRAW 2017 中，沿路径创建调和后，若想去掉路径，可以使用“选择工具”在调和部分上右击，在弹出的快捷菜单中选择“拆分路径群组上的混合”命令，如图 7-45 所示，或按快捷键 Ctrl+K 将路径分离出来，如图 7-46 所示，按 Delete 键可删除路径。

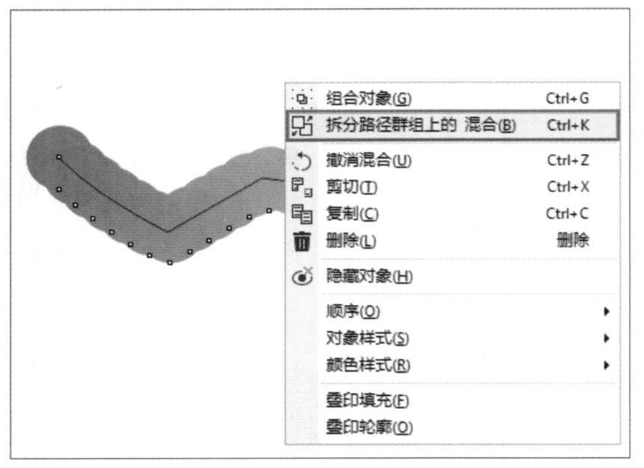

图 7-45

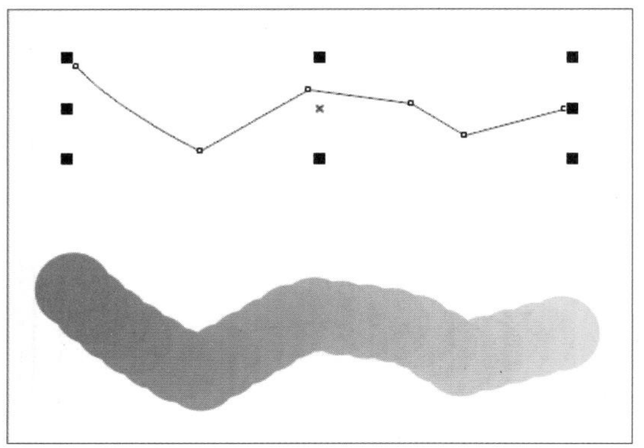

图 7-46

7.1.4 复制调和属性

当绘制窗口有两个或两个以上的调和对象时，使用“复制调和属性”功能，可以将其中一个调和对象中的属性复制到另一个调和对象中。使用“调和工具”选择要复制调和属性的对象，如图 7-47 所示，再单击属性栏中的“复制调和属性”按钮，如图 7-48 所示。

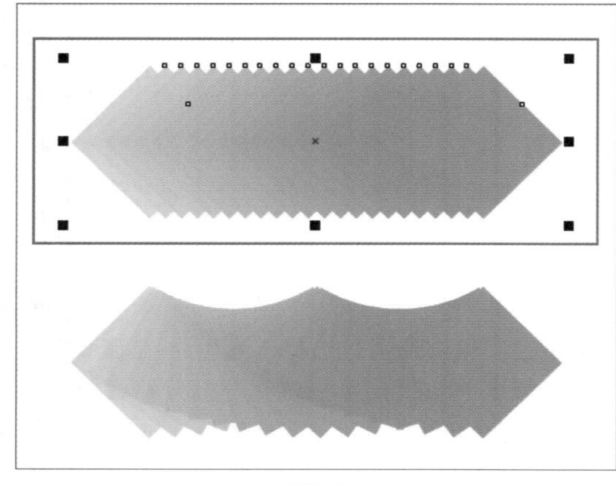

图 7-47

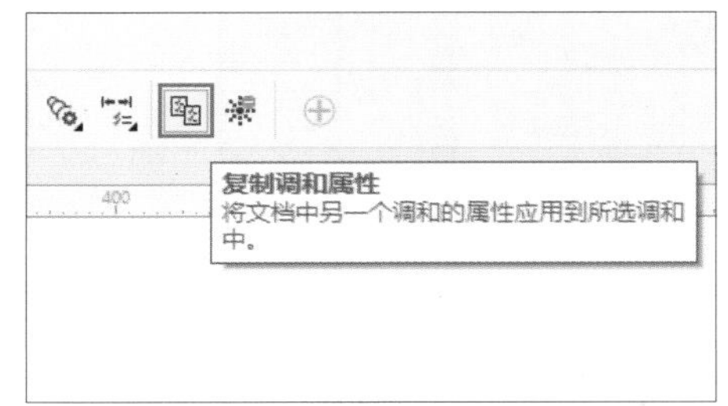

图 7-48

当光标变为向右的黑色箭头 ➧ 形状时，单击用于复制调和属性的源对象，如图 7-49 所示，可将源对象中的调和属性复制到目标对象中，如图 7-50 所示。

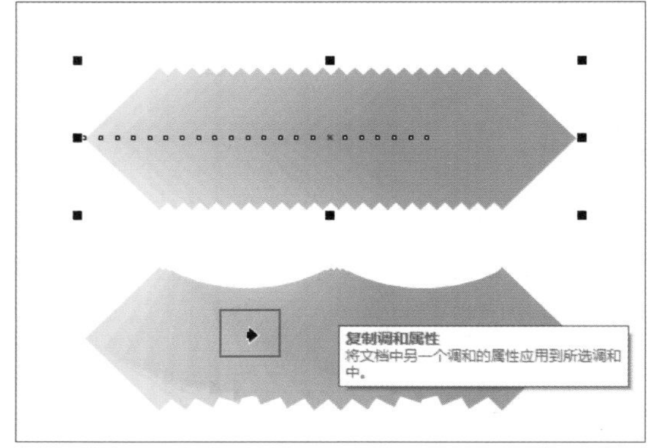

图 7-49

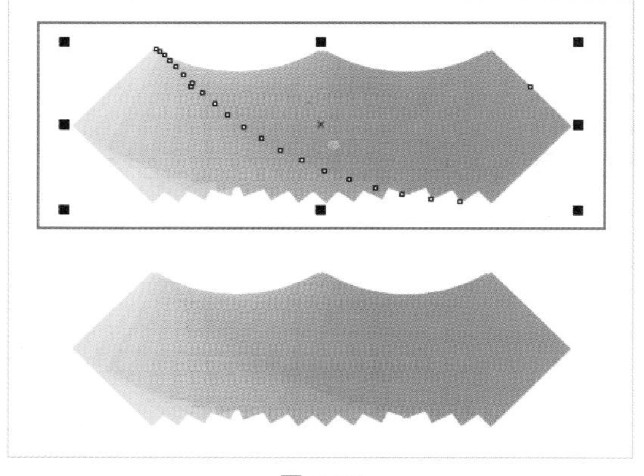

图 7-50

7.1.5 拆分调和对象

拆分调和对象是指，将调和对象分离为相互独立的个体，使用“调和工具”选择调和对象，如图 7-51 所示，执行“对象”→“拆分调和群组”命令，或按快捷键 Ctrl+K，如图 7-52 所示，可快速拆分调和对象，使用“选择工具”可以移动调和对象，如图 7-53 所示。

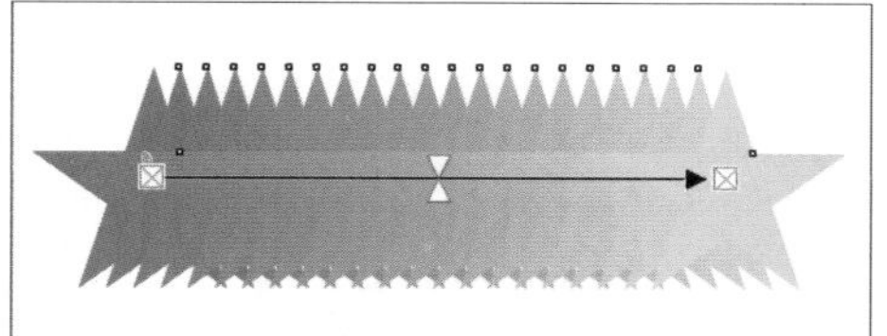

图 7-51

图 7-52

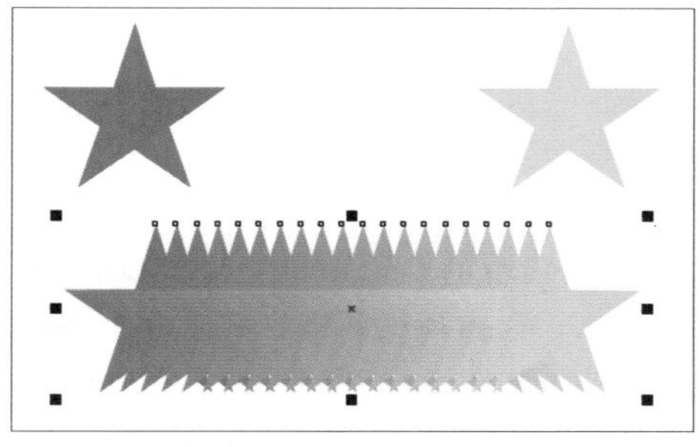

图 7-53

或者在调和对象上右击，在弹出的快捷菜单中选择“拆分调和群组”命令，如图 7-54 所示，也可以单击属性栏中的“更多调和选项” 按钮，在弹出的下拉列表中选择“拆分”选项，如图 7-55 所示，然后将光标移至需要拆分的对象上，当光标变为曲柄箭头形状时，单击要分割的调和对象 ，即可完成调和对象的拆分。

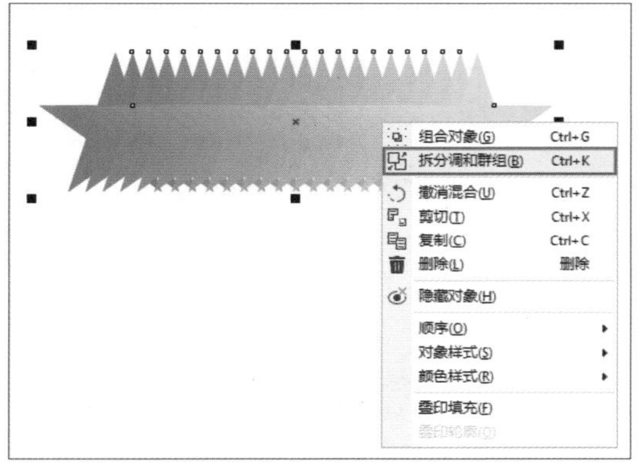

图 7-54

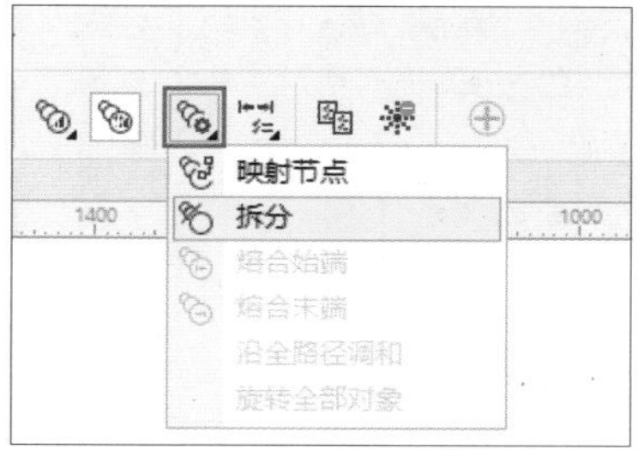

图 7-55

技巧与提示：

调和对象分离后，起端对象和末端对象都可以被单独选取，而位于两者之间的其他图形则以群组的方式组合在一起，按快捷键 Ctrl+K 即可解散群组。

7.1.6　清除调和效果

使用“调和工具”选中调和对象，如图 7-56 所示，执行“效果”→“清除调和”命令，或者单击属性栏中的“清除调和” 按钮，即可移除对象中的调和，清除调和效果后，只剩下起始对象和结束对象，如图 7-57 所示。

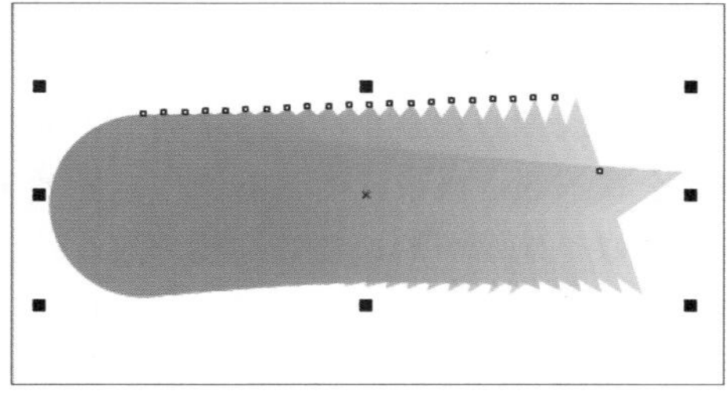

图 7-56

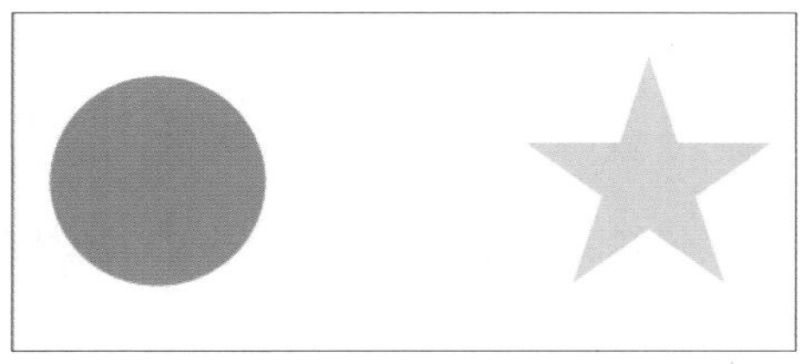

图 7-57

7.1.7　保存调和效果

选择要保存调和效果的对象，单击属性栏中的“添加预设” 按钮，如图 7-58 所示，在打开的“另存为”对话框中设置“文件名”，如图 7-59 所示，单击“保存”按钮，即可将该调和效果保存在“预设选项”的下拉列表中，便于使用。

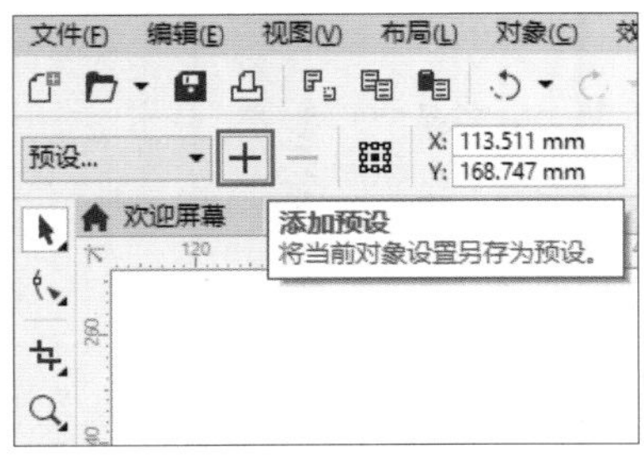

图 7-58

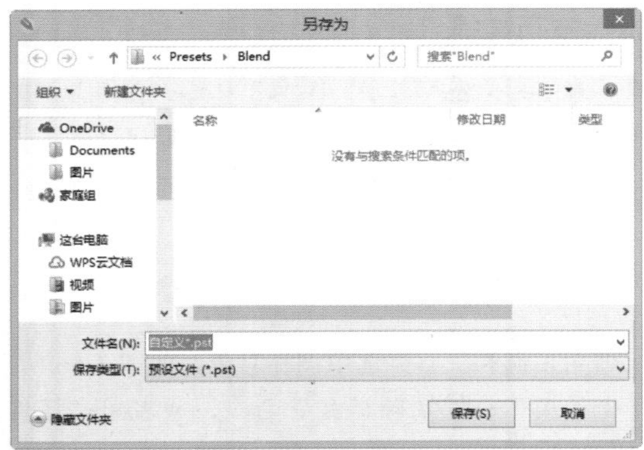

图 7-59

7.2 交互式轮廓图效果

交互式轮廓图效果是指，由一系列对称的同心轮廓线圈组合在一起，所形成的具有深度感的效果，该效果有些类似于地图中的地势等高线，故有时又称为“等高线”效果。轮廓图效果与调和效果相似，与调和效果不同的是，轮廓图效果是指，由对象的轮廓向内或向外放射的层次效果，并且只需一个图形对象即可完成。

7.2.1 创建轮廓图

使用“轮廓图工具”可以为对象添加轮廓图效果，该对象可以是封闭的，也可以是开放的，还可以是美术文本。在 CorelDRAW 2017 中提供的轮廓图效果有 3 种，即“到中心”“内部轮廓”和“外部轮廓”。

创建中心轮廓图

使用“选择工具”选择对象，如图 7-60 所示，单击工具箱中的 “轮廓图工具”按钮，然后单击属性栏中的“到中心”按钮，自动生成由轮廓到中心依次缩放渐变的层次效果，如图 7-61 所示。

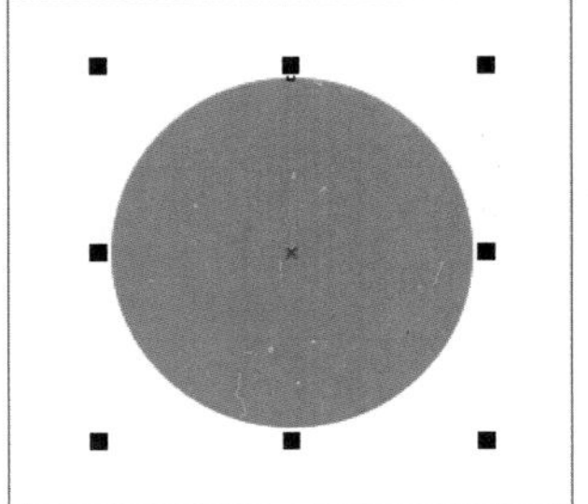

图 7-60

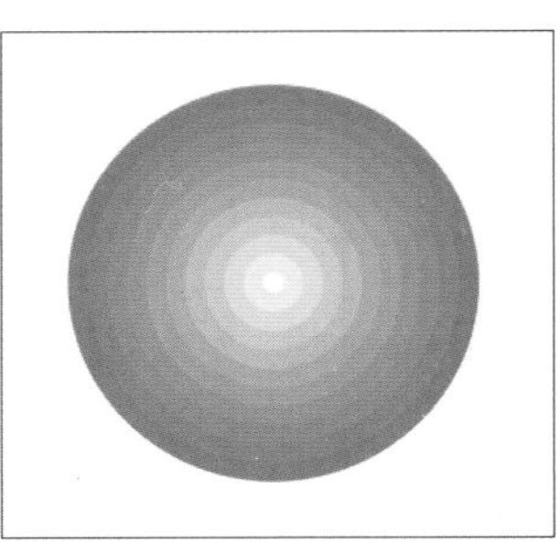

图 7-61

创建内部轮廓图

单击工具箱中的“轮廓图工具”按钮，将光标移至对象上，向内拖曳并释放鼠标后，即可创建对象的内部轮廓，如图 7-62 所示。或者在属性栏中单击“内部轮廓”按钮，即可自动创建内部轮廓图，如图 7-63 所示。

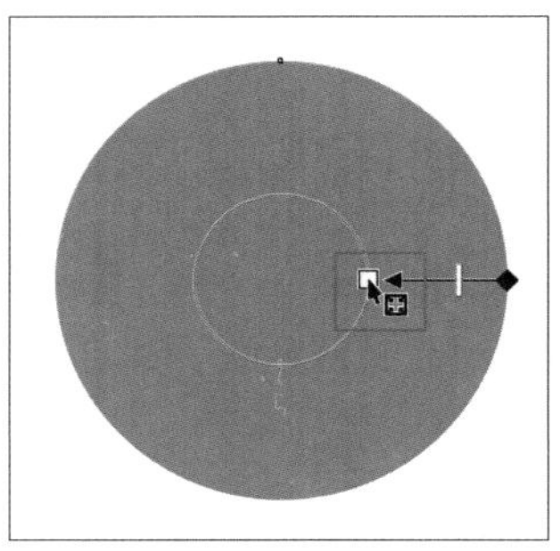

图 7-62

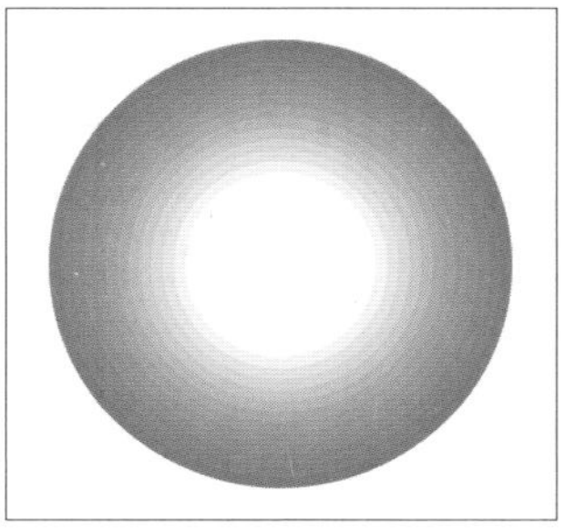

图 7-63

创建外部轮廓图

单击工具箱中的“轮廓图工具”按钮，将光标移到对象上，向外拖曳并释放鼠标后，即可创建对象的外部轮廓，如图 7-64 所示。或者在属性栏中单击“外部轮廓”按钮，即可自动创建外部轮廓图，如图 7-65 所示。

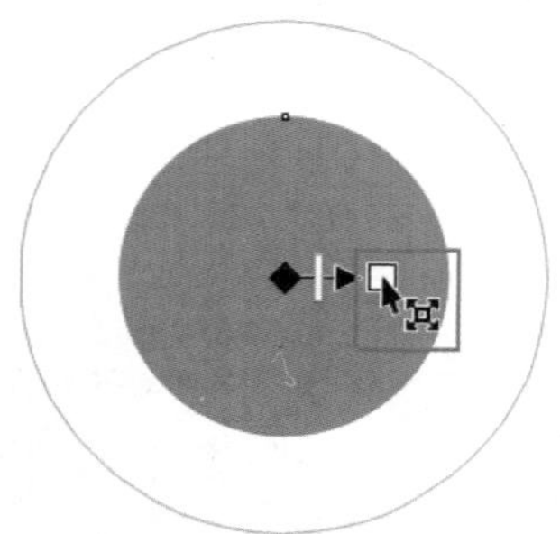

图 7-64

图 7-65

技巧与提示：

还可以执行“窗口”→“泊坞窗”→“效果”→“轮廓图”命令或按快捷键 Ctrl+F9 打开“轮廓图”泊坞窗，在泊坞窗中选择相应的按钮，然后再单击“应用”按钮，即可创建轮廓图，如图 7-66 所示。

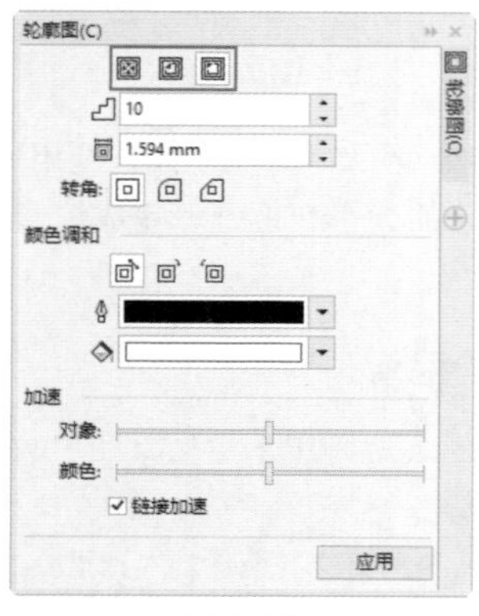

图 7-66

7.2.2　实战：制作炫彩边框

01 启动 CorelDRAW 2017 软件，打开“素材\第 7 章\7.2\7.2.2 实战：制作炫彩边框 .cdr”文件，如图 7-67 所示。单击工具箱中的“矩形工具”，创建一个矩形，如图 7-68 所示，更改轮廓线的颜色为红色，并在属性栏中设置“轮廓宽度”为 4mm，如图 7-69 所示。

图 7-67

图 7-68

图 7-69

02 单击工具箱中的“轮廓图工具”按钮，再单击属性栏中的“外部轮廓”按钮，创建外部轮廓图，如图7-70所示，然后在属性栏中设置“轮廓图步长”和“轮廓图位移”的参数，如图7-71所示，更改轮廓图对象的效果，如图7-72所示。

图 7-70

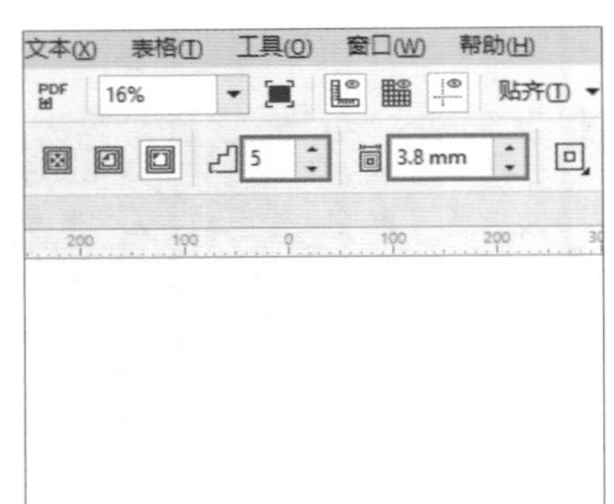

图 7-71

图 7-72

03 单击属性栏中“轮廓色”后面的按钮，在打开的面板中设置轮廓颜色，如图7-73和图7-74所示，再单击属性栏中的“轮廓色”按钮，在打开的下拉列表中选择一种颜色渐变序列，如图7-75所示。

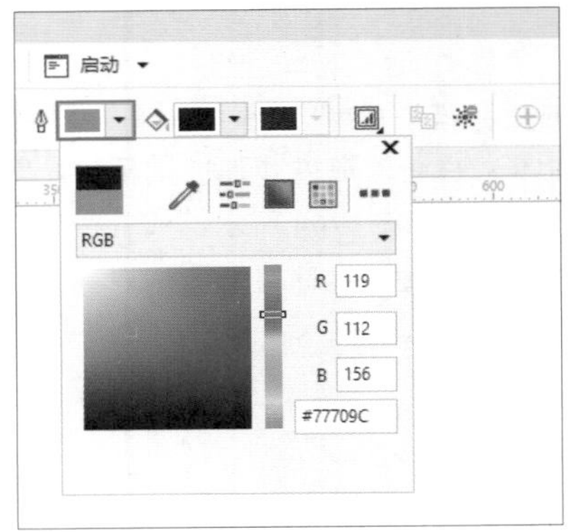

图 7-73

图 7-74

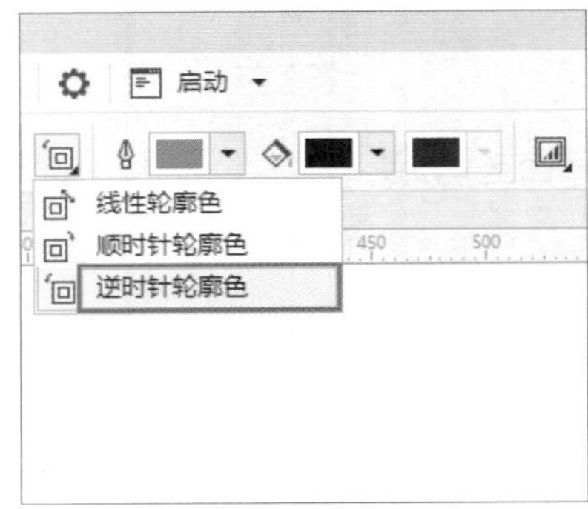

图 7-75

04 产生的不同效果，如图7-76所示。使用“选择工具”调整轮廓图对象的大小和位置，完成炫彩边框的制作，如图7-77所示。

技巧与提示：

除了在工具属性栏中设置轮廓图的填充和颜色之外，还可以执行“窗口”→“泊坞窗”→“效果”→“轮廓图”命令，或按快捷键Ctrl+F9打开“轮廓图”对话框，然后在泊坞窗中进行“填充色”和“轮廓色”的设置，如图7-78所示。

图 7-76

图 7-77

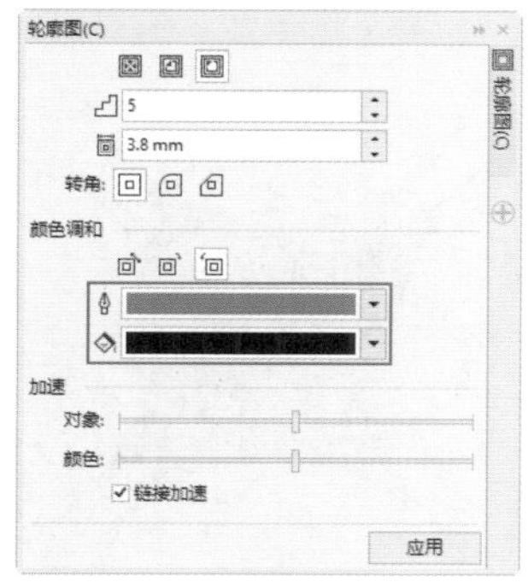

图 7-78

7.2.3　分离与清除轮廓图

在创建轮廓图效果后，可以根据需要将轮廓图对象中的放射图形分离成相互独立的对象，还可以将已创建的轮廓图效果清除。

分离轮廓图

使用“轮廓图工具”选择轮廓图对象，如图 7-79 所示，执行“对象”→“拆分轮廓图群组”命令或按快捷键 Ctrl+K，如图 7-80 所示，可快速分离轮廓图，如图 7-81 所示。

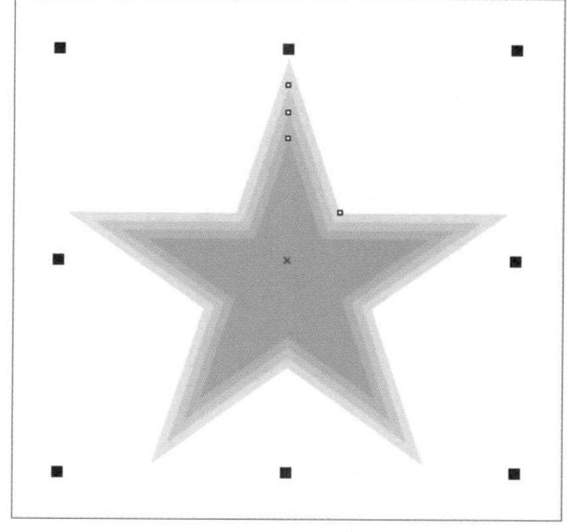

图 7-79

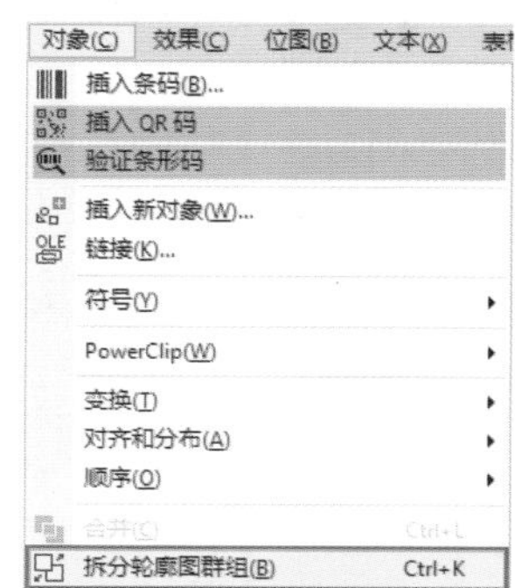

图 7-80

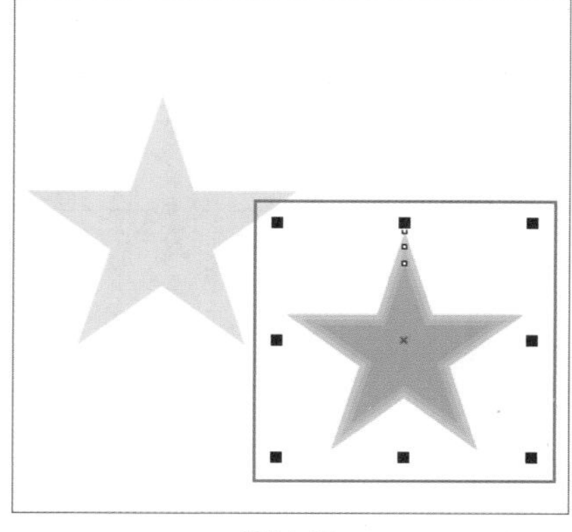

图 7-81

清除轮廓图

使用“轮廓图工具”选择轮廓图对象，如图 7-82 所示，执行“效果”→“清除轮廓”命令，或者单击属性栏中的“清除轮廓”按钮，如图 7-83 所示，即可清除该对象的轮廓图，如图 7-84 所示。

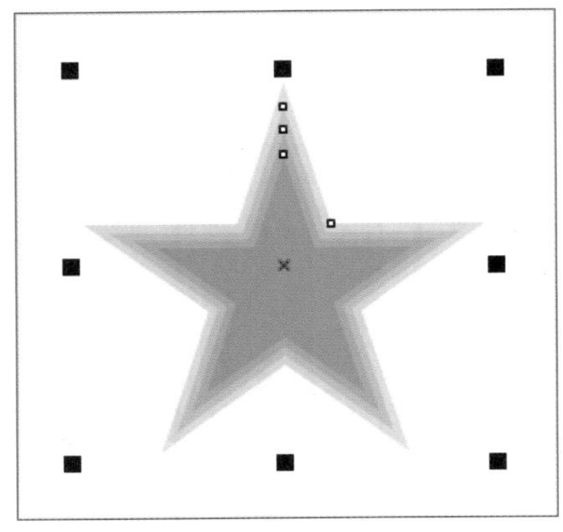

图 7-82

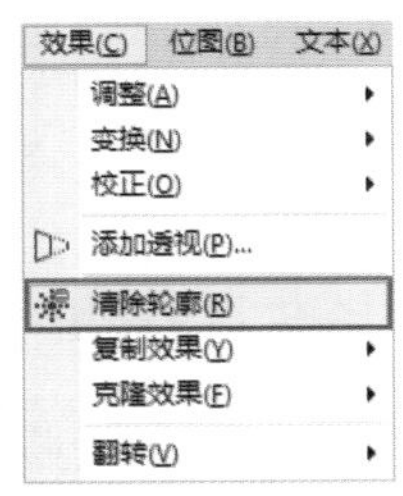

图 7-83

图 7-84

7.3 交互式变形效果

在 CorelDRAW 2017 中使用“变形工具”可以制作 3 种变形效果，即推拉变形、拉链变形和扭曲变形。本节将详细介绍这 3 种变形效果的制作方法。

7.3.1 应用不同的变形效果

推拉变形

“推拉变形”效果可以通过手动拖曳的方式，对对象边缘进行推进或拉出操作。单击工具箱中“变形工具”按钮，在要进行变形的对象上单击，如图 7-85 所示，再在属性栏中单击“推拉变形”按钮，将光标移至对象上，并单击拖曳，释放鼠标后，即可创建变形效果。向左侧拖曳可以使轮廓边缘向内推进，如图 7-86 所示，向右侧拖曳可以使边缘向外拉出，如图 7-87 所示。

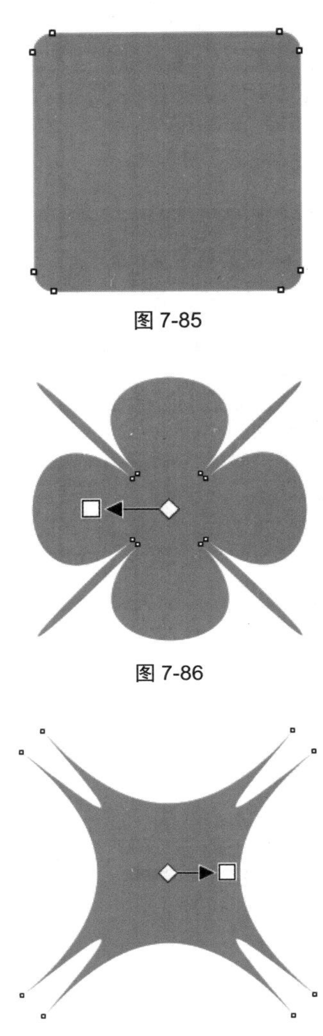

图 7-85

图 7-86

图 7-87

拉链变形

“拉链变形”效果可以将对象的边缘调整为尖锐锯齿的效果。可以通过移动拖曳线上的滑块来增加锯齿的个数。在属性栏中单击“拉链变形”按钮，将光标移至对象上，从中心向外拖曳，出现蓝色实线进行预览变形效果，释放鼠标后，即可创建变形效果，如图 7-88 和图 7-89 所示。

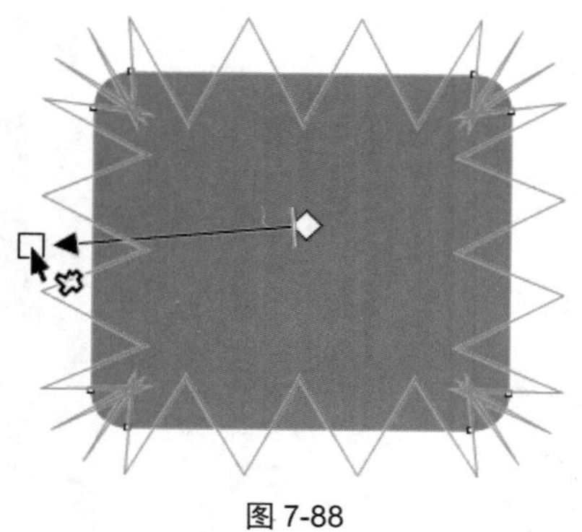

图 7-88

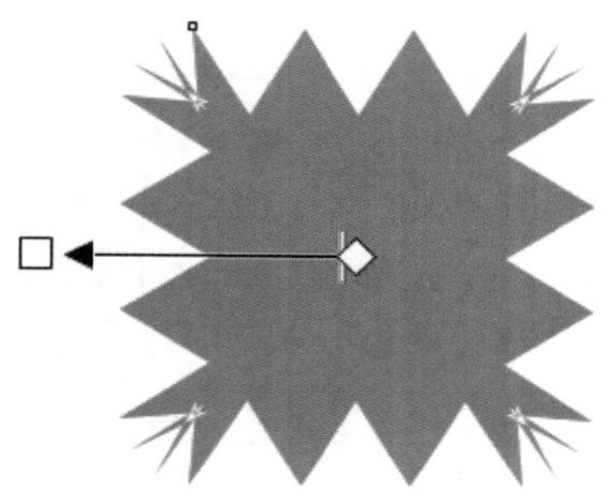

图 7-89

变形后移动调节线中间的滑块可以添加尖角锯齿的数量，如图 7-90 所示。可以在不同的位置创建变形，如图 7-91 所示。也可以增加拉链变形的调节线，如图 7-92 所示。

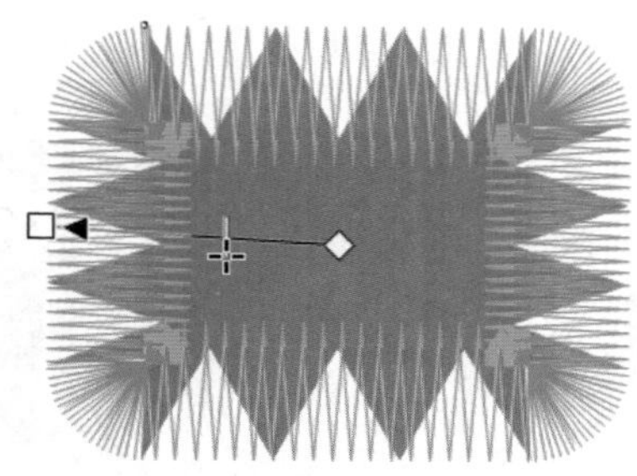

图 7-90

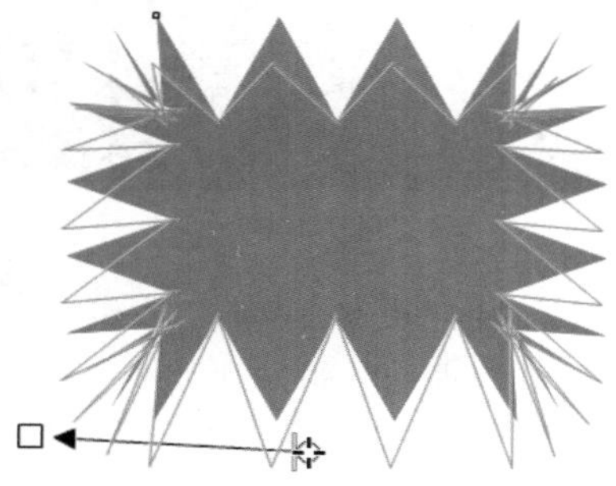

图 7-91

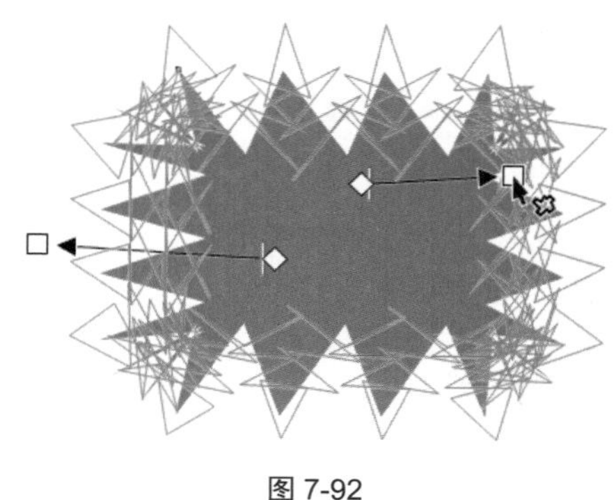

图 7-92

扭曲变形

“扭曲变形”效果可以使对象绕变形中心进行旋转，产生螺旋状的效果。在属性栏中单击“扭曲变形”按钮，将光标移至对象上，从中心向外拖曳，确定旋转角度的固定边，如图 7-93 所示，然后不释放鼠标继续沿顺时针或逆时针方向拖曳旋转，释放鼠标后即可创建扭曲变形效果，如图 7-94 所示。

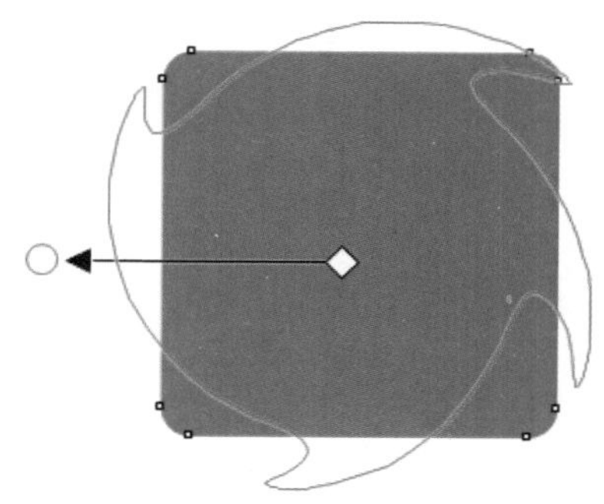

图 7-93

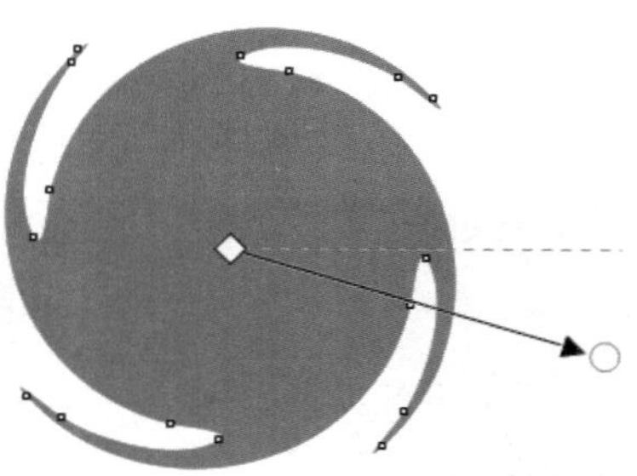

图 7-94

技巧与提示：

制作变形效果后，原对象属性不会丢失，并可以随时编辑，还可以对单个对象进行多次变形，并且每次变形都建立在上一次效果的基础上。

7.3.2 清除变形效果

使用“清除变形”功能可以移除对象的变形效果，原对象则恢复为变形之前的效果。

使用“变形工具”选择变形对象，如图 7-95 所示，执行“效果”→“清除变形”命令，或者单击属性栏中的“清除变形”按钮，可清除该对象的变形效果，如图 7-96 所示。

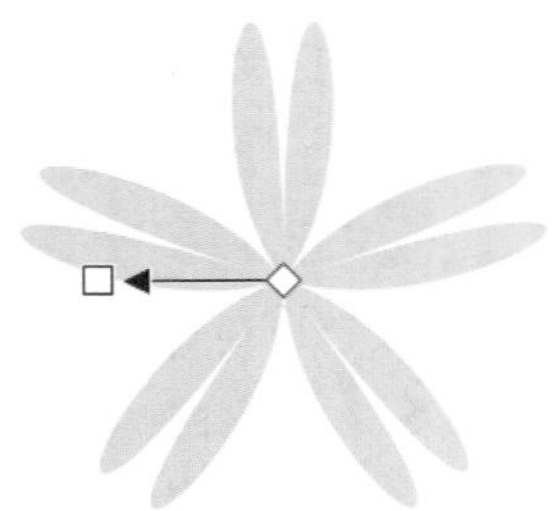

图 7-95

图 7-96

7.3.3 实战：变形工具制作星形光斑

01 启动 CorelDRAW 2017 软件，打开“素材\第 7 章\7.3\7.3.3 实战：变形工具制作星形光斑 .cdr”文件，如图 7-97 所示。单击工具箱中的“椭圆形工具”按钮，按住 Ctrl 键创建一个圆形，如图 7-98 所示。

图 7-97

图 7-98

02 单击工具箱中的“交互式填充”按钮或按 G 键，单击属性栏中的“均匀填充”按钮，然后单击“填充色”按钮，在打开的颜色框中选择需要的颜色（R:253；G:228；B:107），如图 7-99 所示。再右击调色板中的按钮，去除轮廓线，如图 7-100 所示。

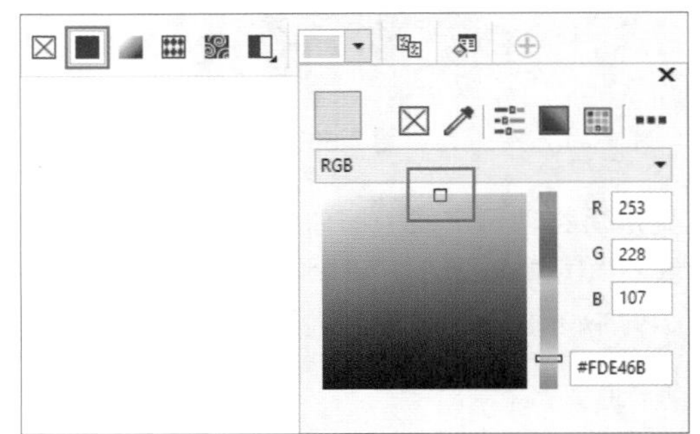

图 7-99

图 7-100

03 单击工具箱中的“变形工具”按钮，在属性栏中单击“推拉”按钮，然后将光标移至圆形中心，单击并拖曳，如图 7-101 所示，释放鼠标即可创建变形效果，如图 7-102 所示。

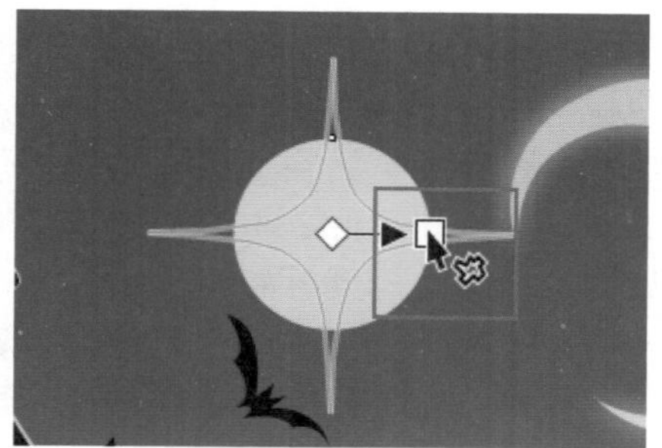

图 7-101

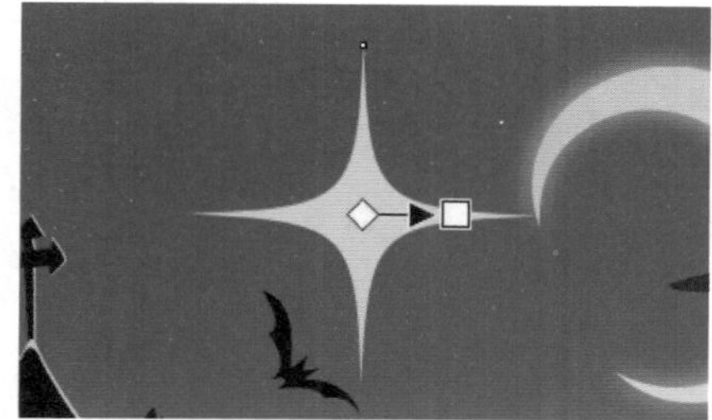

图 7-102

04 单击并拖曳四周的控制点缩小对象，并移至合适的位置，如图 7-103 所示。按快捷键 Ctrl+C 复制对象，按快捷键 Ctrl+V 粘贴几个对象，并调整位置和大小，完成星形的制作，如图 7-104 所示。

图 7-103

图 7-104

7.4　交互式阴影效果

在 CorelDRAW 2017 中使用“阴影工具”可以精确地调整阴影的方向、颜色、羽化程度等属性，并且实时反映到对象上，从而创造出千变万化的阴影效果。

7.4.1　实战：创建阴影效果

“阴影工具”可为平面对象创建不同角度的阴影效果，通过设置属性栏上的参数可以使效果更自然。

01 启动 CorelDRAW 2017 软件，打开“素材 \ 第 7 章 \7.4\7.4.1 实战：创建阴影效果 .cdr”文件，如图 7-105 所示。单击工具箱中的“选择工具”按钮，选择“女孩”对象，如图 7-106 所示。

图 7-105

图 7-106

02 单击工具箱中的 “阴影工具”按钮，将光标移至对象的中心位置，向右下角拖曳出阴影，如图 7-107 所示，释放鼠标后，即可创建阴影效果，如图 7-108 所示。

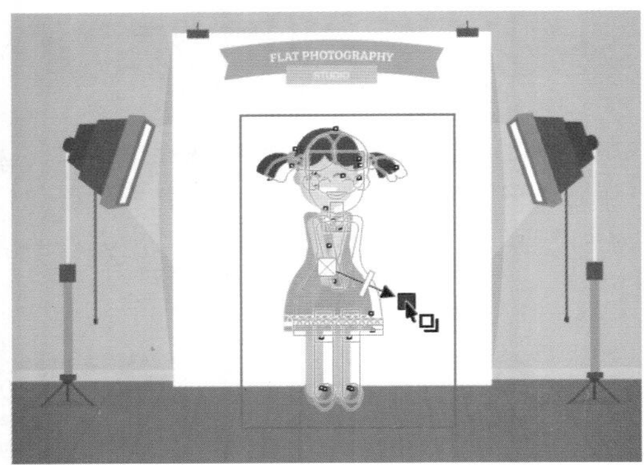

图 7-107

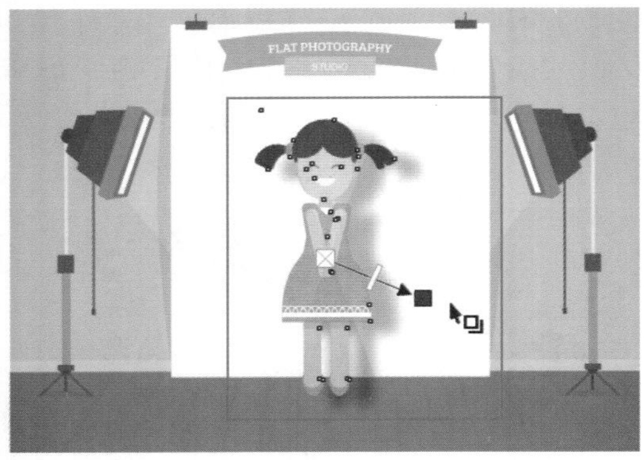

图 7-108

03 在属性栏的“阴影不透明度”和“阴影羽化”文本框中输入数值，如图 7-109 所示，完成阴影的制作，如图 7-110 所示。

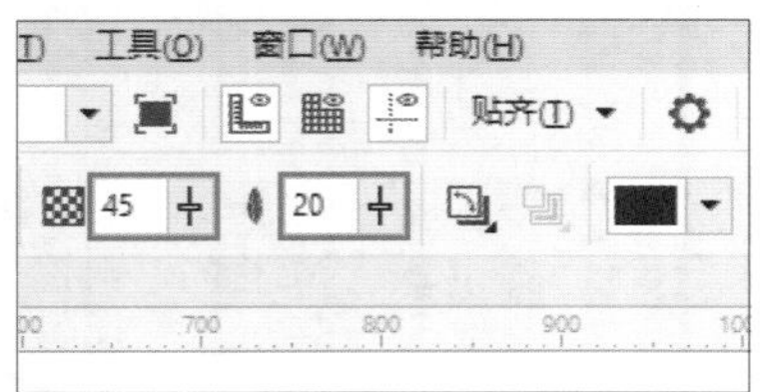

图 7-109

图 7-110

技巧与提示：

使用“阴影工具”从对象的不同位置拖曳鼠标，会创建不同的阴影效果。从对象的中间拖曳鼠标，创建中心渐变，如图 7-111 所示；从对象的顶端中间位置拖曳鼠标，创建顶端渐变，如图 7-112 所示；从对象的底端中间位置拖曳鼠标，创建底端渐变，如图 7-113 所示；从对象的左边中间位置拖曳鼠标，创建左边渐变，如图 7-114 所示；从对象的右边中间位置拖曳鼠标，创建右边渐变，如图 7-115 所示。

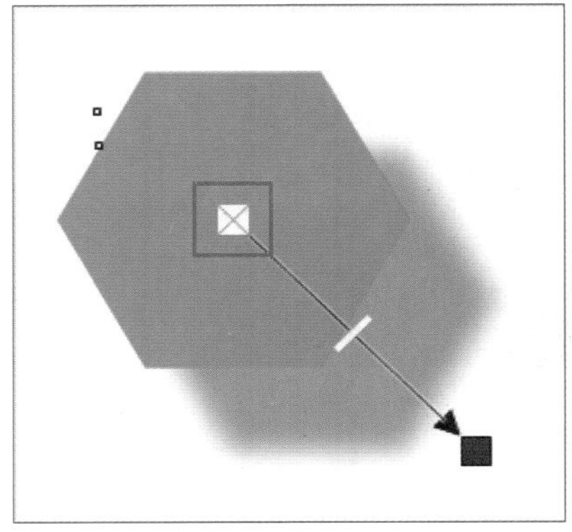

图 7-111

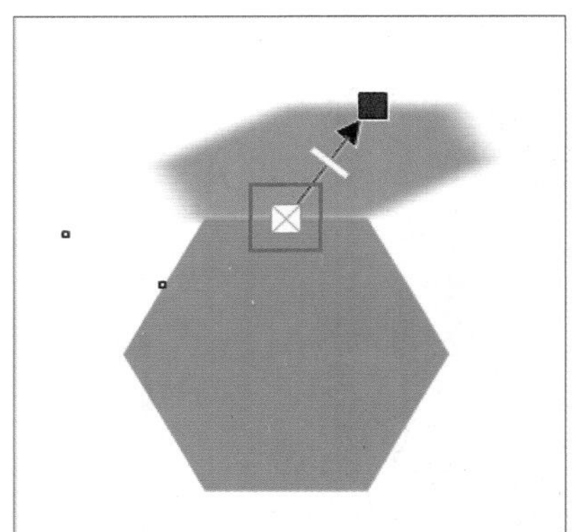

图 7-112

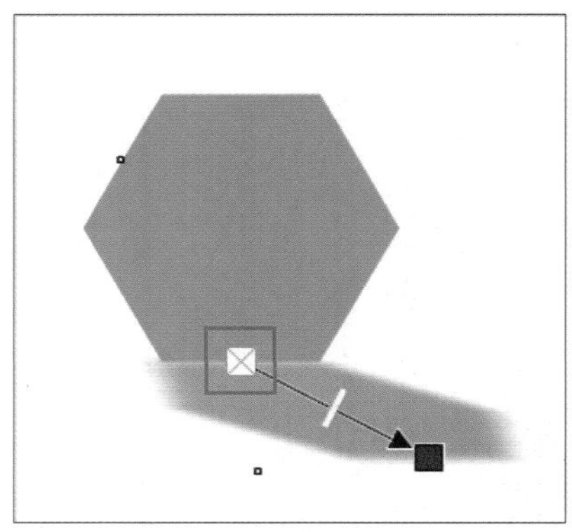

图 7-113

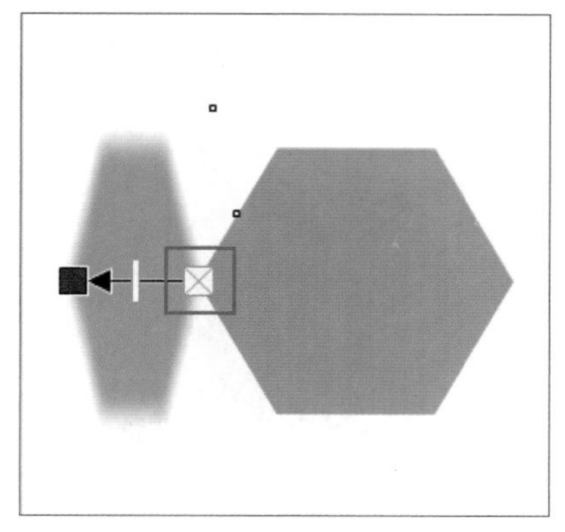

图 7-114

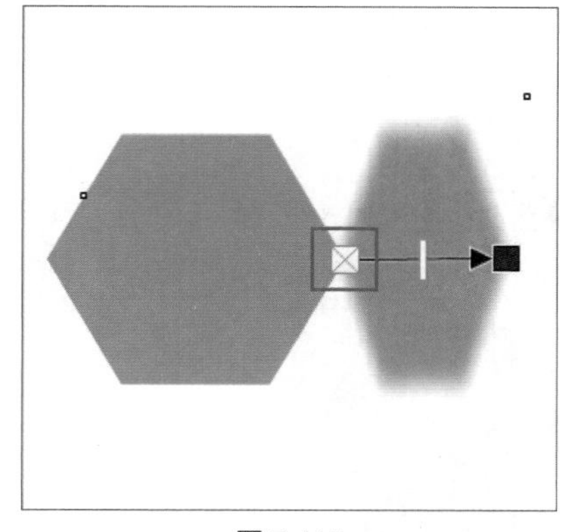

图 7-115

7.4.2　在属性栏中设置阴影效果

如果需要编辑阴影效果，可以在“阴影工具”的属性栏中设置阴影效果的属性，如图 7-116 所示。

图 7-116

“阴影工具”属性栏中的各按钮及选项的介绍如下。

✦ 预设列表：在下拉列表中选择预设的效果，如图 7-117 所示。

✦ “添加预设”＋按钮：可以将当前的属性存储为预设。

✦ “删除预设”—按钮：从预设列表中删除所选预设。

✦ 阴影偏移：设置阴影和对象间的距离。在文本框中输入数值，正值为向上向右偏移，如图 7-118 所示，负值为向左向下偏移，如图 7-119 所示，并且在创建无透视阴影时才会激活。

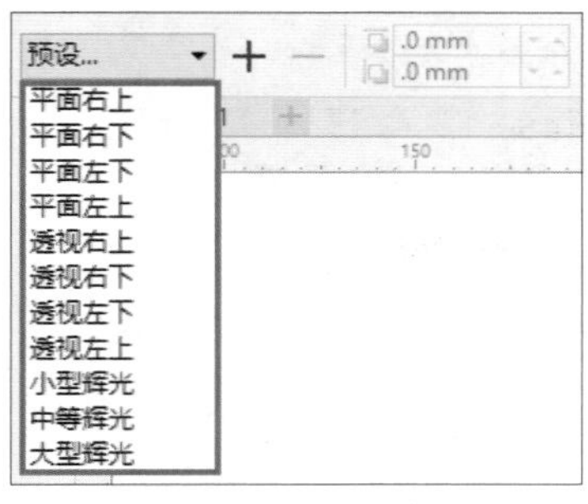

图 7-117

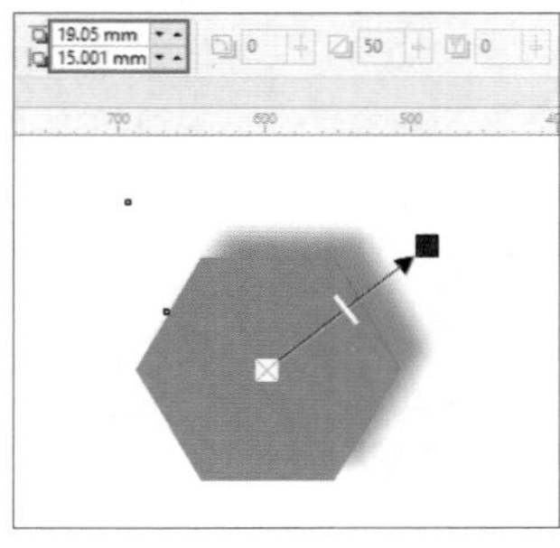

图 7-118

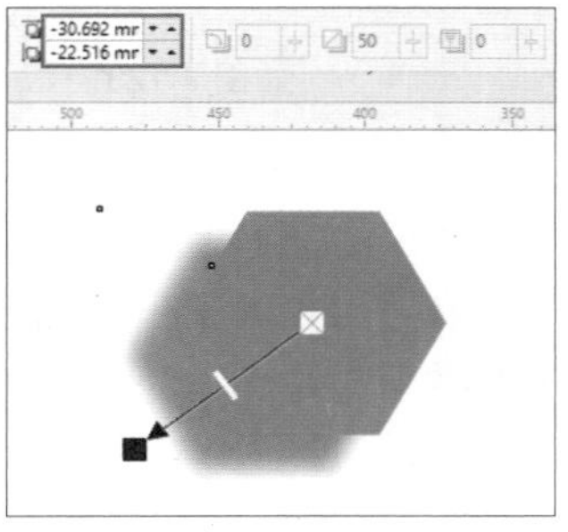

图 7-119

✦ 阴影角度：设置阴影方向。在文本框中输入数值，设置阴影与对象之间的角度，如图 7-120 和图 7-121 所示，该设置只在创建呈角度透视阴影时才会激活。

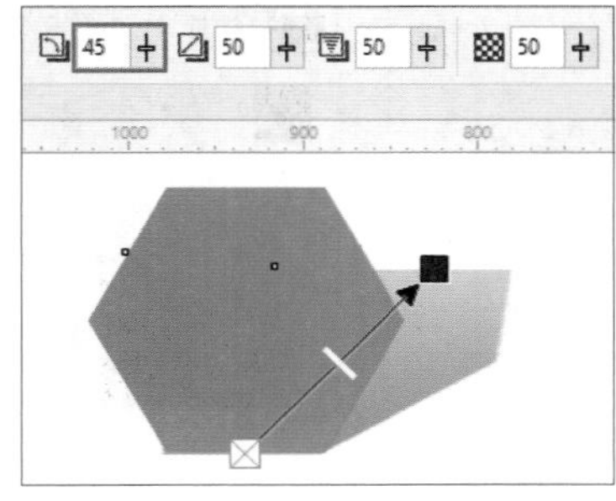

图 7-120

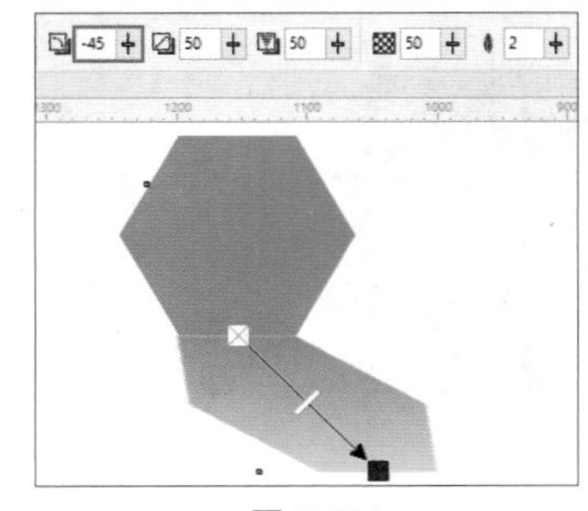

图 7-121

✦ 阴影延展：设置阴影的长度。数值越大，阴影的延伸越长，如图 7-122 和图 7-123 所示，该设置只在创建呈角度透视阴影时才会激活。

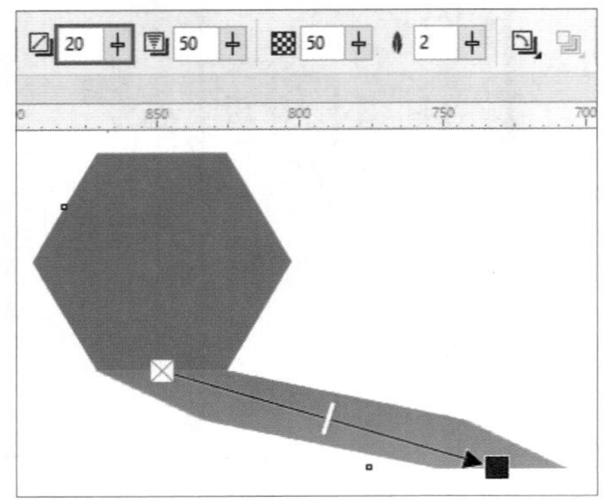

图 7-122

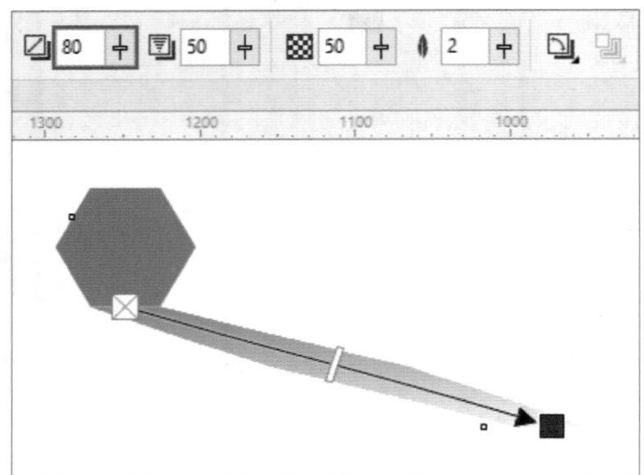

图 7-123

✦ 阴影淡出：调整阴影边缘的淡出程度。最大值为 100，最小值为 0，数值越大向外淡出的阴影效果越明显，该设置只在创建呈角度透视阴影时才会激活。

✦ 阴影的不透明度：调整阴影的透明度。数值越大，颜色越深，如图 7-124 所示，数值越小，颜色越浅，如图 7-125 所示。

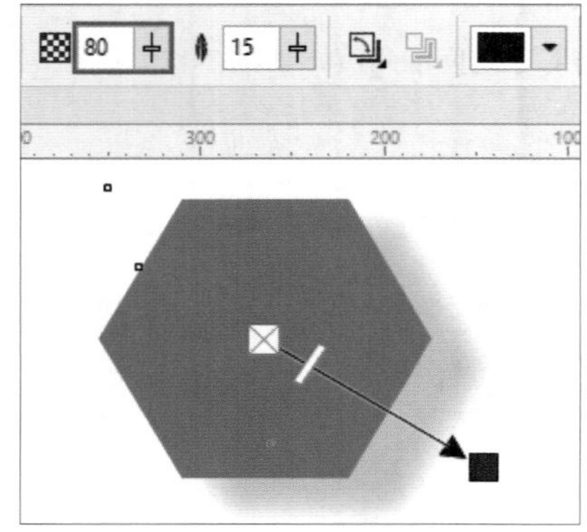

图 7-124

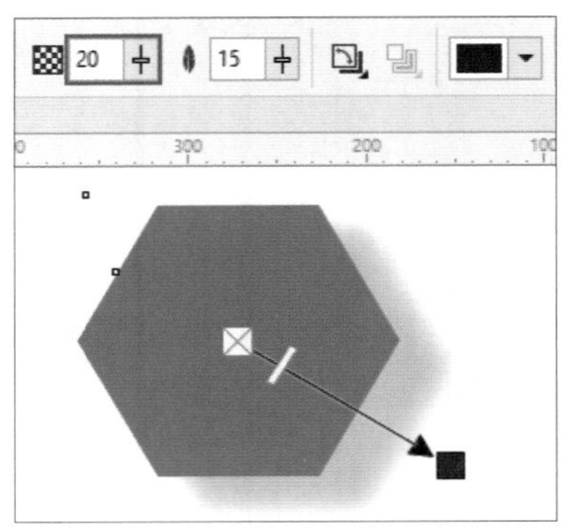

图 7-125

✦ 阴影羽化：锐化或柔化阴影边缘。

✦ “羽化方向”按钮：向阴影内部、外部或同时向内部和外部柔化阴影边缘，如图 7-126 所示。

图 7-126

✦ “羽化边缘”按钮：单击该按钮，在下拉列表中选择羽化类型，如图 7-127 所示，并且在设置“羽化方向”后，该按钮才会激活。

图 7-127

✦ 阴影颜色：在下拉颜色框中设置阴影颜色，如图 7-128 所示。

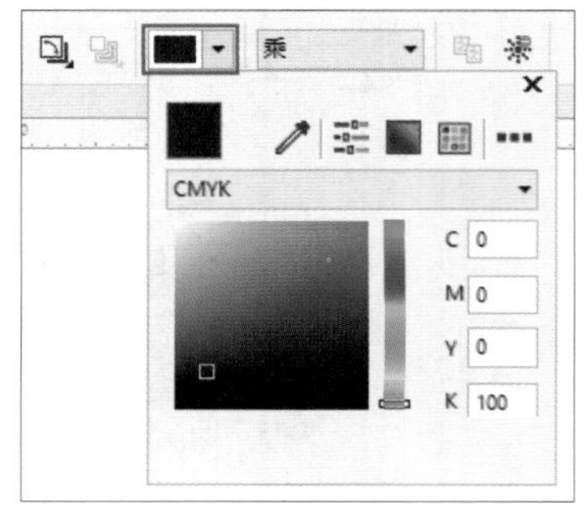

图 7-128

✦ 合并模式：在下拉列表中选择阴影颜色与下层对象颜色的调和方式，如图 7-129 所示。

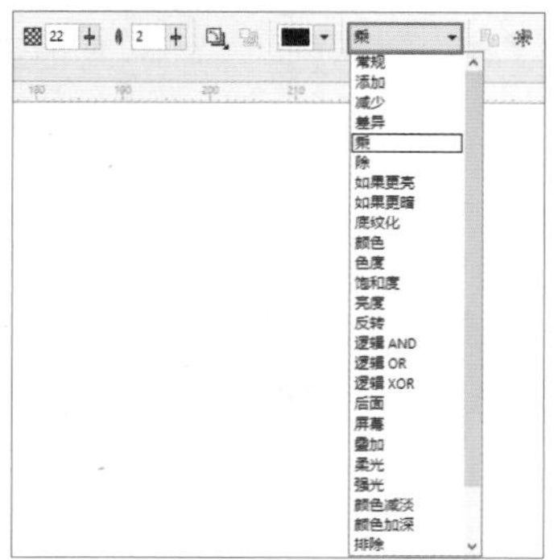

图 7-129

✦ “复制阴影效果属性”按钮：将另一个对象的阴影属性应用到所选对象上。

✦ “清除阴影”按钮：移除对象中的阴影。

技巧与提示：

在创建阴影效果后，可以将阴影的颜色设置为与底色相近的较深的颜色，然后设置“合并模式”，即可创建比较真实、自然的阴影效果。

7.4.3 实战：分离阴影制作城市倒影

使用“拆分阴影效果”功能可以将阴影对象和主体对象拆分开，使其成为两个可以分别编辑的独立对象。

01 启动 CorelDRAW 2017 软件，打开“素材\第 7 章\7.4\7.4.3 实战：分离阴影制作城市倒影 .cdr”文件，如图 7-130 所示。单击工具箱中的“选择工具”按钮，选择所有的房子对象，按快捷键 Ctrl+G 群组对象，如图 7-131 所示，单击工具箱中的“阴影工具”按钮，将光标移至对象底端的中心位置，向下拖曳出阴影，如图 7-132 所示。

图 7-130

图 7-131

图 7-132

02 释放鼠标后，可创建阴影效果，如图 7-133 所示，在属性栏中设置“阴影的不透明度”“阴影羽化”和“阴影颜色”参数，如图 7-134 所示，即可更改阴影效果，如图 7-135 所示。

图 7-133

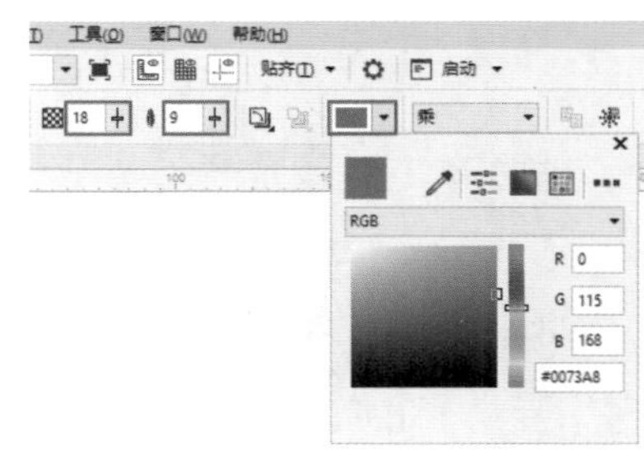

图 7-134

图 7-135

03 执行“对象”→“拆分阴影群组”命令，如图 7-136 所示，或按快捷键 Ctrl+K 分离阴影。使用“选择工具”选择阴影对象，如图 7-137 所示，右击，在弹出的快捷菜单中选择“顺序”→“向后一层”命令，调整对象顺序，完成城市倒影的制作，如图 7-138 所示。

图 7-136

图 7-137

图 7-138

> **技巧与提示：**
>
> 还可以右击阴影对象，如图 7-139 所示，在弹出的快捷菜单中执行“拆分阴影群组”命令，如图 7-140 所示，可分离阴影。

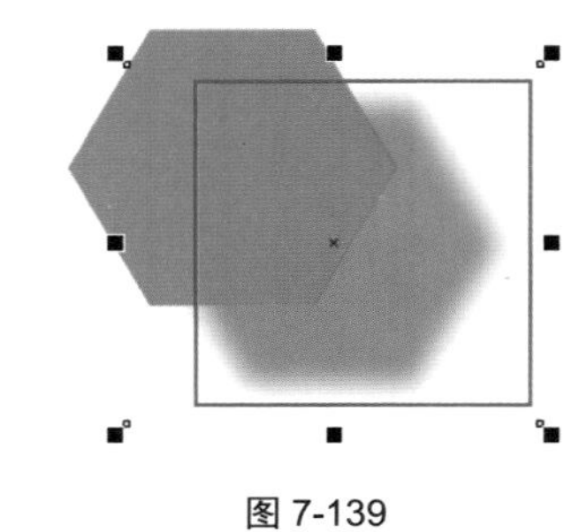

图 7-139

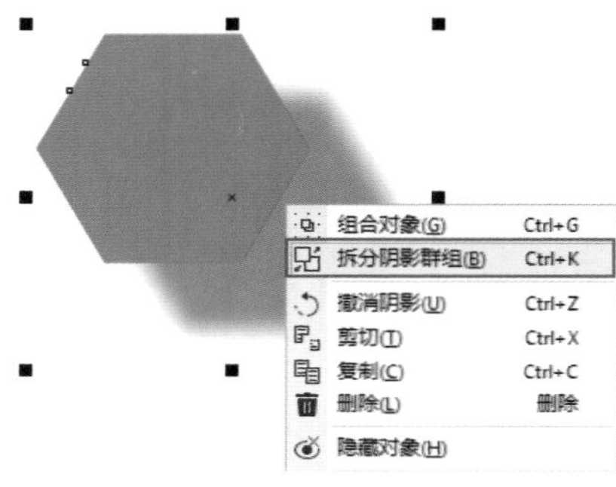

图 7-140

7.4.4 清除阴影效果

使用“清除阴影”功能可以将不需要的阴影删除，原对象保持不变。

使用“阴影工具”选择阴影对象，如图 7-141 所示，执行“效果”→“清除阴影”命令，或在属性栏中单击“清除阴影”按钮，清除该对象的阴影效果，如图 7-142 所示。

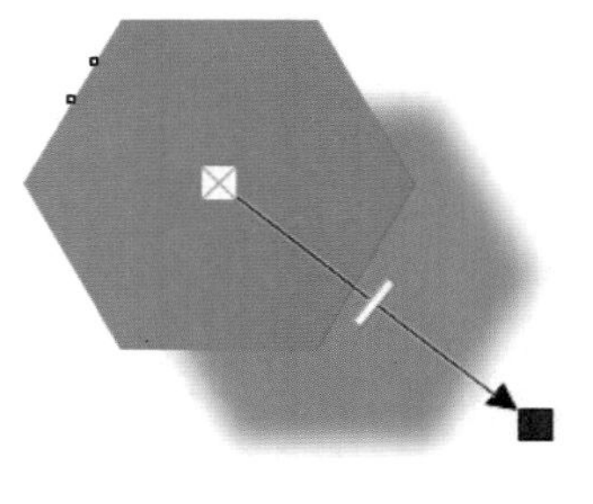

图 7-141

图 7-142

7.5　交互式封套效果

CorelDRAW 2017 中的“封套工具”是通过操纵边界框来改变对象的形状的。通过对封套的节点进行调整来改变对象的形状，既不会破坏对象的原始形态，又能够制作出丰富多变的变形效果。

7.5.1　创建封套效果

“封套工具”用于创建不同样式的封套来改变对象的形状。使用“选择工具”选择对象，如图 7-143 所示，单击工具箱中的“封套工具”按钮，在对象外面自动生成一个蓝色的虚线框，如图 7-144 所示，然后拖曳控制节点来改变对象形状，如图 7-145 所示。

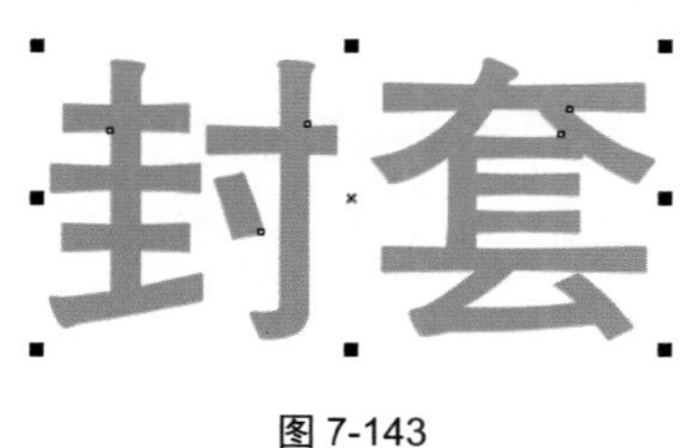

图 7-143

图 7-144

图 7-145

在虚线框上双击，即可添加控制节点，如图 7-146 所示，在原有的节点上双击，可删除节点，如图 7-147 所示。

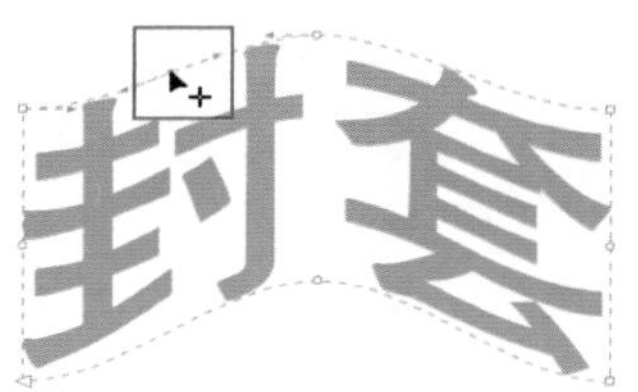

图 7-146

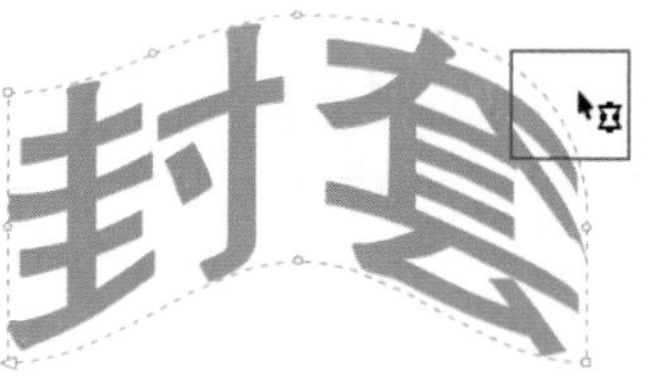

图 7-147

7.5.2　编辑封套效果

在创建封套效果后，可以在“封套工具”的属性栏中编辑封套效果，如图 7-148 所示。

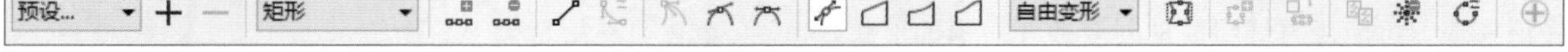

预设...　矩形　自由变形

图 7-148

“封套工具”属性栏中的各按钮及选项的介绍如下。

- 预设列表：在下拉列表中选择预设的封套效果，如图 7-149 和图 7-150 所示。
- “添加预设”按钮：可以将当前的属性存储为预设。
- “删除预设”按钮：从预设列表中删除所选预设。

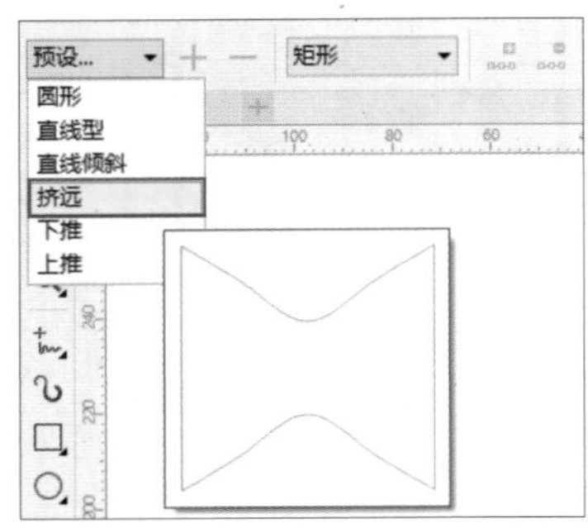

图 7-149

图 7-150

✦ 选取模式：用于切换选取框的类型，在下拉列表中可以选择“矩形”和“手绘”两种模式。

✦ “添加节点”按钮：通过添加节点增加曲线对象中可编辑线段的数量。

✦ “删除节点”按钮：删除节点改变曲线对象的形状。

✦ “转换为直线”按钮：将曲线段转换为直线。

✦ “转换为曲线”按钮：将线段转换为曲线，可通过控制柄更改曲线形状。

✦ “尖凸节点”按钮：通过将节点转换为尖凸节点，在曲线中创建一个锐角。

✦ “平滑节点”按钮：通过将节点转换为平滑节点来提高曲线的圆滑度。

✦ “对称节点”按钮：将同一曲线形状应用到节点的两侧。

✦ “非强制模式”按钮：应用允许更改节点属性的自由形式的封套。选择该模式，将封套模式变为允许更改节点的自由模式，同时激活前面的节点编辑按钮。

✦ “直线模式”按钮：应用由直线组成的封套。选择该模式，可应用直线组成的封套改变对象的形状，为对象添加透视点，如图 7-151 所示。

✦ “单弧模式”按钮：应用封套构建弧形。选择该模式，可应用单边弧线组成的封套改变对象的形状，使对象边线形成弧度，如图 7-152 所示。

✦ “双弧模式”按钮：应用封套构建 S 形。选择该模式，可以用 S 形封套改变对象的形状，使对象边线形成 S 形弧度，如图 7-153 所示。

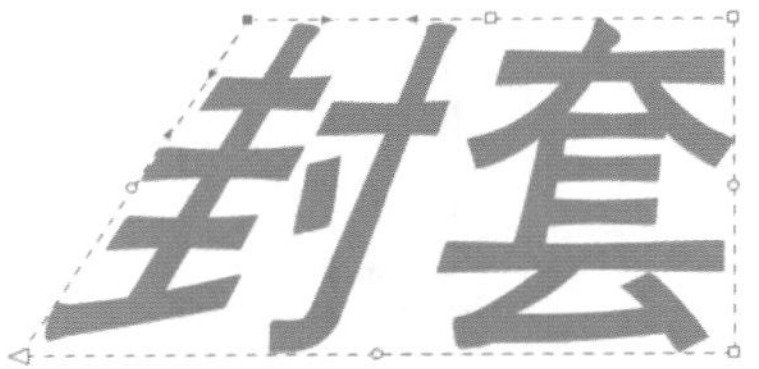

图 7-151

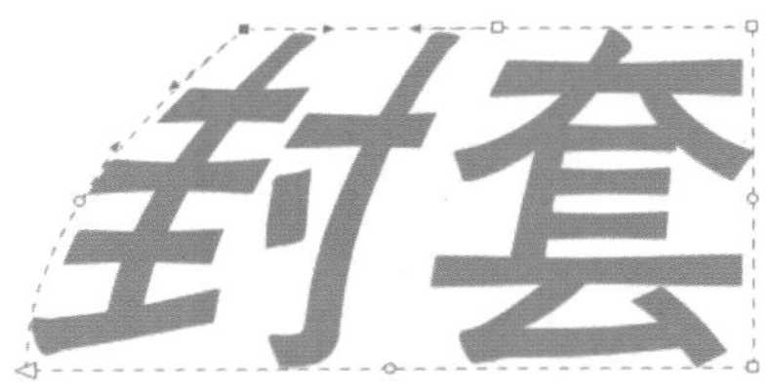

图 7-152

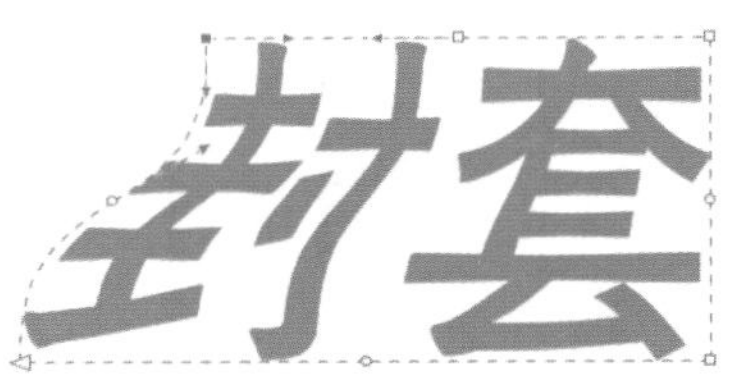

图 7-153

✦ 映射模式：可在下拉列表中选择对象中封套的调整方式，如图 7-154 所示。

图 7-154

✦ “保留线条”按钮：应用封套时保留直线。

✦ “添加封套”按钮：将封套应用到当前已有封套的对象中。

✦ “创建封套自”按钮：根据其他对象的形状创建封套。单击该按钮，当光标变为箭头时在图形对象上单击，可以将图形应用到封套中，如图 7-155 所示。

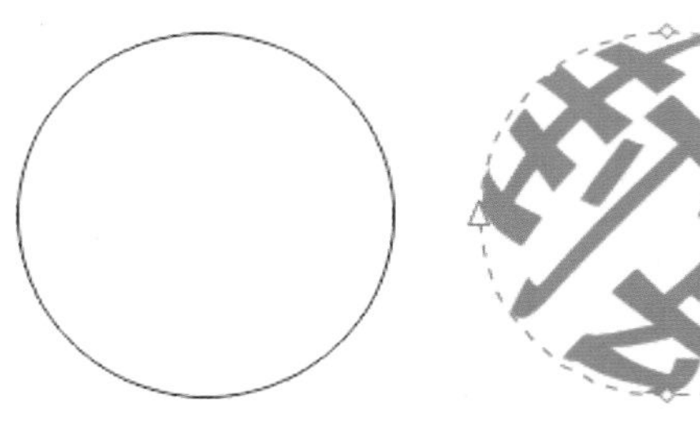

图 7-155

✦ “复制封套属性”按钮：将文档中另一个封套的属性应用到所选封套。

✦ “清除封套”按钮：移除对象中的封套。

✦ “转换为曲线”按钮：允许使用形状工具修改对象。

技巧与提示：

还可以执行“效果”→“封套”命令，或按快捷键 Ctrl+F7 打开“封套”泊坞窗，对封套效果进行编辑，如图 7-156 所示。单击“添加预设”按钮，然后在样式列表中选择封套样式，单击“应用”按钮即可将样式应用到对象上，如图 7-157 所示。

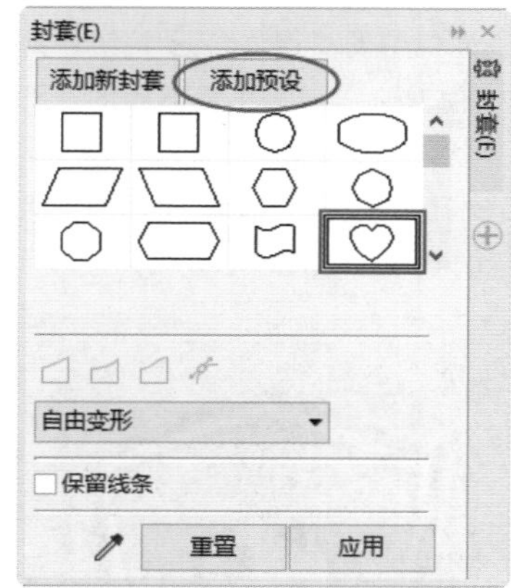

图 7-156

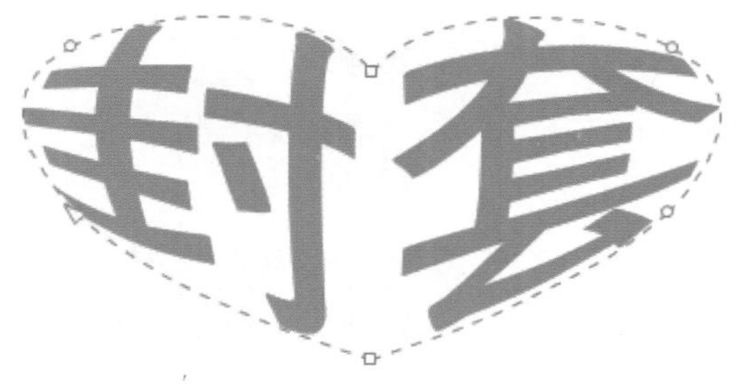

图 7-157

7.5.3　实战：封套工具制作足球徽章

01 启动 CorelDRAW 2017 软件，打开“素材\第 7 章\7.5\7.5.3 实战：封套工具制作足球徽章 .cdr”文件，如图 7-158 所示。单击工具箱中的“矩形工具”按钮，创建一个矩形，如图 7-159 所示，使用“选择工具”选择对象，执行“窗口”→“泊坞窗”→“效果”→“封套”命令，打开“封套”泊坞窗，单击“添加预设”按钮，如图 7-160 所示。

图 7-158

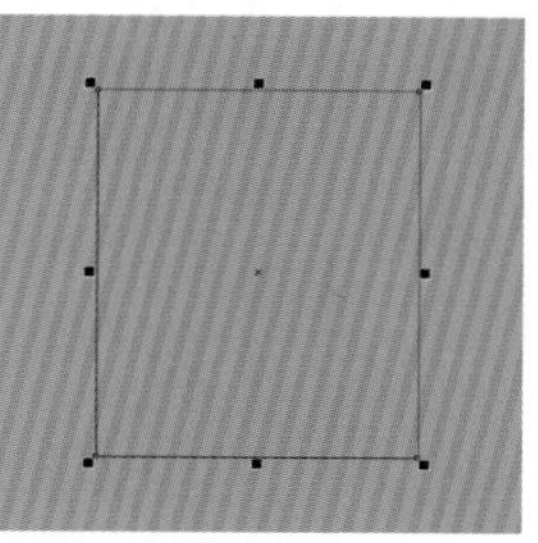

图 7-159

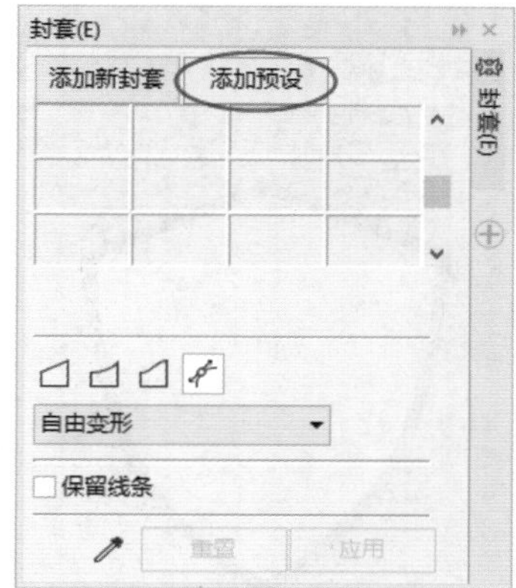

图 7-160

02 选择一种预设的封套效果，然后单击“应用”按钮，即可应用封套效果，如图 7-161 所示。为对象填充白色，并在属性栏中更改轮廓线的宽度为 8mm，如图 7-162 所示。

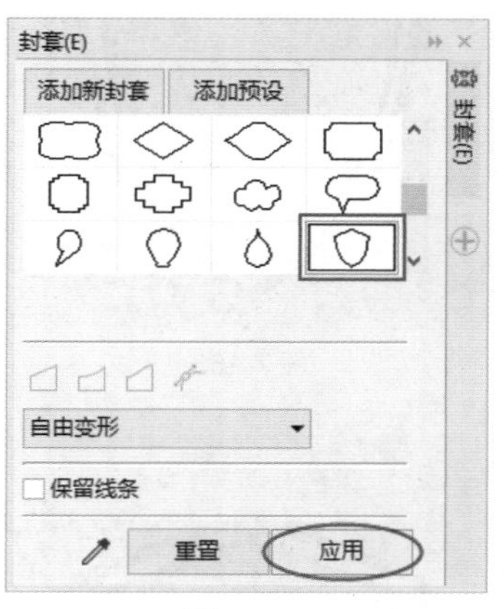

图 7-161

03 按快捷键 Ctrl+C 复制一个对象，按快捷键 Ctrl+V 粘贴对象，更改填充颜色为霓虹粉色，轮廓线的宽度为 4mm，如图 7-163 所示。按快捷键 Ctrl+O 打开本章的素材文件“足球 .cdr”，复制对象到该文档中，并调整合适的大小和位置，如图 7-164 所示。打开本章的素材文件“橄榄枝 .cdr”，复制对象到该文档中并调整合适的大小和位置，如图 7-165 所示。

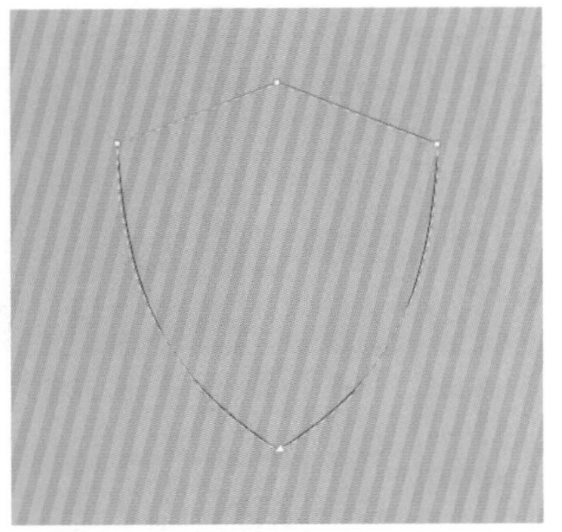

图 7-162

图 7-163

图 7-164

图 7-165

04 使用“文本工具”字输入文本，设置文本的字体为Arial，单击属性栏中的“粗体”B按钮，将文本设置为粗体，如图 7-166 所示。单击工具箱中的“星形工具”☆按钮，绘制形状，填充白色并去除轮廓线，如图 7-167 所示，然后复制几个星形对象，调整合适的大小和位置，完成足球徽标的制作，如图 7-168 所示。

图 7-166

图 7-167

图 7-168

7.6　交互式立体化效果

三维立体效果在 Logo 设计、包装设计、景观设计和插画设计等领域中运用得相当频繁，为了方便用户在制作过程中快速得到三维立体效果，CorelDRAW 2017 提供了强大的立体化效果工具，通过设置可以得到令人满意的立体化效果。

7.6.1　创建立体化效果

"立体化工具"用于将立体三维效果快速运用到对象上。使用"选择工具"选择对象，如图 7-169 所示，单击工具箱中 "立体化工具"按钮，将光标移至对象上，单击并拖曳，出现矩形透视线预览效果，如图 7-170 所示，释放鼠标后即可创建立体效果，如图 7-171 所示。

图 7-169

图 7-170

图 7-171

7.6.2　实战：制作促销海报

创建立体化效果后，可以在属性栏中进行参数的设置，也可以执行"效果"→"立体化"命令，在打开的"立体化"泊坞窗中进行参数设置。

01 启动 CorelDRAW 2017 软件，打开"素材 \ 第 7 章 \7.6\7.6.2 实战：制作促销海报 .cdr"文件，如图 7-172 所示。使用"选择工具"选择对象，单击工具箱中的 "立体化工具"按钮，单击并拖曳创建立体化效果，如图 7-173 和图 7-174 所示。

图 7-172

图 7-173

图 7-174

02 在属性栏的“深度”文本框中输入深度数值，如图 7-175 所示，可更改立体化对象的深度，如图 7-176 所示，再单击“立体化颜色”按钮，在弹出的下拉框中单击“使用递减的颜色”按钮，设置颜色，如图 7-177 所示。

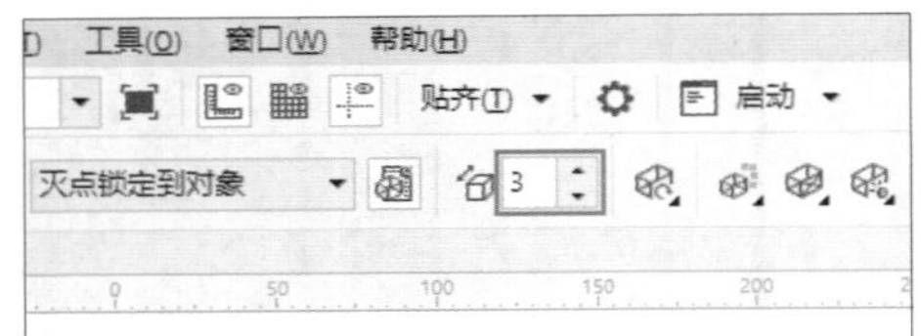

图 7-175

图 7-176

03 此时可查看设置立体化对象颜色后的图像效果，如图 7-178 所示。单击“立体化旋转”按钮，在弹出的下拉框中拖曳 3 图标，如图 7-179 所示，调整立体化对象的角度，完成促销海报立体字的制作，如图 7-180 所示。

图 7-177

图 7-178

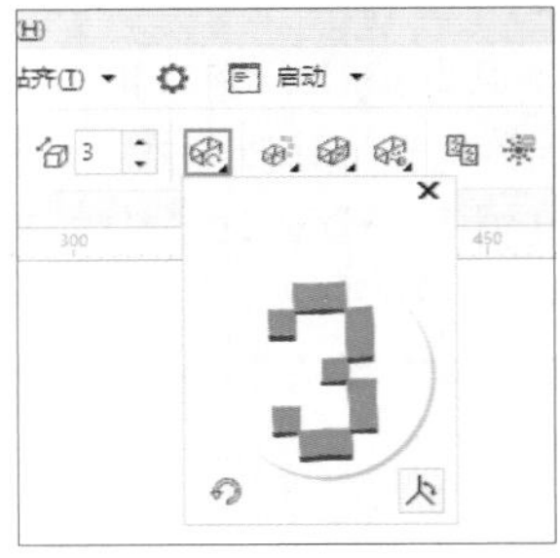

图 7-179

图 7-180

“立体化工具”属性栏中的各按钮及选项的介绍如下。

✦ 预设列表：在下拉列表中选择预设的封套效果，如图 7-181 所示。

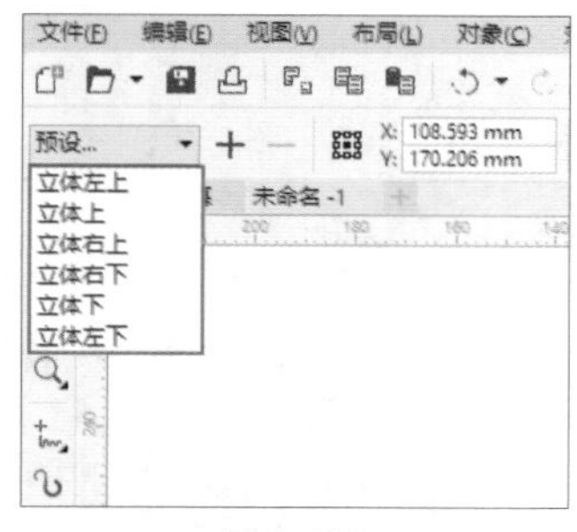

图 7-181

✦ “添加预设”按钮：可以将当前的属性存储为预设。

✦ “删除预设”按钮：从预设列表中删除所选预设。

✦ 立体化类型：在该下拉列表中可以选择不同的立体化类型并应用到对象中，如图 7-182 所示。

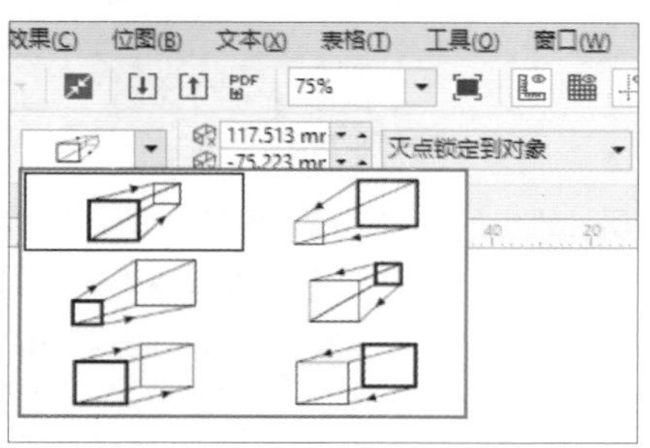

图 7-182

✦ 灭点坐标：通过设置 x 和 y 轴坐标，确定立体化灭点的位置。

✦ 灭点属性：更改灭点的锁定位置、复制灭点或在对象间共享灭点。

✦ “页面或对象灭点”按钮：将灭点的位置锁定到对象或页面中。

✦ 深度：调整立体化效果的深度。

✦ “立体化旋转”按钮：单击该按钮，在弹出的下拉框中单击拖曳，即可调整对象的立体化方向。

✦ “立体化颜色”按钮：用于设置对象立体化后的填充类型。

✦ “立体化倾斜”按钮：使对象具有三维外观的另一种方法是在立体模型中应用斜角修饰边。

✦ “立体化照明”按钮：为立体化对象添加光照效果。

✦ “复制立体化属性”按钮：将文档中另一个对象的立体化属性应用到所选对象。

✦ “清除立体化”按钮：移除对象中的立体化效果。

技巧与提示：

还可以执行“效果”→“立体化”命令，如图 7-183 所示，即可打开“立体化”泊坞窗，在泊坞窗中通过单击上方的按钮，切换相应的编辑面板，如图 7-184 所示，在编辑时需要将立体化对象选中，然后单击“编辑”按钮，才可以激活相应的设置。参数设置与属性栏中的参数设置相同，编辑完成后，单击“应用”按钮，才可以应用编辑的立体化效果，如图 7-185 所示。

图 7-183

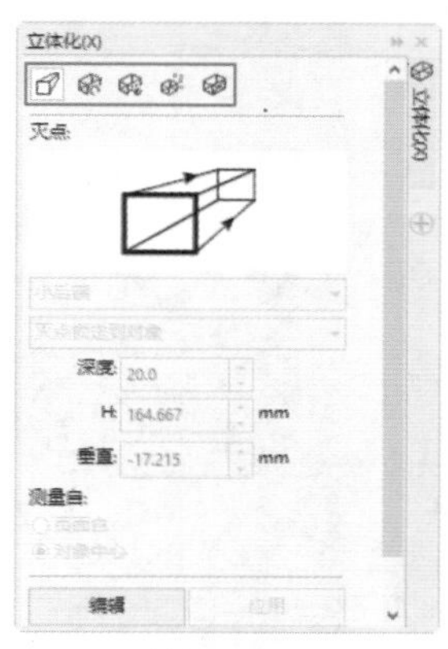

图 7-184

图 7-185

7.7　交互式透明效果

“透明度工具”主要是让所做图片更真实，能够更好地体现材质，从而使对象有逼真的效果。CorelDRAW 2017 中的“透明度工具”可以创建均匀、渐变、图样和底纹类型的透明度。

7.7.1 实战：均匀透明制作人物投影

“透明度工具”用于改变对象填充色的透明程度，通过添加多种透明度样式可丰富画面效果。

01 启动 CorelDRAW 2017 软件，打开“素材\第 7 章\7.7\7.7.1 实战：均匀透明制作人物投影 .cdr”文件，如图 7-186 所示。单击工具箱中的“椭圆形工具”按钮，绘制一个椭圆形，如图 7-187 所示，再单击调色板中的色块，填充黑色，并右击按钮，去除轮廓线，如图 7-188 所示。

图 7-186

图 7-187

图 7-188

02 右击，在弹出的快捷菜单中选择“顺序”→“向下一层”命令，调整对象顺序，如图 7-189 所示，单击工具箱中的“透明度工具”按钮，在属性栏中单击“均匀透明度”按钮，如图 7-190 所示。

图 7-189

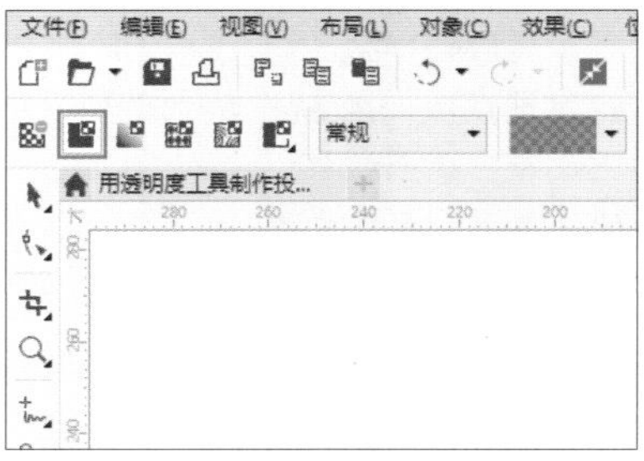

图 7-190

03 设置属性栏中的“透明度”数值，如图 7-191 所示，可为对象添加均匀的透明效果，如图 7-192 所示。

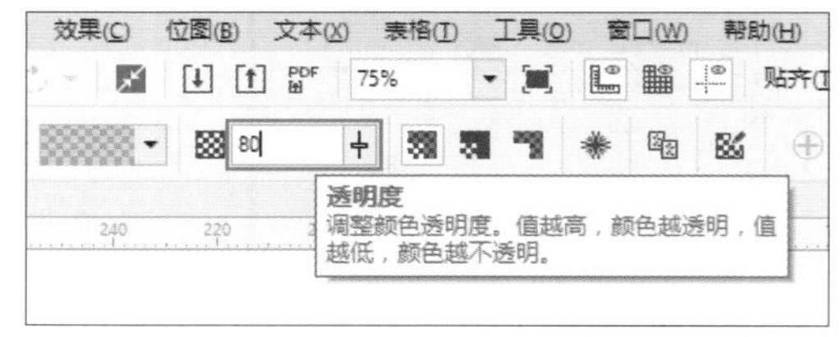

图 7-191

图 7-192

7.7.2　实战：渐变透明制作聚光灯效果

创建渐变透明可以达到添加光感的作用，渐变透明又包括“线性渐变透明”“椭圆形渐变透明”“锥形渐变透明”和“矩形渐变透明”，可以在属性栏中选择渐变透明的类型。

04 启动 CorelDRAW 2017 软件，打开“素材\第 7 章\7.7\7.7.2 实战：渐变透明制作聚光灯效果 .cdr”文件，如图 7-193 所示。单击工具箱中的“手绘工具”按钮，绘制形状，如图 7-194 所示，单击调色板中的色块，填充白色，并右击按钮，去除轮廓线，如图 7-195 所示。

图 7-193

图 7-194

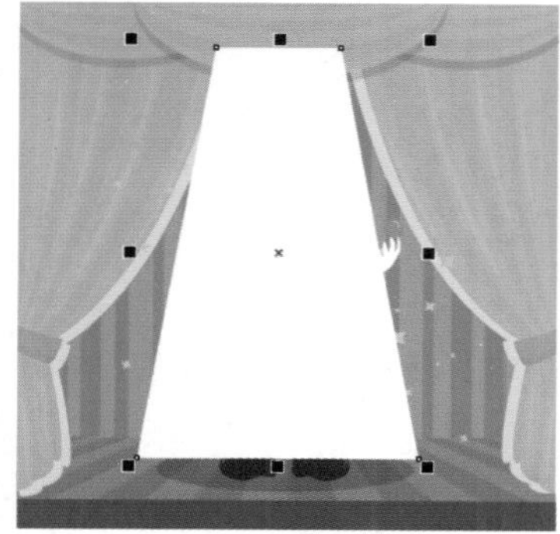

图 7-195

05 单击工具箱中的“透明度工具”按钮，再在属性栏中单击“渐变透明度”按钮，并单击“线性渐变透明度”按钮，如图 7-196 所示，即可创建渐变透明效果，如图 7-197 所示。

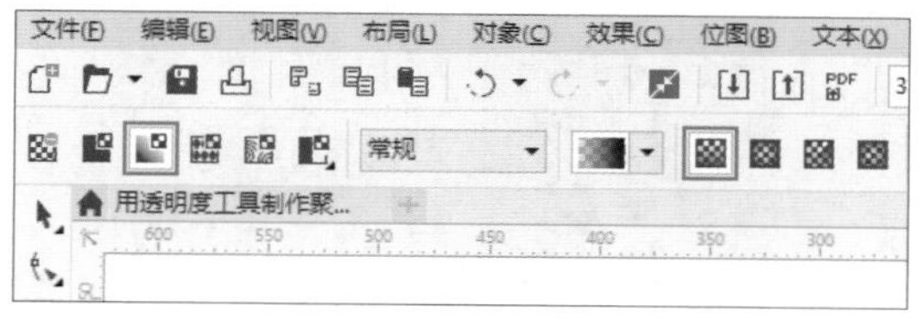

图 7-196

图 7-197

06 在属性栏中的“旋转”文本框中输入旋转的度数，如图 7-198 所示，再单击透明度形状上的方形节点设置透明度，如图 7-199 和图 7-200 所示。

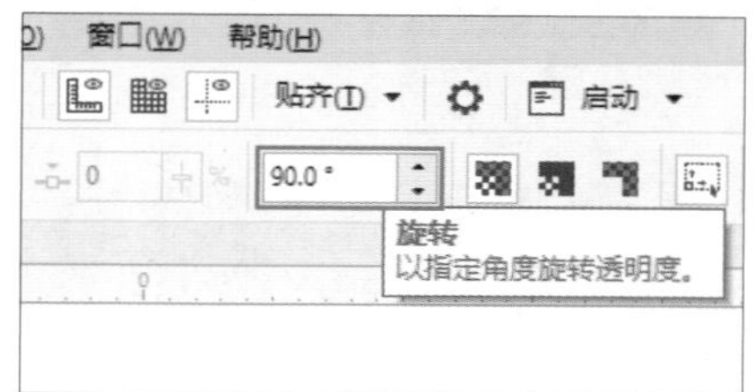

图 7-198

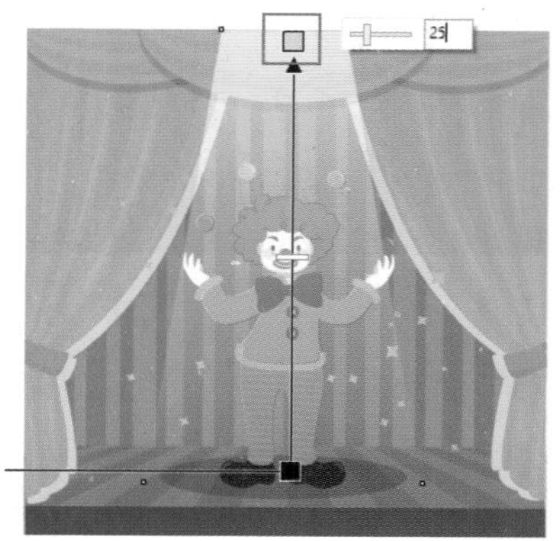

图 7-199

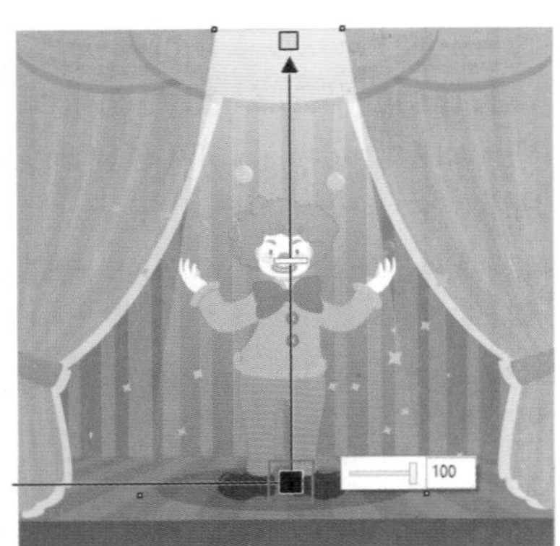

图 7-200

07 按空格键切换“选择工具” ，调整对象的大小和位置，如图 7-201 所示。右击，在弹出的快捷菜单中选择“顺序”→“向下一层”命令，调整对象顺序，完成聚光灯效果的制作，如图 7-202 所示。

图 7-201

图 7-202

技巧与提示：

在添加渐变透明度时，透明度范围线的方向决定透明度效果的方向。如果需要添加水平或垂直的透明效果，可以按住 Shift 键水平或垂直拖曳。

7.7.3 图样透明

图样透明效果就是为对象应用具有透明度的图样。除了选用预设的图样外，还可以创建新的图样样式，并且创建透明效果所应用的图样除了具有透明度外，还可以应用到轮廓上。图样透明度包括“向量图样”“位图图样”和“双色图样”。

向量图样透明度是由线条和填充组成的图像。这些矢量图形比位图图像更平滑、复杂，但较易操作。使用“选择工具” 选择对象，如图 7-203 所示，单击工具箱中的“透明度工具” 按钮，再在工具属性栏中单击“向量图样透明度” 按钮，然后在“透明度挑选器”的下拉列表中双击一种向量图样，如图 7-204 所示。

图 7-203

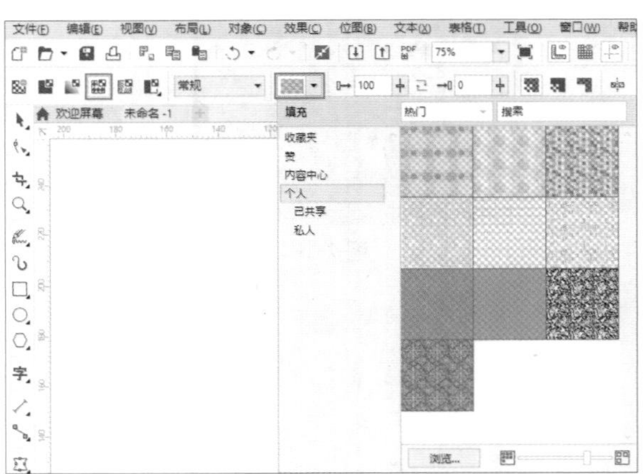

图 7-204

将该向量图样应用到所选对象上，如图 7-205 所示，在属性栏中通过调整“前景透明度”和“背景透明度”来设置透明度，如图 7-206 所示，并且拖曳透明度图形上的节点可以调整添加图样的大小、方向和位置，如图 7-207 所示。

图 7-205

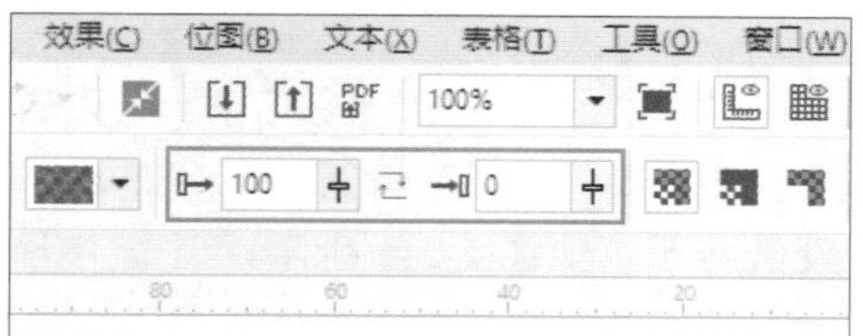

图 7-206

图 7-207

位图图样透明度是由浅色和深色图案或矩形数组中不同的彩色像素所组成的彩色图像，如图 7-208 所示。双色图样透明度是由黑、白两色组成的图案，应用于图像后，黑色部分为透明，白色部分为不透明，如图 7-209 所示。

图 7-208

图 7-209

7.7.4　底纹透明

使用“选择工具” 选择对象，单击工具箱中的“透明度工具” 按钮，再在属性栏中单击“底纹透明度” 按钮，然后在“底纹”的下拉列表中选择底纹，如图 7-210 所示，即可创建底纹透明度，如图 7-211 所示。

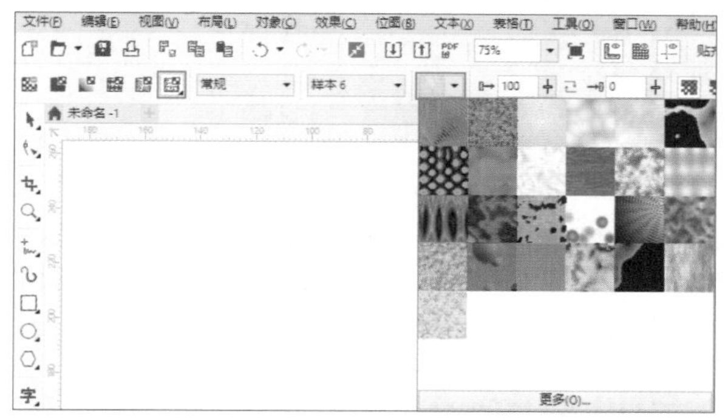

图 7-210

图 7-211

7.8　透镜效果

透镜效果是指通过改变对象外观或改变观察透镜下对象的方式，所取得的特殊效果。CorelDRAW 2017

中有 12 种透镜效果，每种类型的透镜都能使位于透镜下的对象显示出不同的效果。本节将详细介绍这些透镜类型的效果。

执行“效果”→“透镜”命令，如图 7-212 所示，或者按快捷键 Alt+F3 打开“透镜”泊坞窗，在泊坞窗的透镜类型下拉列表中选择透镜效果，如图 7-213 所示。

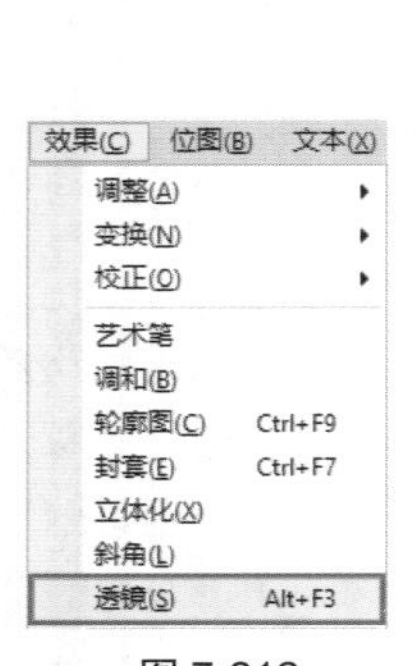

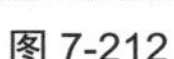
图 7-212

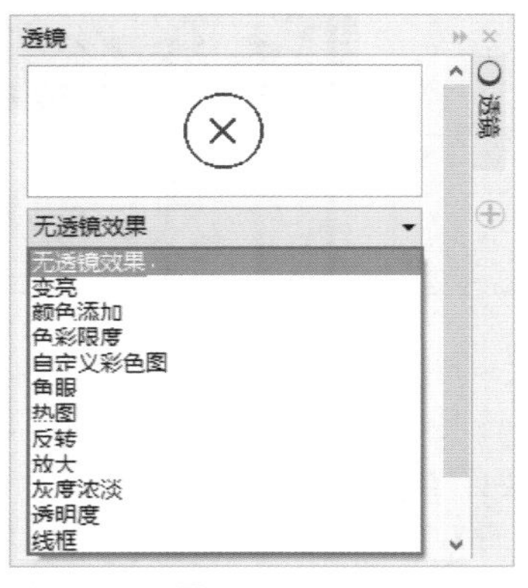

图 7-213

无透镜效果

“无透镜效果”用于清除对象的透镜效果。使用“选择工具”选择圆形对象，然后在“透镜”泊坞窗中选择“无透镜效果”，如图 7-214 所示，即可清除圆形对象的透镜效果。

图 7-214

变亮

选择圆形对象，然后在“透镜”泊坞窗中选择“变亮”，圆形对象重叠部分的颜色变亮，如图 7-215 所示，在泊坞窗中调整“比率”数值可以更改变亮的程度，数值越大则重叠部分的对象越亮。

图 7-215

颜色添加

选择圆形对象，然后在“透镜”泊坞窗中选择“颜色添加”，并设置“颜色”，圆形重叠部分和所选颜色进行混合显示，如图 7-216 所示。调整“比率”数值可以控制颜色的添加程度，数值越大添加的颜色比例越大，数值越小越偏向于原图本身的颜色，数值为 0 时不显示添加的颜色。

图 7-216

色彩限度

选择圆形对象，然后在“透镜”泊坞窗中选择“色彩限度”，圆形重叠部分只允许所选颜色和滤镜本身颜色透过显示，其他颜色都转换为滤镜相近颜色显示，如图 7-217 所示。调整“比率”数值可以调整透镜的颜色浓度，数值越大颜色越浓，数值越小颜色越浅。

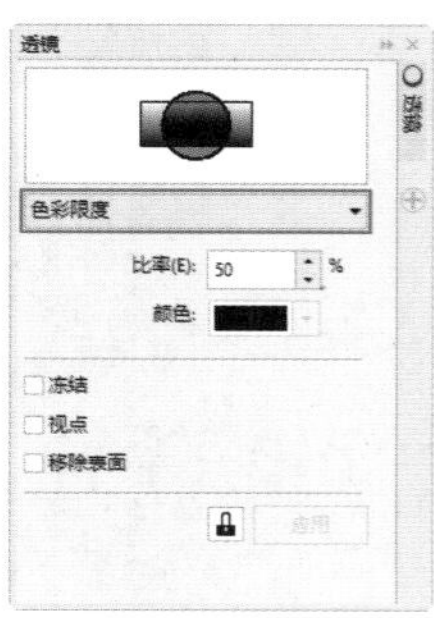

图 7-217

自定义彩色图

选择圆形对象，然后在“透镜”泊坞窗中选择“自定义彩色图”，圆形重叠部分所有颜色改为介于所选颜色中间的一种颜色显示，如图 7-218 所示。在“颜色范围”下拉列表中可以设置颜色范围，包括“直接调色板”“向前的彩虹”和“反转的彩虹”。

图 7-218

鱼眼

选择圆形对象，然后在“透镜”泊坞窗中选择“鱼眼”，圆形重叠部分按比例进行放大或缩小扭曲显示，如图 7-219 所示。“比率”数值为正值时向外推挤扭曲，“比率”数值为负值时向内收缩扭曲。

图 7-219

热图

选择圆形对象，然后在“透镜”泊坞窗中选择“热图”，圆形重叠部分模仿红外图像效果显示冷暖等级，如图 7-220 所示。当“调色板旋转”数值设置为 0% 或 100% 时，显示同样的冷暖效果，数值为 50% 时暖色和冷色颠倒。

反转

选择圆形对象，然后在“透镜”泊坞窗中选择“反转”，圆形重叠部分的颜色变为色轮中对应的互补色，形成独特的底片效果，如图 7-221 所示。

图 7-220

图 7-221

放大

选择圆形对象，然后在“透镜”泊坞窗中选择“放大”，圆形重叠部分根据设置的“数量”数值放大，如图 7-222 所示。“数量”数值决定放大或缩小的倍数，数值为 1 时不改变大小，大于 1 时为放大效果，小于 1 时为缩小效果。

图 7-222

灰度浓淡

选择圆形对象，然后在“透镜”泊坞窗中选择“灰度浓淡”，圆形重叠部分以设定的颜色等值的灰度显示，如图 7-223 所示。

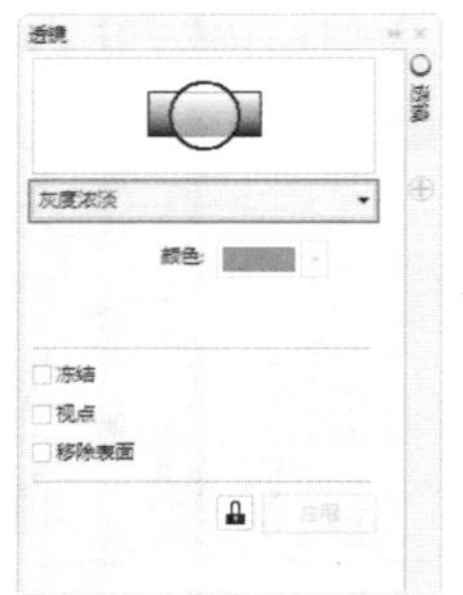

图 7-223

透明度

选择圆形对象，然后在“透镜”泊坞窗中选择“透明度”，圆形重叠部分变为类似色胶片或覆盖彩色玻璃的效果，如图 7-224 所示。“比率”数值越大，效果越明显。

图 7-224

线框

选择圆形对象，然后在“透镜”泊坞窗中选择“线框”，圆形重叠部分只允许所选颜色和轮廓颜色通过，如图 7-225 所示。

图 7-225

“透镜”泊坞窗中各选项的介绍如下。

✦ 冻结：勾选该复选框后，可以将透镜下方的对象显示为透镜的一部分，并且在移动透镜时不会改变透镜显示，如图 7-226 所示。

图 7-226

✦ 视点：可以在对象不进行移动的时候改变透镜的显示区域，只显示透镜重叠部分的一部分。勾选该复选框后，单击 End 按钮，然后在 X 和 Y 轴文本框中输入数值，改变中心点的位置，如图 7-227 和图 7-228 所示。

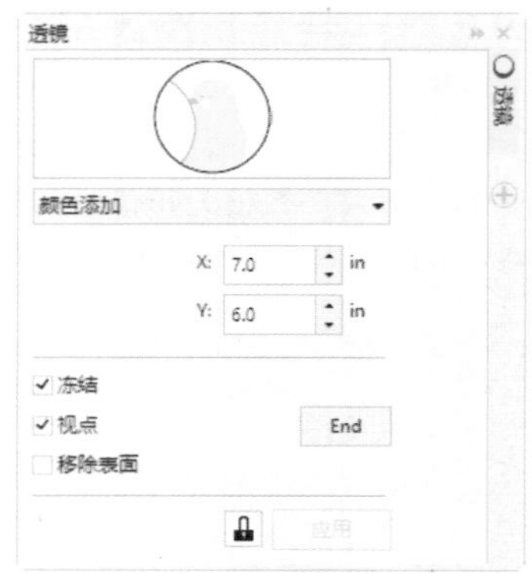

图 7-227

图 7-228

✦ 移除表面：可以使覆盖对象的位置显示透镜，勾选该复选框时，在空白处不显示透镜，如图 7-229 所示，在没有勾选该复选框时，空白处也显示透镜，如图 7-230 所示。

图 7-229

图 7-230

答疑解惑：在 CorelDRAW 2017 中，“放大”和“鱼眼”两种透镜类型有何区别？

“放大”透镜和“鱼眼”透镜都有放大或缩小的功能，区别在于，“放大”透镜的缩放效果更为明显，并且在放大时不会进行扭曲。

技巧与提示：

透镜只能应用于封闭路径及艺术字对象，而不能应用于开放路径、位图或段落文本对象，也不能应用于已经建立了动态链接效果的对象（如立体化、轮廓平滑等效果的对象）。如果群组的对象需要制作透镜效果，必须先解散群组，若要对位图进行透镜处理，则必须在位图上绘制一个封闭的图形，再将该图形移至需要改变的位置上。

8.1 创建与导入文本

在 CorelDRAW 2017 中，使用文本工具字可以创建的文本类型包括美术字文本和段落文本。本节将详细介绍创建与导入文本的方法。

8.1.1 实战：创建美术字

在 CorelDRAW 2017 中主要包括两种文本，即美术字文本和段落文本。直接用“文本工具”字单击后，输入的文本称为美术字文本（适用于编辑少量文本）。美术字文本的字体和字号都可以在属性栏中设置，而文字颜色则在调色板中选择。

01 启动 CorelDRAW 2017 软件，打开“素材 \ 第 8 章 \8.1.1 实战：创建美术字 .cdr”文件，如图 8-1 所示。单击工具箱中的“文本工具”字按钮，或按 F8 键选择“文本工具”，在图像上单击建立一个文本插入点，如图 8-2 所示，即可输入文字，所输入的文本为美术字，如图 8-3 所示。

图 8-1

图 8-2

图 8-3

第 8 章

文本的编辑

文本是平面设计中不可或缺的元素之一，可以起到解释说明的作用。CorelDRAW 中的文本不仅可以进行格式化的编辑，更能够转换为曲线对象进行形状的转换。本章将详细介绍 CorelDRAW 中文本的创建、编辑与应用方法。

本章教学视频二维码

02 在属性栏中设置合适的字体和字号，如图 8-4 所示，单击调色板中的色块，设置文字的颜色，如图 8-5 所示。

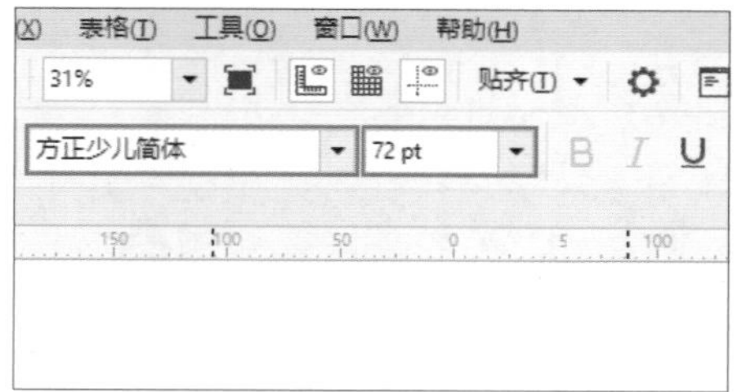

图 8-4

图 8-5

03 将光标移至创建的文本对象上，当光标变成十字形状时，单击并拖曳对象，移至合适的位置，如图 8-6 所示。采用同样的方法，创建其他美术字，并设置文本属性，如图 8-7 所示。

技巧与提示：

美术字文本可以作为一个单独的对象来编辑，并且可以使用各种编辑图形的方法对其进行操作。

图 8-6

图 8-7

答疑解惑：如何对已有的美术字文本进行编辑？

若要对已有的美术字文本进行修改，可以使用“文本工具”字或“选择工具”在需要更改的文本上双击，即可将其选中，可在属性栏或“文本属性”泊坞窗中进行编辑，也可以单击属性栏中的“编辑文本”按钮，在打开的“编辑文本”对话框中进行修改。

8.1.2　创建段落文本

段落文本用于需要编排很多文字的时候，通过段落文本可以方便文本的编排，并且段落文本在多页面文件中可以在页面之间相互流动。

单击工具箱中的“文本工具”字按钮，或按 F8 快捷键选择“文本工具”，向右下角拖出一个虚线框，如图 8-8 所示，释放鼠标后即可创建一个文本框，如图 8-9 所示，输入文字，即可创建段落文本，如图 8-10 所示。

图 8-8

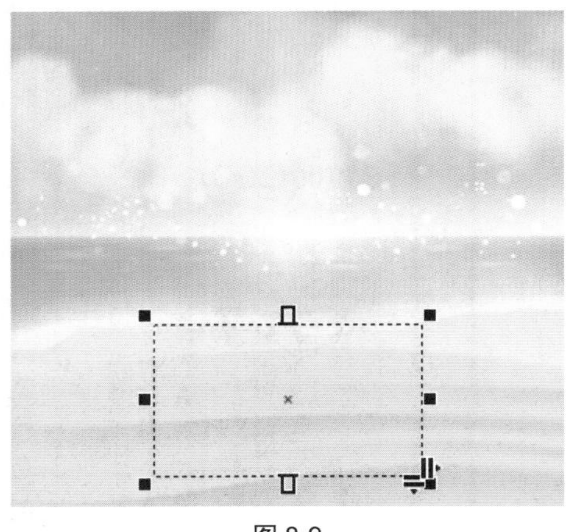

图 8-9

图 8-10

段落文本只能够显示在文本框内，若超出文本框的范围，文本框下方的控制点内会显示一个黑色的三角形按钮，如图 8-11 所示，向下拖曳该按钮，使文本框扩大，即可显示被隐藏的文本，如图 8-12 所示，还可以拖曳文本框的控制点调整文本框的大小，如图 8-13 所示。

图 8-11

图 8-12

图 8-13

技巧与提示：

在文本框中输入的文本会根据框架的大小、长宽自动换行，调整文本框的大小，文本的排版也会随之发生变化。

8.1.3 创建路径文本

路径文本常用于创建走向不规则的文本行。单击工具箱中的“贝塞尔工具”按钮，绘制路径，再单击工具箱中的“文本工具”按钮，将光标移至路径上，当光标变为形状时，如图 8-14 所示，单击显示插入点，如图 8-15 所示，输入的文字会沿着路径排列，如图 8-16 所示。

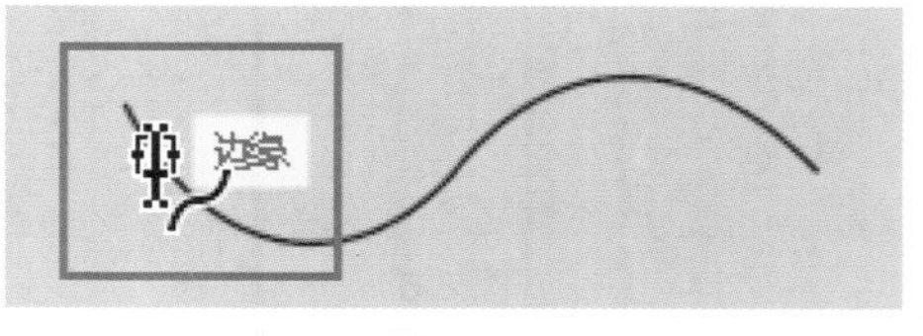

图 8-14

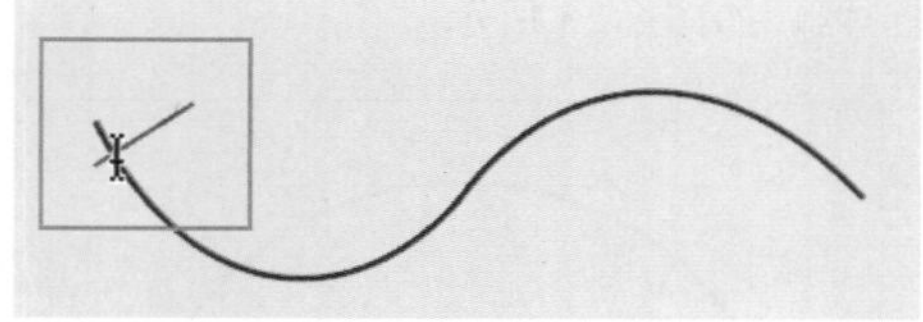

图 8-15

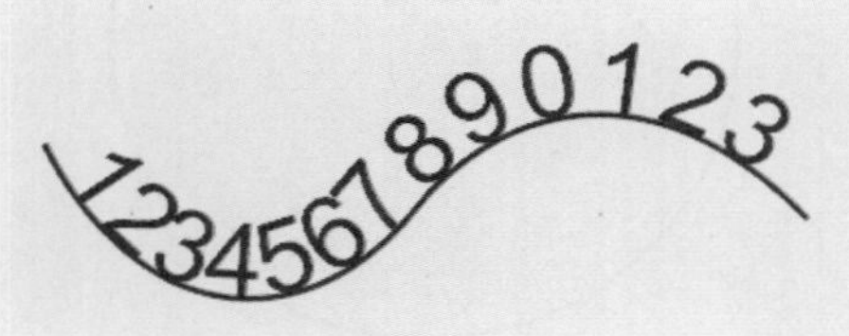

图 8-16

选择文本，如图 8-17 所示，执行“文本”→“使文本适合路径”命令，当光标变为形状时，将其移至路径上，即可看到文本变为虚线，并沿着路径走向排列，如图 8-18 所示，然后在合适位置单击即可创建路径文本，如图 8-19 所示。

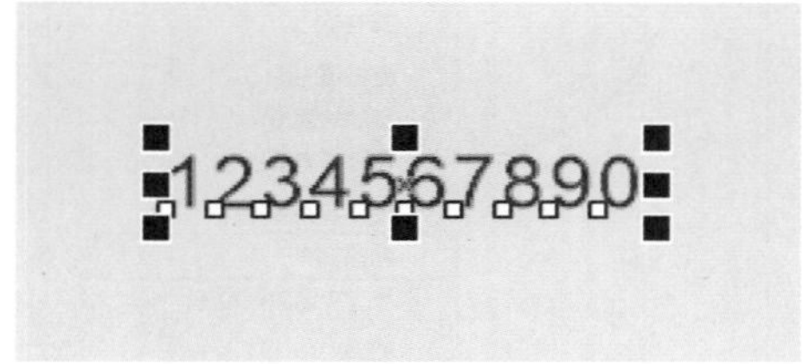

图 8-17

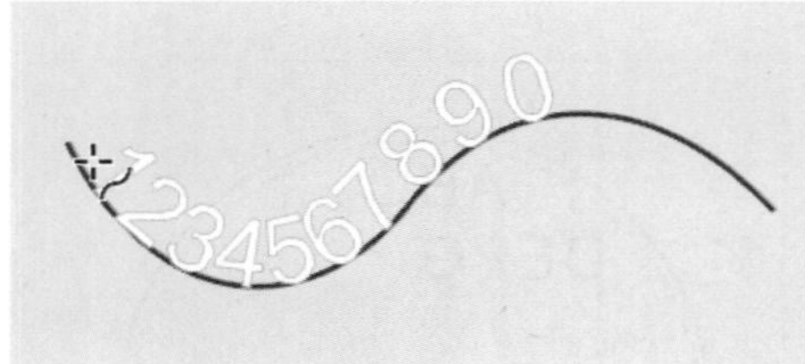

图 8-18

图 8-19

按住鼠标右键将文本拖至路径上，如图 8-20 所示，当光标变为形状时释放鼠标，在弹出的快捷菜单中选择“使文本适合路径”命令，如图 8-21 所示，也可将文本沿路径排列，如图 8-22 所示。

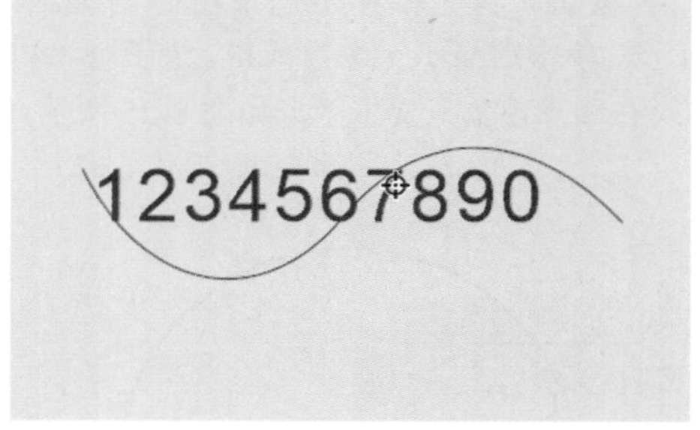

图 8-20

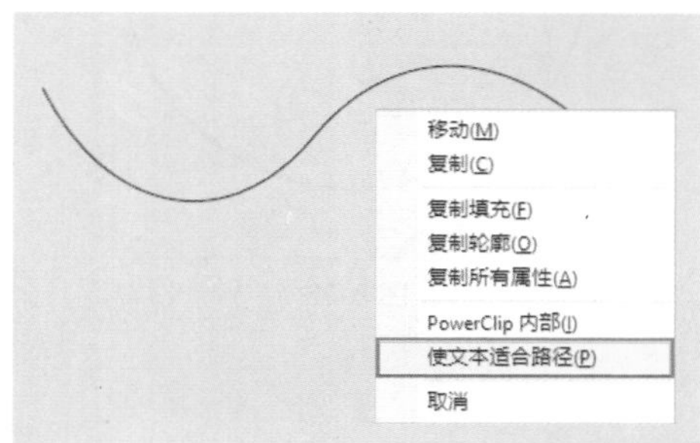

图 8-21

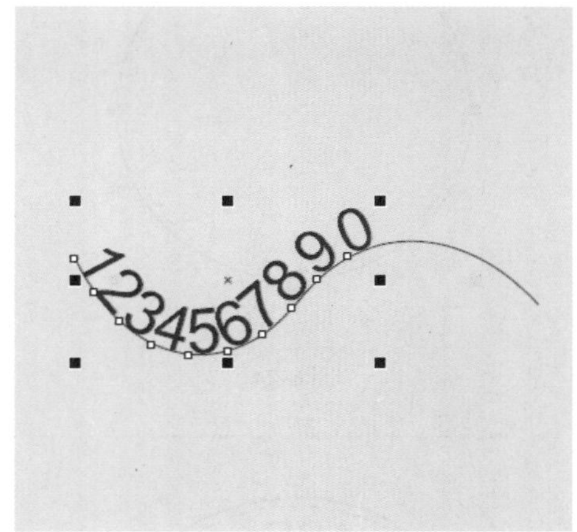

图 8-22

技巧与提示：

当改变路径形状时，文字的排列方式也会随之发生改变。如果要将文字与路径分开编辑，可以按快捷键 Ctrl+K 分离路径，然后选择路径，按 Delete 键将其删除，删除路径后文本的形状不会发生改变。

8.1.4　在图形内输入文本

在 CorelDRAW 2017 中可以将文本内容和闭合路径相结合，或在封闭图形内创建文本，并且文本将保留其匹配对象的形状。单击工具箱中的“椭圆形工具”按钮，绘制一个圆形对象，再在工具箱中单击“文本工具”字按钮，将光标移至图形内侧的边缘，如图 8-23 所示，单击后显示一个虚线框，如图 8-24 所示，此时即可在图形内输入文本了，如图 8-25 所示。

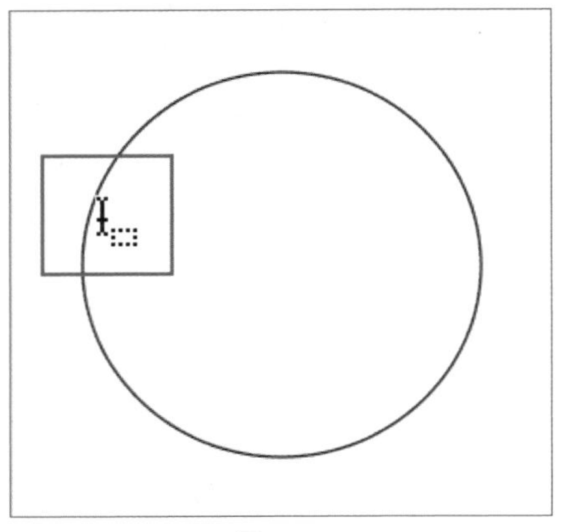

图 8-23

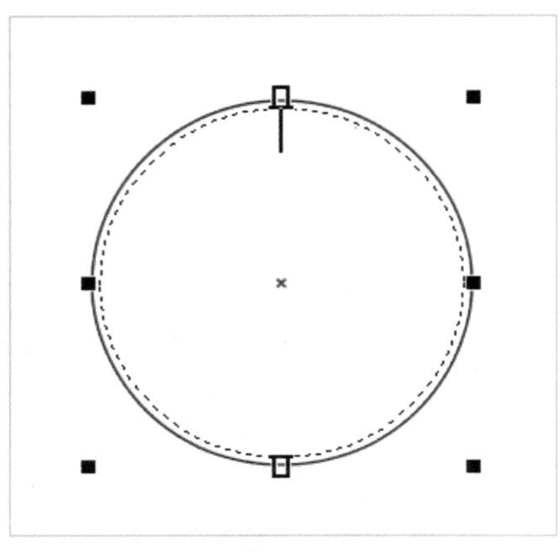

图 8-24

图 8-25

按住鼠标右键将文本拖至图形内，如图 8-26 所示，当光标变为⊕形状时释放鼠标，在弹出的快捷菜单中选择“内置文本”命令，如图 8-27 所示，也可将文本置入图形内，如图 8-28 所示。

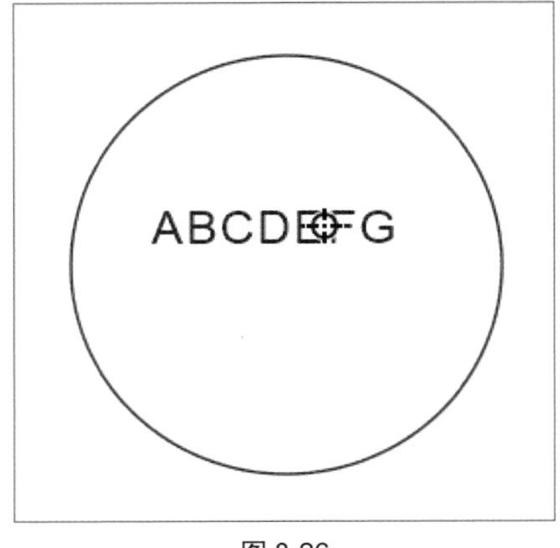

图 8-26

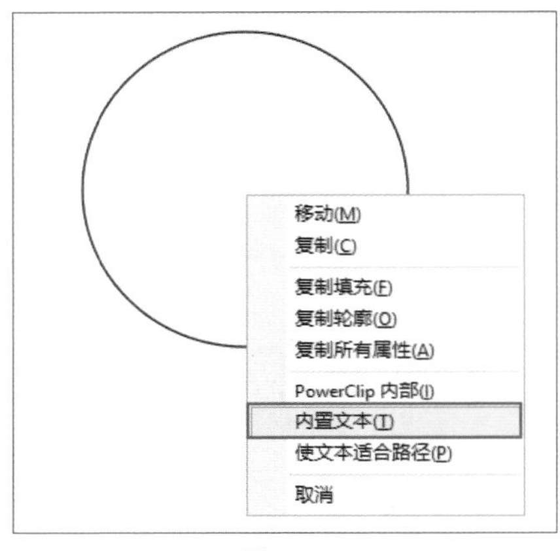

图 8-27

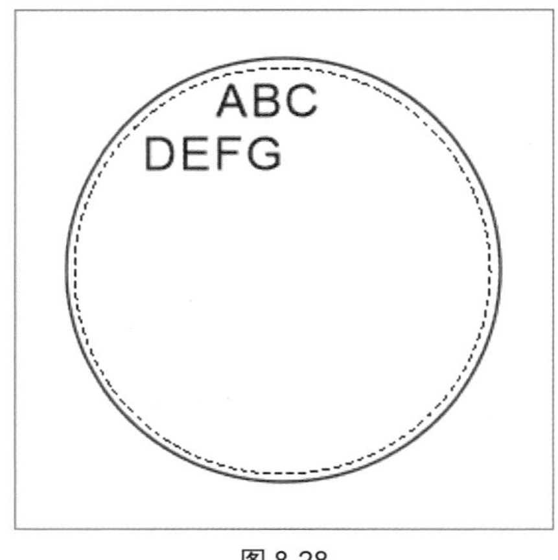

图 8-28

8.1.5 导入 / 粘贴外部文本

在 CorelDRAW 2017 中，导入 / 粘贴外部文本是一种输入文本的快捷方法，无论是美术字文本还是段落文本，都能够大幅提高工作效率。执行“文件”→“导入”命令或按快捷键 Ctrl+I，打开“导入”对话框，选择要导入的文件，如图 8-29 所示，单击“导入”按钮，在弹出的“导入 / 粘贴文本”对话框中设置文本的格式，如图 8-30 所示，然后单击“确定”按钮。

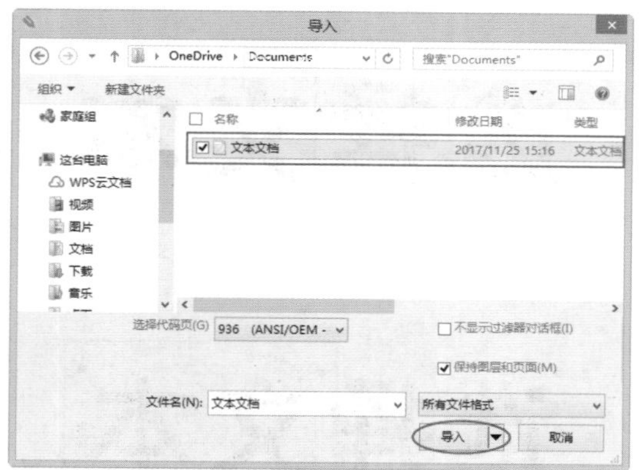

图 8-29

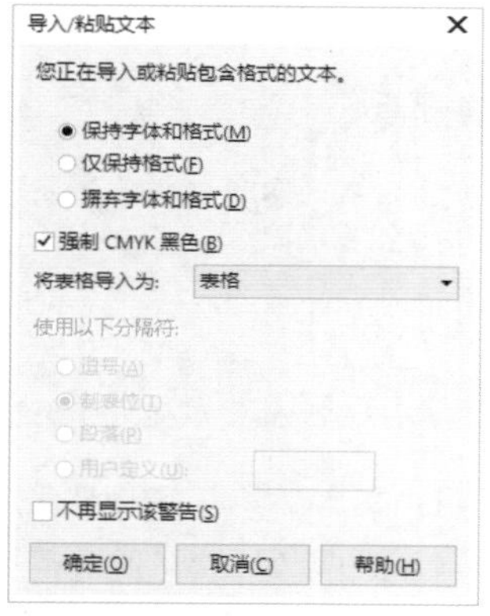

图 8-30

当光标显示为一个直角导入形状时，如图 8-31 所示，单击并拖曳，当出现一个红色的文本框时释放鼠标，如图 8-32 所示，即可导入外部文本，如图 8-33 所示。

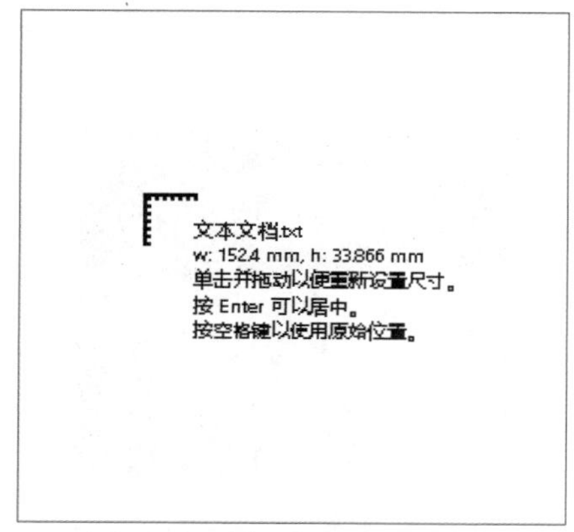

图 8-31

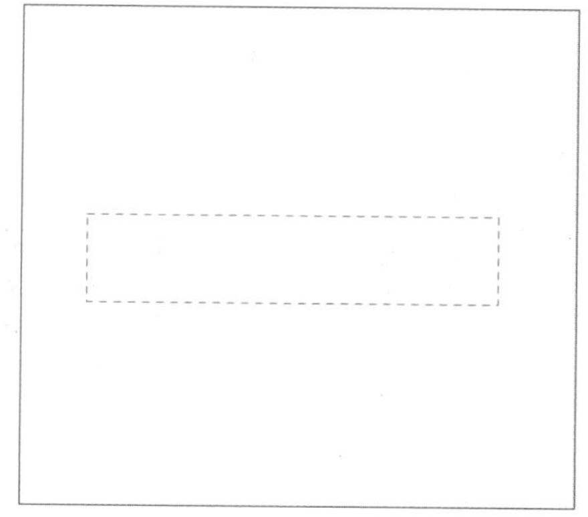

图 8-32

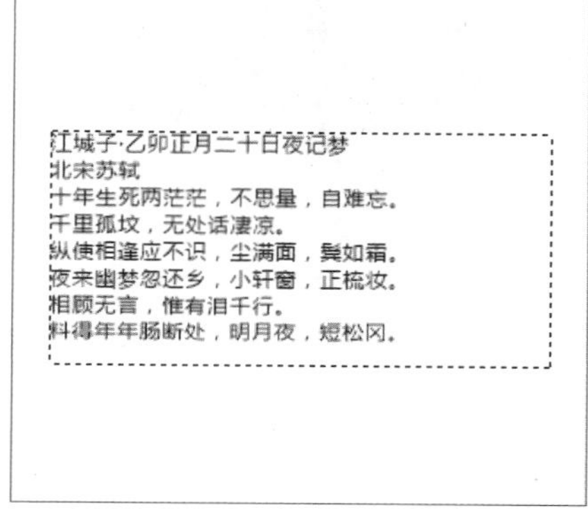

图 8-33

技巧与提示：

如果是从网页中复制的文本，可以按快捷键 Ctrl+V 粘贴文本，显示在绘图窗口的中央位置，并且以网页中的样式显示。

8.1.6　插入特殊字符

在 CorelDRAW 2017 中，可以插入各种类型的特殊字符，有些字符可以作为文字来调整，有些可以作为图形对象来调整。执行“文本”→“插入字符”命令或按快捷键 Ctrl+F11，打开“插入字符”泊坞窗，再在泊坞窗中的“字体”的下拉列表中选择特殊字符的类型，如图 8-34 所示。在“泊坞窗”中间的列表中选择要插入的特殊字符，如图 8-35 所示，单击底部的“复制”按钮，在绘图窗口中按快捷键 Ctrl+V 粘贴字符，即可插入特殊字符，如图 8-36 所示。或者将其拖至绘图窗口中，释放鼠标后也可插入特殊字符。

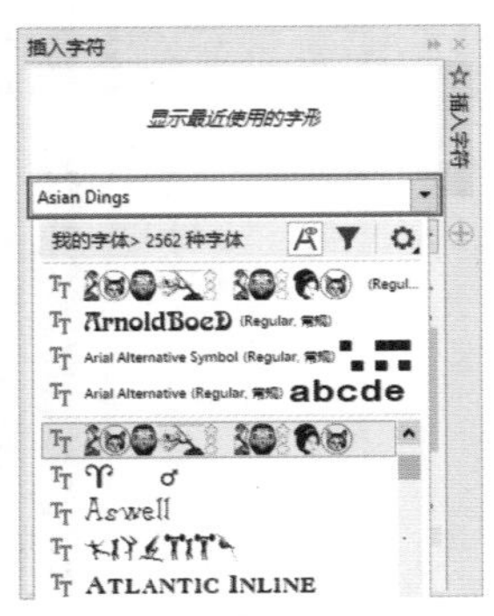
图 8-34

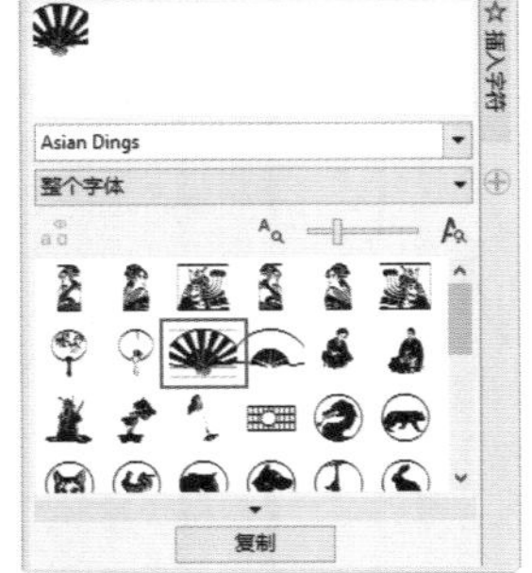
图 8-35

图 8-36

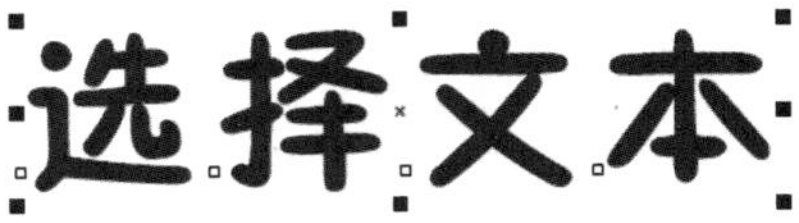

8.2　编辑文本属性

在平面设计中，文字的使用十分广泛，对于不同的用途，文字的样式也各不相同。在 CorelDRAW 2017 中可以对美术字文本及段落文本的属性进行编辑，使其更适合创作需求。

8.2.1　选择文本

在对文本的属性进行编辑之前，必须先将需要编辑的文本对象选中。在 CorelDRAW 2017 中可以通过“文本工具”和“选择工具”来进行文本的选择，也可以根据需求选择全部文本或部分文本。

选择全部文本

单击工具箱中的“选择工具”按钮，将光标移至美术字文本或段落文本上，然后单击即可选择文本对象，如图 8-37 所示。

选择部分文本

单击工具箱中的“文本工具”按钮，将光标移至文本上然后单击，则会在单击的位置出现插入点，如图 8-38 所示，拖曳选择需要的文本，被选中的文字将呈现淡蓝色，如图 8-39 所示。

图 8-37

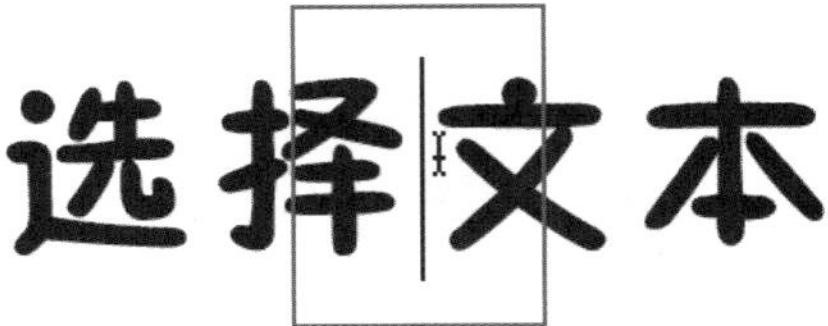

图 8-38

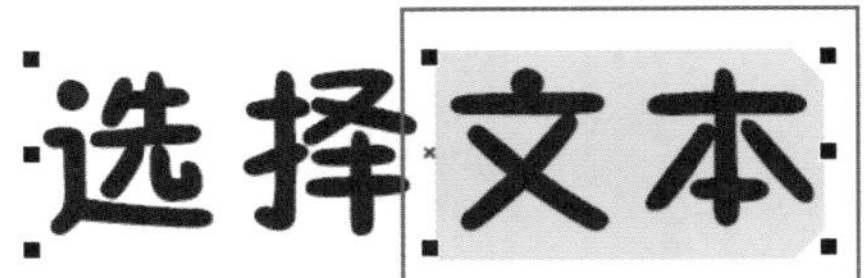

图 8-39

技巧与提示：

使用“文本工具”可以选择全部文本，也可以选择部分文本，使用“选择工具”只能选择全部文本。

8.2.2　实战：设置字体、字号和颜色制作餐厅招牌

本实例使用“文本工具”创建美术字文本，再通过属性栏设置文本的字体和字号，然后单击工具箱中的“交互式填充”按钮，在属性栏中单击“均匀填充”按钮，并在“填充色”的下拉框中选择所需要的颜色，设置文本颜色。

01 启动 CorelDRAW 2017 软件，打开“素材\第 8 章\8.2.2 实战：设置字体、字号和颜色制作餐厅招牌 .cdr”文件，如图 8-40 所示。单击工具箱中的“文本工具”按钮或按 F8 键，在图像上单击并输入文本，如图 8-41 所示。

图 8-40

图 8-41

02 双击选择该文本，在属性栏中“字体”的下拉列表中选择 Algerian 字体，更改文字样式，如图 8-42 所示，然后在属性栏中设置“字号大小”为 66pt，更改文字的大小，如图 8-43 所示。

图 8-42

图 8-43

03 在调色板中单击色块，更改文本颜色，如图 8-44 所示。若调色板中没有想要的颜色，可以单击工具箱中的“交互式填充”按钮，在属性栏中单击“均匀填充”按钮，然后在“填充色”的下拉框中选择需要的颜色，如图 8-45 所示，即可更改文本的颜色，如图 8-46 所示。

图 8-44

图 8-45

图 8-46

技巧与提示：

还可以单击属性栏中的“文本属性”按钮，或者执行“文本”→“文本属性”命令，在打开的“文本属性”泊坞窗中进行字体、字号以及颜色的设置。

8.2.3 精确移动和旋转字符

如果需要精确移动字符，可以使用“文本工具”字选择需要移动的字符，然后在属性栏的“对象位置”文本框中输入参数，即可根据设置的参数移动字符，如图 8-47 所示。在属性栏的“旋转角度”文本框中输入要旋转的度数，即可将文本旋转相应的角度，如图 8-48 所示。

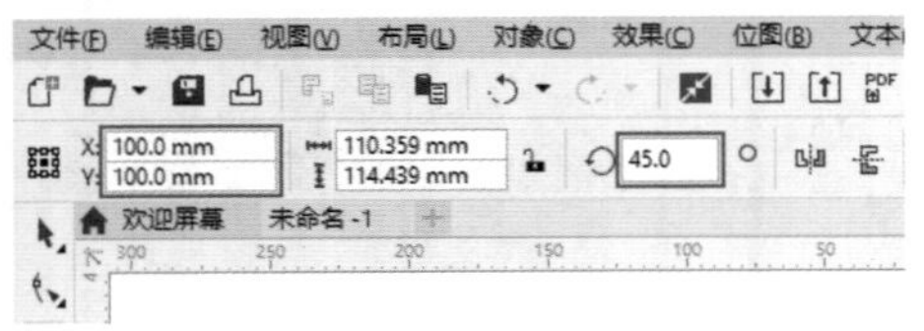

图 8-47

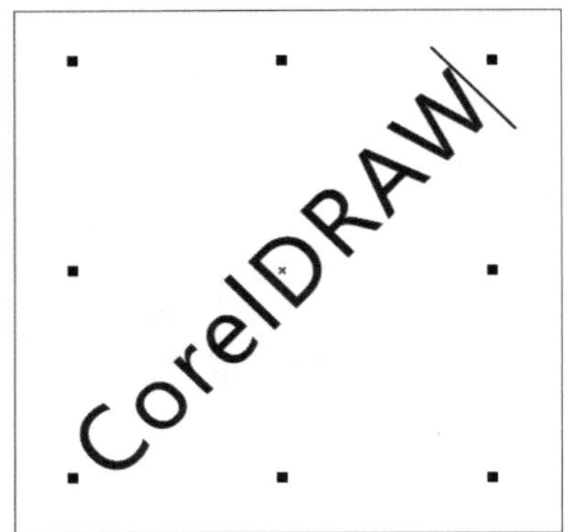

图 8-48

8.2.4 设置文本的对齐方式

使用“文本工具”字选择要设置对齐方式的段落文本，如图 8-49 所示，然后在属性栏中单击“文本对齐”按钮，在弹出的下拉列表中选择一种对齐方式，如图 8-50 所示，即可将所选文本以所选的对齐方式对齐，如图 8-51 所示。

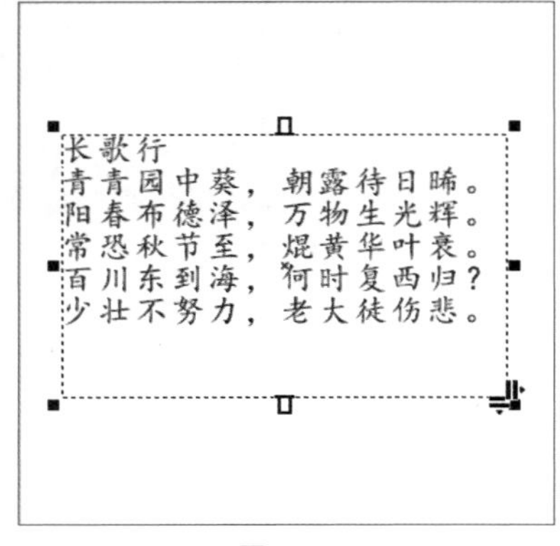

图 8-49

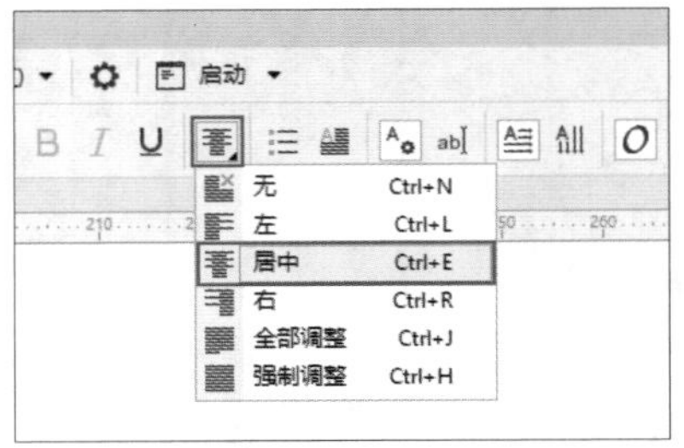

图 8-50

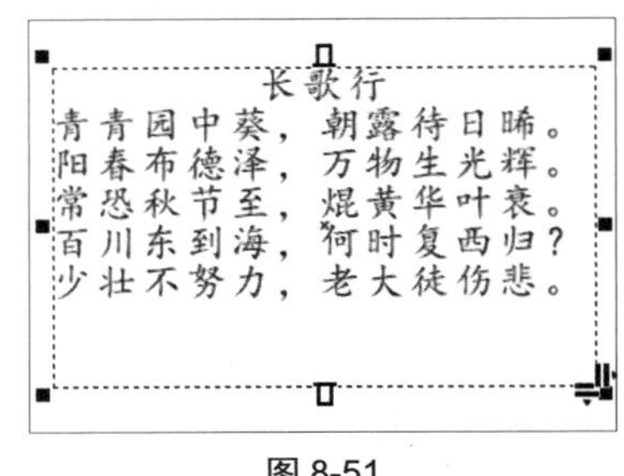

图 8-51

技巧与提示：

如果在输入文本的过程中是按 Enter 键进行换行的，将文本的对齐方式设置为“两端对齐”时，显示为“左对齐”样式。

8.2.5 转换文本方向

使用“文本工具”字选择要转换方向的文本对象后，在属性栏中单击“将文本更改为水平方向”按钮或“将文本更改为垂直方向”按钮，如图 8-52 所示，即可将其转换为水平或垂直方向排列，如图 8-53 所示。

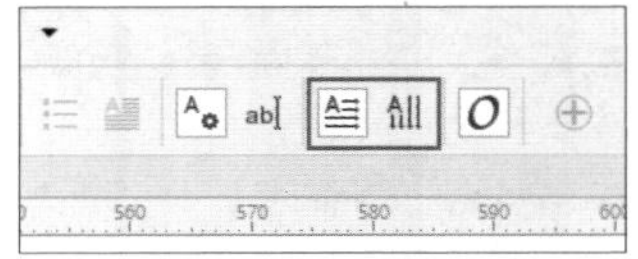

图 8-52

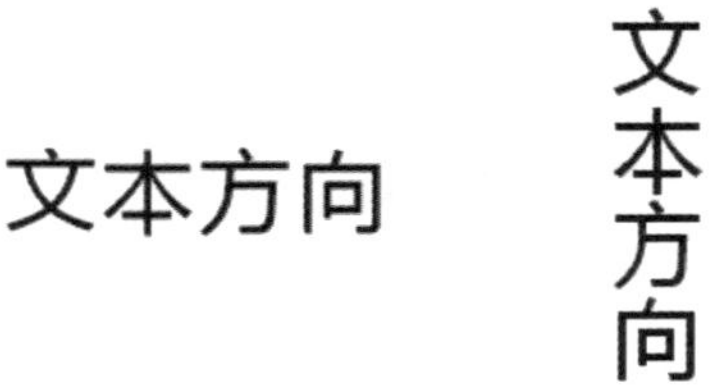

文本方向　　文本方向（垂直）

图 8-53

8.2.6 设置字符间距

使用“文本工具”字选择要设置字符间距的文本，

如图 8-54 所示，再单击工具箱中的“形状工具”按钮，此时在文本右下方将显示交互式水平间距调整图标，向左或右拖曳即可增加或减少字符的间距，如图 8-55 所示。

字符间距

图 8-54

字 符 间 距

图 8-55

8.2.7　设置字符效果

在 CorelDRAW 2017 中可以对字符进行单独的设置，使用“文本工具”字选择要设置的字符，执行“文本”→“文本属性”命令或单击属性栏中的“文本属性”按钮，打开“文本属性”泊坞窗。在泊坞窗中单击“字符”A按钮，即可设置字符效果，如图 8-56 所示。

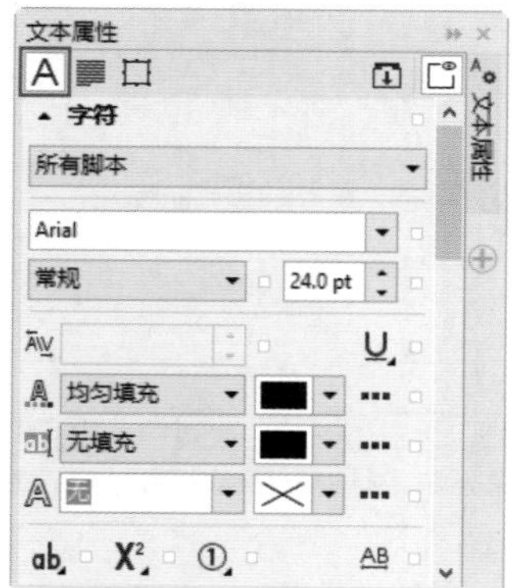

图 8-56

“字符”面板中的各按钮和选项介绍如下。

✦ 脚本：在该下拉列表中选择要限制的文本类型，包括“所有脚本”“拉丁文”“亚洲”和“中东”。

✦ 字体列表：在下拉列表中选择需要的字体样式。

✦ 字体大小：设置文字大小。

✦ 字距调整范围：扩大或缩小选定文本范围内单个字符之间的间距。

✦ “下画线”U按钮：单击该按钮，在下拉列表中设置下画线样式，如图 8-57 所示。

图 8-57

✦ 字符删除线ab：单击该按钮，在下拉列表中可设置删除线样式，如图 8-58 所示。

图 8-58

✦ 字符上画线AB：单击该按钮，在下拉列表中可设置上画线样式，如图 8-59 所示。

图 8-59

✦ 填充类型 A：选择要应用于字符的填充类型。

✦ 背景填充类型 ab：选择要应用于字符背景的填充类型。

✦ 轮廓宽度 A：设置字符的轮廓宽度。

✦ “大写字母” ab 按钮：单击该按钮，在下拉列表中设置字母的大小写，如图 8-60 所示。

✦ “位置” X² 按钮：单击该按钮，在下拉列表中选择更改选定字符相对于周围字符的位置，如图 8-61 所示。

图 8-60

图 8-61

8.2.8 实战：通过“编辑文本”对话框编辑文本

本实例使用“文本工具”创建段落文本后，通过单击属性栏中的“编辑文本” ab| 按钮，打开“编辑文本”对话框，设置文本的字体、字号和格式等属性。

01 启动 CorelDRAW 2017 软件，打开“素材\第 8 章\8.2.8 实战：通过“编辑文本”对话框编辑文本 .cdr”文件，如图 8-62 所示。单击工具箱中的“文本工具” 字 按钮，单击并拖出一个文本框，然后输入文本，如图 8-63 所示。

图 8-62

图 8-63

02 单击属性栏中的“编辑文本” ab| 按钮，打开“编辑文本”对话框，单击并拖曳选择全部文本，如图 8-64 所示，然后在对话框的“字体列表”中选择要设置的字体，在“字号”下拉列表中选择合适的文字大小，如图 8-65 所示。

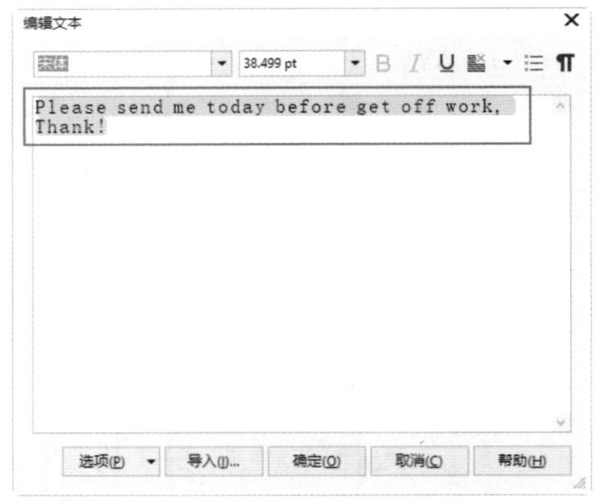

图 8-64

图 8-65

03 单击并拖曳选择 today 文本，然后单击“下画线” U 按钮，为该文本添加下画线，如图 8-66 所示，编辑完成后单击“确定”按钮，即可应用设置，如图 8-67 所示，拖曳文本框的控制点调整文本框的大小，使文本完整显示，如图 8-68 所示。

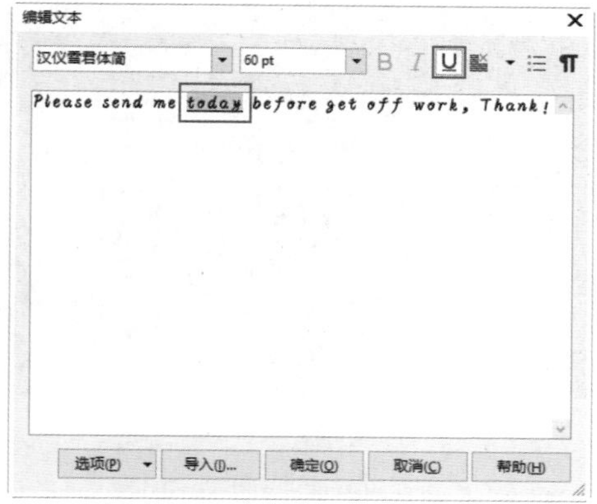

图 8-66

图 8-67

图 8-68

04 按空格键切换为“选择工具”，旋转并将其调整到合适的位置，如图 8-69 所示，然后右击文本对象，在弹出的快捷菜单中执行“转换为曲线”命令，完成制作，如图 8-70 所示。

图 8-69

图 8-70

技巧与提示：

在“编辑文本”对话框中单击左下角的“选项”按钮，如图 8-71 所示，在弹出的下拉列表中还可以更改大小写、查找、替换文本，以及进行拼写检查等，如图 8-72 所示。

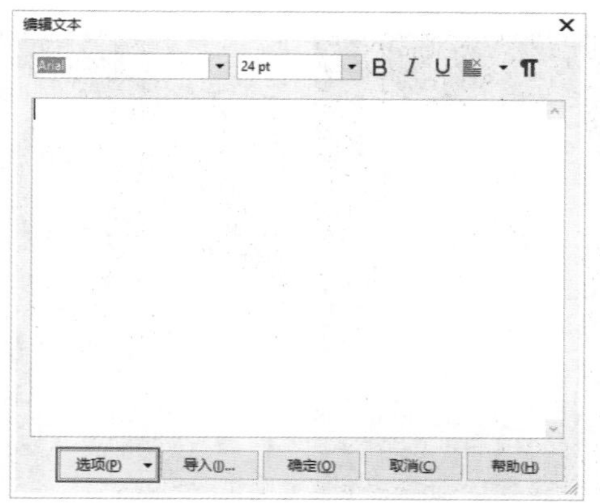

图 8-71

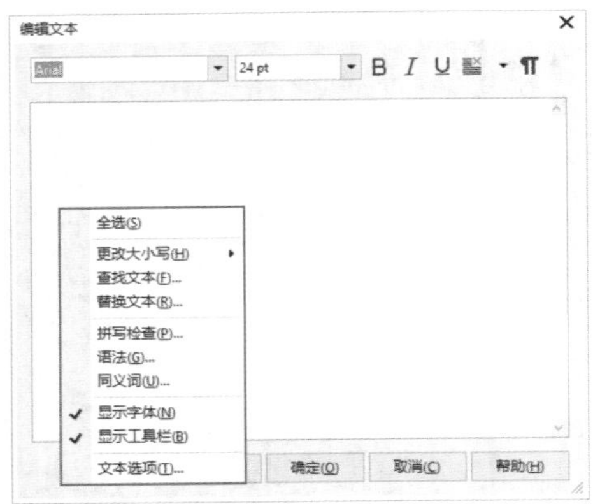

图 8-72

8.3 设置段落文本格式

CorelDRAW 2017 中可以对段落文本进行段落缩进、自动断字、添加制表符、设置项目符号、设置首字下沉、设置分栏、链接段落文本框以及文本环绕图形等格式的操作。本节将详细介绍设置段落文本格式的相关操作。

8.3.1 实战：设置段落缩进制作画册

段落缩进是指文本对象与其边界之间的间距，在“文本属性”泊坞窗中可以设置段落缩进的参数。

01 启动 CorelDRAW 2017 软件，打开“素材\第 8 章\8.3.1 实战：设置段落缩进制作画册 .cdr”文件，如图 8-73 所示。单击工具箱中的“文本工具”字按钮，单击并拖曳创建文本框，然后输入文字，并单击调色板中的“白”色块，设置文本的颜色为白色，如图 8-74 所示。

图 8-73

图 8-74

02 将段落文本全部选中，单击属性栏中的“文本属性”按钮或按快捷键 Ctrl+T 打开“文本属性”泊坞窗，设置文本的字体和字号，如图 8-75 所示，然后使用“文本工具”选择部分文本，设置文本的大小为 10pt，如图 8-76 所示。

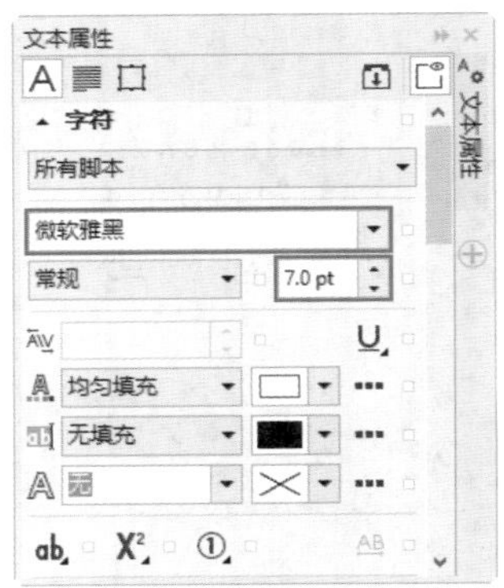

图 8-75

图 8-76

03 使用“文本工具”字选择要缩进的段落文本，如图 8-77 所示，在泊坞窗中单击“段落”按钮，切换为段落列表，在“首行缩进”文本框中输入数值，如图 8-78 所示，按 Enter 键即可进行相应的缩进调整，如图 8-79 所示。

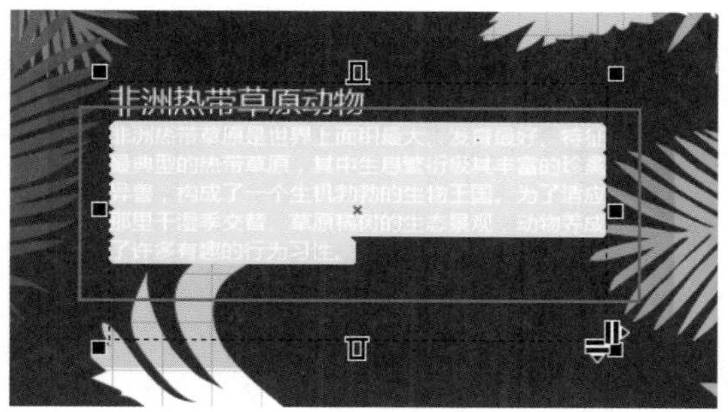

图 8-77

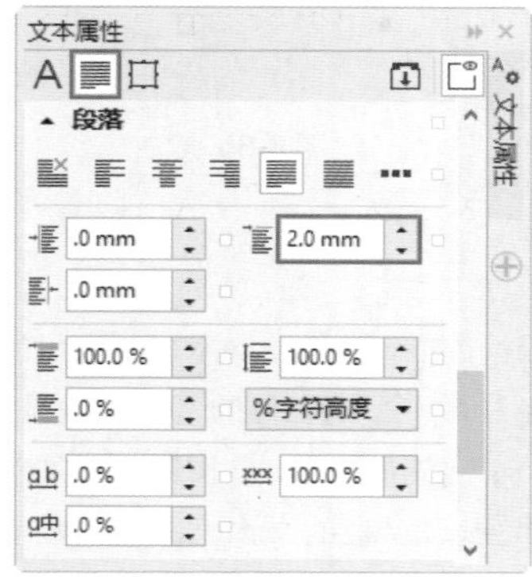

图 8-78

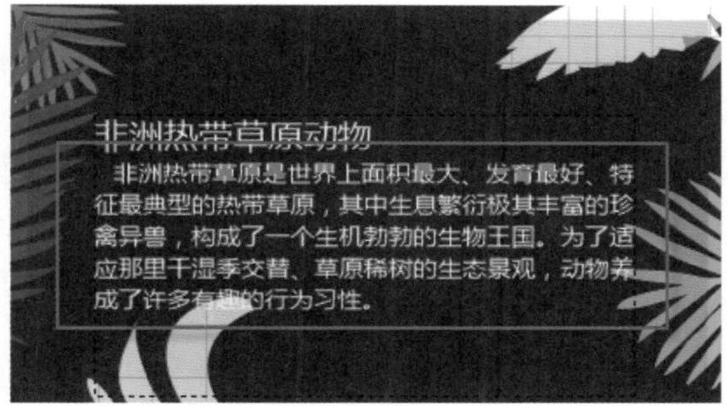

图 8-79

04 采用同样的方法，使用“文本工具”字创建段落文本，并设置文本的“颜色”“字体”“字号”和“缩进”等参数，如图 8-80 所示，再选择要缩进的段落文本。

图 8-80

> **技巧与提示：**
>
> 要缩进段落文本就要选中相应的文本，如果不选择，则输入文本在哪个段落，缩进的就是哪个段落。

8.3.2　自动断字

英文文本经常出现行尾放不下整个单词而影响美观的情况，在 CorelDRAW 2017 中可以通过断字功能将不能排入一行的某个单词自动进行拆分，从而使文本更加整齐、美观。

单击工具箱中的“选择工具”按钮，选择文本对象，如图 8-81 所示，执行“文本”→“断字设置”命令，在弹出的“断字设置”对话框中勾选如图 8-82 所示的复选框，单击“确定”按钮，即可自动断字，如图 8-83 所示。

> **技巧与提示：**
>
> 执行“文本”→“使用断字”命令，即可使文本使用默认的设置自动断字。

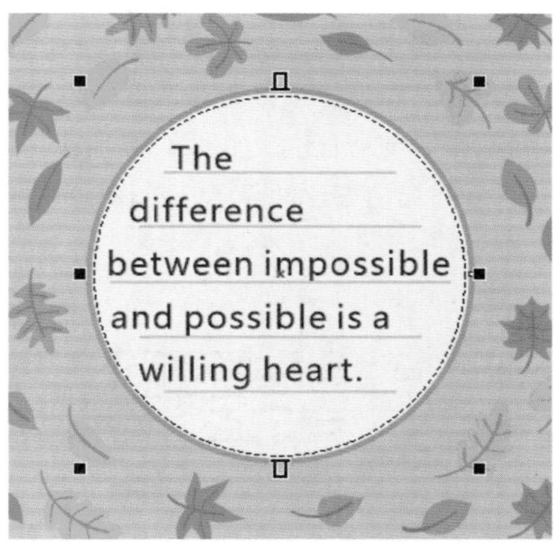

图 8-81

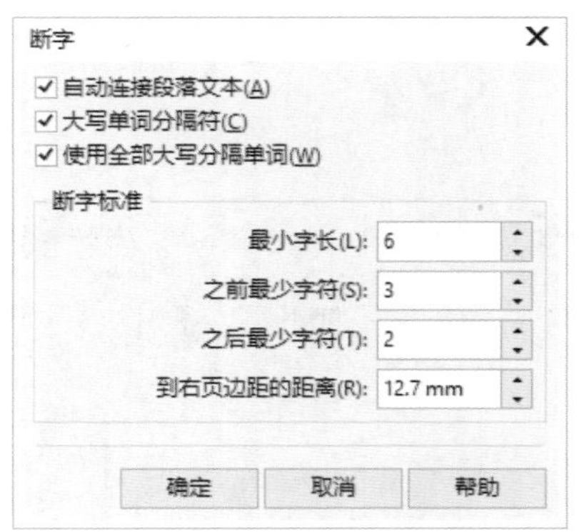

图 8-82

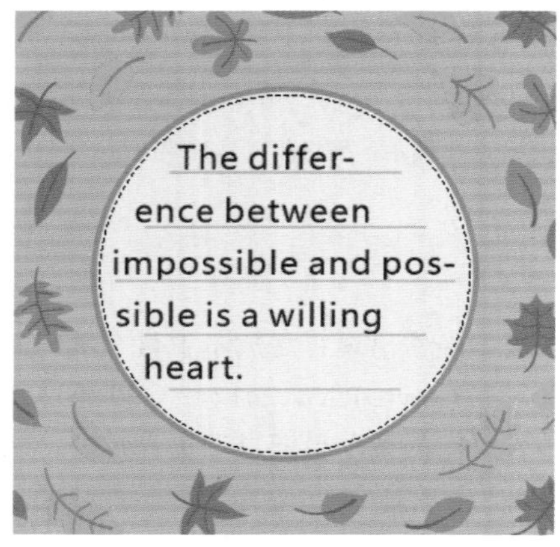

图 8-83

8.3.3 添加制表位

制表位是指在水平标尺上的位置，指定文字缩进的距离。制表位的三要素包括制表位位置、制表位对齐方式和制表位的前导字符。在 CorelDRAW 2017 中可以在段落文本中添加制表位，以设置对齐段落内文本的间隔距离，同时可以调整制表位的对齐方式。

单击工具箱中的“文本工具” 字 按钮，单击并拖曳，创建一个段落文本框。执行“文本”→“制表位”命令，在打开的“制表位设置”对话框中单击“添加”按钮，即可添加一个制表位，如图 8-84 所示，单击“确定”按钮，即可添加制表位并显示在绘图窗口的标尺中，如图 8-85 所示。

图 8-84

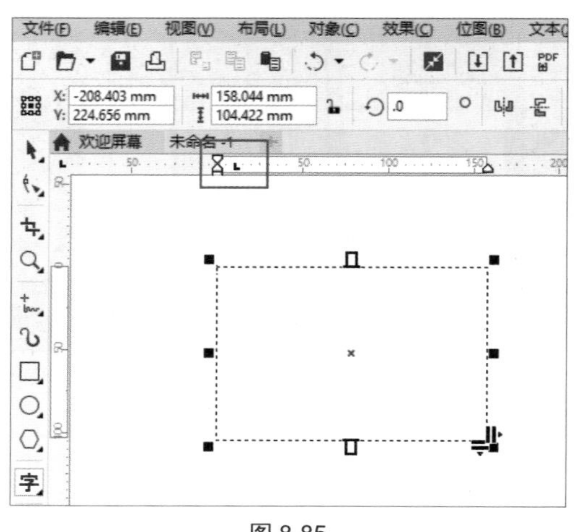

图 8-85

技术拓展：“制表位”对话框设置详解

✦ 制表位位置：用于设置添加制表位的位置，新设置的数值是在最后一个制表位的基础上而设置的。

✦ “添加”按钮：单击该按钮，添加制表位到制表位列表中。在“列表位”栏的文本框中输入数值，再选择“对齐”栏中的某一项，单击其右侧出现的下拉按钮，在弹出的下拉列表中设置字符出现制表位的位置，如图 8-86 所示。

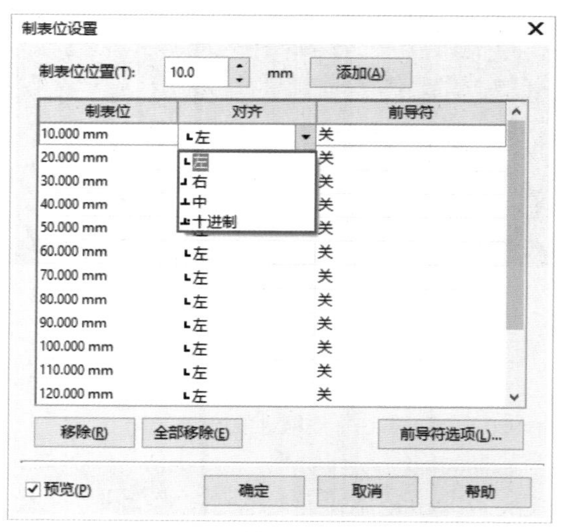

图 8-86

✦ “移除”按钮：单击该按钮，移除在制表位列表中所选择的制表位。

✦ “全部移除”按钮：单击该按钮，移除制表位中所有的制表位。

✦ “前导符选项”按钮：单击该按钮，在弹出的“前导符设置”对话框中可以选择制表位将显示的符号，以及设置前导符的间距，如图 8-87 所示。

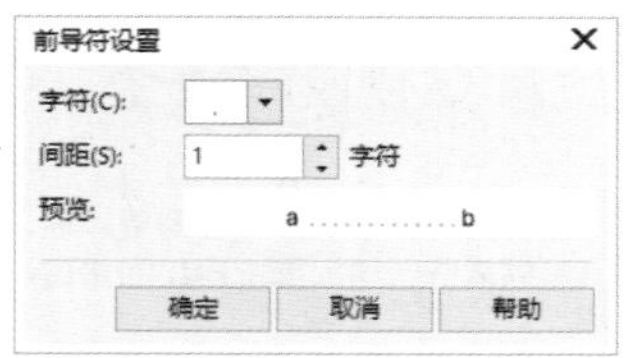

图 8-87

8.3.4　实战：设置项目符号制作文明小贴士

CorelDRAW 中提供了丰富的项目符号样式，可以为项目文本的首句添加各种项目符号，使编排的信息格式更清晰、美观，方便阅读。

01 启动 CorelDRAW 2017 软件，打开“素材 \ 第 8 章 \8.3.4 实战：设置项目符号制作文本小贴士 .cdr”文件，如图 8-88 所示。单击工具箱中的“文本工具”字按钮，在图像上单击，输入文本，如图 8-89 所示，在属性栏中设置字体和字号，如图 8-90 所示。

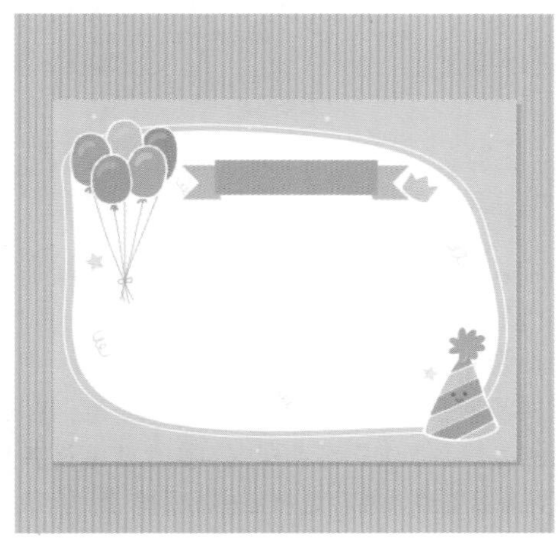

图 8-88

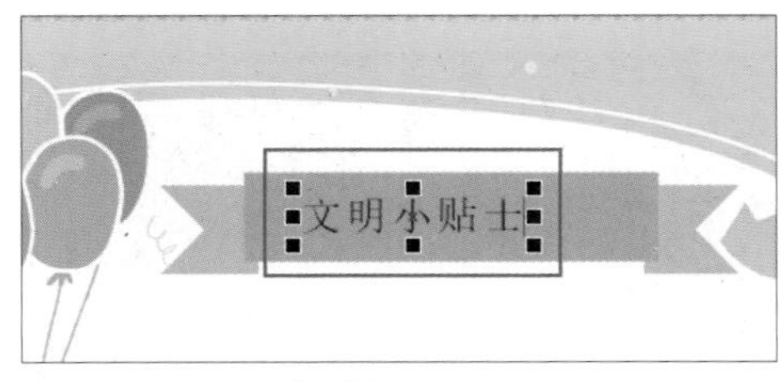

图 8-89

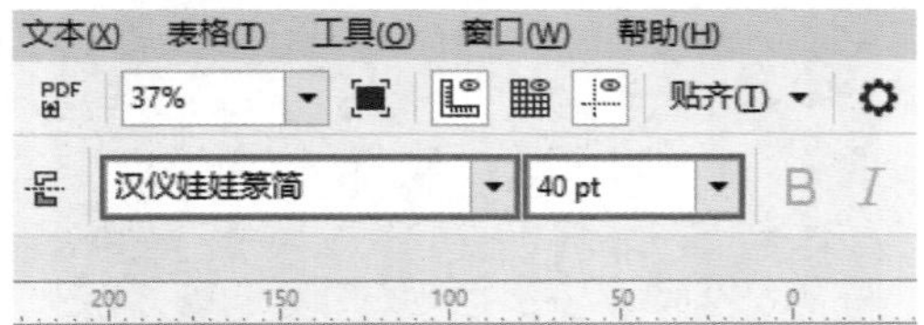

图 8-90

02 将文本移至合适的位置，如图 8-91 所示，再使用“文本工具”字单击并拖曳，创建一个段落文本框，输入文本，如图 8-92 所示，单击并拖曳选择文本，在属性栏中设置文本的字体和字号，如图 8-93 所示。

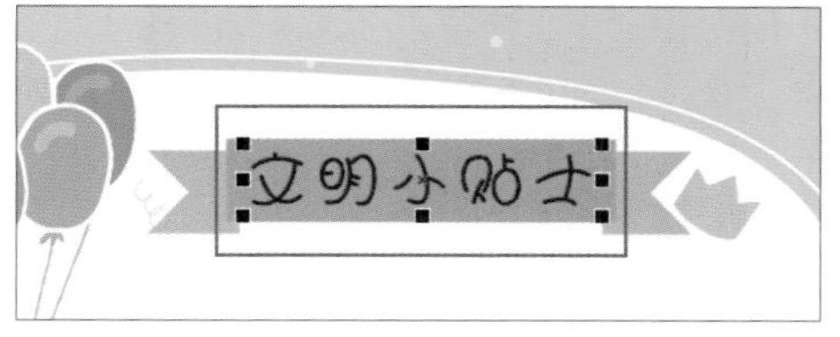

图 8-91

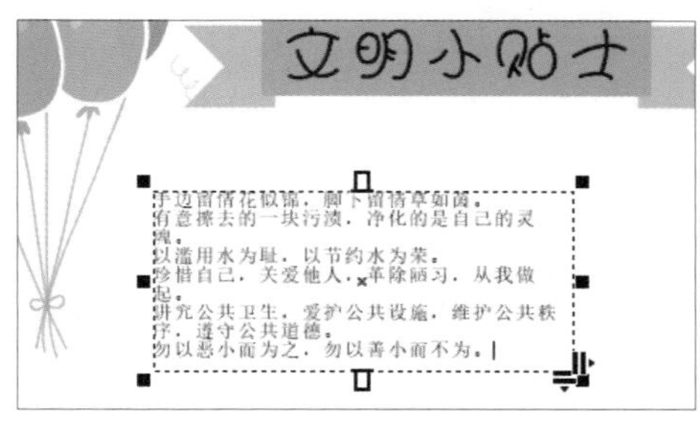

图 8-92

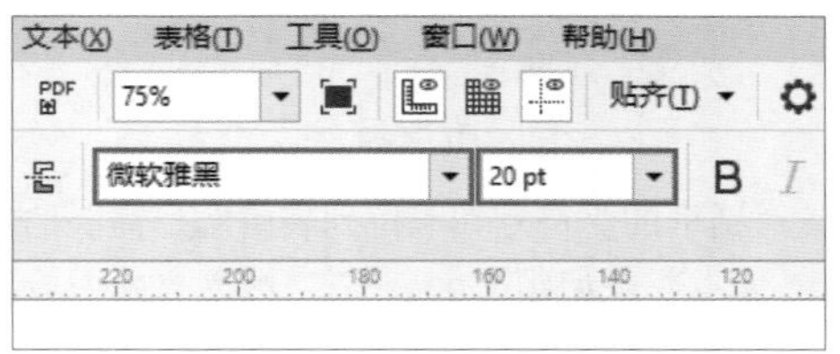

图 8-93

03 拖曳文本框的控制点调整文本框的大小，如图 8-94 所示，选择要添加项目符号的段落文本，然后执行“文本”→“项目符号”命令，如图 8-95 所示。在打开的“项目符号”对话框中勾选“使用项目符号”复选框，如图 8-96 所示。

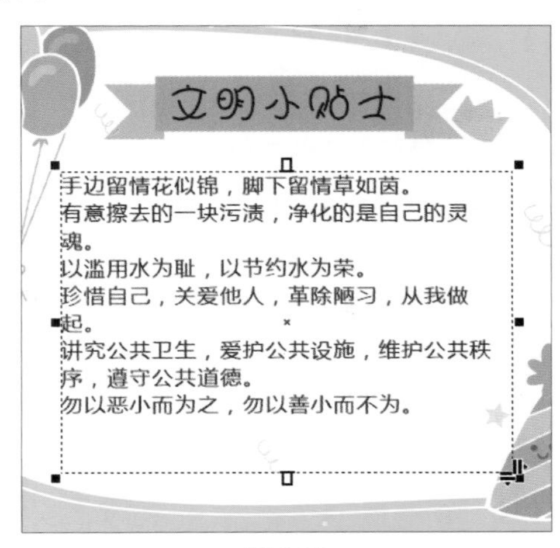

图 8-94

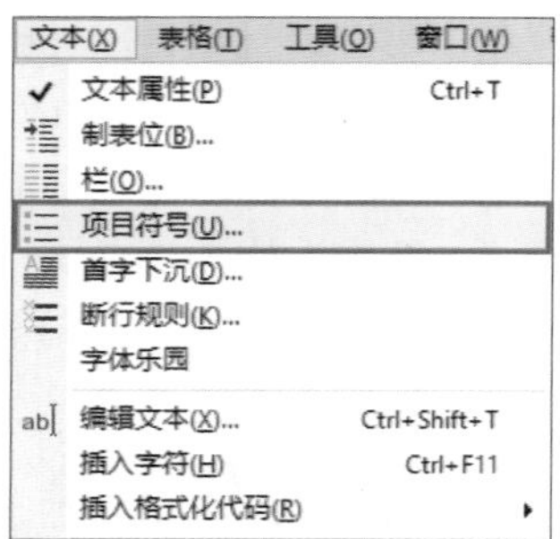

图 8-95

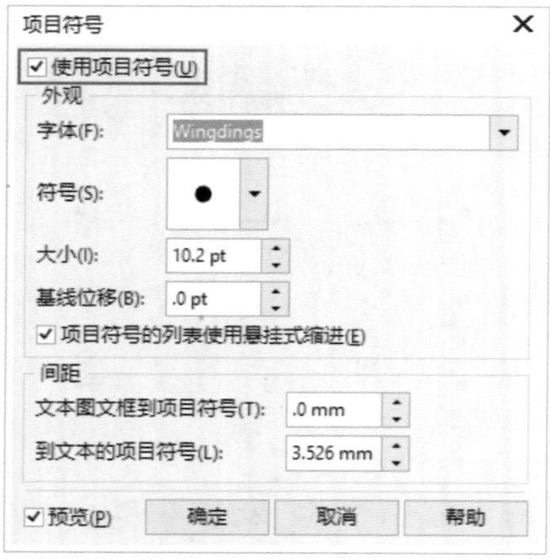

图 8-96

04 在该对话框的“符号”下拉列表中选择需要的符号，并设置“大小”，如图 8-97 所示，单击“确定”按钮，即可自定义项目符号样式，如图 8-98 所示，然后右击文本，在弹出的快捷菜单中执行“转换为曲线”命令，完成文明小贴士的制作，如图 8-99 所示。

图 8-97

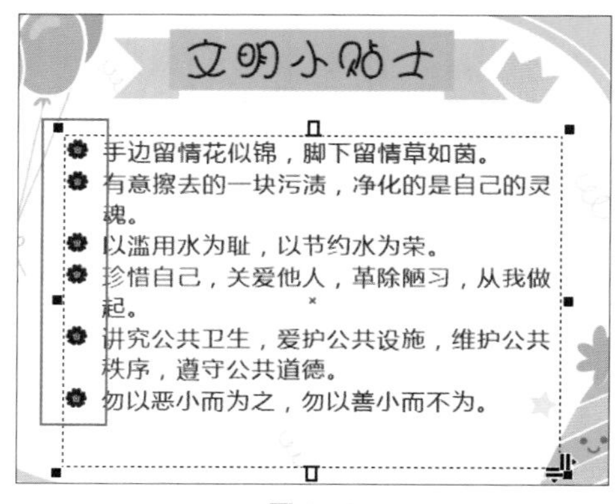

图 8-98

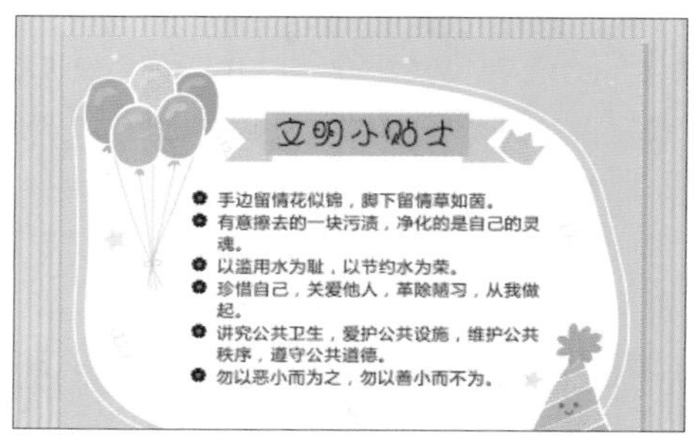

图 8-99

8.3.5 设置首字下沉

首字下沉是指将段落文字的段首文本加以放大并强化，能够使文本更加醒目。使用“文本工具”字选择需要设置首字下沉的文本，如图 8-100 所示，执行“文本”→“首字下沉”命令，打开“首字下沉”对话框，在弹出的“首字下沉”对话框中勾选“使用首字下沉”复选框，并且在“外观”选项组中分别设置“下沉行数”和“首字下沉后的空格”，如图 8-101 所示，勾选“预览”复选框，即可预览效果，如图 8-102 所示。

图 8-100

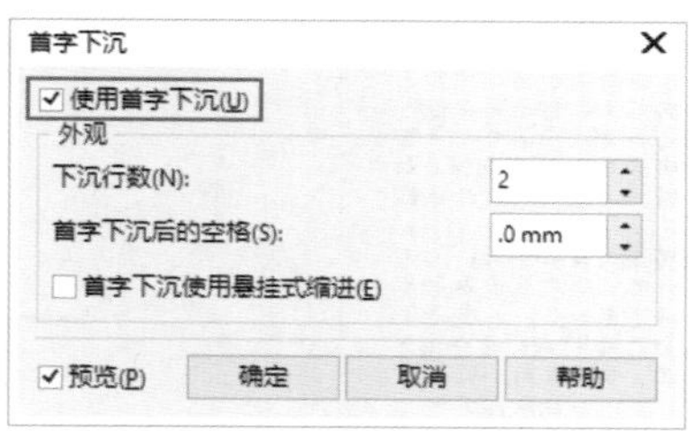

图 8-101

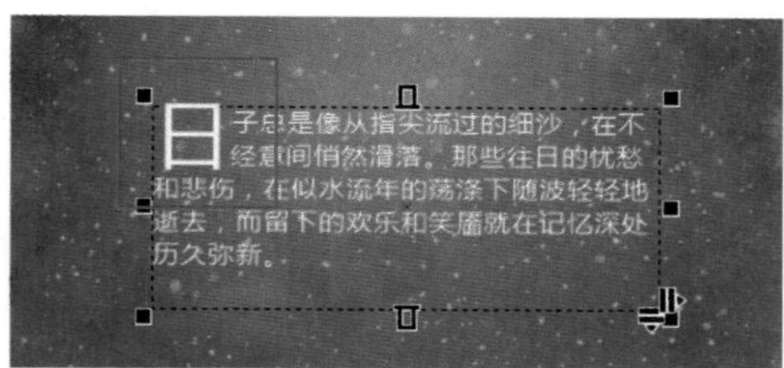

图 8-102

在“首字下沉”对话框中勾选“首字下沉使用悬挂式缩进”复选框，如图 8-103 所示，然后单击“确定”按钮，即可应用设置的首字下沉效果，如图 8-104 所示。

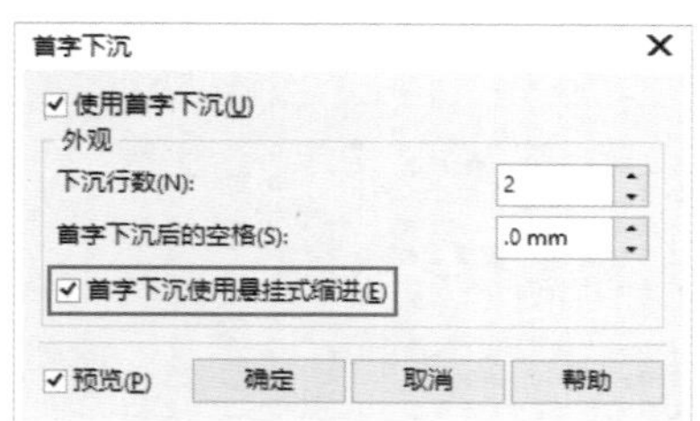

图 8-103

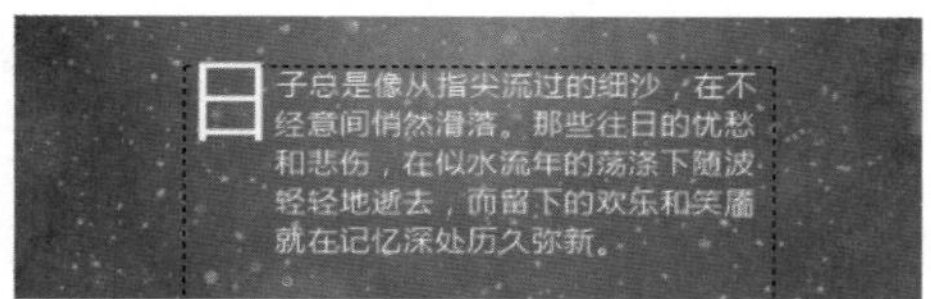

图 8-104

8.3.6　设置分栏

段落文本可以分为两个或两个以上的文本栏，使文字在文本栏中排列。在文字篇幅较大的情况下，使用分栏功能可以方便读者阅读。分栏常用于杂志类的设计，可以使文本更加清晰、明了，大幅提高文章的可读性。

使用“文本工具”字选择需要设置分栏的段落文本，如图 8-105 所示，执行“文本”→“栏”命令，打开“栏设置”对话框，在“栏数”文本框内输入数值，设置需要分栏的数目，根据需要设置“栏间宽度”以及其他设置，如图 8-106 所示，单击“确定”按钮，即可为所选文本分栏，如图 8-107 所示。

图 8-105

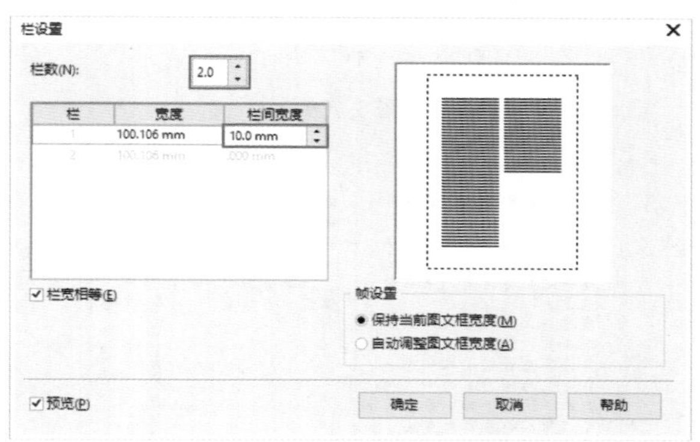

图 8-106

图 8-107

8.3.7　链接段落文本框

当输入的文本数量过多时，可能会超出段落文本框所能容纳的字数，出现文本溢出现象。这时文本链接就显得极为重要，通过链接段落文本框可以将溢出的文本放置到另一个文本框或对象中，以保证文本内容的完整性。链接段落文本框有以下方法。

✦ 单击段落文本框底端中间的三角形按钮，当光标变为文字流失箭头时，如图 8-108 所示，在任意位置单击，则会自动创建一个文本框，并将溢出的文本显示其内，如图 8-109 所示。

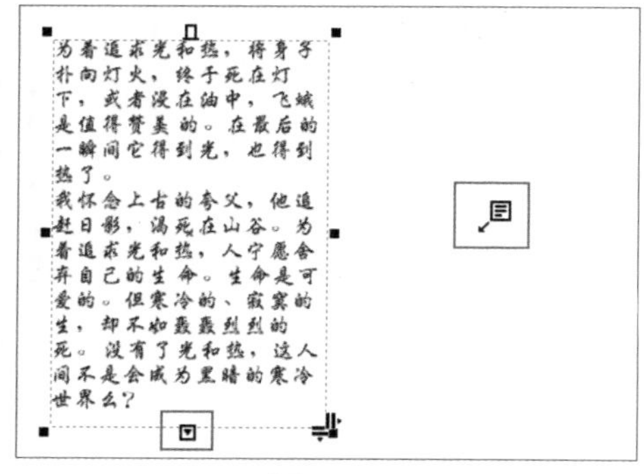

图 8-108

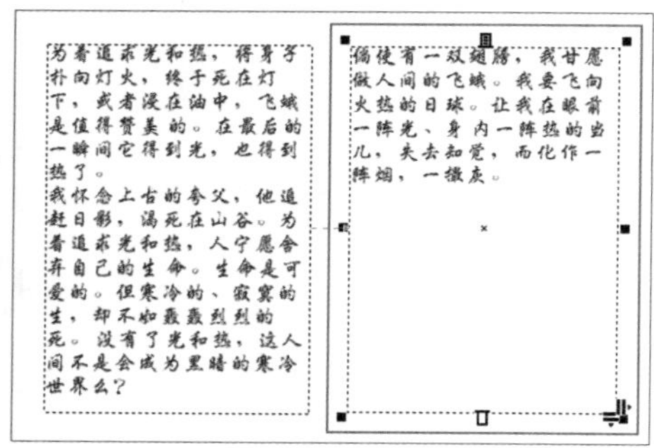

图 8-109

✦ 单击段落文本框底端中间的三角形按钮，当光标变为文字流失箭头时，向右下角拖曳绘制一个蓝色虚线框，如图 8-110 所示，释放鼠标后，即可创建一个文本框，并将溢出的文本显示其内。

✦ 使用“文本工具”创建一个空白文本框，单击段落文本框底端中间的三角形按钮，当光标变为文字流失箭头时，再将光标移到空白段落文本中，当光标变为向右加粗箭头形状时单击，如图 8-111 所示，即可将溢出的文本显示在空白的文本框中。

✦ 使用“文本工具”创建一个空白文本框，再使用“选择工具”同时选择两个文本框，如图 8-112 所示，执行“文本”→“段落文本框”→“链接”命令，如图 8-113 所示，即可将两个文本框内的文本进行链接，链接后，其中一个文本框溢出的文本将会显示在另一个文本框中。

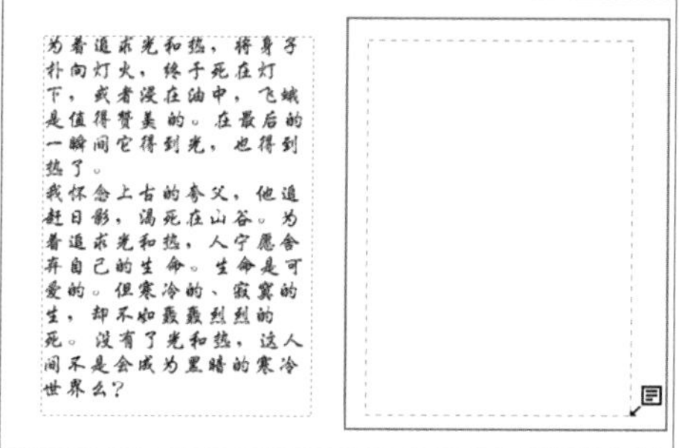

图 8-110

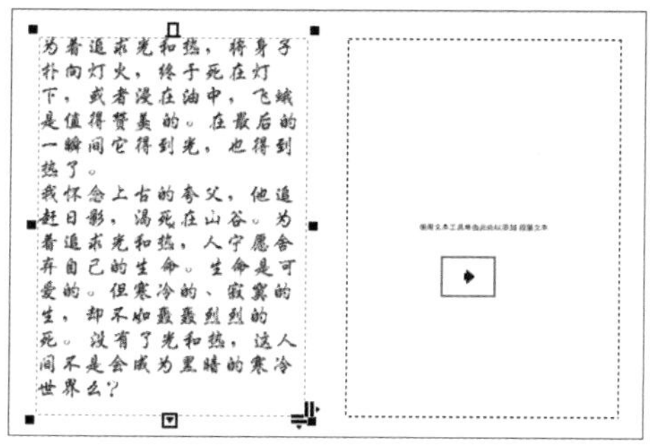

图 8-111

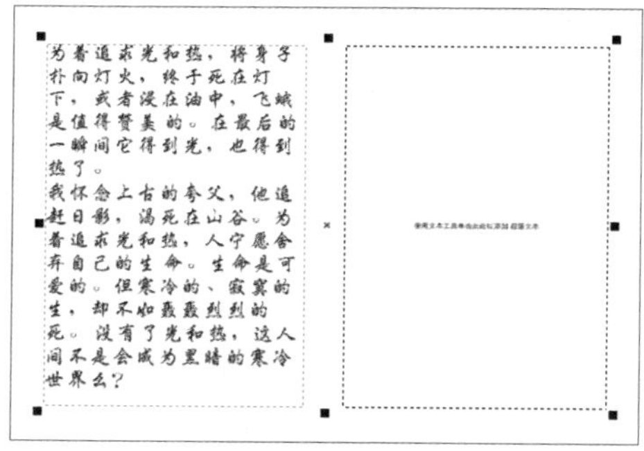

图 8-112

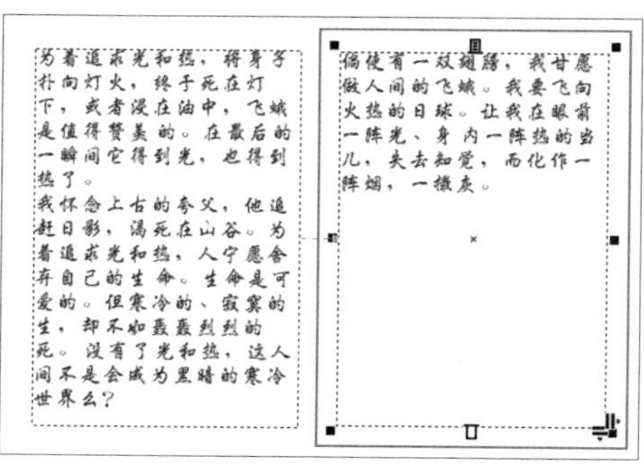

图 8-113

答疑解惑：在 CorelDRAW 2017 中如何断开段落文本框的链接？

使用“选择工具”同时选择链接的文本框，再执行“文本”→“段落文本框”→“断开链接”命令，如图 8-114 所示，即可断开链接，文本框内的文本不会改变，并显示为单独的文本框，如图 8-115 所示。

图 8-114

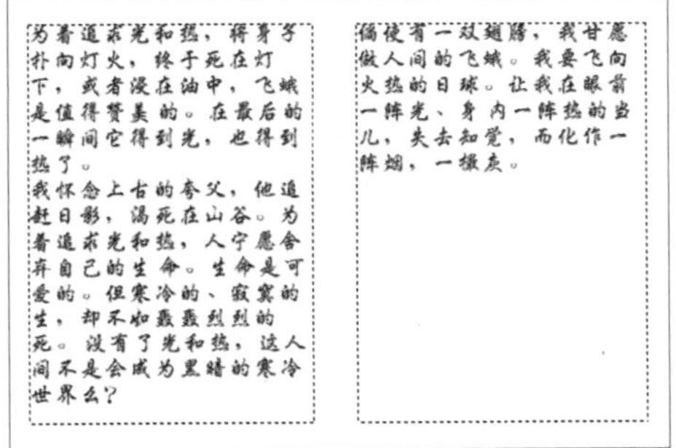

图 8-115

> **技巧与提示：**
>
> 除了通过链接段落文本框的方式避免文本溢出的现象，还可以通过调整文本框大小的方式手动修正文本溢出的问题。

8.3.8　实战：文本环绕图形制作画册内页

在 CorelDRAW 2017 中可以将文本和图形进行结合，创建图文混排效果，即文本环绕图形。

01 启动 CorelDRAW 2017 软件，打开“素材\第 8 章\8.3.8 实战：文本环绕图形制作画册内页 .cdr”文件，如图 8-116 所示。单击工具箱中的“选择工具”按钮，右击图形对象，在弹出的快捷菜单中执行“段落文本换行”命令，如图 8-117 所示。

图 8-116

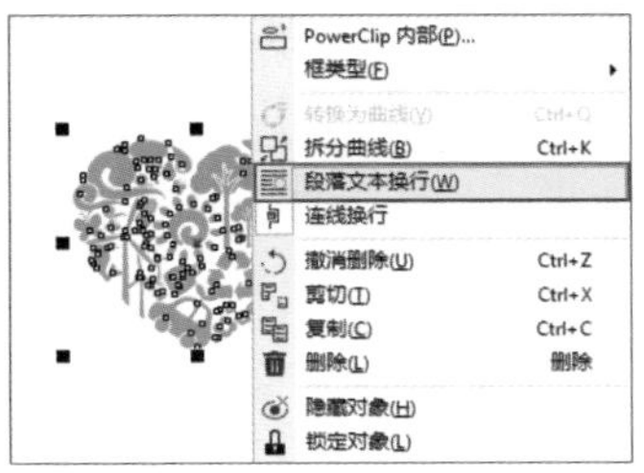

图 8-117

02 单击工具栏中的“文本工具”字按钮，或按 F8 键选择“文本工具”，单击并拖曳，创建一个文本框，然后输入文字，可看到围绕图形的文本效果，如图 8-118 所示。选择所有文本，在属性栏中设置文本的“字体”为宋体、“字号”为 14pt，得到如图 8-119 所示的效果。

图 8-118

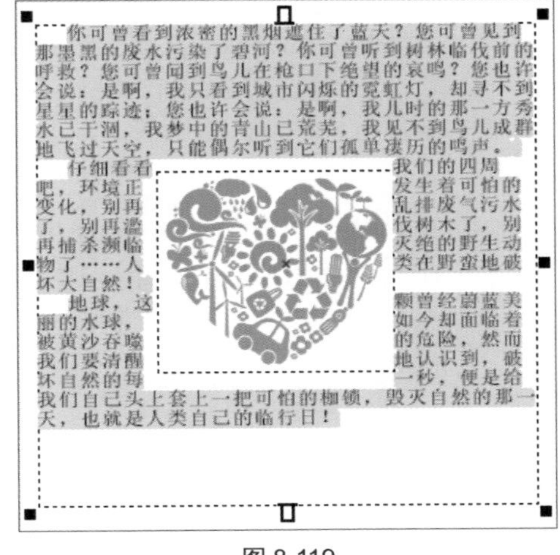

图 8-119

03 单击属性栏中的“文本属性”按钮，在打开的“文本属性”泊坞窗中单击“段落”按钮，切换为段落列表，在“首行缩进”和“行间距”文本框中输入数值，如图 8-120 所示。按 Enter 键即可进行相应的段落调整，然后右击，在弹出的快捷菜单中执行“转换为曲线”命令，完成画册内页的制作，如图 8-121 所示。

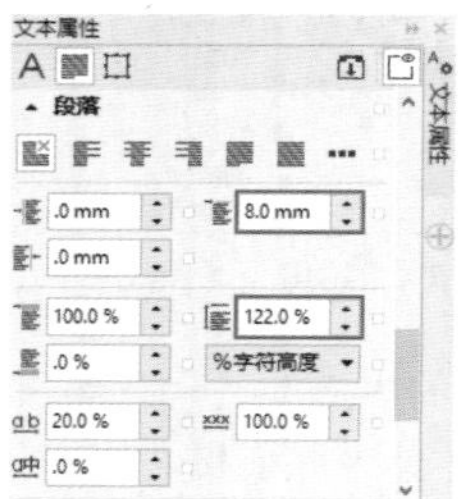

图 8-120

图 8-121

技巧与提示：

保持段落文本的选中状态，在工具箱中单击“钢笔工具”按钮，或按 F5 键选择“钢笔工具”，再在属性栏中单击“文本换行”按钮，在弹出的下拉列表中选择文本绕图的方式，如图 8-122 所示。

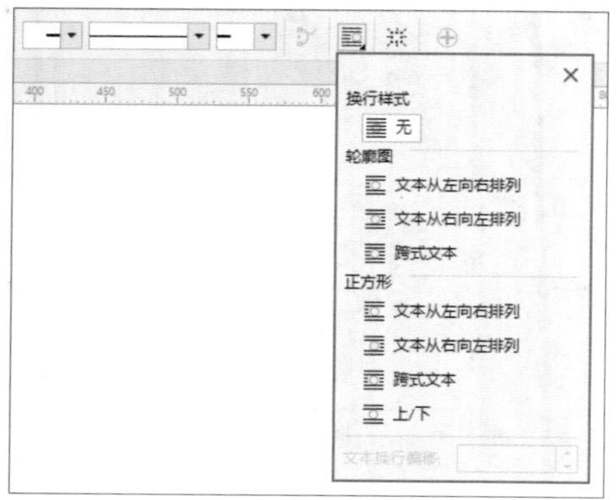

图 8-122

8.4 转换文本

在 CorelDRAW 2017 中美术字文本和段落文本可以相互转换，还可以将文本转换为曲线，以方便对字形的进一步编辑。本节将详细介绍转换文本的操作方法。

8.4.1 实战：制作婚礼邀请函

本实例使用“文本工具”字创建美术字文本，再通过“转换为段落文本”命令，将美术字文本转换为段落文本，然后设置段落格式。

01 启动 CorelDRAW 2017 软件，打开“素材\第 8 章\8.4.1 实战：制作婚礼邀请函 .cdr”文件，如图 8-123 所示。选择工具箱中的“文本工具”字，或按 F8 键选择“文本工具”，在图像上单击输入美术字文本，如图 8-124 所示，再在属性栏中设置文本的字体和字号，如图 8-125 所示。

图 8-123

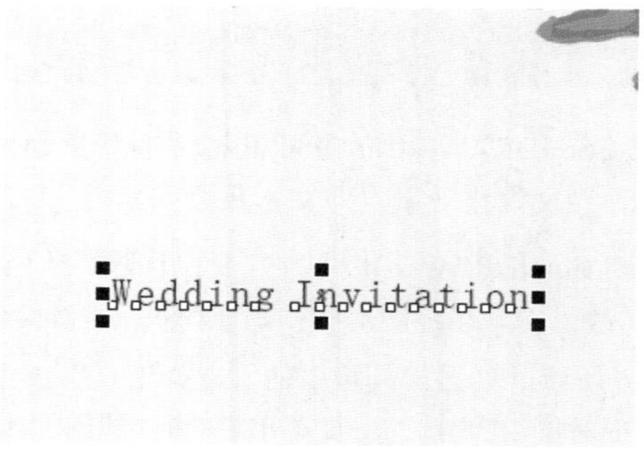

图 8-124

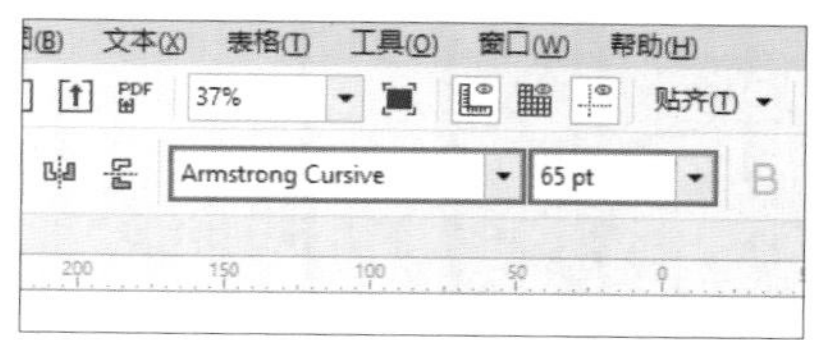

图 8-125

02 单击工具箱中的“交互式填充”按钮，在属性栏中单击“均匀填充”按钮，然后在“填充色”的下拉框中选择所需的颜色，如图 8-126 所示，更改文本的颜色，如图 8-127 所示。使用“文本工具”字在图像上单击输入美术字文本，如图 8-128 所示。

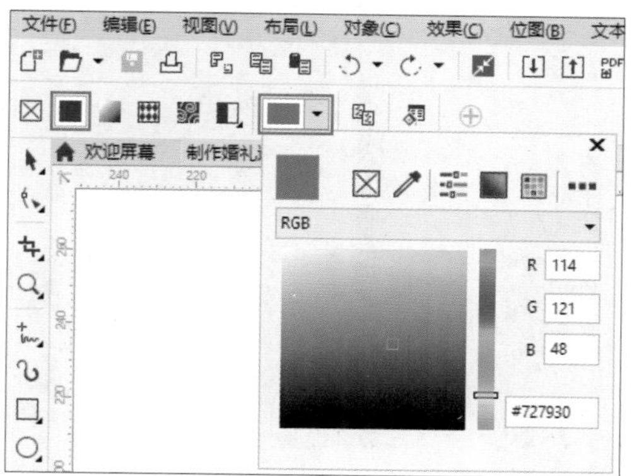

图 8-126

图 8-127

图 8-128

03 在属性栏中设置文本的字体和字号，如图 8-129 所示，然后单击工具箱中的“交互式填充”按钮，在属性栏中单击“均匀填充”按钮，设置填充颜色，如图 8-130 所示。

图 8-129

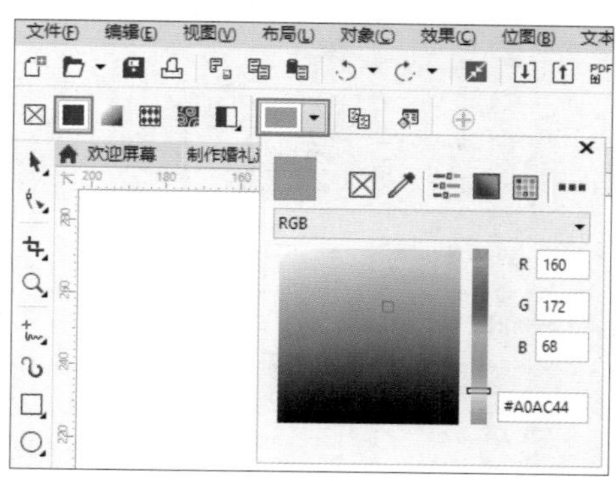

图 8-130

04 更改文本的颜色，如图 8-131 所示。单击工具箱中的“选择工具”按钮，选择美术字文本，执行“文本”→“转换为段落文本”命令或按快捷键 Ctrl+F8，即可将其转换为段落文本，如图 8-132 所示，

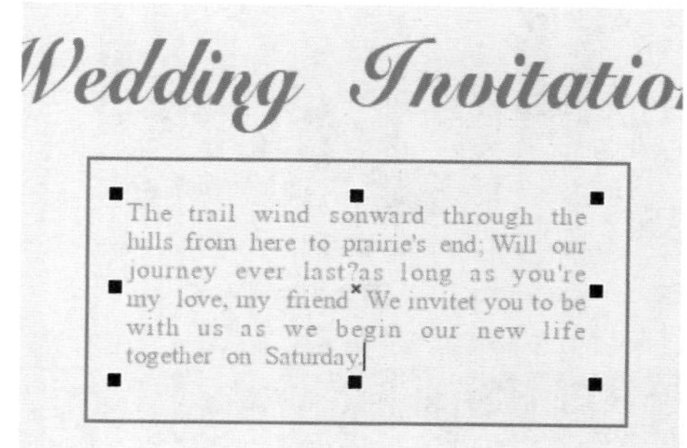

图 8-131

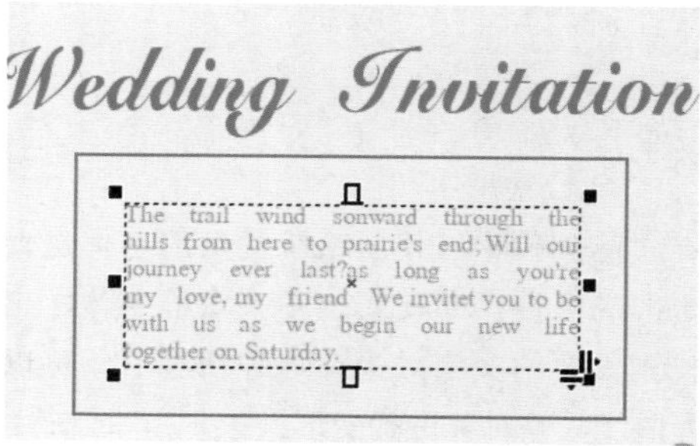

图 8-132

05 单击属性栏中的“文本属性”按钮，在打开的“文本属性”泊坞窗中单击“段落”按钮，切换为段落列表，然后设置“行间距”，如图8-133所示，调整文本框的大小，右击文本对象，在弹出的快捷菜单中执行“转换为曲线”命令，完成卡片的制作，如图8-134所示。

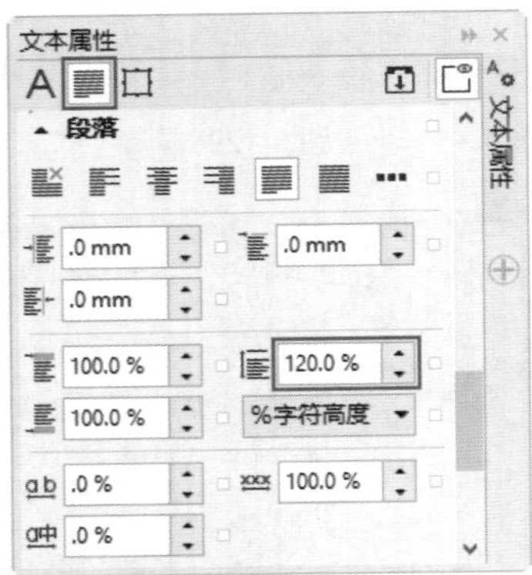

图8-133

图8-134

> **技巧与提示：**
>
> 还可以右击美术字文本或段落文本对象，然后在弹出的快捷菜单中执行“转换为段落文本”或“转换为美术字”命令，进行美术字文本和段落文本之间的转换。

8.4.2 实战：文本转换为曲线制作变形字

在实际创作中，使用系统提供的字体进行设计会有一定的局限性，即使安装了大量的字体，也不一定可以找到需要的文字效果，这种情况下，可以将文本转换为曲线，并对其进行变形操作。

01 启动CorelDRAW 2017软件，打开“实战\第8章\8.4.2实战：文本转换为曲线制作变形字.cdr”文件，如图8-135所示。单击工具箱中的“文本工具”字或按F8键选择“文本工具”，在图像上单击输入美术字文本，如图8-136所示，在属性栏中设置文本的字体和字号，并单击“粗体”B按钮，如图8-137所示。

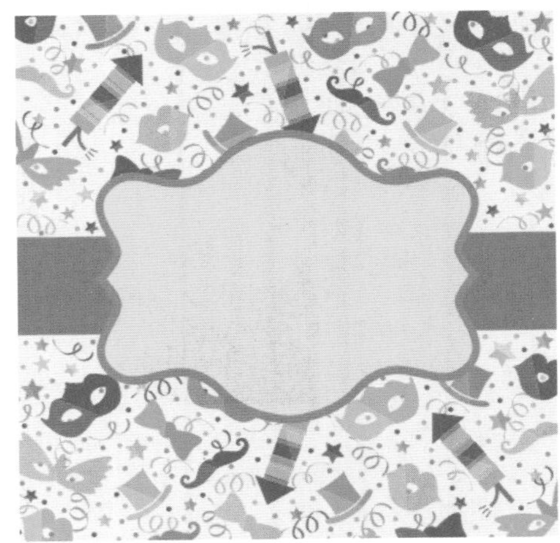

图8-135

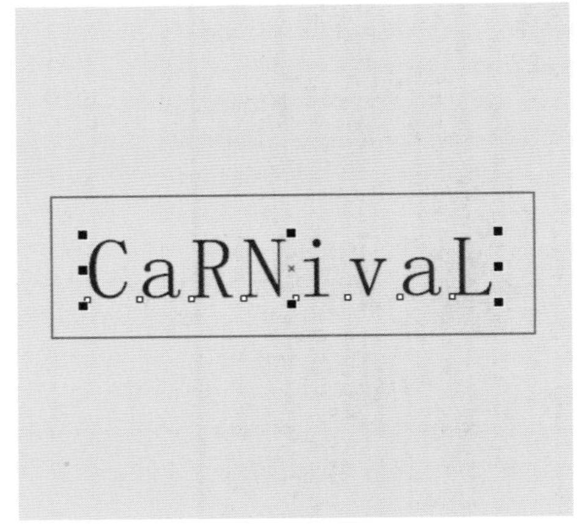

图8-136

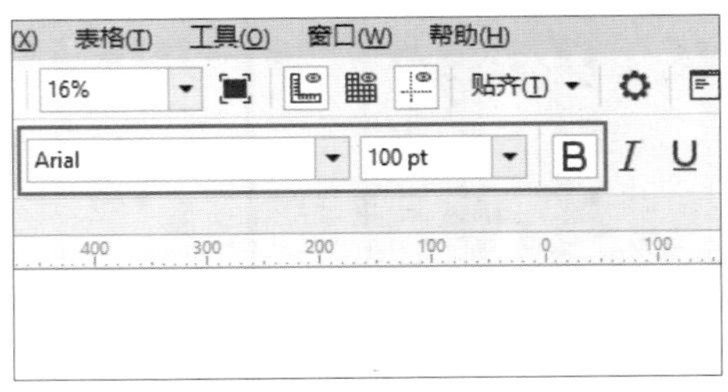

图8-137

02 更改文本的属性，如图8-138所示。单击工具箱中的“交互式填充”按钮，在属性栏中单击“均匀填充”按钮，然后在“填充色”的下拉框中选择所需的颜色，设置文本的颜色，如图8-139所示。

图 8-138

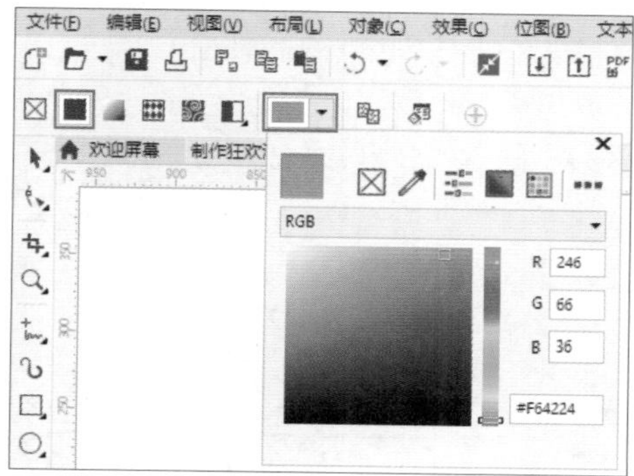

图 8-139

03 单击工具箱中的“选择工具”按钮，选择文本，如图 8-140 所示，执行“对象”→“转换为曲线”命令或按快捷键 Ctrl+Q 即可将其转换成曲线，文本上显示节点，如图 8-141 所示。

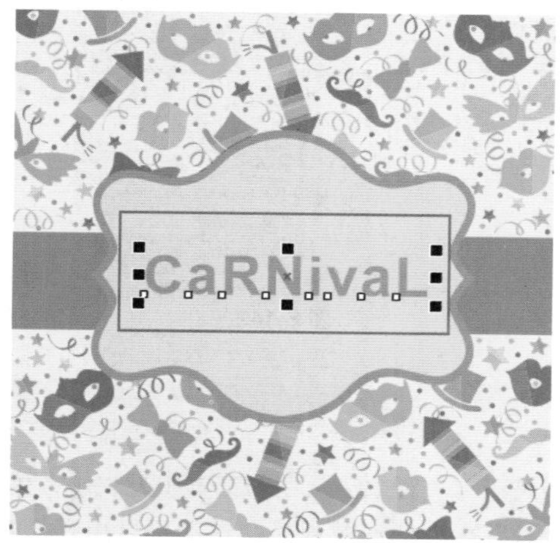

图 8-140

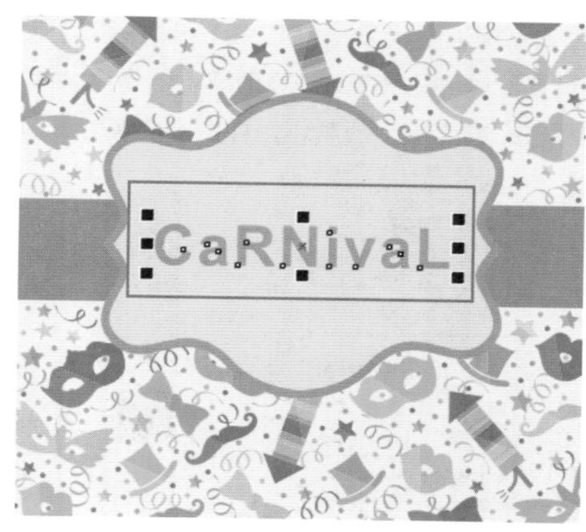

图 8-141

04 单击工具箱中的“形状工具”按钮，单击并拖曳可调整节点位置，如图 8-142 所示，单击并拖曳控制线可调整曲线形状，如图 8-143 所示，继续使用“形状工具”调整节点改变曲线形状，如图 8-144 所示。

图 8-142

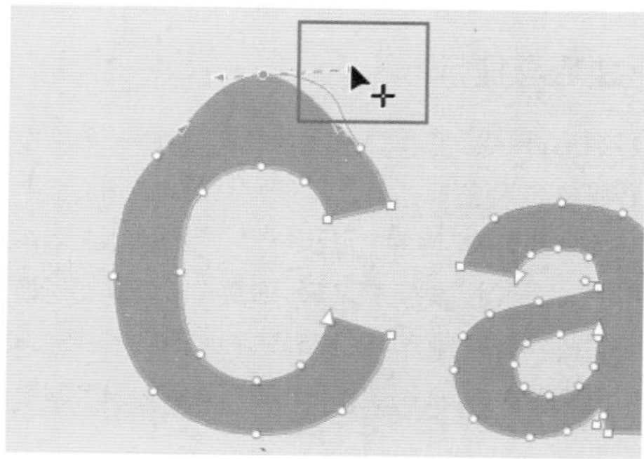
图 8-143

图 8-144

05 使对象保持选中状态，按F12键打开“轮廓笔”对话框，为对象设置轮廓颜色和宽度，如图8-145所示，单击“确定”按钮，完成变形字的制作，如图8-146所示。

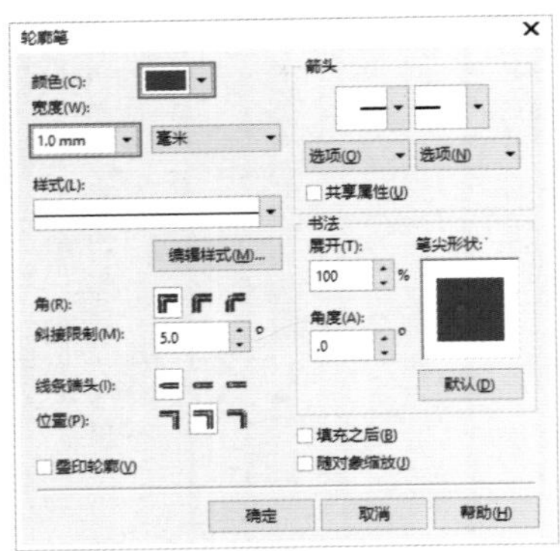

图 8-145

图 8-146

技巧与提示：

转换为曲线后的文本属于曲线图形对象，也就不具备文本的各种属性了，即使在其他计算机上打开该文件，也不会因为缺少字体而受到影响，因为它已经被定义为图形。所以在一般的设计工作中，在绘图方案定稿之后，通常都需要对图形档案中的所有文字进行“转曲”处理，以保证在后续流程中打开文件时，不会因为出现缺少字体，而不能显示出原有设计效果的问题。

8.5 查找和替换文本

与 Microsoft Office Word 相似，在 CorelDRAW 2017 中也可以根据需要对已输入的文本进行查找或替换操作。例如在一篇较长的文本内容中快速查找或替换特定的文本。

8.5.1 查找文本

使用“选择工具”选择要进行查找的文本，如图8-147所示，执行“编辑”→“查找并替换”→“查找文本”命令，在弹出的“查找文本”对话框中输入要查找的文字，并根据需要设置其他选项，如图8-148所示，然后单击“查找下一个”按钮，系统则会自动进行查找，并且查找到的文字将呈现浅蓝色，如图8-149所示，继续单击“查找下一个”按钮，可以查找并显示下一个文本。

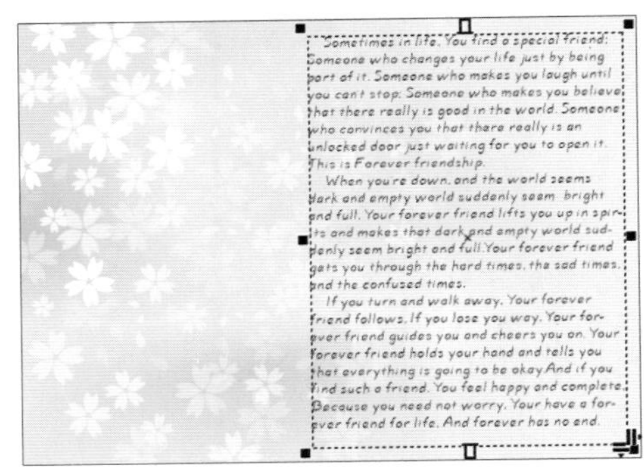

图 8-147

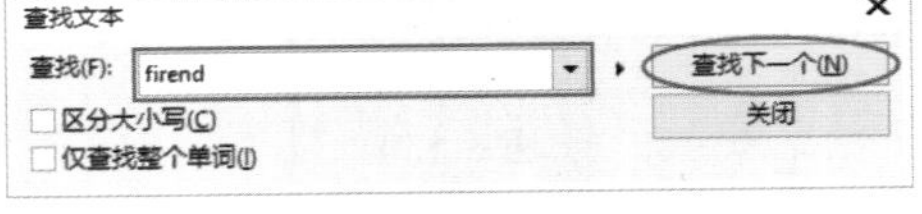

图 8-148

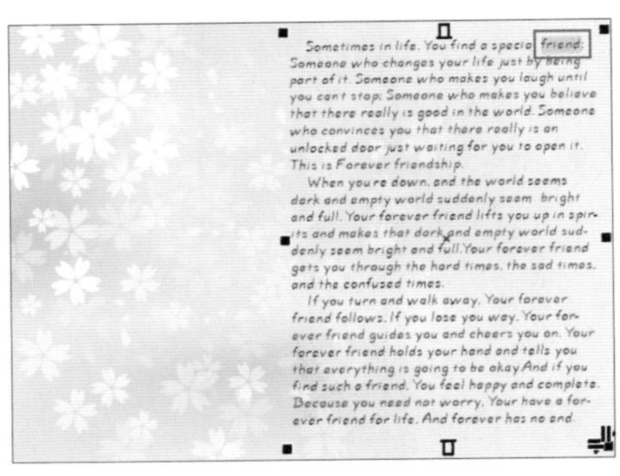

图 8-149

8.5.2 替换文本

如果在一个有很多文字的文本中发现了一个错字，而这个错字出现的次数很多，这就可以用替换功能将所有相同的错字替换，而不用对其进行逐一更改。

使用“选择工具”选择要进行替换的文本，如图8-150所示，执行“编辑”→“查找并替换”→“替换文本”命令，在弹出的“替换文本”对话框中输入要替换的文本，并根据需要设置其他选项，如图 8-151 所示，然后单击“查找下一个”按钮，即可快速定位到需要替换的文本，并且文本呈现浅蓝色，如图 8-152 所示。

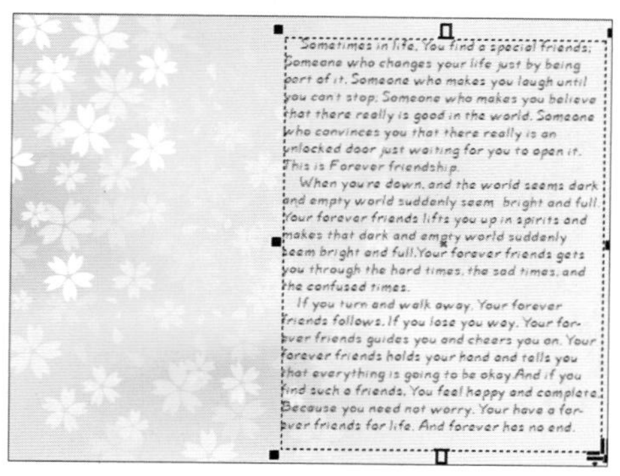

图 8-150

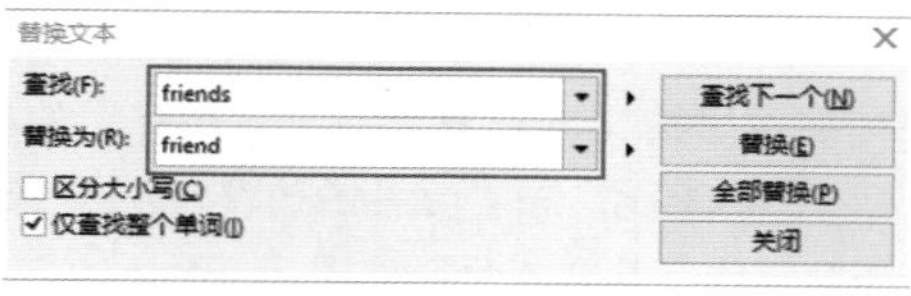

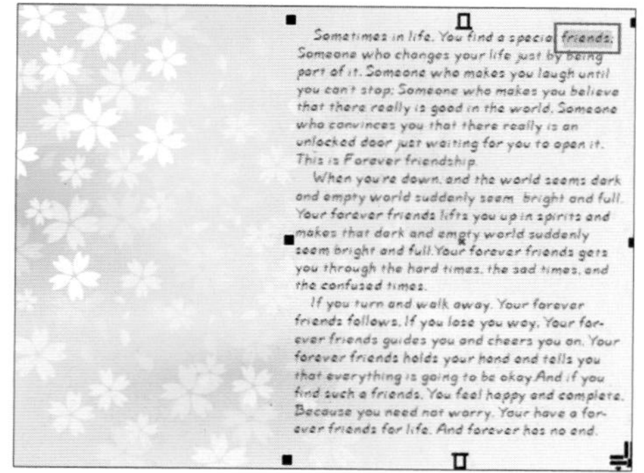

图 8-151

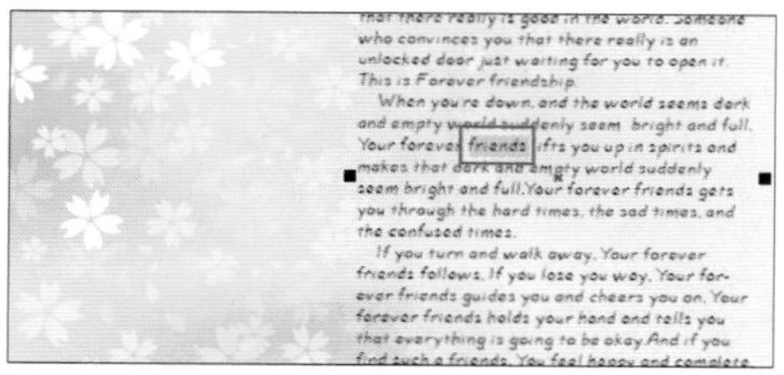

图 8-152

单击“替换”按钮即可完成替换，如图 8-153 所示，继续单击“替换”按钮，可以将其进行逐一的替换。单击“全部替换”按钮，可以快速替换文本框中需要替换的全部文本，如图 8-154 所示。

图 8-153

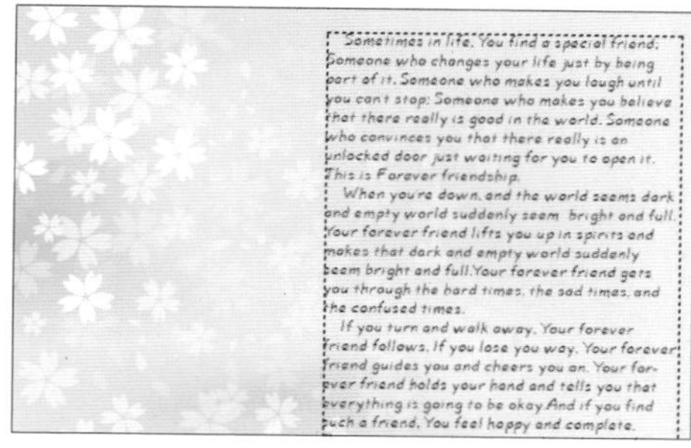

图 8-154

8.6　使用文本样式

在排版大量文字时，经常会在不同的区域应用相同的文本样式，如果每次都重新调整，无疑非常麻烦。在 CorelDRAW 2017 中提供了文本样式功能，能帮助用户摆脱烦琐的重复操作，让工作变得更方便、快捷。

8.6.1　创建文本样式

在 CorelDRAW 2017 中，可以将文本对象的文本样式——包括文本的字体、字号、填充和轮廓等多种属性，创建为文本样式。

单击工具箱中的“文本工具”字按钮，创建一个文本对象并设置好文本对象的属性，如图 8-155 所示。然后右击，在弹出的快捷键菜单中执行“对象样式”→“从以下项新建样式”→“字符”命令，在弹出的对话框中输入新样式名称，如图 8-156 所示，单击“确定”按钮，即可将所选文本对象中的字符属性创建为新的文本样式，并显示在“对象样式”泊坞窗中，如图 8-157 所示。

图 8-155

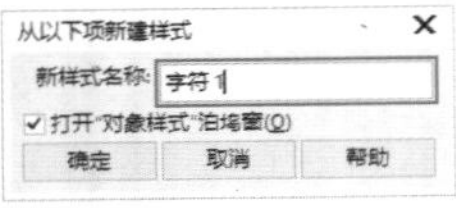

图 8-156

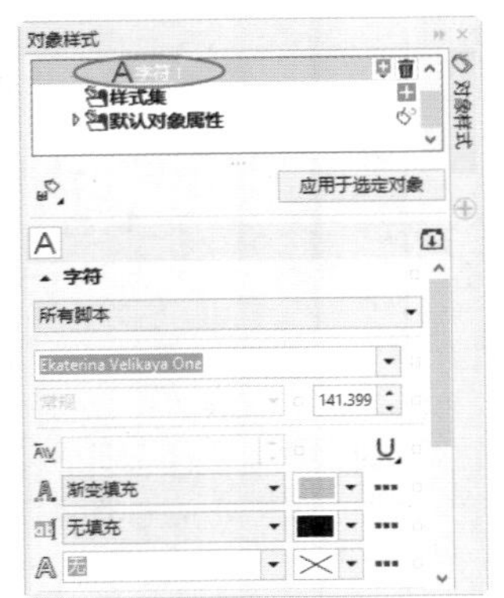

图 8-157

8.6.2 应用文本样式

在 CorelDRAW 2017 中可以快速将保存的文本样式应用在新对象上，方便制作大量相似的对象。

单击工具箱中的“文本工具”字按钮，创建一个文本对象，如图 8-158 所示，然后右击，在弹出的快捷菜单中执行“对象样式”→“应用样式”→“字符 1”命令（在“应用样式”的子菜单中选择要应用的文本样式），如图 8-159 所示，即可将文本样式应用到所选文字上，如图 8-160 所示。

图 8-158

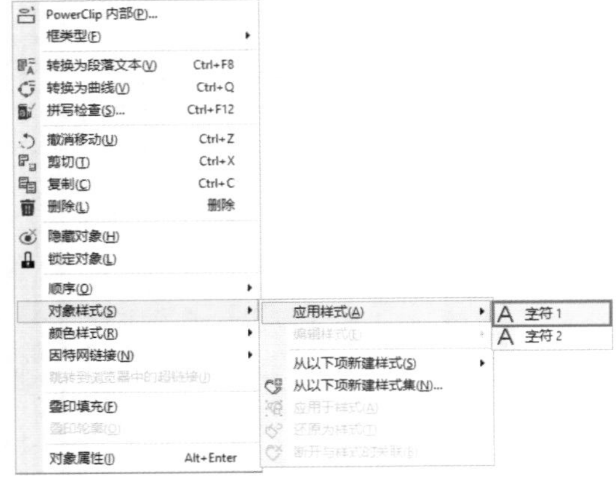

图 8-159

图 8-160

8.6.3 编辑文本样式

如果对文本样式的外观不太满意，可对图形或文本样式进行修改。

在需要编辑的文本对象上右击，在弹出的快捷菜单中执行“对象样式”→“应用样式”→“字符 1”命令（选择编辑的字符样式），如图 8-161 所示，在打开的“对象样式”泊坞窗的“字符”选项卡中编辑文本样式，如图 8-162 所示。

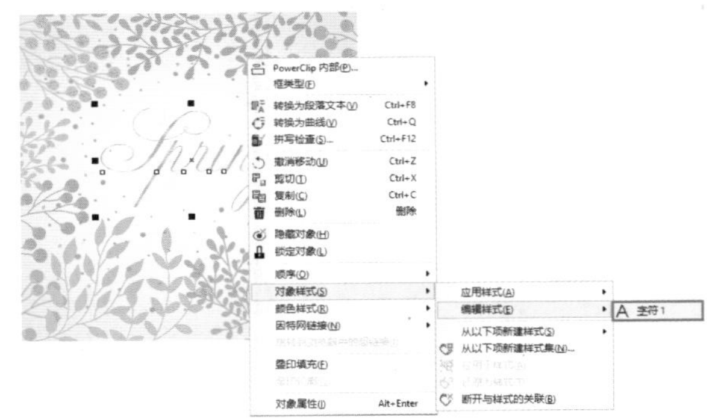

图 8-161

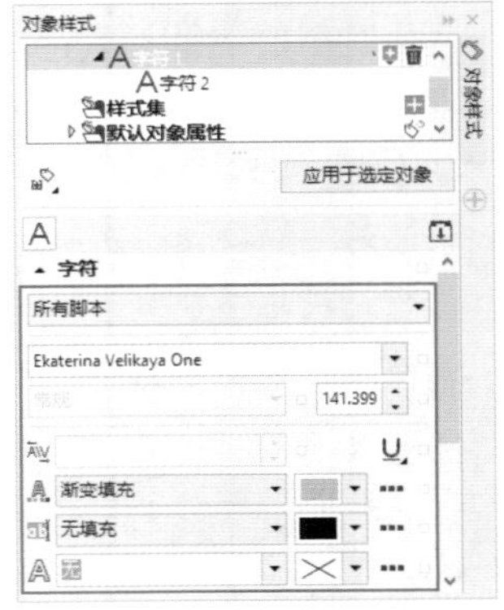

图 8-162

技巧与提示：

在以相同的名称保存编辑后的样式时，应用过此样式的对象也会随之改变，如果不想让其随之改变，可以在保存编辑后的文本样式时进行重命名。

8.6.4　删除文本样式

如果要删除不需要的文本样式，可以在“对象样式”泊坞窗中选择样式名称，然后单击右侧的“删除”按钮，如图 8-163 所示，或者右击，在弹出的快捷菜单中选择“删除”命令，如图 8-164 所示，也可以直接按 Delete 键将其删除。

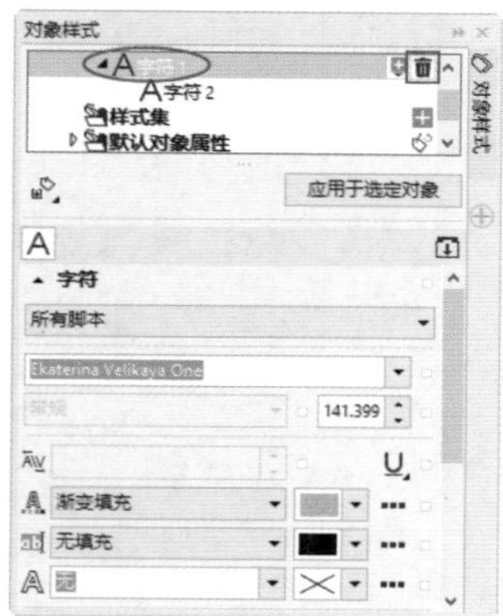

图 8-163

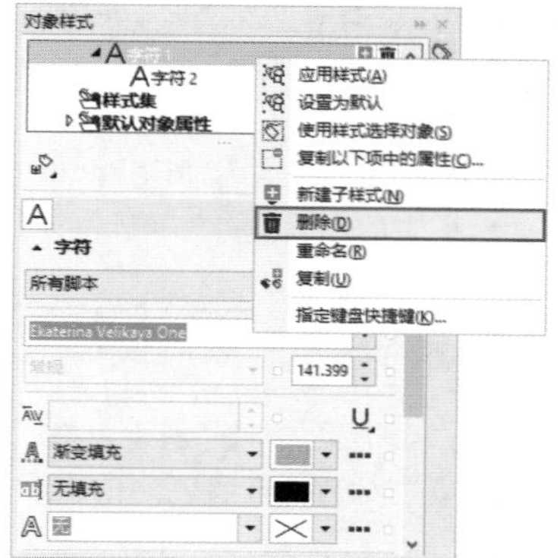

图 8-164

9.1 如何创建表格

在CorelDRAW 2017中创建表格时，既可以使用“表格工具”创建，也可以通过菜单栏中的命令创建。本节将详细介绍创建表格的操作方法。

9.1.1 实战：表格工具创建表格绘制明信片

本实例通过“表格工具”创建表格，再在属性栏中设置表格参数，然后通过“轮廓笔”对话框设置轮廓的宽度和样式，制作明信片。

01 启动CorelDRAW 2017软件，打开“素材\第9章\9.1.1 实战：表格工具创建表格绘制明信片.cdr”文件，如图9-1所示。单击工具箱中的“表格工具”按钮，将光标移至图像上，当光标变为形状时，单击并拖曳，如图9-2所示。

02 释放鼠标，即可创建表格，如图9-3所示。

图 9-1

图 9-2

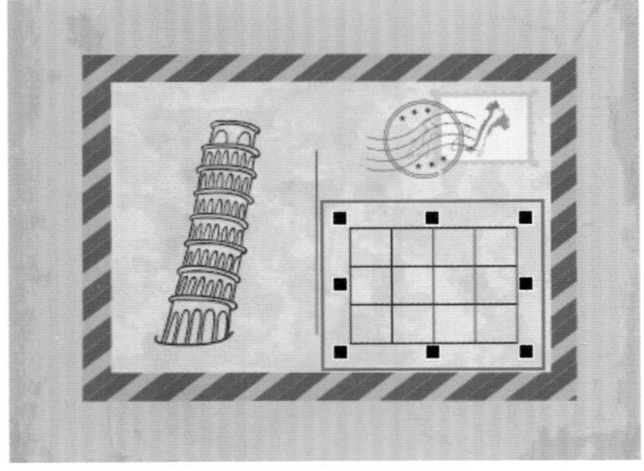

图 9-3

03 在属性栏中设置“行数和列数”参数，更改表格的行数和列数，如图9-4所示，然后拖曳控制点调整表格到合适大小，如图9-5所示。

04 保持表格的选中状态，在属性栏中单击“边框选择”按钮，在下拉列表中选择“全部”。按F12键打开“轮廓笔”对话框，设置“宽度”和“样式”的参数，如图9-6所示，单击“确定”按钮，可将表格的边框更改为虚线，如图9-7所示。

第9章

创建表格

在海报、招贴画、宣传单等设计中会经常应用到表格，而且占有比较重要的位置。本章将详细介绍CorelDRAW中表格的绘制、编辑及应用方法。

本章教学视频二维码

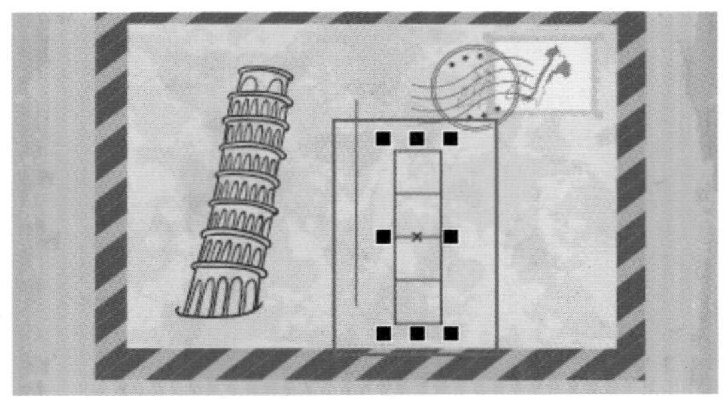

图 9-4

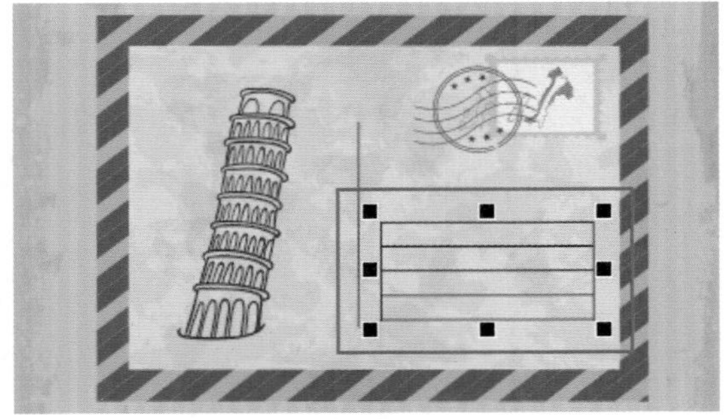

图 9-5

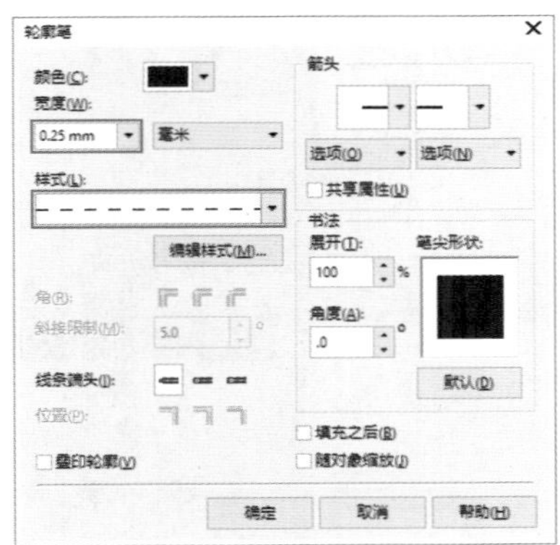

图 9-6

图 9-7

05 在属性栏中单击“边框选择”按钮，在下拉列表中选择“左侧和右侧”选项，设置“轮廓宽度”为“无”，如图 9-8 所示，即可去除表格左右两侧的边框，完成明信片的制作，如图 9-9 所示。

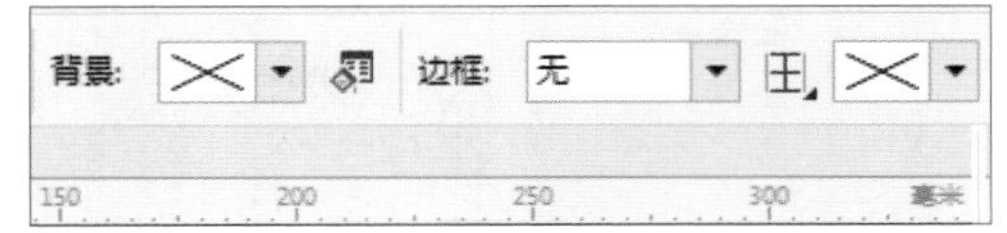

图 9-8

图 9-9

技巧与提示：

按住 Ctrl 键拖曳鼠标可以绘制正方形表格。

9.1.2　实战：用菜单命令绘制信纸

本实例通过“创建新表格”命令，打开“创建新表格”对话框设置表格的“行数”“栏数”“高度”和“宽度”参数，单击“确定”按钮创建表格，再通过属性栏设置其他参数制作信纸。

01 启动 CorelDRAW 2017 软件，打开“素材\第 9 章\9.1.2 实战：用菜单命令绘制信纸 .cdr”文件，如图 9-10 所示。执行“表格”→“创建新表格”命令，在弹出的“创建新表格”对话框中设置表格的“行数”“栏数”“高度”和“宽度”参数，如图 9-11 所示。

图 9-10

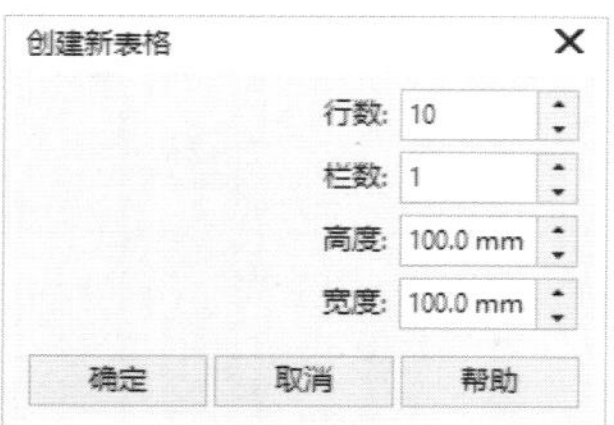

图 9-11

02 单击“确定”按钮，即可创建表格，如图 9-12 所示，将光标放在表格定界框上，当光标变为↕形状时，拖曳控制点调整表格的大小，如图 9-13 所示。

图 9-12

图 9-13

03 在属性栏中单击“边框选择”按钮，在下拉列表中选择“全部”选项，设置边框“轮廓宽度”为 1.0mm，在“轮廓颜色”的下拉框中设置颜色，如图 9-14 所示，更改表格边框的轮廓宽度和颜色，如图 9-15 所示。

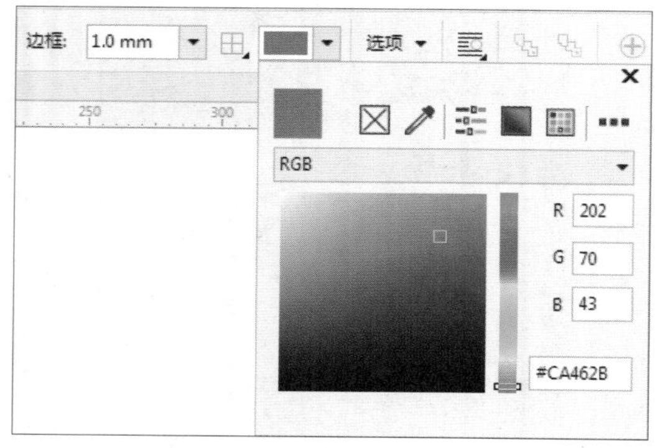

图 9-14

图 9-15

04 在属性栏中单击“边框选择”按钮，在下拉选项中选择“左侧和右侧”，设置“轮廓宽度”为“无”，如图 9-16 所示，去除表格左右两侧的边框，完成信纸的制作，如图 9-17 所示。

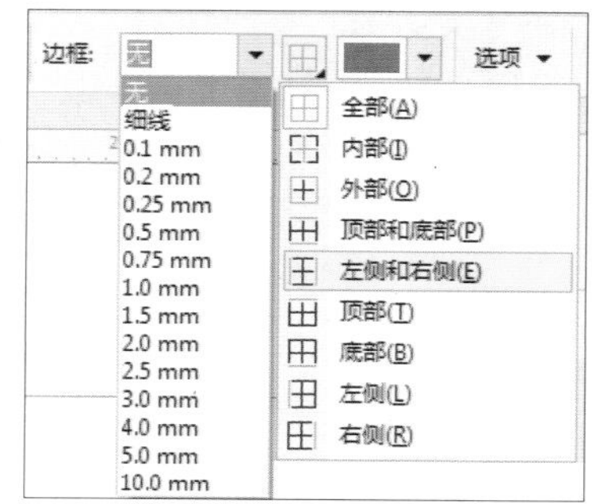

图 9-16

图 9-17

答疑解惑：使用“图纸工具”与“表格工具”绘制的表格有什么不同？

在 CorelDRAW 2017 中，使用“图纸工具”也可以创建表格，但是“图纸工具”只能先在属性栏中设置行数和列数，再绘制表格，当绘制完成后更改表格的“行数和列数”的数值不会对当前表格有所影响。而“表格工具”在绘制完成后可以任意更改表格的行数和列数。

9.2　文本表格互转

在 CorelDRAW 2017 中可以向绘图添加表格，以创建文本和图像的结构布局。可以绘制表格，也可以用现有文本创建表格。如果不希望表格中再显示表格文本，可以将表格文本转换为段落文本。

9.2.1　实战：表格转换为文本制作字母表

本实例通过“将表格转换为文本”命令，将表格转换为文本，然后使用文本的编辑方式对文本进行编辑，制作字母表。

01 启动 CorelDRAW 2017 软件，打开“素材\第 9 章\9.2.1 实战：表格转换为文本制作字母表 .cdr”文件，如图 9-18 所示。单击工具箱中的“选择工具”按钮，选择表格对象，如图 9-19 所示。

图 9-18

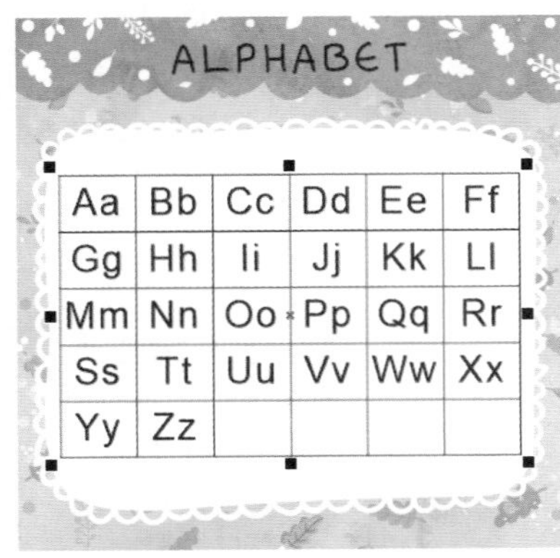

图 9-19

02 执行“表格”→“将表格转换为文本”命令，打开“将表格转换为文本”对话框，选择以“制表位”单元格文本分隔依据创建新段落，如图 9-20 所示，单击“确定”按钮，即可将表格转换为文本，如图 9-21 所示。

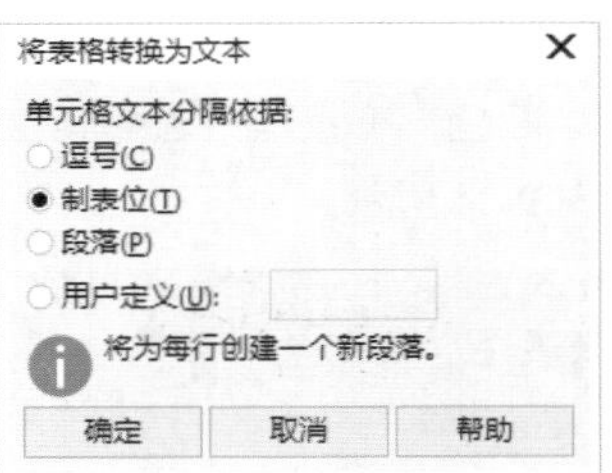

图 9-20

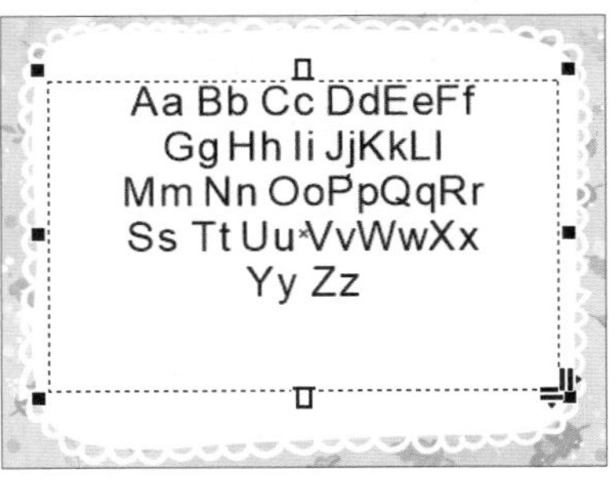

图 9-21

03 单击工具箱中的“文本工具”字按钮，选择所有段落文本，按快捷键 Ctrl+T 打开“文本属性”泊坞窗，设置“字体”和“字号”参数，如图 9-22 所示，即可更改文本的字体和字号，如图 9-23 所示。

图 9-22

图 9-23

04 使用“文本工具”字选择需要设置颜色的文本，在属性栏的“文本颜色”下拉框中选择颜色，设置所选文本的颜色，如图 9-24 所示。

图 9-24

05 采用同样的方法，更改文本的颜色，如图 9-25 所示。选择单一字母文本，按快捷键 Ctrl+X 剪切文本，并在绘图窗口空白处单击，再按快捷键 Ctrl+V 粘贴，创建美术字文本，如图 9-26 所示。

图 9-25

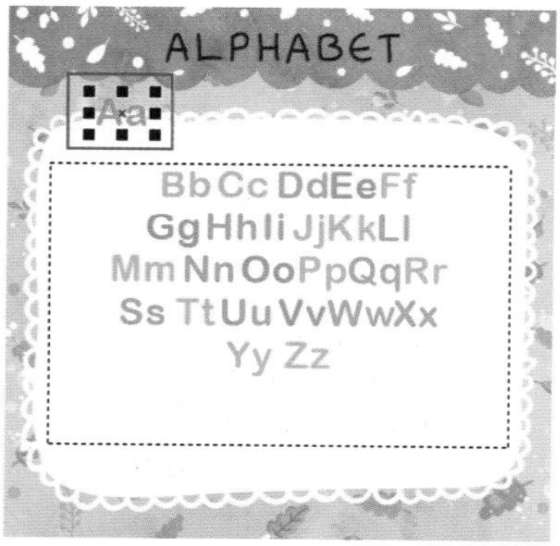

图 9-26

06 采用同样的方法剪切其他的文本对象，如图 9-27 所示。选择空白的文本框对象，按 Delete 键删除，如图 9-28 所示，然后移动剪切的文本到合适的位置和大小，完成字母表的制作，如图 9-29 所示。

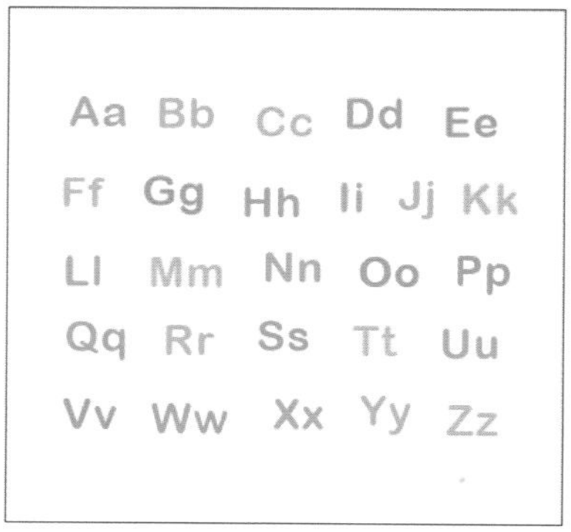

Aa Bb Cc Dd Ee
Ff Gg Hh Ii Jj Kk
Ll Mm Nn Oo Pp
Qq Rr Ss Tt Uu
Vv Ww Xx Yy Zz

图 9-27

图 9-28

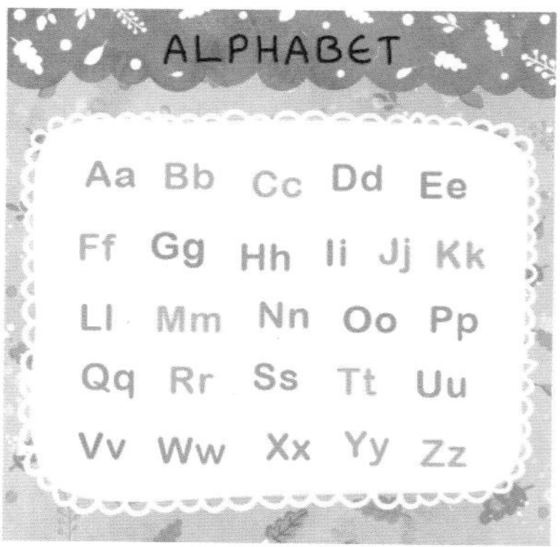

图 9-29

技巧与提示：

在表格的单元格中输入文本，可以使用“表格工具”单击单元格，当单元格中显示一个文本插入点时，即可输入文本，如图 9-30 所示；也可以使用“文本工具”字单击该单元格，当单元格中显示一个文本插入点和文本框时，即可输入文本，如图 9-31 所示。

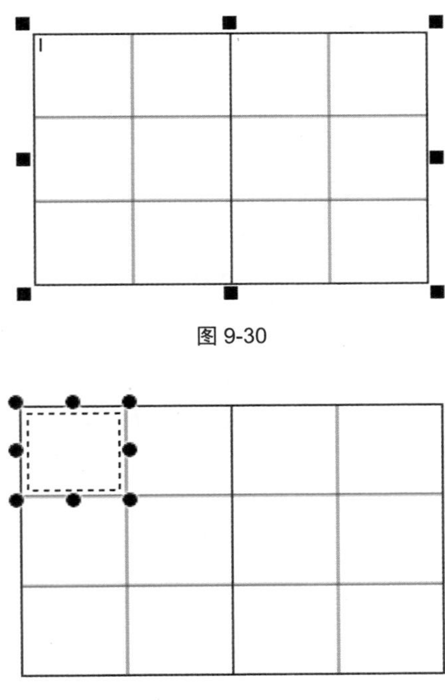

图 9-30

图 9-31

9.2.2　实战：文本转换为表格制作日历

本实例通过“将文本转换为表格”命令，将文本转换为表格，再通过“表格工具”田属性栏设置表格参数，然后通过设置文本的字体、字号等参数制作日历。

01 启动 CorelDRAW 2017 软件，打开“9.2.2 实战：文本转换为表格制作日历 .cdr”文件，如图 9-32 所示。单击工具箱中的“文本工具”字按钮或按 F8 键选择“文本工具”，在图像上创建一个段落文本框，如图 9-33 所示，然后输入文本（每个插入列的地方以空格隔开，按 Enter 键则是插入行），如图 9-34 所示。

图 9-32

图 9-33

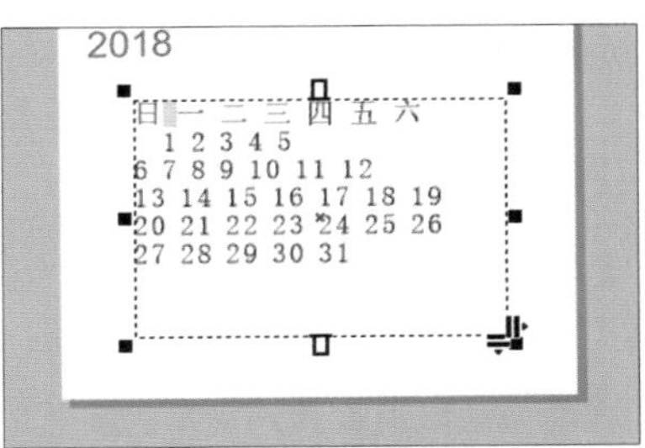

图 9-34

02 使文本框保持选中状态，执行“表格”→“将文本转换为表格”命令，打开“将文本转换为表格”对话框，选择以“用户自定义”分隔符创建列，并在文本框中输入空格，如图 9-35 所示，单击“确定”按钮，可将文本转换为带文本内容的表格，如图 9-36 所示。

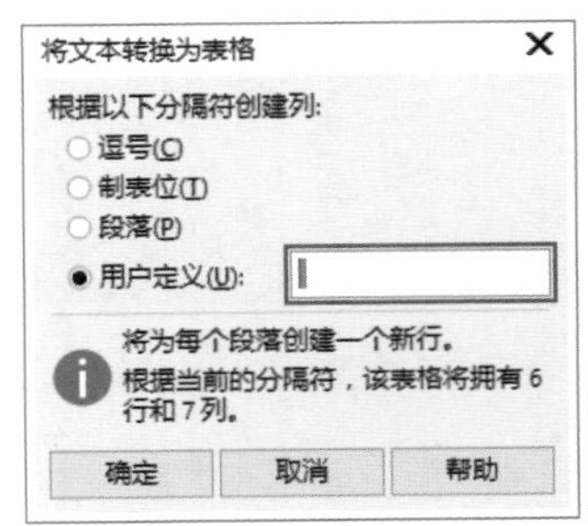

图 9-35

图 9-36

03 使用"表格工具"按钮选择文本，如图 9-37 所示，在属性栏中设置文本的"字体"为"微软雅黑"、"字号"为 30pt，单击"文本对齐"按钮，在下拉列表中，选择"居中"选项，单击"垂直对齐"按钮，在下拉列表中选择"居中垂直对齐"选项，设置所选文本的位置，如图 9-38 所示。

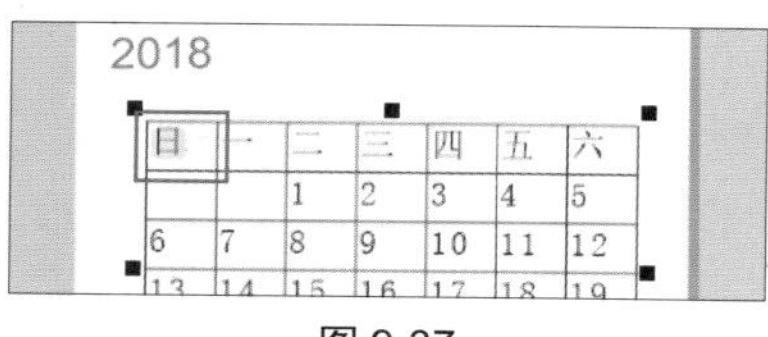

图 9-37

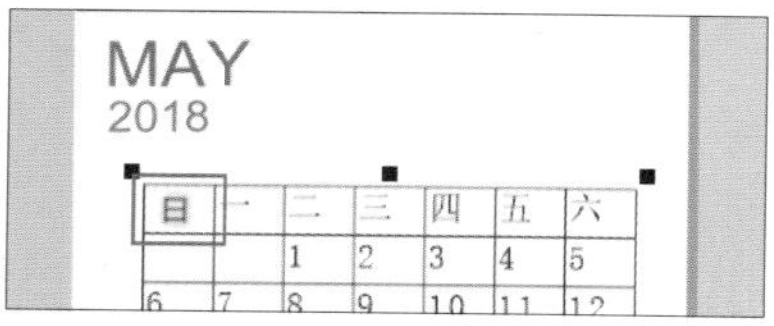

图 9-38

04 采用同样的方法，设置其他文本的字体、字号及对齐方式，如图 9-39 所示。按住 Ctrl 键选择节日所对应的单元格，如图 9-40 所示。

图 9-39

图 9-40

05 在属性栏的"填充色"下拉框中选择颜色，为所选单元格填色，如图 9-41 所示。单击属性栏中的"边框选择"按钮，在下拉列表中选择"全部"选项，并去除表格所有边框轮廓线，完成日历的制作，如图 9-42 所示。

图 9-41

图 9-42

技巧与提示：

如果选择"用户定义"选项，则必须在文本框中输入一个字符，如果没有输入字符，则只会创建一列，而文本的每个段落将创建一个表格行，并且要转换为表格的文本必须以同一种分隔符有规律地隔开。

答疑解惑：文本转换表格后，红色虚线表示什么？

将文本转换为表格后，看到单元格内显示红色虚线框，如图 9-43 所示，这是因为文字太大，因此显示不了该文本，此时只要调整表格的大小即可显示文本，如图 9-44 所示。

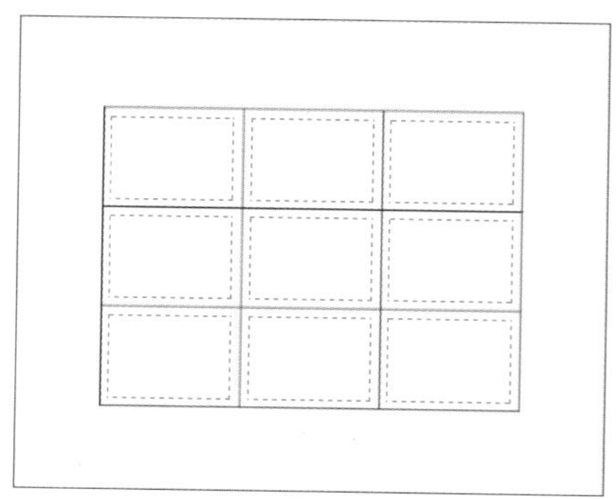

图 9-43

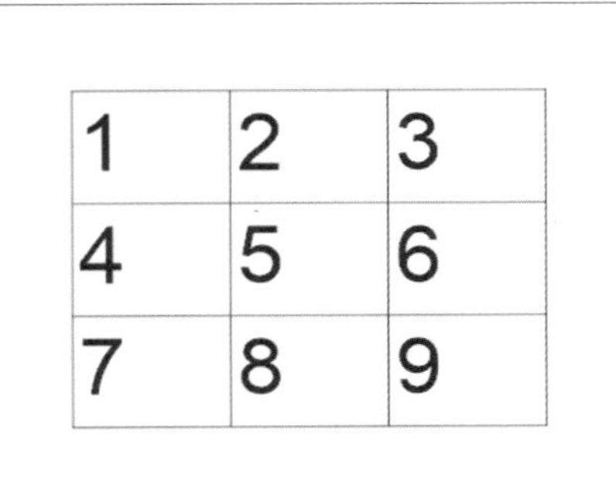

图 9-44

9.3　设置表格

创建表格后，可以对表格的行数、列数和单元格的属性进行设置，以满足实际工作的需要。

9.3.1　实战：表格属性设置制作课程表卡片

本实例通过“表格工具”创建表格，并在属性栏设置表格的填充色、边框等属性，再使用“文本工具”输入文本并设置文本的字体和字号，绘制课程表卡片。

01 启动 CorelDRAW 2017 软件，打开“素材\第 9 章\9.3.1 实战：表格属性设置制作课程表卡片 .cdr”文件，如图 9-45 所示。单击工具箱中的“表格工具”按钮，在属性栏中设置表格的“行数”为 8、“列数”为 6，将光标移至图像上，当光标变为形状时，单击并拖曳，如图 9-46 所示。

图 9-45

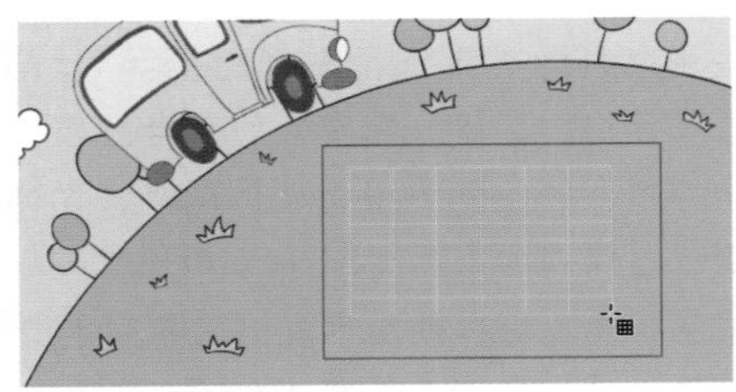
图 9-46

02 此时释放鼠标，创建适合大小的表格，如图 9-47 所示。保持表格的选中状态，设置属性栏中的背景填充色为白色，为表格填充颜色，如图 9-48 所示。

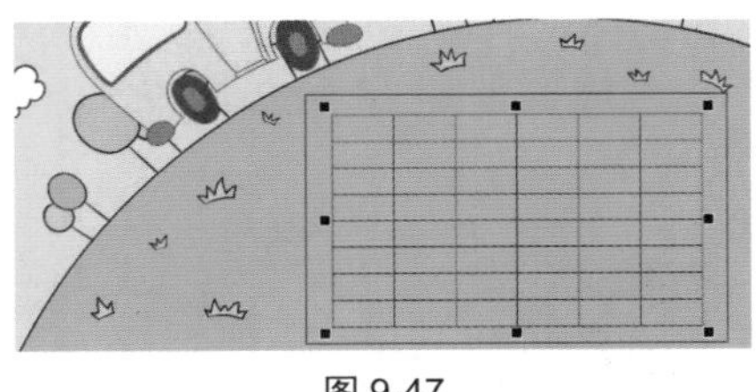
图 9-47

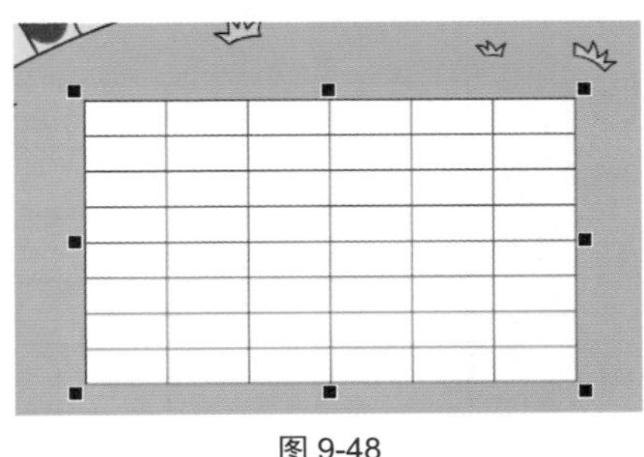
图 9-48

03 单击“边框选择”按钮，在下拉列表中选择“全部”，设置边框“轮廓宽度”为 1.0mm，更改表格全部的边框轮廓宽度，如图 9-49 所示。使用“表格工具”在单元格中单击，出现闪烁的插入光标，如图 9-50 所示。

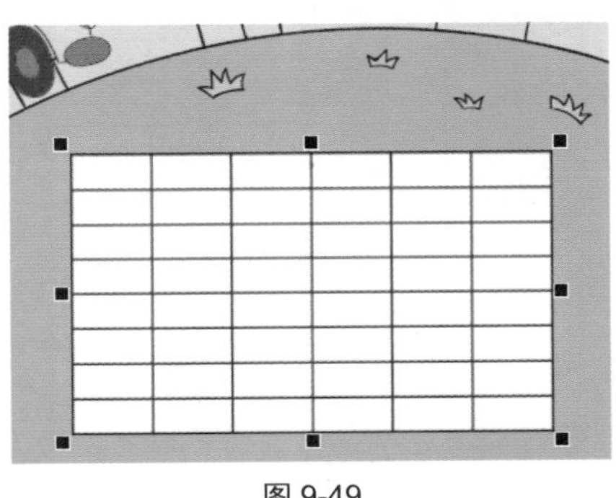
图 9-49

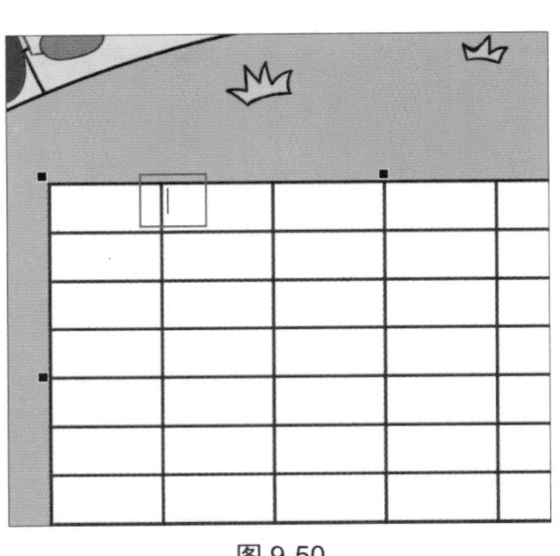
图 9-50

04 在属性栏中设置文本的“字体”和“字号”参数，设置“文本对齐”为“居中”，“垂直对齐”为“居中垂直对齐”，然后使用“文本工具”字在单元格中输入文本，如图 9-51 所示。采用同样的方法，在单元格中输入文本，并设置文本属性，完成课程表卡片的制作，如图 9-52 所示。

图 9-51

图 9-52

技术看板：“表格工具”属性栏中的设置详解

创建表格后，可以在属性栏中设置表格的相关属性，如图 9-53 所示。

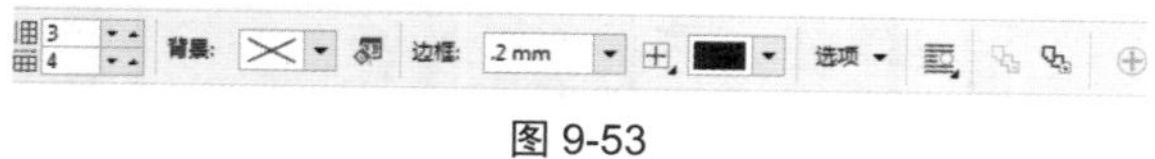

图 9-53

✦ 行数和列数：设置表格的行数和列数。

✦ 填充色：设置表格的填充色。

✦ “编辑填充”按钮：单击该按钮，打开“编辑填充”对话框，设置多种类型的填充。

✦ 轮廓宽度：设置边框的轮廓宽度。

✦ “边框选择”按钮：调整显示在表格内部或外部的边框。

✦ 轮廓颜色：设置所选边框的轮廓颜色。

✦ “表格选项”选项按钮：单击该按钮，在打开的下拉框中选择是否在输入数据时自动调整单元格大小，以及在单元格之间添加空格，如图 9-54 所示。

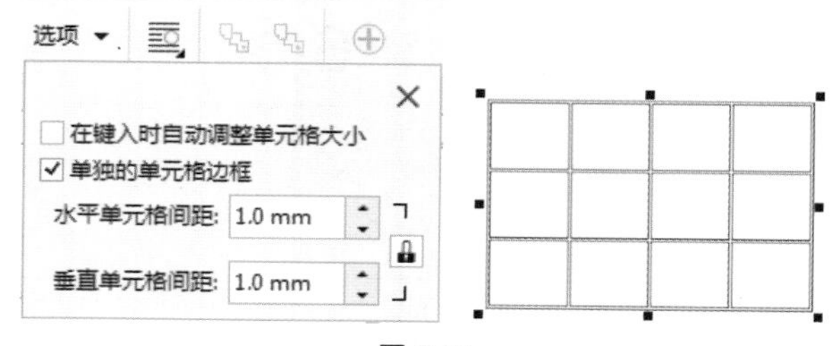

图 9-54

✦ “文本换行”按钮：单击该按钮，在打开的下拉框中选择段落文本环绕对象的样式，并设置偏移距离，如图 9-55 所示。

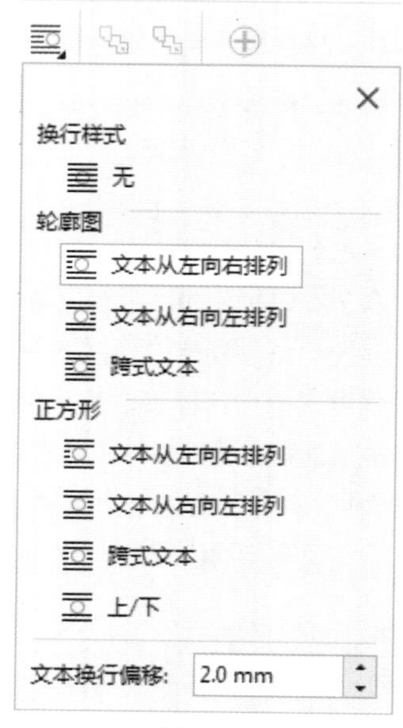

图 9-55

✦ “到图层前面”按钮：单击该按钮，将对象移到图层前面。

✦ “到图层后面”按钮：单击该按钮，将对象移到图层后面。

9.3.2 选择单元格

当使用“表格工具”选中表格时，移动光标到要选择的单元格中，待光标变为加号✚形状时，单击即可选中该单元格，如果单击并拖曳可将光标经过的单元格按行、按列选中，如图 9-56 所示；如果表格处于未选中的状态，可以使用“表格工具”单击要选择的单元格，然后单击并拖曳光标至右下角，即可选中所在单元格（如果单击并拖曳至其他单元格，即可将光标经过的单元格按行、按列选中），如图 9-57 所示。

图 9-56

图 9-57

当使用“表格工具”选中表格时，移动光标到表格左侧，待光标变为箭头形状时单击，即可选择当行单元格，如图 9-58 所示，如果按住左键拖曳，可将光标经过的单元格按行选中。

图 9-58

移动光标至表格上方，待光标变为向下箭头时单击，即可选中当列单元格，如图 9-59 所示，如果单击并拖曳，可将光标经过的单元格按列选中。

图 9-59

答疑解惑：在 CorelDRAW 2017 中还有什么方法可以选择单元格？

在 CorelDRAW 2017 中还可以使用“形状工具”选择单元格。选择表格，单击工具箱中的“形状工具”按钮，将光标移至表格中的任意单元格中，当光标变为加号形状时单击，即可将该单元格选中，如图 9-60 所示；向右单击拖曳，可以选择多个单元格，按住 Ctrl 键单击单元格，可以选择指定单元格，如图 9-61 所示。

图 9-60

图 9-61

将光标移至表格上侧，当光标变为向下箭头形状时单击，该单元格所在的列就会被全部选中，如图 9-62 所示；若将光标移至表格左侧，当光标变为向右箭头形状时单击，该单元格所在的行就会被全部选中，如图 9-63 所示。

图 9-62

图 9-63

9.3.3 单元格属性栏设置

选择单元格后，可以通过工具属性栏设置单元格的属性，如图 9-64 所示。

图 9-64

✦ 表格单元格宽度和高度：设置选定表格单元格的宽度和高度。

✦ 背景填充色：设置所选单元格的背景填充色，如图 9-65 所示。

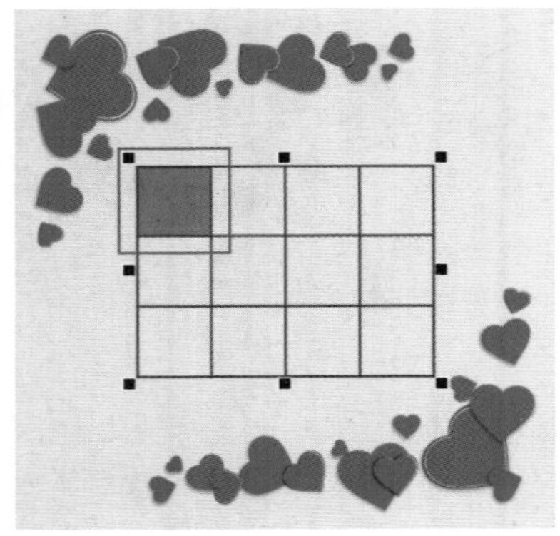

图 9-65

✦ “编辑填充”按钮：单击该按钮，打开“编辑填充”对话框，设置多种类型的填充，如图 9-66 所示。

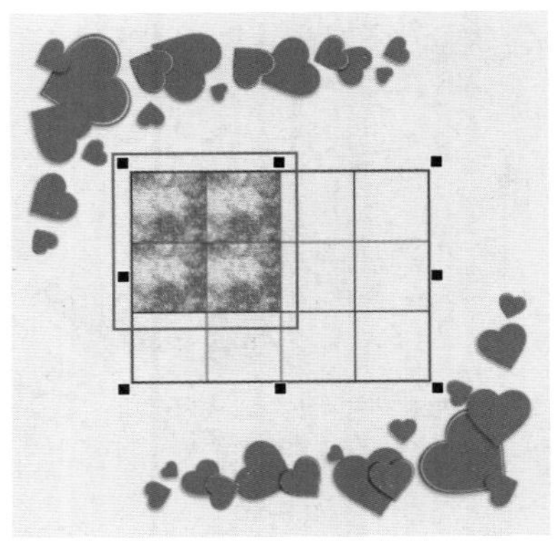

图 9-66

✦ 轮廓宽度：设置所选单元格的轮廓宽度，如图 9-67 所示。

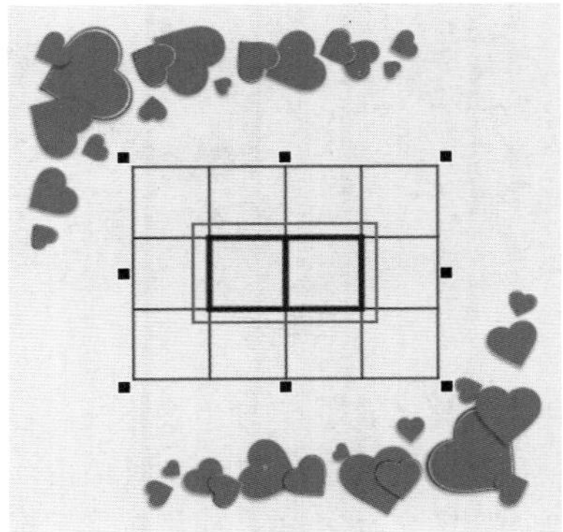

图 9-67

✦ “边框选择”按钮：调整显示在表格内部和外部的边框。

✦ 轮廓颜色：设置所选单元格的轮廓颜色，如图 9-68 所示。

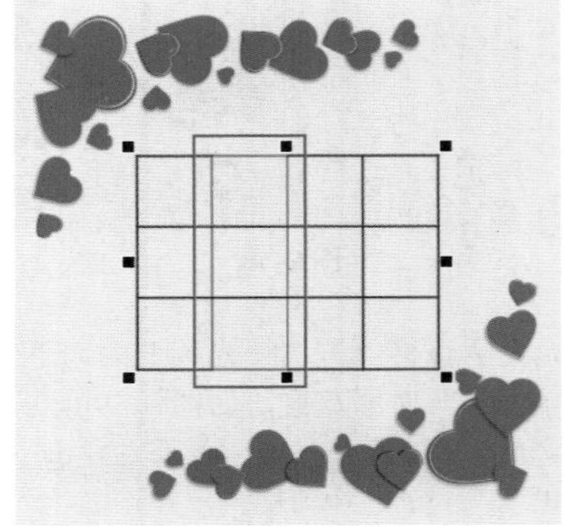

图 9-68

✦ “页边距”页边距按钮：为所选单元格指定顶部、

底部、左侧和右侧边距；单击“锁定边距”按钮，显示为按钮时，可以将单元格的所有边距设置为相同的宽度，如图 9-69 所示。

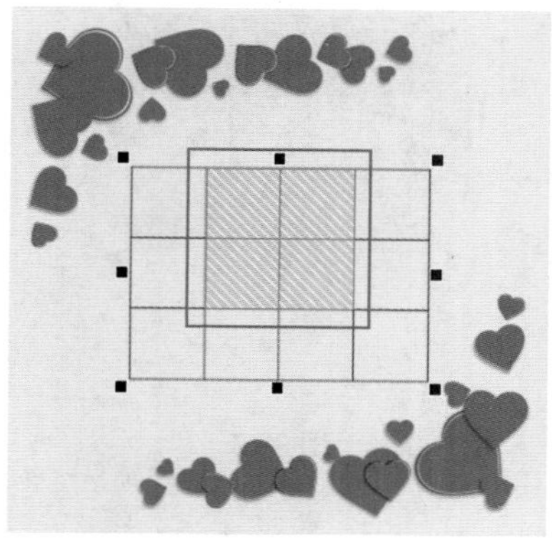

图 9-69

✦ “合并多个单元格”按钮：选择多个单元格后，单击该按钮，即可将多个单元格合并为一个单元格，如图 9-70 所示。

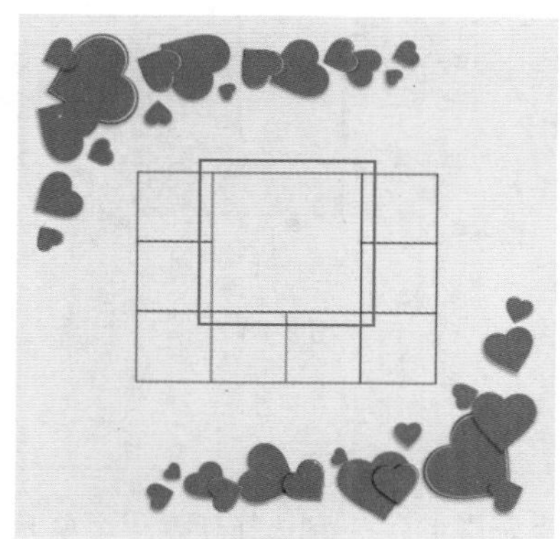

图 9-70

✦ “水平拆分单元格”按钮：将单元格拆分为特定的行数。单击该按钮，在打开的“拆分单元格”对话框中设置“行数”，如图 9-71 所示，单击“确定”按钮，即可将所选单元格拆分为设置的行数，如图 9-72 所示。

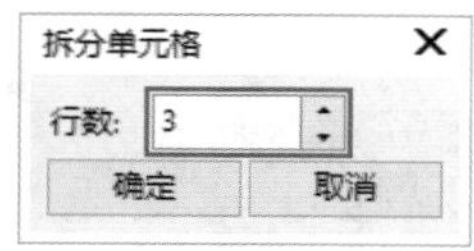

图 9-71

✦ “垂直拆分单元格”按钮：将单元格拆分为特定的列数。单击该按钮，在打开的“拆分单元格”对话框中设置“栏数”，如图 9-73 所示，单击“确定”按钮，即可将所选单元格拆分为设置的栏数，如图 9-74 所示。

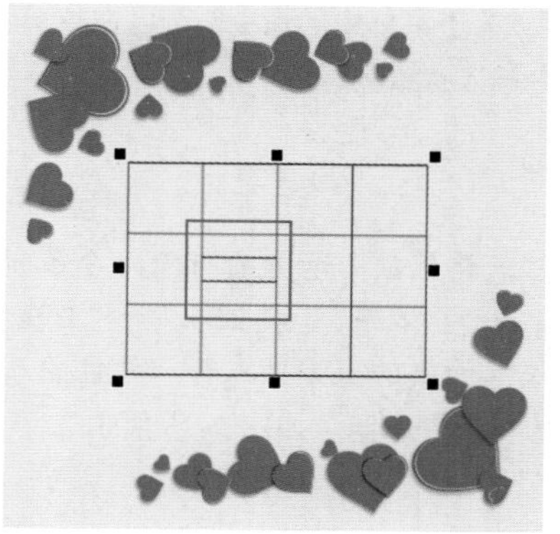

图 9-72

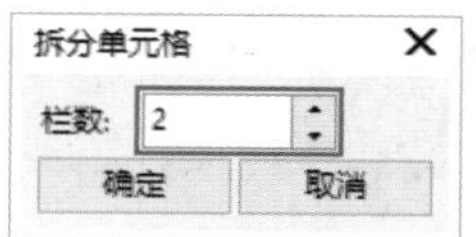

图 9-73

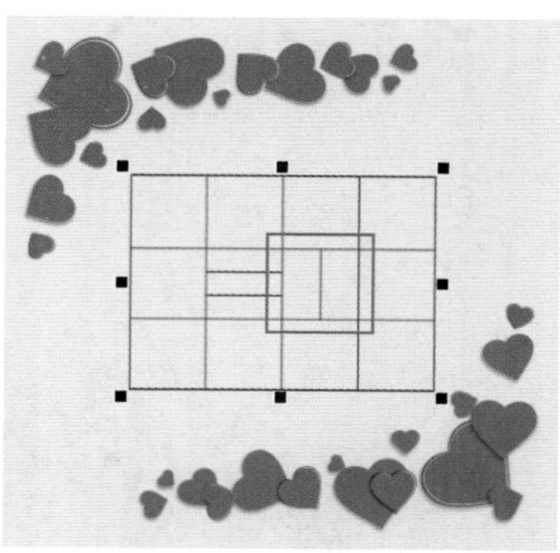

图 9-74

✦ “撤销合并”按钮：单击该按钮，即可将合并的单元格分割回单独的单元格，并且只有当选中合并后的单元格，该按钮才可用。

✦ “文本属性”按钮：单击该按钮，即可打开“文本属性”泊坞窗，在泊坞窗中设置表格文本的属性。

9.4　表格操作

创建表格后，可以根据需要对表格进行进一步的操作，例如插入行和列、删除单元格、移动边框位置、分布及填充表格等。本节将详细介绍这些编辑表格的操作方法。

9.4.1　插入命令

选择任意一个单元格或多个单元格，执行“表格”→“插入”子菜单中的命令，可以在该单元格的上、下、左、右插入行或列。

在行上方插入

使用“表格工具”田选择任意一个单元格，如图9-75所示，执行“表格”→“插入”→“行上方”命令，即可在所选单元格的上方插入行，并且插入的行与所选单元格的行属性相同，如图9-76所示。

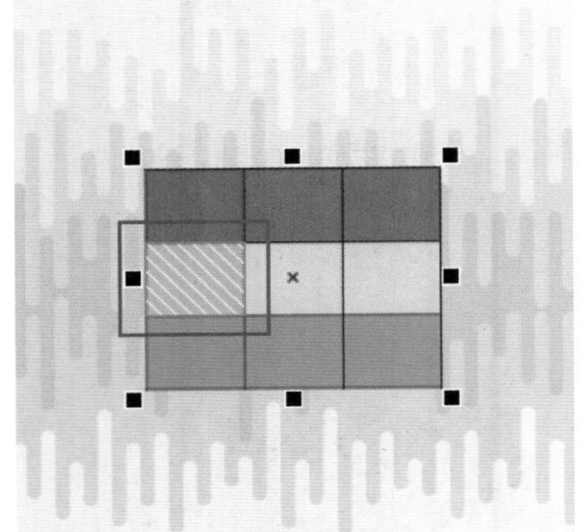

图 9-75

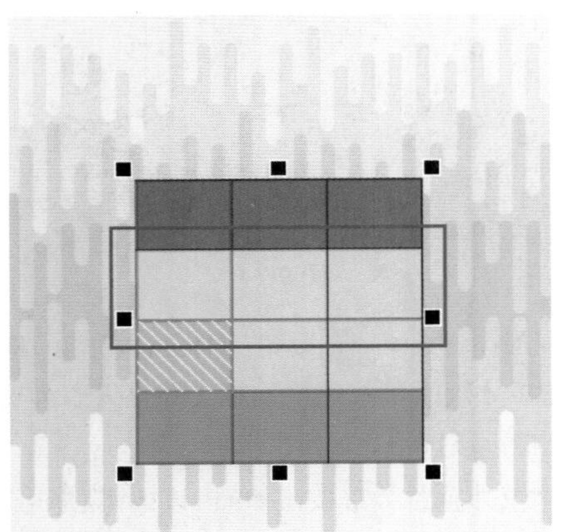

图 9-76

在行下方插入

使用“表格工具”田选择任意一个单元格，如图9-77所示，执行“表格”→“插入”→“行下方”命令，即可在所选单元格的下方插入行，并且插入的行与所选单元格的行属性相同，如图9-78所示。

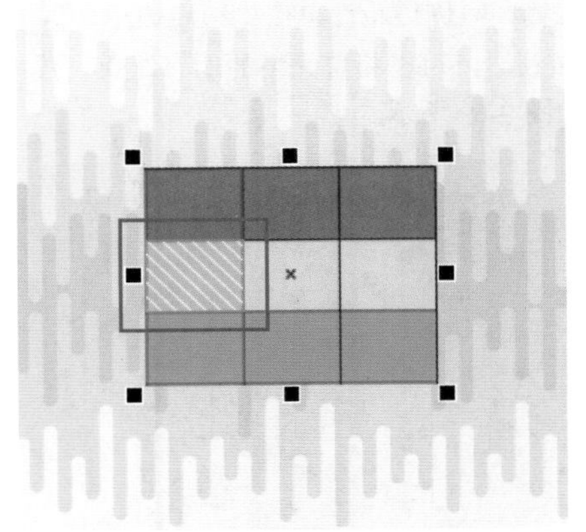

图 9-77

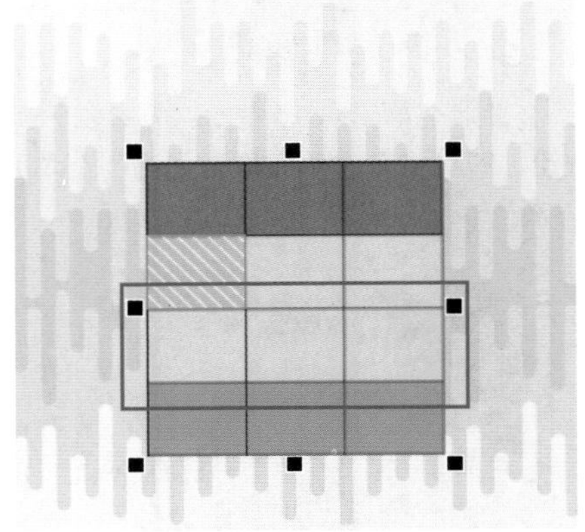

图 9-78

在列左侧插入

使用“表格工具”田选择任意一个单元格，如图9-79所示，执行“表格”→“插入”→“列左侧”命令，即可在所选单元格的左侧插入列，并且插入的列与所选单元格的列属性相同，如图9-80所示。

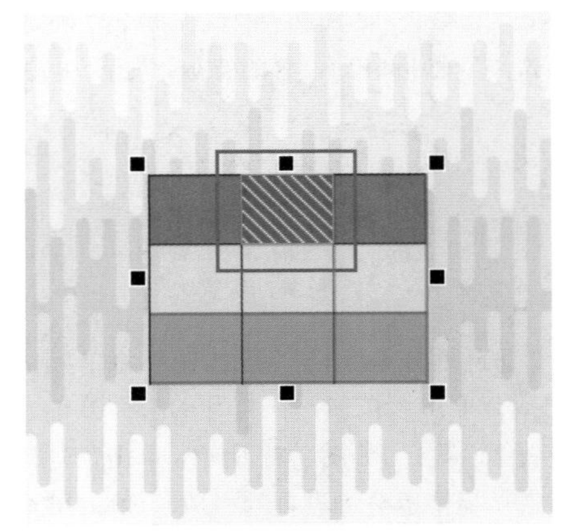

图 9-79

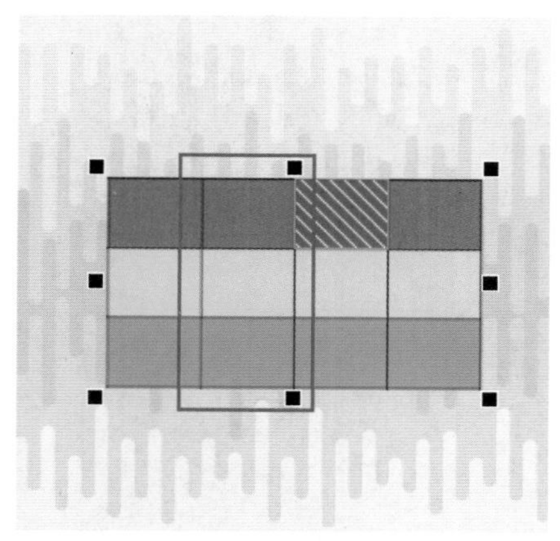

图 9-80

在列右侧插入

使用“表格工具”选择任意一个单元格，如图 9-81 所示，执行“表格”→“插入”→“列右侧”命令，即可在所选单元格的右侧插入列，并且插入的列与所选单元格的列属性相同，如图 9-82 所示。

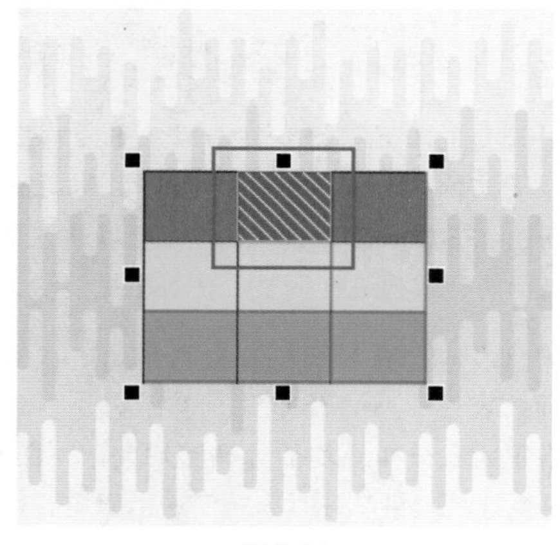

图 9-81

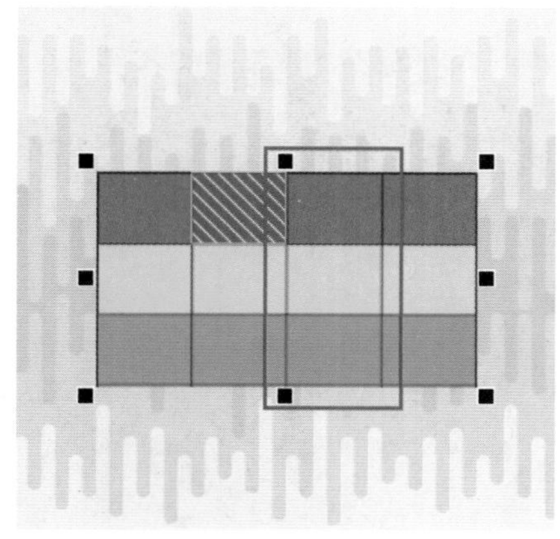

图 9-82

答疑解惑：如果选择了多个单元格后，执行“插入”命令会是什么效果？

在表格中选中了多个单元格后，如图 9-83 所示。执行“插入行”命令，会在选中的单元格上方或下方插入与所选单元格相同行数的行，并且插入的其他属性，如填充颜色、轮廓宽度等与邻近的行相同，如图 9-84 所示。若执行“插入列”命令，会在选中的单元格左侧或右侧插入与所选单元格相同列数的列，其属性与邻近的列相同，如图 9-85 所示。

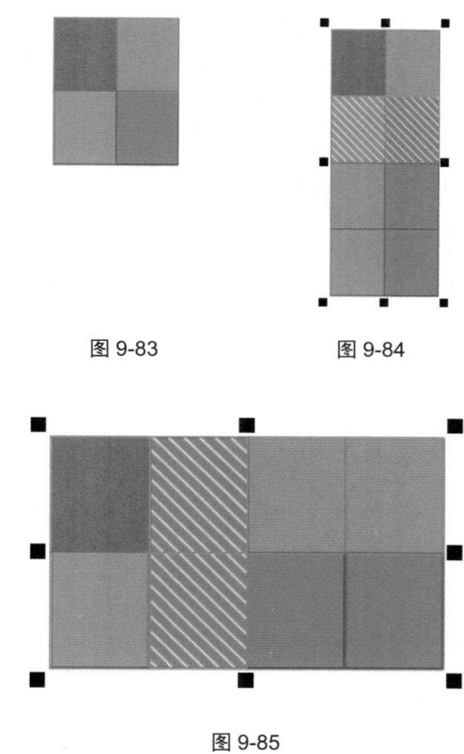

图 9-83　　图 9-84

图 9-85

9.4.2　删除单元格

要删除表格中的单元格，可以使用“表格工具”将要删除的单元格选中，然后按 Delete 键即可删除。也可以选中任意一个单元格或多个单元格，在“表格”→“删除”子菜单中执行“行”“列”和“表格”命令，即可将选中的单元格所在的行、列或表格删除。

技巧与提示：

如果选中某行，却选择了用于删除列的命令，或者选择了某列，但选择了用于删除行的命令，则将删除整个表格。

9.4.3 移动边框位置

使用“表格工具”选择表格，然后将光标移至表格边框上，当光标变为垂直箭头形状 ↕ 或水平箭头形状 ↔ 时，如图 9-86 和图 9-87 所示，单击并拖曳，即可移动边框的位置，如图 9-88 所示。

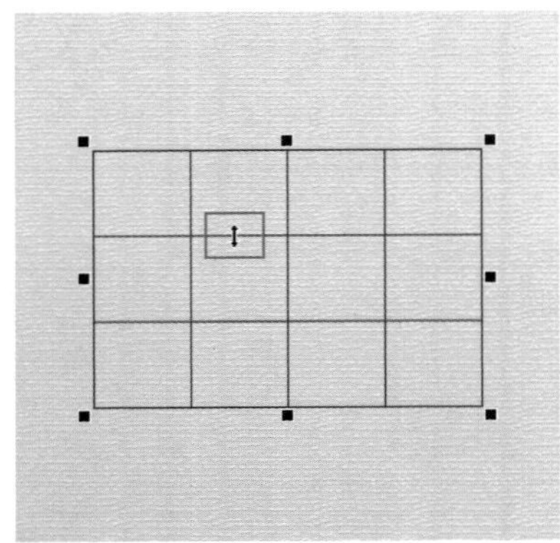

图 9-86

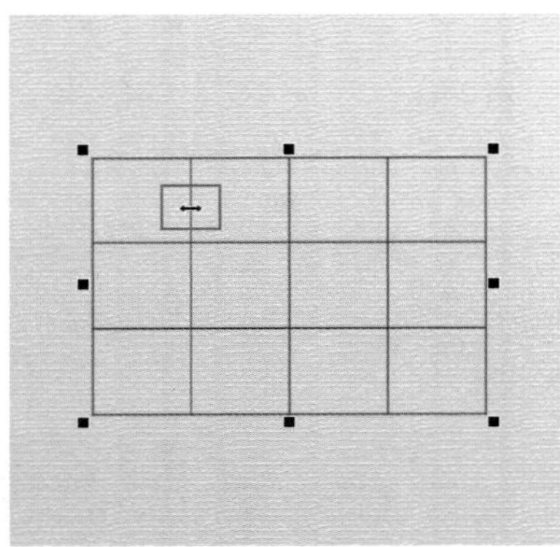

图 9-87

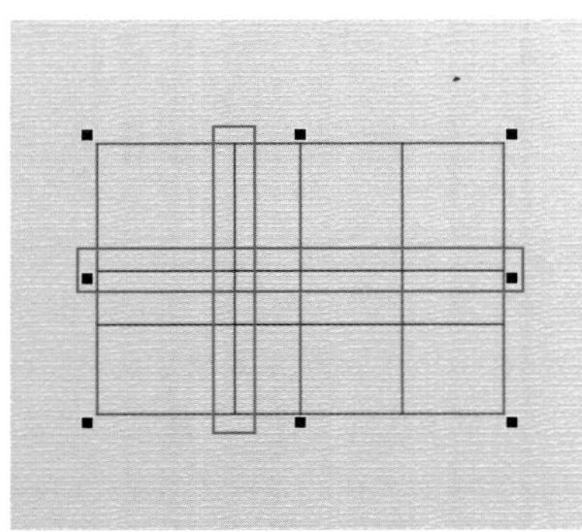

图 9-88

如果将光标移至单元格边框的交叉点上，当光标变为倾斜箭头形状时↘，如图 9-89 所示，单击并拖曳可以移动交叉点上两条边框的位置，如图 9-90 所示。

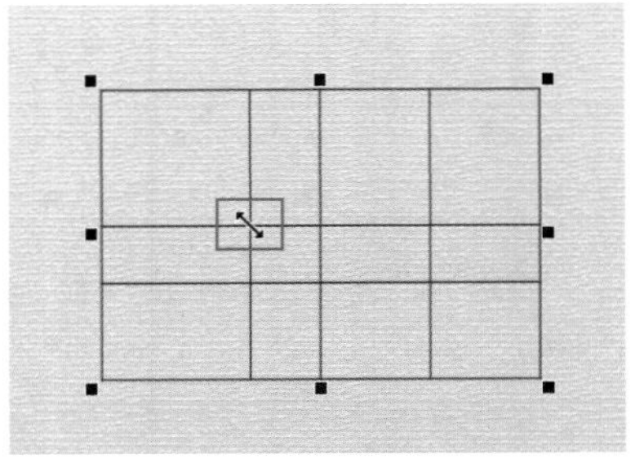

图 9-89

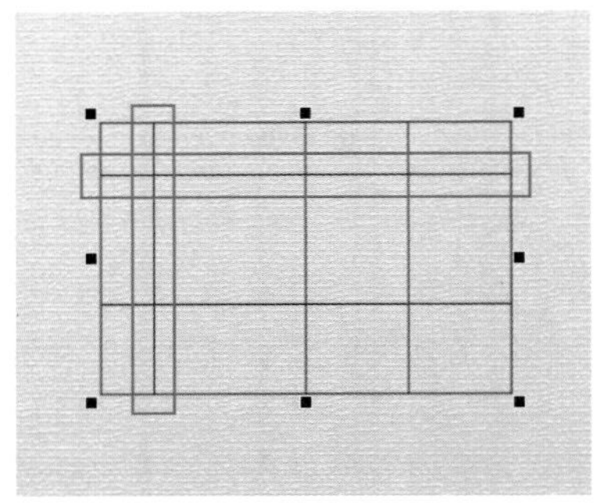

图 9-90

9.4.4 分布命令

经过调整的单元格很容易造成水平或垂直方向难以对齐或无法均匀分布的情况，而且手动调整很难保证其精确性，在 CorelDRAW 2017 中可以通过“分布”命令对表格的行或列进行调整，使版面更整洁。

使用“表格工具”选择表格中的所有单元格，然后执行“表格”→“分布”→“行均分”命令，即可将表格中所有分布不均的行调整均匀，如图 9-91 所示；如果执行“表格”→“分布”→“列均分”命令，即可将表格中所有分布不均的列调整均匀，如图 9-92 所示。

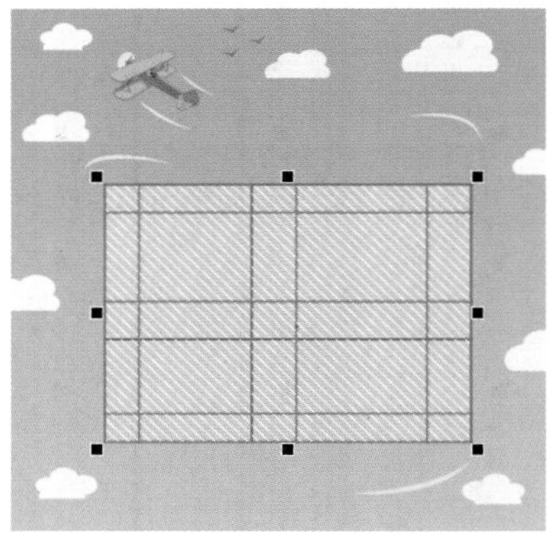

图 9-91

图 9-91（续）

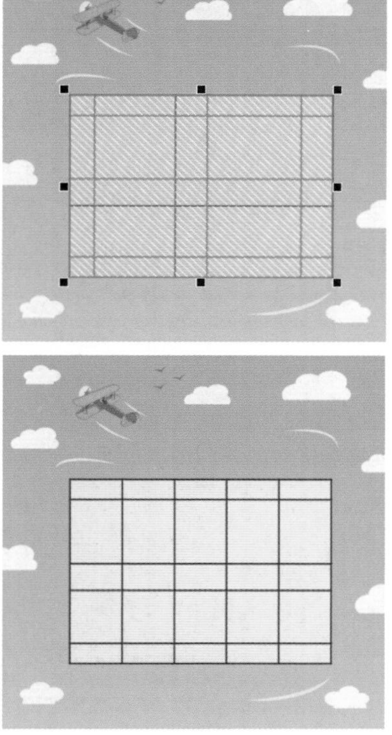

图 9-92

> **技巧与提示：**
>
> 执行“分布”命令时，选中的单元格行数和列数必须要在两个或两个以上，“行均分”和“列均分”命令才可以同时执行。如果选择的多个单元格中只有一行，则“行均分”命令不可用；如果选择的多个单元格中只有一列，则“列均分”命令不可用。

9.4.5　实战：填充表制作格子背景

本实例通过“表格工具”字创建表格，选择单元格后在属性栏的“填充色”下拉框中选择颜色，为单元格填充颜色，绘制彩色格子背景。

01 启动 CorelDRAW 2017 软件，打开“素材 \ 第 9 章 \9.4.5 实战：填充表绘制格子背景 .cdr”文件，如图 9-93 所示。单击工具箱中的“表格工具”按钮，在属性栏中设置“行数”和“列数”均为 31，然后按住 Ctrl 键创建正方形表格，如图 9-94 所示。

图 9-93

图 9-94

02 使用“表格工具”选中表格中的任意一个单元格，如图 9-95 所示，在属性栏的“填充色”下拉框中选择颜色，为所选单元格填充颜色，如图 9-96 所示。

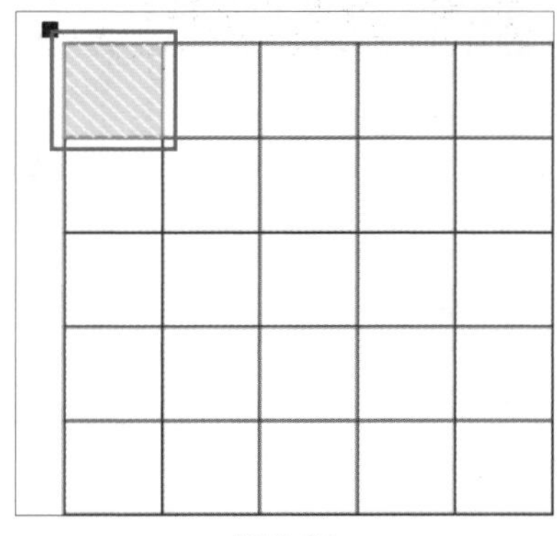

图 9-95

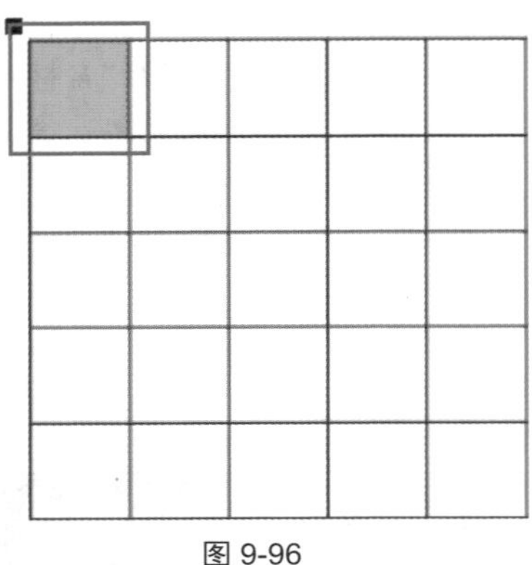
图 9-96

03 使用“表格工具”按住 Ctrl 键选择填充相同颜色的多个单元格，如图 9-97 所示，为多个单元格填充颜色，如图 9-98 所示。

图 9-97

图 9-98

04 采用同样的方法，为所有的单元格填充颜色，如图 9-99 所示。选择整个表格，在属性栏中单击“边框选择”按钮，在下拉框中选择“全部”，并设置“轮廓宽度”为“无”，去除表格的轮廓线，如图 9-100 所示。

图 9-99

图 9-100

05 单击属性栏中的“到图层后面”按钮，如图 9-101 所示，即可将表格对象移到图层后面，完成制作，如图 9-102 所示。

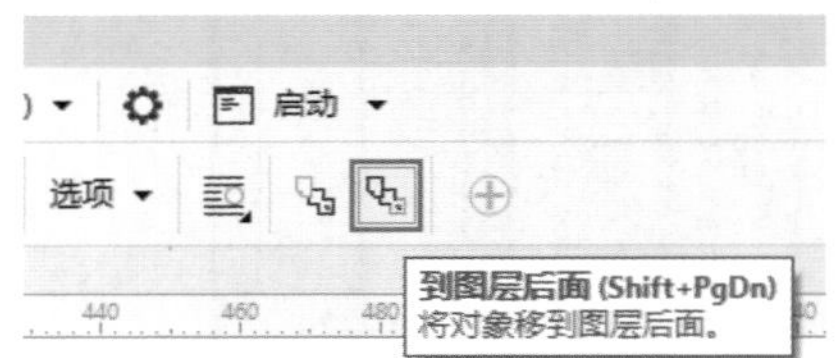

图 9-101

图 9-102

第 10 章

位图的编辑处理

CorelDRAW 不仅可以处理矢量图形，也可以对位图进行处理。此外，还可以将矢量图转换为位图进行编辑，或者将位图描摹为矢量图形，以满足用户对图像的不同编辑需求。

本章教学视频二维码

10.1 转换位图和矢量图

CorelDRAW 2017 可以进行位图和矢量图的相互转换。通过将位图转换为矢量图，可以对其进行填充、变形等编辑；通过将矢量图转换为位图，可以对位图添加效果，也可以降低对象的复杂程度。

10.1.1 实战：矢量图转位图

在设计制作中经常需要将矢量图转换位图来添加颜色调色、滤镜等一些位图编辑效果，丰富设计效果，如绘制光斑、贴图等。

01 启动 CorelDRAW 2017 软件，打开“素材 \ 第 10 章 \10.1\10.1.1 实战：矢量图转位图 .cdr”文件，如图 10-1 所示，单击工具箱中的“选择工具” 按钮，按快捷键 Ctrl+A 全选对象，如图 10-2 所示，执行“位图”→“转换为位图”命令，在弹出的“转换为位图”对话框中设置分辨率，再在“颜色”选项组的“颜色模式”下拉列表中选择转换的色彩模式，并根据需要设置其他选项，如图 10-3 所示。

图 10-1

图 10-2

转换为位图

分辨率(E): 300 dpi

颜色

颜色模式(C): CMYK 色（32 位）

☐ 递色处理的(D)

☐ 总是叠印黑色(Y)

选项

☑ 光滑处理(A)

☑ 透明背景(T)

未压缩的文件大小: 53.1 MB

确定　取消　帮助

图 10-3

02 单击“确定”按钮，可将矢量图转换为位图，如图 10-4 所示。使用“选择工具” 选中位图图像，执行“位图”→“图像调整实验室”命令，打开“图像调整实验室”对话框，在右侧的调整区域调节参数，如图 10-5 所示，单击“确定”按钮，可应用调整效果，如图 10-6 所示。

图 10-4

图 10-5

图 10-6

图 10-7

技巧与提示：

将矢量图转换为位图后，可以为其添加各种图像效果，但不能再对其形状进行编辑，各种填充功能也不能再用。

10.1.2 描摹位图

描摹位图是将位图转换为可编辑的矢量图的一种快捷方式，转换后的图像可以分别进行路径和节点的单独编辑，还可以对部分图像进行选择或移动。描摹位图的方式包括“快速描摹”“中心线描摹”和“轮廓描摹”。

✦ 快速描摹：快速描摹是使用系统设置的默认参数进行自动描摹，无法自定义参数。选择位图图像，如图 10-7 所示，执行“位图”→“描摹位图”命令，可快速描摹位图，如图 10-8 所示。

图 10-8

✦ 中心线描摹：可以将对象以线描的形式描摹出来，可用于技术图解、线描画和拼版等。中心线描摹方式包括“技术图解”和“线条画”。

⋆ 技术图解：使用细线描摹黑白线条图解，如图 10-9 所示。

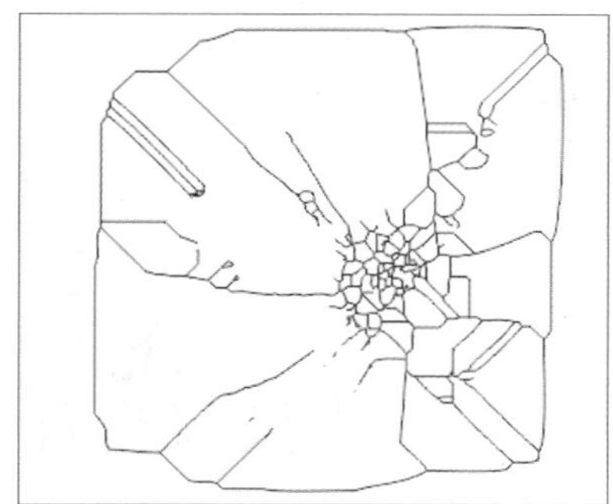

图 10-9

⋆ 线条画：使用线条描摹对象的轮廓，可用于描摹黑白草图，如图 10-10 所示。

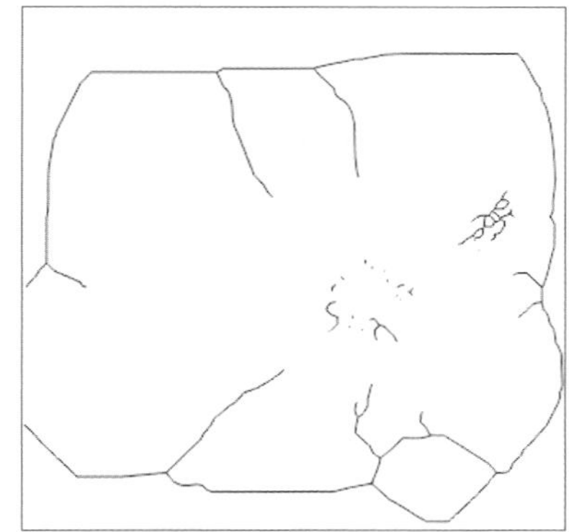

图 10-10

✦ 轮廓描摹："轮廓描摹"也可以称为"填充描摹"或"轮廓描摹"，使用无轮廓的闭合路径描摹对象，适合于描摹相片、剪贴画等。轮廓描摹包括"线条图""徽章""详细徽标""剪贴画""低品质图像"和"高质量图像"。

⋆ 线条图：突出描摹对象的描摹轮廓，如图 10-11 所示。

图 10-11

⋆ 徽标：描摹细节和颜色相对少的简单徽标，如图 10-12 所示。

图 10-12

⋆ 徽标细节：描摹细节和颜色较精细的徽标，如图 10-13 所示。

图 10-13

⋆ 剪贴画：根据复杂程度、细节量和颜色数量来描摹对象，如图 10-14 所示。

图 10-14

⋆ 低品质图像：用于描摹细节量不多或相对模糊的对象，可以减少不必要的细节，如图 10-15 所示。

* 高质量图像：用于描摹精细的高质量图片，描摹质量较高，如图 10-16 所示。

图 10-15

图 10-16

答疑解惑：描摹位图后，如何编辑描摹的对象？

如果需要对描摹位图的对象进行编辑，可以右击对象，在弹出的快捷菜单中执行“取消组合对象”命令，再使用“选择工具”选择不需要的对象，如图 10-17 所示，按 Delete 键即可删除，如图 10-18 所示。继续选择并删除不需要的对象，只留下需要的部分，如图 10-19 所示。

图 10-17

图 10-18

图 10-19

10.2 位图的编辑

在 CorelDRAW 2017 中有多种编辑位图的方式，例如矫正位图、重新取样、位图边框扩充、编辑位图、位图模式转换，以及校正位图，本节将详细介绍这些位图的编辑操作方法。

10.2.1 实战：矫正位图

当导入的位图倾斜或有白边时，使用“矫正位图”命令可以修正位图。

01 启动 CorelDRAW 2017 软件，打开“素材\第 10 章\10.2\10.2.1 实战：矫正位图 .cdr”文件，如图 10-20 所示。单击工具箱中的“选择工具”按钮，选择位图图像，执行“位图”→“矫正图像”命令，打开“矫正图像”对话框，如图 10-21 所示。

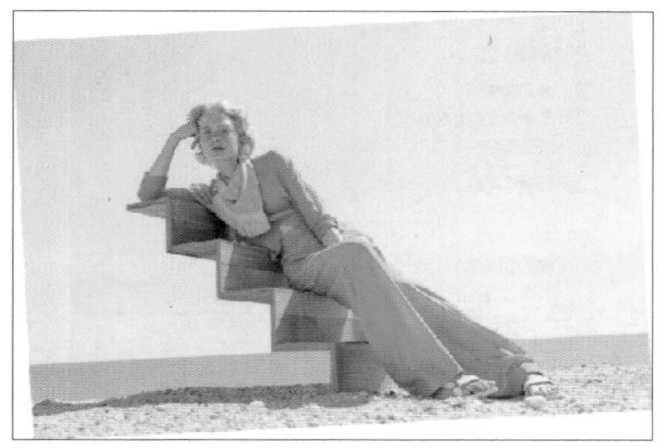

图 10-20

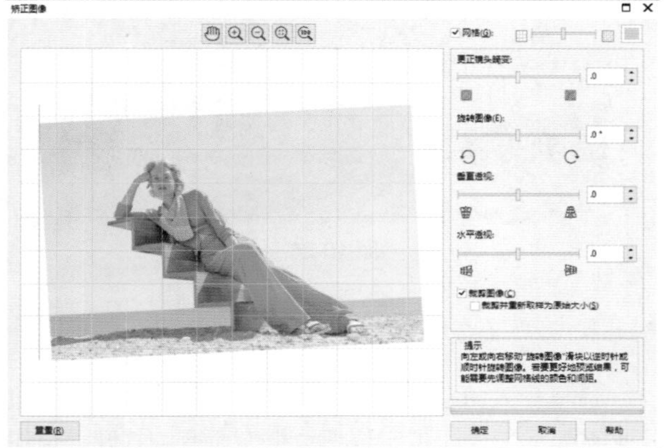

图 10-21

02 在对话框中拖曳“旋转图像”滑块，调整其参数，再勾选“裁剪图像”选项，如图 10-22 所示。单击“确定”按钮，即可矫正图像，如图 10-23 所示。

矫正图像
网格(G):
更正镜头畸变:
旋转图像(E):
3.0°
垂直透视:
水平透视:
裁剪图像(C)
裁剪并重新取样为原始大小(S)
提示
重置(R)
确定
取消
帮助

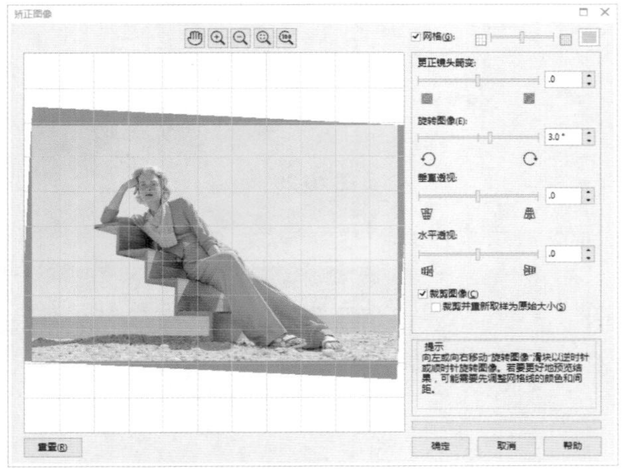

图 10-22

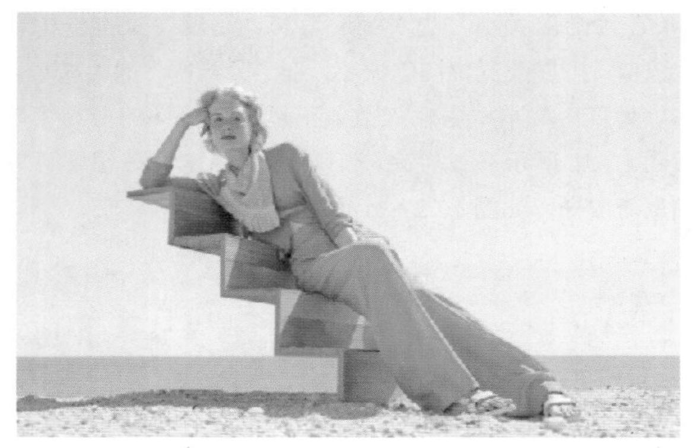

图 10-23

10.2.2　实战：重新取样

导入位图后，可以使用“重新取样”命令改变位图的大小和分辨率。根据分辨率的大小决定文档输出的模式，分辨率越大文件越大。

01 启动 CorelDRAW 2017 软件，打开“素材 \ 第 10 章 \10.2\10.2.2 实战：重新取样 .cdr”文件，如图 10-24 所示。单击工具箱中的“选择工具”按钮，选择需要重新取样的位图图像，执行“位图”→“重新取样”命令，打开“重新取样”对话框，如图 10-25 所示。

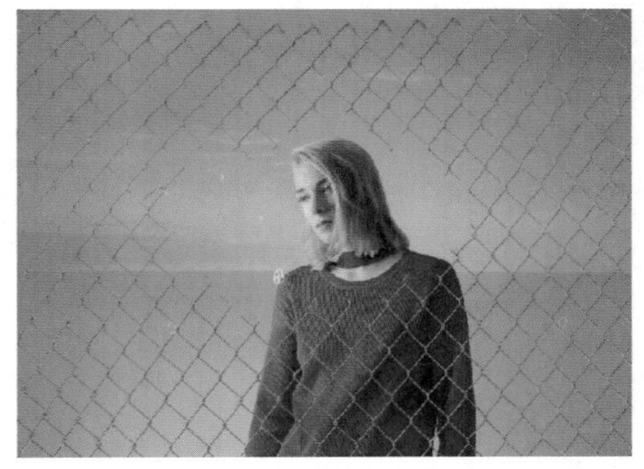

图 10-24

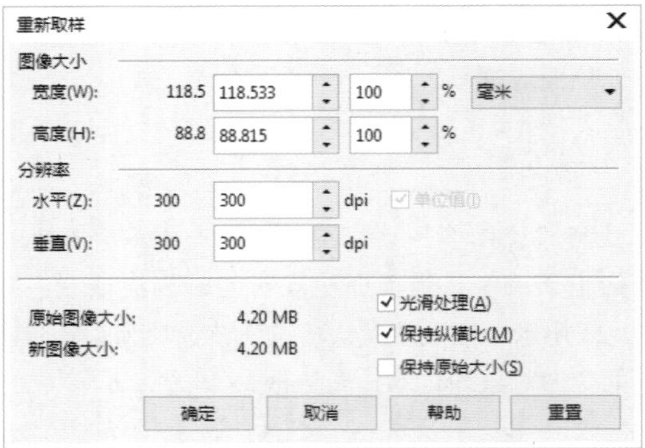

重新取样
图像大小
宽度(W): 118.5 118.533 100 % 毫米
高度(H): 88.8 88.815 100 %
分辨率
水平(Z): 300 300 dpi 单位值(I)
垂直(V): 300 300 dpi
原始图像大小: 4.20 MB
新图像大小: 4.20 MB
光滑处理(A)
保持纵横比(M)
保持原始大小(S)
确定
取消
帮助
重置

图 10-25

02 在“图像大小”的“宽度”和“高度”文本框中输入数值，可以改变位图的大小，在“分辨率”的“水平”和“垂直”文本框中输入数值可以改变位图的分辨率，如图 10-26 所示。设置完毕后单击“确定”按钮即可完成重新取样，如图 10-27 所示。

图 10-26

图 10-27

10.2.3 位图边框扩充

在编辑位图时，可以对位图的边框进行扩充操作，从而形成边框的效果。在 CorelDRAW 2017 中有两种位图扩充边框的方式：“自动扩充位图边框”和“手动扩充位图边框”。

自动扩充位图边框

执行“位图”→“位图边框扩充”→“自动扩充位图边框”命令，当前面出现对勾时为激活状态，如图 10-28 所示。在系统默认情况下该选项为激活状态，导入的位图对象均自动扩充边框。

图 10-28

手动扩充位图边框

选择导入的位图图像，执行“位图”→“位图边框扩充”→“手动扩充位图边框”命令。打开“位图边框扩充”对话框，更改“宽度”和“高度”文本框中的数值，如图 10-29 所示，单击“确定”按钮，即可扩充位图边框，如图 10-30 所示。

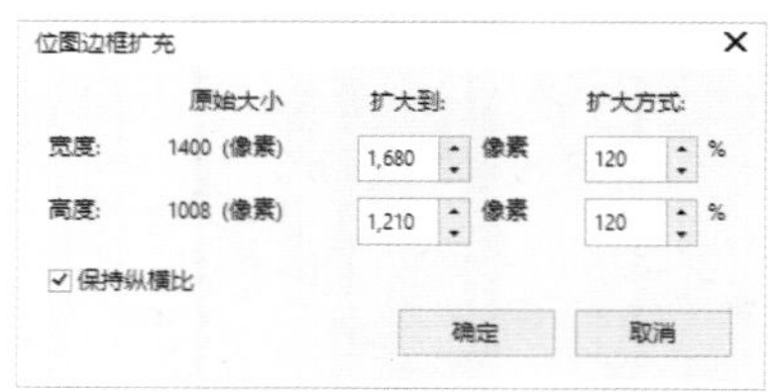

图 10-29

图 10-30

技巧与提示：

在“位图边框扩充”对话框中勾选“保持纵横比”选项，可以按原图的宽度和高度的比例进行扩充。扩充位图的边框后，扩充区域为白色。

10.2.4　编辑位图

选择导入的位图图像，执行“位图”→“编辑位图”命令，即可将位图转到 CorelPHOTO-PAINT 2017 软件中进行编辑，如图 10-31 所示，编辑完成后可转回 CorelDRAW 2017 软件中使用。

图 10-31

10.2.5　位图模式转换

CorelDRAW 2017 提供了丰富的位图颜色模式，包括“黑白”“灰度”“双色”“调色板色”“RGB 颜色”“Lab 颜色”和“CMYK 颜色”，改变颜色模式后，位图的颜色结构也会随之变化。

✦ 黑白模式：黑白模式是颜色构成中最简单的一种位图色彩模式，也称为一位图像，由于只使用一种颜色（1-bit）来显示颜色，所以只有黑白两色，如图 10-32 所示。

图 10-32

技巧与提示：

将图像转换为黑白模式时会丢失大量细节，因此，将彩色图像转换成黑白模式时，最好先将其转换为灰度模式。

✦ 灰度模式：可以快速将图像转换为包含灰色区域的黑白图像，图像中只有黑、白、灰色。使用灰度模式可以产生黑白照片的效果，如图 10-33 所示。

图 10-33

✦ 双色模式：可以将位图以选择的一种或多种颜色混合显示，对色调进行编辑以产生特殊的效果。使用双色调的重要用途之一是使用尽量少的颜色表现尽量多的颜色层次，减少印刷成本，如图 10-34 所示。

图 10-34

✦ 调色板色模式：可以选择一种调色板类型应用到图像上，如图 10-35 所示。

图 10-35

✦ RGB 颜色模式：RGB 颜色模式是运用最为广泛的模式之一，RGB 颜色模式通过红、绿、蓝 3 种颜色叠加呈现更多的颜色，3 种颜色的数值决定位图颜色的深浅和明度。导入的位图图像默认为 RGB 模式，如图 10-36 所示。

图 10-36

✦ Lab 颜色模式： Lab 模式是国际色彩标准模式，由“透明度”“色相”和“饱和度”3 个通道组成。Lab 模式比 CMYK 颜色模式的图像处理速度快，并且该模式转换为 CMYK 模式时颜色信息不会替换或丢失。

✦ CMYK 颜色模式：CMYK 颜色模式的图像在一般情况下比 RGB 颜色模式更暗沉，如图 10-37 所示。

图 10-37

技巧与提示：

将位图转换为 CMYK 颜色模式时，可以先将图像转换为 Lab 颜色模式，再转换为 CMYK 模式，输入的颜色偏差会比较小。

10.3 颜色的调整

在 CorelDRAW 2017 中提供了许多调整位图颜色的功能，包括“高反差”“局部平衡”“取样 / 目标平衡”“调和曲线”“亮度 / 对比度 / 强度”“颜色平衡”“伽玛值”“色调 / 饱和度 / 亮度”“所选颜色”“替换颜色”“取消饱和”和“通道混合器”，通过这些功能可以进行颜色和色调的调整。

10.3.1 实战：高反差

“高反差”通过重新划分从最暗区到最亮区颜色的浓淡，来调整位图阴影区、中间区域和高光区域。保证在调整对象亮度、对比度和强度时高光区域和阴影区域的细节不丢失。

01 启动 CorelDRAW 2017 软件，打开“素材 \ 第 10 章 \10.3\10.3.1 实战：高反差 .cdr”文件，如图 10-38 所示。

图 10-38

02 单击工具箱中的“选择工具”按钮，选择位图图像，执行“效果”→“调整”→“高反差”命令，打开“高反差”对话框，如图 10-39 所示。

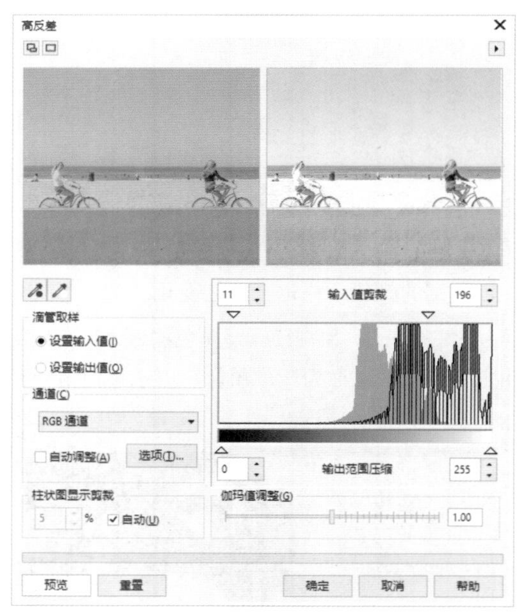

图 10-39

03 分别拖曳“输入值裁剪”和“伽玛值调整”滑块，如图 10-40 所示。单击“预览”按钮，可以预览调整效果，调整完成后单击“确定”按钮，即可调整位图颜色，如图 10-41 所示。

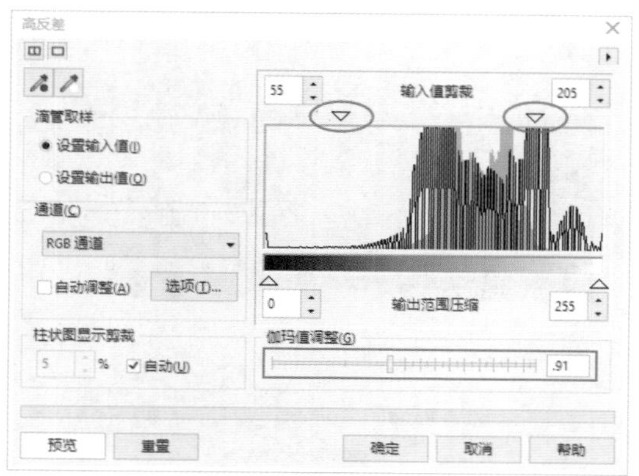

图 10-41

图 10-42

技巧与提示：

该操作在调整过程中无法撤销，但是可以单击该对话框底部的“重置”按钮，然后重做。

10.3.2　局部平衡

“局部平衡”可以通过提高图像边缘的对比度来显示亮部和暗部区域的细节。选择位图图像，如图 10-43 所示，执行“效果”→“调整”→“局部平衡”命令，打开“局部平衡”对话框，调整边缘对比的“宽度”和“亮度”值，单击“确定”按钮可查看调整后的效果，如图 10-44 所示。

图 10-43

图 10-44

技巧与提示：

调整“高度”和“宽度”滑块时，可以统一调整，也可以单击后面的按钮，分别进行调整。

10.3.3　实战：取样 / 平衡目标

“取样 / 目标平衡”可以使用从图像中选取的色样来调整位图中的颜色值，支持从图像的黑色、中间色调及浅色部分选取色样，并将目标颜色应用于每个色样。

01 启动 CorelDRAW 2017 软件，打开“素材 \ 第 10 章 \10.3\10.3.3 实战：取样 / 平衡目标 .cdr”文件，如图 10-45 所示。单击工具箱中的“选择工具”按钮，选择位图图像，执行“效果”→“调整”→“取样 / 目标平衡”命令，打开“取样 / 目标平衡”对话框，如图 10-46 所示。

图 10-45

02 单击“黑色吸管工具”按钮在左侧预览窗口中吸取图像中最深的颜色，如图 10-47 所示；选择“中间色调吸管工具”按钮，吸取图像中的中间色调，如图 10-48 所示；选择“白色吸管工具”按钮吸取图像中最浅处的颜色，如图 10-49 所示。

03 分别单击黑色、中间色、白色的目标色，在打开的“选择颜色”对话框中选择颜色，如图 10-50 所示。单击“确定”按钮，即可应用调整效果，如图 10-51 所示。

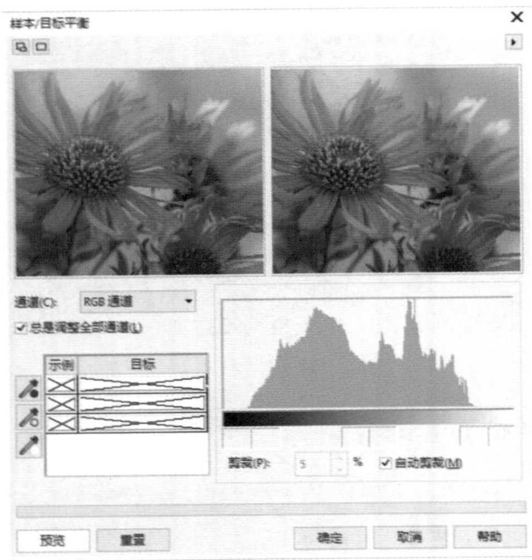

图 10-46

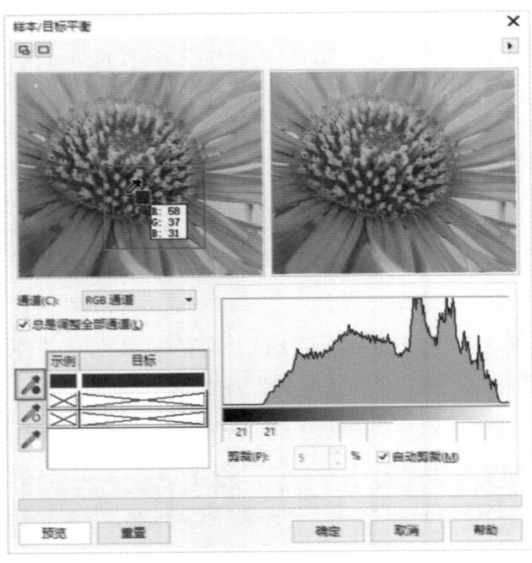

图 10-47

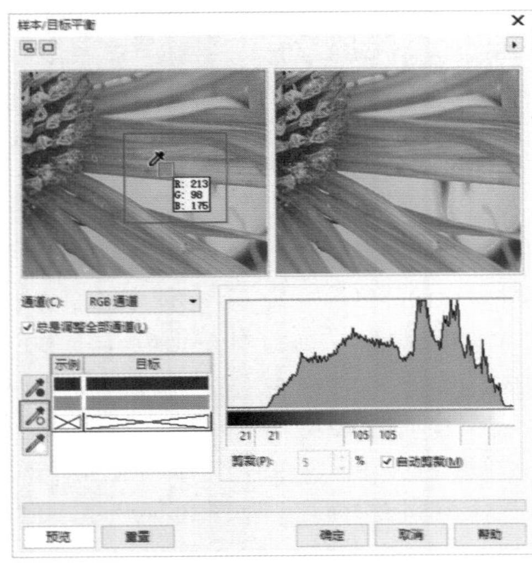

图 10-48

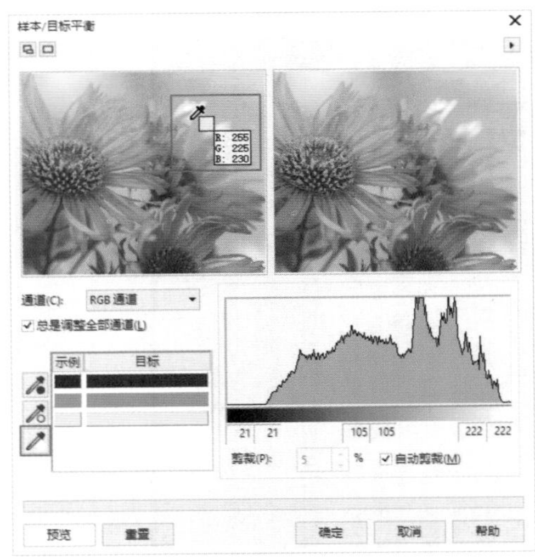

图 10-49

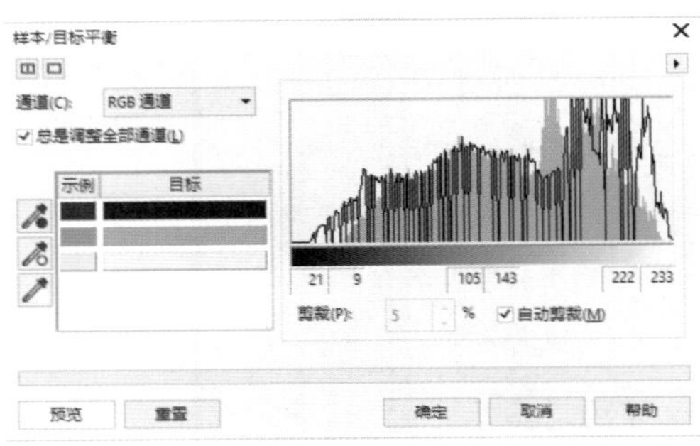

图 10-50

图 10-51

10.3.4 调和曲线

“调和曲线”通过改变图像中的单个像素值来精确校正位图颜色。通过分别改变阴影、中间色和高光部分，精确地修改图像局部的颜色。

选择位图图像，执行“效果”→“调整”→“调合曲线”命令，打开“调合曲线”对话框，可在“活动通道”下拉列表中分别调整 RGB、红、绿、蓝通道的参数，如图 10-52 所示。单击“自动平滑色调”按钮可以以设置的范围进行自动平滑色调；勾选“显示所有色频”复选框，可以将所有的活动通道显示在一个调节窗口中，如图 10-53 所示。

在“曲线样式”下拉列表中可以选择曲线的调节样式，包括“曲线”“直线”“手绘”和“伽玛值”，在绘制手绘曲线时，可单击下面的“平滑”按钮平滑曲线，如图 10-54 所示。

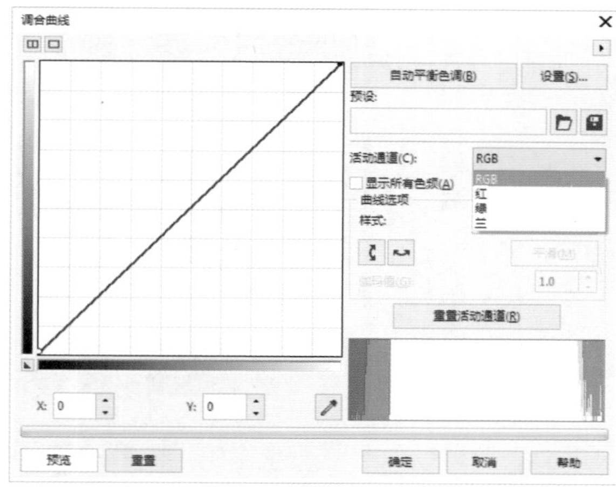

图 10-52

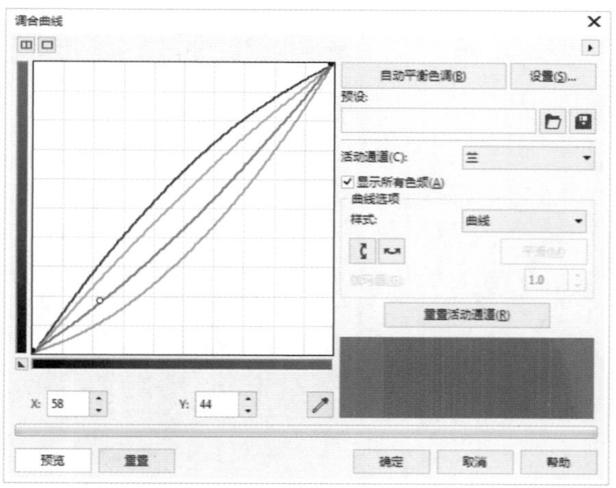

图 10-53

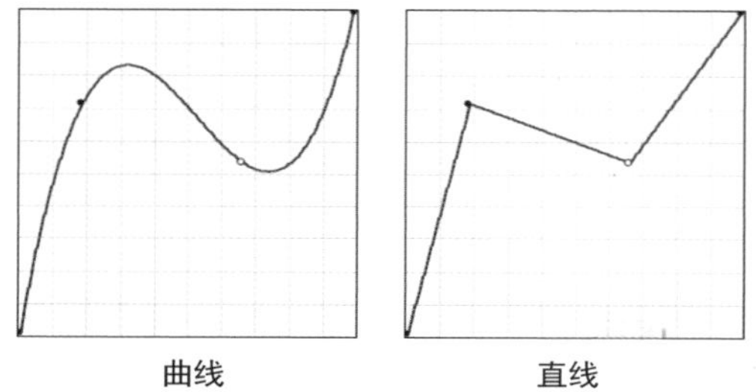

曲线　　直线

图 10-54

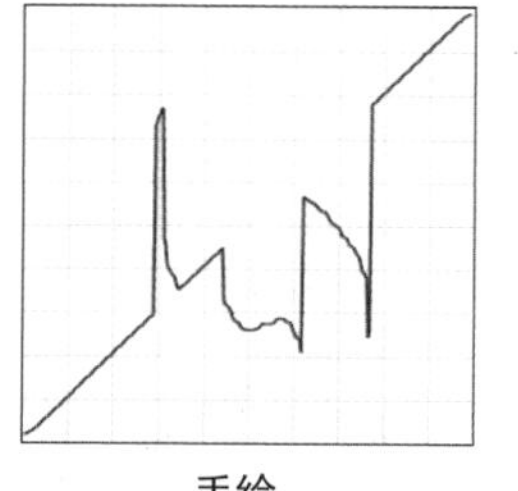

手绘

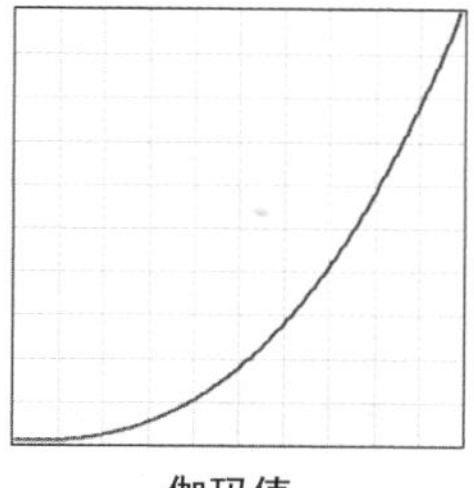

伽玛值

图 10-54（续）

技巧与提示：

向上移动曲线上的控制点可以使图像变亮，反之则变暗。可以添加多个控制点，如果是 S 形的曲线可以使图像中原来较亮的部位变得更亮，而图像中原来较暗的部位就会变得更暗，从而提高图片的对比度。

10.3.5　亮度 / 对比度 / 强度

“亮度 / 对比度 / 强度”可以调整所有颜色的亮度以及明亮区域与暗色区域之间的差异。选择位图图像，如图 10-55 所示，执行“效果”→“调整”→“亮度 / 对比度 / 强度”命令或按快捷键 Ctrl+B，打开“亮度 / 对比度 / 强度”对话框并设置参数，如图 10-56 所示，单击“确定”按钮，即可应用调整效果，如图 10-57 所示。

技巧与提示：

将滑块向右滑动时，被选图形或图像的亮度、对比度和强度将增强；将滑块向左滑动时，被选图形或图像的亮度、对比度和强度将减弱。

图 10-55

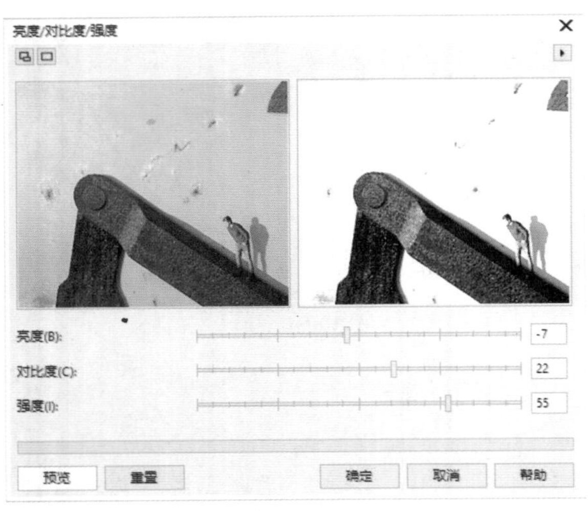

图 10-56

图 10-57

10.3.6　实战：颜色平衡调整偏色

“颜色平衡”用于将青色、红色、品红、绿色、黄色和蓝色添加到位图中，从而调整颜色偏向。

01 启动 CorelDRAW 2017 软件，打开“素材 \ 第 10 章 \10.3\10.3.6 实战：颜色平衡调整偏色 .cdr”文件，如图 10-58 所示。单击工具箱中的“选择工具”按钮，选择位图图像，执行“效果”→“调整”→“颜色平衡”命令，或按快捷键 Ctrl+Shift+B，打开“颜色平衡”对话框，如图 10-59 所示。

02 选择添加颜色偏向的范围，再调整“颜色通道”的颜色偏向，在预览窗口中进行预览，如图 10-60 所示。单击“确定”按钮，可应用调整效果，如图 10-61 所示。

图 10-58

图 10-59

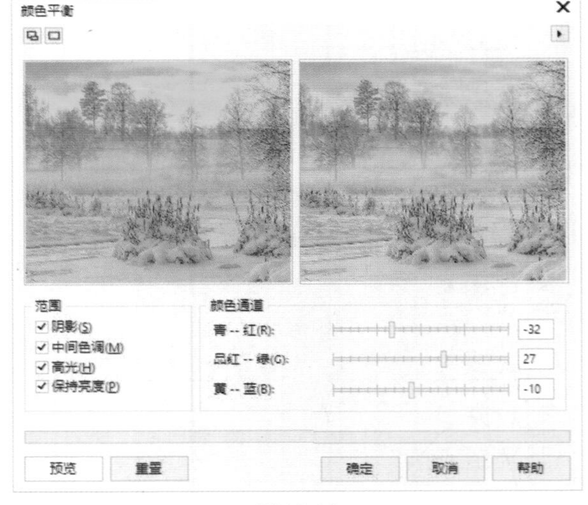

图 10-60

技巧与提示：

混合使用“范围”选项区域的复选框会呈现不同的效果，根据对位图的需求灵活选择范围选项。

图 10-61

10.3.7　伽玛值

“伽玛值”用于在较低对比度的区域进行细节强化，不会影响高光和阴影区域。选择位图图像，如图 10-62 所示，执行“效果”→“调整”→“伽玛值”命令，打开“伽玛值”对话框，向左拖曳“伽玛值”滑块，降低图像的对比度并增强细节，如图 10-63 所示，单击“确定”按钮，可应用调整效果，如图 10-64 所示。

技巧与提示：

“伽玛值”选项可以改变伽玛值的曲线，增加伽玛值，可以改善曝光不足、对比度低或发灰图像的质量。

图 10-62

图 10-63

图 10-64

10.3.8　实战：色相 / 饱和度 / 亮度

CorelDRAW 中的“色度 / 饱和度 / 亮度”命令可以改变位图的色度、饱和度和亮度，使图像呈现多种富有质感的效果。

01 启动 CorelDRAW 2017 软件，打开“素材 \ 第 10 章 \10.3\10.3.8 实战：色相 / 饱和度 / 亮度 .cdr”文件，如图 10-65 所示。单击工具箱中的“选择工具”按钮，选择位图图像，执行“效果”→“色度”→“色相 / 饱和度 / 亮度”命令，或按快捷键 Ctrl+Shift+U 打开“色相 / 饱和度 / 亮度”对话框，如图 10-66 所示。

图 10-65

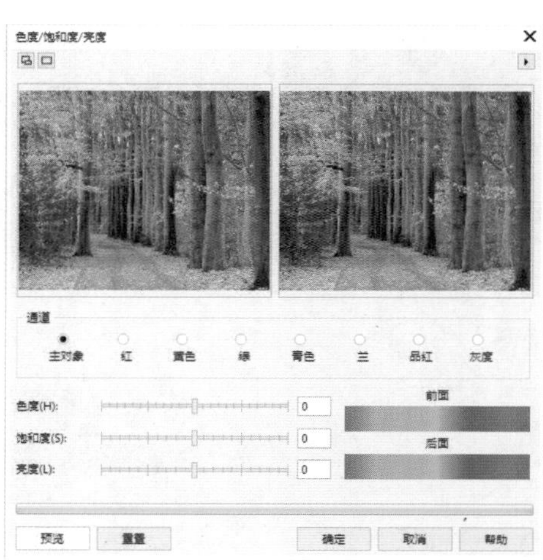

图 10-66

02 分别调整“红”“黄”和“绿”的色度、饱和度和亮度，如图 10-67 所示。

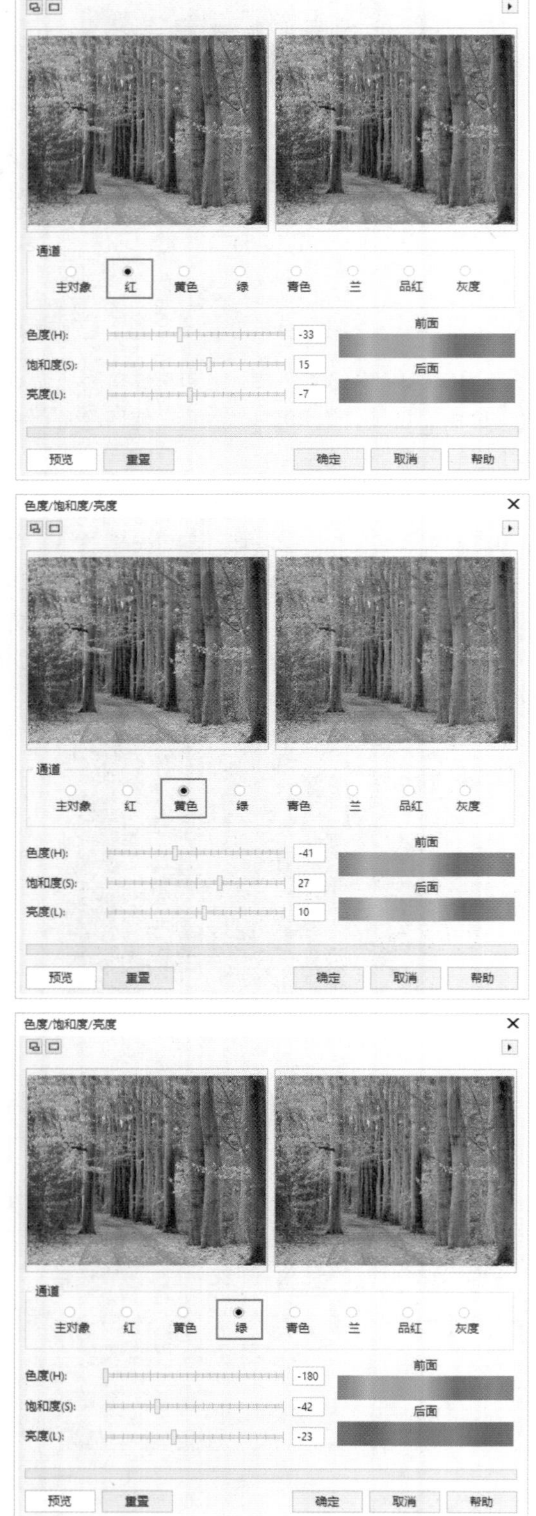

图 10-67

03 选择“主对象”通道，设置参数，如图 10-68 所示，调整完成后，单击“确定”按钮应用调整效果，如图 10-69 所示。

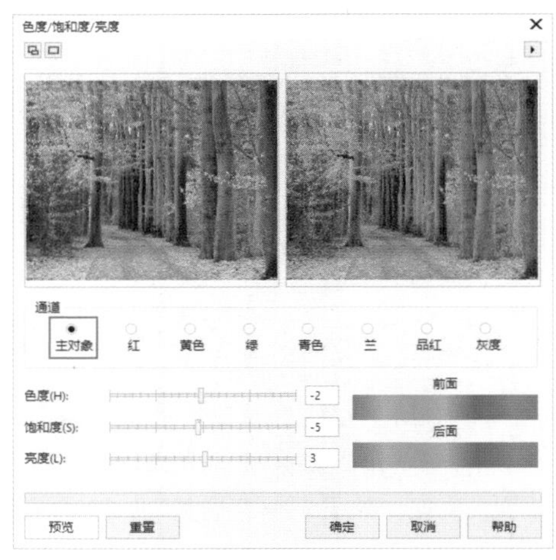

图 10-68

图 10-69

10.3.9 所选颜色

“所选颜色”可以调整位图中的颜色及其浓度，还可以在色谱范围内按照选定的颜色来调整组成图像颜色的百分比，从而改变图像的颜色。选择位图图像，执行“效果”→“调整”→“所选颜色”命令，打开“所选颜色”对话框，分别选择“红”“黄”“绿”“青”“蓝”和“品红”色谱，再调整相应的数值，在预览窗口中进行预览，单击“确定”按钮完成调整，如图 10-70 所示，效果图如图 10-71 所示。

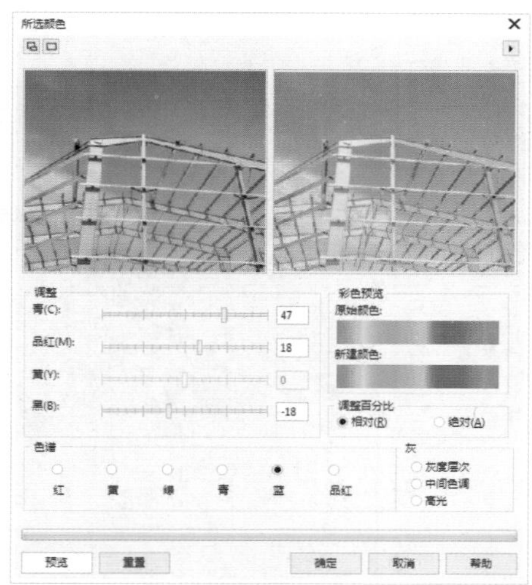

图 10-70

图 10-71

10.3.10　实战：替换颜色

“替换颜色”是针对图像中的某个颜色区域进行的调整，可以将所选颜色替换，还可以为新颜色设置色度、饱和度和亮度。

01 使用“选择工具”选择位图图像，如图 10-72 所示。执行“效果”→“调整”→“替换颜色”命令，打开“替换颜色”对话框，单击“原颜色”后面的“拾取颜色吸管”按钮，在图像中单击拾取要替换的颜色，如图 10-73 所示。

图 10-72

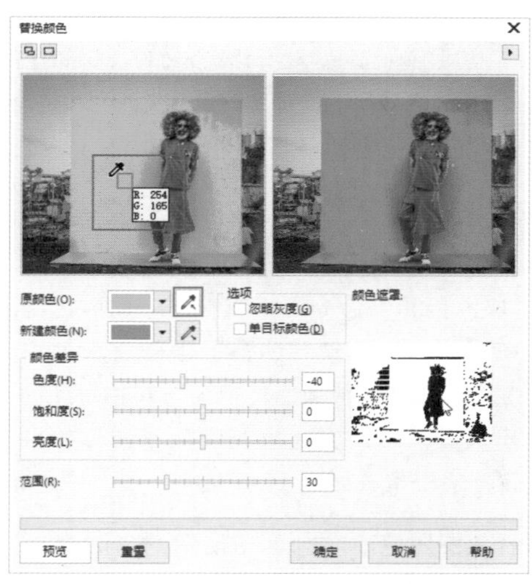

图 10-73

02 在“新建颜色”中选择颜色，并调整“颜色差异”选项区域中的参数，如图 10-74 所示，单击“确定”按钮，即可替换颜色，如图 10-75 所示。

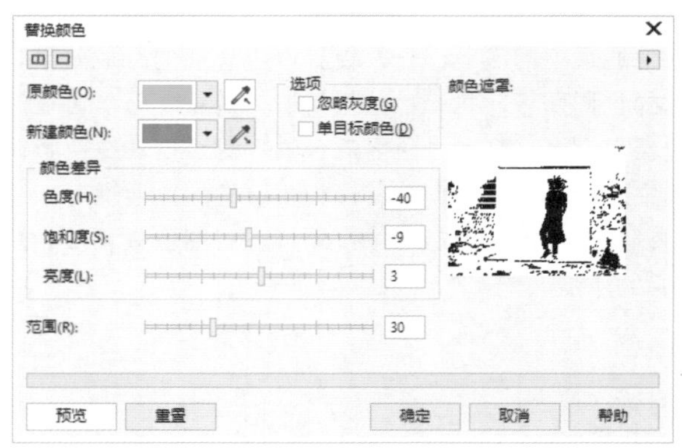

图 10-74

图 10-75

> **技巧与提示：**
>
> 在使用"替换颜色"进行位图编辑时，选择的位图必须是颜色区分明确的，如果选择的位图颜色区分不明确，那么在替换颜色后会出现错误的颜色替换效果。

10.3.11 取消饱和

"取消饱和"命令可以将位图中的颜色饱和度降到零，在不改变颜色模式的情况下创建灰度图像，移除色度组件，并将每种颜色转换为与其相对应的灰度，以创建出灰图，从而创建出灰度黑白相片效果，而且不会更改颜色模型。

选择位图图像，如图 10-76 所示，执行"效果"→"调整"→"取消饱和度"命令，即可取消图像中的颜色饱和度，如图 10-77 所示。

图 10-76

图 10-77

10.3.12 通道混合器

"通道混合器"可以将图像中某个通道的颜色与其他通道中的颜色混合，使其产生叠加的合成效果。选择位图图像，执行"效果"→"调整"→"通道混合器"命令，打开"通道混合器"对话框，在色彩模式中选择颜色模式，接着选择相应的颜色通道进行分别设置，单击"确定"按钮即可应用图像效果，如图 10-78 所示。

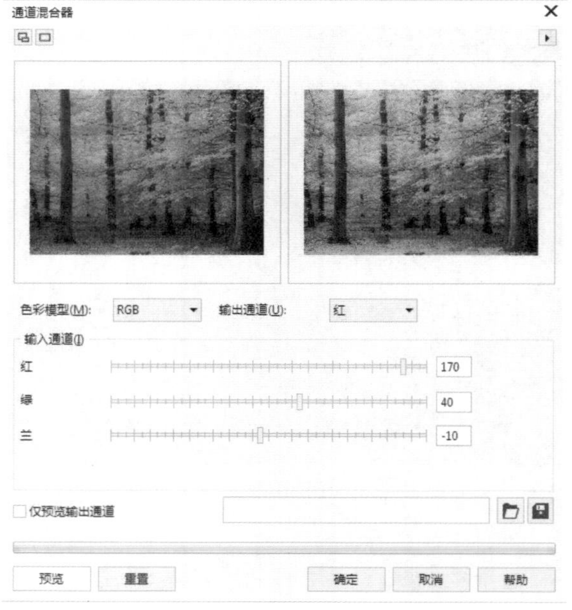

图 10-78

图 10-78（续）

10.4　变换颜色和色调

在“效果”→“变换”子菜单中提供了变换位图颜色的命令，包括“去交错”“反显”和“极色化”，通过这些命令可以对位图的颜色和色调添加特殊效果。

10.4.1　去交错

“去交错”可以把扫描过的位图对象中产生的网点消除，使图像更加清晰。选择位图图像，执行“效果”→“变换”→“去交错”命令，打开“去交错”对话框，在“扫描线”中选择“偶数行”或“奇数行”样式，再选择相应的“替换方法”，在预览窗口中查看效果，单击“确定”按钮完成调整，如图 10-79 所示。

10.4.2　反转颜色

“反转颜色”可以将图像中的所有颜色自动替换为相应的补色，可使其产生类似于负片的效果。选择位图图像，执行“效果”→“变换”→“反转颜色”命令，即可使图像产生负片效果，如图 10-80 所示。

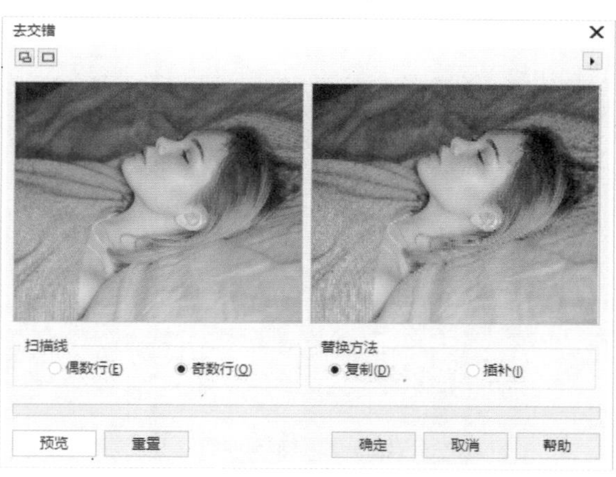

图 10-79

图 10-80

10.4.3　极色化

“极色化”可以把图像颜色进行简单化处理，得到色块化的效果，使用“极色化”命令可以减少图像中的色调值数量，还可以去除颜色层次并产生大面积缺乏层次感的颜色。选择位图图像，执行“效果”→“变换”→“极色化”命令，打开“极色化”对话框，拖曳“层次”滑块，设置颜色的级别（数值越小，颜色级别越小；

数值越大，颜色级别越大），单击“确定”按钮完成调整，如图 10-81 所示。

图 10-81

10.5　三维效果

“三维效果”滤镜可以创建纵深感，使图像更具有生动、逼真的三维视觉效果，三维效果的操作命令包括“三维旋转”“柱面”“浮雕”“卷页”“透视”“挤远 / 挤近”和“球面”滤镜。

✦ “三维旋转”滤镜：可以按照设置角度的水平和垂直数值旋转角度。应用该滤镜时，位图将模拟三维立方体的一个面，从各种角度来观察这个立方体，从而使立方体上的位图产生变形效果，如图 10-82 所示。

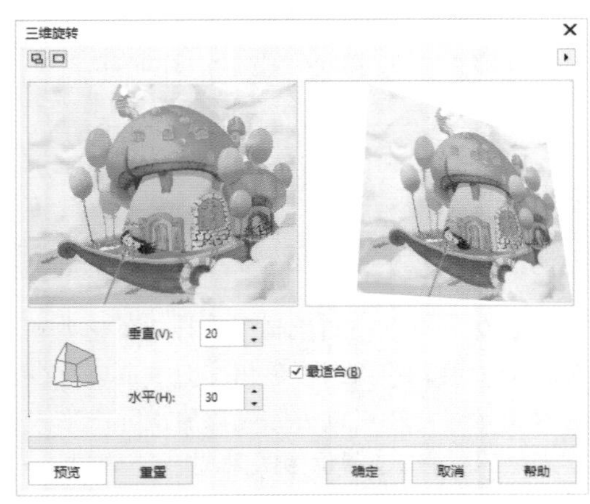

图 10-82

✦ “柱面”滤镜：通过调节水平方向或垂直方向产生挤压或拉伸，使图像产生缠绕在柱面内侧或柱面外侧的变形效果，如图 10-83 所示。

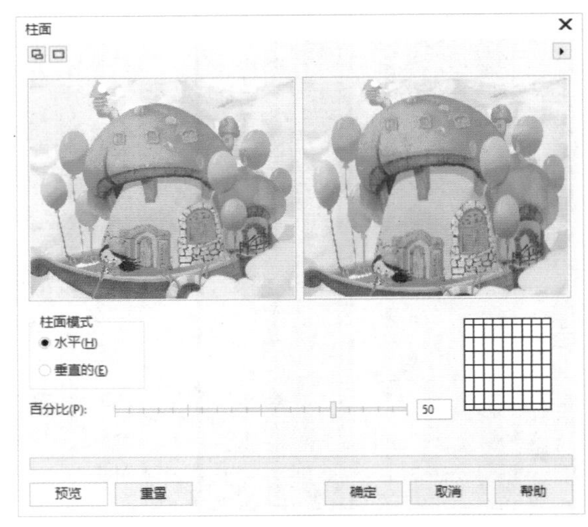

图 10-83

✦ “浮雕”滤镜：可以使选定的对象产生具有深度感的浮雕效果，可以在“浮雕色”选项区域中设置浮雕的颜色，如图 10-84 所示。

图 10-84

✦ “卷页”滤镜：可以使位图的 4 条边产生不同程度的卷起，添加卷页风格效果，如图 10-85 所示。

✦ “透视”滤镜：可以使图像产生三维透视效果，如图 10-86 所示。

✦ “挤远 / 挤近”滤镜：可以通过网状挤压的方式拉远或拉近图片某个点的区域，以圆的方式展开，如图 10-87 所示。

✦ “球面”滤镜：可以使图像产生一种以球形为基

准的展开延伸球化效果，如图 10-88 所示。

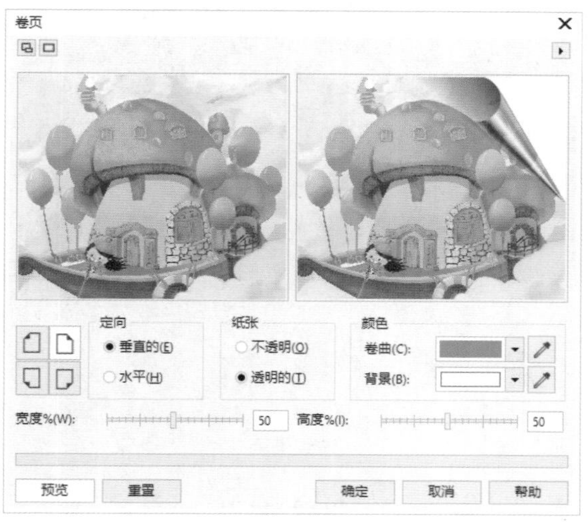

图 10-85

图 10-86

图 10-87

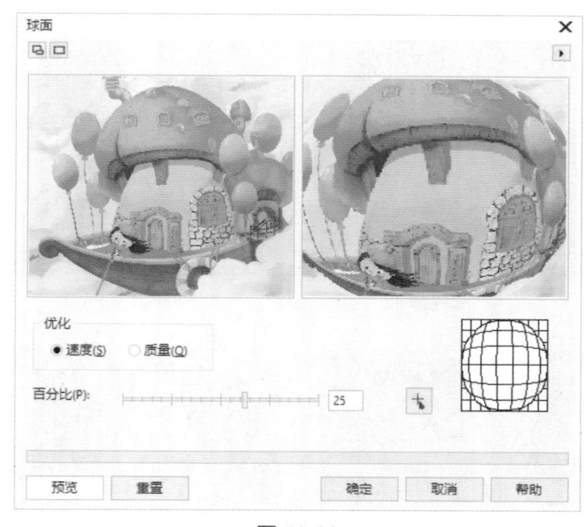

图 10-88

10.6　艺术笔触

“艺术笔触”可以为位图添加一些手工美术绘画的效果，包括“炭笔画”“单色蜡笔画”“蜡笔画”“立体派”“印象派”“调色刀”“彩色蜡笔画”“钢笔画”“点彩派”“木版画”“素描”“水彩画”“水印画”和“波纹纸画”14 种滤镜，效果如图 10-89 所示，还可选择相应的笔触打开对话框进行数值调整。

原图

炭笔画

单色蜡笔画

蜡笔画

图 10-89

立体派

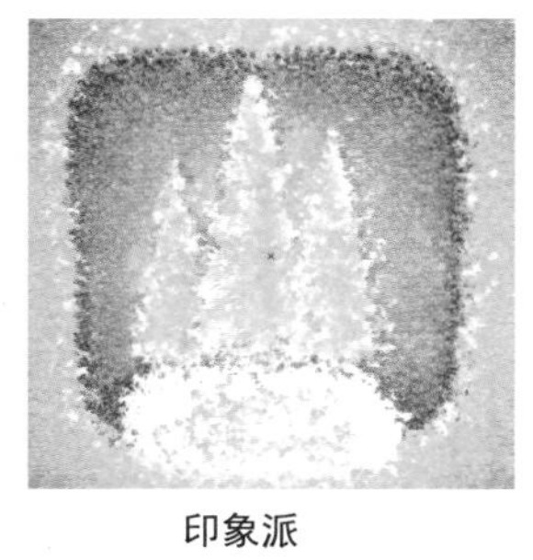

印象派

调色刀

彩色蜡笔画

钢笔画

点彩派

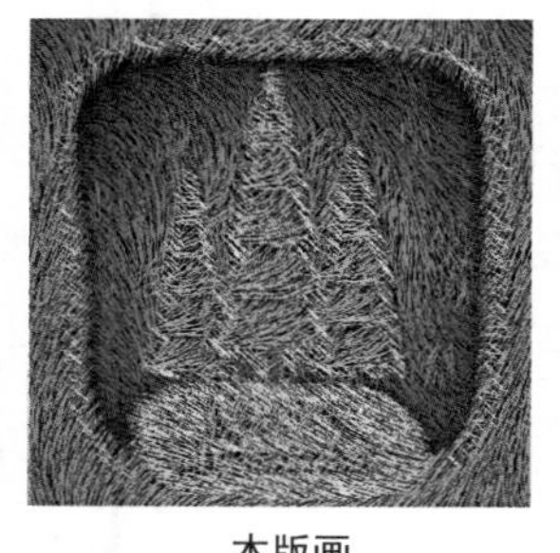

木版画

素描

水彩画

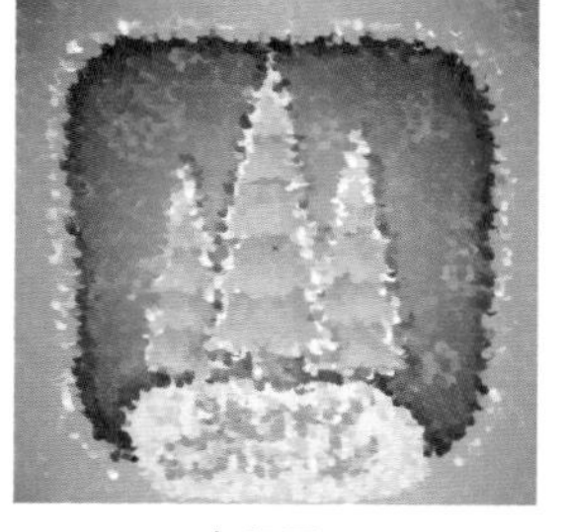

水印画

图 10-89（续 1）

波纹纸画

图 10-89（续 2）

10.7 模糊

“模糊”是绘图中最为常用的效果，方便用户添加特殊光照效果。在“位图”菜单下可以选择相应的模糊类型为对象添加模糊效果，包括“定向平滑”“高斯式模糊”“锯齿状模糊”“低通滤波器”“动态模糊”“放射性模糊”“平滑”“柔和”“缩放”和“智能模糊”10种，效果如图 10-90 所示，还可以选择相应的模糊效果后打开对话框进行数值调整。

原图

定向平滑

高斯式模糊

锯齿状模糊

图 10-90

低通滤波器

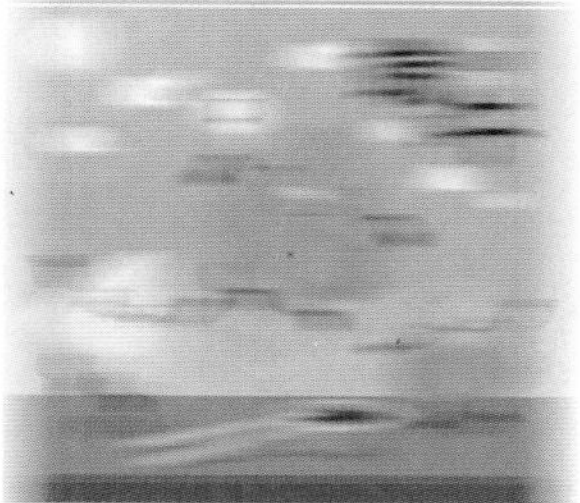

动态模糊

放射式模糊

平滑

柔和

缩放

智能模糊

图 10-90（续）

10.8　相机

“相机”可以模拟各种相机镜头产生的特殊效果，为图像去除存在的杂点，该滤镜包括“着色”“扩散”“照片过滤器”“棕褐色色调”和“延时”，使用这些滤镜可以让照片回到历史中，展示过去流行的摄影风格，如图 10-91 所示。

原图

着色

扩散

照片过滤器

棕褐色色调

延时

图 10-91

10.9　颜色转换

“颜色转换”可以将位图分为 3 个颜色平面进行显示，也可以为图像添加彩色网版效果，还可以转换色彩效果，包括“位平面”“半色调”“梦幻色调”和“曝光”4 种，效果如图 10-92 所示，还可以根据颜色转换打开对话调整参数。

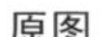

原图

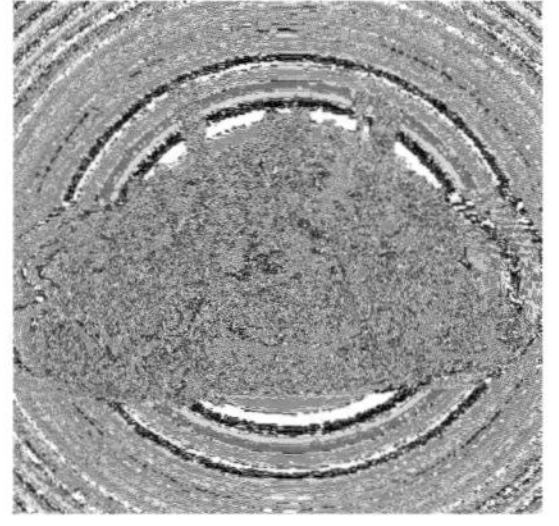

位平面

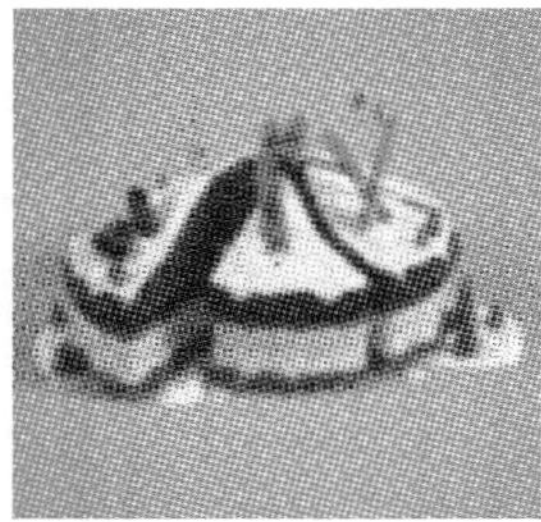

半色调

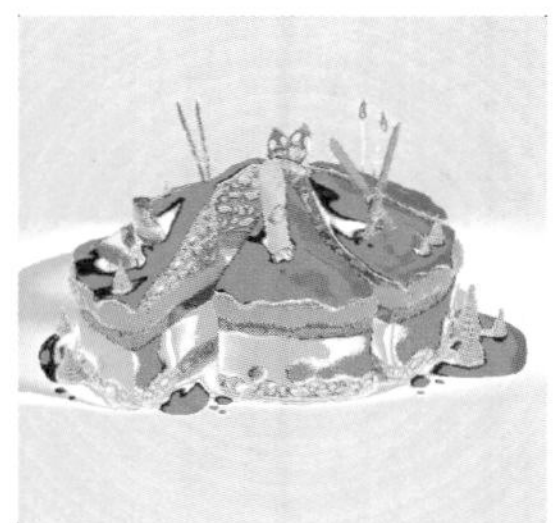

梦幻色调

曝光

图 10-92

10.10 轮廓图

“轮廓图”滤镜可以突出显示和增强图像的边缘，使图片有一种素描的感觉，包括“边缘检测”“查找边缘”和“描摹轮廓”滤镜，效果如图 10-93 所示，还可以选择相应的类型打开对话框进行数值调整。

原图

边缘检测

查找边缘

描摹轮廓

图 10-93

10.11 创造性

“创造性”滤镜为图像添加各种底纹和形状，包括“工艺”“晶体化”“织物”“框架”“玻璃砖”“儿童游戏”“马赛克”“粒子”“散开”“茶色玻璃”“彩色玻璃”“虚光”“旋涡”和“天气”14 种效果，如图 10-94 所示。

原图

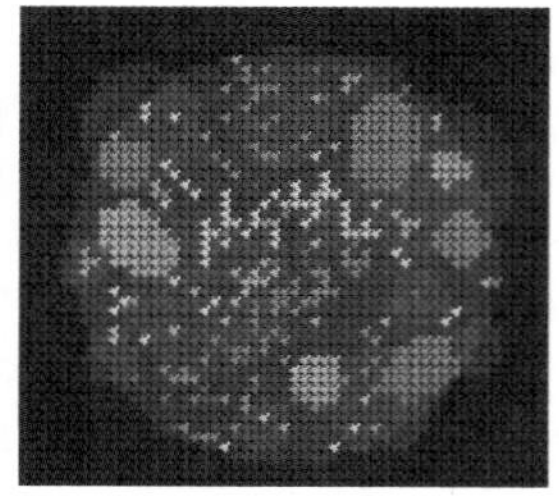

工艺

图 10-94

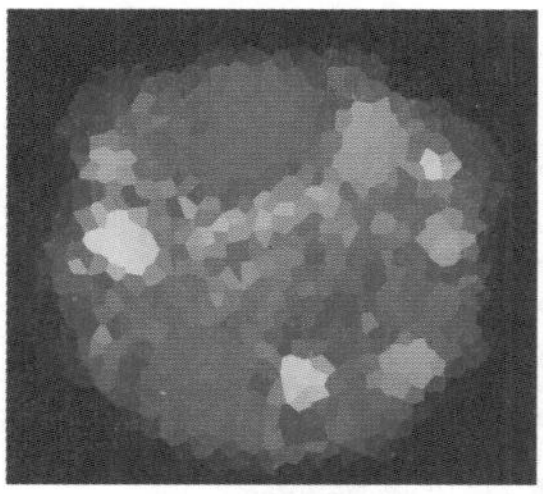

晶体化 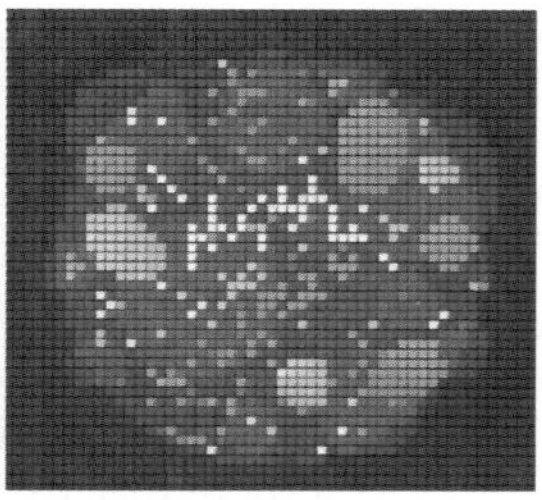　　织物

框架 　　玻璃砖

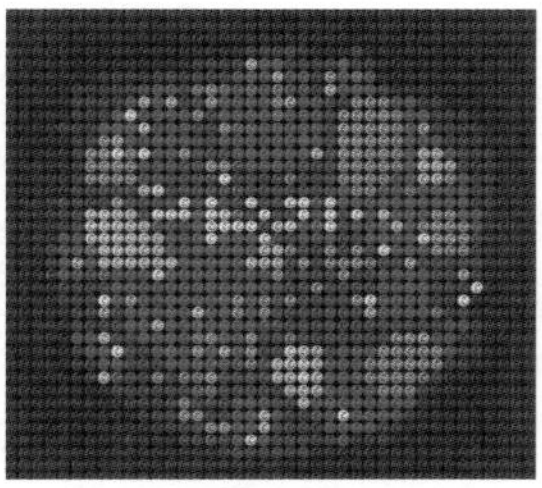

儿童游戏 　　马赛克

粒子 　　散开

茶色玻璃 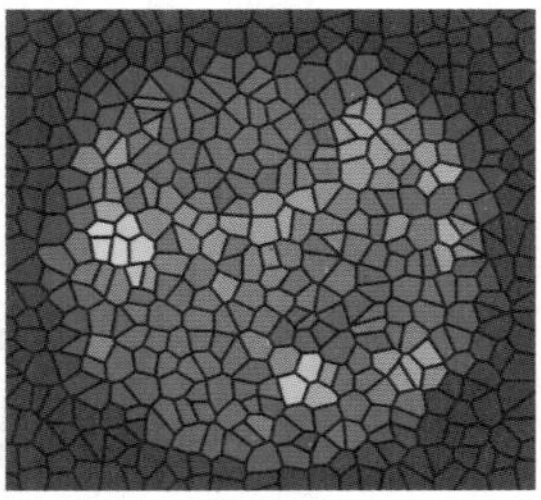　　彩色玻璃

图 10-94（续 1）

虚光

旋涡

天气

图 10-94（续 2）

10.12　扭曲

“扭曲”可以为图像添加各种扭曲效果，包括“块状”“置换”“网孔扭曲”“偏移”“像素”“龟纹”“旋涡”“平铺”“湿画笔”“涡流”和“风吹效果”11 种效果，如图 10-95 所示。

原图

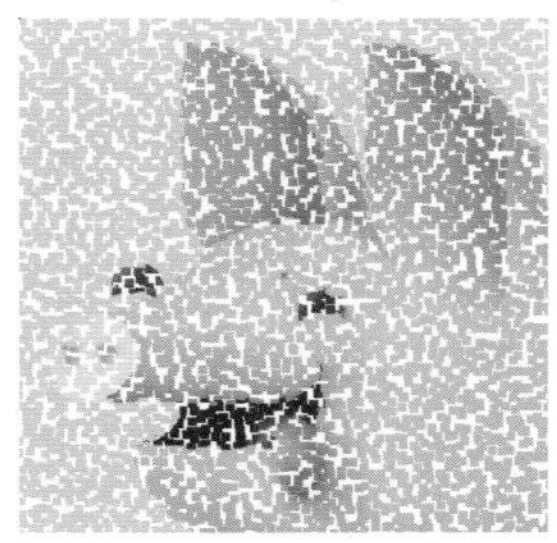

块状

置换

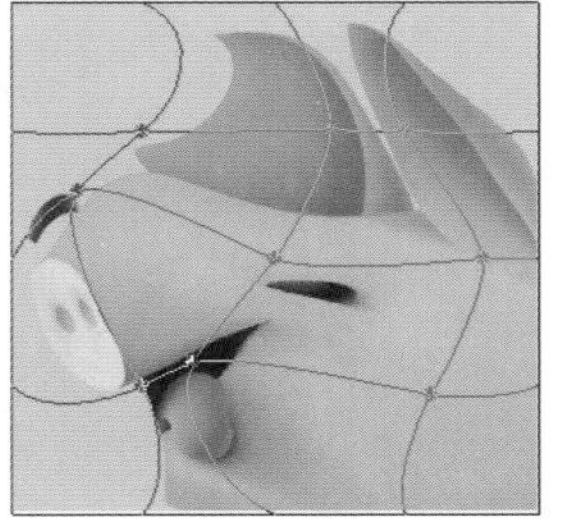

网孔扭曲

图 10-95

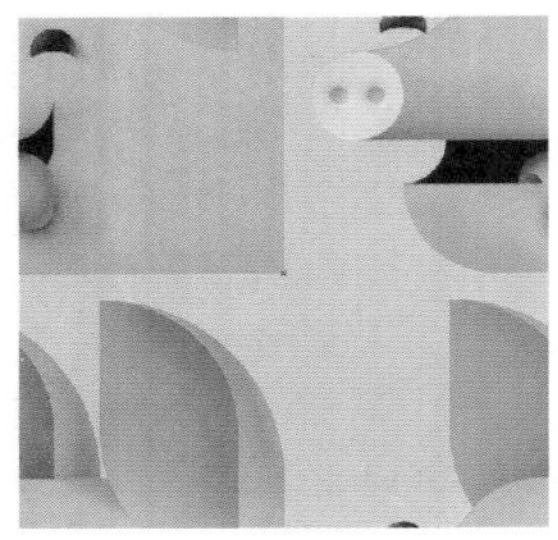
偏移

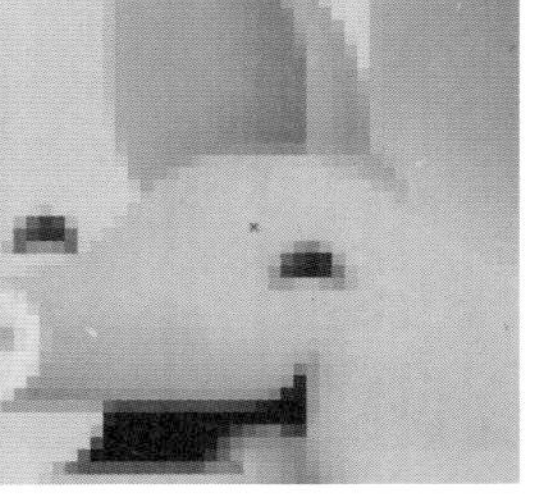
像素

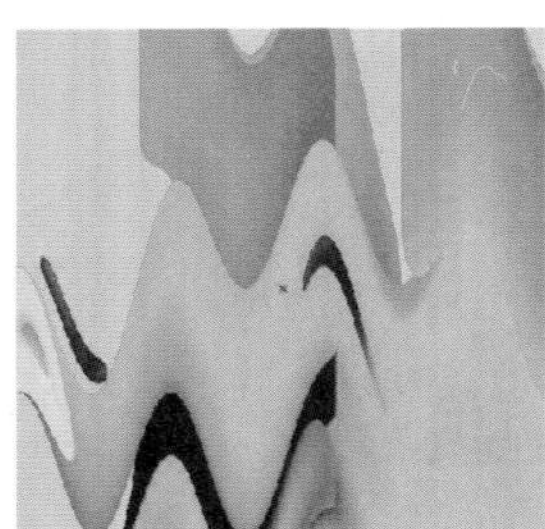
龟纹

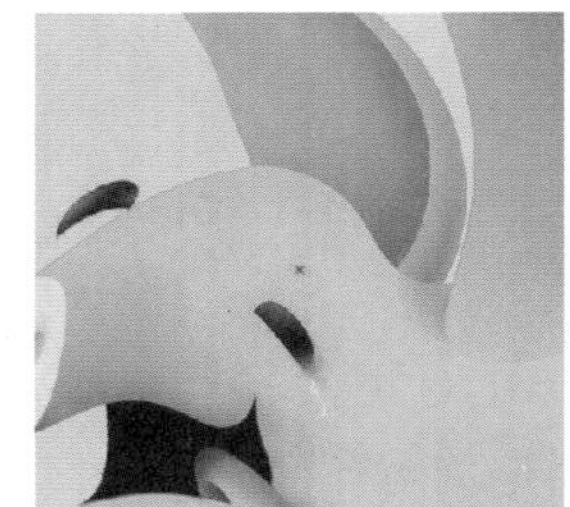
旋涡

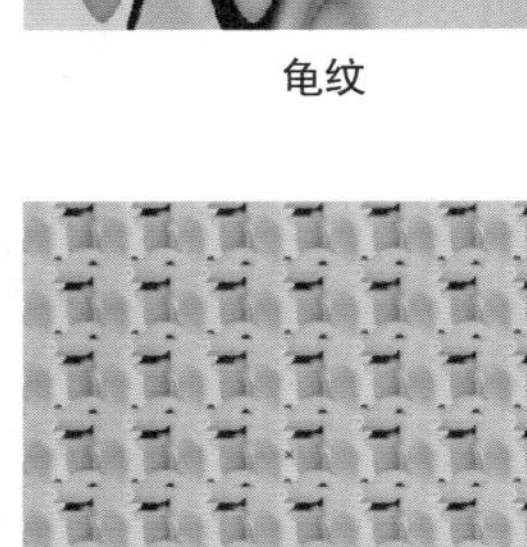
平铺

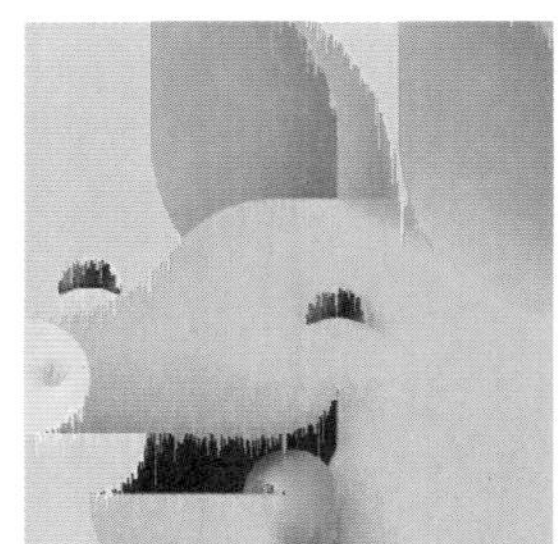
湿笔画

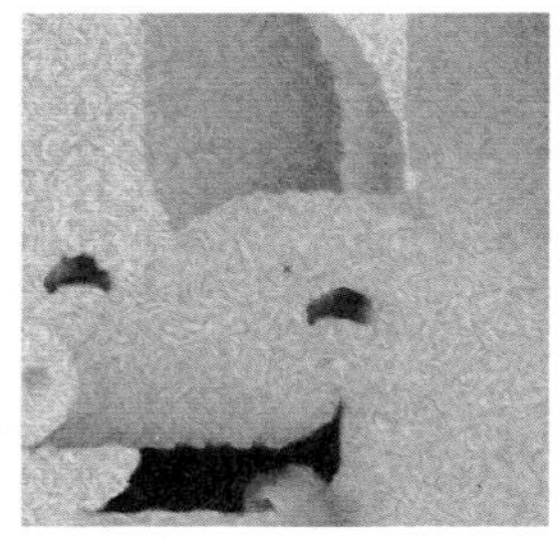
涡流

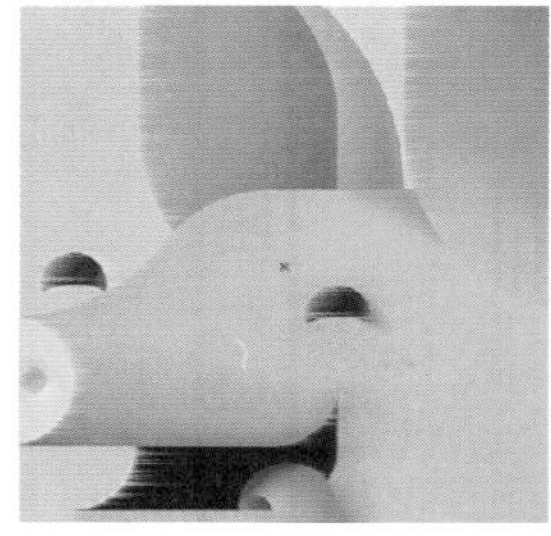
风吹效果

图 10-95（续）

10.13 杂点

“杂点”可以在位图中模拟或消除由于扫描或者颜色过渡所造成的颗粒效果，包括“添加杂点”“最大值”“中值”“最小”“去除龟纹”和“去除杂点”6种效果，如图 10-96 所示。

原图

添加杂点

最大值

中值

最小

图 10-96

去除龟纹

去除杂点

图 10-96（续）

10.14　鲜明化

“鲜明化”可以改变位图图像中相邻像素的色度、亮度及对比度，从而增强图像的颜色锐度，使图像颜色更加鲜明突出，使图像更加清晰，包括“适应非鲜明化”“定向柔化”“高通滤波器”“鲜明化”和“非鲜明化遮罩”5 种滤镜，效果图如图 10-97 所示。

原图

适应非鲜明化

图 10-97

定向柔化

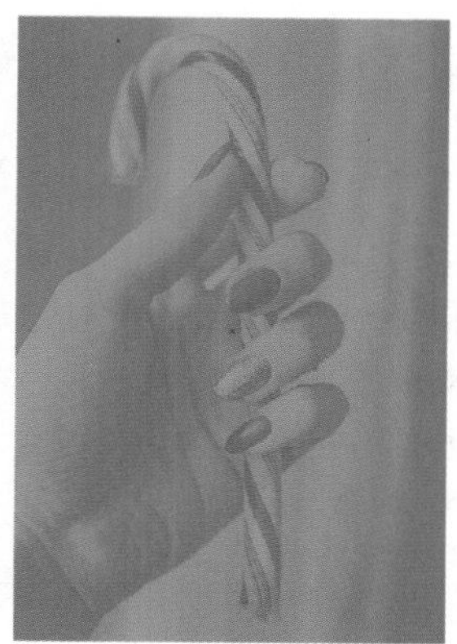
高通滤波器

鲜明化

非鲜明化遮罩

图 10-97（续）

综合案例

前面的章节详细介绍了CorelDRAW 2017的使用方法，如文件的基本操作、对象的编辑和管理、特殊效果的编辑，以及文本、表格和位图的编辑等。本章将以综合实例的方式，详细讲述各类平面广告设计的创意思路、构图、用色等表现手法，以及CorelDRAW制作技术要领等。

11.1 卡片设计

卡片设计是平面设计的一种具体形式，其类型包括名片、贺卡、VIP 卡、邀请函等，绘制时要根据具体的用途来设计版式与色彩。本实例制作的是名片，通过矩形工具制作名片的背景，再使用多边形工具、椭圆工具制作形状，并通过置于图文框内部的功能将除了名片背景以外的部分隐藏，然后使用文本工具输入名片的内容，添加 Logo 素材，完成名片的制作。

11.1.1 制作拼接图形

01 启动 CorelDRAW 2017 软件，新建空白文档。单击工具箱中的“矩形工具”按钮或按 F6 键绘制一个矩形，在属性栏中设置“宽度”为 90mm、“高度”为 50mm，如图 11-1 所示。单击工具箱中的“交互式填充”按钮，在属性栏中单击“均匀填充”按钮，设置填充颜色（C：100、Y：76、M：20、K：0），再右击调色板中的按钮，去除轮廓线，如图 11-2 所示。

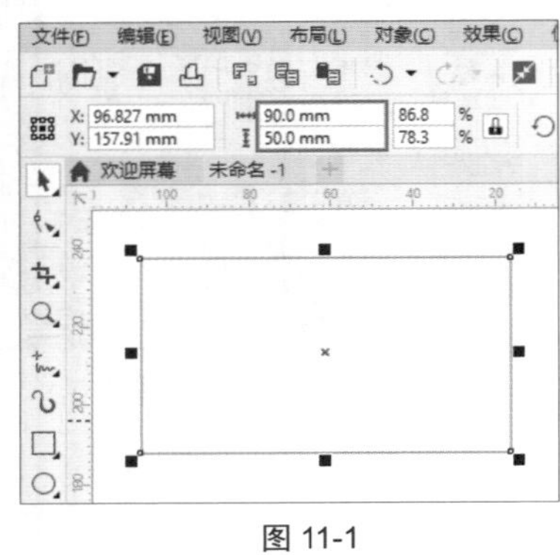

图 11-1

图 11-2

02 按快捷键 Ctrl+C 复制对象，按快捷键 Ctrl+V 粘贴对象，按住 Shift 键向下拖曳，将其移至合适位置，如图 11-3 所示。单击工具箱中的“多边形工具”按钮，在属性栏中设置“边数”为 3，按住 Ctrl 键绘制一个三角形，然后使用“椭圆形工具”按住 Ctrl 键绘制一个正圆形，填充颜色并去除轮廓线，如图 11-4 所示。

图 11-3

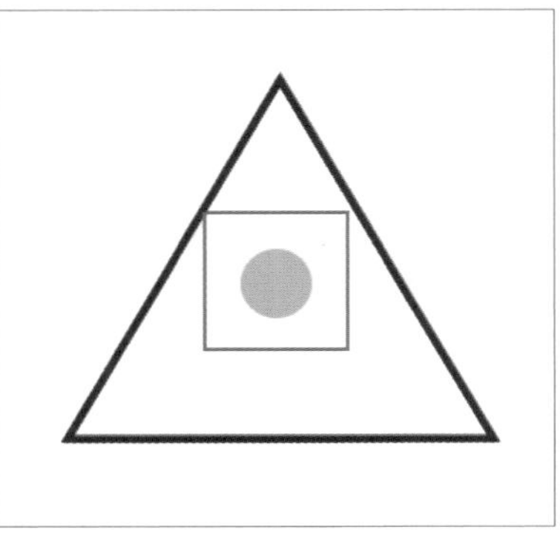

图 11-4

本章教学视频 1 二维码

本章教学视频 2 二维码

03 按快捷键 Ctrl+C 复制对象，按快捷键 Ctrl+V 粘贴对象，按住 Shift 键向右移动对象，如图 11-5 所示。继续复制对象并移动位置，然后选择所有的圆形对象，打开“对齐与分布”泊坞窗，单击“水平分散排列中心”按钮，均匀分布对象，如图 11-6 所示。

图 11-5

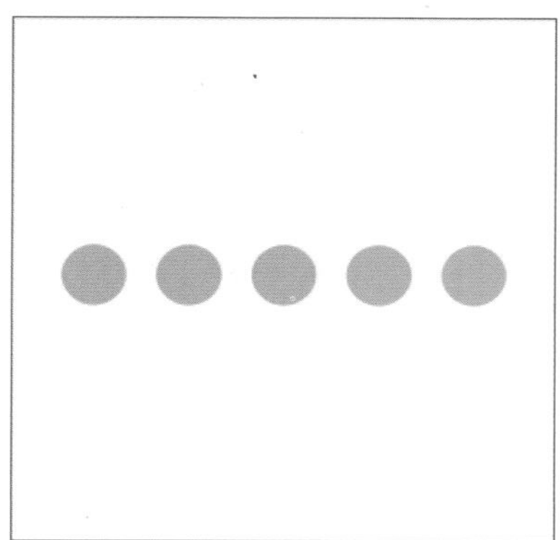
图 11-6

04 采用同样的方法，继续复制圆形对象，如图 11-7 所示。使用“选择工具”选择所有的圆形对象，按快捷键 Ctrl+G 群组对象并右击，在弹出的快捷菜单中执行“PowerClip 内部”命令，如图 11-8 所示。

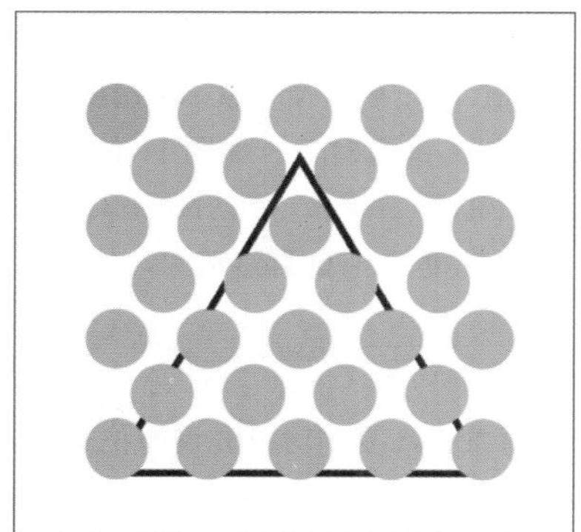
图 11-7

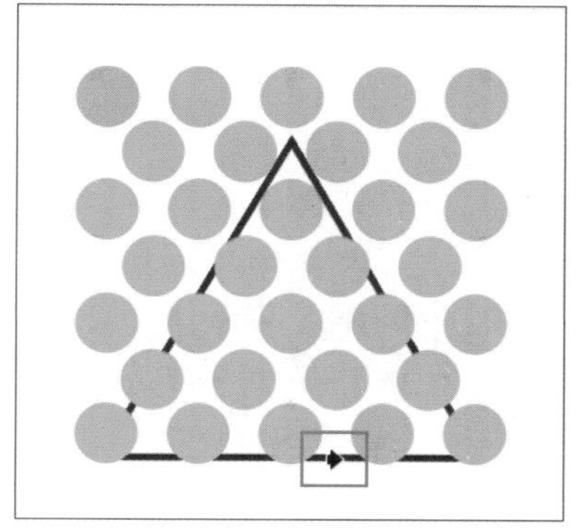
图 11-8

05 当光标变为 ➧ 形状时，单击三角形对象，可将组合的圆形对象置于三角形内部，如图 11-9 所示。使用“选择工具”选择对象，再右击调色板中的按钮，去除轮廓线，如图 11-10 所示。

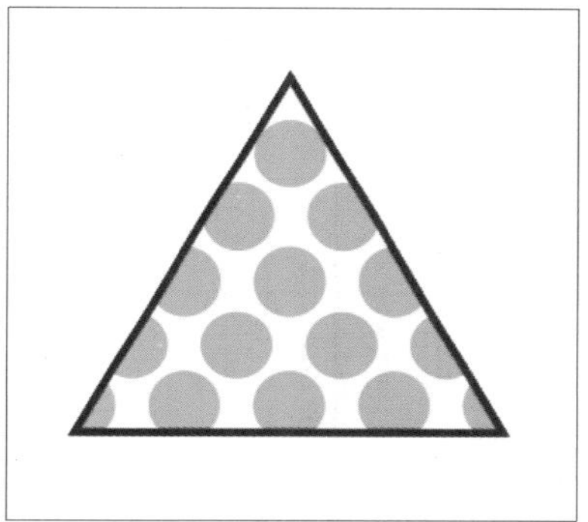
图 11-9

图 11-10

06 按快捷键 Ctrl+C 复制该对象，按快捷键 Ctrl+V 粘贴对象，单击底部的“编辑 PowerClip 内部”按钮，进入编辑状态，如图 11-11 所示。全选圆形对象，按 Delete 键将其删除，然后使用“矩形工具”绘制一个矩形，如图 11-12 所示。

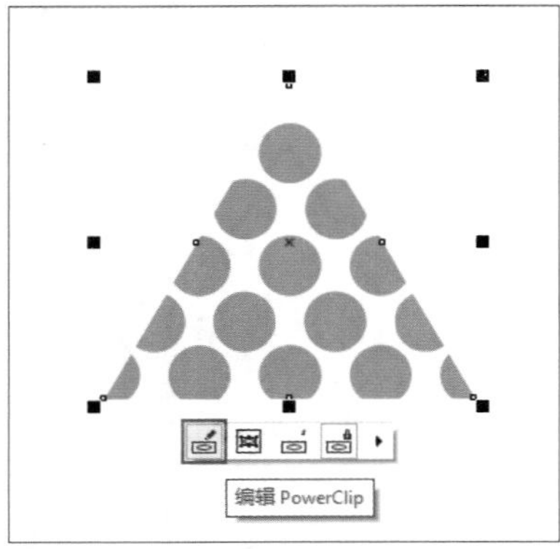

图 11-11

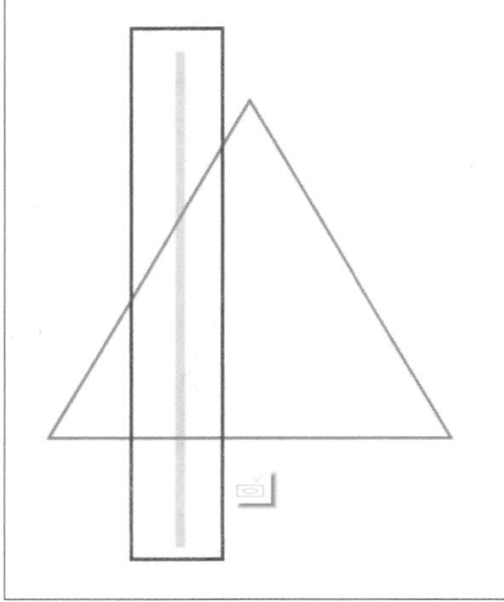

图 11-12

07 按快捷键 Ctrl+C 复制该对象，按快捷键 Ctrl+V 粘贴对象并调整位置，如图 11-13 所示。使用“选择工具”全选矩形对象，再在属性栏中设置“旋转角度”为 -30°，单击底部的“停止编辑内容”按钮，如图 11-14 所示。

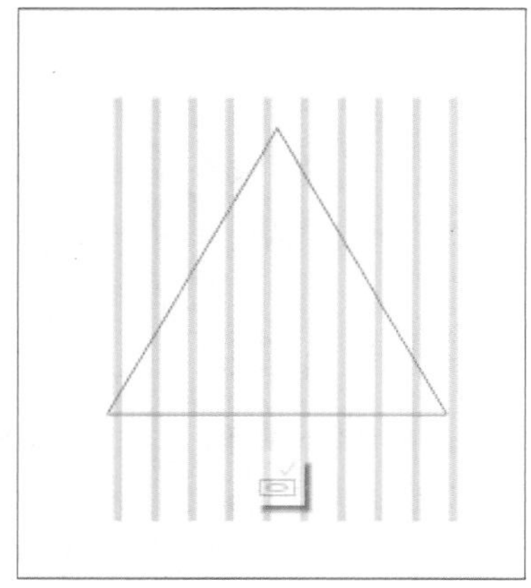

图 11-13

08 制作倾斜的三角形，如图 11-15 所示。继续采用同样的方法制作其他形状，如图 11-16 所示。

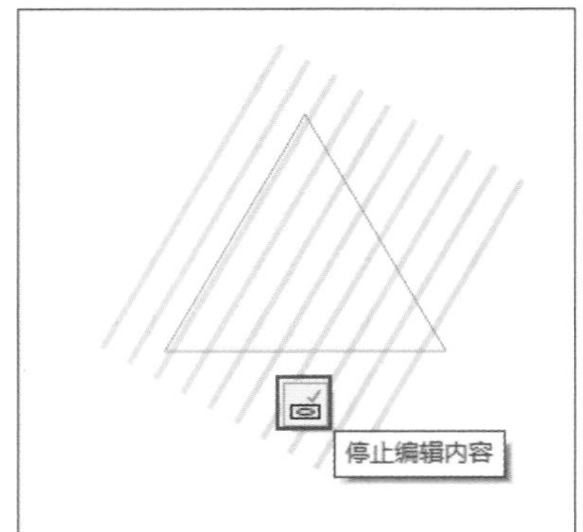

图 11-14

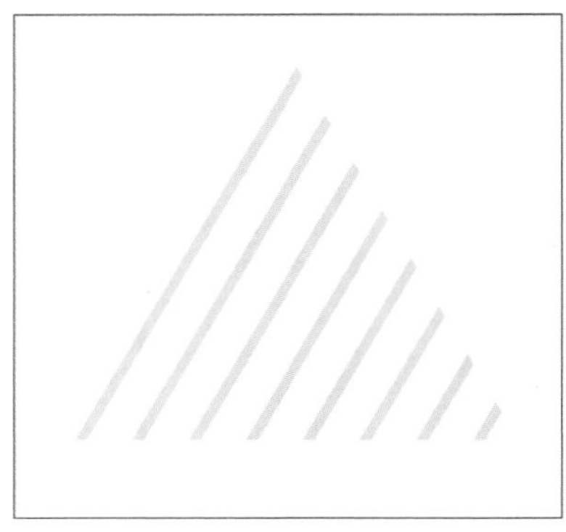

图 11-15

图 11-16

09 使用“选择工具”选择对象，单击属性栏中的“垂直镜像”按钮，镜像对象，如图 11-17 所示。采用相同方法将部分形状垂直镜像，然后调整对象位置，选择全部对象，按快捷键 Ctrl+G 群组对象，如图 11-18 所示。

11.1.2 制作名片背景

01 将其移至背景上，复制对象并调整位置，如图 11-19 所示。分别选择组合的形状对象，右击并在弹出的快捷菜单中执行“PowerClip 内部”命令，当光标变为 ➧ 形状时，单击背景对象，隐藏多余的部分，如图 11-20 所示。

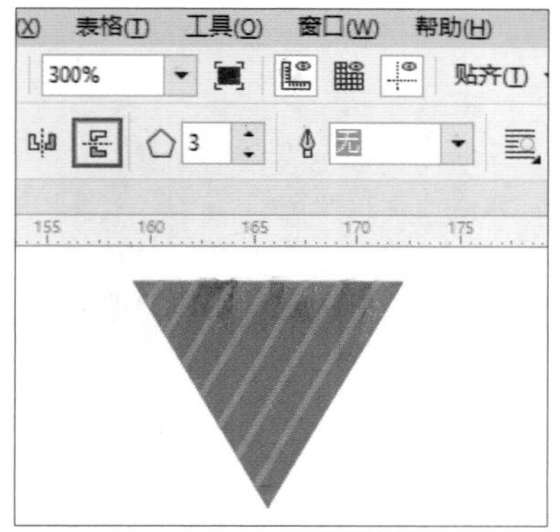

图 11-17

图 11-18

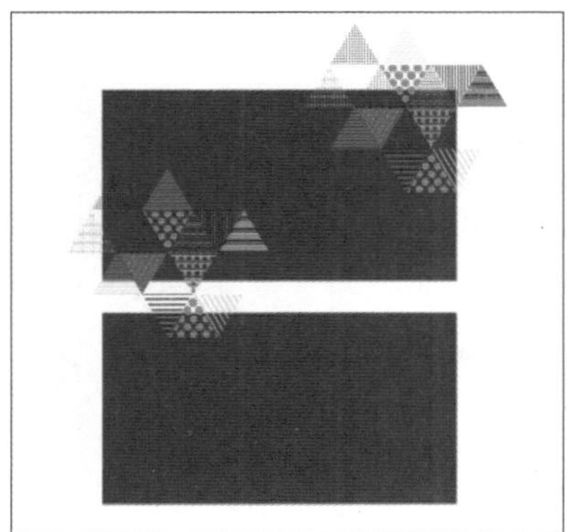

图 11-19

图 11-20

02 采用相同的方法在另一矩形上制作图形，如图 11-21 所示。选择背景对象，更改填充颜色为白色，使用“矩形工具”绘制一个矩形，填充 20% 的黑色，再单击属性栏中的“到图层后面”按钮，调整对象顺序，如图 11-22 所示。

图 11-21

图 11-22

03 单击工具箱中的“阴影工具”按钮，在对象中心单击并向右下方拖曳，创建阴影效果，如图 11-23 所示。按快捷键 Ctrl+O 打开本章的素材文件“素材 .cdr”，按快捷键 Ctrl+C 复制图标和 Logo，然后按快捷键 Ctrl+V 粘贴到该文件中，更改图标和 Logo 的填充颜色，并调整合适的大小和位置，如图 11-24 所示。

图 11-23

图 11-24

04 使用“矩形工具”绘制一个矩形，如图 11-25 所示，使用“属性吸管工具”在图标对象上单击，吸取颜色和属性，然后在矩形对象上单击，填充颜色属性，再复制对象并调整位置，如图 11-26 所示。

图 11-25

图 11-26

11.1.3 编辑文本

01 使用“文本工具”字输入文本，修改“网址”“名字”“职务”“电话”“邮箱”和“地址”文本的字体、字号和颜色，如图 11-27 所示。然后设置“名字”和“职务”文本的对齐方式为“水平居中对齐”，如图 11-28 所示。分别设置“电话号码”“邮箱”和“地址”文本，对齐方式为“垂直居中对齐”与“左对齐”，如图 11-29 所示。选择所有的文本对象，按快捷键 Ctrl+Q 将文本转换为曲线，最后根据整体效果调整各对象的位置，完成名片的制作，如图 11-30 所示。

图 11-27

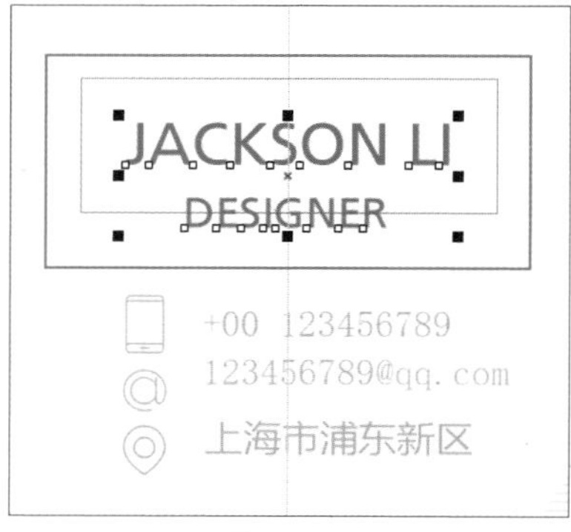

图 11-28

技巧与提示：

名片的标准尺寸分为横版（方角：90×55mm；圆角：85×54mm）、竖版（方角：50×90mm；圆角：54×85mm）和“方版”3 种，大多数名片都是按照标准尺寸来制作的，另外也有一些异形的名片。

图 11-29

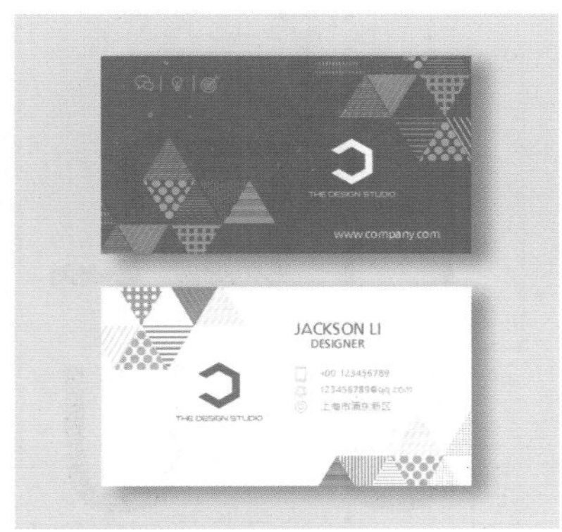

图 11-30

11.2　文字设计

CorelDRAW 软件经常用于文字的设计，通常的做法是选用现有的文字进行变形、切割、移动和拼接等操作来设计文字。本实例先通过矩形工具创建矩形模拟文字的笔画，再将矩形转换为曲线，使用形状工具进行变形，然后使用网状填充工具填充对象，更改节点的颜色制作炫彩文字，最后使用阴影工具创建阴影，增加立体感，完成文字的设计。

11.2.1　制作单一渐变文字

01 启动 CorelDRAW 2017 软件，新建空白文档。使用“文本工具”字输入文本，如图 11-31 所示，在属性栏中设置“文本对齐”的方法为“强制调整”，在文本对象上右击，在弹出的快捷菜单中执行“锁定对象”命令，锁定文本对象，如图 11-32 所示。

02 单击工具箱中的“矩形工具”按钮，在文本上绘制矩形，如图 11-33 所示，使用“选择工具”选中矩形对象，按快捷键 Ctrl+Q 将矩形转换为曲线，如图 11-34 所示。

HELLO
SUM
MER!

图 11-31

HELLO
S U M
M E R !

图 11-32

图 11-33

图 11-34

03 使用“形状工具”单击对象显示节点，在曲线上双击添加节点，单击并拖曳节点调整位置，如图 11-35 所示。

04 双击曲线继续添加节点，单击属性栏中的“转换为曲线”按钮，出现控制手柄，拖曳手柄调整形状，如图 11-36 所示，再单击属性栏中的“平滑节点”按钮，平滑曲线，如图 11-37 所示。

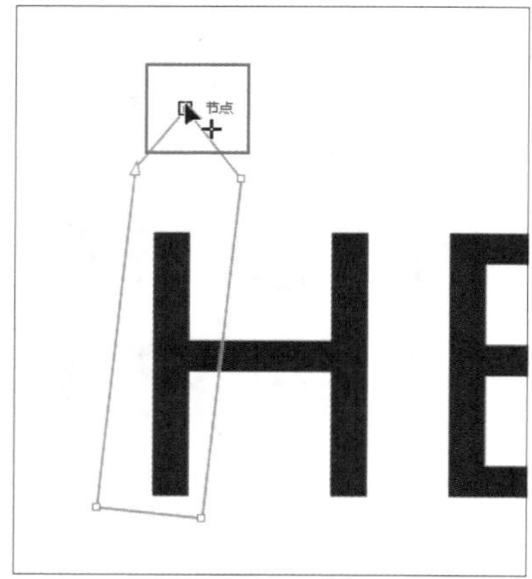

图 11-35

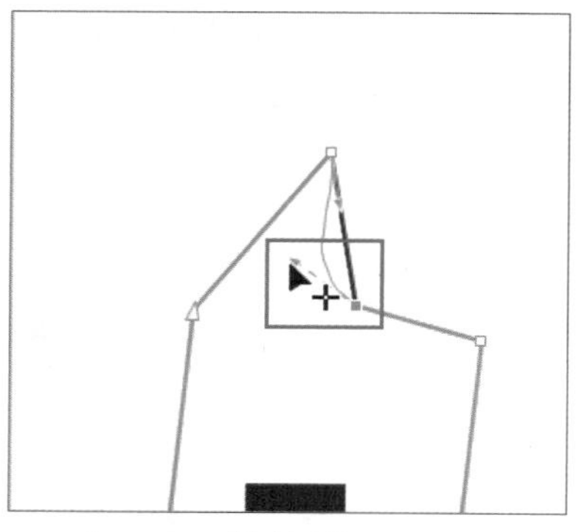

图 11-36

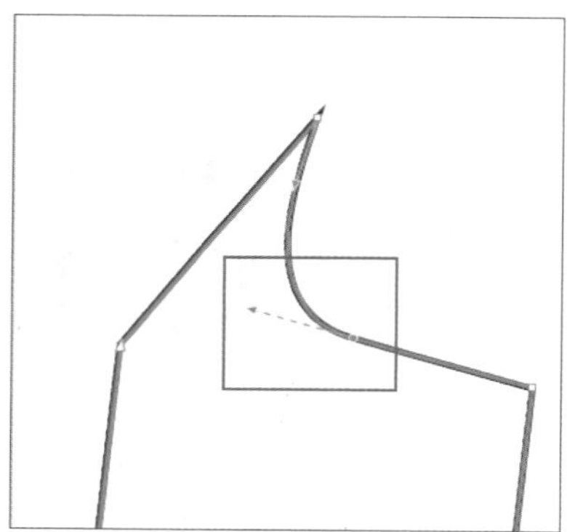

图 11-37

05 采用同样的方法，调整形状，如图 11-38 所示。单击工具箱中的“交互式填充”按钮，在属性栏中选择“渐变填充”，设置渐变颜色并去除轮廓线，如图 11-39 所示。单击工具箱中的“网状填充工具”按钮，在对象上单击，显示网格节点，如图 11-40 所示。

06 设置属性栏中网格大小的“行数”为 8，“列数”为 4，增加网格节点，如图 11-41 所示。单击网格节点，在属性栏设置填充颜色，如图 11-42 所示，单击并拖曳节点调整节点位置，如图 11-43 所示。

图 11-38

图 11-39

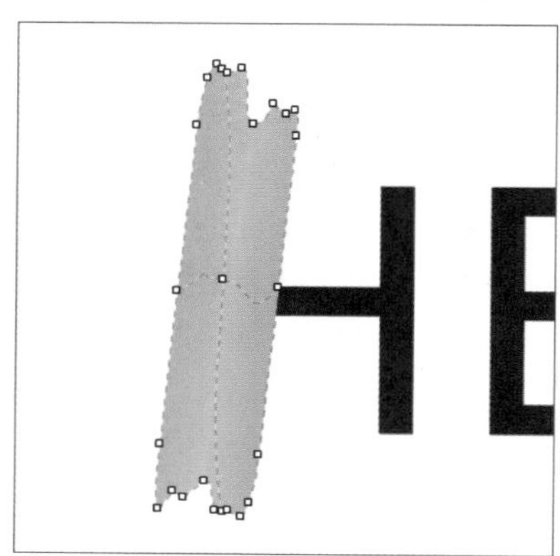

图 11-40

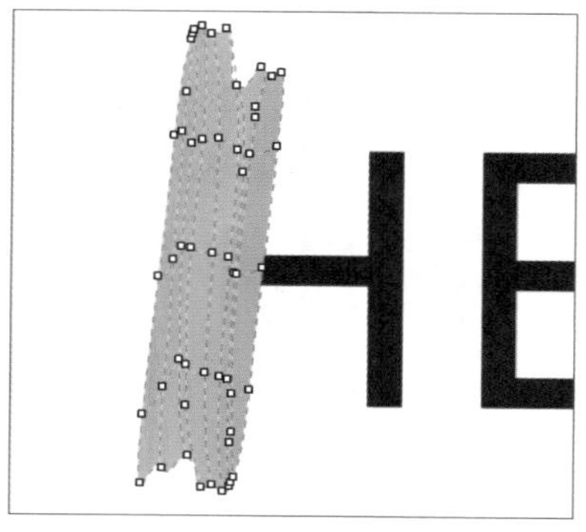

图 11-41

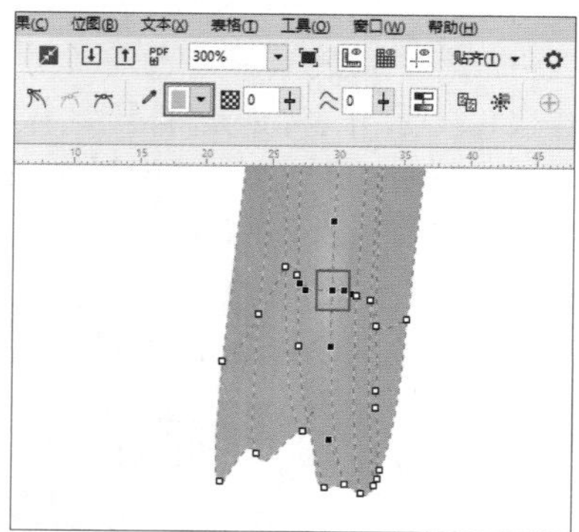
图 11-42

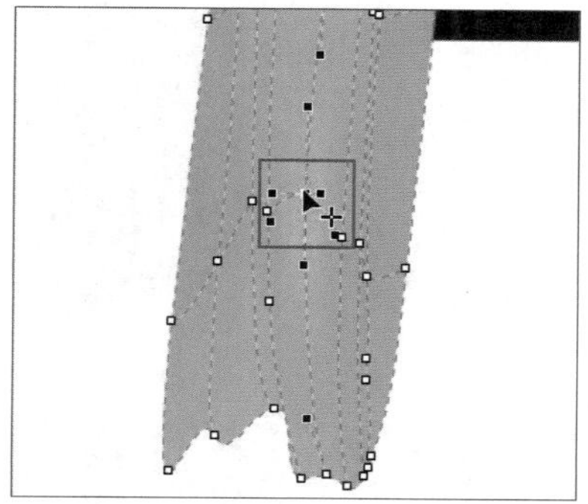
图 11-43

07 采用同样的方法，设置网格节点的颜色并调整节点的位置，如图 11-44 所示。继续使用“矩形工具”根据文本的笔画绘制矩形，在文本对象上右击，在弹出的快捷菜单中执行“隐藏对象”命令，隐藏文本，如图 11-45 所示。

11.2.2　制作其他渐变文字

01 按快捷键 Ctrl+Q 将矩形对象转换为曲线，使用“形状工具”调整曲线，如图 11-46 所示。使用“互式填充工具”为对象填充渐变颜色并去除轮廓线，如图 11-47 所示。

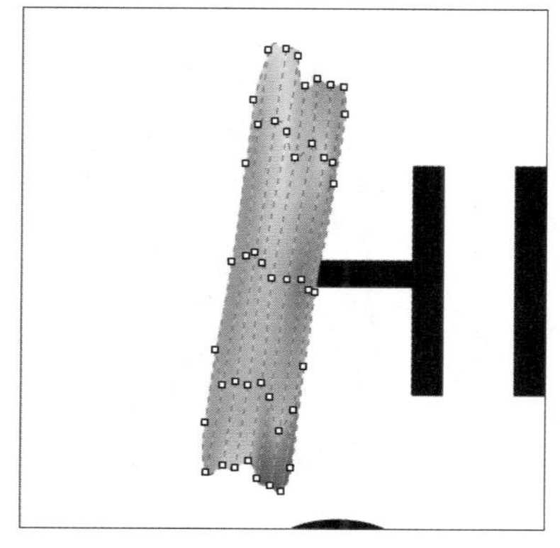
图 11-44

图 11-45

图 11-46

图 11-47

02 采用上述操作方法，使用“网格填充工具”单击对象，在属性栏中设置“网格大小”的行数和列数，再设置网格节点的颜色并调整节点的位置，为对象填充网格颜色，如图 11-48 所示。使用“选择工具”在对象上右击，在弹出的快捷菜单中执行“顺序”→“置于此对象前”命令，当光标变为 ➧ 形状时，单击目标对象，如图 11-49 所示。

图 11-48

图 11-49

03 将所选对象置于目标对象的上方，如图 11-50 所示。采用同样的方法，调整对象的顺序，如图 11-51 所示。

图 11-50

图 11-51

11.2.3 置入背景并添加投影效果

01 按快捷键 Ctrl+O 打开本章的素材文件“背景 .cdr”，按快捷键 Ctrl+C 复制文本对象，按快捷键 Ctrl+V 粘贴到该文档中，并调整合适的大小和位置，如图 11-52 所示。单击工具箱中的“阴影工具”按钮，在对象的中心单击并向右下方拖曳，创建阴影效果，如图 11-53 所示。

图 11-52

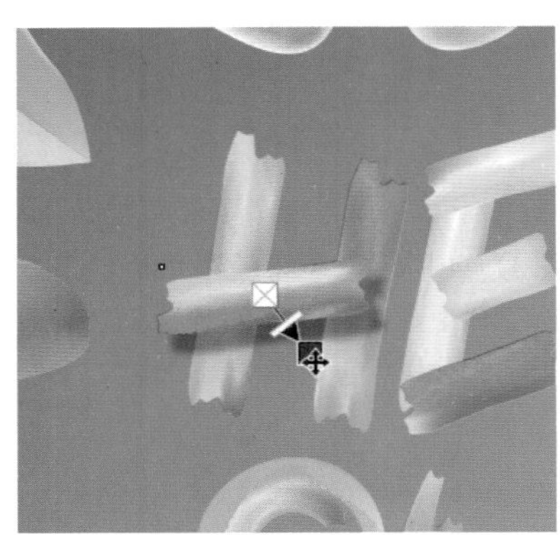
图 11-53

02 在属性栏中设置阴影的不透明度为 30%，降低阴影效果的不透明度，如图 11-54 所示，继续使用“阴影工具”为其他对象创建阴影效果，并调整阴影的不透明度，完成文字的制作，如图 11-55 所示。

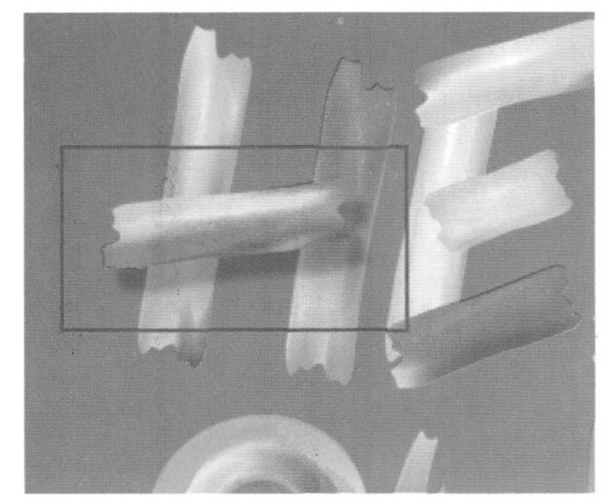
图 11-54

图 11-55

11.3　Logo 设计

Logo 能够在第一时间给人传递信息，并给人留下深刻的印象。CorelDRAW 中提供了很多造型工具，可以设计出各种不同含义的 Logo，本实例先利用多边形工具绘制形状，再通过形状的变形及造型工具，制作出富有生命力和创造力且极具动感的 Logo。

11.3.1　制作 Logo 主体

01 启动 CorelDRAW 2017 软件，新建空白文档，单击工具箱中的“多边形工具”按钮，在属性栏中设置“边数”为 3，按住 Ctrl 键绘制一个三角形。

02 使用“选择工具”在对象上右击，在弹出的快捷菜单中执行“转换为曲线”命令将其转换为曲线。使用“形状工具”单击对象显示节点，如图 11-56 所示。单击任意节点，显示控制手柄，然后单击并拖曳控制手柄调整曲线形状，如图 11-57 所示。

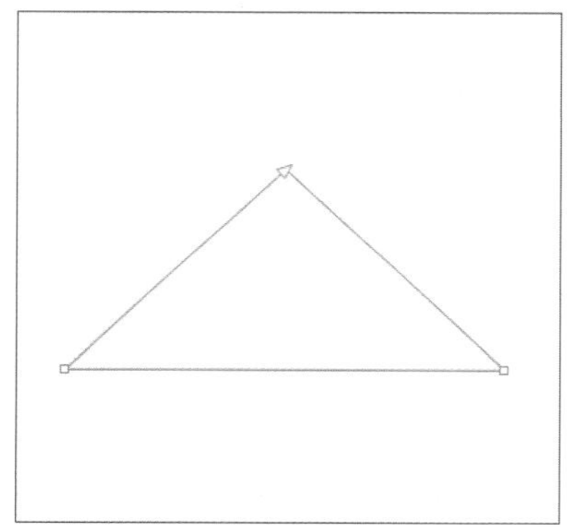

图 11-56

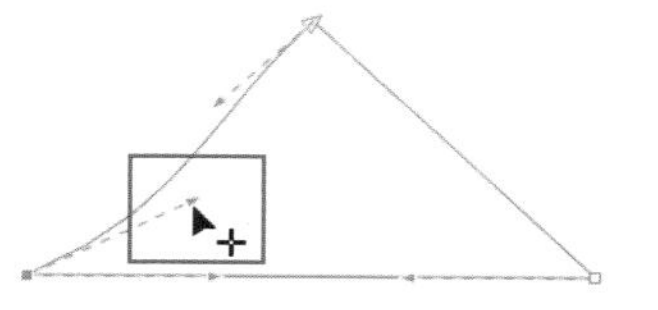

图 11-57

03 继续调整其他节点，如图 11-58 所示。选择右下角的节点，在属性栏中单击“转换为线条”按钮，将底部的曲线转换为直线，如图 11-59 所示。

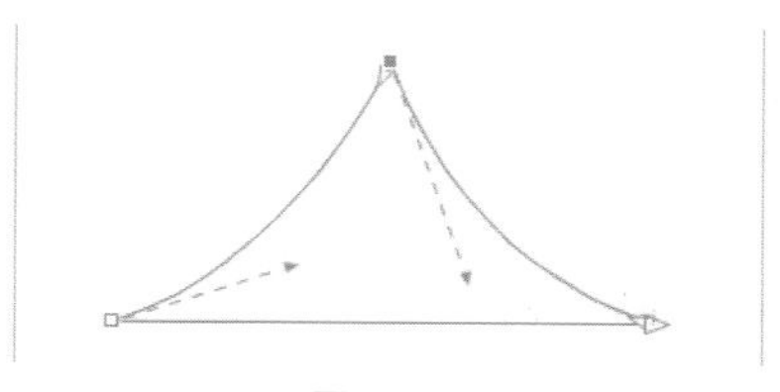

图 11-58

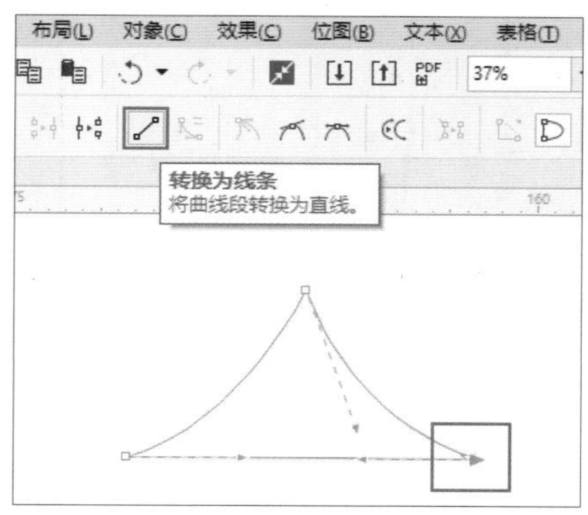

图 11-59

04 使用“选择工具”选择对象，在属性栏中设置“旋转角度”为 90°，旋转对象，如图 11-60 所示。采用同样的方法使用“多边形工具”绘制一个三角形，按快捷键 Ctrl+Q 将其转换为曲线，然后使用“形状工具”调整曲线形状，如图 11-61 所示。

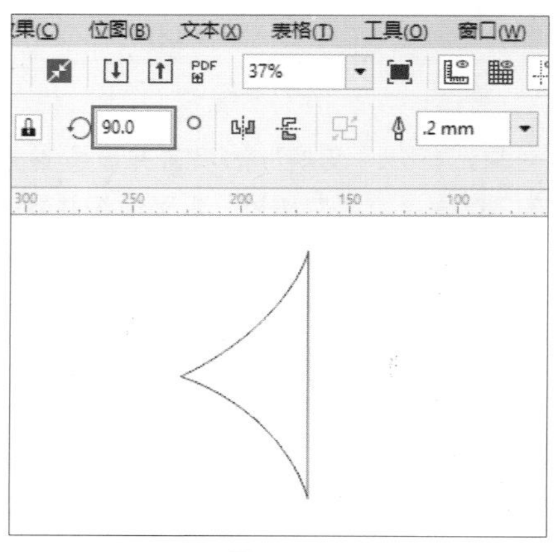

图 11-60

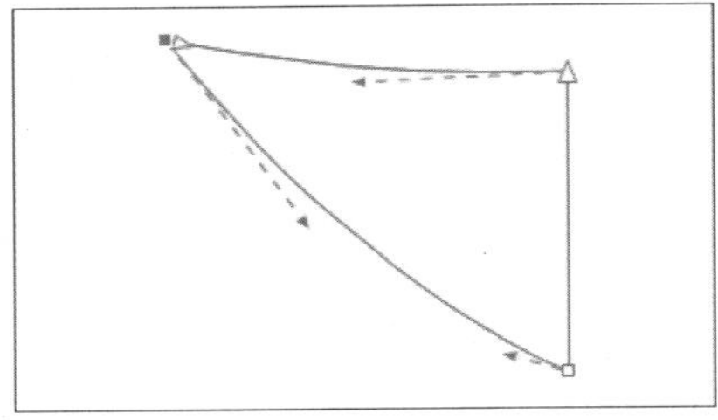

图 11-61

05 使用“选择工具”将两个对象同时选中，如图11-62所示。打开“对齐与分布”泊坞窗，单击“右对齐”按钮，将选中的对象以右侧为基准对齐，如图11-63所示，然后按住Shift键沿垂直方向移动对象，如图11-64所示。

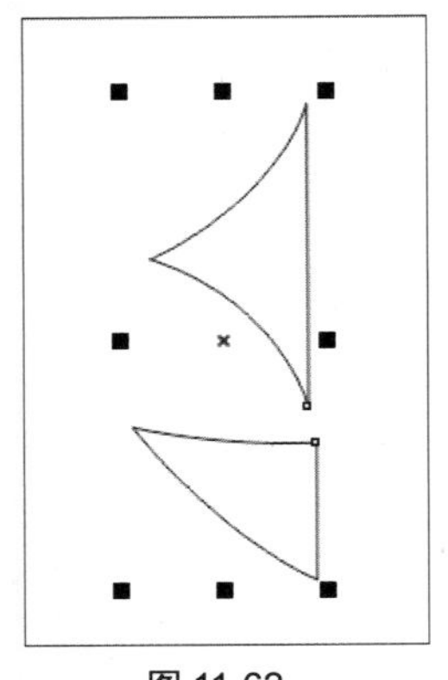

图 11-62

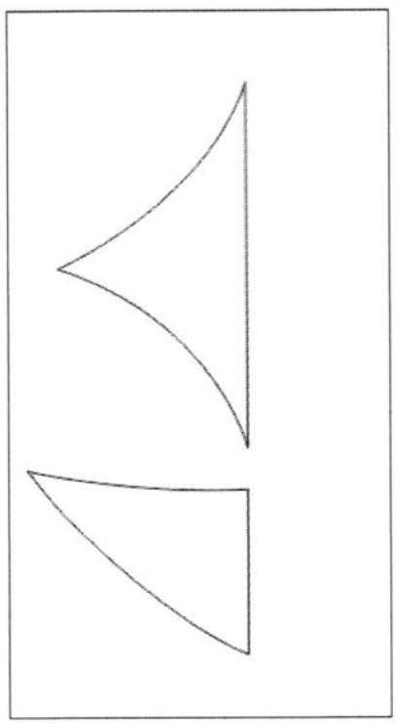

图 11-63

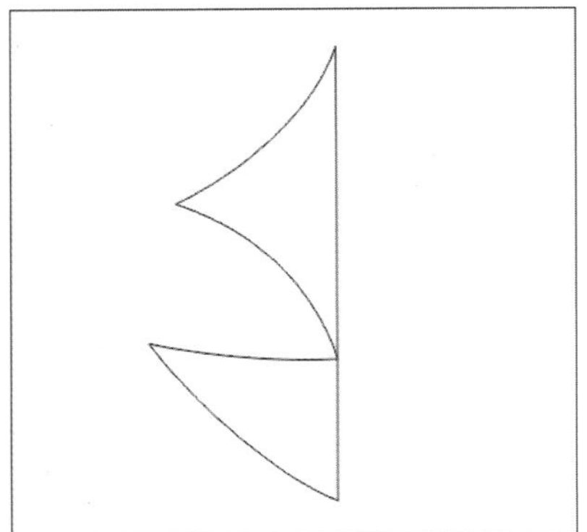

图 11-64

06 选中对象，打开“变换”泊坞窗并设置参数，如图11-65所示，单击“应用”按钮，水平镜像并复制对象，如图11-66所示。

07 单击工具箱中的“交互式填充”按钮，在属性栏中单击“均匀填充”按钮，设置填充的颜色（R:0、G:151、B:195），为所选对象填充颜色，如图11-67所示。使用“吸管工具”在对象上单击吸取颜色，然后在目标对象上单击填充颜色，如图11-68所示，继续使用“交互式填充”为对象填充颜色，并去除轮廓线，如图11-69所示。

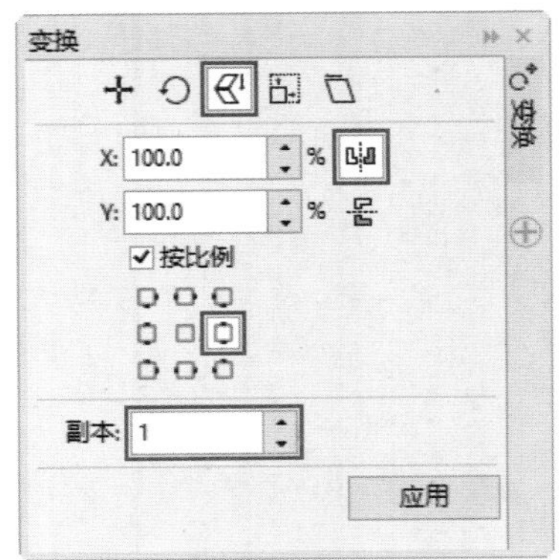

图 11-65

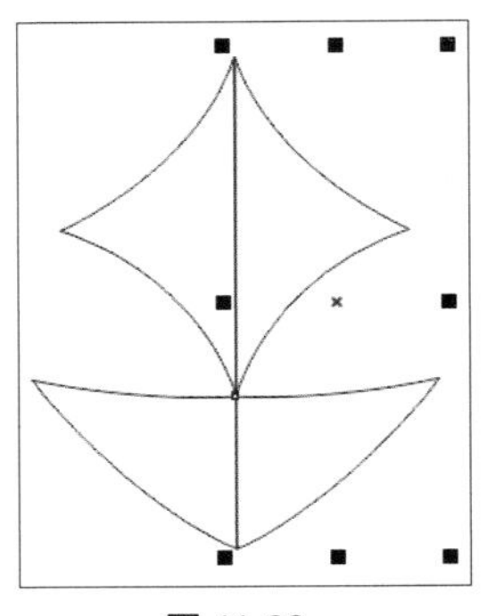

图 11-66

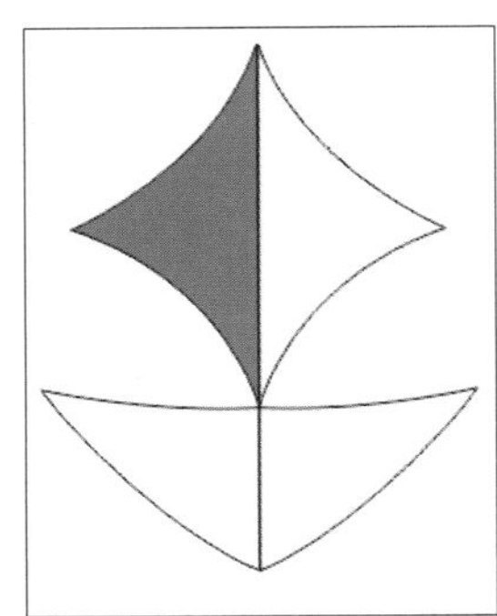

图 11-67

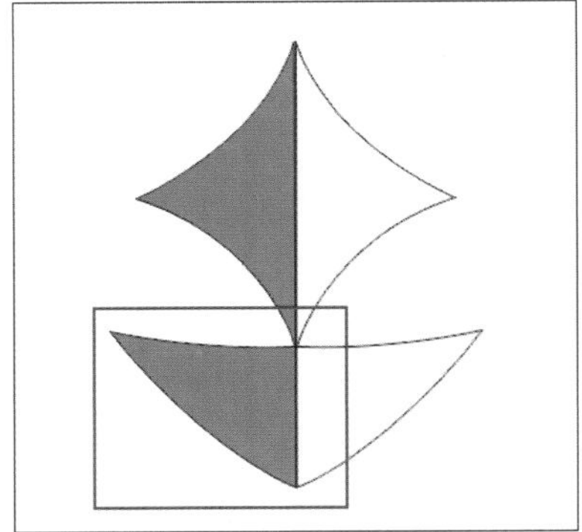

图 11-68

图 11-69

11.3.2　制作 Logo 阴影区域

01 单击工具箱中的“贝塞尔工具”按钮，单击一点作为起点，然后在另一点处单击并拖曳绘制曲线，如图 11-70 所示，继续绘制曲线，并回到起点处单击，闭合曲线，如图 11-71 所示。

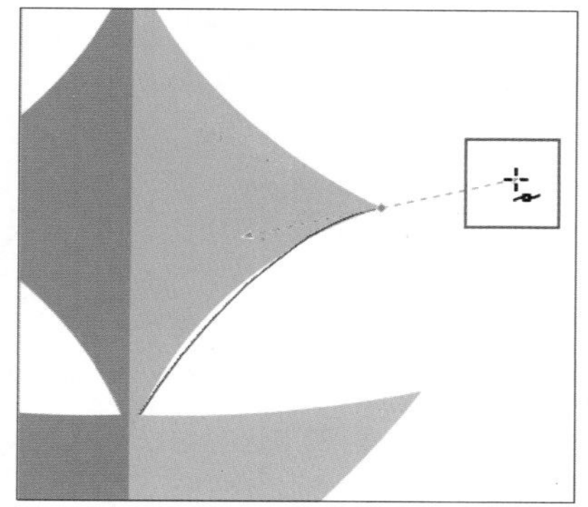

图 11-70

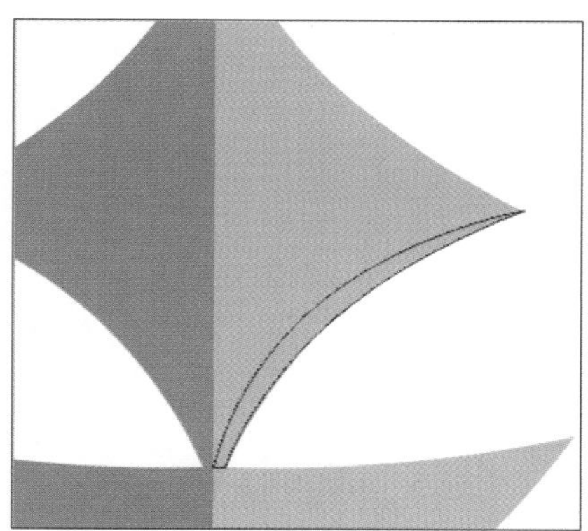

图 11-71

02 使用“交互式填充”为对象填充颜色（R:105；G:223；B:230），如图 11-72 所示。单击工具箱中的“透明度工具”按钮，在属性栏中单击“均匀透明度”按钮，并设置“合并模式”为“乘”，设置“不透明度”为 0，如图 11-73 所示。

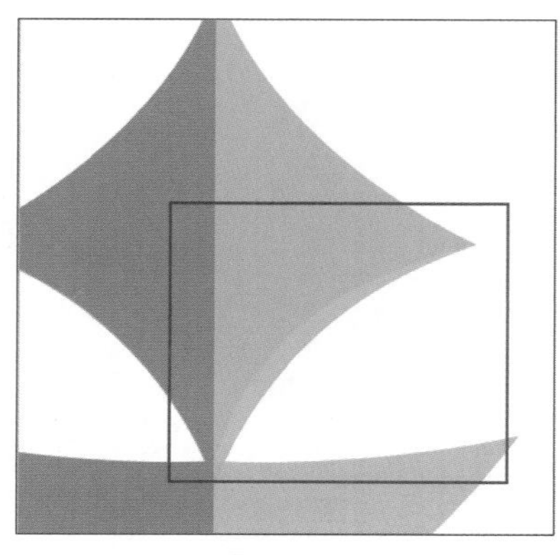

图 11-72

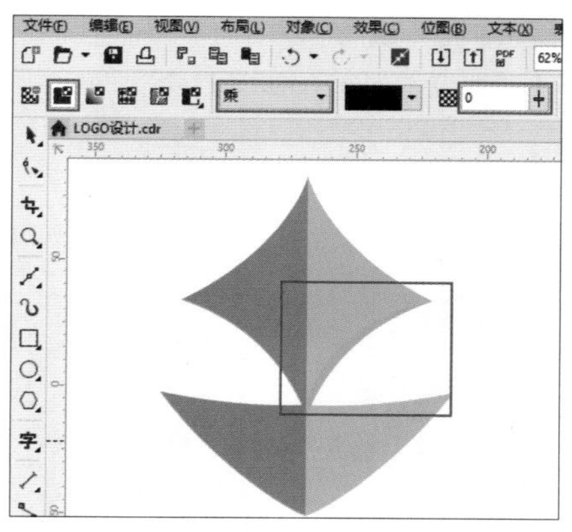

图 11-73

03 使用“贝塞尔工具”继续绘制曲线，如图 11-74 所示。使用“交互式填充”为对象填充颜色（R:69；G:151；B:255）并去除轮廓线。单击工具箱中的“透明度工具”按钮，再在属性栏中单击“均匀透明度”按钮，并设置“合并模式”为“乘”，“不透明度”为 0，如图 11-75 所示。

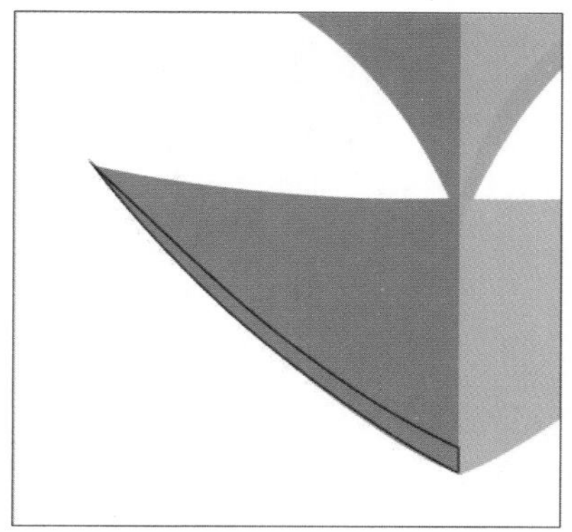

图 11-74

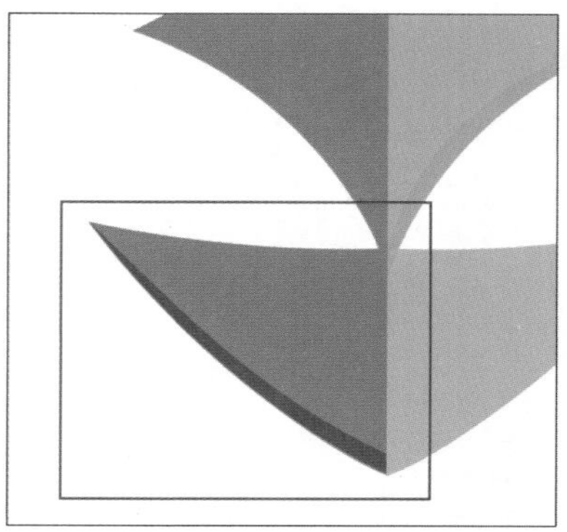

图 11-75

04 使用“贝塞尔工具”绘制曲线，如图 11-76 所示。使用“交互式填充”为对象填充白色并去除轮廓线，单击工具箱中的“透明度工具”按钮，再在属性栏中单击“均匀透明度”按钮，并设置“合并模式”为“常规”，“不透明度”为65，如图11-77所示。

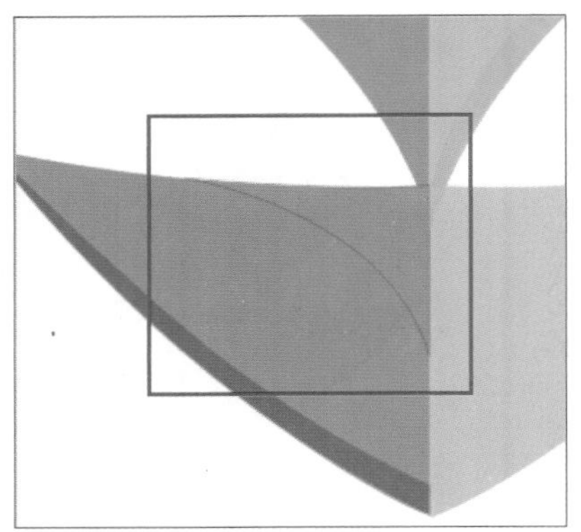

图 11-76

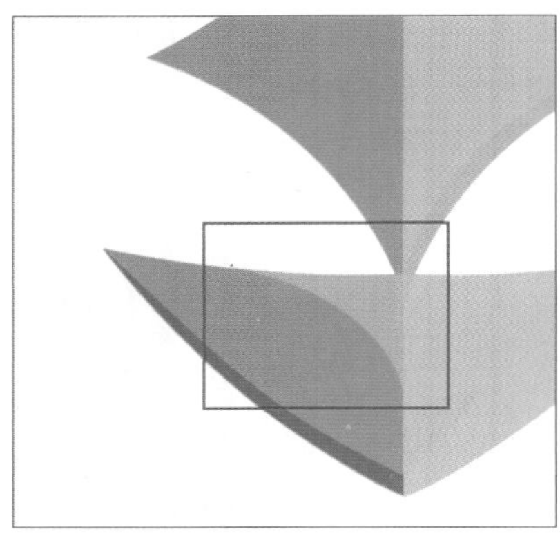

图 11-77

05 使用“选择工具”选择对象，打开“变换”泊坞窗，单击“缩放和镜像”按钮，再单击“水平镜像”按钮，设置镜像的轴线为“右中”，“副本”为1，然后单击“应用”按钮，即可镜像并复制对象，如图11-78所示。修改填充颜色（R:175；G:144；B:255），“透明度”的“合并模式”为“乘”，“不透明度”为0，得到如图11-79所示的图像效果。

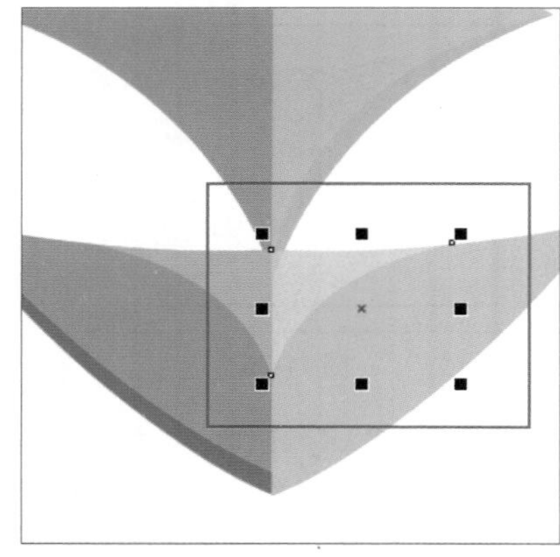

图 11-78

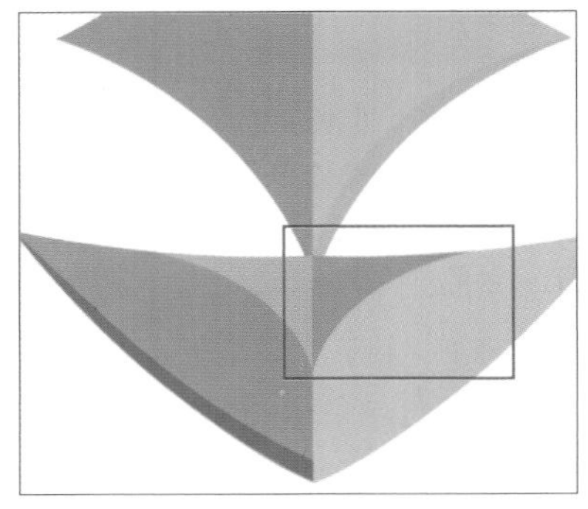

图 11-79

11.3.3 完善 Logo

01 单击工具箱中的“基本形状工具”按钮，在属性栏的“完美形状”下拉列表中选择水滴形状，然后在空白区域单击拖曳绘制一个水滴形状，如图11-80所示。

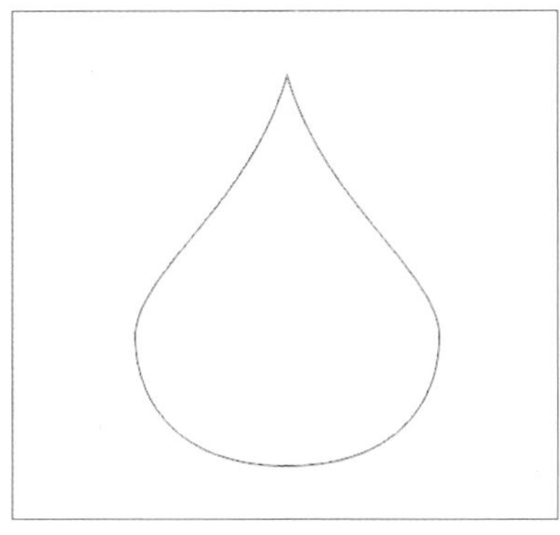

图 11-80

02 按快捷键Ctrl+Q将其转换为曲线，然后使用“形状工具”调整曲线形状，并为对象填充颜色（R:87；G:129；B:255）和去除轮廓线，如图11-81所示。单击工具箱中的“网状填充工具”按钮，单击对象显示网格节点，在属性栏中设置网格大小的“行数”为2、“列数”为1，如图11-82所示。

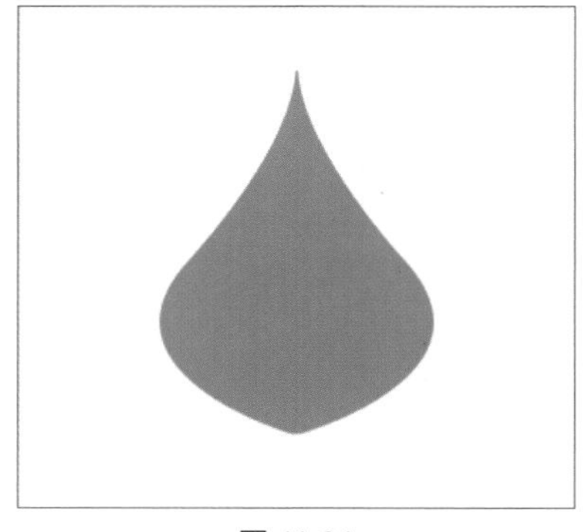

图 11-81

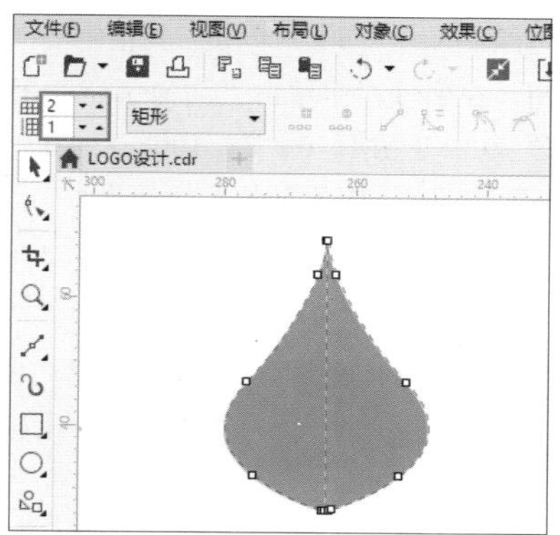

图 11-82

03 单击网格节点，在属性栏中设置填充颜色（R:208、G:88、B:255），再单击并拖曳节点调整节点位置，如图 11-83 所示，使用“选择工具”移动位置并调整合适的大小，如图 11-84 所示。

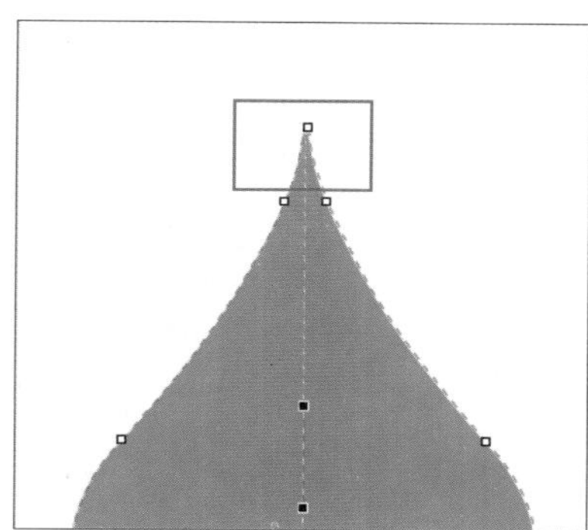
图 11-83

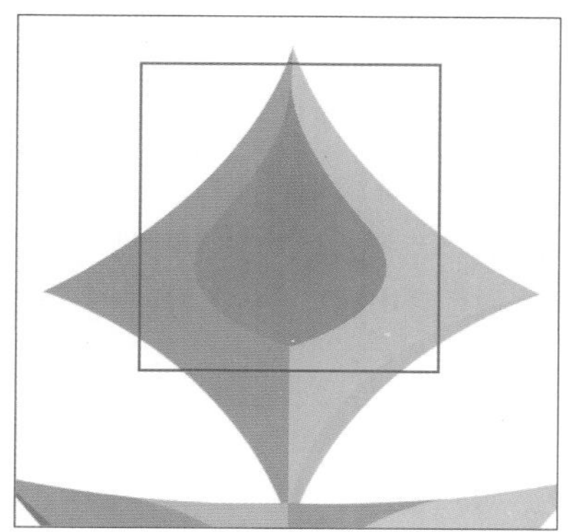
图 11-84

04 使用“椭圆形工具”按住 Ctrl 键绘制一个圆形，填充颜色（R:150；G:223；B:320）并去除轮廓线，然后调整合适的大小和位置，如图 11-85 所示。使用“椭圆形工具”在 Logo 的底端绘制一个椭圆形，单击工具箱中的“交互式填充”按钮，在属性栏中单击“渐变填充”按钮，选择“椭圆形渐变填充”类型，设置浅蓝（R:61；G:196；B:226）到白色的渐变颜色，如图 11-86 所示。

图 11-85

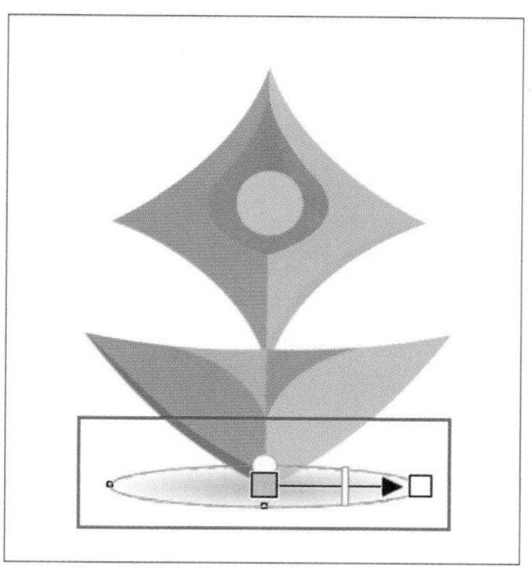
图 11-86

05 去除对象的轮廓线并右击，在弹出的快捷菜单中执行“顺序”→“到图层后面”命令，调整图层顺序，如图 11-87 所示。使用“文本工具”字输入文本，设置字体为“时尚中黑”、颜色为紫色（R:66；G:26；B:237），按快捷键 Ctrl+Q 将其转换为曲线，然后调整合适的大小和位置，如图 11-88 所示。

图 11-87

图 11-88

06 使用“矩形工具”□绘制一个矩形，单击工具箱中的“交互式填充”按钮，在属性栏中单击“渐变填充”按钮，选择“矩形渐变填充”类型，设置10%的黑色到白色的渐变颜色，并去除轮廓线，如图11-89所示。单击属性栏中的“到图层后面”按钮，将该对象置于所有图层的后面，最后选择所有的文本对象，按快捷键Ctrl+Q将文本转换为曲线，完成Logo的制作，如图11-90所示。

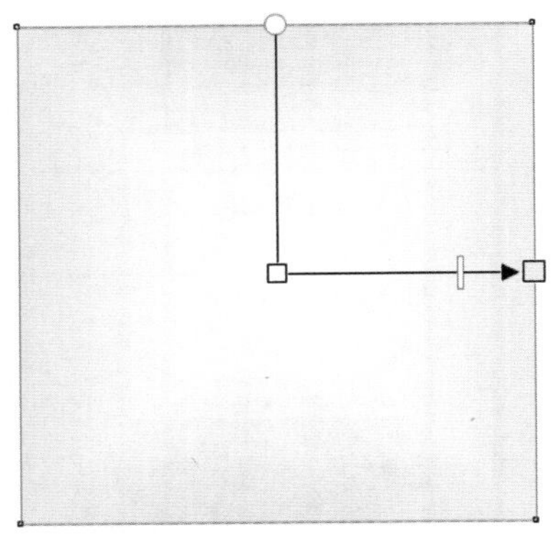

图 11-89

图 11-90

11.4　POP广告设计

本实例制作的是一幅横幅POP广告，重点在于对象的合并，创建一个类似逗号的形状，再为该形状填充渐变，制作出立体图形，再复制多个形状组成一个装饰图形来丰富画面的层次。

11.4.1　制作广告主体图形

01 启动CorelDRAW 2017软件，新建空白文档，使用“矩形工具”□绘制一个矩形。单击工具箱中的“交互式填充”按钮，在属性栏中单击“均匀填充”按钮，设置填充颜色（C：0、M：6、Y：100、K：0），并去除轮廓线，得到如图11-91所示的图像效果。

图 11-91

02 单击工具箱中的“椭圆形工具”○按钮，按住Ctrl键绘制一个正圆形，使用“贝塞尔工具”单击确定起点，再在另一点处单击并拖曳控制手柄绘制曲线，如图11-92所示。

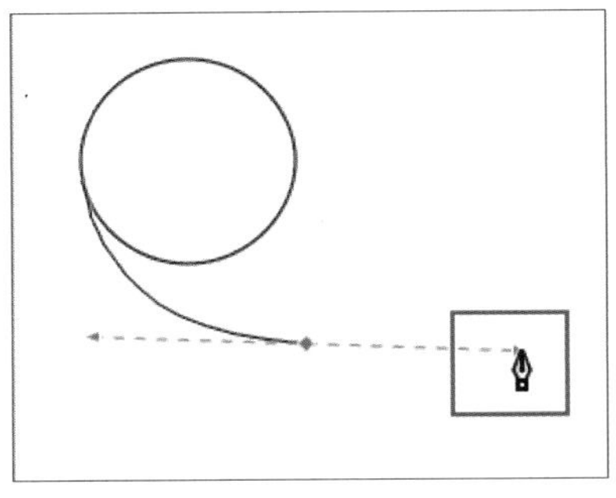

图 11-92

03 采用相同的方法继续绘制曲线，回到起点处闭合曲线，如图11-93所示，使用“选择工具”同时选中两个形状，单击属性栏中的“合并”按钮合并对象，如图11-94所示。

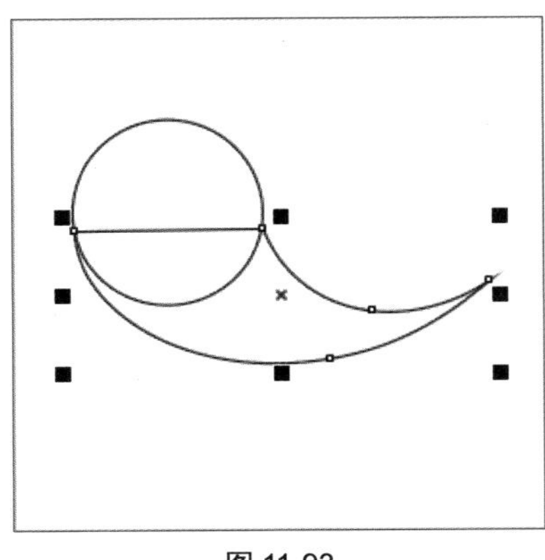

图 11-93

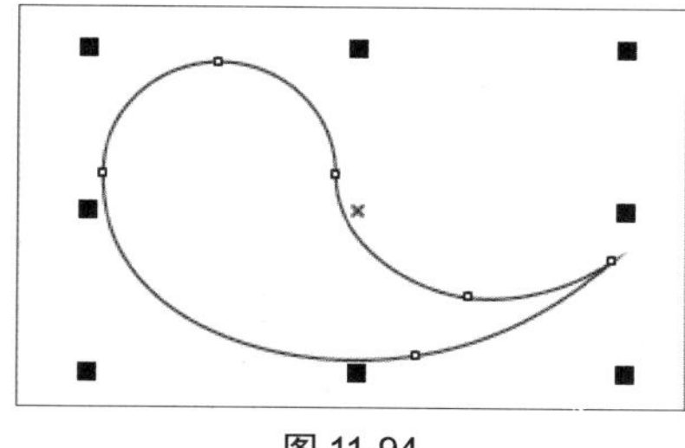

图 11-94

04 单击工具箱中的“交互式填充”按钮，在属性栏中选择“渐变填充”，单击“编辑填充”按钮，打开“编辑填充”对话框，在对话框中单击“椭圆形渐变填充”按钮，双击添加颜色节点，设置节点颜色，如图 11-95 所示。单击“确定”按钮，为对象填充渐变颜色，拖曳渐变形状上的节点，调整渐变大小和角度，如图 11-96 所示。右击调色板中的按钮去除轮廓线，如图 11-97 所示。

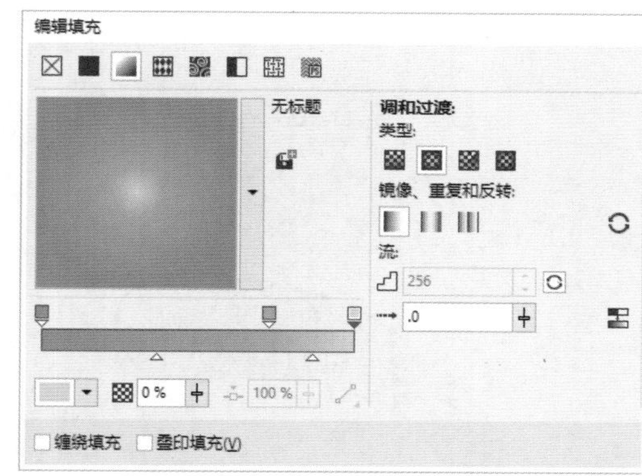

图 11-95

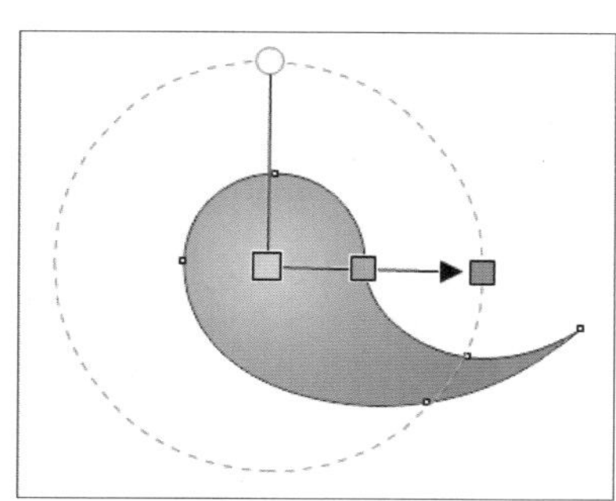

图 11-96

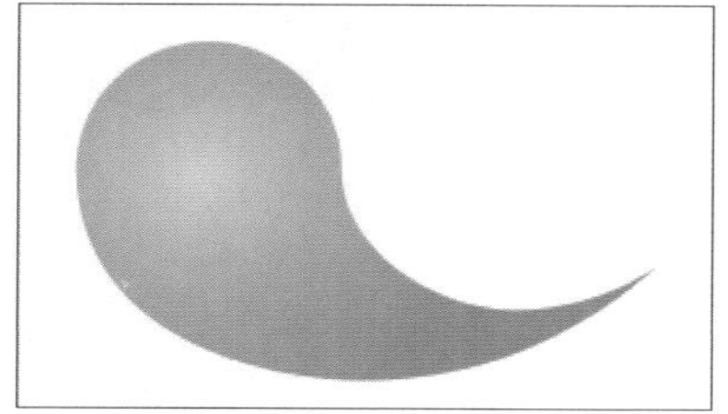

图 11-97

05 按快捷键 Ctrl+C 复制对象，再按快捷键 Ctrl+V 粘贴对象。单击工具箱中的“交互式填充”按钮，单击渐变形状上的颜色节点，在打开的面板中更改渐变颜色，如图 11-98 所示。采用相同的方法更改其他颜色节点的颜色，如图 11-99 所示。使用“选择工具”调整对象大小和位置，再拖曳旋转控制柄旋转对象，如图 11-100 所示。

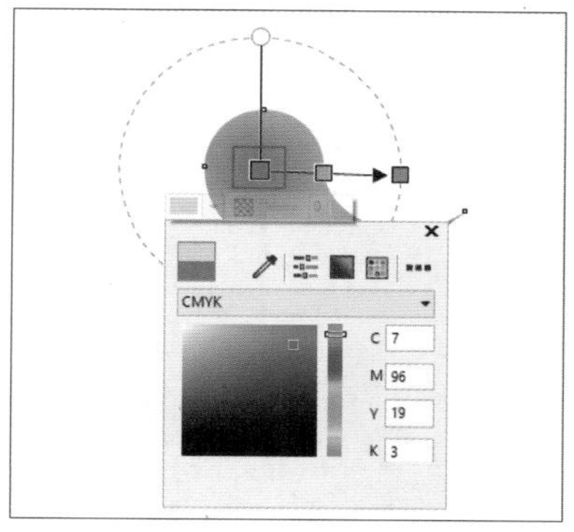

图 11-98

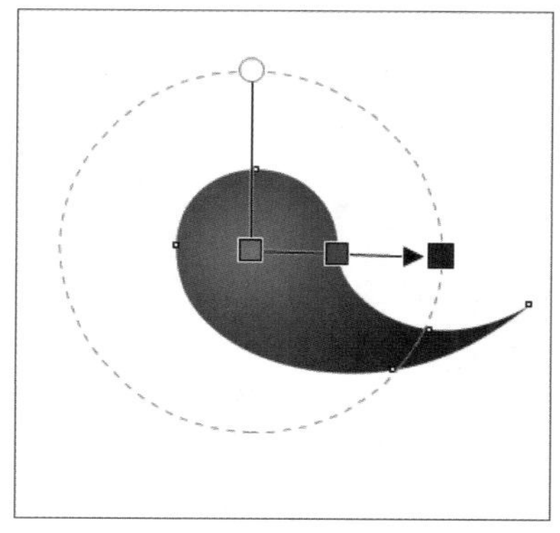

图 11-99

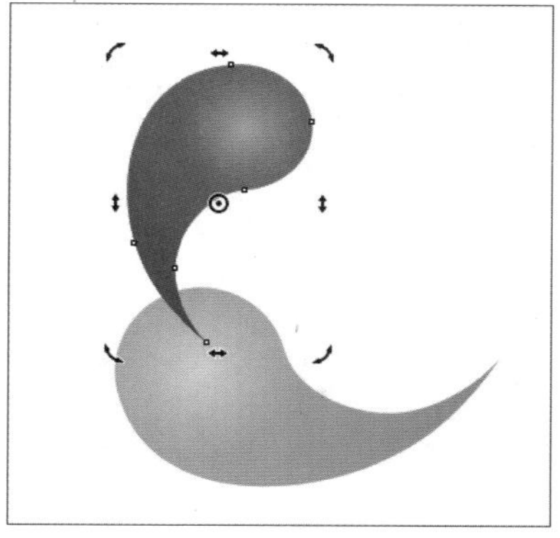

图 11-100

06 再复制一个对象，更改渐变颜色，调整对象的大小和位置，单击属性栏中的“水平镜像”按钮，镜像对象，如图 11-101 所示。采用同样的方法，继续复制对象并更改填充颜色、大小、位置等属性，如图 11-102 所示。

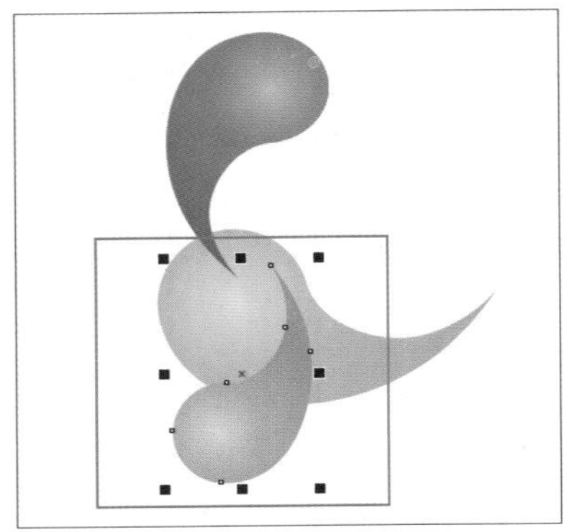

图 11-101

图 11-102

07 单击工具箱中的“贝塞尔工具”按钮，绘制如图 11-103 所示曲线。单击工具箱中的“交互式填充”按钮，在属性栏中单击“均匀填充”按钮，填充颜色（C:82；M:31；Y:5；K:0），并去除轮廓线，如图 11-104 所示。采用相同的方法使用“贝塞尔工具”绘制形状，使用“交互式填充”填充渐变颜色，如图 11-105 所示。

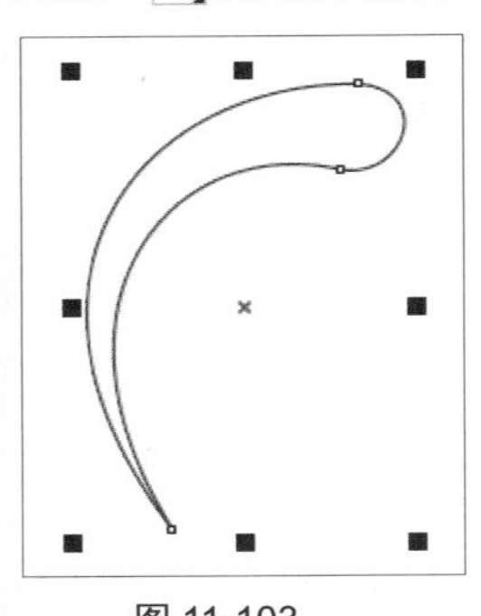

图 11-103

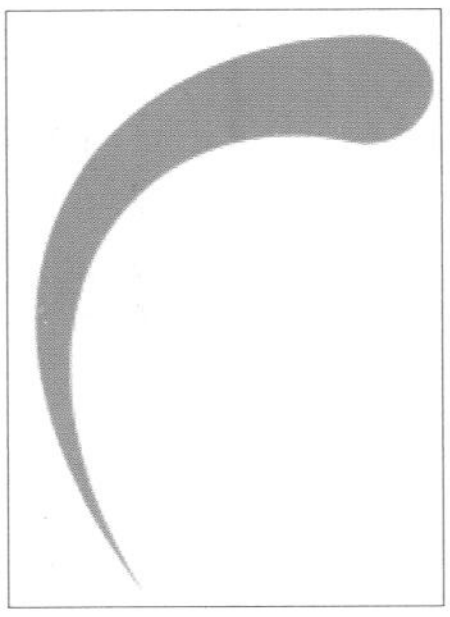

图 11-104

08 使用“选择工具”选择其他形状，单击工具箱中的“交互式填充”按钮，再单击属性栏中的“复制填充”按钮，当光标变为 ➧ 形状时，单击目标对象，如图 11-106 所示，即可复制渐变填充，如图 11-107 所示。

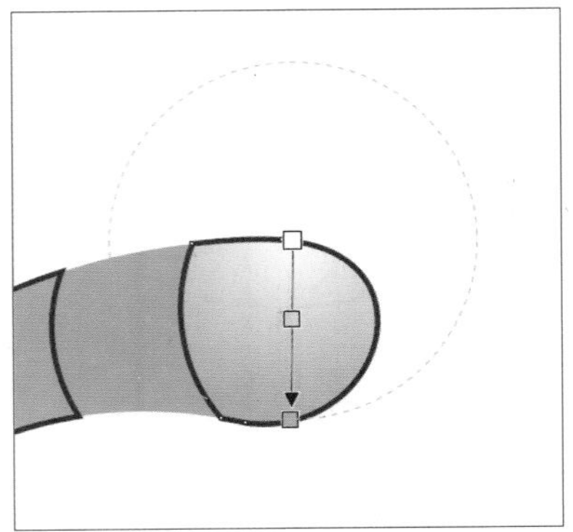

图 11-105

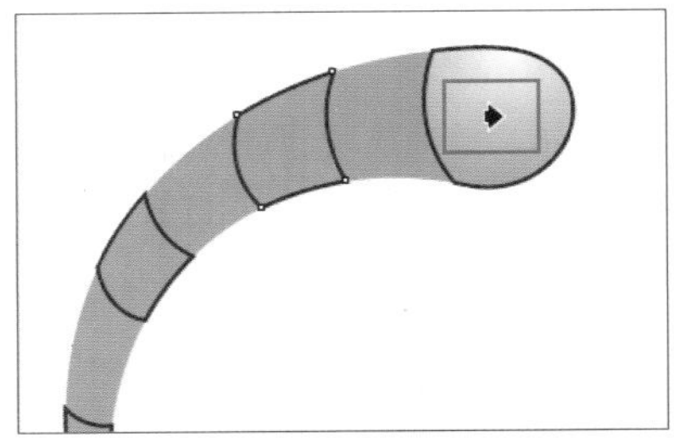

图 11-106

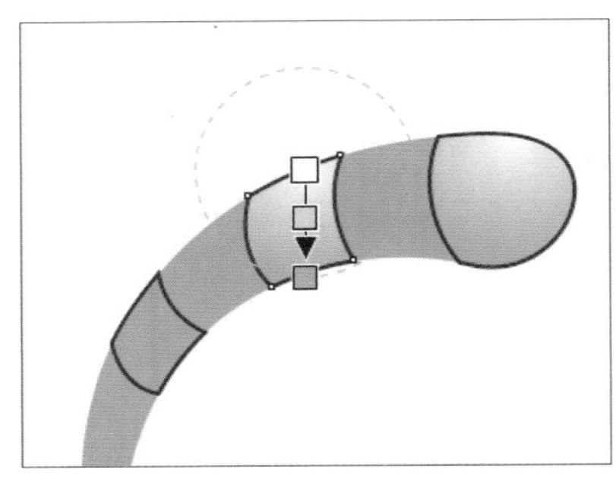

图 11-107

09 拖曳渐变形状上的节点调整渐变范围，如图 11-108 所示。继续为其他形状填充渐变颜色，然后右击调色板中的按钮去除所有形状的轮廓线，如图 11-109 所示。

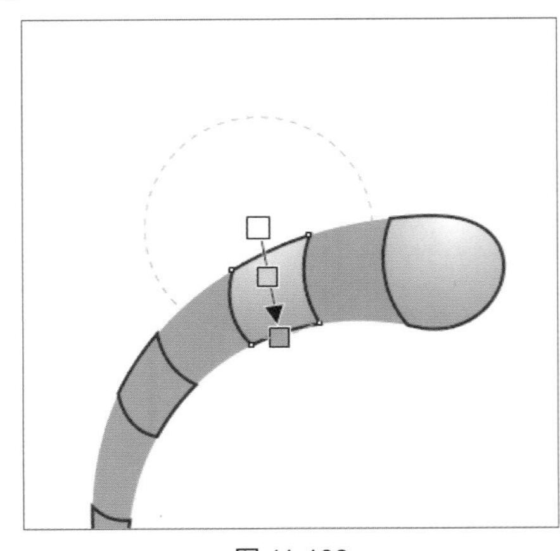

图 11-108

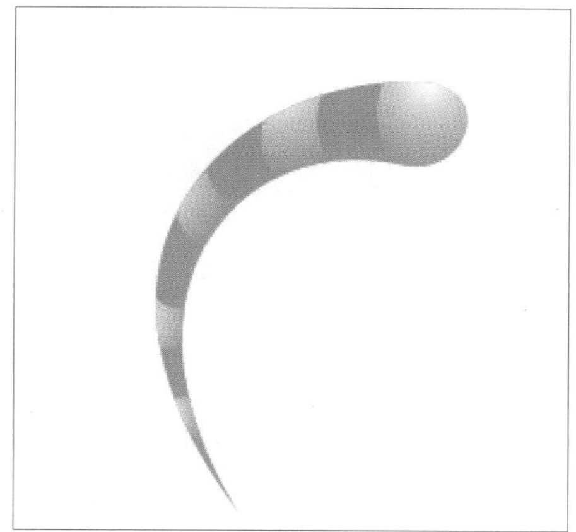
图 11-109

10 使用“选择工具”选择所有形状，按快捷键Ctrl+G 群组对象，调整对象的大小，如图 11-110 所示。右击对象，在弹出的快捷菜单中执行“顺序”→“到图层后面”命令，将该对象置于所有对象的下面，如图 11-111 所示。

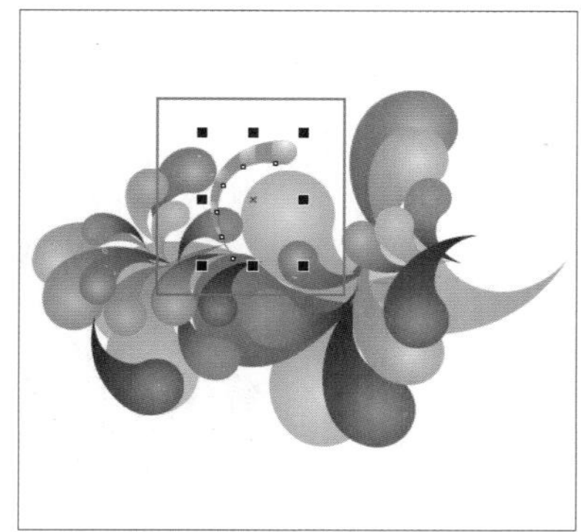
图 11-110

图 11-111

11 复制两个对象，更改渐变颜色，并调整对象的大小、位置和顺序，如图 11-112 所示。采用同样的方法，使用“贝塞尔工具”继续绘制曲线，然后填充颜色并进行调整，如图 11-113 所示。

12 单击工具箱中的“椭圆形工具”按钮，按住 Ctrl 键绘制一个正圆，使用“交互式填充”填充渐变颜色，并去除轮廓线，如图 11-114 所示。

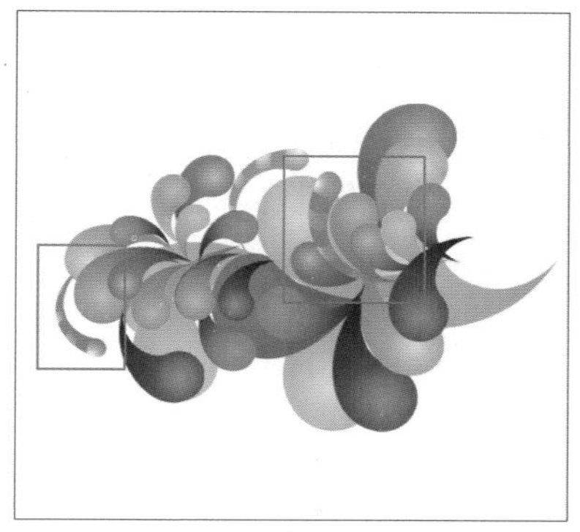
图 11-112

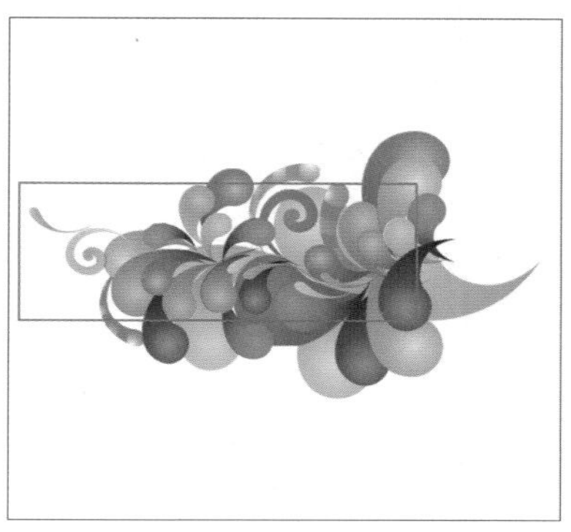
图 11-113

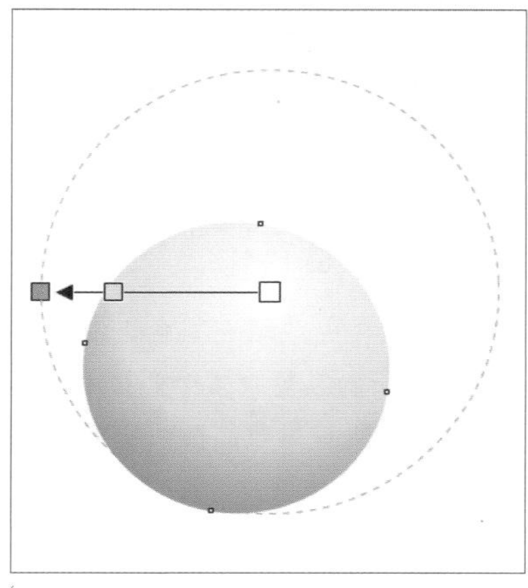
图 11-114

13 使用“贝塞尔工具”绘制形状，再使用“选择工具”选择所有形状，单击属性栏中的“合并”按钮，合并对象，如图 11-115 所示。使用“交互式填充”填充渐变颜色，如图 11-116 所示，然后去除对象的轮廓线，使用“选择工具”选择两个对象，按快捷键 Ctrl+G 群组对象，如图 11-117 所示。

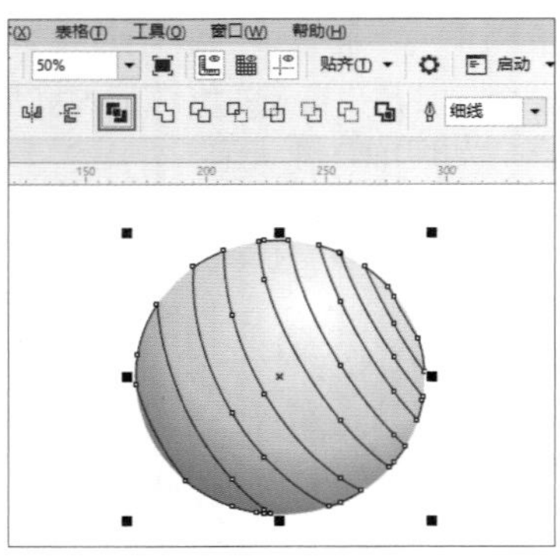

图 11-115

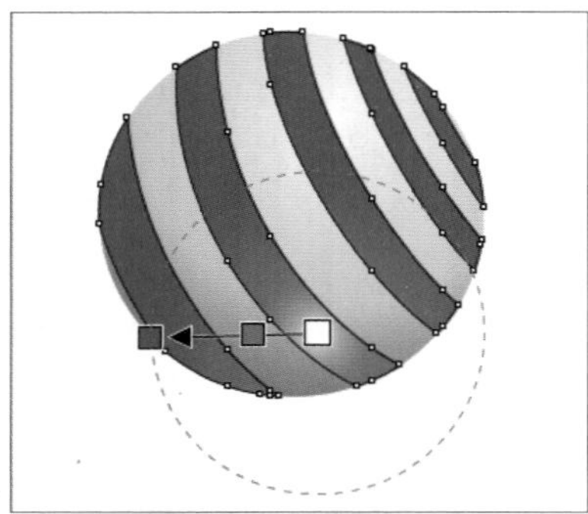

图 11-116

图 11-117

14 采用同样的方法，更改填充颜色，制作各种颜色的彩球，如图 11-118 所示。复制多个彩球对象，并调整大小和位置，然后选择所有对象，按快捷键 Ctrl+G 群组对象，如图 11-119 所示。

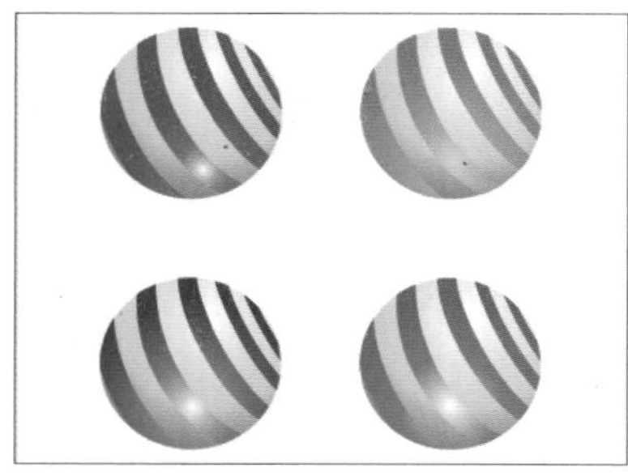

图 11-118

图 11-119

11.4.2 制作广告辅助图形

01 将对象移至合适的位置并调整大小，然后右击，在弹出的快捷菜单中执行“PowerClip 内部”命令，当光标变为 ➧ 箭头形状时，单击背景对象，如图 11-120 所示，隐藏多余的部分，如图 11-121 所示。

图 11-120

图 11-121

02 使用“贝塞尔工具”继续绘制形状，然后填充颜色并去除轮廓线，如图 11-122 所示，按快捷键 Ctrl+I 导入本章的素材文件“图片 1.jpg”，如图 11-123 所示。

图 11-122

图 11-123

03 右击，在弹出的快捷菜单中执行“PowerClip 内部”命令，当光标变为 ➧ 形状时，单击目标对象，如图 11-124 所示，即可将图片素材置入形状中。单击底部的“编辑 PowerClip 内部”按钮，如图 11-125 所示，进入编辑状态，调整对象的大小和位置，如图 11-126 所示。

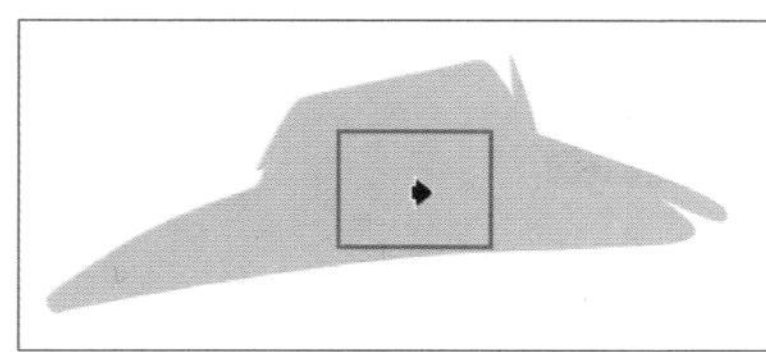

图 11-124

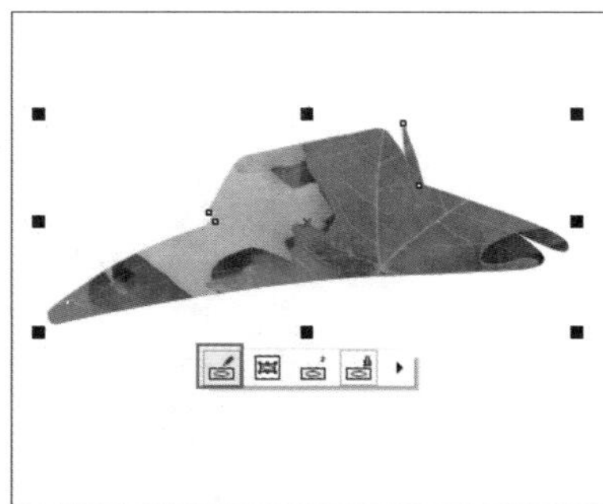

图 11-125

图 11-126

04 单击底部的“停止编辑内容”按钮，完成编辑，如图 11-127 所示，采用同样的方法，将素材图像置入图形对象中，并调整对象的大小和位置，如图 11-128 所示。

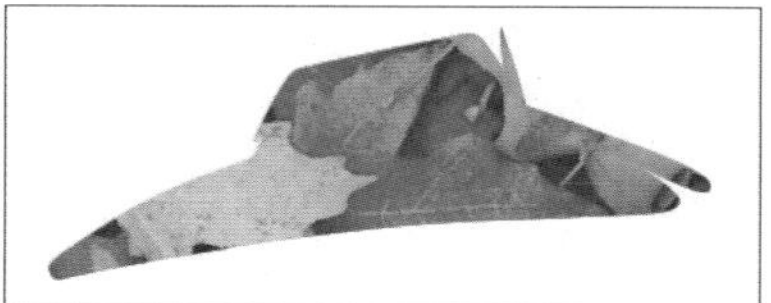

图 11-127

图 11-128

11.4.3　编辑文本

01 按快捷键 Ctrl+O 打开本章的素材文件“天使 .cdr”，按快捷键 Ctrl+C 复制对象，然后按快捷键 Ctrl+V 粘贴到该文档中，并调整合适的大小和位置，如图 11-129 所示。使用“文本工具”字输入文本，在属性栏中设置字体为 HARDEHEADED，并调整合适的大小和位置，如图 11-130 所示。

图 11-129

图 11-130

02 按快捷键 Ctrl+K 拆分美术字，单击调色板中的颜色，分别设置文本的颜色，如图 11-131 所示。用“文本工具”字输入文本，在属性栏中设置字体为 Candara、颜色为洋红色，调整合适的大小。再同时选中两个文本，打开“对齐与分布”泊坞窗，单击“右对齐”按钮，对齐文本，如图 11-132 所示。使用“贝塞尔工具”继续绘制形状，再置入“图片 2”素材，然后调整到合适的大小和位置。最后选择所有的文本对象，按快捷键 Ctrl+Q 将文本转换为曲线，完成制作，如图 11-133 所示。

图 11-131

图 11-132

图 11-133

11.5 充值宣传单设计

本实例以紫色渐变为背景，将红包作为主体，结合太阳光束、云朵等元素，给人以强烈的视觉冲击，同时有力地烘托出了主题。本案例通过形状工具、椭圆形工具、形状工具等绘制形状并填充颜色，还使用了“图框精确裁剪内容”命令。

11.5.1 制作背景

01 启动 CorelDRAW 2017 软件，新建空白文档，使用“矩形工具”绘制一个矩形，再在属性栏中设置“宽度”为 600mm、“高度”为 900mm，。

02 单击工具箱中的“交互式填充”按钮，在属性栏中单击“渐变填充”按钮，再单击属性栏中的“编辑填充”按钮，打开“编辑填充”对话框，单击“线性渐变填充”按钮，双击添加颜色节点并设置节点颜色，如图 11-134 所示，单击“确定”按钮，为对象填充渐变颜色，如图 11-135 所示。

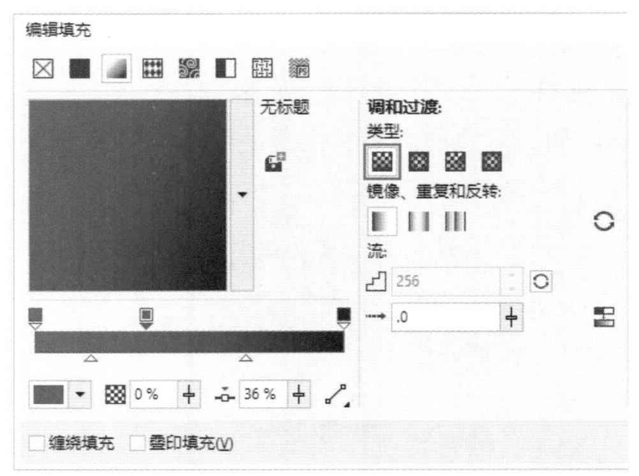

图 11-134

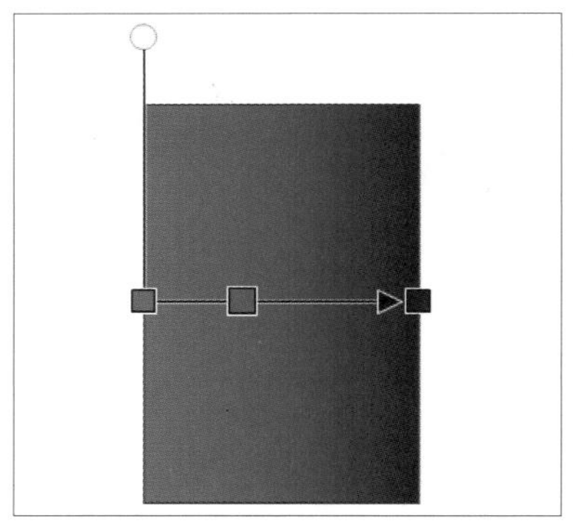

图 11-135

03 拖曳渐变形状上的节点，调整渐变的大小和角度，再右击调色板中的按钮去除轮廓线，如图 11-136 所示。按快捷键 Ctrl+O 打开本章的素材文件“埃菲尔铁塔 .cdr”，按快捷键 Ctrl+C 复制对象，然后按快捷键 Ctrl+V 粘贴到该文档中，更改填充颜色（C:73；M:98；Y:0；K:0）并调整合适的大小和位置，如图 11-137 所示。

04 使用“贝赛尔工具”绘制云朵形状，如图 11-138 所示，再使用“交互式填充”为对象填充颜色（C:73；M:98；Y:0；K:0），并去除轮廓线，然后使用“选择工具”调整大小和位置，如图 11-139 所示。

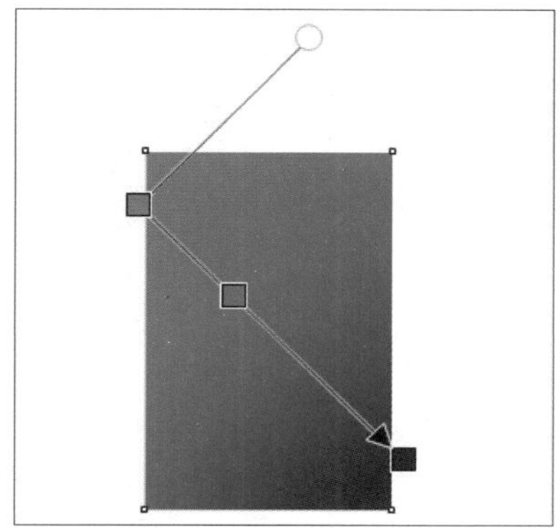

图 11-136

图 11-137

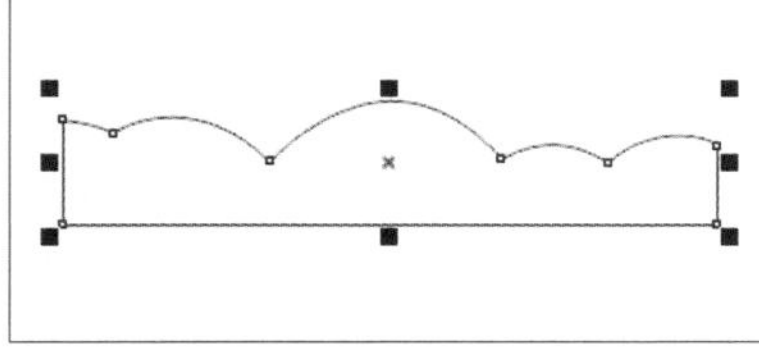

图 11-138

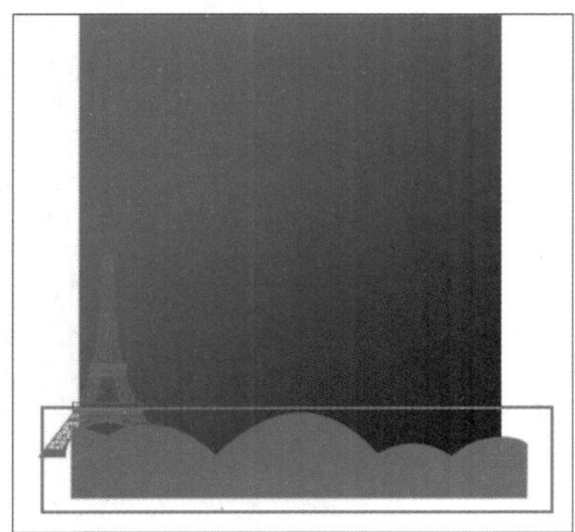

图 11-139

05 单击工具箱中的“阴影工具”按钮，在对象的中心处单击并向正上方拖曳，创建阴影效果，如图 11-140 所示。在属性栏中设置阴影的不透明度为 30%，如图 11-141 所示。

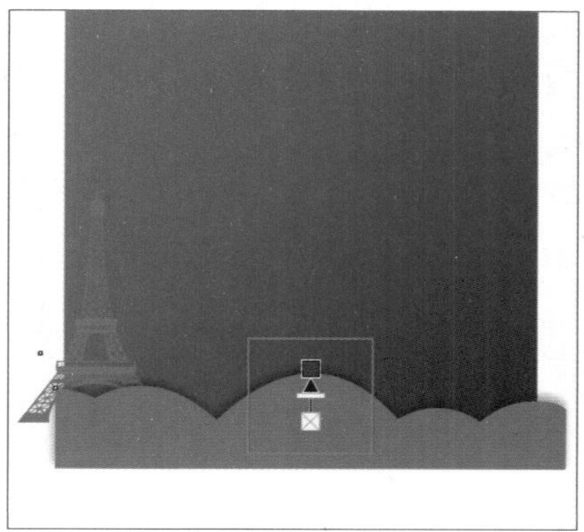

图 11-140

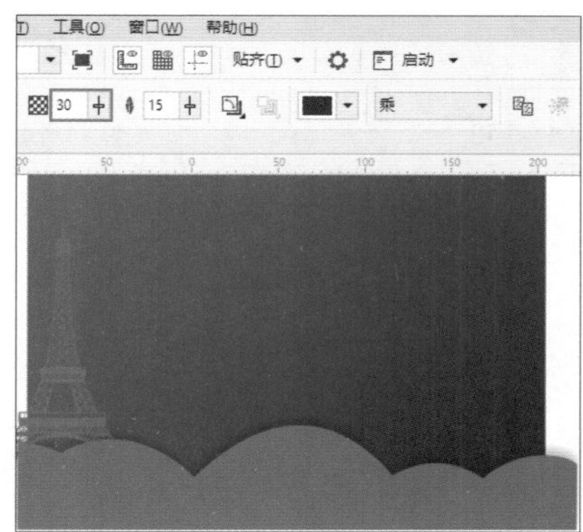

图 11-141

06 采用同样的方法，使用“贝赛尔工具”继续绘制形状，为对象填充颜色（C:59 M:82 Y:0 K:0）并去除轮廓线，然后添加阴影效果，设置阴影的不透明度为 20%，如图 11-142 所示。

图 11-142

11.5.2 制作广告主体图形

01 使用“矩形工具”绘制一个矩形，执行“对象”→“添加透视”命令，单击并拖曳透视节点，如图 11-143 所示。使用“选择工具”单击该矩形对象两次，拖曳中心点至底端中心点，如图 11-144 所示，打开“变换”泊坞窗，设置“旋转角度”和“副本”数值，如图 11-145 所示。

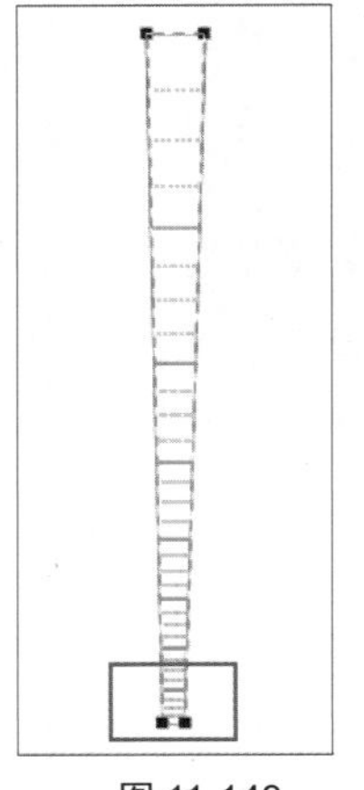

图 11-143

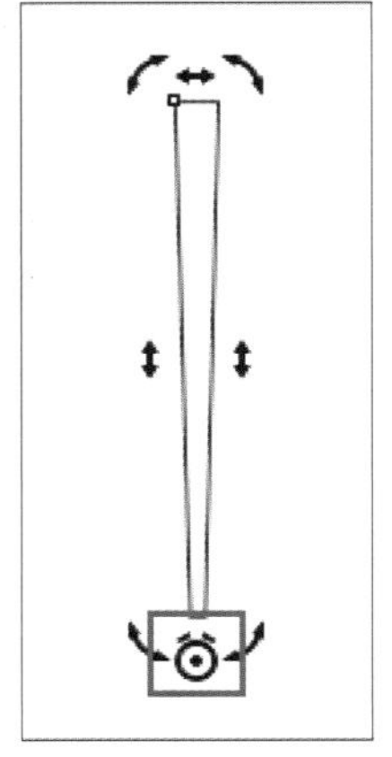

图 11-144

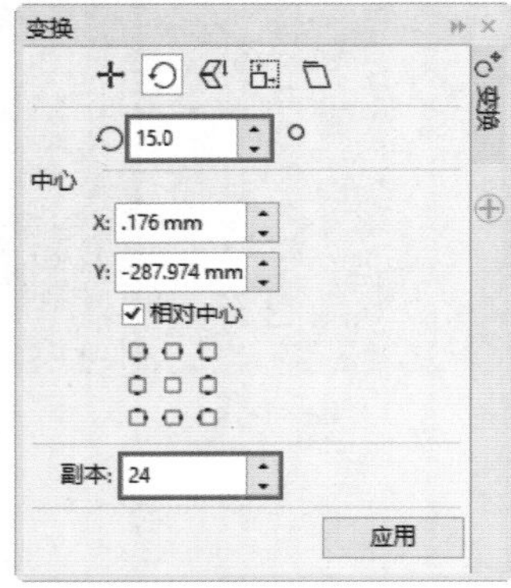

图 11-145

02 单击“应用”按钮，旋转并复制对象，如图 11-146 所示。选择全部矩形对象，单击属性栏中的“合并”按钮，合并对象，如图 11-147 所示。使用“选择工具”调整大小和位置，填充白色并去除轮廓线，如图 11-148 所示。

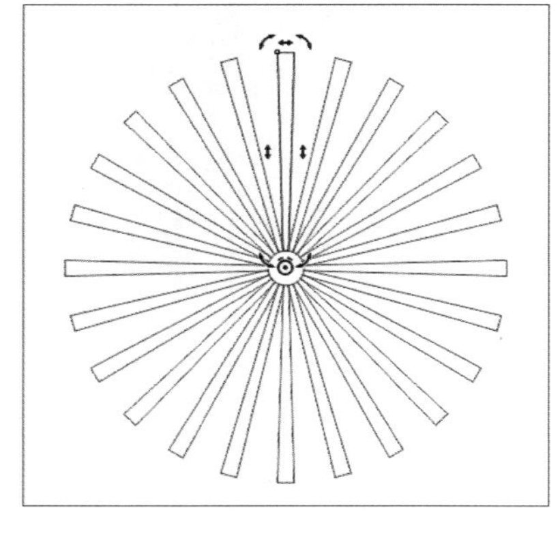

图 11-146

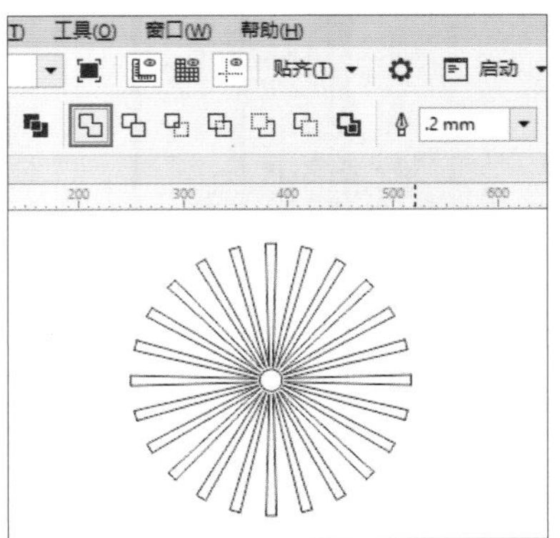

图 11-147

图 11-148

03 单击工具箱中的“透明度工具”按钮，在属性栏中单击“渐变透明度”按钮，再单击“线性渐变透明度”按钮，如图 11-149 所示，在透明形状上双击添加透明节点，设置“不透明度”为 80%，如图 11-150 所示。

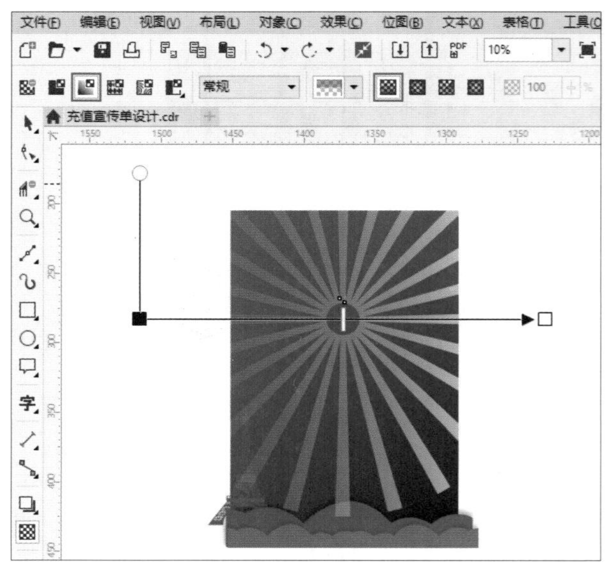

图 11-149

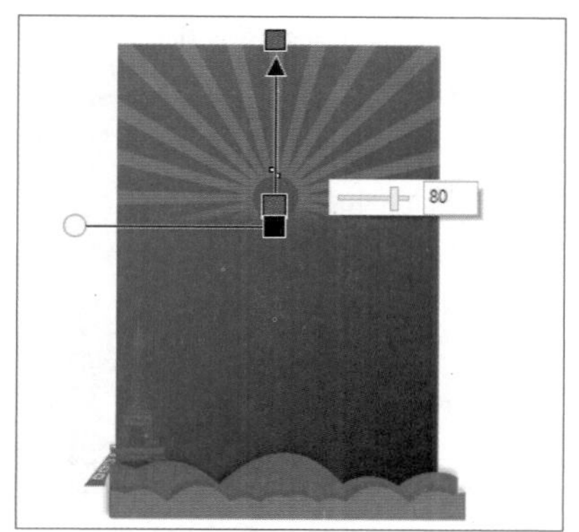

图 11-150

04 使用“选择工具”选择透明对象、埃菲尔铁塔和曲线形状对象，右击，在弹出的快捷菜单中执行“PowerClip 内部”命令，当光标变为 ➧ 形状时，单击背景对象，如图 11-151 所示，将所选对象置于背景图形内部，如图 11-152 所示。

图 11-151

图 11-152

05 使用“选择工具”选择该对象，按快捷键 Ctrl+C 复制对象，再按快捷键 Ctrl+V 粘贴对象，然后拖曳控制点缩小对象，右击调色板中的白色，设置轮廓颜色为白色，在属性栏中设置轮廓宽度为 10mm，如图 11-153 所示。单击底部的“编辑 PowerClip 内部”按钮，进入编辑状态，选择要删除的对象，按 Delete 键删除，如图 11-154 所示。

图 11-153

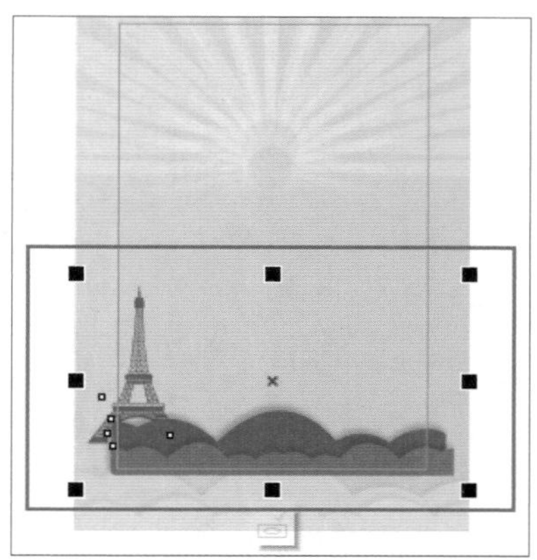

图 11-154

06 选择透明对象，调整合适的大小，单击底部的“停止编辑内容”按钮，完成编辑，如图 11-155 和图 11-156 所示。

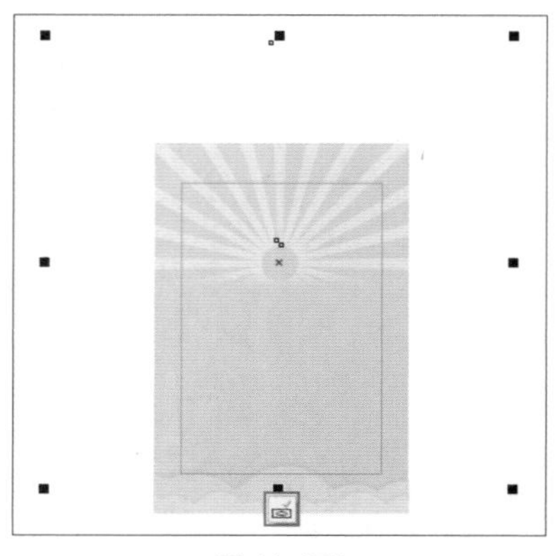

图 11-155

图 11-156

11.5.3 编辑文本

01 按快捷键 Ctrl+O 打开本章的素材文件“红包 .cdr”，按快捷键 Ctrl+C 复制对象，然后按快捷键 Ctrl+V 粘贴到该文档中，并调整合适的大小和位置，如图 11-157 所示。

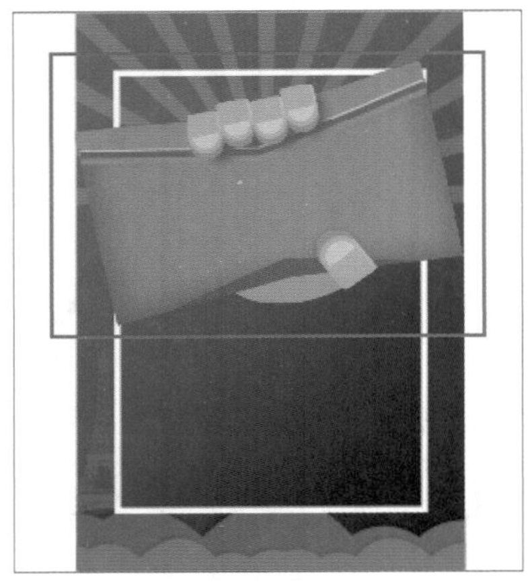

图 11-157

02 使用“文本工具”字输入文本，在属性栏中设置字体为“汉仪菱心简体”、颜色为黄色，执行“对象”→“拆分”命令或按快捷键 Ctrl+K 拆分美术字，并调整文本的位置和大小，如图 11-158 所示。

图 11-158

03 按快捷键 Ctrl+Q 将文本转换为曲线，单击工具箱中的“形状工具”按钮，显示节点，单击并拖曳节点调整曲线形状，如图 11-159 所示。继续调整曲线形状，再使用“选择工具”同时选择文本对象，单击属性栏中的“合并”按钮，合并文本对象，如图 11-160 所示。

图 11-159

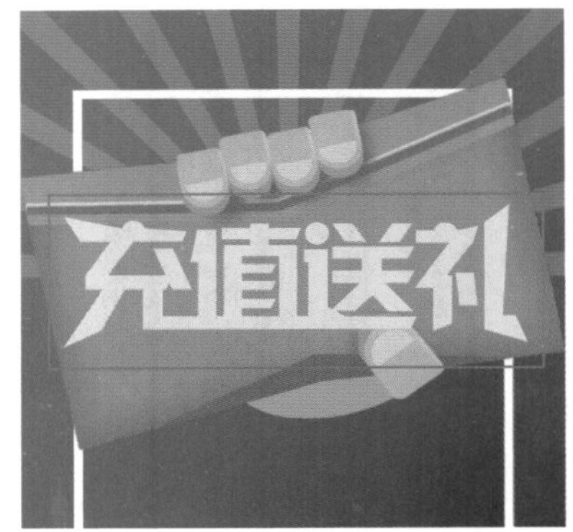

图 11-160

04 使用“选择工具”单击两次文本对象，拖曳旋转控制柄旋转对象，如图 11-161 所示。使用“文本工具”字输入文本，在属性栏中设置字体为“汉仪菱心简体”、颜色为白色，并旋转文本，如图 11-162 所示。

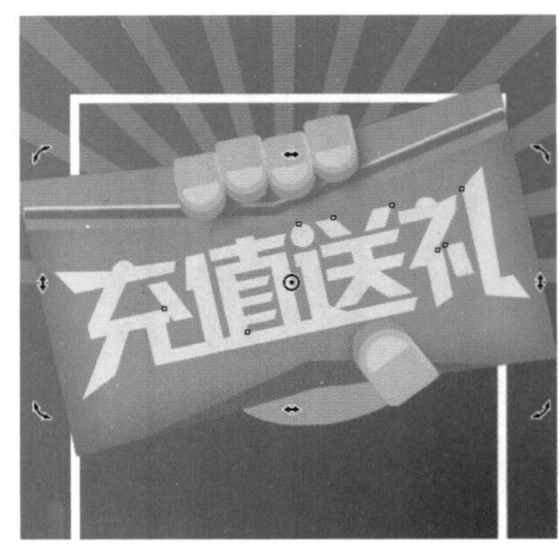

图 11-161

图 11-162

05 使用“矩形工具”绘制一个矩形，在属性栏中单击“圆角”按钮，设置“转角半径”为 10mm，然后为矩形对象填充红色并去除轮廓线，调整大小和位置，如图 11-163 所示。使用“文本工具”字输入文本，在属性栏中设置汉字的字体为“微软雅黑”、英文的字体为 Adobe Naskh Medium，文本的颜色为白色，然后调整位置和大小，如图 11-164 所示。

图 11-163

图 11-164

06 按快捷键 Ctrl+O 打开本章的素材文件“二维码 .cdr”，复制二维码对象到该文档中，调整大小和位置，更改颜色为白色，如图 11-165 所示。使用“选择工具”选择矩形、文本和二维码对象，按快捷键 Ctrl+G 群组对象，然后单击两次组合对象，拖曳旋转控制柄旋转对象，如图 11-166 所示。

图 11-165

图 11-166

07 使用“矩形工具”绘制一个矩形，按快捷键 Ctrl+Q 将其转换为曲线，再使用“形状工具”编辑节点调整曲线形状，如图 11-167 所示，为对象填充白色，并更改轮廓线颜色为 20% 的黑色，然后复制一个对象，缩小到合适大小，更改填充颜色为黄色，并去除轮廓线，如图 11-168 所示。

图 11-167

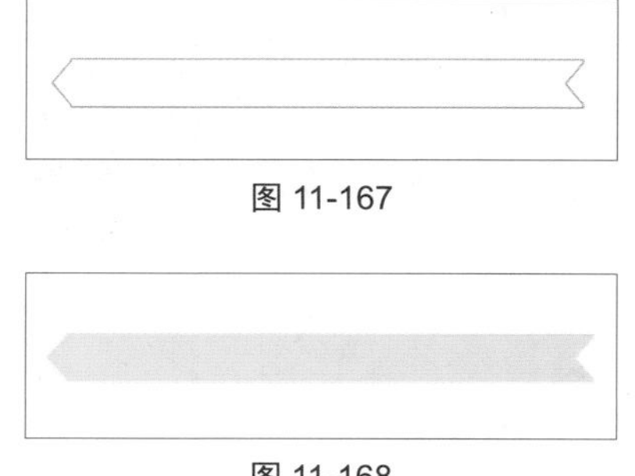

图 11-168

08 使用“椭圆形工具”按住 Ctrl 键绘制一个圆形，填充白色，设置轮廓线的颜色为 30% 的黑色，宽度为

1mm，然后复制一个对象，缩小到合适大小，更改填充颜色为红色，并去除轮廓线，如图 11-169 所示。使用“文本工具”字输入文本，设置字体为 Arial、颜色为白色，再单击属性栏中的“粗体”B按钮，将文本设置为粗体。使用“选择工具”选择对象，按快捷键 Ctrl+G 群组对象，复制两个对象，分别调整位置，如图 11-170 所示。

图 11-169

图 11-170

09 使用“文本工具”字输入文本，设置字体为“微软雅黑”、颜色为红色，并调整位置、大小和角度，如图 11-171 所示。复制两个箭头形状，再使用“文本工具”字输入文本，设置字体为“微软雅黑”、颜色为红色，再设置为粗体，如图 11-172 所示。

图 11-171

图 11-172

10 使用“椭圆形工具”按住 Ctrl 键绘制一个圆形，填充红色并去除轮廓线，然后调整位置和大小，如图 11-173 所示。继续使用“椭圆形工具”按住 Ctrl 键绘制一个圆形，再复制一个圆形并调整到合适大小，然后使用“钢笔工具”绘制曲线，如图 11-174 所示。

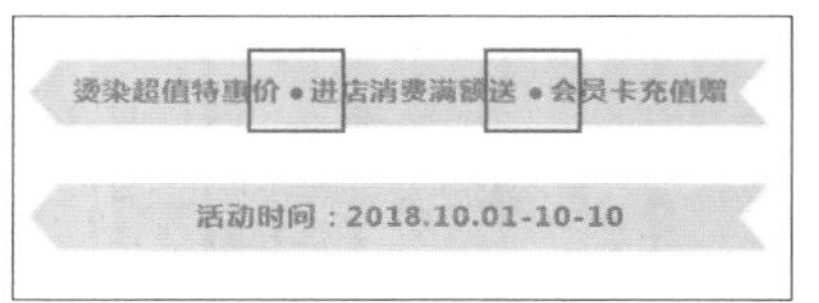

图 11-173

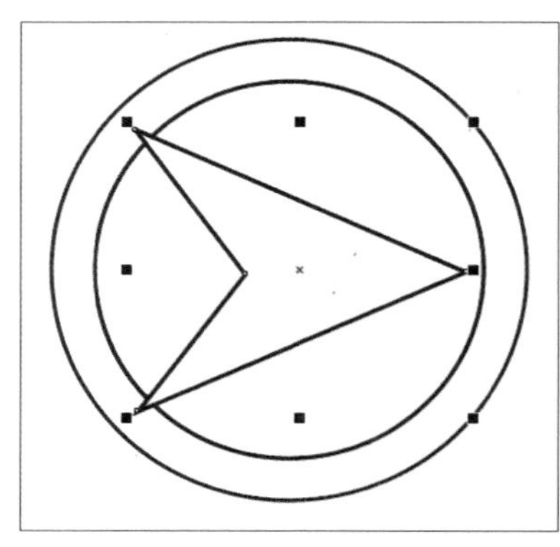

图 11-174

11 选择箭头形状和小圆形对象，单击属性栏中的“简化”按钮，再选择大圆形和小圆形，再次单击属性栏中的“简化”按钮，移除多余对象，即可得到想要的图形，如图 11-175 所示。为对象填充红色并去除轮廓线，按 Delete 键删除多余的对象，如图 11-176 所示。调整对象的位置和大小，按快捷键 Ctrl+G 群组对象，调整位置、大小和角度，如图 11-177 所示。

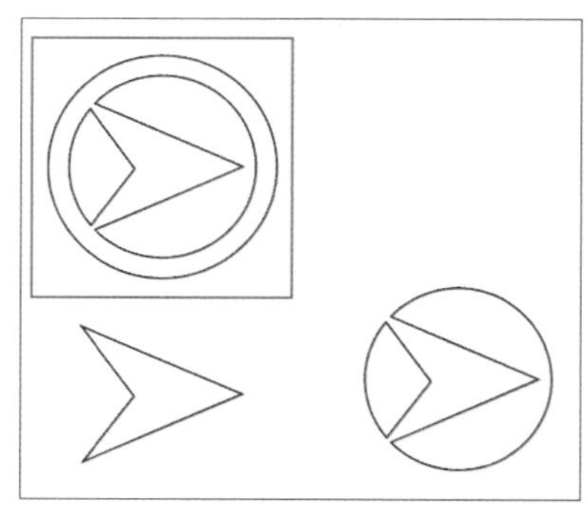

图 11-175

图 11-176

图 11-177

12 使用“文本工具”字输入文本，设置字体为“微软雅黑”、颜色为白色。使用“椭圆形工具”◯按住 Ctrl 键绘制一个圆形，填充白色并去除轮廓线，然后旋转对象，如图 11-178 所示。

图 11-178

13 按快捷键 Ctrl+O 打开本章的素材文件“卡通人物.cdr”和 Logo.cdr，按快捷键 Ctrl+C 复制对象，然后按快捷键 Ctrl+V 粘贴到该文档中，并调整合适的大小和位置，再更改 Logo 的颜色为白色，如图 11-179 所示。

图 11-179

14 采用相同的方法导入“彩带 .png”素材，复制对象并调整合适的大小和位置，如图 11-180 所示。

图 11-180

15 选择彩带部分对象，如图 11-181 所示，右击对象，在弹出的快捷菜单中执行“PowerClip 内部”命令，当光标变为 ➧ 形状时，单击背景对象，隐藏多余部分。最后选择所有的文本对象，按快捷键 Ctrl+Q 将文本转换为曲线，完成充值宣传单的制作，如图 11-182 所示。

图 11-181

图 11-182

11.6 书籍装帧设计

本实例制作的是时尚杂志的封面。书籍装帧设计要先确定封面尺寸，通过形状工具、手绘工具绘制人物形状，再使用艺术笔工具，选择合适的笔刷沿着手绘形状的轮廓绘制形状，制作手绘效果的人物，然后添加文字内容，完成书籍装帧的设计。

11.6.1 绘制封面人物

01 启动 CorelDRAW 2017 软件，新建空白文档。单击工具箱中的"手绘工具"按钮，单击并拖曳绘制形状，如图 11-183 所示，再单击属性栏中的"形状工具"按钮，显示节点，在曲线上双击添加节点，如图 11-184 所示。

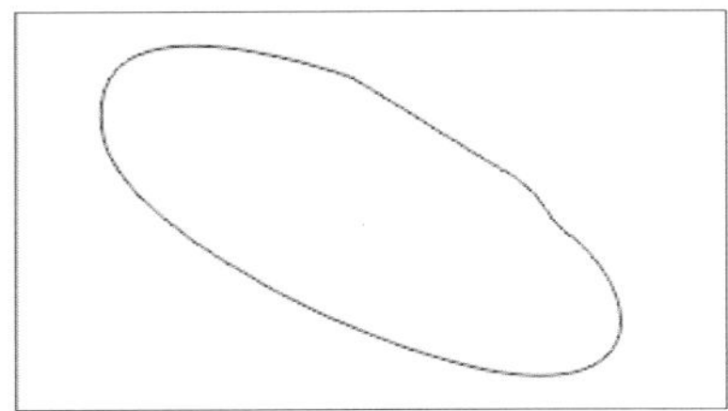

图 11-183

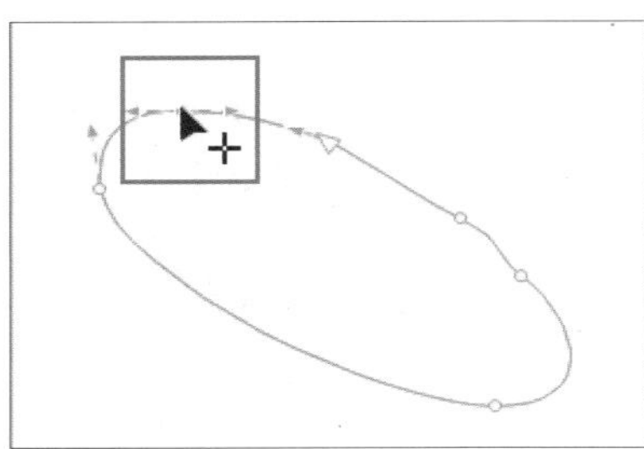

图 11-184

02 将光标放在控制手柄上，拖曳控制手柄调整曲线形状，如图 11-185 所示。继续使用"手绘工具"绘制曲线，并调整曲线形状，如图 11-186 所示。

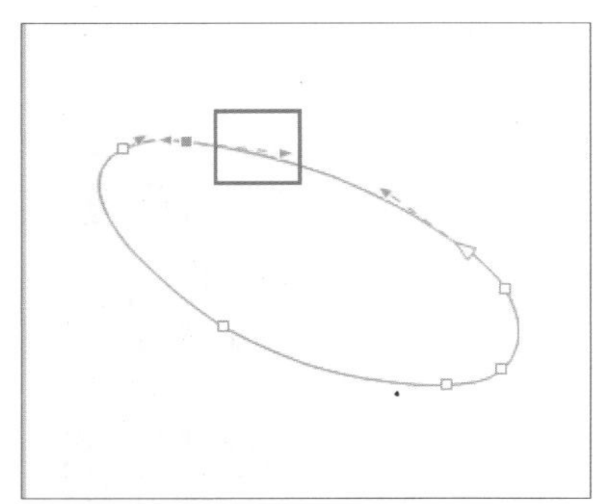

图 11-185

图 11-186

03 单击工具箱中的"艺术笔工具"按钮，在属性栏中单击"预设"按钮，并在笔刷类型下拉列表中选择一种笔刷类型，单击并拖曳绘制形状，如图 11-187 所示。采用相同的方法继续使用"艺术笔工具"在属性栏中选择合适的笔刷，然后沿着手绘形状的轮廓绘制形状，绘制出人物轮廓，如图 11-188 所示。

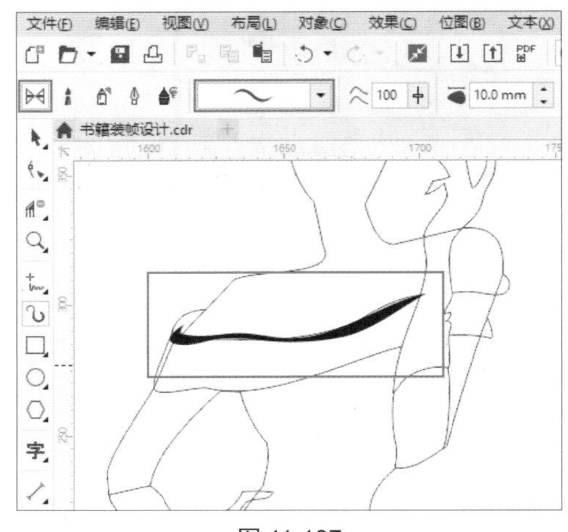

图 11-187

图 11-188

04 单击工具箱中的"智能填充工具"按钮，在属性栏中设置填充颜色（C：93、M：88、Y：89、K：

80)，然后在要填充的形状对象中单击，为形状填充颜色，如图 11-189 所示。继续使用“智能填充工具” 为形状对象填充颜色，如图 11-190 所示。

图 11-189

图 11-190

05 使用“选择工具” 选择手绘工具绘制的线稿，按 Delete 键删除，如图 11-191 所示。再选择“嘴唇”对象，单击工具箱中的“交互式填充” 按钮，更改填充颜色（C: 13、M：99、Y：100、K：0），修改嘴唇对象的颜色，如图 11-192 所示。

图 11-191

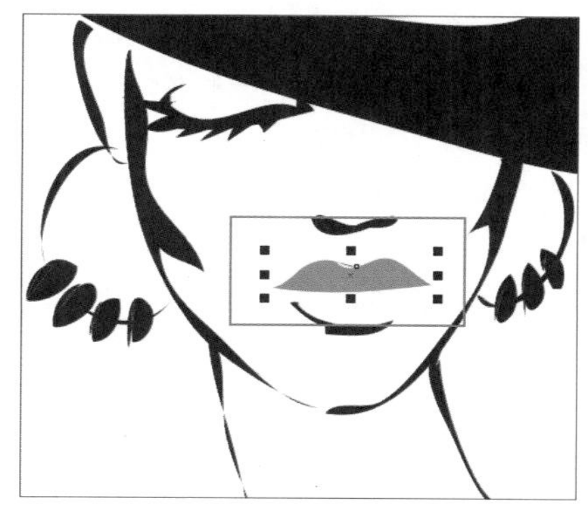

图 11-192

06 使用“艺术笔工具” 绘制阴影形状，并更改填充颜色为浅灰色（C：25；M：17；Y:17；K：0），如图 11-193 所示。

图 11-193

11.6.2　制作封面辅助图形

01 使用“矩形工具” 绘制一个矩形，填充黑色（C：92；M：88；Y:89；K：80），再右击调色板中的 按钮去除轮廓线，如图 11-194 所示。使用“选择工具” 单击对象，按快捷键 Ctrl+C 复制对象，然后按快捷键 Ctrl+V 粘贴对象，如图 11-195 所示。

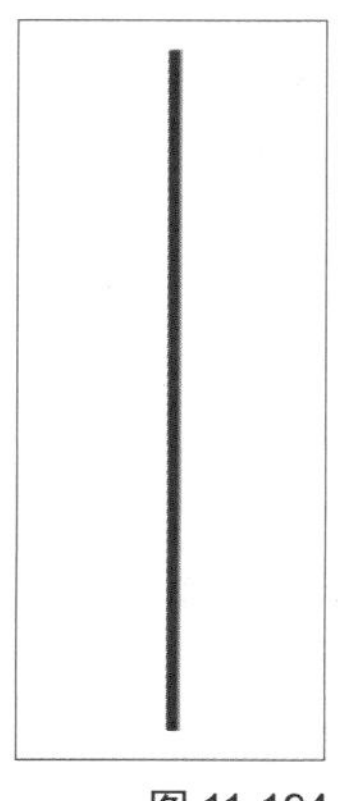

图 11-194

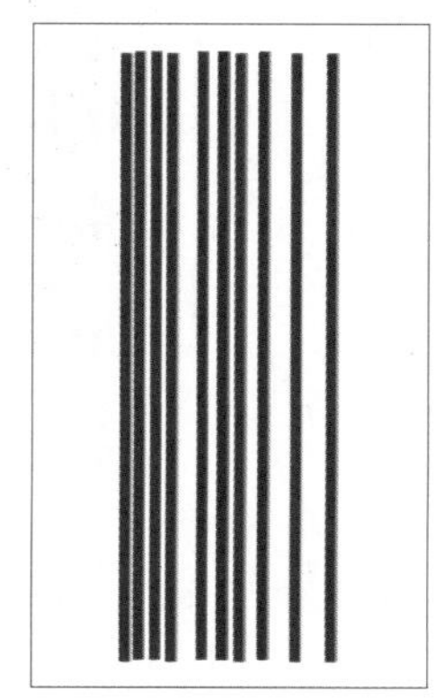

图 11-195

02 选择全部矩形对象，打开“对齐和排列”泊坞窗，单击“顶对齐”按钮，再单击“水平分散排列中心”按钮，对齐并平均分布对象，如图 11-196 和图 11-197 所示。选择所有的黑色矩形形状，按快捷键 Ctrl+G 群组对象，并调整合适的大小和位置，如图 11-198 所示。

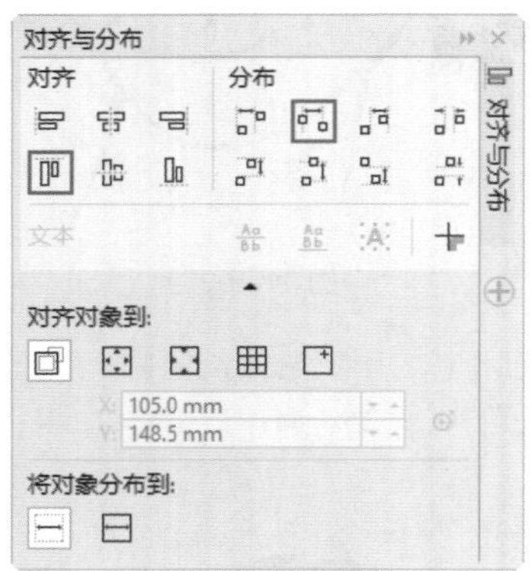

图 11-196

图 11-197

图 11-198

03 单击属性栏中的“到图层后面”按钮，将该对象置于所有图层的后面，如图 11-199 所示。使用“椭圆形工具”在如图 11-200 所示的位置绘制一个圆形，按住 Shift 键单击加选矩形对象，再单击属性栏中的“移除前面对象”按钮，移除前面的对象，如图 11-201 所示。

图 11-199

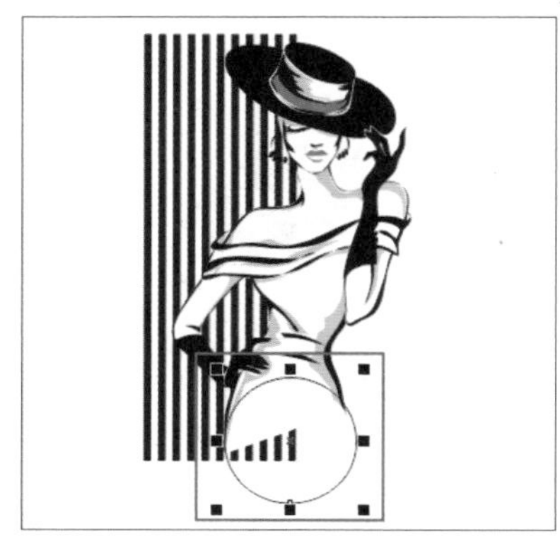
图 11-200

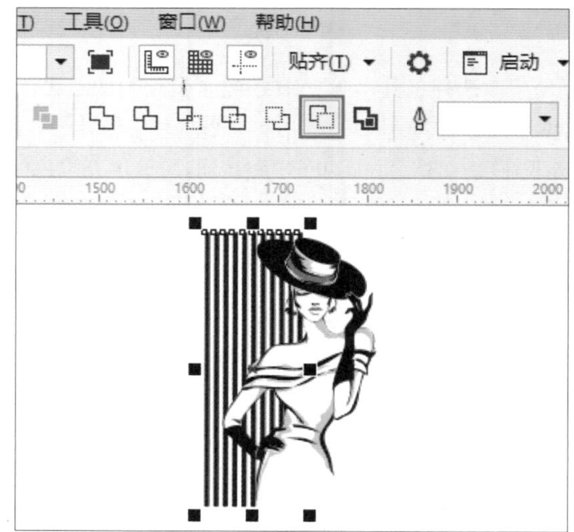

图 11-201

04 使用“矩形工具”绘制一个矩形，再在属性栏的设置“宽度”为 210mm、“高度”为 210mm。右击人物对象，在弹出的快捷菜单中执行“PowerClip 内部”命令，当光标变为 ➧ 形状时，单击矩形对象，即可将该对象置于矩形图形内部，如图 11-202 所示。单击底部的“编辑 PowerClip 内部”按钮，进入编辑状态，然后调整对象的大小和位置，再单击底部的“停止编辑内容”按钮完成编辑，如图 11-203 所示。

图 11-202

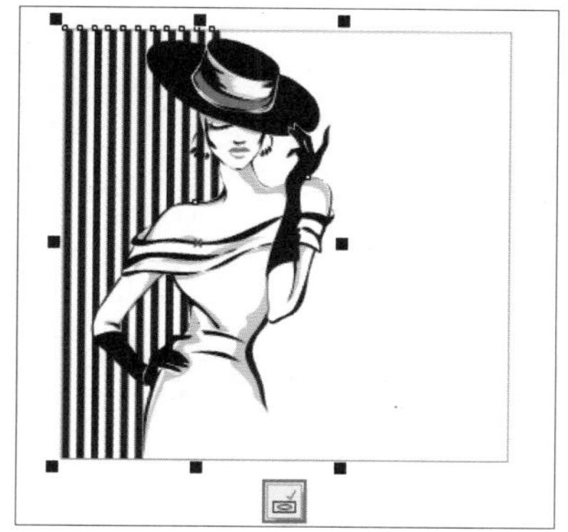

图 11-203

05 选择矩形对象，单击工具箱中的“交互式填充”按钮，在属性栏中单击“渐变填充”按钮，并单击“线性渐变填充”按钮，设置 10% 的黑色到白色的渐变颜色，拖曳控制手柄调整渐变范围和大小，如图 11-204 所示，再右击调色板中的 50% 的黑色，更改轮廓线颜色，如图 11-205 所示。

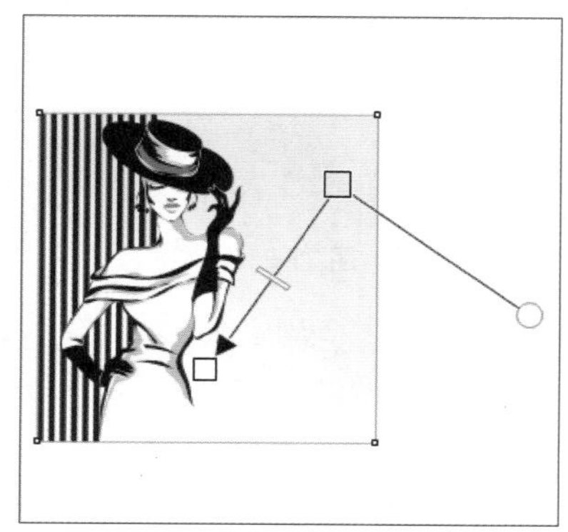

图 11-204

图 11-205

06 使用“椭圆形工具”按住 Ctrl 键绘制一个正圆形，再使用“钢笔工具”绘制一个三角形，如图 11-206 所示。使用“选择工具”同时选中圆形和三角形，单击属性栏中的“合并”按钮，合并两个对象，如图 11-207 所示。

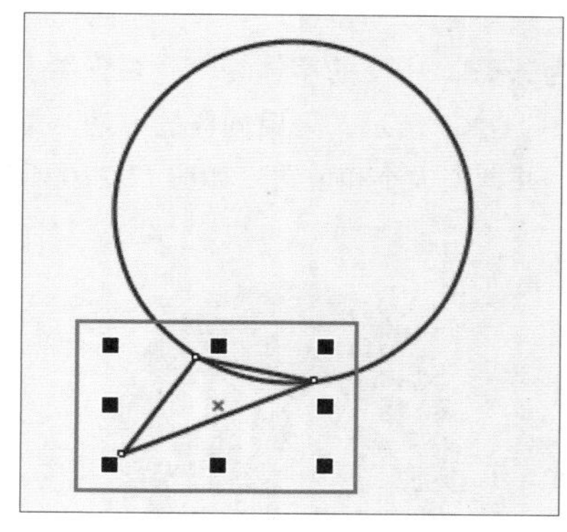

图 11-206

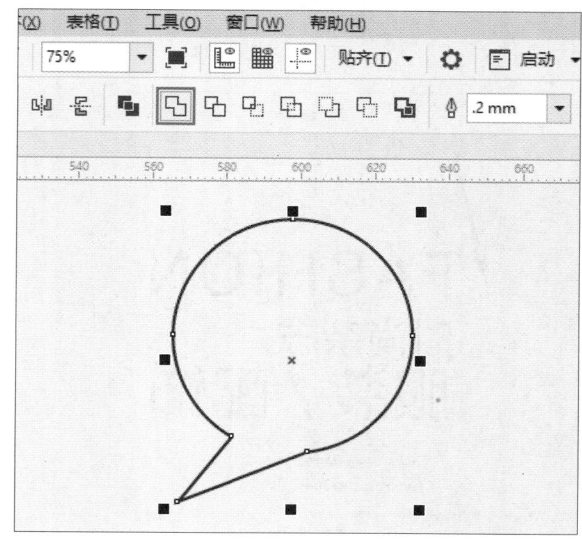

图 11-207

07 为对象填充颜色（C：0；M：100；Y:100；K：20），并去除轮廓线，如图 11-208 所示。

图 11-208

11.6.3 编辑封面文本

01 使用“文本工具”字输入文本，在属性栏中设置数字的字体为 Arial、中文的字体为“微软雅黑”、颜色为白色，如图 11-209 所示。采用同样的方法，输入文本，设置字体，并调整大小和位置，如图 11-210 所示。

图 11-209

图 11-210

02 使用“文本工具”字单击并拖曳选择需要设置的文本，再单击工具箱中的“交互式填充”按钮，设置填充颜色（C:0；M:100；Y:100；K:20），更改所选文本的颜色，如图 11-211 所示。采用相同的方法设置其他文本的颜色，如图 11-212 所示。继续使用“文本工具”字选择需要设置的文本，单击属性栏中的“粗体”B按钮，将文本设置为粗体，如图 11-213 所示。

图 11-211

图 11-212

图 11-213

03 使用“矩形工具”□按钮，绘制一个填充为 10% 的黑色并去除轮廓线的矩形。右击，在弹出的快捷菜单中执行“顺序”→“置于此对象后”命令，当光标变为➧形状时，单击目标对象，如图 11-214 所示，可将该对象调整至目标对象的后面，如图 11-215 所示。

图 11-214

图 11-215

04 再复制一个对象并移动位置，如图 11-216 所示。按快捷键 Ctrl+O 打开本节的素材文件“Logo.cdr”，按快捷键 Ctrl+C 复制对象，按快捷键 Ctrl+V 粘贴到该文档中，并调整合适的大小和位置，如图 11-217 所示。

图 11-216

图 11-217

05 使用“矩形工具”按钮，绘制一个矩形，设置属性栏中的“宽度”为 210mm、“高度”为 210mm，填充黑色。使用“文本工具”字输入文本，设置文本字体、颜色（60% 的黑色）和大小，设置属性栏中的“旋转角度”为 –90°，如图 11-218 所示。

图 11-218

06 使用“矩形工具”按钮，绘制一个矩形，填充 20% 的黑色并去除轮廓线，设置“旋转角度”为 –60°，调整对象位置。选择所有的文本对象，按快捷键 Ctrl+Q 将文本转换为曲线，完成书籍封面的制作，如图 11-219 所示。

图 11-219

11.7 鸡尾酒广告

本例设计以紫色渐变与绚丽的光斑为背景，使画面更具立体感，也充满了梦幻色彩。将碰杯的手势插图放置在中心处，既烘托气氛又起到了点题的作用。本实例主要使用了贝塞尔工具、椭圆工具、渐变填充、透明度工具、文本工具等。

11.7.1 制作背景

01 启动 CorelDRAW 2017 软件，新建空白文档，单击工具箱中的“矩形工具”按钮或按 F6 键，按住 Ctrl 键绘制一个正方形。

02 单击工具箱中的“交互式填充”按钮，在属性栏中选择“渐变填充”，单击“编辑填充”按钮，打开“编辑填充”对话框，单击“椭圆形渐变填充”按钮，双击添加颜色节点，并设置节点颜色，如图 11-220 所示，单击“确定”按钮，为对象填充渐变颜色，如图 11-221 所示。

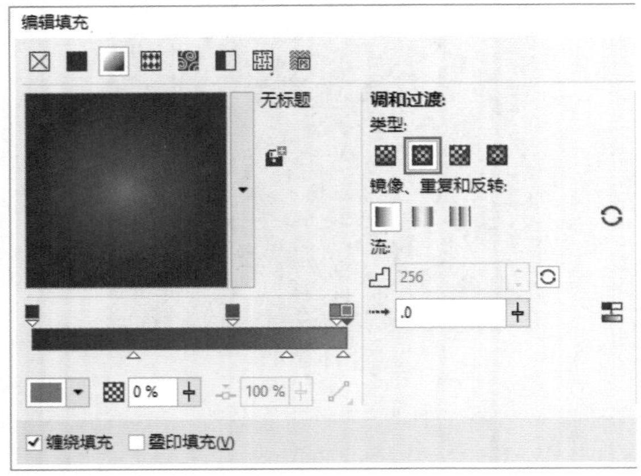

图 11-220

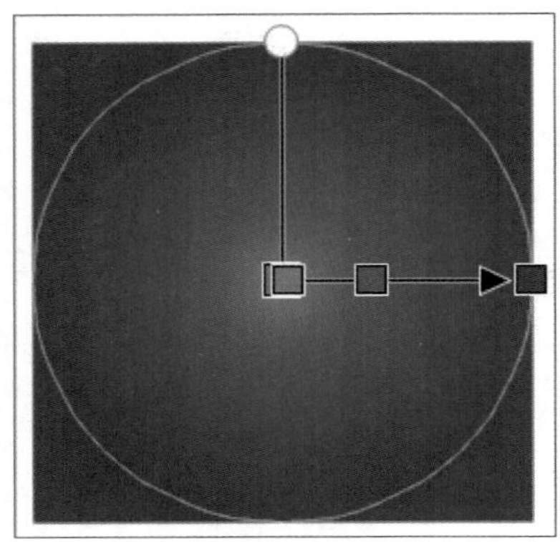

图 11-221

03 拖曳渐变形状上的节点调整渐变范围和形状，再右击调色板中的按钮，去除对象的轮廓线，如图 11-222 所示。使用“椭圆形工具”按住 Ctrl 键绘制一个圆形，单击工具箱中的“交互式填充”按钮，单击“均匀填充”按钮，并设置填充颜色（C：10、M：86、Y:0、K：0），再右击调色板中的按钮，去除轮廓线，如图 11-223 所示。

04 单击工具箱中的“透明度工具”按钮，再单击属性栏中的“渐变透明度”按钮，选择“椭圆形渐变”，设置“合并模式”为“叠加”，如图 11-224 所示。拖曳渐变形状上的节点调整透明度范围并设置“节点透明度”，如图 11-225 所示。

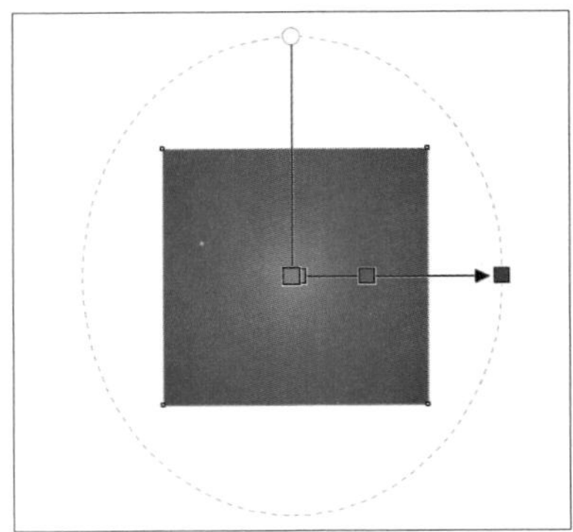

图 11-222

图 11-223

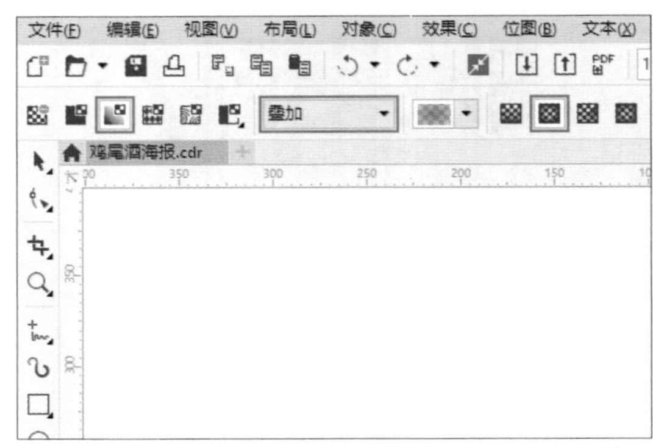

图 11-224

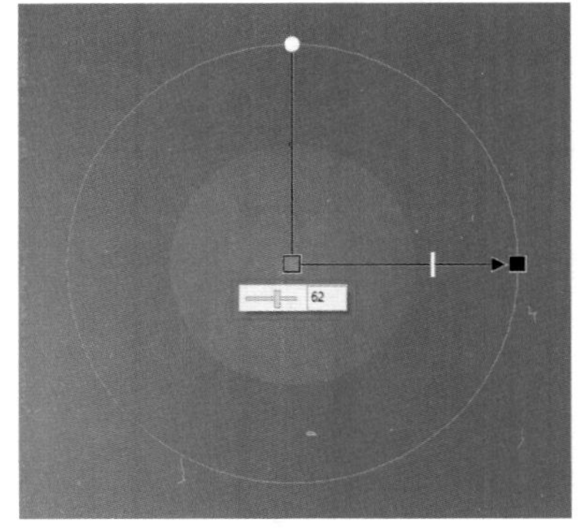

图 11-225

05 使用“选择工具”选择对象，按快捷键 Ctrl+C 复制对象，按快捷键 Ctrl+V 粘贴对象，调整大小和位置，如图 11-226 所示。单击工具箱中的“透明度工具”按钮，设置“节点透明度”为 40%，如图 11-227 所示。

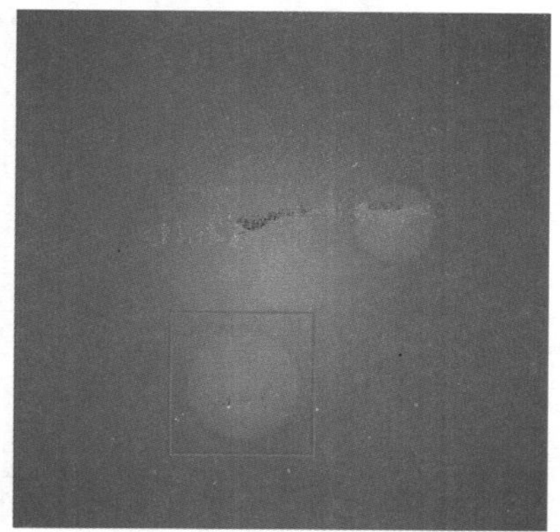

图 11-226

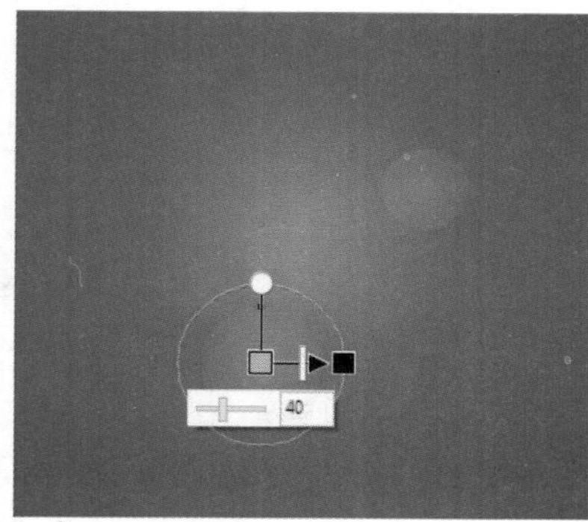

图 11-227

06 继续复制对象，并调整大小和位置，然后选择全部圆形对象，按快捷键 Ctrl+G 群组对象。右击，在弹出的快捷菜单中执行“PowerClip 内部”命令，当光标变为 ➧ 形状时，单击背景对象，隐藏多余的部分，如图 11-228 所示。

图 11-228

11.7.2 制作主体图形

01 使用“贝赛尔工具”单击确定一个起点，再另一点处单击并拖曳控制手柄绘制曲线，如图 11-229 所示。继续绘制曲线，回到起点处单击闭合曲线，绘制一个酒杯的形状，如图 11-230 所示。

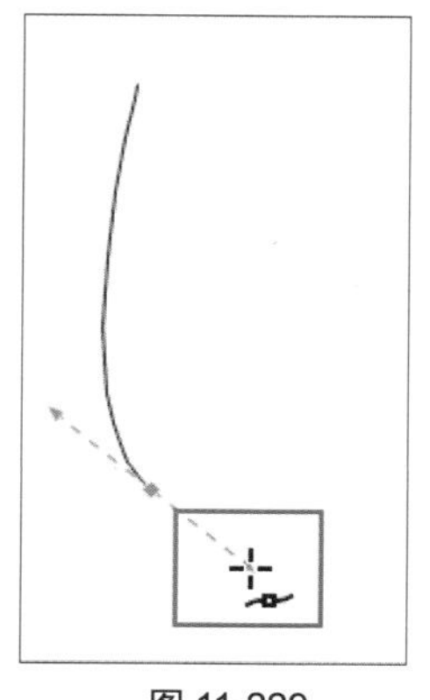

图 11-229

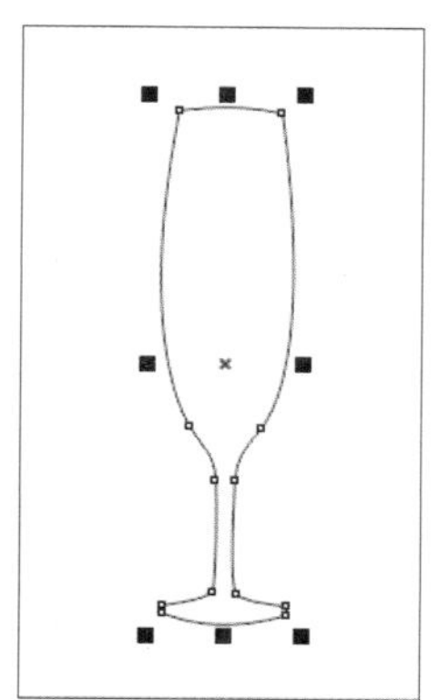

图 11-230

02 单击工具箱中的“交互式填充”按钮，在属性栏中单击“均匀填充”按钮，为对象填充颜色（C:7；M:6；Y:5；K:0）并去除轮廓线。继续使用“贝赛尔工具”绘制形状，如图 11-231 所示。单击工具箱中的“交互式填充”按钮，在属性栏中单击“渐变填充”按钮，再单击“线性渐变填充”按钮，为对象填充渐变颜色，并调整渐变角度和范围，如图 11-232 所示。

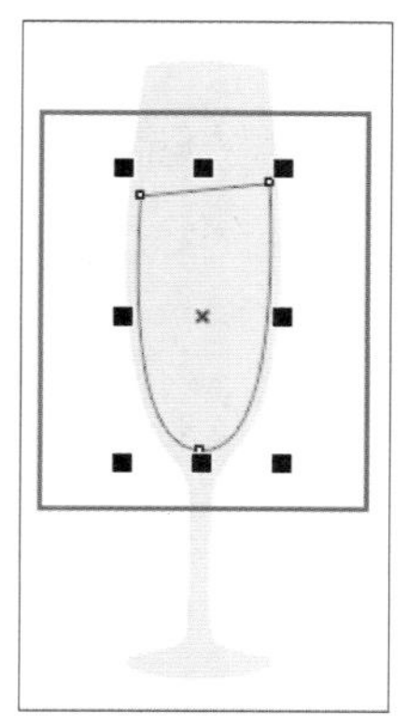

图 11-231

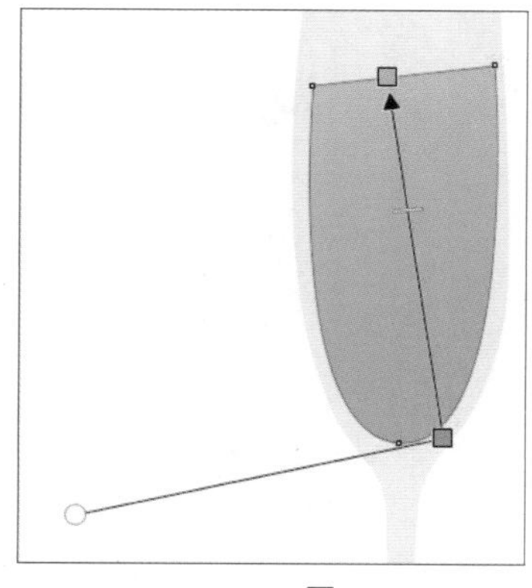

图 11-232

03 右击调色板中的☒按钮，去除对象的轮廓线，如图 11-233 所示。使用“椭圆形工具”按住 Ctrl 键绘制一个圆形，使用“贝赛尔工具”绘制一个月牙的形状，如图 11-234 所示。同时选择两个对象，在属性栏中单击“合并”按钮，为对象填充白色并去除轮廓线，制作气泡，如图 11-235 所示。

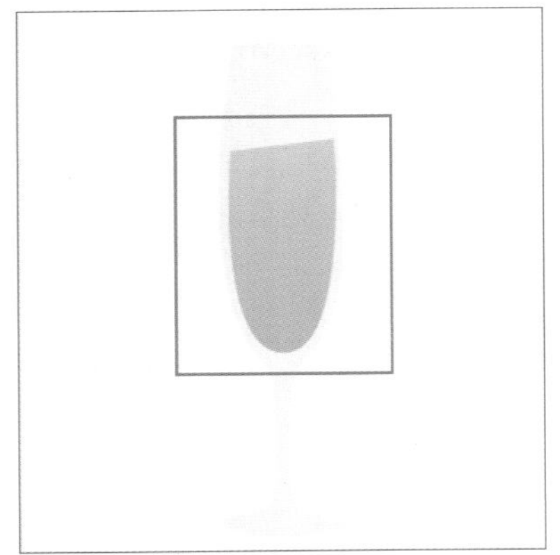

图 11-233

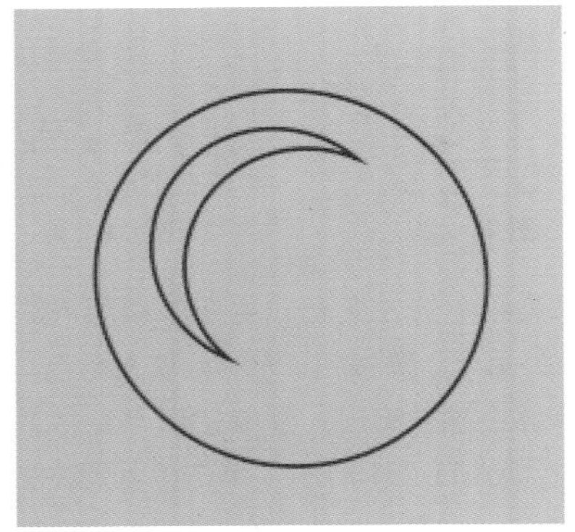

图 11-234

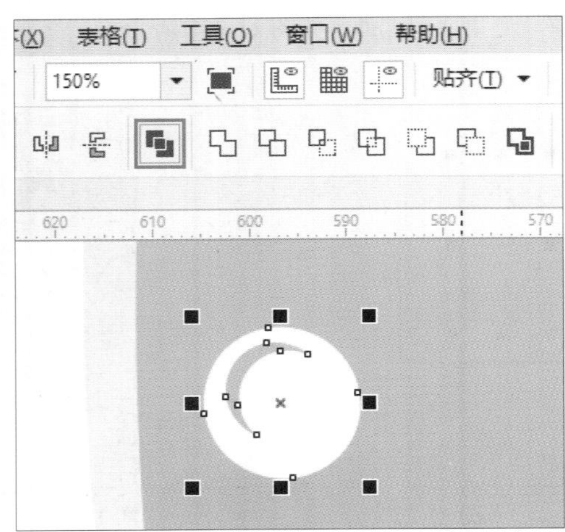

图 11-235

04 单击工具箱中的“透明度工具”按钮，单击属性栏中的“均匀透明度”按钮，设置“透明度”为60%，如图11-236所示。使用“选择工具”选择对象，按快捷键Ctrl+C复制对象，按快捷键Ctrl+V粘贴对象，调整大小和位置，如图11-237所示。使用“贝赛尔工具”绘制一个形状，填充白色并去除轮廓线，如图11-238所示。

图 11-236

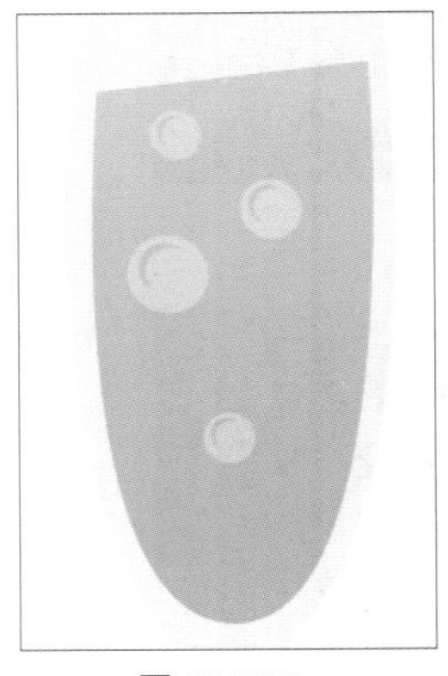

图 11-237

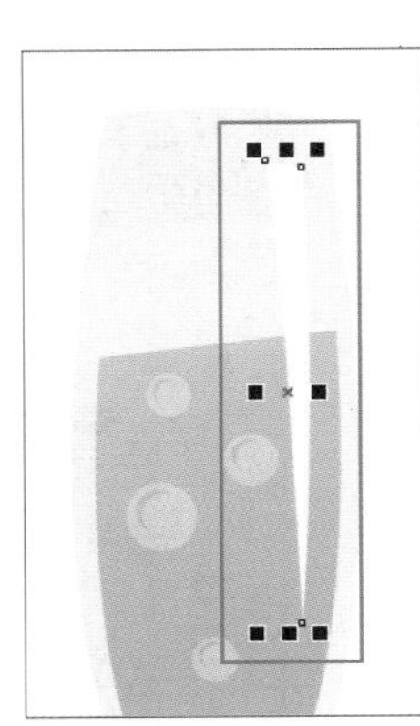

图 11-238

05 单击工具箱中的“透明度工具”按钮，再在属性栏中单击“渐变透明度”按钮，在渐变透明度的控制线上双击添加透明节点，设置透明节点的颜色和透明度，再调整透明角度和范围，制作酒杯的高光效果，如图11-239所示。使用“选择工具”选择所有的酒杯对象，按快捷键Ctrl+G群组对象，再单击一次显示旋转控制柄，单击并拖曳控制柄旋转对象，如图11-240所示，继续使用“贝赛尔工具”绘制一个手的形状，如图11-241所示。

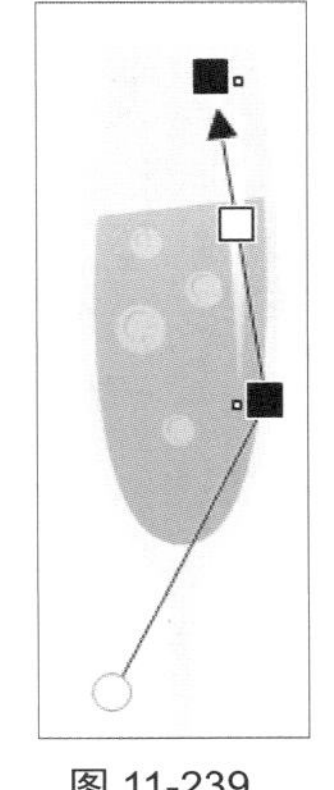

图 11-239

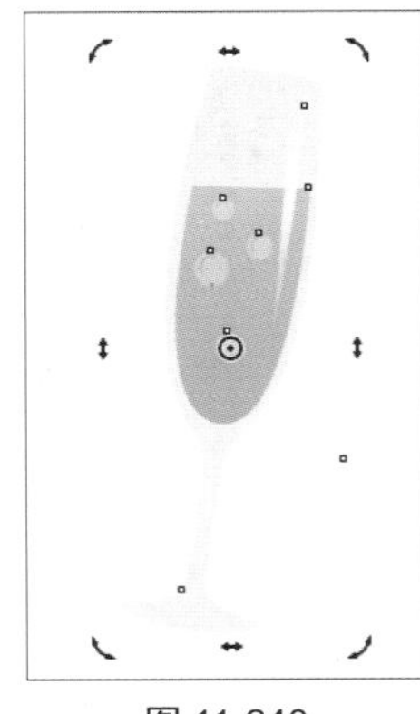

图 11-240

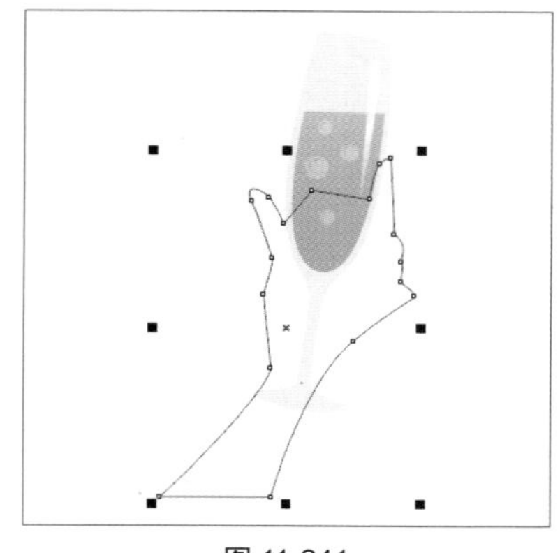

图 11-241

06 设置对象填充颜色（C:7；M:39；Y:53；K:0）并去除轮廓线，再右击对象，在弹出的快捷菜单中执行“顺序”→“向后一层”命令，调整顺序，如图 11-242 所示。继续使用“贝赛尔工具”绘制手指、指甲和阴影的形状，如图 11-243 所示，分别填充颜色并去除轮廓线，如图 11-244 所示。

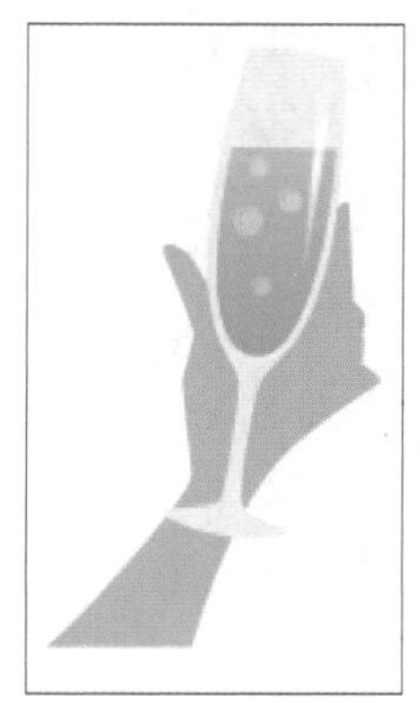

图 11-242

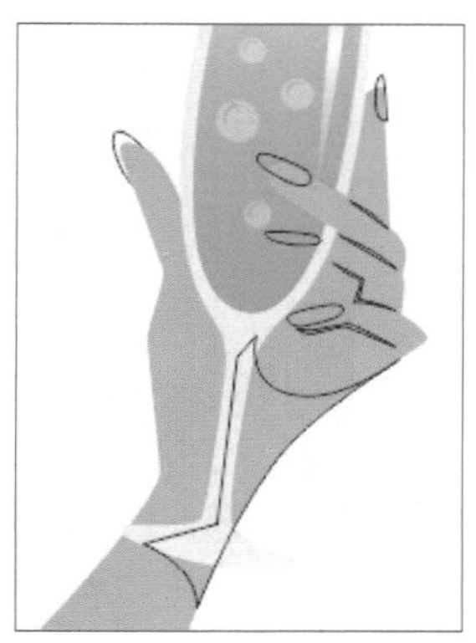

图 11-243

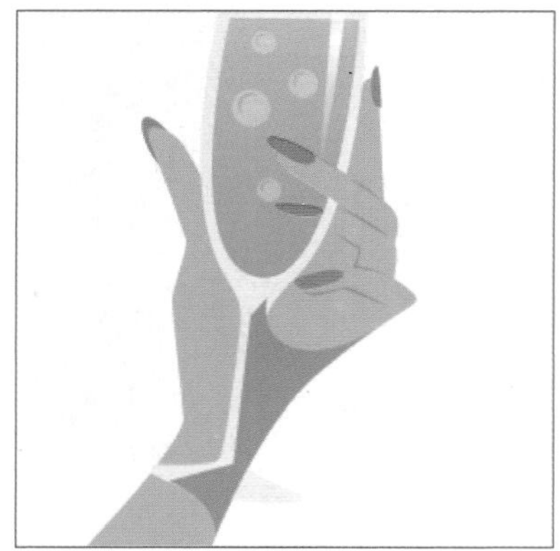

图 11-244

07 右击手部的阴影对象，在弹出的快捷菜单中执行“顺序”→“置于此对象后”命令，当光标变为 ➧ 形状时，单击目标对象，如图 11-245 所示，即可调整对象的顺序。单击工具箱中的“透明度工具”按钮，单击属性栏中的“均匀透明度”按钮，设置“透明度”为 60%，为所有的阴影对象添加透明度效果，如图 11-246 所示。使用“选择工具”选择酒杯对象，按快捷键 Ctrl+U 取消组合，再选择酒杯对象，单击工具箱中的“形状工具”按钮，显示节点，如图 11-247 所示。

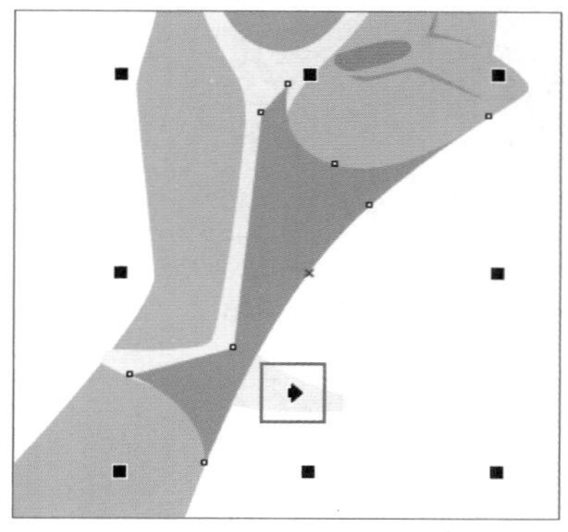

图 11-245

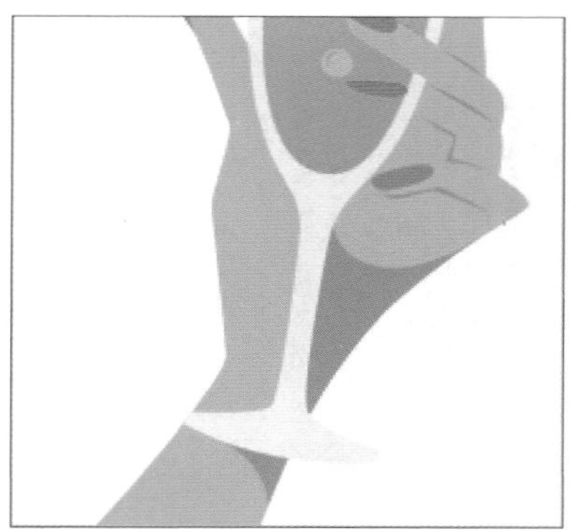

图 11-246

图 11-247

08 在曲线上双击添加节点，单击并拖曳调整节点位置，如图 11-248 所示，然后拖曳控制手柄调整曲线形状，如图 11-249 所示。采用同样的方法，继续添加节点并调整曲线，凸显细节，如图 11-250 所示。

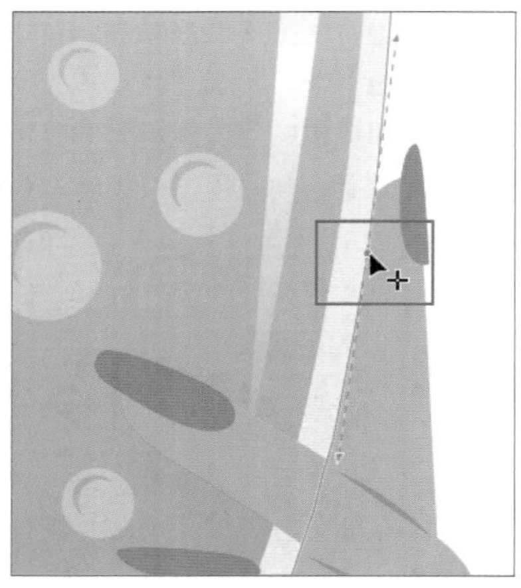

图 11-248

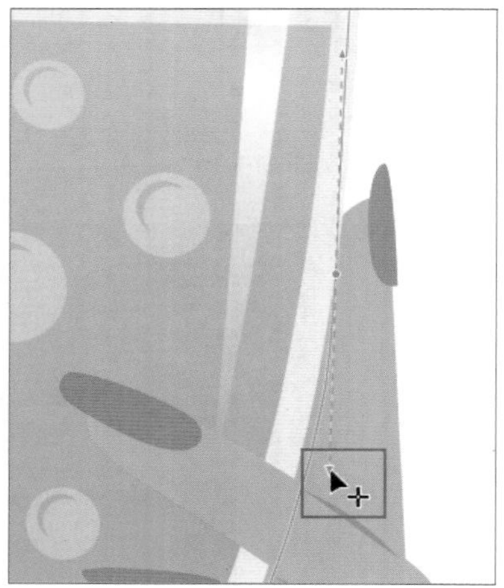

图 11-249

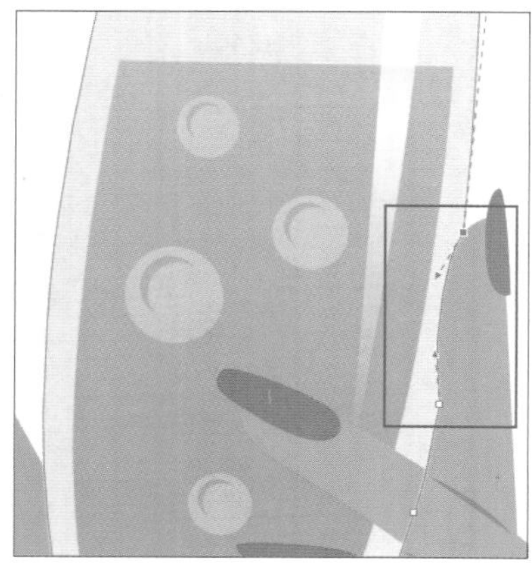

图 11-250

08 采用同样的方法，复制一个酒杯对象，再利用“贝塞尔工具”绘制另一只手，如图 11-251 所示。使用“选择工具”选择所有的酒杯和手对象，按快捷键 Ctrl+G 群组对象，将其移至背景对象上，并调整合适的大小和位置，如图 11-252 所示。

图 11-251

11.7.3 编辑文本

01 使用“文本工具”字输入文本，在属性栏中设置字体为 BernhardFashion BT、颜色为白色，使用“选择工具”调整合适的位置和大小，如图 11-253 所示。

图 11-252

图 11-253

02 右击调色板中的白色，为文本添加轮廓线，使文本变粗，如图 11-254 所示。再使用“文本工具”字输入文本，在属性栏中设置字体为 Miriam、颜色为白色。右击调色板中的白色，为文本添加轮廓线，然后调整合适的位置和大小，如图 11-255 所示。

图 11-254

图 11-255

03 使用“文本工具”字单击并拖曳创建一个文本框，输入段落文本，在属性栏中设置字体为 Arial Unicode MS，“字号”为 12pt，颜色为白色，如图 11-256 所示。按快捷键 Ctrl+T 打开“文本属性”泊坞窗，单击“段落”按钮，设置“行间距”参数，如图 11-257 所示。右击段落文字，在弹出的快捷菜单中执行“转换为曲线”命令，将文本转换为曲线，如图 11-258 所示。

图 11-256

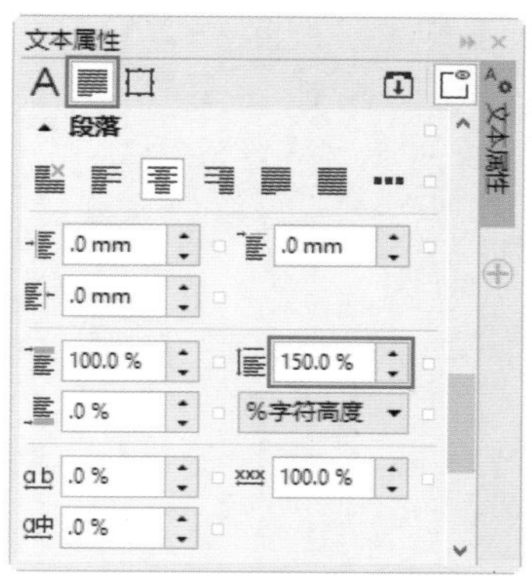

图 11-257

图 11-258

04 选择另外的两个美术字文本，按快捷键 Ctrl+Q 转换为曲线。单击工具箱中的“阴影工具”按钮，在文本的中心处单击并向下方拖曳，创建阴影效果，如图 11-259 所示。执行“对象”→“拆分阴影群组”命令或按快捷键 Ctrl+K，拆分阴影对象。使用“选择工具”选择阴影对象，并调整大小和位置，如图 11-260 所示。采用同样的方法，为另一个文本添加阴影效果，如图 11-261 所示。

图 11-259

图 11-260

图 11-261

05 使用“椭圆形工具”按住 Ctrl 键绘制一个圆形，填充白色并去除轮廓线。单击工具箱中的“透明度工具”按钮，再单击属性栏中的“渐变透明度”按钮，选择“椭圆形渐变”，设置节点透明度，如图 11-262 所示。

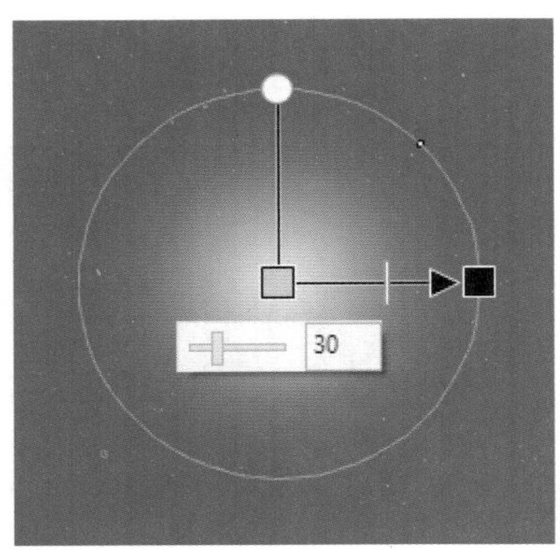

图 11-262

06 使用“选择工具”复制多个对象，调整大小和位置，制作漫天雪花的效果，最后选择所有的文本对象，按快捷键 Ctrl+Q 将文本转换为曲线，完成鸡尾酒海报的制作，如图 11-263 所示。

图 11-263

11.8 中国风插画

本例制作的是具有中国风的插画，以立体灯笼为主，结合中国结等装饰元素，体现了主题并营造出一种温馨的氛围。本实例主要运用了多边形工具、贝塞尔工具、阴影工具、造型工具等。

11.8.1 制作立体灯笼

01 启动 CorelDRAW 2017 软件，新建空白文档，单击工具箱中的“多边形工具”按钮，在属性栏中设置“边数”为 12，绘制一个多边形，如图 11-264 所示。单击工具箱中的“交互式填充”按钮，在属性栏中单击“均匀填充”按钮，并设置填充颜色（C：0、M：89、Y：55、K：0），右击调色板中的按钮，去除轮廓线，为多边形填色，如图 11-265 所示。

02 使用“贝赛尔工具”绘制一个三角形，如图 11-266 所示，继续使用“贝塞尔工具”按照多边形的形状绘制其他三角形，如图 11-267 所示。

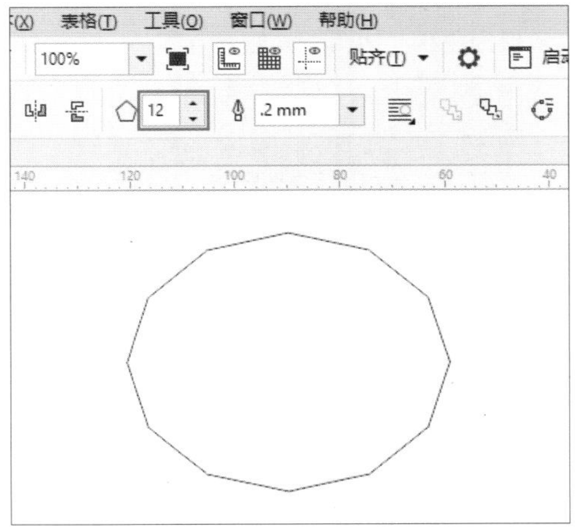

图 11-264

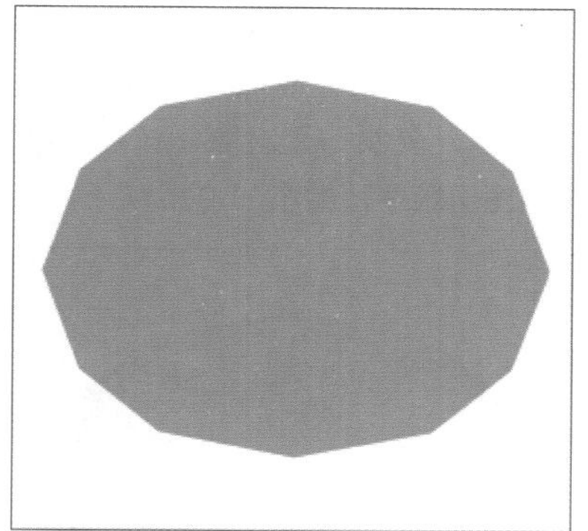

图 11-265

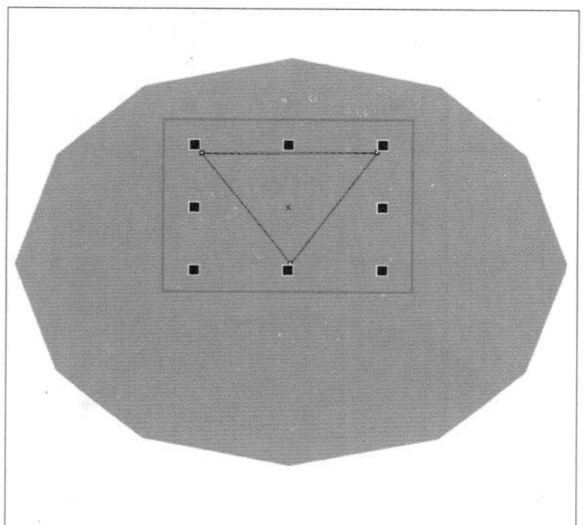

图 11-266

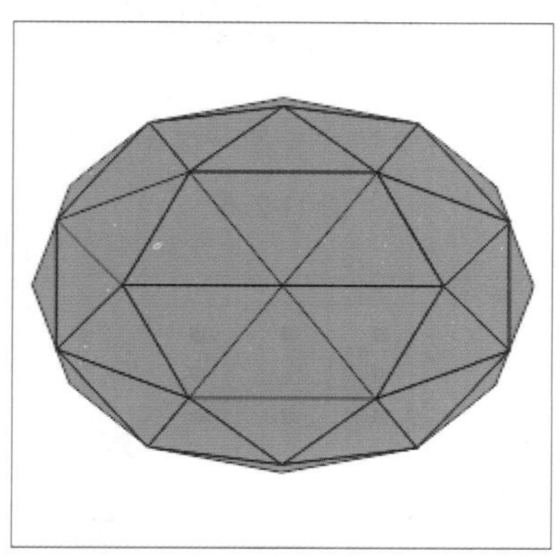

图 11-267

01 使用“交互式填充” 为三角形对象填充颜色，如图 11-268 所示。使用“选择工具”选择所有的三角形对象，按快捷键 Ctrl+G 群组对象，并去除轮廓线。单击属性栏中的“到图层后面” 按钮，将组合对象置于多边形对象后面。单击工具箱中的“透明度工具” 按钮，在属性栏中单击“均匀透明度” 按钮，设置“合并模式”为“乘”，设置“透明度”为 0，得到立体的多边形图形，如图 11-269 所示。

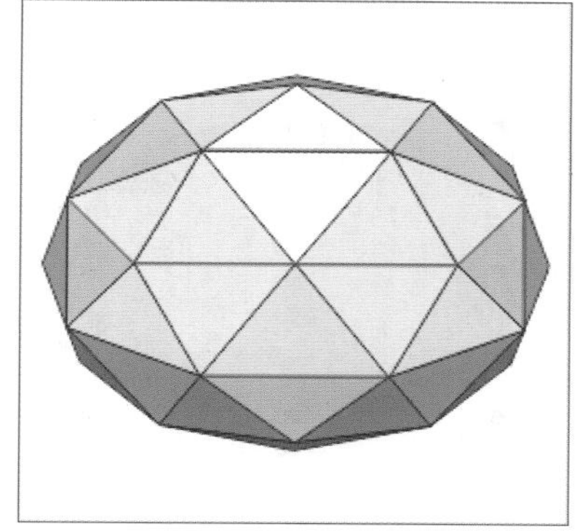

图 11-268

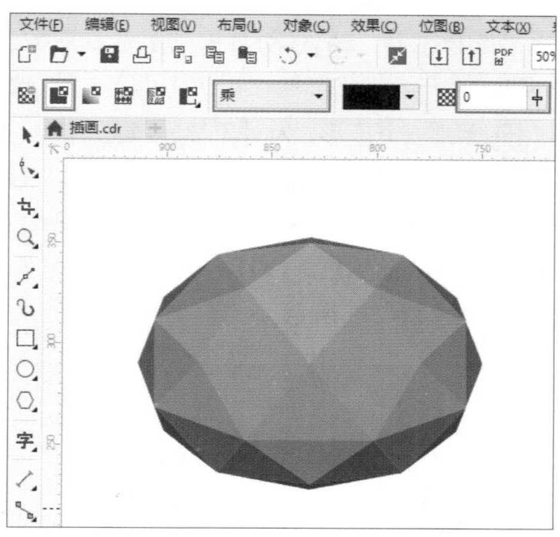

图 11-269

02 使用“椭圆形工具” 绘制一个椭圆形。单击工具箱中的“交互式填充” 按钮，在属性栏中单击“渐变填充” 按钮，再单击“椭圆形渐变填充” 按钮，设置节点颜色，如图 11-270 所示。单击工具箱中的“透明度工具” 按钮，再单击属性栏中的“均匀透明度” 按钮，设置“合并模式”为“颜色减淡”，“透明度”为 0，如图 11-271 所示。

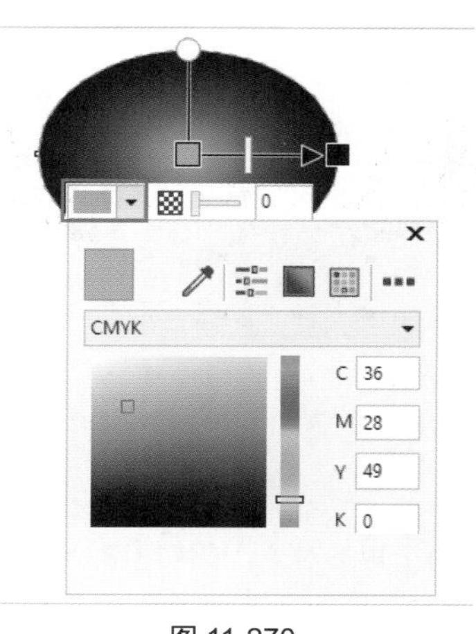

图 11-270

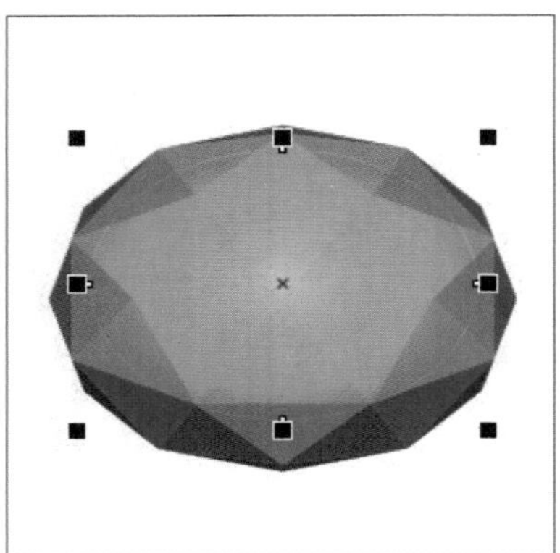

图 11-271

03 使用“选择工具”移动对象到多边形对象上，调整大小和位置，并去除轮廓线，如图 11-272 所示。使用“矩形工具”绘制一个矩形，为对象填充颜色（C:0；M:27；Y:42；K:0）并去除轮廓线，使用“选择工具”选择该对象，按快捷键 Ctrl+C 复制对象，按快捷键 Ctrl+V 粘贴对象，更改填充颜色（C:31；M:43；Y:57；K:0）并调整大小，如图 11-273 所示。

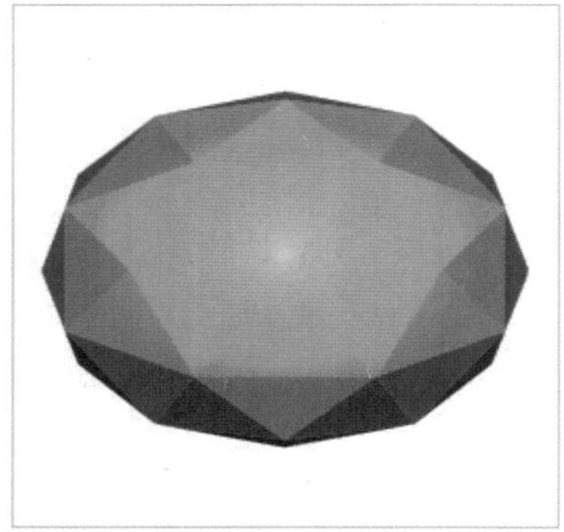

图 11-272

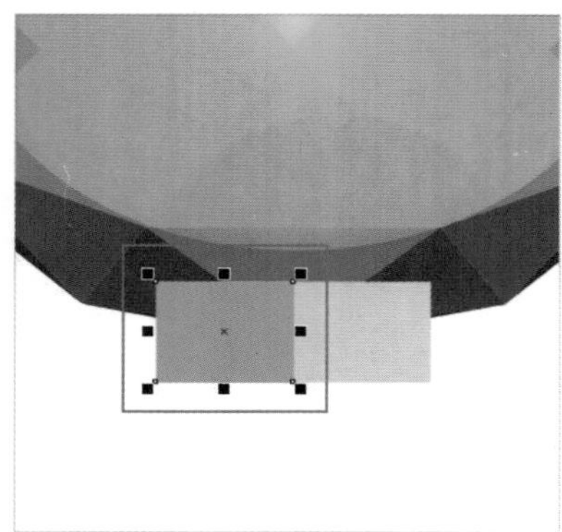

图 11-273

04 同时选择两个矩形对象，按快捷键 Ctrl+G 群组对象，然后右击，在弹出的快捷菜单中执行“顺序”→“置于此对象后”命令，当光标变为 ➧ 形状时，单击目标对象，如图 11-274 所示，即可将该对象调整至目标对象后面，如图 11-275 所示。复制一个对象，按住 Shift 键向上移动对象，调整图层顺序，如图 11-276 所示。

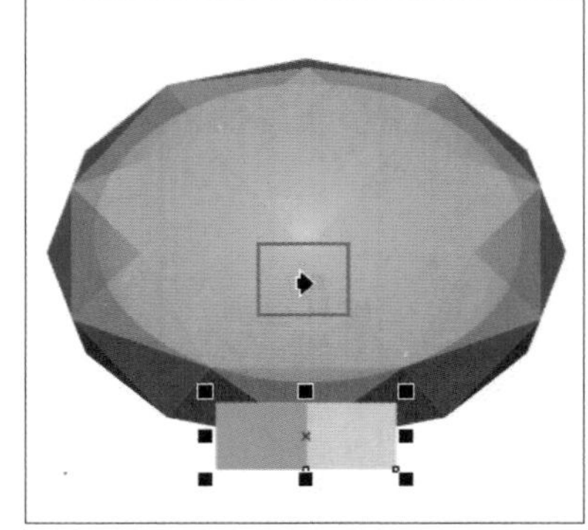

图 11-274

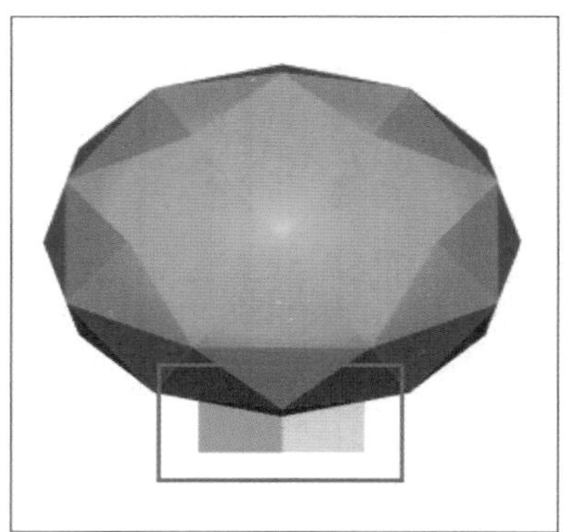

图 11-275

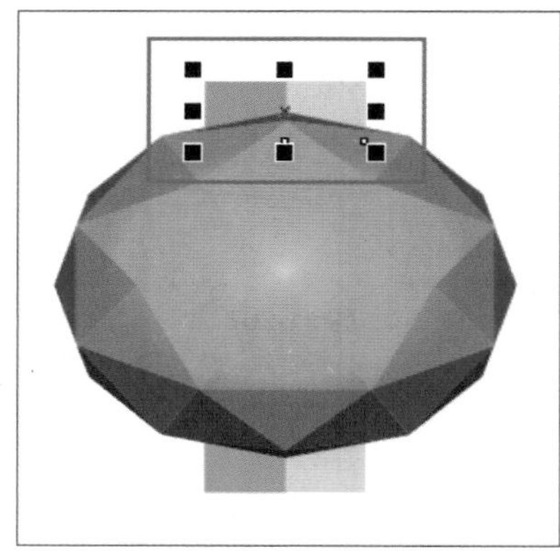

图 11-276

11.8.2 制作中国结

01 使用“矩形工具”按住 Ctrl 键绘制正方形，在属性栏中设置旋转角度为 45°，如图 11-277 所示。使用“椭圆形工具”按住 Ctrl 键绘制正圆，调整大小和位置，如

图 11-278 所示，再复制圆形对象，移至合适位置，如图 11-279 所示。

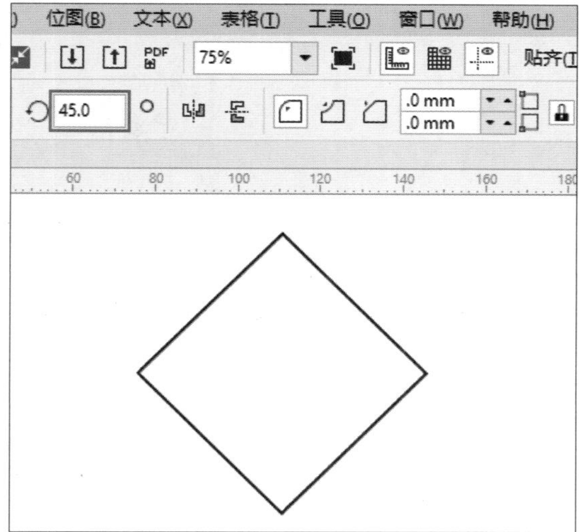

图 11-277

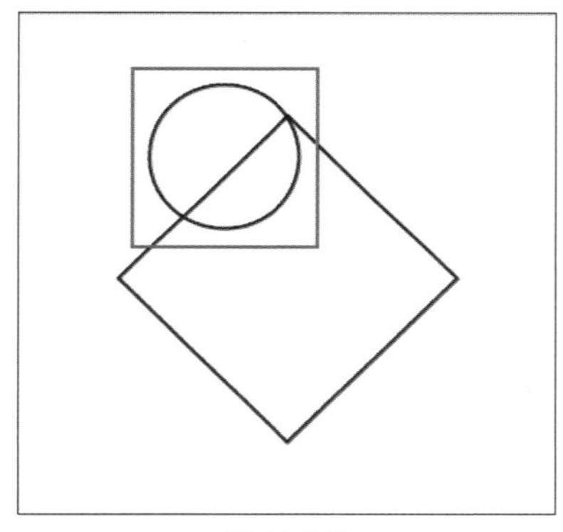

图 11-278

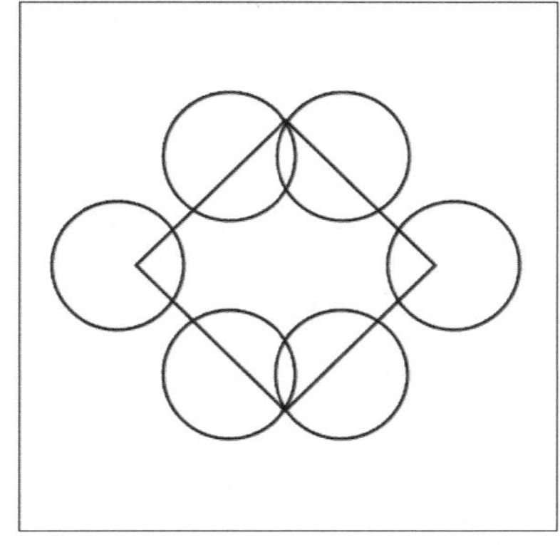

图 11-279

02 使用“选择工具”选择方形和全部的圆形对象，打开“造型”泊坞窗，设置如图 11-280 所示的参数，单击“焊接到”按钮，在方形对象上单击，如图 11-281 所示，合并对象，如图 11-282 所示。

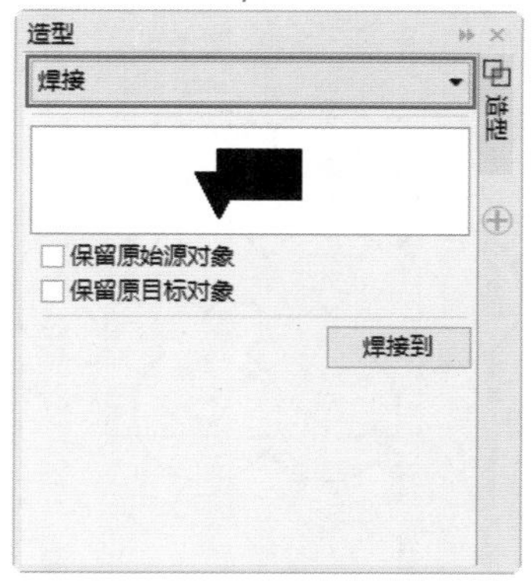

图 11-280

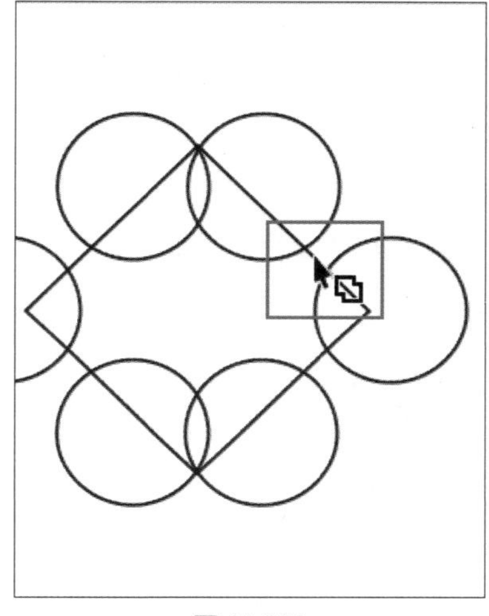

图 11-281

图 11-282

03 使用“矩形工具”按住 Ctrl 键绘制正方形，在属性栏中设置“旋转角度”为 45°，然后复制 9 个对象并调整位置，如图 11-283 所示。使用“选择工具”选择左上角的方形对象，在属性栏中单击“圆角”按钮，设置“转角半径”为 10.0mm。采用同样的方法，为其他对象设置圆角，如图 11-284 所示。

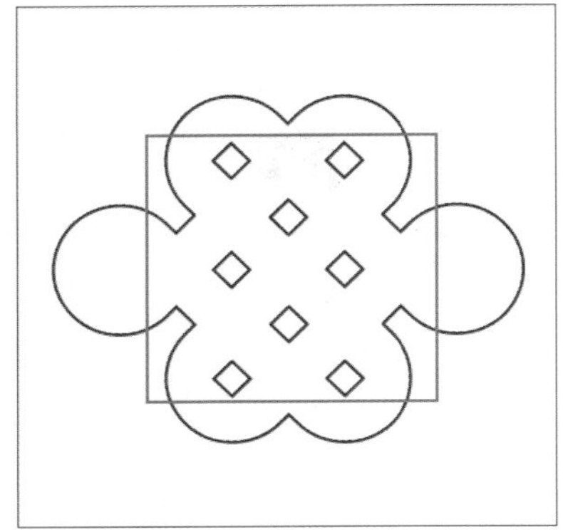

图 11-283

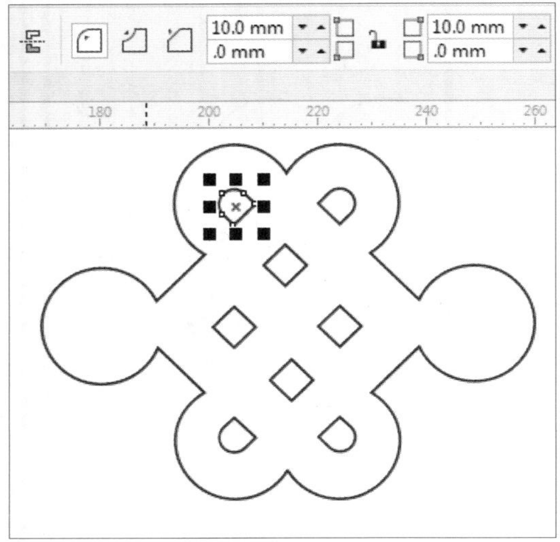

图 11-284

04 使用“椭圆形工具”按住 Ctrl 键绘制一个圆形，按快捷键 Ctrl+Q 将其转换为曲线，再使用“形状工具”单击该对象显示节点，如图 11-285 所示。单击并拖曳节点调整节点位置，如图 11-286 所示，再单击属性栏中的“尖凸节点”按钮，拖曳控制手柄调整形状，如图 11-287 所示。

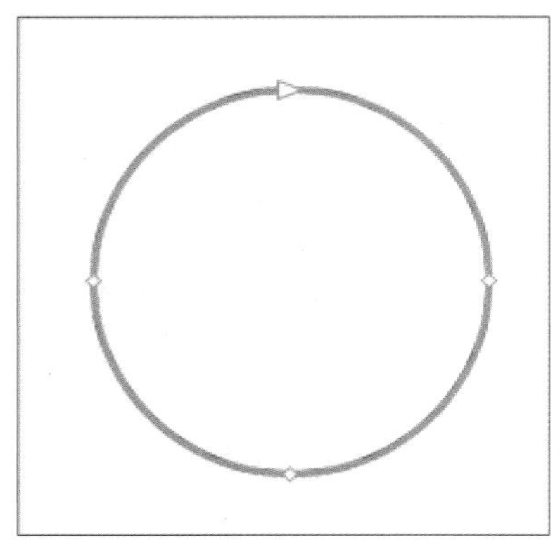

图 11-285

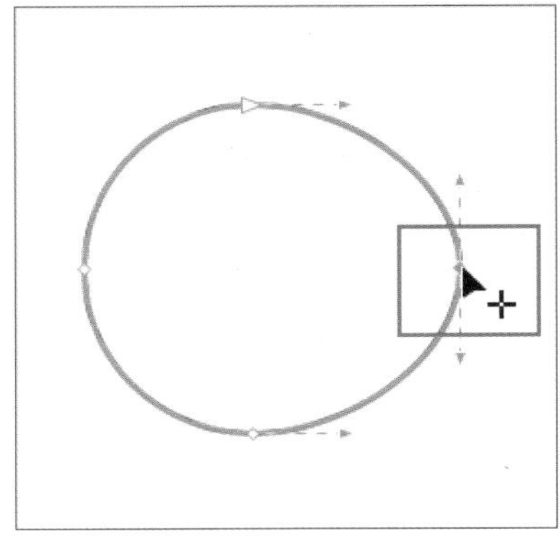

图 11-286

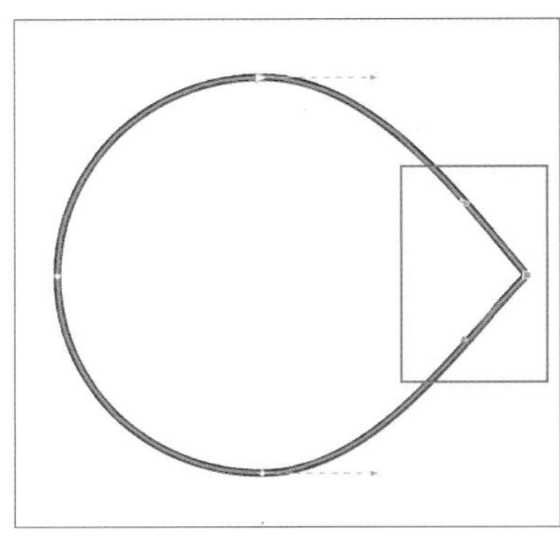

图 11-287

05 使用“选择工具”选择形状，调整合适的大小和位置，如图 11-288 所示。复制一个对象，单击属性栏中的“水平镜像”按钮，按住 Shift 键向右移动位置，如图 11-289 所示。

06 选择全部对象，在“造型”泊坞窗中设置造型类型为“简化”，如图 11-290 所示，单击“应用”按钮，简化对象，然后为对象填充颜色（C:32；M:1；Y:43；K:0）并去除轮廓线，如图 11-291 所示。

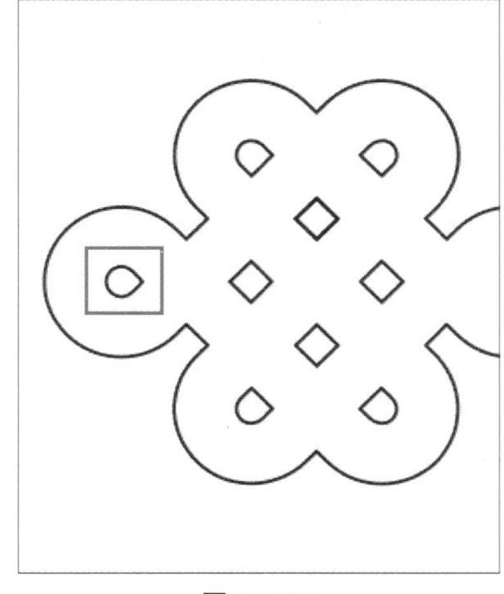

图 11-288

图 11-289

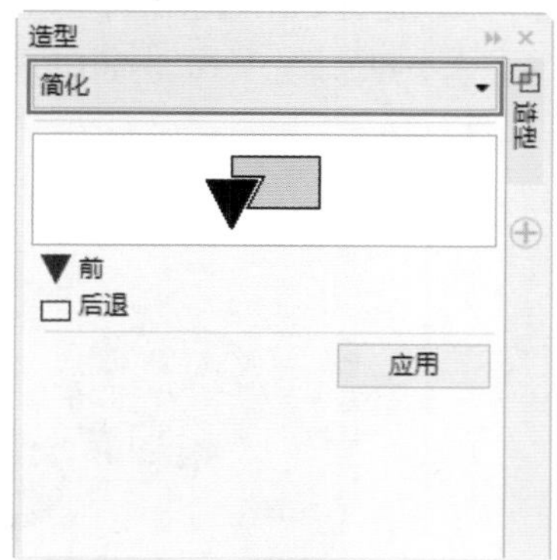

图 11-290

图 11-291

07 使用“椭圆形工具” 按住 Ctrl 键绘制正圆形，单击工具箱中的“交互式填充” 按钮，在属性栏中单击“渐变填充” 按钮，设置渐变颜色，如图 11-292 所示。使用“选择工具” 调整合适的大小和位置，并去除对象的轮廓线。右击，在弹出的快捷菜单中执行“顺序”→“到图层后面”命令，当光标变为 ➡ 形状时，单击目标对象，如图 11-293 所示，即可将该对象调整至目标对象后面，再复制一个对象，按住 Shift 键向下移动对象，调整对象顺序，如图 11-294 所示。

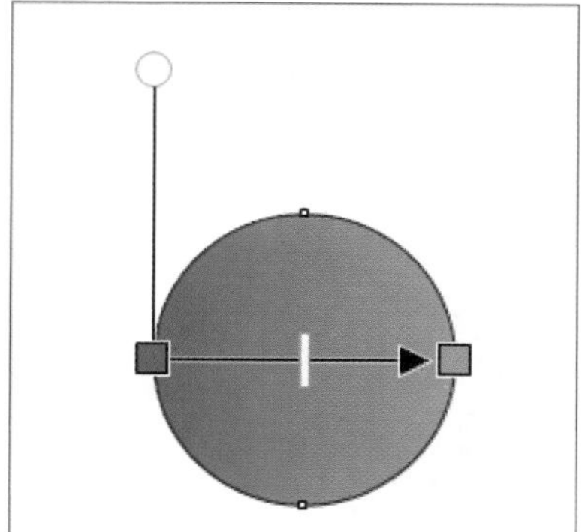
图 11-292

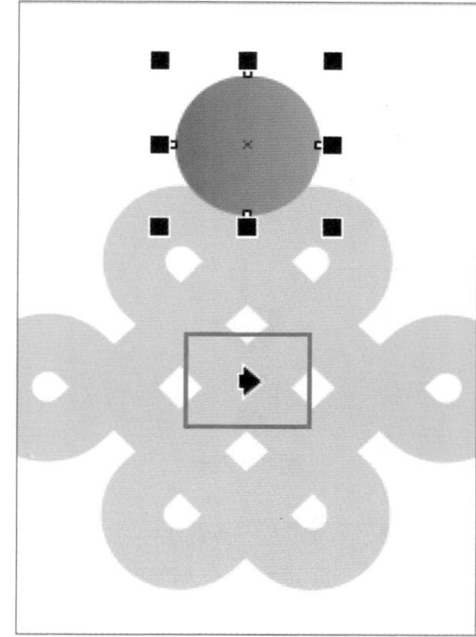
图 11-293

图 11-294

08 使用“矩形工具” 绘制一个矩形，填充颜色（C:0; M:27; Y:42; K:0）并去除轮廓线，然后调整顺序，如图 11-295 所示。再复制一个对象，按住 Shift 键向下移动位置，并调整顺序，如图 11-296 所示。再复制一个对象，调整位置和宽度，并在属性栏中单击“圆角” 按钮，设置“转角半径”，如图 11-297 所示。

图 11-295

图 11-296

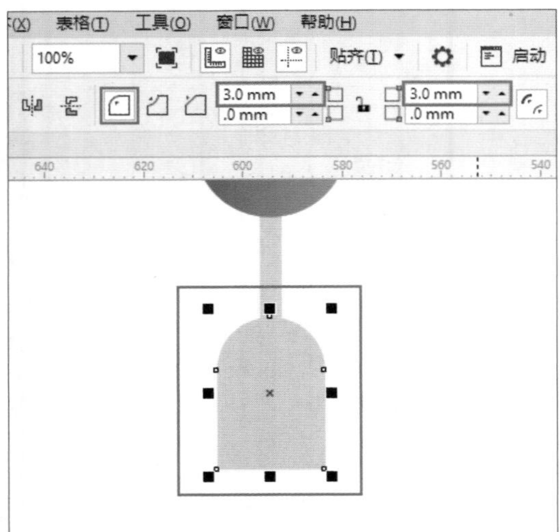

图 11-297

09 使用“矩形工具”绘制一个矩形，单击工具箱中的“交互式填充”按钮，在属性栏中单击“渐变填充”按钮，设置渐变颜色，如图 11-298 所示。使用“选择工具”调整大小和位置并去除对象的轮廓线。再复制几个对象，打开“对齐和排列”泊坞窗，单击“水平分散排列中心”按钮，如图 11-299 和图 11-300 所示。

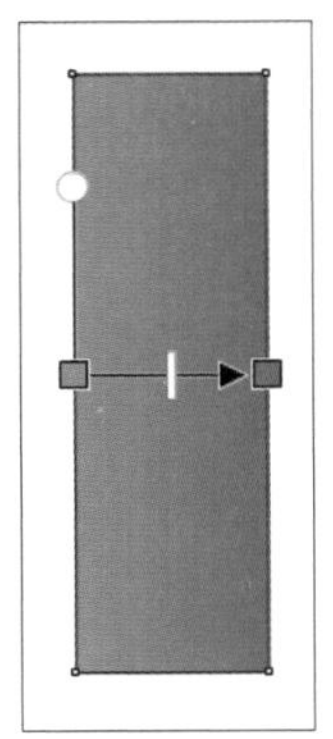

图 11-298

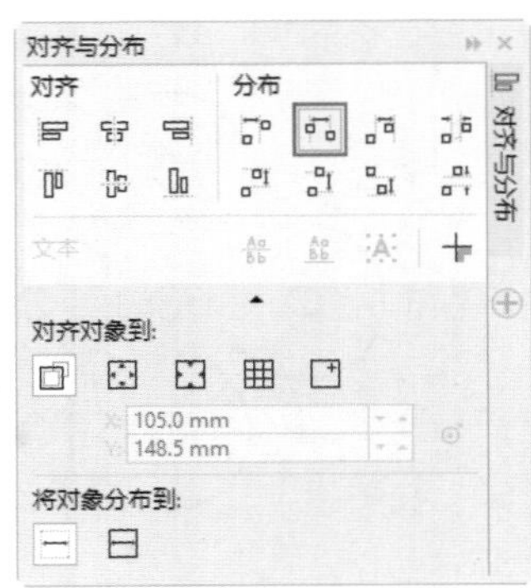

图 11-299

10 全选对象，按快捷键 Ctrl+G 群组对象，并复制几个灯笼对象，调整大小和位置，如图 11-301 所示。

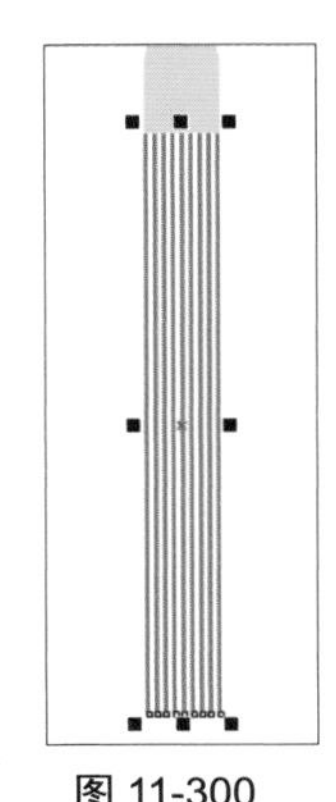

图 11-300

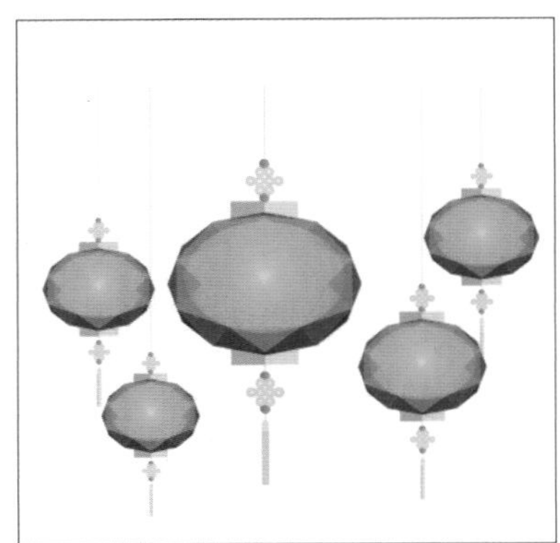

图 11-301

11.8.3 制作插画背景

01 使用“矩形工具”按住 Ctrl 键绘制一个正方形，单击工具箱中的“交互式填充”按钮，在属性栏中单击“渐变填充”按钮，再单击“编辑填充”按钮，打开“编辑填充”对话框，单击“椭圆形渐变填充”按钮，双击添加颜色节点，并设置节点颜色，如图 11-302 所示。

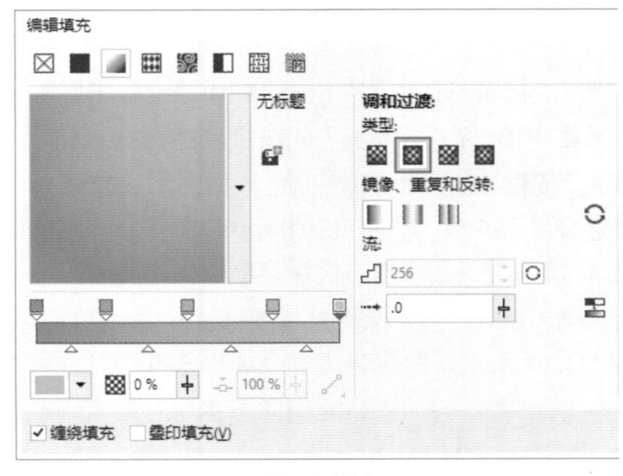

图 11-302

02 单击“确定”按钮，为对象填充渐变颜色，如图 11-303 所示，拖曳渐变形状上的节点调整渐变范围和形状，再右击调色板中的☒按钮，去除对象的轮廓线，如图 11-304 所示。单击属性栏中的“到图层后面”按钮，将该对象置于所有对象的后面，如图 11-305 所示。

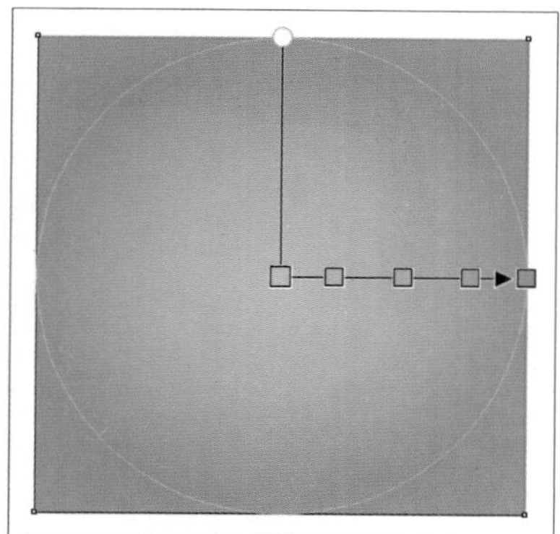
图 11-303

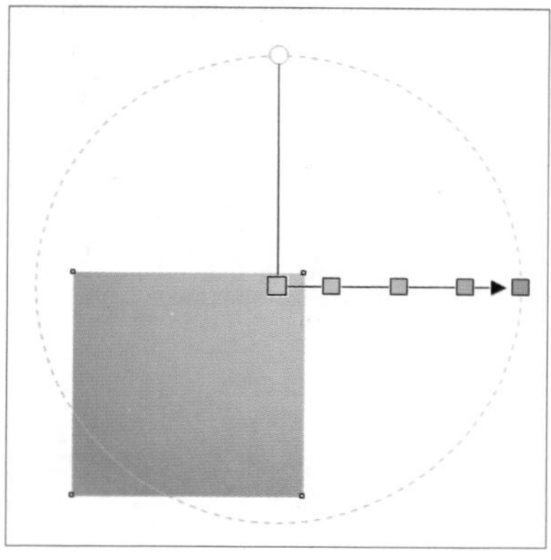
图 11-304

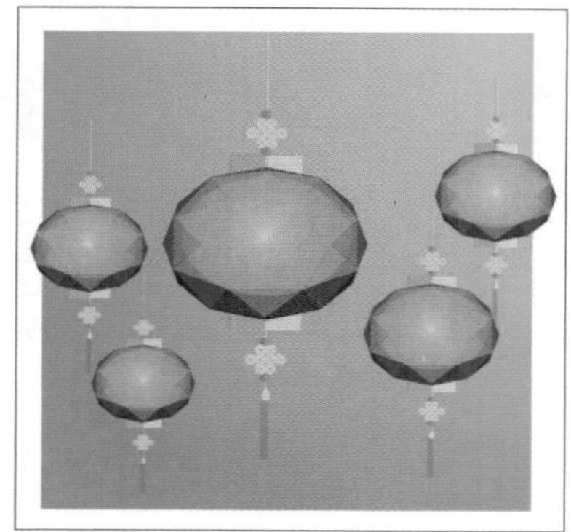
图 11-305

03 按快捷键 Ctrl+U 取消组合，调整最上方矩形的高度，如图 11-306 所示。单击工具箱中的“阴影工具”按钮，在对象的中心单击并向左下方拖曳，创建阴影效果，如图 11-307 所示。

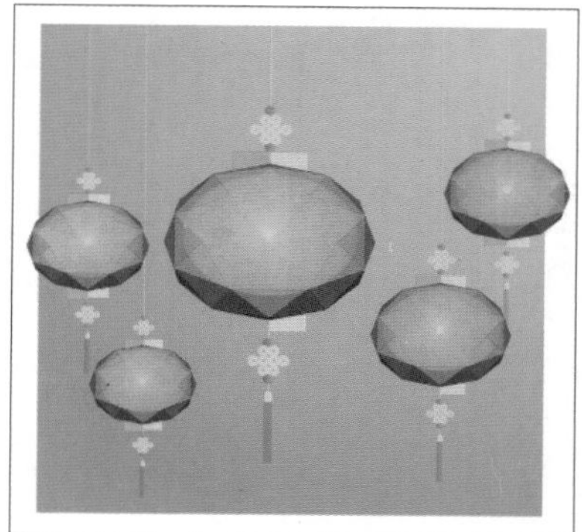
图 11-306

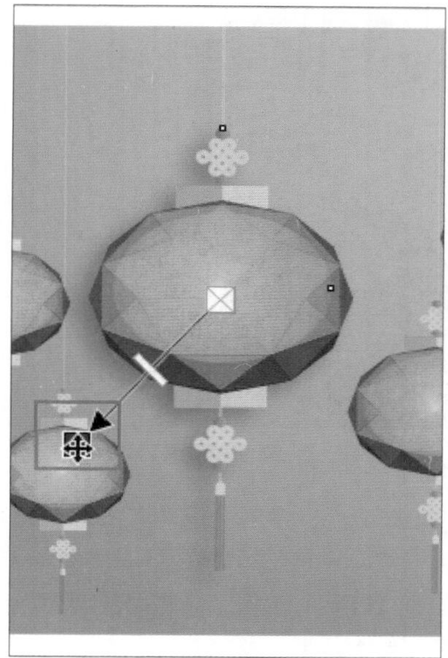
图 11-307

04 采用同样的方法，为其他灯笼对象添加阴影效果，如图 11-308 所示。使用“选择工具”选择全部的灯笼对象。右击，在弹出的快捷菜单中执行“PowerClip 内部”命令，当光标变为 ➧ 形状时，单击背景对象，如图 11-309 所示，隐藏多余的部分，如图 11-310 所示。

图 11-308

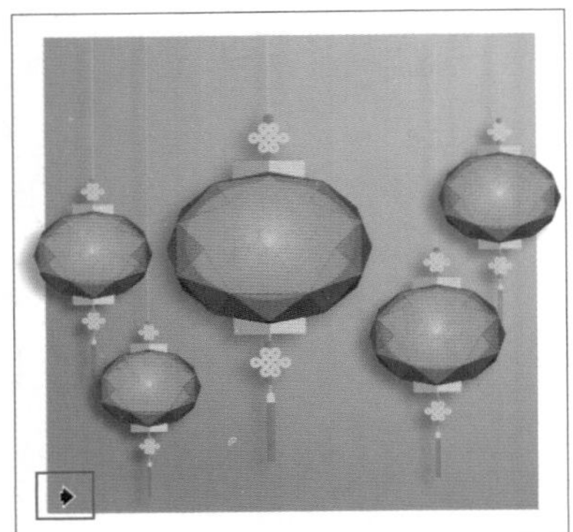

图 11-309

图 11-310

05 使用“文本工具”字输入文本，在属性栏中设置字体为“方正中倩简体”、颜色为（C:46；M:67；Y:100；K:0），如图 11-311 所示。单击工具箱中的“艺术笔工具”按钮，在属性栏中单击“笔刷”按钮，设置笔刷类型为“书法”，单击并拖曳绘制形状，如图 11-312 所示。

06 采用相同的方法绘制印章形状，如图 11-313 所示，然后按快捷键 Ctrl+G 群组对象，并填充颜色（C:0；M:89；Y:55；K:0），调整合适的大小和位置。选择所有的文本对象，按快捷键 Ctrl+Q 将文本转换为曲线，完成中国风插画的制作，如图 11-314 所示。

图 11-311

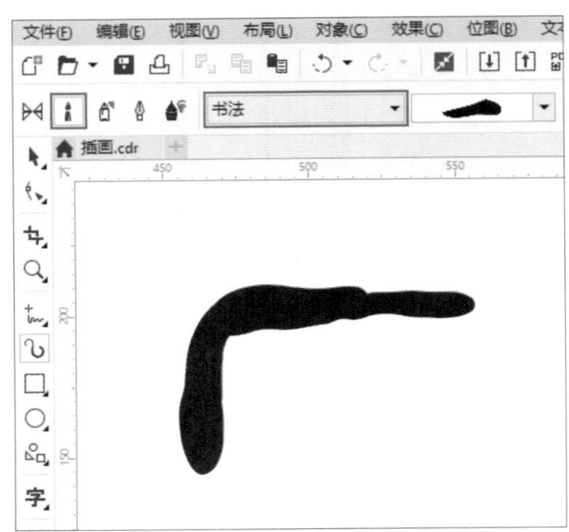

图 11-312

图 11-313

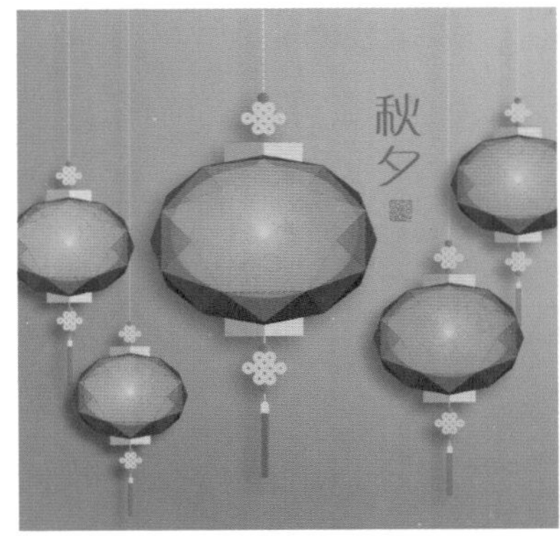

图 11-314

11.9 食品包装设计

包装是品牌理念、产品特性、消费心理的综合反映，它直接影响到消费者的购买欲。本例制作的食品包装设计，通过颜色与插图将产品之间的共性与特性直接展示出来。本实例主要使用矩形工具、形状工具、贝塞尔工具、渐变工具、透明度工具等，并使用了“PowerClip 内部”命令。

11.9.1　制作包装主体

01 启动 CorelDRAW 2017 软件，新建空白文档，单击工具箱中的“矩形工具”按钮或按 F6 键，绘制一个矩形。按快捷键 Ctrl+Q 将其转换为曲线，单击工具箱中的“形状工具”按钮，显示节点，在曲线上双击添加节点，如图 11-315 所示。

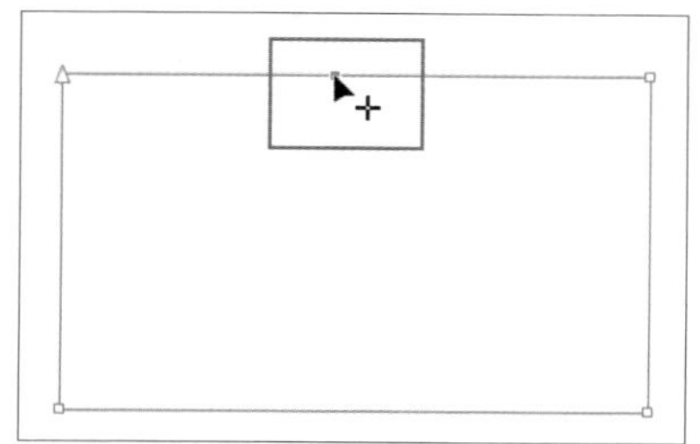

图 11-315

02 继续添加节点，单击并拖曳节点调整其位置，单击属性栏中的“转换为曲线”按钮，如图 11-316 所示。

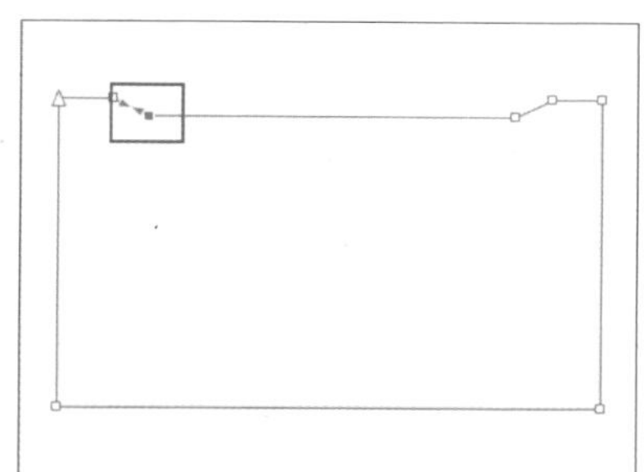

图 11-316

03 拖曳控制手柄调整曲线形状，如图 11-317 所示，采用相同的方法继续添加节点并拖曳控制手柄调整曲线形状，制作包装的大致轮廓，如图 11-318 所示。

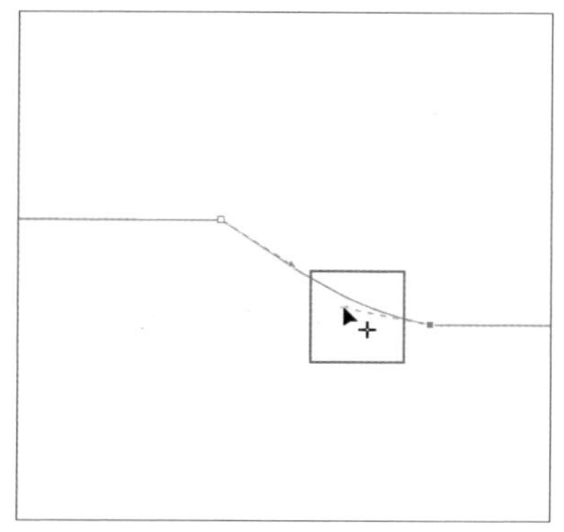

图 11-317

图 11-318

04 使用“矩形工具”绘制矩形，单击工具箱中的“交互式填充”按钮，在属性栏中单击“渐变填充”按钮，再单击“编辑填充”按钮，打开“编辑填充”对话框，单击“线性渐变填充”按钮，双击添加颜色节点，设置节点颜色，如图 11-319 所示。单击“确定”按钮，为对象填充渐变颜色，然后拖曳渐变形状上的节点，调整渐变的大小和角度，如图 11-320 所示。

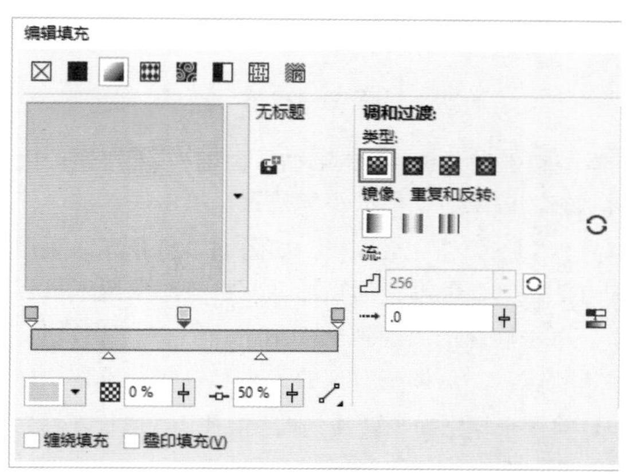

图 11-319

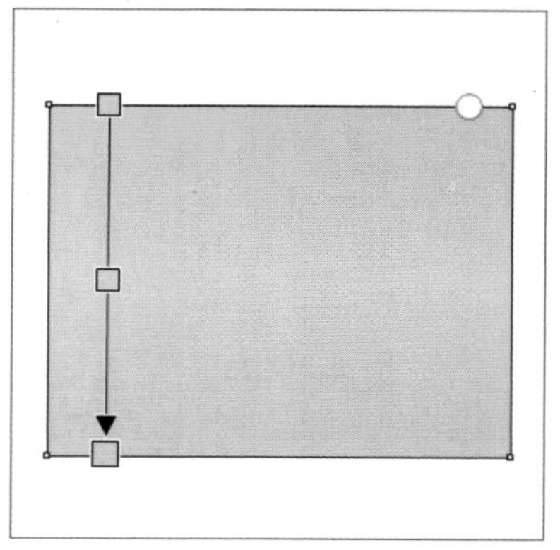

图 11-320

05 右击调色板中的按钮去除轮廓线，再右击，在弹出的快捷菜单中执行“PowerClip 内部”命令，当光标变为 ➧ 形状时，单击目标对象，如图 11-321 所示，即可将该对象置入目标对象中，如图 11-322 所示。

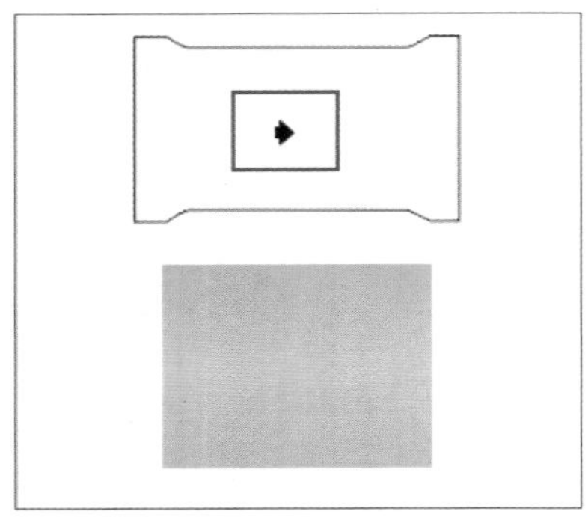

图 11-321

图 11-322

06 单击底部的“编辑 PowerClip 内部”按钮，进入编辑状态，调整对象的大小和位置，单击底部的“停止编辑内容”按钮完成编辑，如图 11-323 所示。采用相同的方法绘制蓝色渐变的矩形，并将该对象置入目标对象中，单击底部的“编辑 PowerClip 内部”按钮，进入编辑状态，然后调整对象的大小和位置，再按快捷键 Ctrl+Q 将两个矩形对象转换为曲线，使用“形状工具”调整形状，如图 11-324 所示。

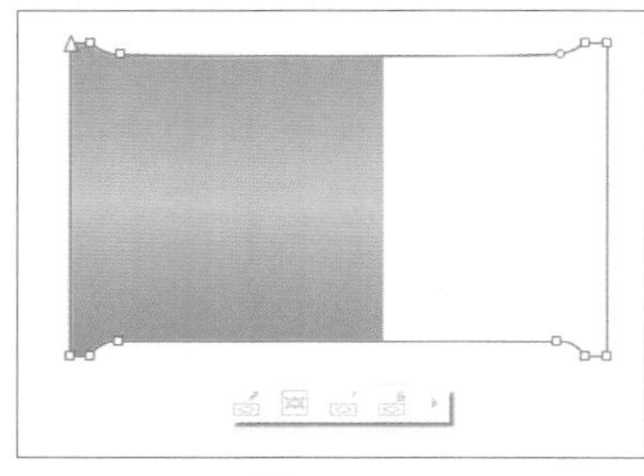

图 11-323

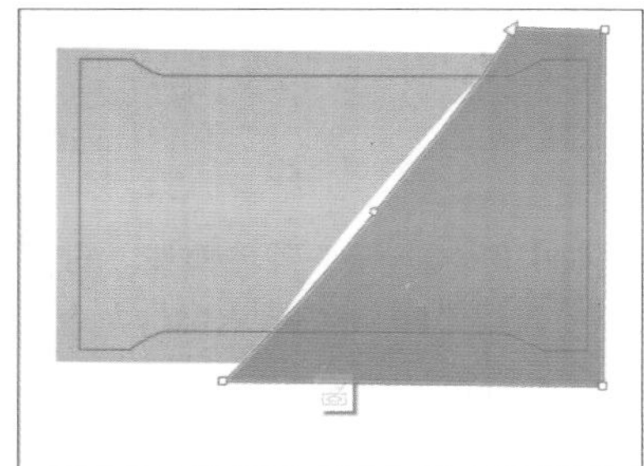

图 11-324

07 单击底部的“停止编辑内容”按钮，完成编辑，再为对象填充白色并去除轮廓线线，如图 11-325 所示。使用“矩形工具”绘制矩形，填充白色，并去除轮廓线。复制几个对象，打开“对齐和排列”泊坞窗，单击“水平分散中心排列”按钮，如图 11-326 所示。

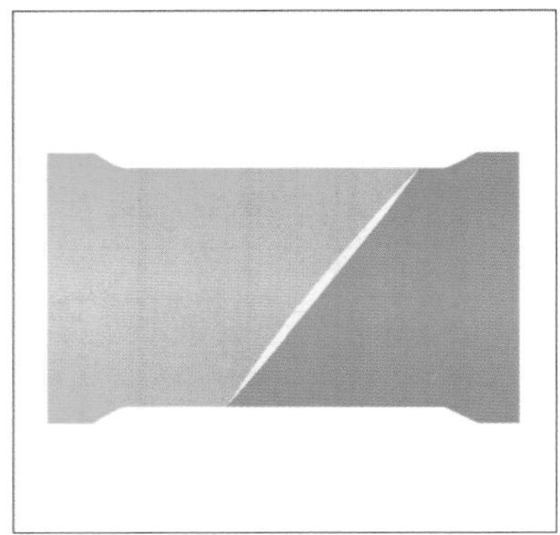

图 11-325

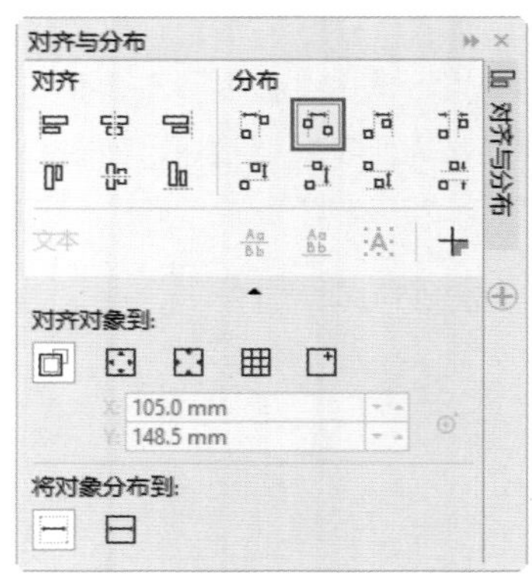

图 11-326

08 按快捷键 Ctrl+G 群组对象，并调整大小和位置，如图 11-327 所示。单击工具箱中的“阴影工具”按钮，在对象的中心处单击并向右侧拖曳，创建阴影效果，设置阴影的不透明度为 10%，如图 11-328 所示。

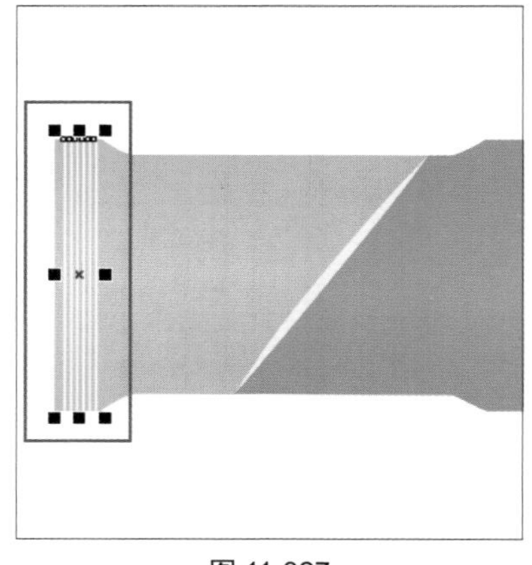

图 11-327

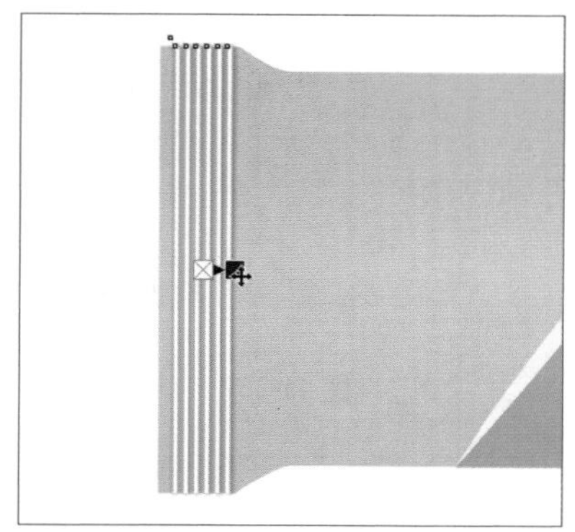

图 11-328

09 使用“选择工具”选择该对象，按快捷键 Ctrl+C 复制对象，按快捷键 Ctrl+V 粘贴对象，然后按住 Shift 键向右水平移动对象，如图 11-329 所示。单击属性栏中的“水平镜像”按钮镜像对象，如图 11-330 所示。

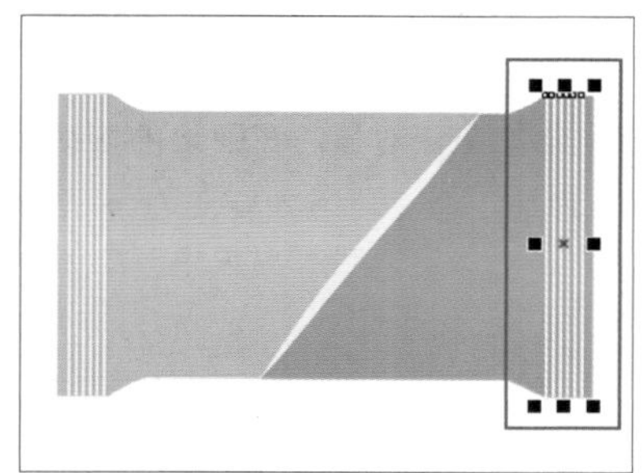

图 11-329

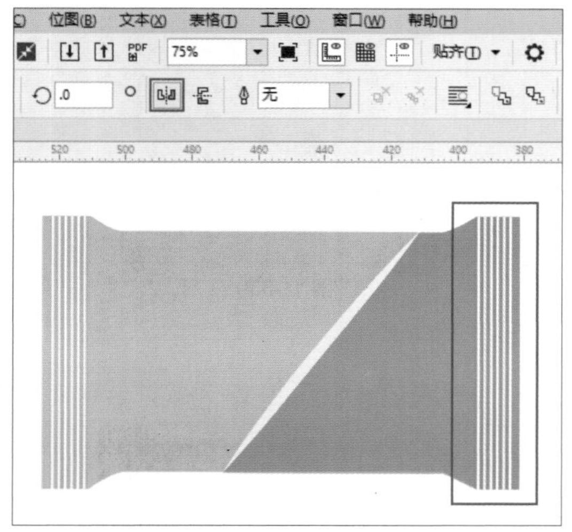

图 11-330

10 单击工具箱中的“贝塞尔工具”按钮，在包装上绘制如图 11-331 所示的形状。为对象填充黑色，并去除轮廓线。单击工具箱中的“透明度工具”按钮，在属性栏中单击“渐变透明度”按钮，为对象添加透明效果，如图 11-332 所示。

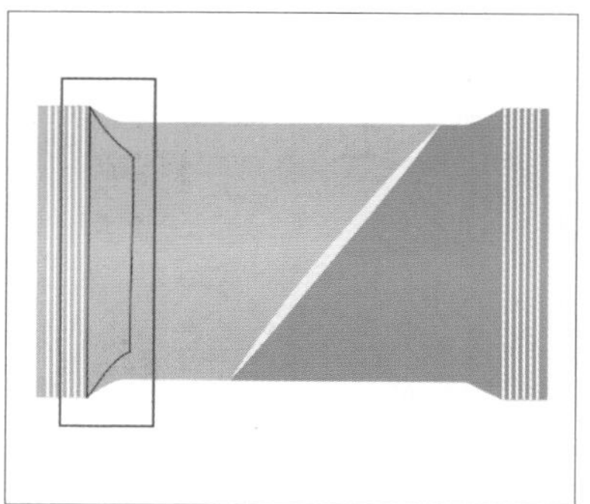

图 11-331

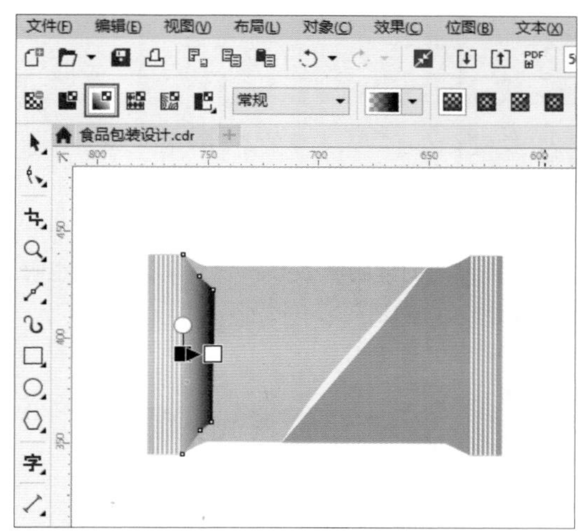

图 11-332

11 在透明度形状上双击，添加透明度节点，设置节点的“不透明度”为 88%，制作包装的阴影区域，如图 11-333 所示。采用相同的方法继续使用“贝塞尔工具”绘制形状，添加透明效果制作阴影区域，增加立体感，如图 11-334 所示。

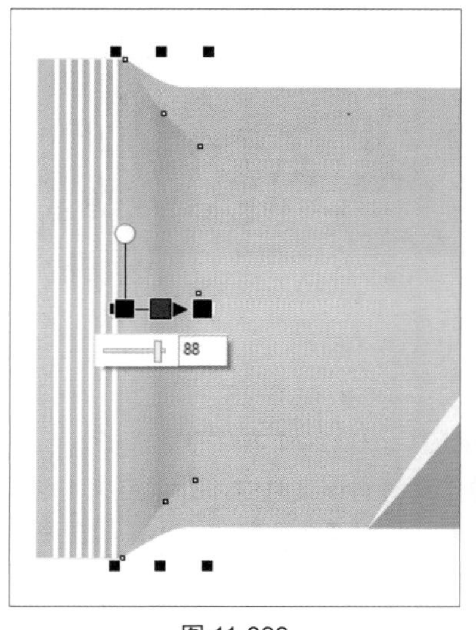

图 11-333

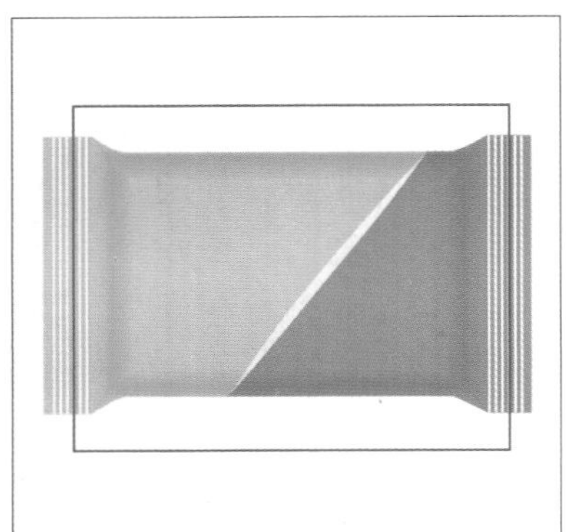

图 11-334

11.9.2 制作包装内容

01 按快捷键 Ctrl+I 导入本章的素材文件“饼干 .png”，并调整到合适的大小和位置，如图 11-335 所示。单击工具箱中的“阴影工具”按钮，在对象的中心处单击并向右下方拖曳，创建阴影效果，设置阴影的不透明度为 50%，如图 11-336 所示。

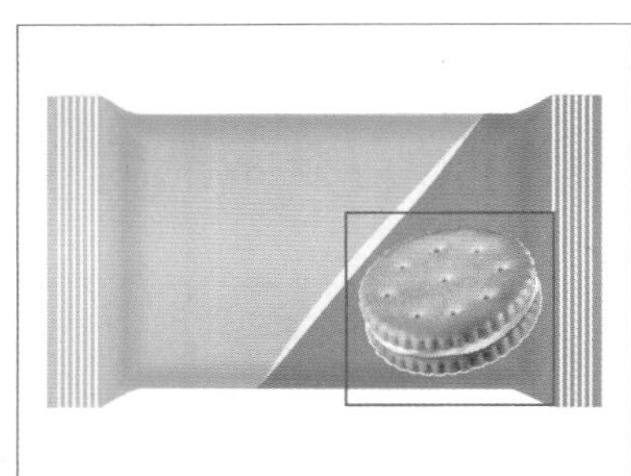

图 11-335

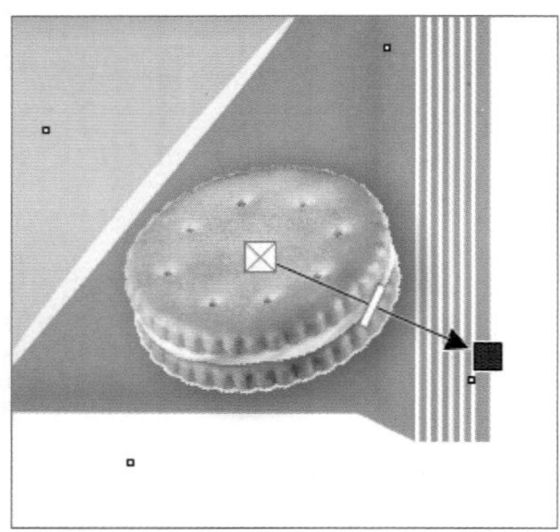

图 11-336

02 按快捷键 Ctrl+O 打开本章的素材文件“小麦 .cdr”，将小麦对象复制到该文档中，并调整大小和位置，再复制两个对象，分别调整位置和大小，如图 11-337 所示。使用“选择工具”选择最下面的小麦对象，单击属性栏中的“垂直镜像”按钮镜像对象，如图 11-338 所示。

图 11-337

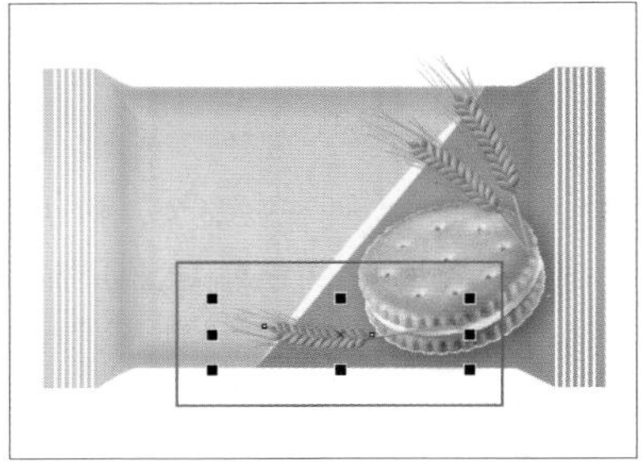

图 11-338

03 右击最上面的小麦对象，在弹出的快捷菜单中执行“PowerClip 内部”命令，当光标变为 ➧ 形状时，单击目标对象，将该对象置入目标对象中，如图 11-339 和图 11-340 所示。

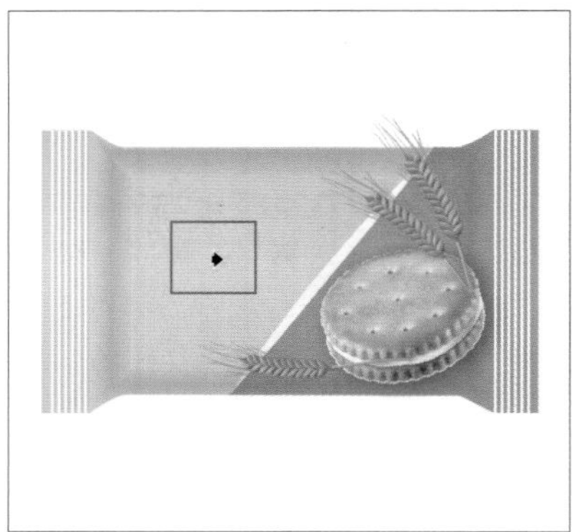

图 11-339

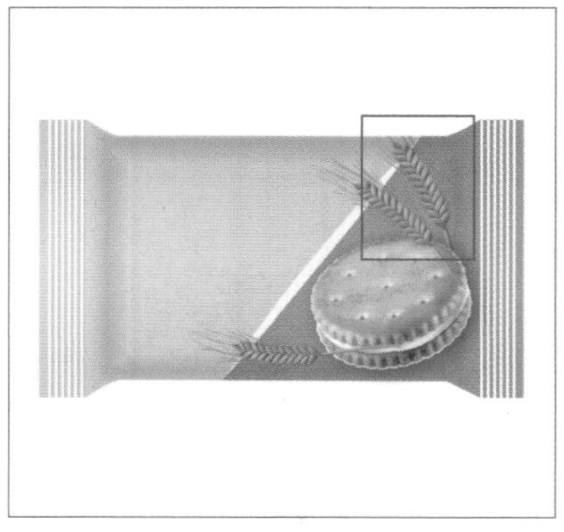

图 11-340

04 选择饼干对象并右击，在弹出的快捷菜单中执行“顺序”→“到图层前面”命令，调整对象顺序，如图 11-341 所示。按快捷键 Ctrl+O 打开本节的素材文件“Logo.cdr”，将对象复制到该文档中，并调整大小和位置，如图 11-342 所示。使用“文本工具”字输入文本，在属性栏中设置字体为 Lobster 13、颜色为（C:89；M:40；Y:24；K:0），调整合适的大小和位置，如图 11-343 所示。

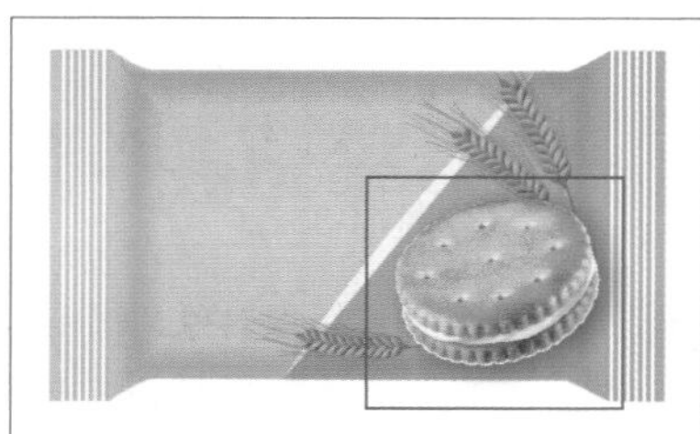

图 11-341

图 11-342

图 11-343

05 使用“文本工具”字输入文本，在属性栏中设置字体为 Ollie、颜色为（C:53；M:88；Y:80；K:29），如图 11-344 所示，使用“选择工具”单击两次文本对象，拖曳旋转控制柄旋转文本，如图 11-345 所示。

图 11-344

图 11-345

11.9.3　制作背景及包装阴影

01 使用“矩形工具”绘制一个矩形，单击工具箱中的“交互式填充”按钮，在属性栏中单击“渐变填充”按钮，并单击“椭圆形渐变填充”按钮，设置渐变颜色，去除轮廓线，如图 11-346 所示。

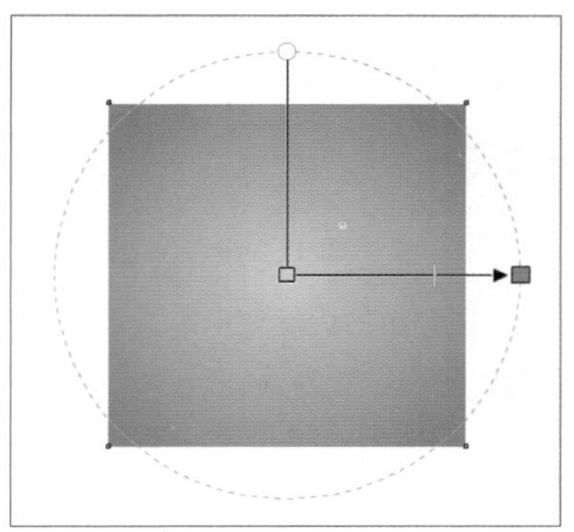

图 11-346

02 单击属性栏中的“到图层后面”按钮，将该对象置于所有图层的后面，如图 11-347 所示。用“椭圆形工具”绘制一个椭圆形，填充黑色并去除轮廓线，如图 11-348 所示，然后单击工具箱中的“透明度工具”按钮，在属性栏中单击“渐变透明度”按钮，再单击“椭圆形渐变透明度”按钮，设置节点的透明度，制作阴影效果，如图 11-349 所示。

图 11-347

图 11-348

图 11-349

03 右击对象，在弹出的快捷菜单中执行“顺序”→“置于此对象前”，当光标变为 ➧ 形状时，单击背景对象，调整对象顺序，如图 11-350 所示。采用同样的方法，制作左、右两侧的阴影效果，如图 11-351 所示。

04 使用“选择工具”选择整个饼干包装，并复制对象，然后执行“位图”→“转换为位图”命令，将其转换为位图，如图 11-352 所示。

图 11-350

图 11-351

图 11-352

05 单击“垂直镜像”按钮镜像对象，如图 11-353 所示。单击工具箱中的“透明度工具”按钮，在属性栏中单击“渐变透明度”按钮，再单击“线性渐变透明度”按钮，调整透明度形状，如图 11-354 所示。右击对象，在弹出的快捷菜单中执行“顺序”→“置于此对象前”，当光标变为 ➧ 形状时，单击背景对象，调整对象顺序。最后选择所有的文本对象，按快捷键 Ctrl+Q 将文本转换为曲线，完成食品包装的制作，如图 11-355 所示。

图 11-353

图 11-354

图 11-355

11.10　口红产品设计

生活的工业化和数字化使更多的工业产品诞生，工业设计这一领域也逐渐发展并壮大起来。本案例制作的口红产品设计，以渐变色为基调，赋予产品金属质感，通过立体放置的方式，展现口红的小巧和时尚气质。本案例主要运用了形状工具、渐变工具、钢笔工具、阴影工具等，并应用了“透视”命令。

11.10.1　绘制产品形状

01 启动 CorelDRAW 2017 软件，新建空白文档，单击工具箱中的“矩形工具”按钮或按 F6 键，绘制矩形，如图 11-356 所示。按快捷键 Ctrl+Q 将其转换为曲线，使用“形状工具”单击对象，显示节点，如图 11-357 所示，然后在曲线上双击添加节点，单击并拖曳节点调整位置，单击属性栏中的“转换为曲线”按钮，如图 11-358 所示。

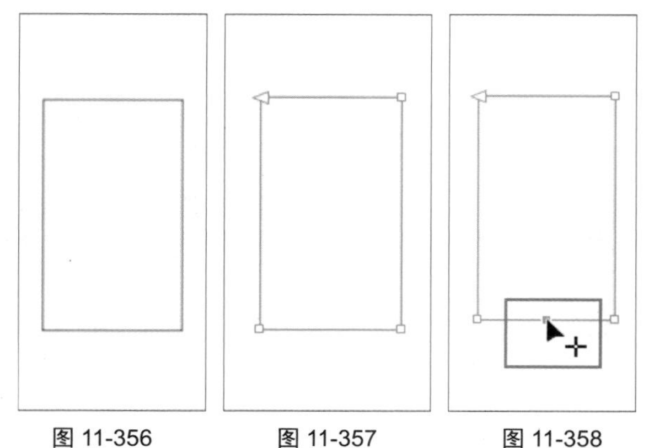

图 11-356　　图 11-357　　图 11-358

02 选择右下角的节点，单击属性栏中的“转换为曲线”按钮，如图 11-359 所示，再单击底部中间的节点，单击属性栏中的“对称节点”按钮，单击并拖曳节点调整位置，如图 11-360 所示，继续拖曳控制手柄调整曲线形状，如图 11-361 所示。

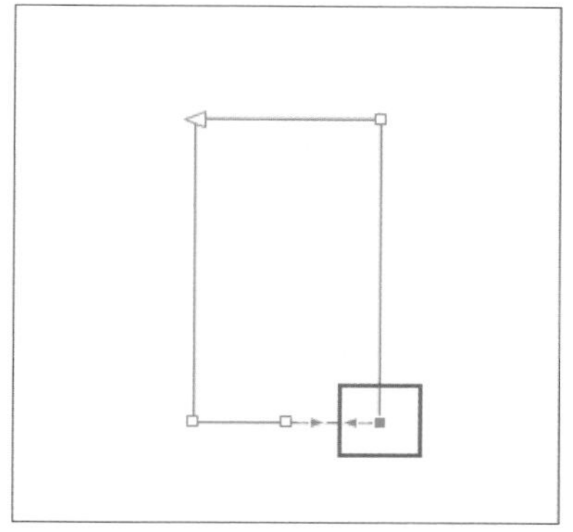

图 11-359

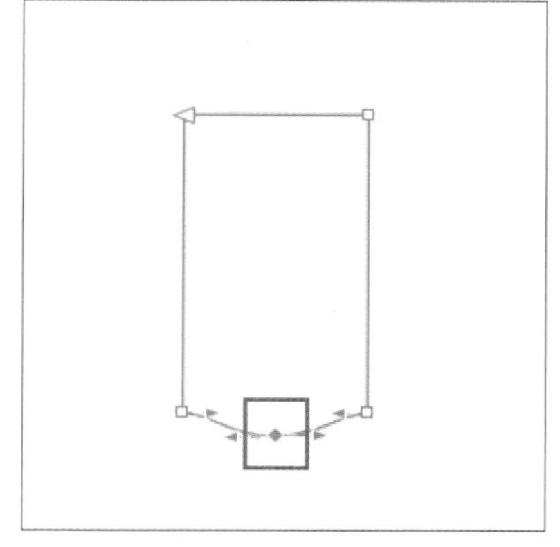

图 11-360

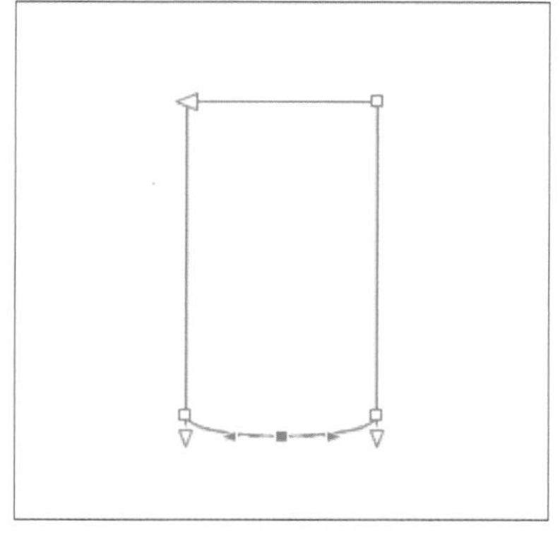

图 11-361

03 使用“选择工具”选择对象，按快捷键 Ctrl+C 复制对象，按快捷键 Ctrl+V 粘贴对象，然后按住 Shift 键向上垂直移动对象，如图 11-362 所示。使用“形状工具”单击对象，框选上面的两个节点，拖曳节点调整形状，如图 11-363 所示。采用同样的方法，复制一个对象并调整节点，如图 11-364 所示。

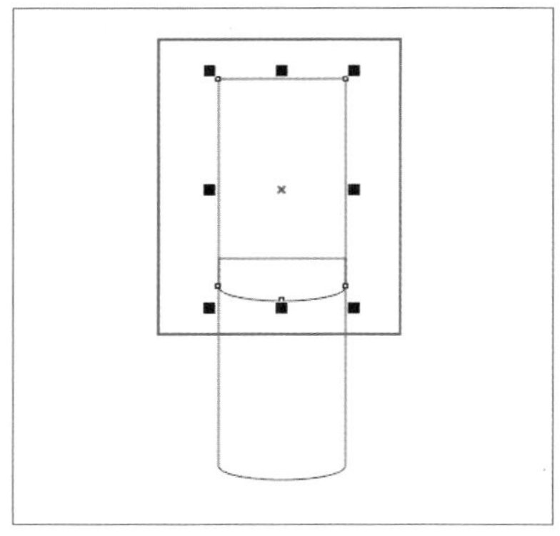
图 11-362

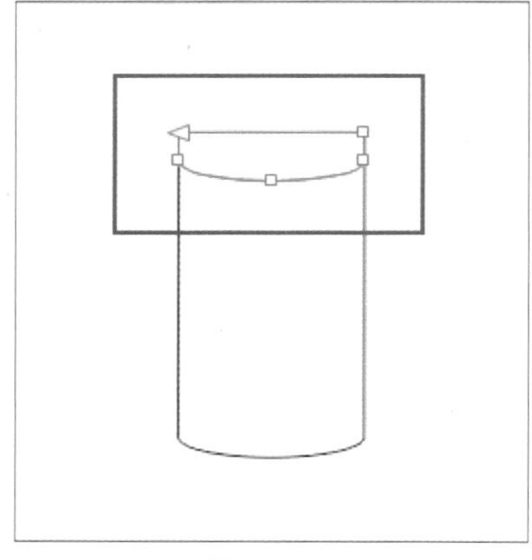
图 11-363

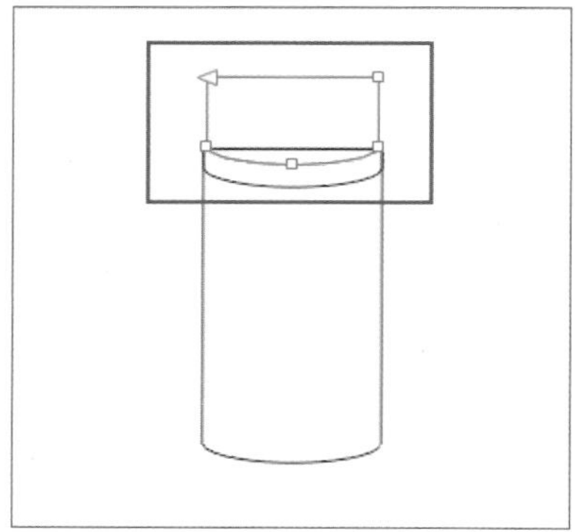
图 11-364

04 继续复制一个对象并调整节点，如图 11-365 所示。使用“选择工具”选择最下方的对象，如图 11-366 所示。

11.10.2 制作产品金属质感

01 单击工具箱中的“交互式填充”按钮，在属性栏中单击“渐变填充”按钮，再单击“线性渐变填充”按钮，为所选对象填充渐变颜色，如图 11-367 所示。

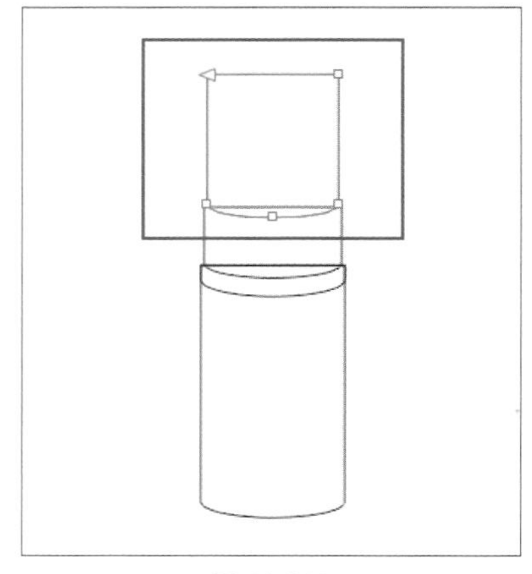
图 11-365

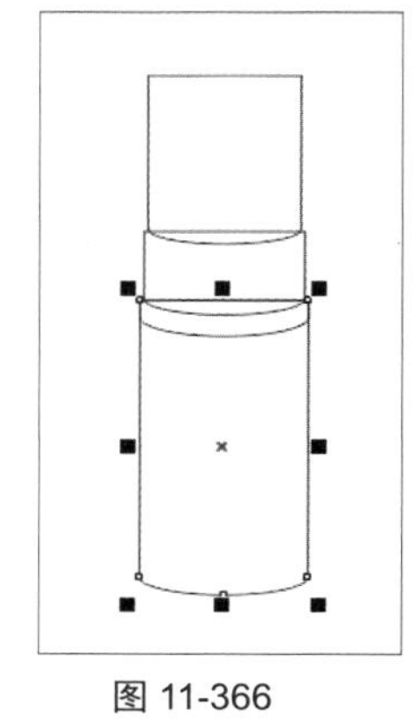
图 11-366

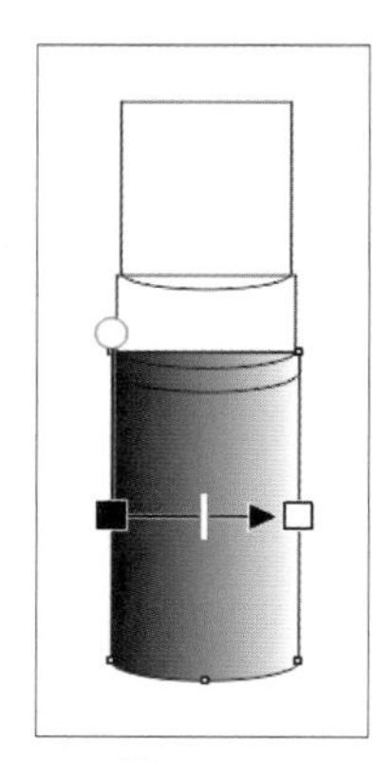
图 11-367

02 单击属性栏中的“编辑填充”按钮，打开“编辑填充”对话框，双击添加颜色节点，如图 11-368 所示，再分别设置节点的颜色，如图 11-369 所示。

03 单击“确定”按钮，应用渐变颜色，如图 11-370 所示。使用“选择工具”选择第二个对象，同上述设置渐变颜色的操作方法，为所选对象填充如图 11-371 所示的渐变颜色。

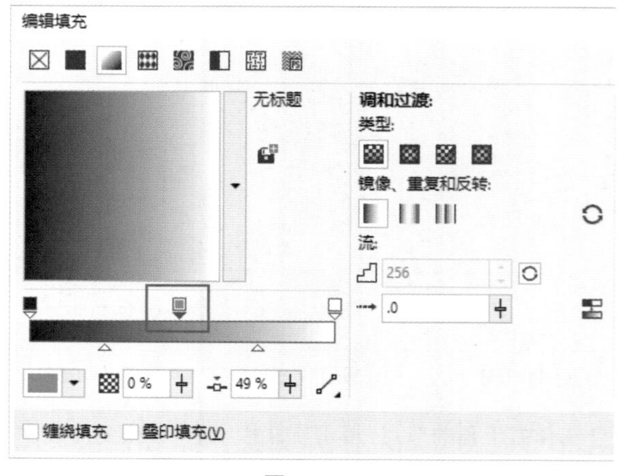

图 11-368

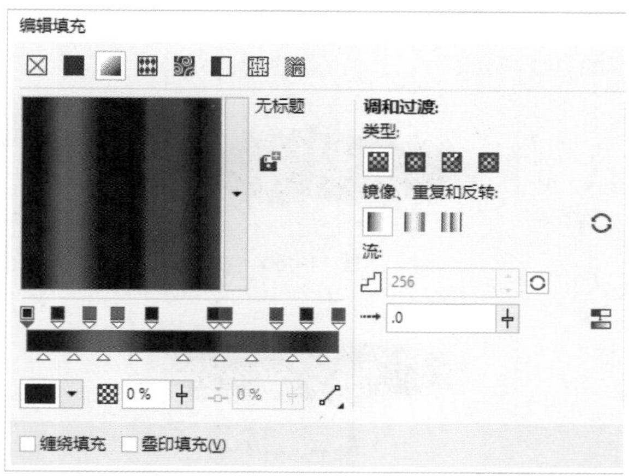

图 11-369

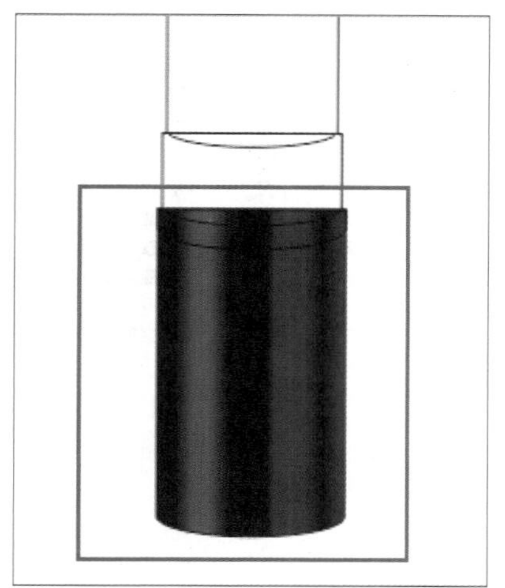

图 11-370

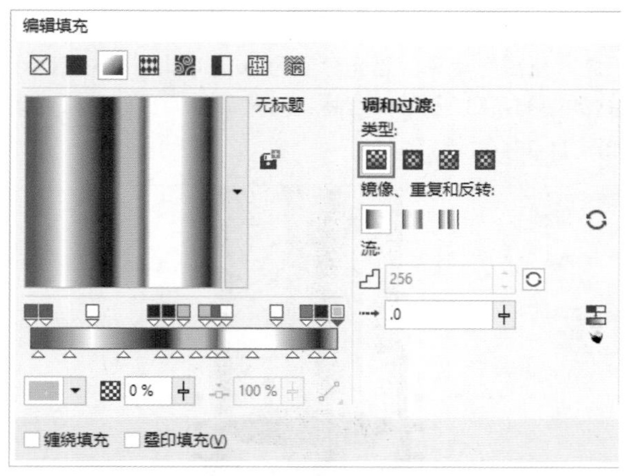

图 11-371

04 单击“确定”按钮，应用渐变颜色，如图 11-372 所示。使用“属性滴管工具”在对象上单击复制对象属性，如图 11-373 所示，在目标对象上单击填充颜色属性，如图 11-374 所示。

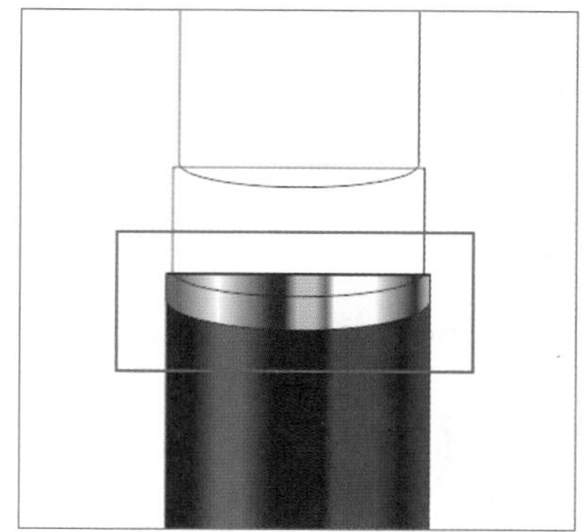

图 11-372

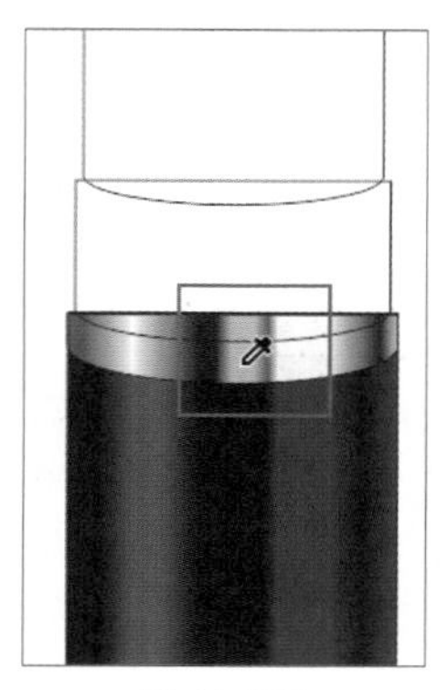

图 11-373

图 11-374

05 使用“选择工具”选择全部对象，再右击调色板中的按钮，去除对象的轮廓线，如图 11-375 所示。

图 11-375

11.10.3　制作口红轮廓厚度

01 使用“椭圆形工具”绘制一个椭圆形，如图 11-376 所示。

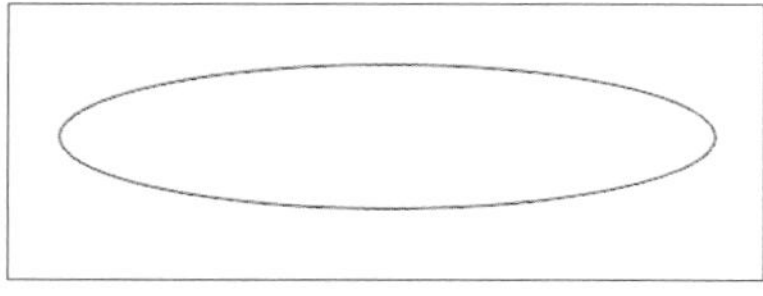

图 11-376

02 单击工具箱中的“交互式填充”按钮，在属性栏中单击“渐变填充”按钮，再单击“编辑填充”按钮，打开“编辑填充”对话框，在对话框中设置填充颜色，如图 11-377 所示，单击“确定”按钮，即可应用渐变填充。拖曳渐变形状，调整渐变的角度和范围，如图 11-378 所示。右击调色板中的按钮，去除对象的轮廓线，如图 11-379 所示。

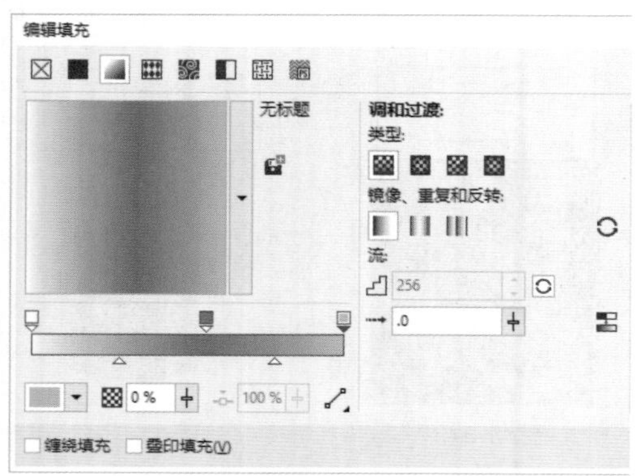

图 11-377

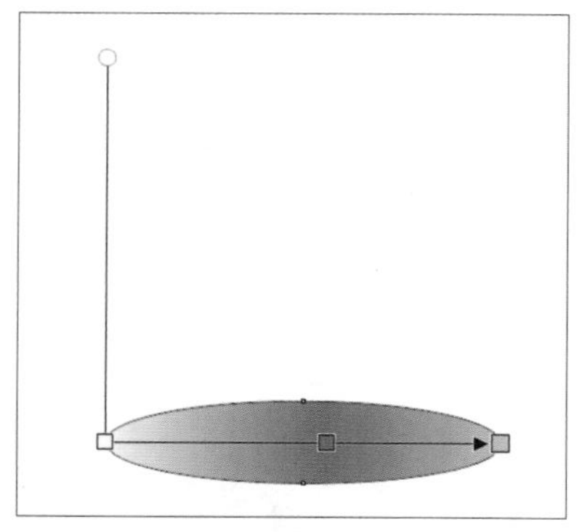

图 11-378

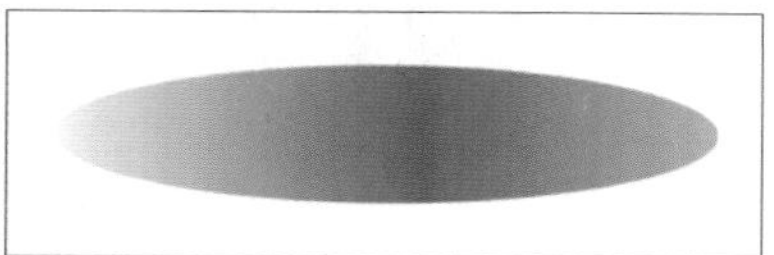

图 11-379

03 再复制一个椭圆形对象，更改渐变颜色，并调整渐变角度和范围，如图 11-380 所示。使用“选择工具”选择对象并移动位置，然后同时选择两个对象，按快捷键 Ctrl+G 群组对象，制作出厚度的效果，如图 11-381 所示。将对象移至两个对象相接的位置，调整大小和位置，如图 11-382 所示。

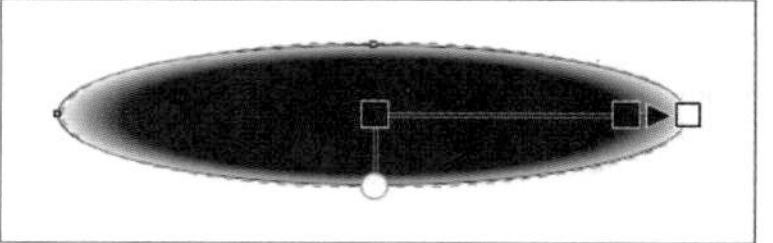

图 11-380

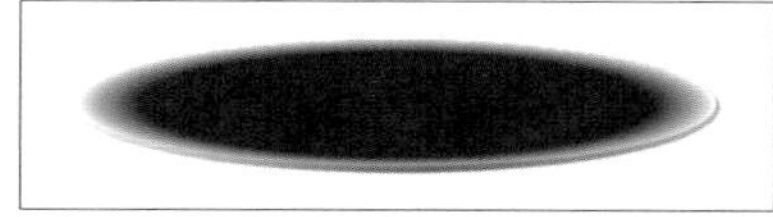

图 11-381

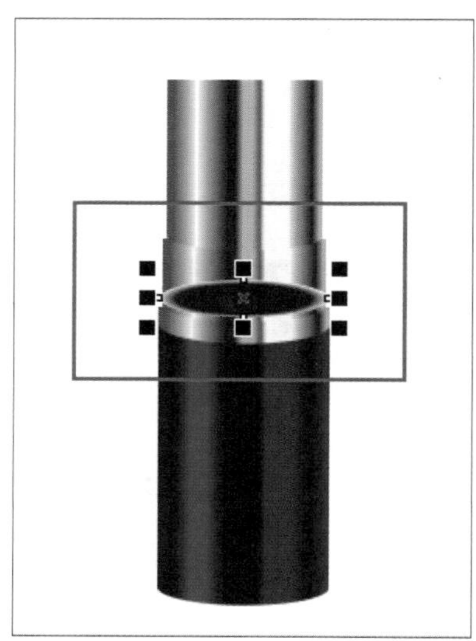

图 11-382

04 右击对象，在弹出的快捷菜单中执行“顺序”→“置于此对象后”命令，当光标变为➧形状时，单击目标对象，如图 11-383 所示，即可将该对象调整为目标对象后面，如图 11-384 所示。

图 11-383

图 11-384

05 复制对象，按住 Shift 键向上拖曳对象，同上述调整对象顺序的操作方法，将复制的厚度图形放置在目标对象的后面，如图 11-385 所示。再复制一个对象，移至口红管的顶端，如图 11-386 所示。

图 11-385

图 11-386

11.10.4　制作口红唇膏

01 使用“钢笔工具”单击确定一个起点，再在另一点处单击并拖曳控制手柄调整曲线，如图 11-387 所示。继续绘制曲线，然后回到起点处单击闭合曲线，绘制一个口红的形状，如图 11-388 所示。单击工具箱中的“交互式填充”按钮，在属性栏中单击“渐变填充”按钮，再单击“编辑填充”按钮，打开“编辑填充”对话框，单击“线性渐变填充”按钮，双击添加颜色节点并设置节点颜色，如图 11-389 所示。

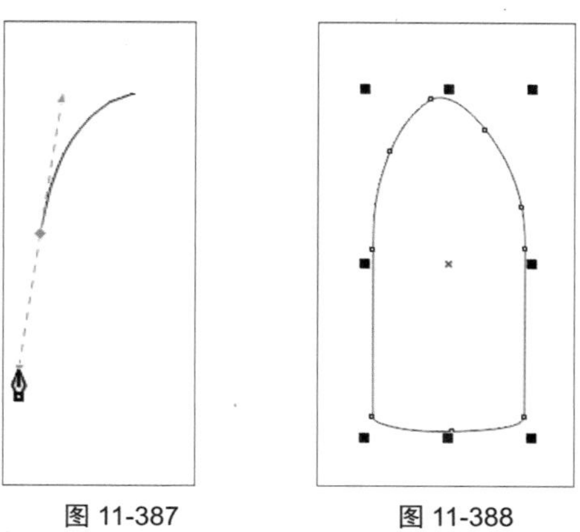

图 11-387　　图 11-388

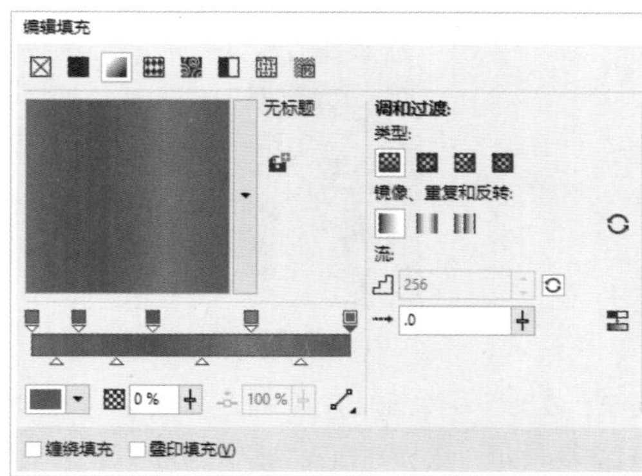

图 11-389

02 单击“确定”按钮，为该对象填充渐变颜色，如图 11-390 所示，再右击调色板中的按钮，去除对象的轮廓线，并调整大小和位置，如图 11-391 所示。使用“椭圆形工具”绘制一个椭圆形，如图 11-392 所示。

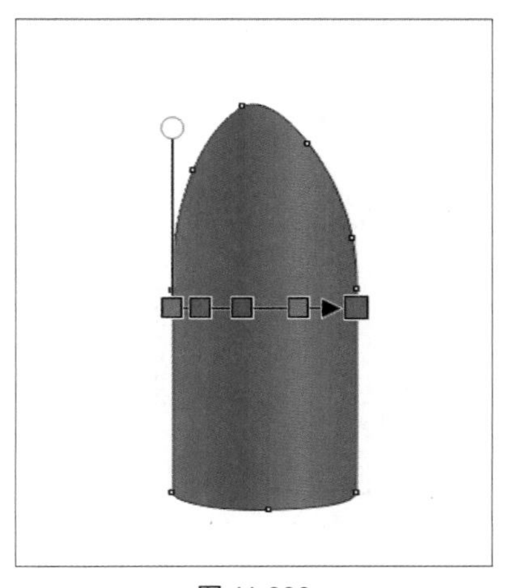

图 11-390

图 11-391

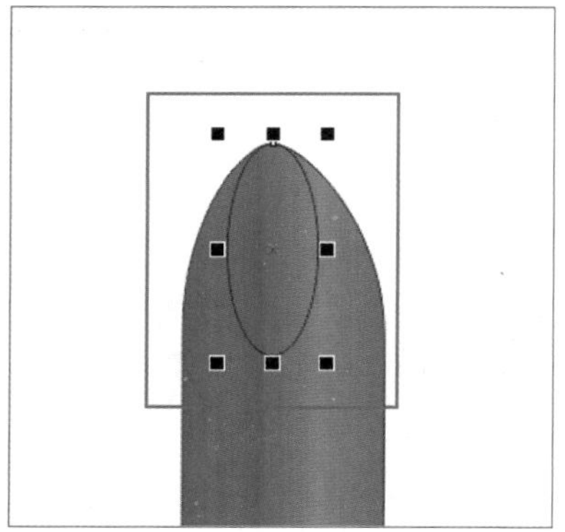

图 11-392

03 执行“效果”→“添加透视”命令，显示透视网格，如图 11-393 所示，选择并拖曳调整透视节点，为对象添加透视变形效果，如图 11-394 所示。单击工具箱中的“交互式填充”按钮，在属性栏中单击“渐变填充”按钮，再单击“线性渐变填充”按钮，为对象填充渐变颜色，单击节点颜色，在弹出的面板中设置节点颜色，如图 11-395 所示。

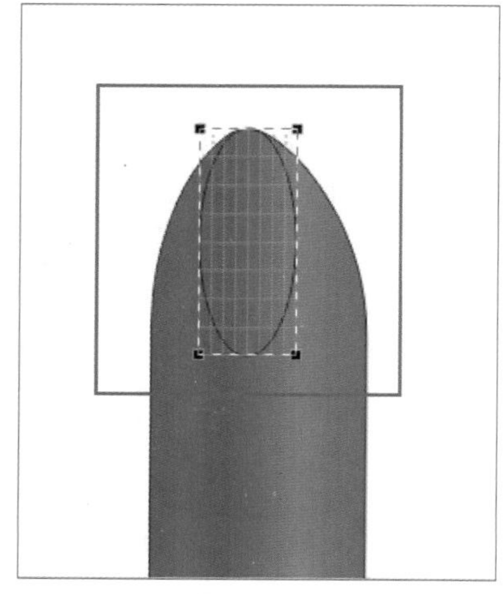

图 11-393

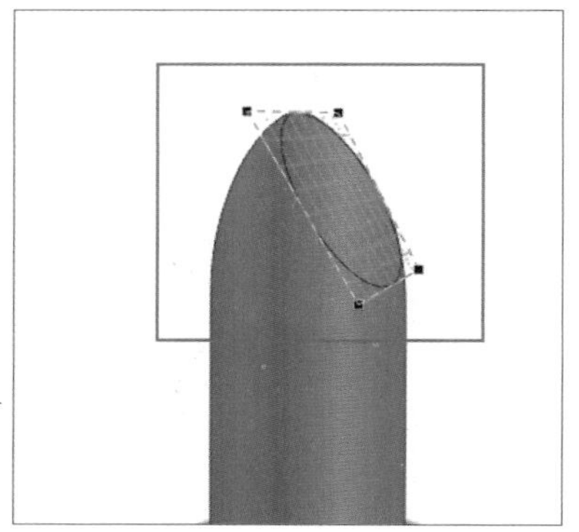

图 11-394

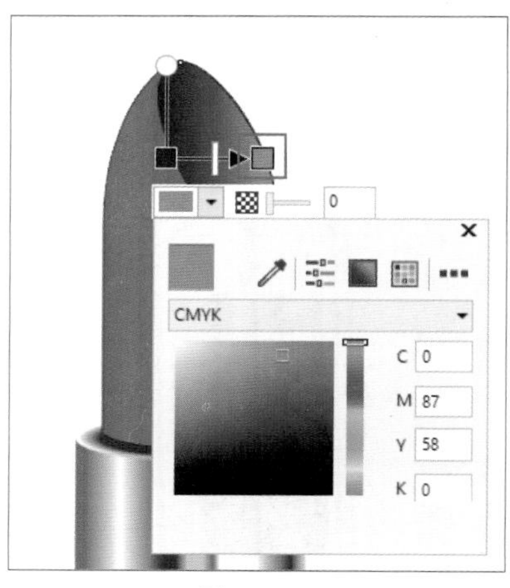

图 11-395

11.10.5 制作口红盖

01 选择最下方对象，复制一个对象，并使用“形状工具”调整形状，如图 11-396~ 图 11-398 所示。

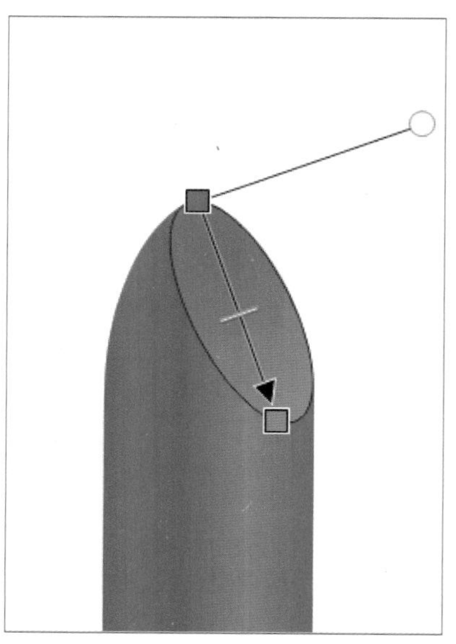

图 11-396

图 11-397

图 11-398

02 使用“椭圆形工具”绘制一个椭圆形，并填充渐变颜色，如图 11-399 所示。再复制一个椭圆形对象，调整对象大小，单击工具箱中的“交互式填充”按钮，再单击属性栏中的“复制填充”按钮，当光标变为◆形状时，单击目标对象，如图 11-400 所示，复制渐变填充，如图 11-401 所示。

图 11-399

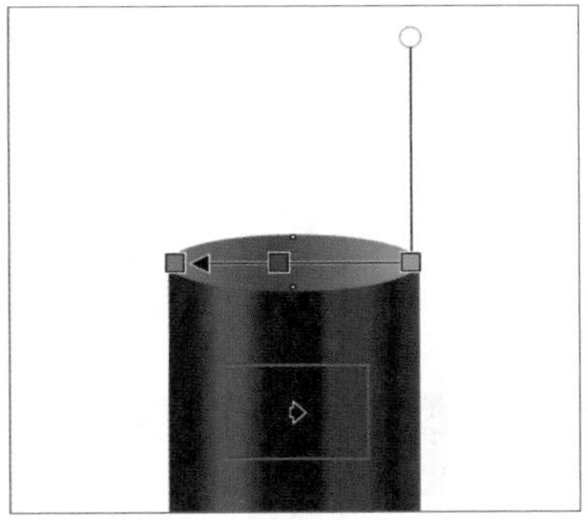
图 11-400

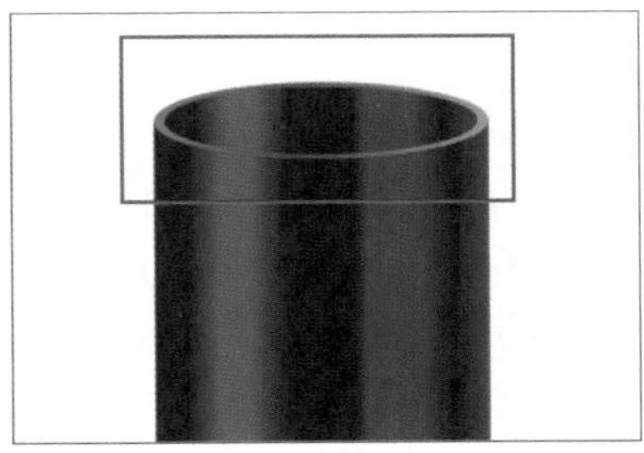
图 11-401

03 调整渐变节点的颜色，使整体颜色更深，如图 11-402 所示。选择口红盖的所有对象，按快捷键 Ctrl+G 群组对象，再在属性栏中设置“选择角度”为 90°，如图 11-403 所示，移动对象到合适的位置，单击属性栏中“到图层后面”按钮，调整对象顺序，如图 11-404 所示。

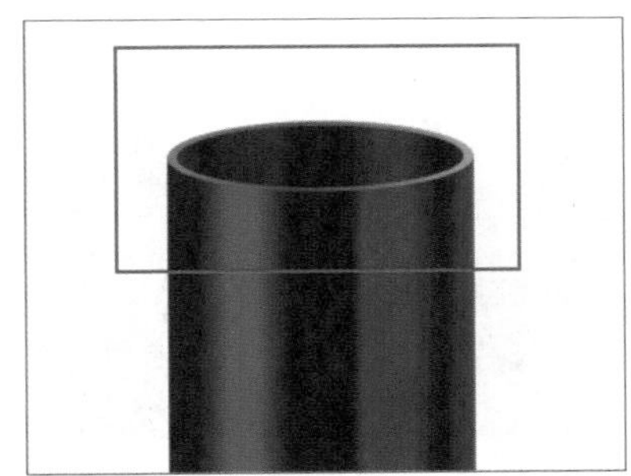
图 11-402

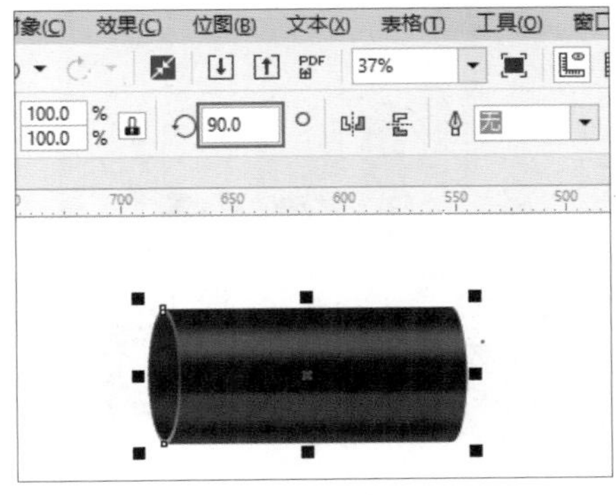

图 11-403

图 11-404

11.10.6 添加背景及阴影

01 按快捷键 Ctrl+I 导入本章的素材文件“背景 .jpg”，单击属性栏中的“到图层后面”按钮，将该对象置于所有图层的后面，并调整口红对象的大小和位置，如图 11-405 所示。复制一个口红盖对象，单击属性栏中的“垂直镜像”按钮，镜像对象。右击对象，在弹出的快捷菜单中执行“顺序”→“置于此对象后”，当光标变为➧形状时，单击口红对象，调整对象顺序，如图 11-406 所示。

图 11-405

图 11-406

02 单击工具箱中的“透明度工具”按钮，在属性栏中单击“渐变透明度”按钮，再单击“线性渐变透明度”按钮，调整透明度形状，如图 11-407 和图 11-408 所示。采用同样的方法，制作口红的倒影，完成口红的制作，如图 11-409 所示。

图 11-407

图 11-408

图 11-409